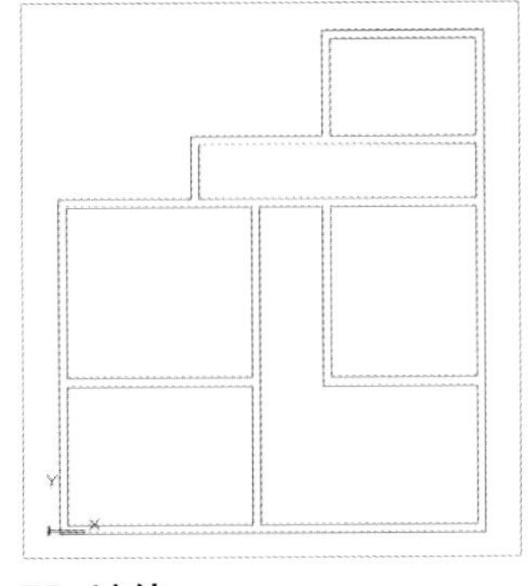

墙体

户型采暖系统图

桌布

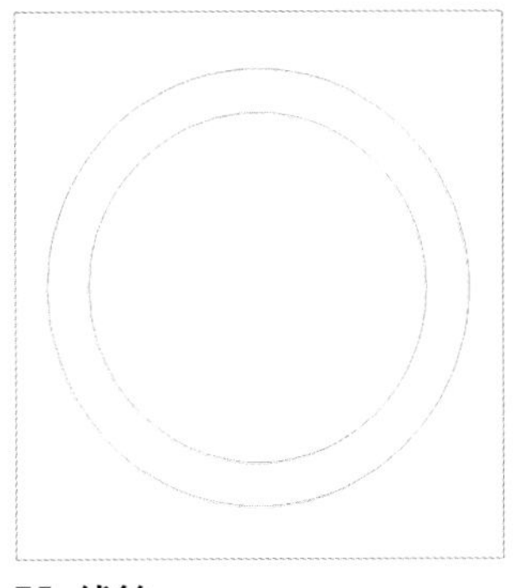

线箍

感应式仪表一

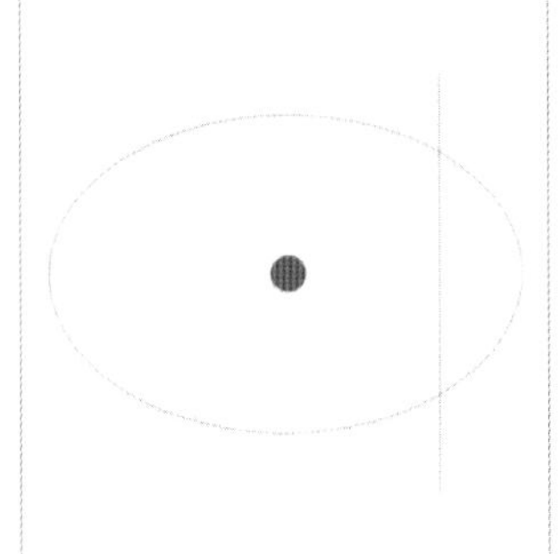

感应式仪表二

方形散流器

壁龛交接箱

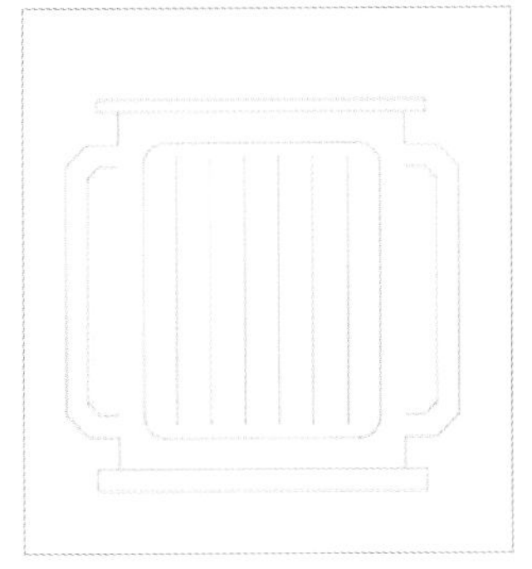

变压器

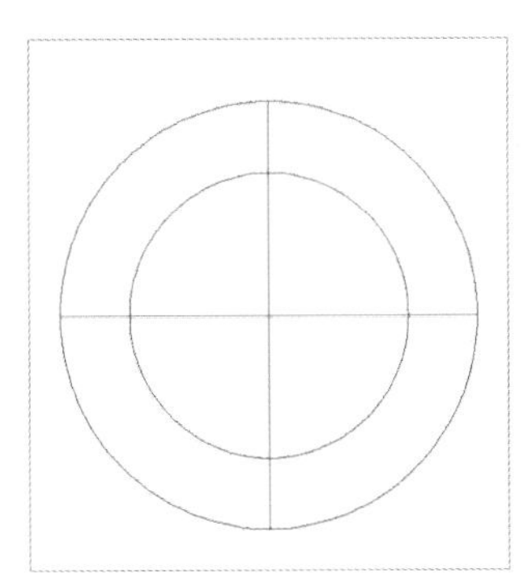

吸顶灯

风机盘管连接示意图

多级插头插座

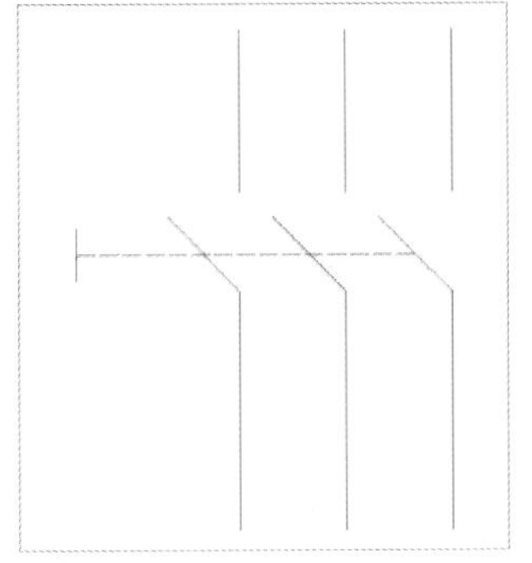

手动三级开关

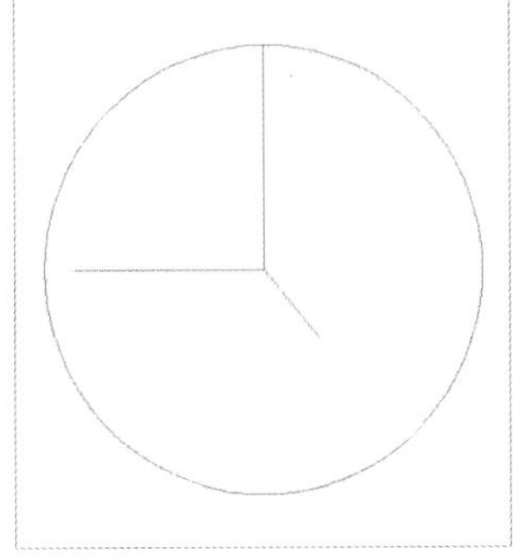

挂钟

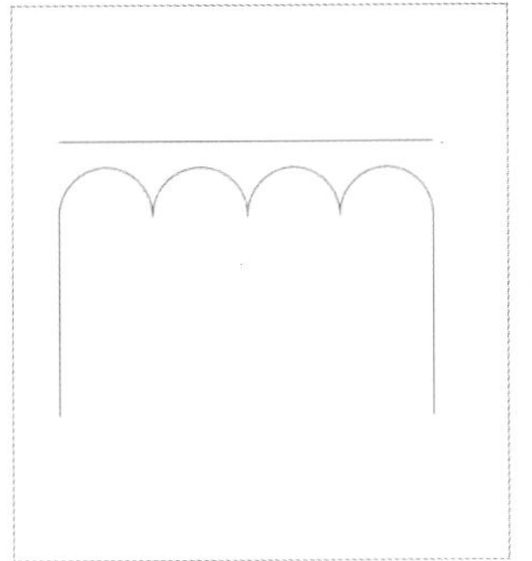

带磁芯的电感器符号

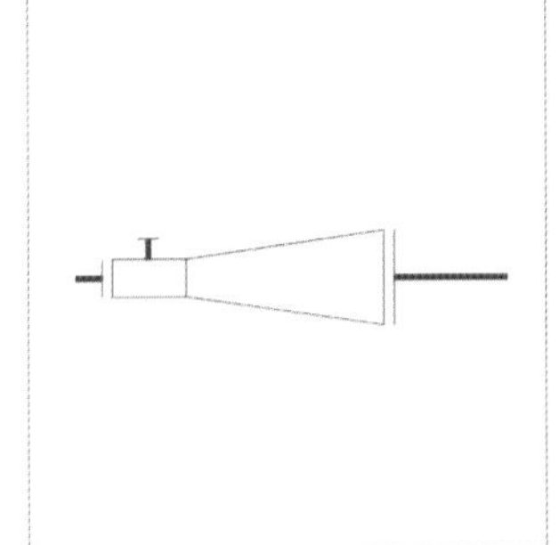

绘制管式混合器符号

本书部分案例

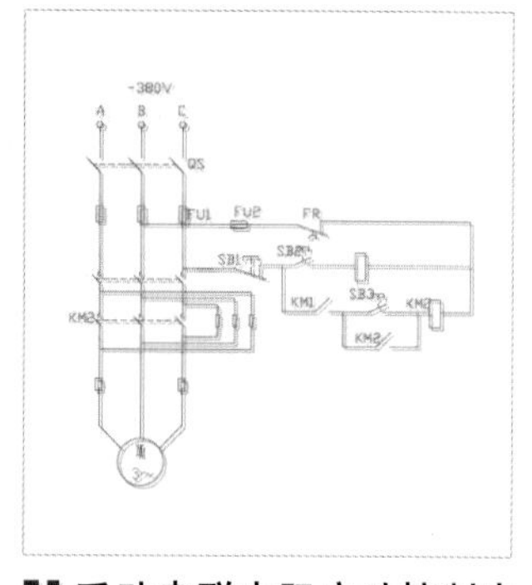

手动串联电阻启动控制电路图

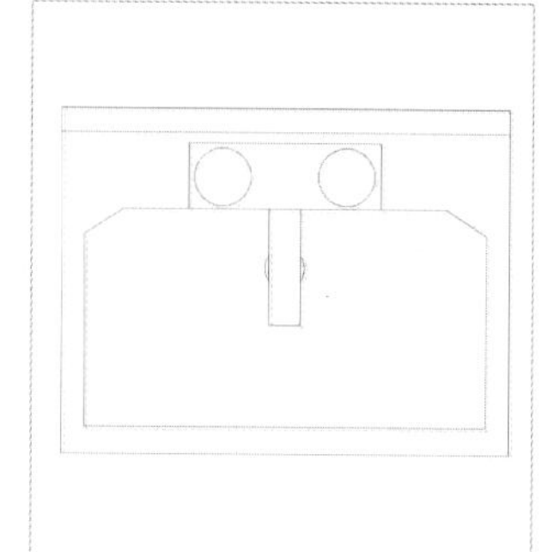

洗菜盆

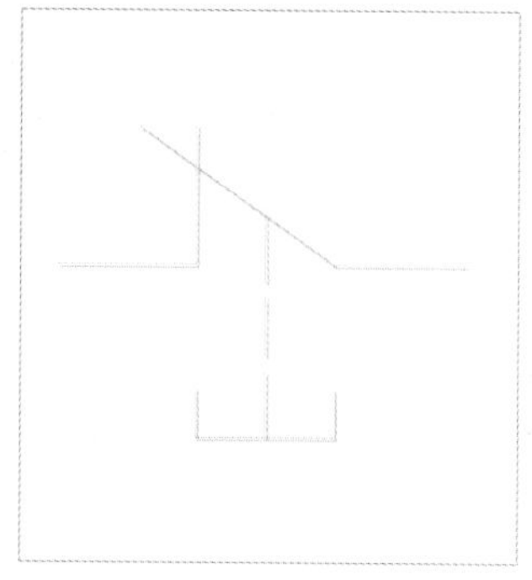

动断按钮

花朵的绘制

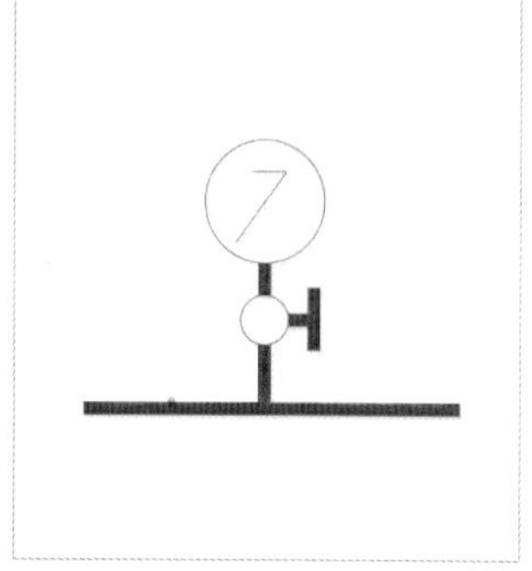

压力表

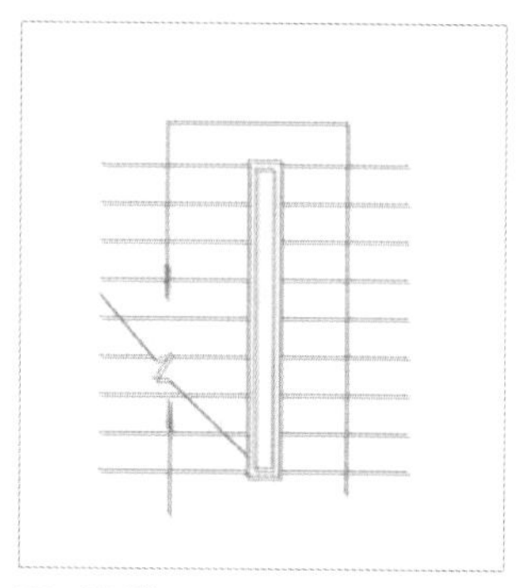

楼梯

落地灯

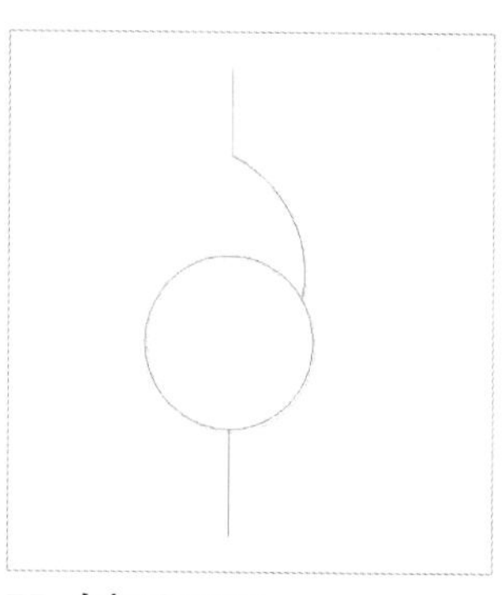

自耦变压器

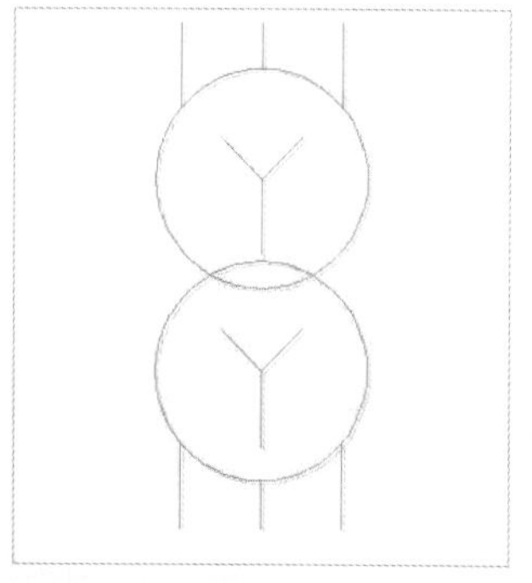

三相变压器

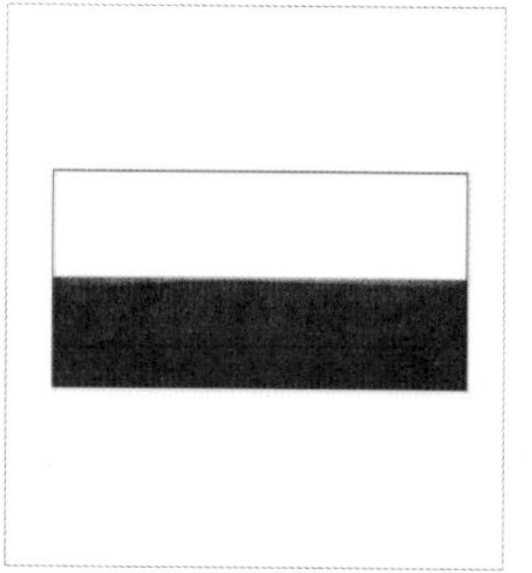

动感空调箱的画法

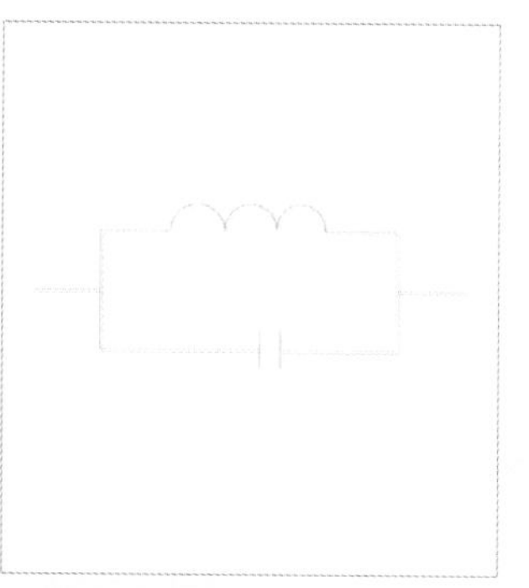

振荡回路

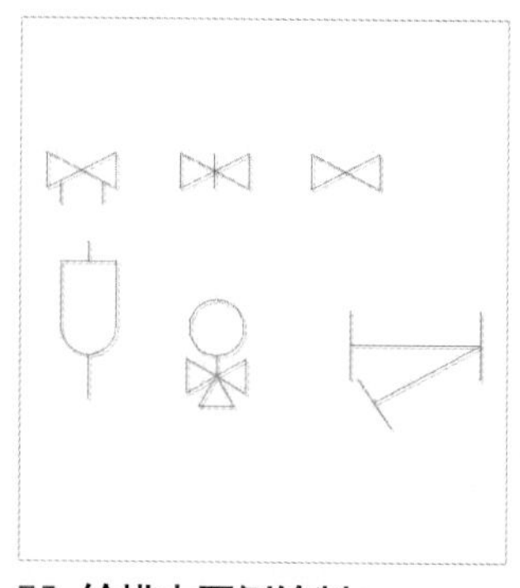

给排水图例绘制

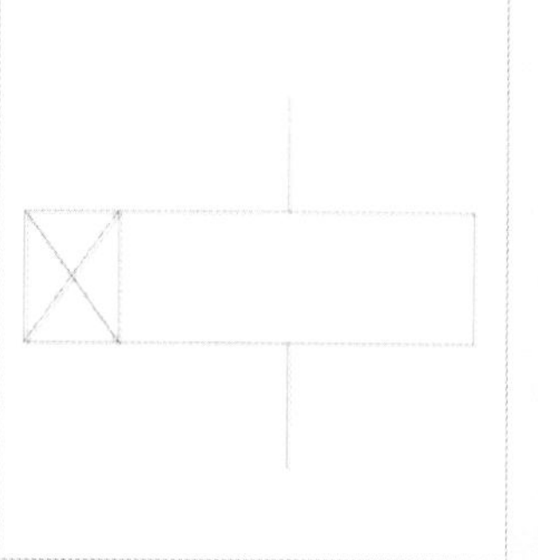
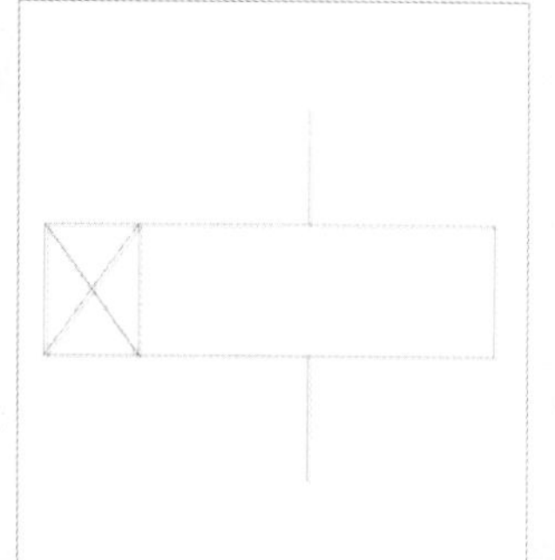

缓吸继电器线圈

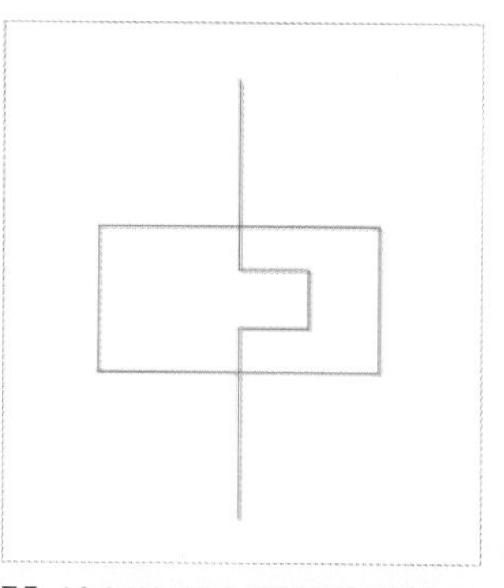

绘制热继电器驱动器件

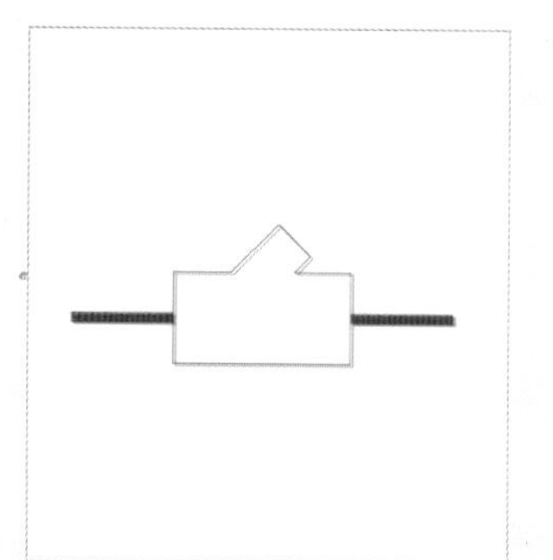

除污器

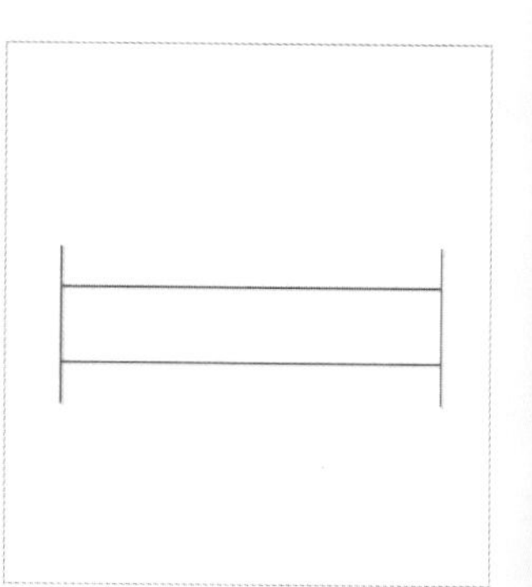

双管荧光灯

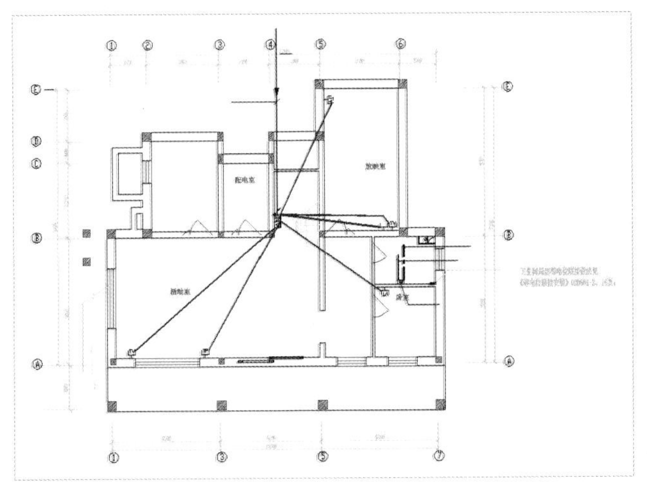

地下室电视电话平面图的绘制

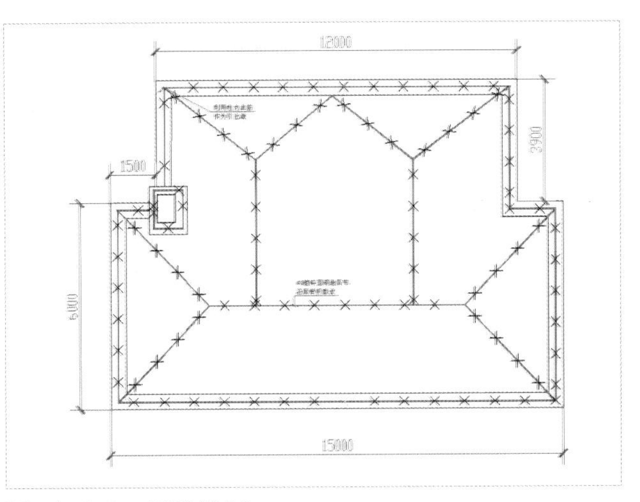

防雷平面图的绘制

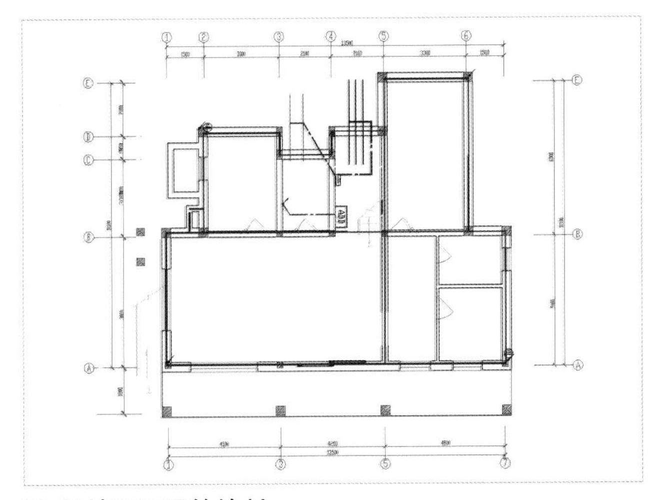

接地平面图的绘制

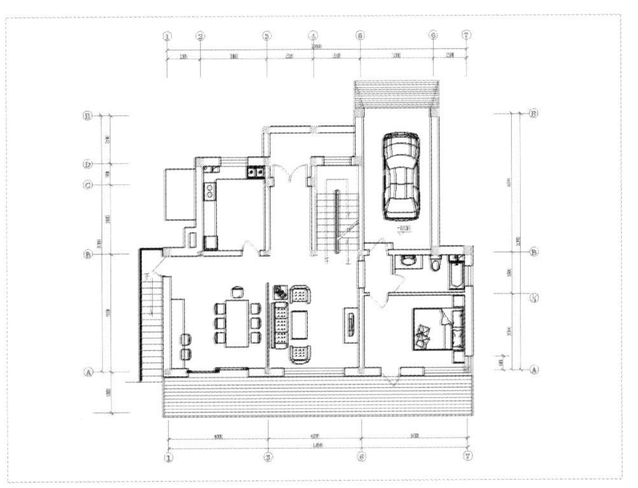

首层装饰平面图

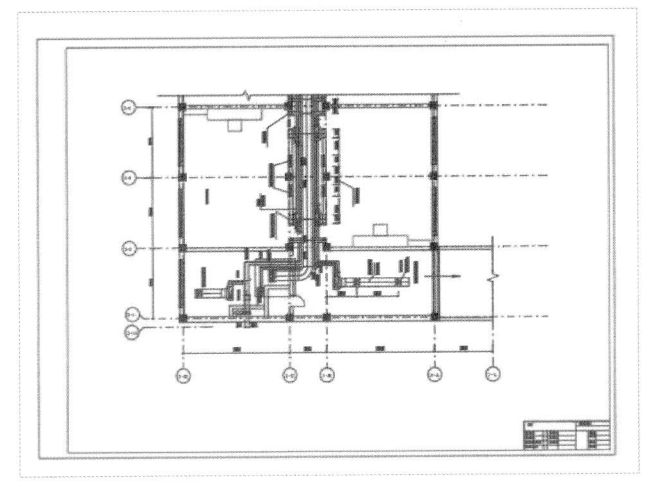

教学楼空调平面图

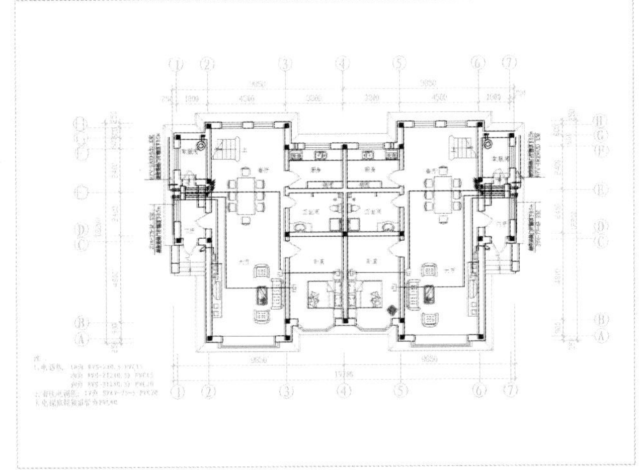

首层电话、有线电视及电视监控平面图

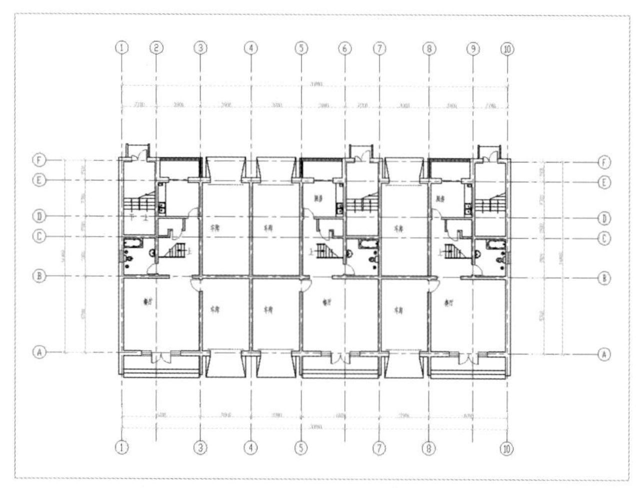

室内平面图绘制

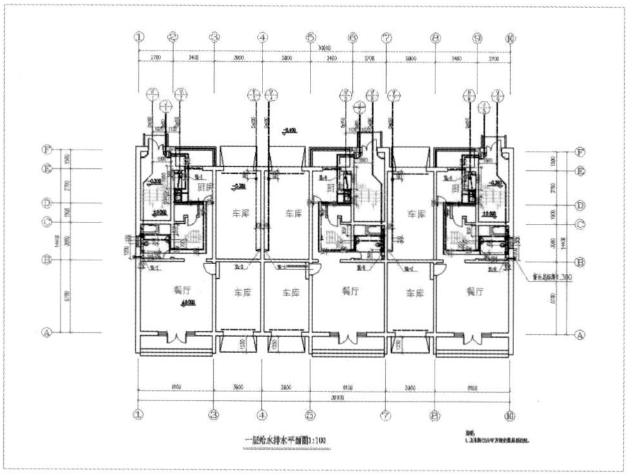

室内给水排水平面图

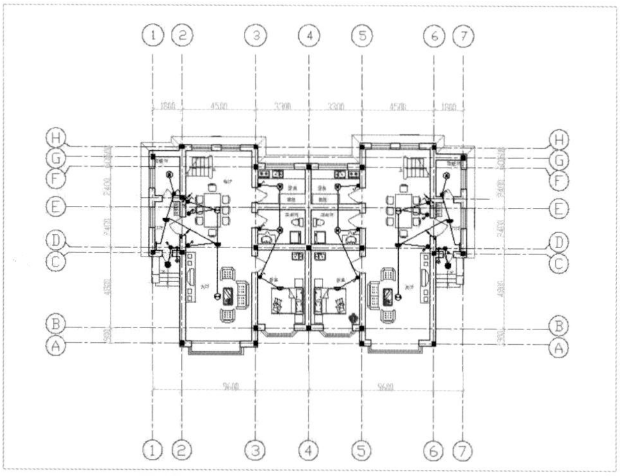

居民楼电气照明平面图

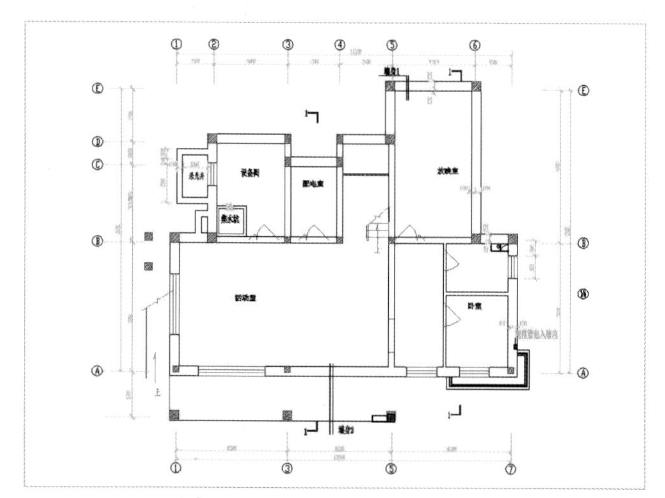

地下层平面图

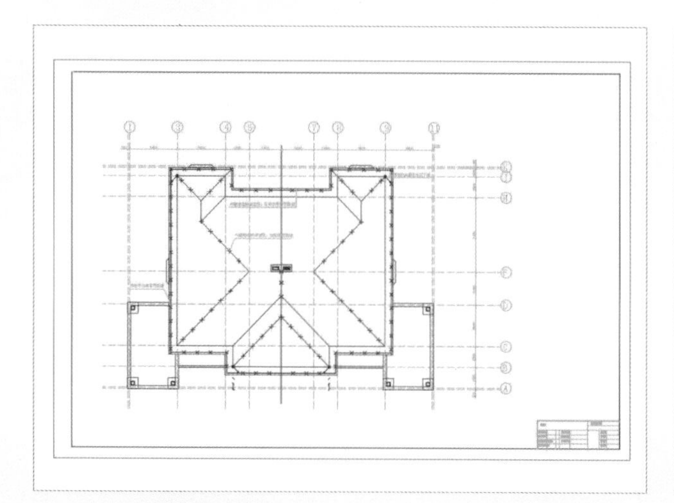

屋顶防雷接地平面图

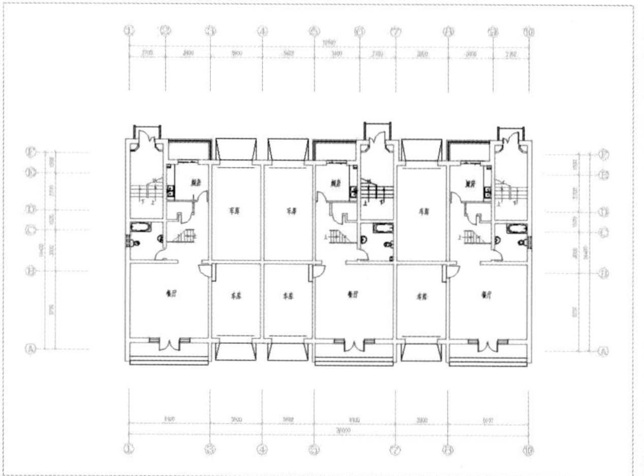

平面一层

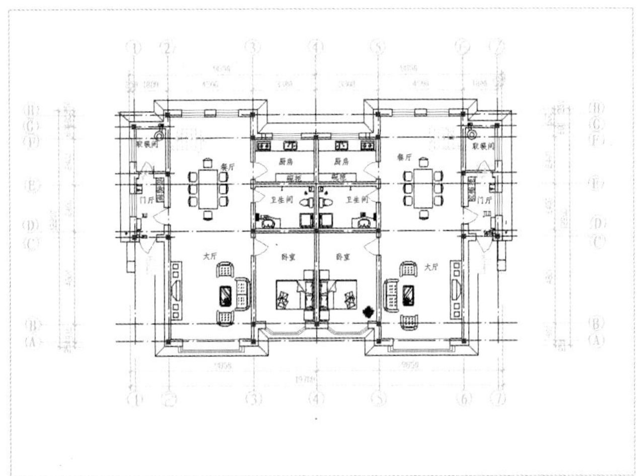

首层平面图

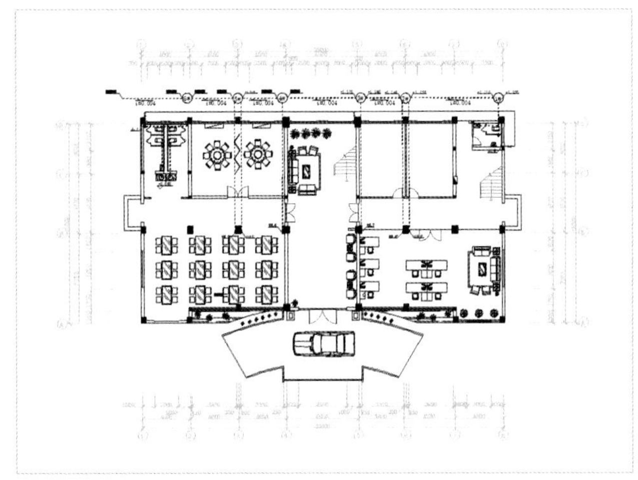

一层给水排水平面图

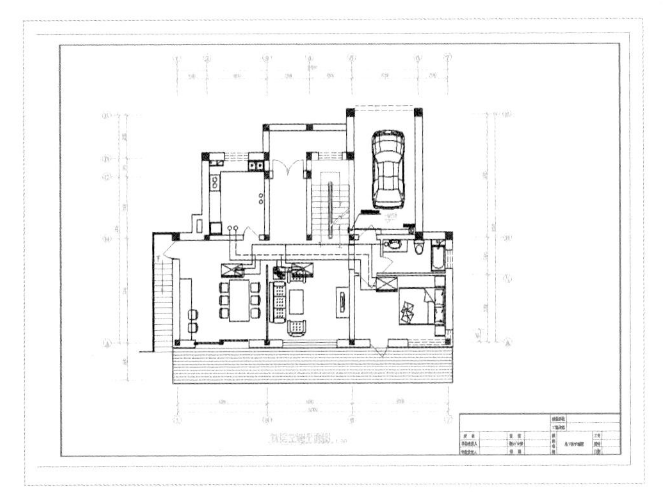

首层空调平面图

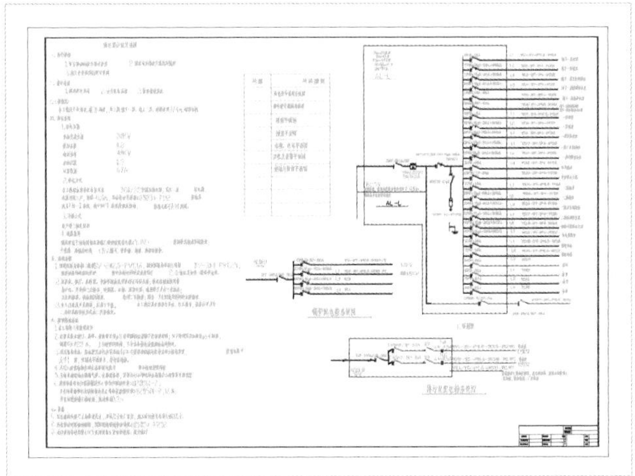

强电设计说明系统图

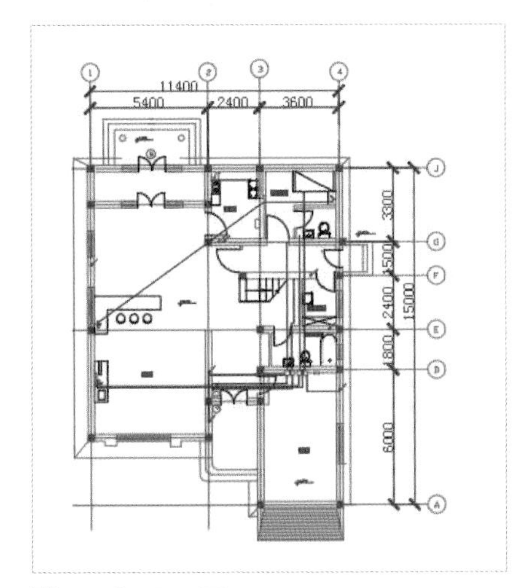

弱电平面图

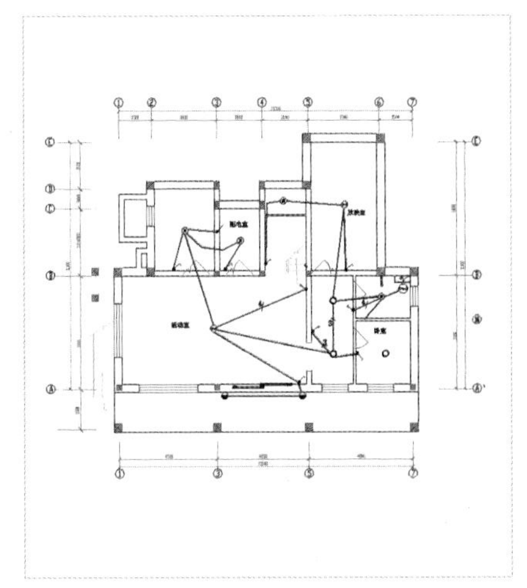

地下室照明平面图的绘制

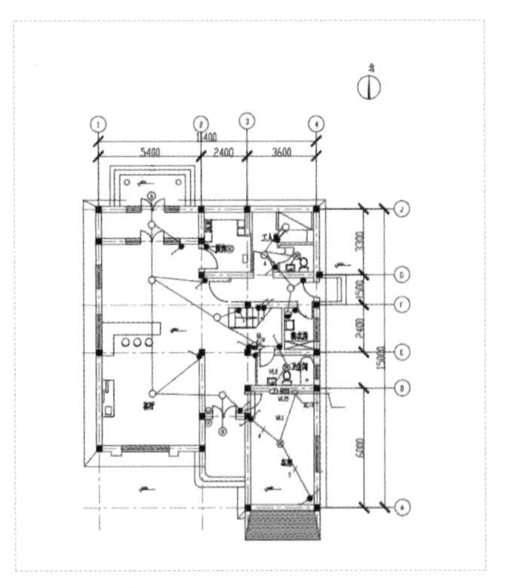

别墅照明平面图

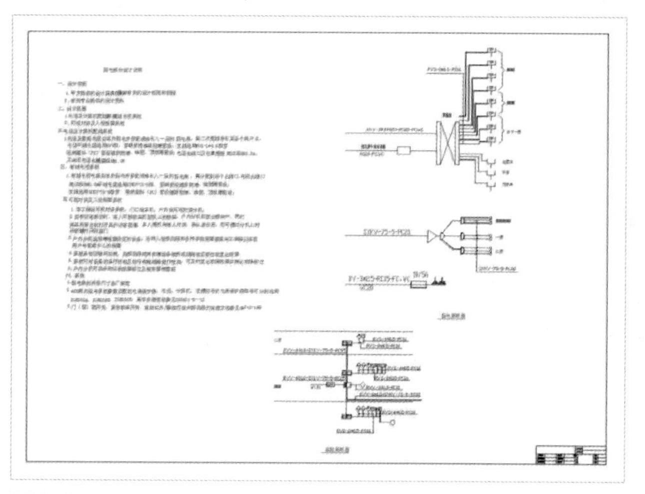

别墅弱电设计说明系统图

接地及等电位平面图

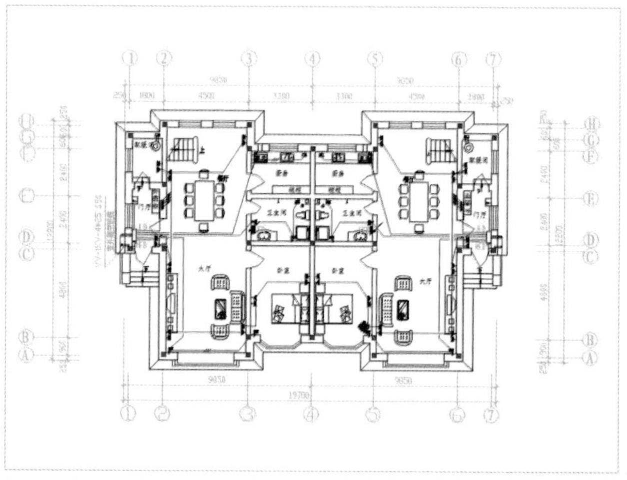

插座及等电位平面图

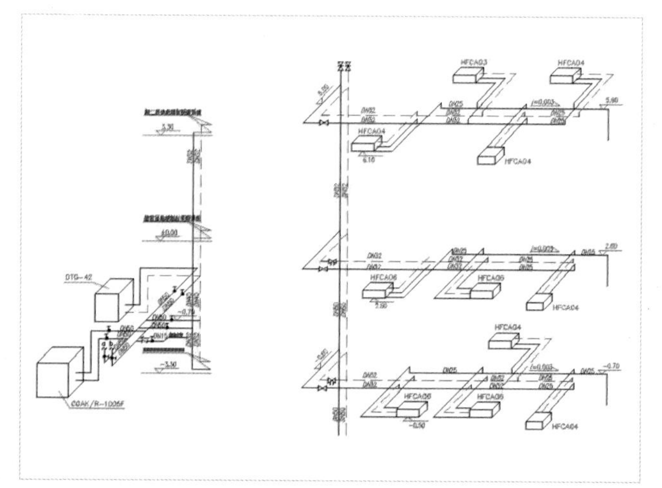

空调水系统图

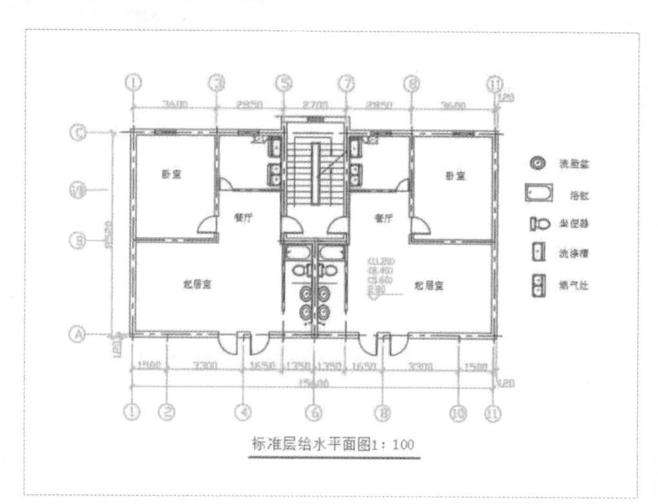

住宅楼给水平面图

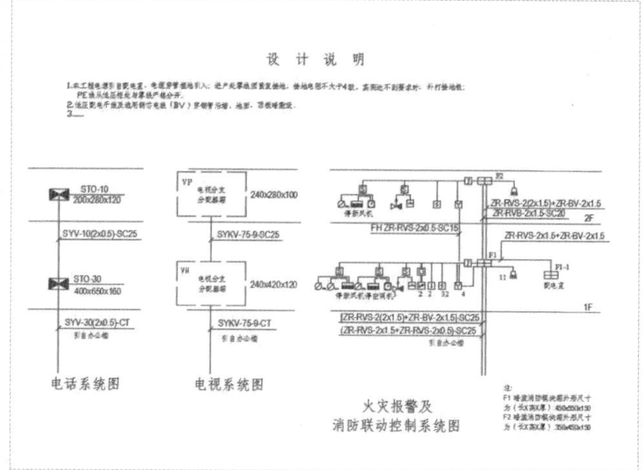

餐厅消防报警系统图和电视、电话系统图

主要灯具表						
序号	图例	名称	型号规格	单位	数量	备注
1		地埋灯	70HX1	套	120	
2		投光灯	120HX1	套	26	照树投光灯
3		投光灯	150HX1	套	58	照雕塑投光灯
4		路灯	250HX1	套	38	H=12.0m
5		广场灯	250HX1	套	4	H=12.0m
6		庭院灯	1400HX1	套	56	H=4.0m
7		草坪灯	50HX1	套	130	H=1.0m
8		定制台式工艺灯	方钢表镀岸囊色喷漆1800×1800×800 节能灯 27W×2	套	32	
9		水中灯	J12V100HX1	套	75	
10						
11						

灯具规格表

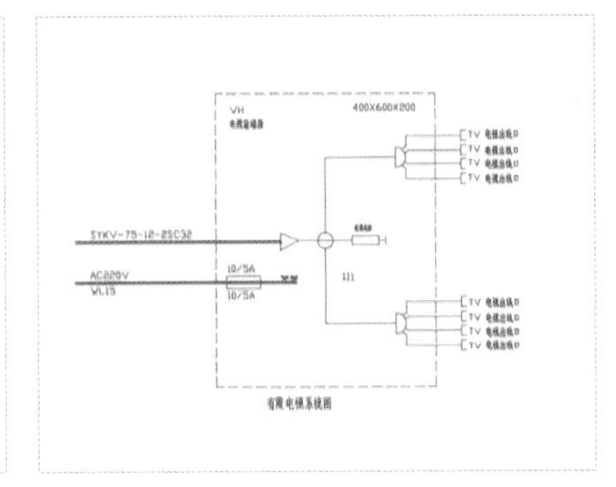

有线电视系统图

住房布局截面图

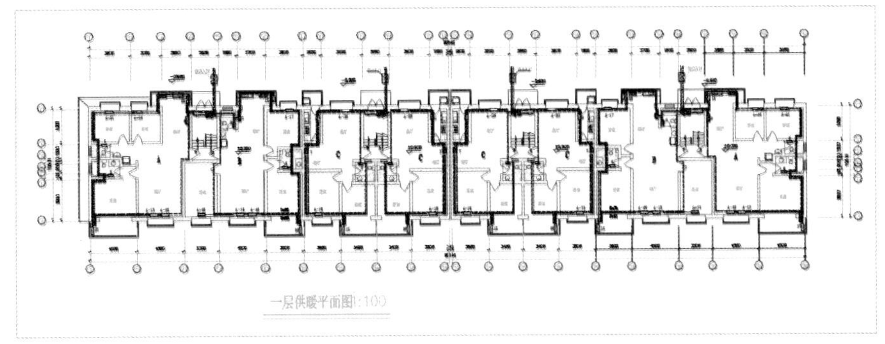

采暖平面图

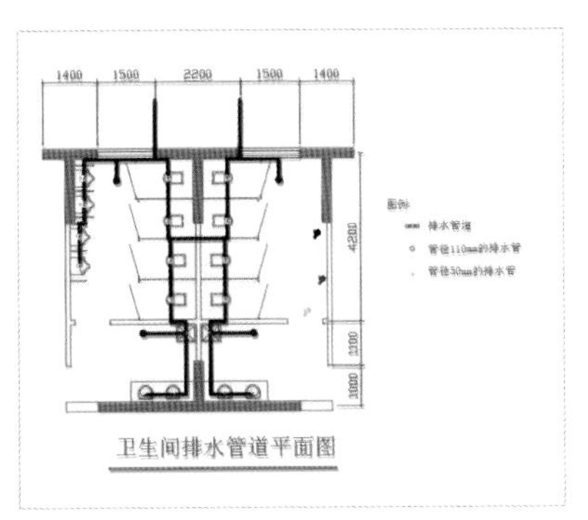

卫生间排水管道平面图

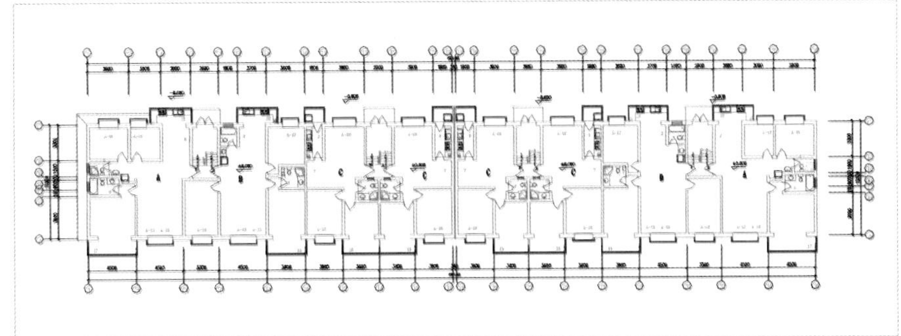

一层供暖平面图

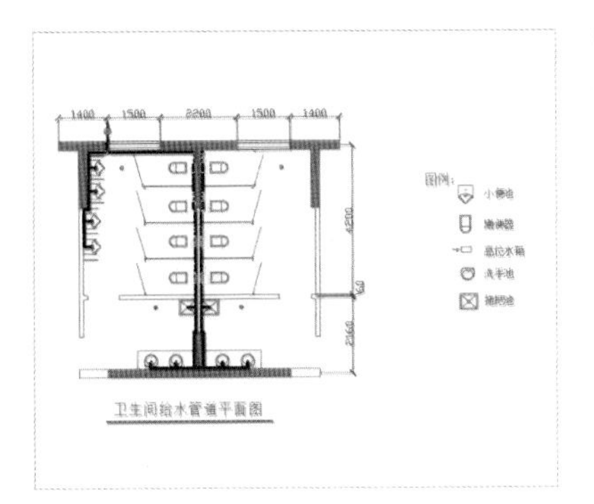

卫生间给水管道平面图

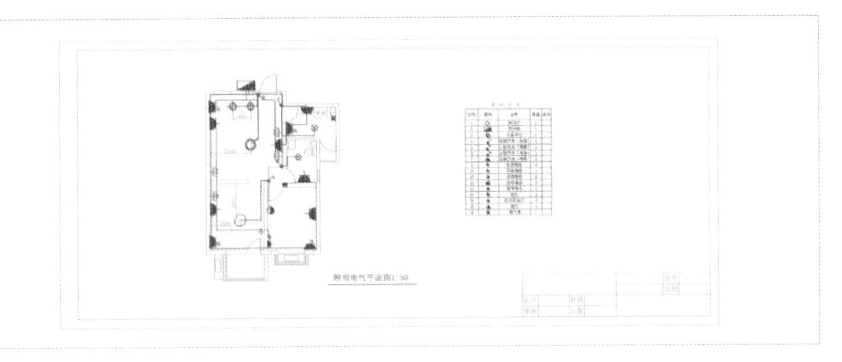

电器平面图

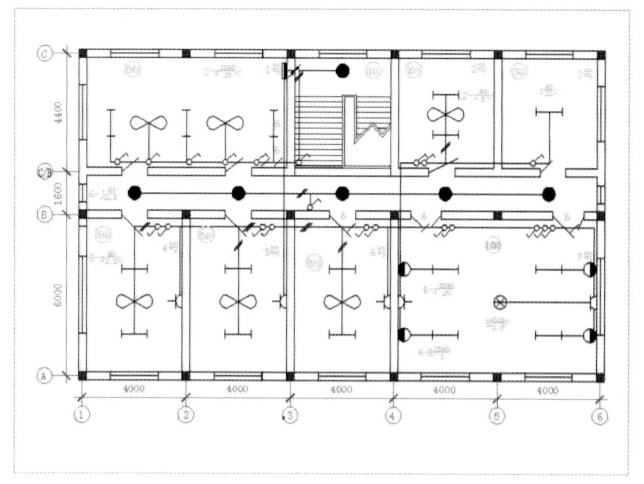

标注办公室建筑电气平面图

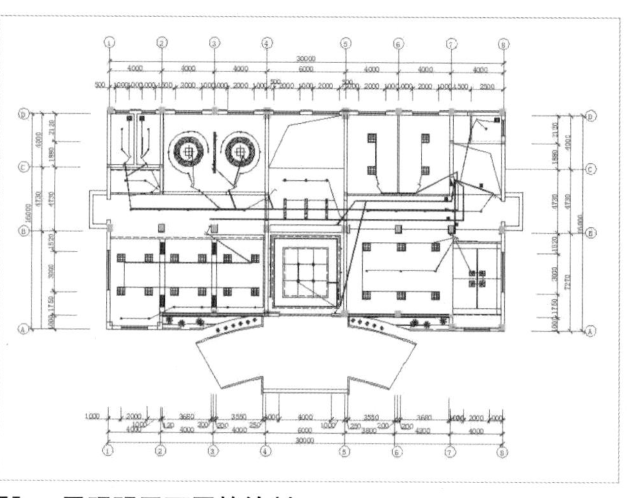

一层照明平面图的绘制

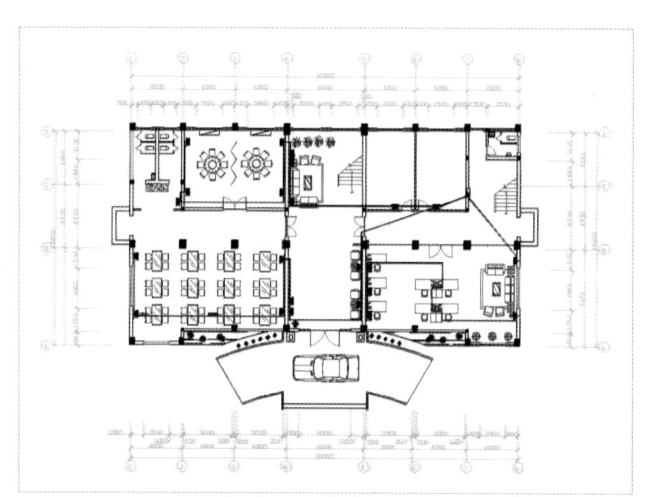

一层插座布置图的绘制

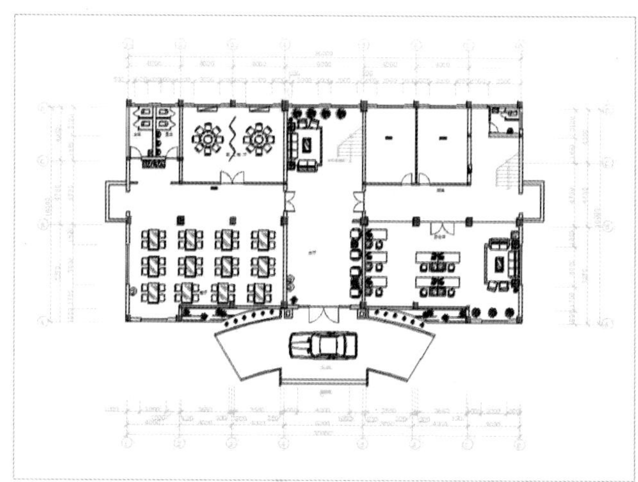

一层弱电布置图的绘制

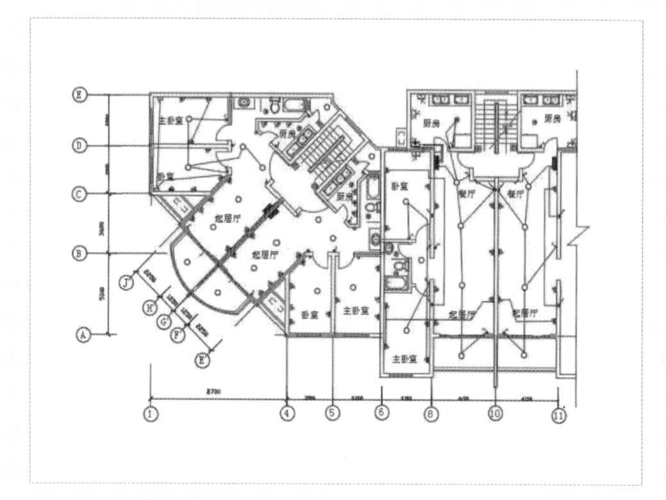

住宅楼照明平面图

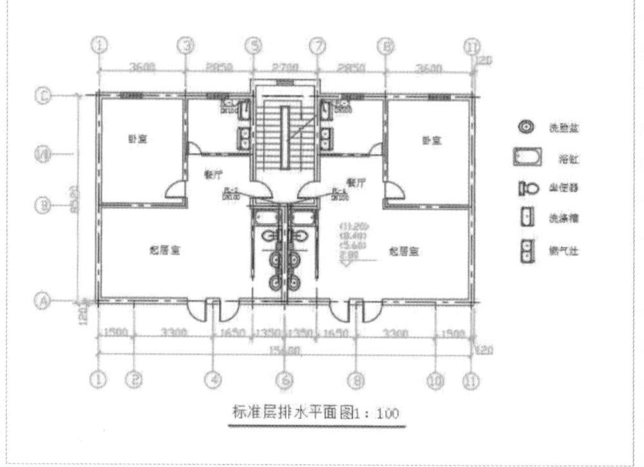

住宅楼排水平面图

CAD/CAM/CAE 自学视频教程

AutoCAD 2016 中文版建筑水暖电设计自学视频教程

CAD/CAM/CAE 技术联盟　编著

清华大学出版社

北　京

内 容 简 介

《AutoCAD 2016 中文版建筑水暖电设计自学视频教程》以大量实例、案例的方式讲述了 AutoCAD 2016 建筑水暖电绘图的应用方法和技巧，全书分为设计基础篇、办公楼水暖电设计篇、别墅水暖电设计篇、居民楼水暖电设计篇。设计基础篇包括建筑水暖电制图基础、AutoCAD 2016 入门、二维绘图命令、基本绘图工具、编辑命令和辅助工具；办公楼水暖电设计篇包括建筑电气工程基础、电气平面图、建筑给水排水工程图基本知识和给水排水平面图；别墅水暖电设计篇分别介绍别墅建筑电气系统图、别墅建筑平面图、暖通工程基础和别墅水暖设计工程图等知识；居民楼水暖电设计篇分别介绍居民楼电气平面图、居民楼辅助电气平面图、居民楼电气系统图、某居民楼采暖平面图及某居民楼给水排水平面图。

《AutoCAD 2016 中文版建筑水暖电设计自学视频教程》光盘配备了极为丰富的学习资源：配套自学视频、应用技巧大全、疑难问题汇总、经典练习题、常用图块集、全套工程图纸案例及配套视频、快捷键命令速查手册、快捷键速查手册、常用工具按钮速查手册等。

《AutoCAD 2016 中文版建筑水暖电设计自学视频教程》定位于 AutoCAD 建筑水暖电设计从入门到精通层次，可以作为建筑水暖电设计初学者的入门教程，也可以作为建筑水暖电工程技术人员的参考书。

图书在版编目（CIP）数据

AutoCAD 2016 中文版建筑水暖电设计自学视频教程/CAD/CAM/CAE 技术联盟编著. —北京：清华大学出版社，2016
（CAD/CAM/CAE 自学视频教程）
ISBN 978-7-302-45205-8

I. ①A…　II. ①C…　III. ①给排水系统-建筑设计-计算机辅助设计-AutoCAD 软件-教材　②采暖设备-建筑设计-计算机辅助设计-AutoCAD 软件-教材　③电气设备-建筑设计-计算机辅助设计-AutoCAD 软件-教材　IV. ①TU821-39　②TU83-39

中国版本图书馆 CIP 数据核字（2016）第 264018 号

责任编辑：杨静华
封面设计：李志伟
版式设计：牛瑞瑞
责任校对：王　云
责任印制：沈　露

出版发行：清华大学出版社
网　　址：http://www.tup.com.cn，http://www.wqbook.com
地　　址：北京清华大学学研大厦 A 座　　**邮　　编**：100084
社 总 机：010-62770175　　**邮　　购**：010-62786544
投稿与读者服务：010-62776969，c-service@tup.tsinghua.edu.cn
质 量 反 馈：010-62772015，zhiliang@tup.tsinghua.edu.cn
印 装 者：北京密云胶印厂
经　　销：全国新华书店
开　　本：203mm×260mm　**印　张**：31　**插　页**：4　**字　　数**：811 千字
（附 DVD 光盘 1 张）
版　　次：2017 年 3 月第 1 版　　**印　　次**：2017 年 3 月第1 次印刷
印　　数：1～4000
定　　价：69.80 元

产品编号：068947-01

前 言

Preface

建筑工程中的给排水工程、暖通空调工程和建筑电气工程通常合称为建筑水暖电工程，是完整的建筑工程设计必不可少的重要组成部分。随着人类文明和现代化程度的提高，人们赋予建筑水暖电设计的内涵越来越丰富，对建筑水暖电设计的要求也越来越高。

AutoCAD 不仅具有强大的二维平面绘图功能，而且具有出色的、灵活可靠的三维建模功能，是进行建筑水暖电设计最为有力的工具之一。使用 AutoCAD 进行建筑水暖电设计，不仅可以利用人机交互界面实时地进行修改，快速地把各方意见反映到设计中去，而且可以直观感受到修改后的效果，从不同的角度任意进行观察。

本书将以目前应用最为广泛的 AutoCAD 2016 版本为基础进行讲解。

一、本书的编写目的和特色

鉴于 AutoCAD 强大的功能和深厚的工程应用底蕴，我们力图开发一套全方位介绍 AutoCAD 在各个工程行业实际应用情况的书籍。具体就每本书而言，我们不求事无巨细地将 AutoCAD 知识点全面讲解清楚，而是针对本专业或本行业需要，利用 AutoCAD 大体知识脉络作为线索，以实例作为“抓手”，帮助读者掌握利用 AutoCAD 进行本行业工程设计的基本技能和技巧。

具体而言，本书具有以下相对明显的特色：

☑ **经验、技巧、注意事项较多，注重图书的实用性，同时让学习少走弯路**

本书作者具有多年计算机辅助建筑水暖电设计领域的工作经验和教学经验。本书是作者多年的设计经验的总结及教学的心得体会，历时多年精心编著而成，力求全面细致地展现出 AutoCAD 在建筑水暖电设计应用领域的各种功能和使用方法。

☑ **实例、案例、实践练习丰富，通过大量实践达到高效学习之目的**

本书中引用的实例都来自建筑水暖电设计工程实践，典型并且实用。这些实例经过作者精心提炼和改编，不仅能够保证读者学会知识点，更重要的是能帮助读者掌握实际的操作技能。

☑ **精选综合实例、大型案例，为成为建筑水暖电设计工程师打下坚实基础**

本书从全面提升建筑水暖电设计与 AutoCAD 应用能力的角度出发，结合具体的案例来讲解如何利用 AutoCAD 进行建筑水暖电设计，让读者在学习案例的过程中潜移默化地掌握 AutoCAD 软件的操作技巧，同时培养工程设计实践能力，从而帮助读者快速、独立地完成各种建筑水暖电设计工作。

☑ **内容涵盖面广，涵盖 AutoCAD 绘图基础知识、建筑水暖电设计基本技能、综合建筑水暖电设计等知识**

本书在有限的篇幅内，包罗了 AutoCAD 各种常用功能及其在建筑水暖电设计中的实际应用，内容涵盖 AutoCAD 绘图基础知识、建筑水暖电设计基本技能、综合建筑水暖电设计等知识。书中不仅有透彻的讲解，还有非常典型的工程实例。通过这些实例的演练，能够帮助读者找到一条学习 AutoCAD 建筑水暖电设计的捷径。“秀才不出屋，能知天下事”，只要本书在手，就能 AutoCAD 建筑水暖电设计知识全精通。

Note

二、本书的配套资源

在时间就是财富、效率就是竞争力的今天，谁能够快速学习，谁就能增强竞争力，掌握主动权。为了方便读者朋友快速、高效、轻松地学习本书，我们在光盘上提供了极为丰富的学习配套资源，期望读者朋友在最短的时间学会并精通这门技术。

1．本书配套自学视频：全书实例均配有多媒体视频演示，读者先看视频演示，听老师讲解，然后再跟着书中实例操作，可以大大提高学习效率。

2．AutoCAD 应用技巧大全：汇集了 AutoCAD 绘图的各类技巧，对提高作图效率很有帮助。

3．AutoCAD 疑难问题汇总：疑难解答的汇总，对入门者来讲非常有用，可以扫除学习障碍，让学习少走弯路。

4．AutoCAD 经典练习题：额外精选了不同类型的练习题，读者朋友只要认真去练，到一定程度就可以实现从量变到质变的飞跃。

5．AutoCAD 常用图块集：在实际工作中，积累大量的图块可以拿来就用，或者改改就可以使用，对于提高作图效率极为重要。

6．AutoCAD 全套工程图纸案例及配套视频：大型图纸案例及学习视频，可以让读者朋友看到实际工作中的整个流程。

7．AutoCAD 快捷键命令速查手册：汇集了 AutoCAD 常用快捷命令，熟记可以提高作图效率。

8．AutoCAD 快捷键速查手册：汇集了 AutoCAD 常用快捷键，绘图高手通常会直接使用快捷键完成操作。

9．AutoCAD 常用工具按钮速查手册：AutoCAD 速查工具按钮，也是提高作图效率的方法之一。

三、关于本书的服务

1．“AutoCAD 2016 简体中文版”安装软件的获取

按照本书上的实例进行操作练习，以及使用 AutoCAD 2016 进行绘图，需要事先在电脑上安装 AutoCAD 2016 软件。“AutoCAD 2016 简体中文版”安装软件可以登录 http://www.autodesk.com.cn 联系购买正版软件，或者使用其试用版。另外，也可在当地电脑城、软件经销商处购买。

2．关于本书的技术问题或有关本书信息的发布

读者朋友遇到有关本书的技术问题，可以登录 www.thjd.com.cn，搜索到本书后，查看该书的留言是否已经对相关问题进行了回复，如果没有，请直接留言或者将问题发到邮箱 win760520@126.com 或 CADCAMCAE7510@163.com，也可以加入“三维书屋图书学习交流”QQ 群（379090620），我们将及时回复。

本书经过多次审校，仍然可能有极少数错误，欢迎读者朋友批评指正。另外，有关本书的勘误，我们会在 www.thjd.com.cn 网站上公布。

3．关于本书光盘的使用

本书光盘可以放在电脑 DVD 格式光驱中使用，其中的视频文件可以用播放软件进行播放，但不能在家用 DVD 播放机上播放，也不能在 CD 格式光驱的电脑上使用（现在 CD 格式的光驱已经很少）。如果光盘仍然无法读取，建议换一台电脑进行读取，然后将光盘内容复制至硬盘，极个别光驱与光盘不兼容的现象是存在的。另外，如果盘面有胶或脏物建议要先行擦拭干净。

Note

四、关于作者

本书由 CAD/CAM/CAE 技术联盟组织编写。CAD/CAM/CAE 技术联盟是一个 CAD/CAM/CAE 技术研讨、工程开发、培训咨询和图书创作的工程技术人员协作联盟，包含 20 多位专职和众多兼职 CAD/CAM/CAE 工程技术专家。

CAD/CAM/CAE 技术联盟负责人由 Autodesk 中国认证考试中心首席专家担任，全面负责 Autodesk 中国官方认证考试大纲制定、题库建设、技术咨询和师资力量培训工作，成员精通 Autodesk 系列软件。其创作的众多教材成为国内具有引导性的旗帜作品，在国内相关专业方向图书创作领域具有举足轻重的地位。

赵志超、张辉、赵黎黎、朱玉莲、徐声杰、张琪、卢园、杨雪静、孟培、闫聪聪、王敏、李兵、甘勤涛、孙立明、李亚莉、张亭、秦志霞、解江坤、胡仁喜、王振军、宫鹏涵、王玮、王艳池、王培合、刘昌丽等参与了本书的编写，在此对他们的付出表示真诚的感谢。

五、致谢

在本书的写作过程中，策划编辑刘利民先生给予了我们很大的帮助和支持，提出了很多中肯的建议，在此表示感谢。同时，还要感谢清华大学出版社的所有编审人员为本书的出版所付出的辛勤劳动。本书的成功出版是大家共同努力的结果，谢谢你们。

编　者

目 录

Contents

第1篇 设计基础

Note

Note

第2篇　办公楼水暖电设计

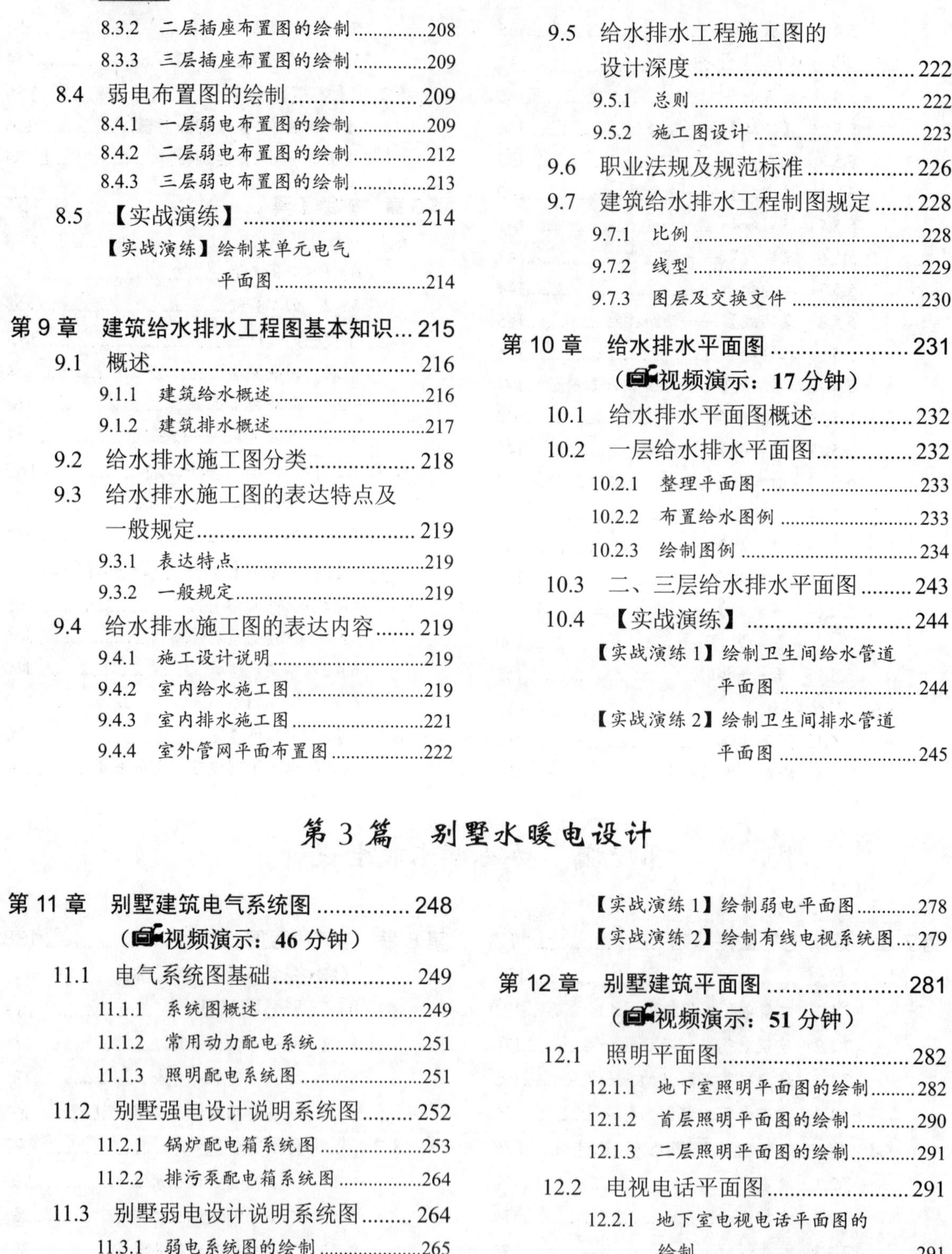

第3篇 别墅水暖电设计

第 4 篇 居民楼水暖电设计

Note

AutoCAD疑难问题汇总（光盘中）

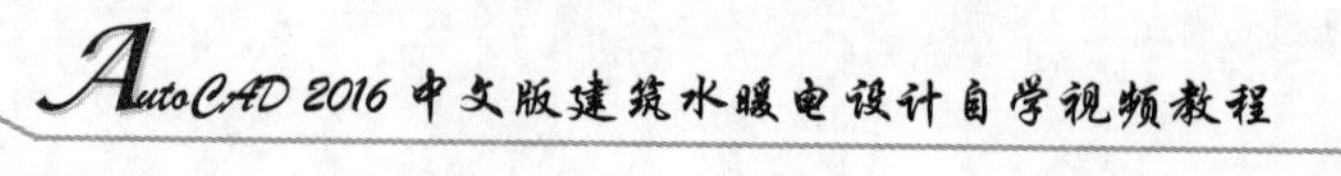

Note

Note

Note

AutoCAD 应用技巧大全（光盘中）

Note

Note

第1篇

设计基础

本篇主要介绍AutoCAD相关基础知识。

通过本篇的学习，读者将掌握AutoCAD制图技巧，为后面的AutoCAD建筑水暖电设计的学习打下初步的基础。

- 建筑水暖电制图基础
- AutoCAD 2016入门
- 二维绘图命令
- 基本绘图工具
- 编辑命令
- 辅助工具

第 1 章

建筑水暖电制图基础

本章学习要点和目标任务：

☑ 建筑水暖电制图相关标准

☑ 建筑水暖电设计常用符号

建筑水暖电工程一般是指建筑设备工程中的给排水工程、暖通空调工程和建筑电气工程3个主要方向的简称。

本章将主要讲述建筑水暖电工程CAD制图的有关规范和规定，以及一些常用的符号和应用图例，为后面章节的学习进行必要的知识准备。

1.1 建筑水暖电制图相关标准

建筑水暖电工程的 CAD 制图必须遵循我国颁布的相关制图标准，其涉及 GB/T50001—2010《房屋建筑制图统一标准》、GB/T4728《电气简图用图形符号》、GB/T6988《电气技术用文件的编制》、GB/T18135—2008《电气工程 CAD 制图规则》、GB/T50106—2010《建筑给水排水制图标准》、GB/T50114—2010《暖通空调制图标准》等多项制图标准。

1.1.1 图纸

建筑水暖电工程中对图纸的幅面和样式进行了规定。

1．图纸的幅面规格

根据建筑水暖电工程规模的大小、类别等，可适当选用 A0、A1、A2、A3、A4 五种规格图纸，两个相邻幅面图纸大小成 1/2 倍数的尺寸关系，建筑电气施工图图纸规格的选用通常与建筑平面图图纸规格一致，以保证建筑电气设施的清晰表达。图纸的幅面尺寸如表 1-1 所示。

表 1-1 图纸幅面规格（mm）

幅面 尺寸	A0	A1	A2	A3	A4
b×*l*	841×1189	594×841	420×594	297×420	210×297
c	10			5	
d	25				

图纸幅面的选择应保证制图紧凑、清晰及使用便携，在标准规定的几种幅面中选择。

2．图纸样式

图纸的使用可分为立式与横式，图纸以短边作为垂直边称为横式，以短边作为水平边称为立式。一般 A0～A3 图纸宜横式使用，必要时也可立式使用。

以下介绍立式与横式布置的图框，供读者参考学习。

图 1-1 为 A0～A3 横式图纸样式。

图 1-2 为 A4 横式图纸样式。

图 1-3 为 A0～A3、A4 立式图纸样式。

图 1-3 中所示的 *a*、*b*、*c* 尺寸及会签栏与标题栏的详细格式、尺寸要求，读者可查阅相关制图标准，这里不另行说明。

幅面尺寸共计上述的 A0～A4 这 5 种，某些情况下，可能因特殊工程需要，工程制图尺寸过于狭长，则会对图纸加长，一般 A0～A2 不得加长，A3、A4 号图纸则可因需要，沿短边的倍数加长，如幅面代号为 A4×3，其中 A4 图的尺寸宽×长=210×297，则按短边 3 倍加长为宽×长=297×630，其他依次类推。

Note

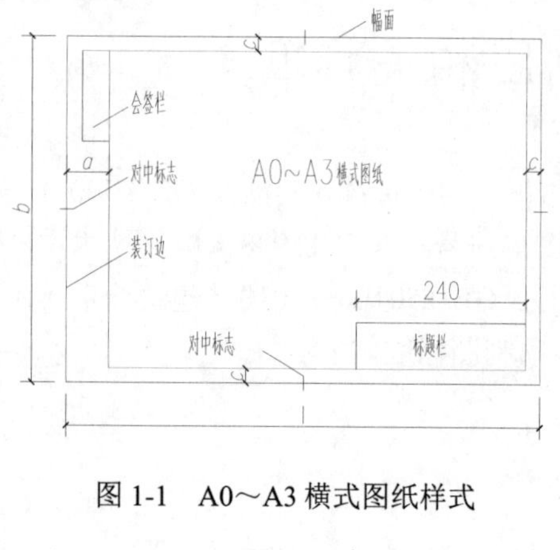

图 1-1　A0～A3 横式图纸样式

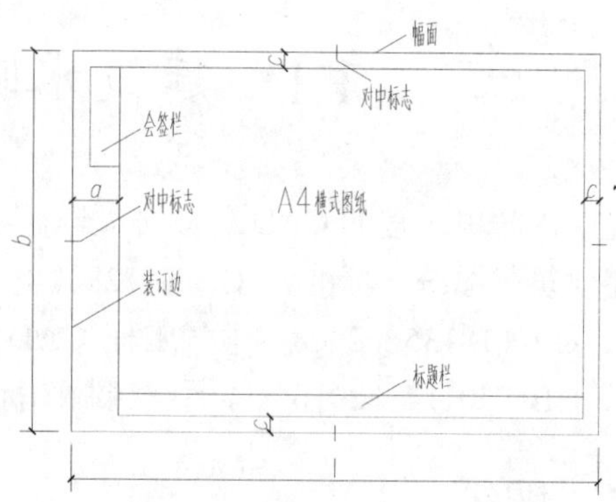

图 1-2　A4 横式图纸样式

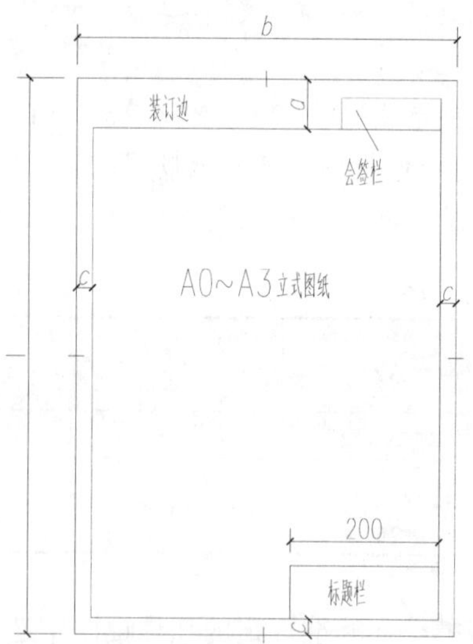

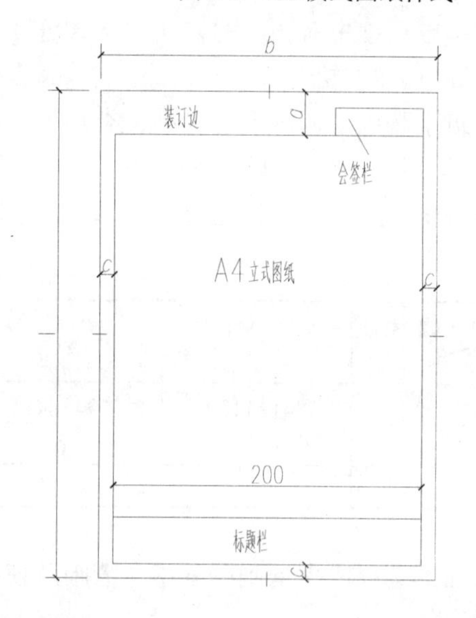

图 1-3　立式图纸样式

3．标题栏、会签栏及装订边

图纸的标题栏（又称为图签）、会签栏及装订边的位置都有一定的规定，一般不同的建筑设计院都制有自己的标准图纸样式，其对本设计单位的图框进行标志设计，统一使用，其标题栏、会签栏往往都会带有鲜明的本院特色风格，以达到良好醒目的效果，便于交流宣传本设计单位形象。如图 1-4 所示是某公司的标题栏样式。

XX XX 建筑设计有限公司				建筑工程设计 甲级证书 00xx00-xx		工程号	总设xx-xxx-xxxx
						图 别	给排水
审定人		专　业 负责人		工程名称	XX XX 饭店	图 号 水施一	
设计总 负责人		设计人		图 名	XX XX 平面图	版 号	A 版
校审人		制图人				日 期	2001.1

出图比例　1:100

图 1-4　标题栏

标题栏包括了几项内容，如公司名称、制图人、设计人、审核人、工程名称、图别、图号、比例、版本、日期等。

标题栏的位置一般位于图纸幅面的右下角，也有将其设置于图纸右侧边的。标题栏往往是一个单位的专用形象标志，许多单位都有自己的专用标题栏，以达到醒目的效果。根据建筑制图标准，标题栏的基本尺寸如图1-5所示。

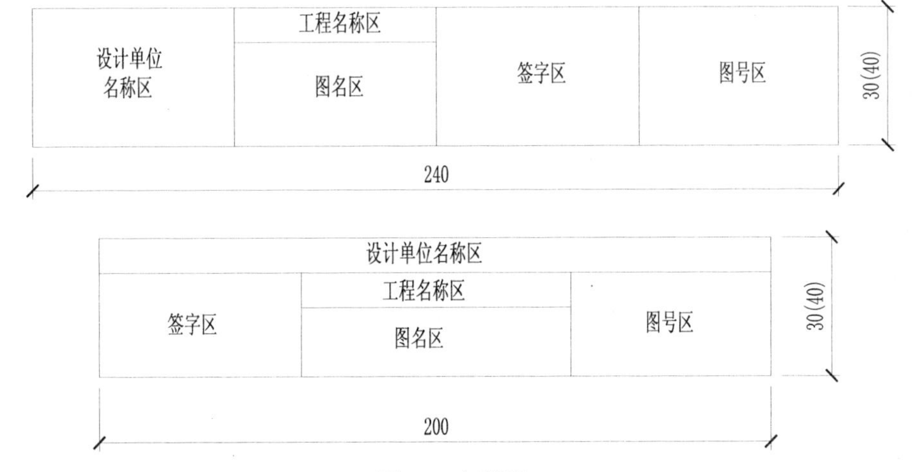

图1-5　标题栏

会签栏如图1-6所示，其尺寸应为100mm×20mm，会签栏内填写会签人员所代表的专业、姓名、日期。当一个会签栏不够时，可另加一个，两个会签栏并列使用，不需要会签栏的图纸，可不设会签栏。

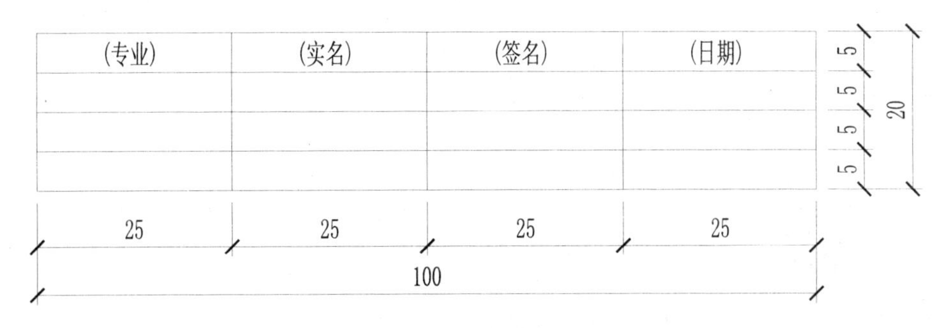

图1-6　会签栏

4．图框的调用

一般设计院都已设计好本单位的标准图框，制图人员可直接调用，方便快捷。另外，AutoCAD 2016安装目录下的Template文件夹中也有一些中文和英制图框的模板文件，对于一些涉外工程，读者可参考学习使用英制模板的格式。如图1-7所示的两幅图框即是从Template文件夹中调用GB_a1及GB_a4建立的图框。

位于Template文件夹内的文件均为模板文件，文件名以Gb_为开头的模板为我国的“国标”的意思。其他如ISO则为国际标准的意思，为英制；ANSI则为美国国家标准学会；IEC则为国际电工委员会场等，读者也可打开其他模板，认识了解一下相关模板的设置。

Note

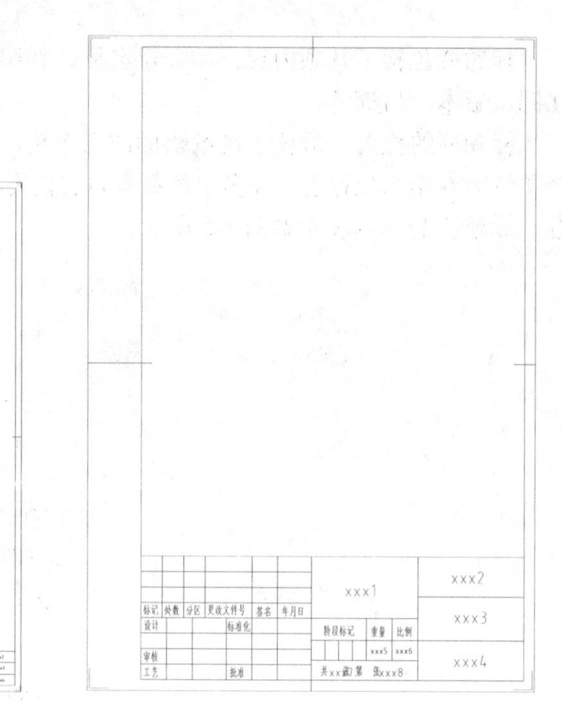

图 1-7　GB_a1 图框与 GB_a4 图框

1.1.2　比例

GB/T50001—2010《房屋建筑制图统一标准》对建筑制图的比例作了详细的说明，常用绘图比例如表 1-2 所示。

表 1-2　建筑图纸常用比例

名　称	比　例
平面图	1:50、1:100 等
立面图	1:20、1:30、1:50、1:100 等
顶棚图	1:50、1:100 等
构造详图	1:1、1:2、1:5、1:10、1:20 等
系统图	1:50、1:100 等

小技巧：

为获得制图比例图纸，一般绘图是先插入按 1:1 尺寸的标准图框，再利用图样与图框的数值关系，将图框按“制图比例的倒数”进行缩放，则可绘制 1:1 的图形，而不必通过缩放图形的方法来实现，实际工程制图中，也多为此法，因为如果通过缩放图形的方法来实现，往往会对“标注”尺寸带来影响。每个公司都有不同的图幅规格的图框，在制作图框时，大多都会按照 1:1 的比例绘制 A0、A1、A2、A3、A4 图框。其中，A1 和 A2 图幅还经常用到立式图框。另外，如果需要用到加长图框，应该在图框的长边方向，按照图框长边 1/4 的倍数增加。把不同大小的图框按照应出图的比例放大，将图框“套”住图样即可。

具体到建筑电气图纸、建筑给排水图纸及建筑暖通空调图纸的比例，相关国家标准对其作了更详细的规定。

1．建筑电气图纸比例

GB/T50001—2010《房屋建筑制图统一标准》对建筑制图的比例作了详细的说明，但电气图是采用图形符号绘制表达的，表现的是示意图（如其电路图、系统图等），其不必按比例绘制。但电气工程平面图一般是在建筑平面图基础上表示相关电气设备位置关系的图纸，故位置图一般采用与建筑平面图同比例绘制，其缩小比例可取如下几种：1:10、1:20、1:50、1:100、1:200、1:500 等。

其他与“建筑图”无直接联系的电气工程施工图，可任选比例或不按比例画示意图，也可按机械制图中的相关比例取用。

2．建筑给排水图纸比例

GB/T50001—2010《房屋建筑制图统一标准》及 GB/T50106—2010《建筑给水排水制图标准》对建筑制图的比例、给排水工程制图的比例作了详细的说明，比例大小的合理选择关系到图样表达的清晰程度及图纸的通用性。

给排水专业的图纸种类繁多，包括平面图、系统图、轴测图、剖面图、详图等。在不同的专业设计阶段，图纸要求表达的内容及深度是不同的，以及工程的规模大小、工程的性质等都关系到比例的合理选择。

给排水工程制图中的常见比例如表 1-3 所示。

表 1-3 给排水图纸比例

名　　称	比　　例
区域规划图	1:10000、1:25000、1:50000
区域位置图	1:2000、1:5000
厂区总平面图	1:300、1:500、1:1000
管道纵断面图	横向：1:300、1:500、1:1000 纵向：1:50、1:100、1:200
水处理厂平面图	1:500、1:200、1:100
水处理高程图	可无比例
水处理流程图	可无比例
水处理构筑物、设备间、泵房等	1:30、1:50、1:100
建筑给排水平面图	1:100、1:150、1:200
建筑给排水轴测图	1:50、1:100、1:150
详图	2:1、1:1、1:5、1:10、1:20、1:50

其中，建筑给排水平面图及轴测图宜与建筑专业图纸比例一致，以便于识图。另外，在管道纵断面图中，根据表达需要其在横向与纵向可采用不同的比例绘制。水处理的高程图和流程图及给排水的系统原理图也可不按比例绘制。建筑给排水的轴测图局部绘制表达困难时也可不按比例绘制。

3．建筑暖通空调图纸比例

我国所执行的两本相关制图标准即《房屋建筑制图统一标准》（GB/T50001—2010）和《暖通空调制图标准》（GB/T50114—2010）对建筑制图的比例、暖通空调工程制图的比例作了详细的说明，比例大小的选择关系到图样表达的清晰程度及图纸的通用性。

暖通空调专业的图纸种类繁多，包括平面图、系统图、轴测图、剖面图、详图等。在不同的专业设计阶段，图纸要求表达的内容及深度是不同的，以及工程的规模大小、工程的性质等都关系到比例的合理选择。暖通空调工程制图中的常见比例如表 1-4 所示。

Note

表 1-4 建筑暖通空调的制图比例

名　称	比　例
总平面图	1:500、1:10000
总图中管道断面图	1:50、1:100、1:200
平面图与剖面图	1:20、1:50、1:100
详图	2:1、1:1、1:5、1:10、1:20、1:50

其中，建筑暖通空调平面图及轴测图宜与建筑专业图纸比例一致，以便于识图。

1.1.3 线型

制图中的各种建筑、设备等多数图样是通过不同式样的线条来表示实现的，以线条的形式来传递相应的表达信息，不同的线条即代表不同的含义。通过对线条的调整设置，包括线型及线宽等的设置，以及诸如填充图案样式等的灵活运用，可以使图样清晰、表达信息明确、制图快捷。

图线的宽度 *b*，一般取以下系列：2.0mm、1.4mm、1.0mm、0.7mm、0.5mm、0.35mm，每个图样，应根据复杂程度，在保证表达清晰的条件下，选定基本线宽。

对于线型的选用及制图时应注意的细节，读者可参考有关制图标准及教科书，这里不再详细赘述，如相互平行的图线，其间隙不宜小于其中的粗线宽度，且不宜小于 0.7mm；图线不得与文字、数字、符号等重叠、混淆，不可避免时，应首先保证文字等信息的清晰；同一张图纸中，相同比例的图样，应选用相同的线宽组等。

具体到建筑电气图纸、建筑给排水图纸及建筑暖通空调图纸的线型，相关国家标准对其作了更详细的规定。

1．建筑电气图纸线型

GB/T50001—2010《房屋建筑制图统一标准》中对线条作了详细的解释，建筑电气工程涉及建筑制图方面的线条规定，应严格执行，另外还有电气专业在制图方面关于线条表达的一些规定，应将两者结合，共同处理，完成建筑电气工程制图。

表 1-5 列出了建筑电气工程中线型的一些表达规则。

表 1-5 建筑电气工程一般线型的表达规则

线　型	线　宽	一 般 应 用	电气工程制图应用
实线	*b*	基本线、简图主要内容用线、可见轮廓线、可见导线	电路中的主回线
	0.5*b*		交流配电线路
	0.35*b*		建筑物的轮廓线
虚线	0.35*b*	辅助线、屏蔽线、机械连接线、不可见轮廓线、不可见导线、计划扩展内容用线	事故照明线、直线配电线路、钢索或屏蔽等，以虚线的长短区分用途
点划线	0.35*b*	分界线、结构围线、功能围线、分组围框线	控制及信号线
双点划线	0.35*b*	辅组围框线	50V 及以下的电力、照明线路

Note

2．建筑给排水图纸线型

GB/T50001—2010《房屋建筑制图统一标准》和 GB/T50106—2010《建筑给水排水制图标准》对线条作了详细的解释，图线的宽度 *b* 的选择，主要考虑到图纸的类别、比例、表达内容与复杂程度，给排水专用图纸中的基础线宽一般取 1.0mm 及 0.7mm 两种。

表 1-6 列出了给排水线型的一些表达规则。

表 1-6　建筑给排水图纸线型的使用

名　称	线　宽	表 达 用 途
粗实线	*b*	新设计的各种排水及其他重力流管线
粗虚线		新设计的各种排水及其他重力流管线不可见轮廓线
中粗实线	0.75*b*	新设计的各种给水和其他压力流管线
		原有的各种排水及其他重力流管线
中粗虚线	0.75*b*	新设计的各种给水及其他压力流管线不可见轮廓线
		原有的各种排水及其他重力流管线不可见轮廓线
中实线	0.5*b*	给水排水设备、零件的可见轮廓线
		总图中新建建筑物和构筑物的可见轮廓线
		原有的各种给水和其他压力流管线
虚实线	0.5*b*	给水排水设备、零件的不可见轮廓线
		总图中新建建筑物和构筑物的不可见轮廓线
		原有的各种给水和其他压力流管线的不可见轮廓线
细实线	0.25*b*	建筑的可见轮廓线，总图中原有建筑物和构筑物的可见轮廓线
细虚线	0.25*b*	建筑的不可见轮廓线，总图中原有建筑物和构筑物的不可见轮廓线
单点长画线	0.25*b*	中心线、定位轴线
折断线	0.25*b*	断开线
波浪线	0.25*b*	平面图中的水面线、局部构造层次范围线、保温范围示意线

3．建筑暖通空调工程图纸线型

GB/T50001—2010《房屋建筑制图统一标准》和 GB/T50106—2010《暖通空调制图标准》对线条作了详细的解释，暖通空调专用的图纸中的基础线宽，一般取 1.0mm 及 0.7mm 两种。建筑暖通空调工程制图方面的线型规定，如表 1-7 所示。

表 1-7　建筑暖通空调工程制图线型的表达规则

名　称	线　宽	表 达 用 途
粗实线	*b*	采暖供水、供汽干管、立管 风管及部件轮廓线 系统图中的管线 设备、部件编号的索引标志线 非标准部件的轮廓线
粗虚线		采暖回水管、凝结水管 平、剖面图中非金属风道的内表面轮廓线
中粗实线	0.5*b*	散热器及其连接支管线 采暖、通风、空气调节设备的轮廓线 风管的法兰盘线

续表

名　称	线　宽	表达用途
中粗虚线	0.5*b*	风管被遮挡部分的轮廓线
细实线	0.35*b*	平、剖面图中土建轮廓线 尺寸线、尺寸界线 材料图例线、引出线、标高符号等
细虚线		原有风管轮廓线 采暖地沟 工艺设备补遮挡部分的轮廓线
细点划线		设备中心线、轴心线 风管及部件中心线 定位轴线
细双点划线		工艺设备外轮廓线
折断线		不需要画全的断开线
波浪线		不需要画的断开界线 构造层次的断开界线

1.1.4　字体

制图中的文字包括数字、字母、中英文文字。

相关制图标准或书籍对字体的格式都作了叙述，包括文字的字高、字的高宽比、字体、排列格式、倾斜度、有关单位制的格式等。此处不作重复说明，读者请自行查阅。

工程制图对字体的高度有要求，字体的号数，按字体高度值分为20mm、14mm、10mm、7mm、5mm、3.5mm、2.5mm共计7种，字体宽度约为字体高度的2/3，汉字笔划宽度约为字体高度的1/5，而数字和字母的笔划宽度约为字体高度的1/10。因汉字的笔划较多，不宜采用2.5号字。

图纸上的字体大小，从识读及图纸晒图复印缩微等方面考虑，一般字体的最小高度如表1-8所示，供读者参考。

表1-8　图纸字体最小高度值

图幅	A0	A1	A2	A3	A4
字体最小高度（mm）	5	3.5	2.5	2.5	2.5

图1-8所示为常见几种字体的实际效果。

建筑暖通空调工程制图Hydraulic——仿宋体_GB2312

建筑暖通空调工程制图Hydraulic--gbenor.shx+gbcbig.shx

建筑暖通空调工程制图Hydraulic--Times new roman

图1-8　字体样式

Note

小技巧：

（1）在选用字体文件时尽量选用通用字体，以便于不同用户间的图纸交流，对于某些建筑设计院会使用的一些个性特色字体，读者可以到一些官方网站下载，如 www.autodesk.com。

（2）字体在选用时还应结合本专业的需要，某些字体是考虑到专业需求而设计的，特别是字体中含有一些专业符号，非常便于用户调用。

1.1.5　标注

建筑工程图形中的标注一般包括尺寸标注、标高标注和文字标注等，下面简要介绍。

1．尺寸标注

工程制图需要对线段的长段、曲线的弧长、圆的半径、角的弧度、引线标注进行数值说明。尺寸标注首先需要进行的即是设置标注样式，用户根据制图的需要设置不同的标注样式，如建筑制图与机械制图的样式是不同的，不同比例的标注样式设置也是不同的。标注样式的设置应风格统一，以便阅读，做到图纸表达规范清晰。

AutoCAD 的“标注”菜单和“标注”工具栏中的各标注工具，可以完成各种尺寸标注，读者可自行练习，掌握其使用方法，提高制图速度。

2．标高标注

标高符号为一等腰直角三角形（其底边高于物理图纸上约为 3mm），并辅以相应的引出线，三角尖所指为实际高度线。长横线上下都可用来注写尺寸，尺寸单位为 m，并注写到小数点后面三位数，总平面图上可只注到小数点后两位。关于标高符号的具体应用方法详见各制图标准规范。

需要指出的是，标高方式视图纸类型而定，如总平面图、平面图、剖面图的标注方式是有差异的；标高的性质是绝对标高还是相对标高等制图时也应注意。

例如，如图 1-9 所示为在平面图和系统图中管道的标高。

图 1-9　标高的标注方法

此处需要说明的是，AutoCAD 中并没有“标高三角符号”，用户只能自己绘制，或将标高符号创建为块，需要时可直接进行块的调用。也有一些以 AutoCAD 为平台开发的其他建筑软件，如天正、广厦等专业软件，其提供了专门的标高标注块，使用相当方便，读者可以试一试。

3．文字标注

文字标注主要涉及一些设计说明、注释、设备型号或编号等，这些都是图纸清晰表达的重要环节。

文字标注时应注意字体样式、字体高度的设置，做到图纸风格统一、简约。

Note

1.1.6 房屋建筑制图 CAD 统一规则（GB/T 18111—2000）

1．图层

图层是在 CAD 数据文件中存放一组相关实体的一种数据结构。采用图层的目的是用于组织、管理、交换 CAD 图形的实体数据及控制实体的屏幕显示和打印输出。图层具有颜色、线型、状态等属性。

2．图层的组织原则

图层的组织根据不同的用途、阶段、实体属性和使用对象等可采取不同的方法，但应具有一定的逻辑性，便于操作。

3．图层的命名规则

在 CAD 系统中，在共享范围内图层名应唯一，且中、英文命名格式不得混用。

图层名不宜超过 31 个字符，可由字母、数字、连接符、汉字及下划线组成。图层名应具有可读性，便于记忆和检索。

图层名宜采用国内外通用信息分类的编码标准。

4．图层名的命名格式

为便于各专业交流，图层名应采用中文或西文的格式化命名方式，编码之间用西文“-”连接。

（1）中文命名格式

中文图层命名格式应采用如图 1-10 所示的 4 种格式。

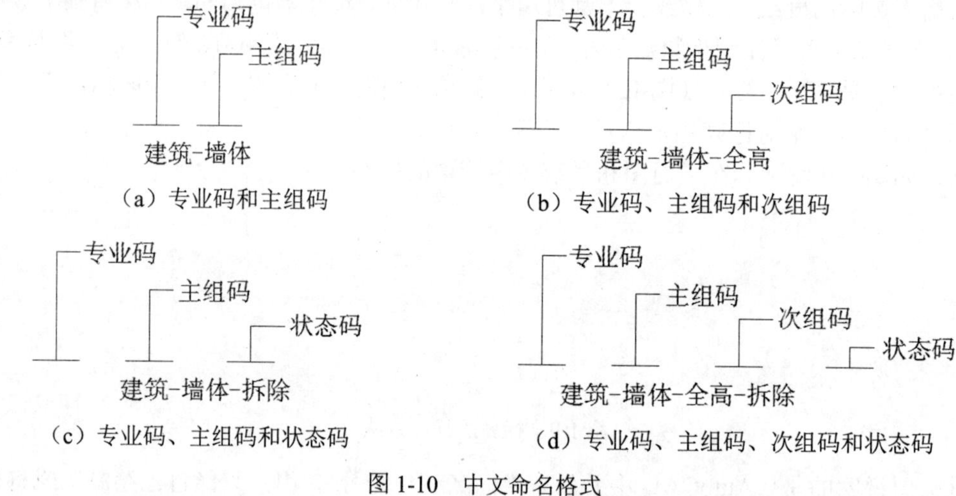

图 1-10　中文命名格式

其中：

专业码——由两个汉字组成，用于说明专业类别（如建筑、结构等）。

主组码——由两个汉字组成，用于详细说明专业特征，可以和任意专业码组合（如墙体）。

次组码——由两个汉字组成，用于进一步区分主组码类型，是可选项，用户可以自定义次组码（如全高），次组码可以和不同主组码组合。

状态码——由两个汉字组成，用于区分改建、加固房屋中该层实体的状态（如新建、拆迁、

Note

保留和临时等），是可选项。

（2）西文命名格式

西文图层名格式应采用如图1-11所示的4种格式。

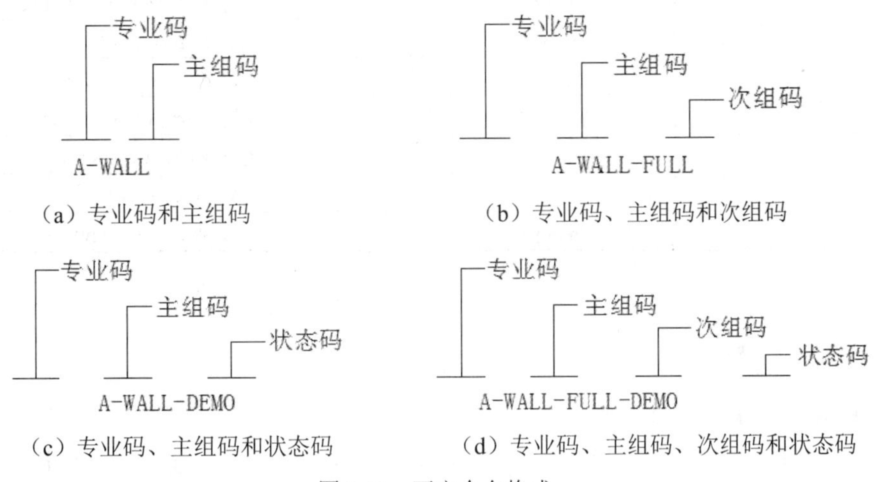

（a）专业码和主组码　（b）专业码、主组码和次组码

（c）专业码、主组码和状态码　（d）专业码、主组码、次组码和状态码

图1-11　西文命名格式

专业码由一个字符组成，主组码、次组码、状态码由4个字符组成。

5．图层的基本操作

图层可以设置、修改颜色和线型，并具有建立、打开、关闭、冻结、解冻、加锁、解锁等基本操作。

6．图形文件交换格式

不同系统间图形交换应采用GB/T 16656《工业自动化系统和集成——产品数据表达与交换》系列标准或CAD软件的中性文件格式。

7．图层名举例

图层名举例如表1-9所示。

表1-9　图层名举例说明

专业号码中文名	英 文 名	解　释
建筑	A	建筑 Architectural
电气	E	电气 Electrical
总图	G	总图 General plan
室内	I	室内 Interiors
暖通	M	暖通 HVAC
给排	P	给排 Plumbing
设备	Q	设备 Equipment
结构	S	结构 Structural
通信	T	通信 Telecommunications
其他	X	其他 Other disciplines
状态码中文名	**英 文 名**	**解　释**
新建	NEWW	新建 New work

续表

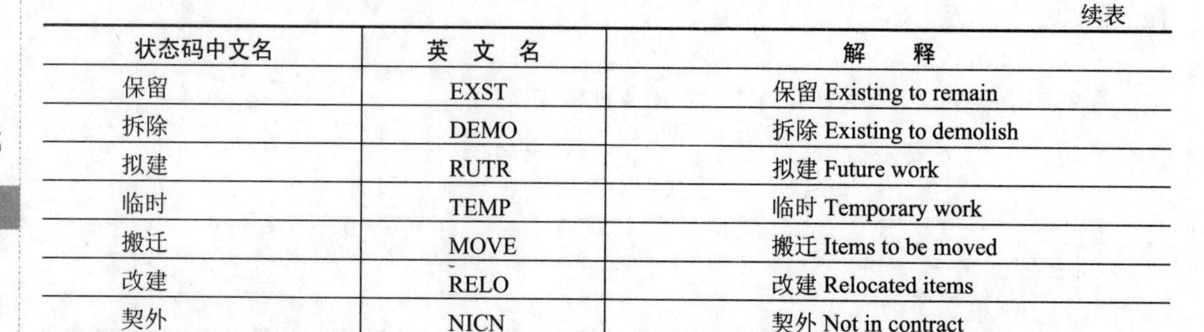

状态码中文名	英 文 名	解 释
保留	EXST	保留 Existing to remain
拆除	DEMO	拆除 Existing to demolish
拟建	RUTR	拟建 Future work
临时	TEMP	临时 Temporary work
搬迁	MOVE	搬迁 Items to be moved
改建	RELO	改建 Relocated items
契外	NICN	契外 Not in contract
阶段	PHS1-9	阶段 Phase in numbers

1.1.7 图纸的编排

图纸的编排应遵循以下基本原则：

（1）工程图纸应按专业顺序编排。一般应为图纸目录、总图、建筑图、结构图、给水排水图、暖通空调图、电气图等。

（2）各专业的图纸，应该按图纸内容的主次关系、逻辑关系，有序排列。编排时利用简写加罗马数字来进行规序，如“电施-1，电施-2……”。

以下是某建筑设计单位的CAD制图标准的目录，供读者参考。

目录：

（1）制图规范
（2）图纸目录
（3）图纸深度
（4）图纸字体
（5）图纸版本及修改标志
（6）图纸幅面
（7）图层及文件交换格式
（8）门窗表和材料表
（9）补充说明

1.2 建筑水暖电设计常用符号

1.2.1 建筑常用符号

1．详图索引符号及详图符号

建筑平、立、剖面图中，在需要另设详图表示的部位标注一个索引符号，以表明该详图的位置，这个索引符号即详图索引符号。详图索引符号采用细实线绘制，圆圈直径10mm。如图1-12所示，图1-12（d）～图1-12（g）用于索引剖面详图，当详图就在本张图纸时，采用图1-12（a）所示的形式，详图不在本张图纸时，采用图1-12（b）～图1-12（g）所示的形式。

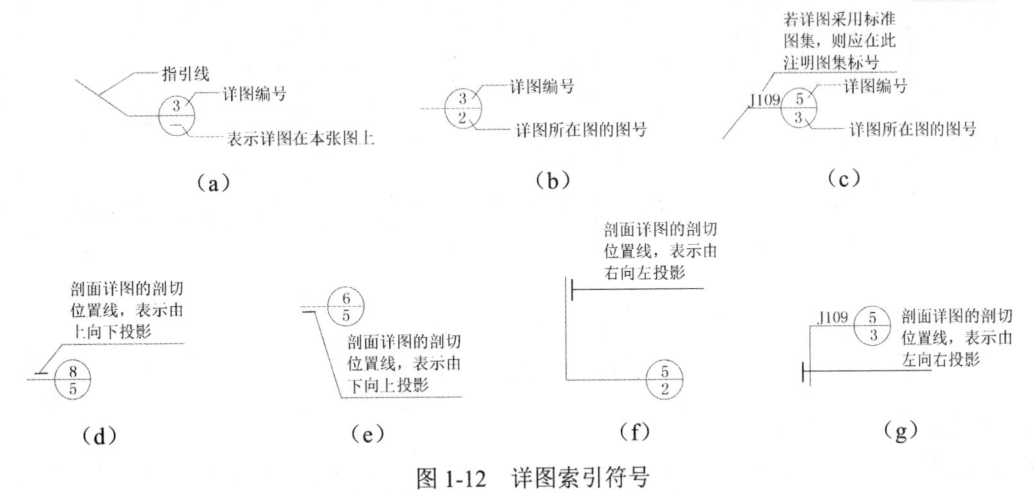

图 1-12　详图索引符号

详图符号即详图的编号，用粗实线绘制，圆圈直径为 14mm，如图 1-13 所示。

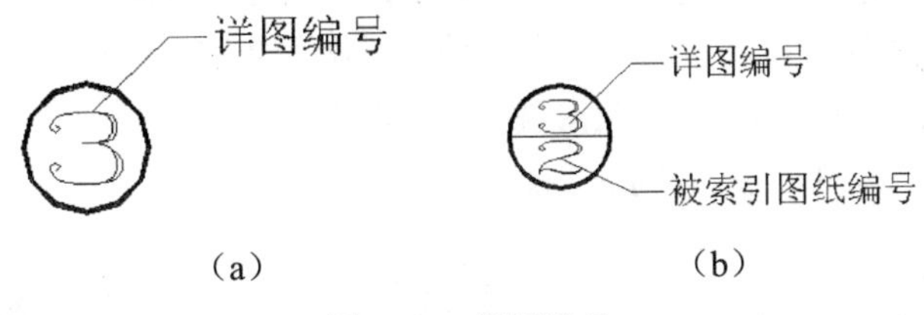

图 1-13　详图符号

2．引出线

由图样引出一条或多条线段指向文字说明，该线段就是引出线。引出线与水平方向的夹角一般采用 0°、30°、45°、60°、90°，常见的引出线形式如图 1-14 所示。图 1-14（a）～图 1-14（d）为普通引出线，图 1-14（e）～图 1-14（h）为多层构造引出线。使用多层构造引出线时，应注意构造分层的顺序要与文字说明的分层顺序一致。文字说明可以放在引出线的端头，如图 1-14（a）～图 1-14（h）所示，也可放在引出线水平段之上，如图 1-14（i）所示。

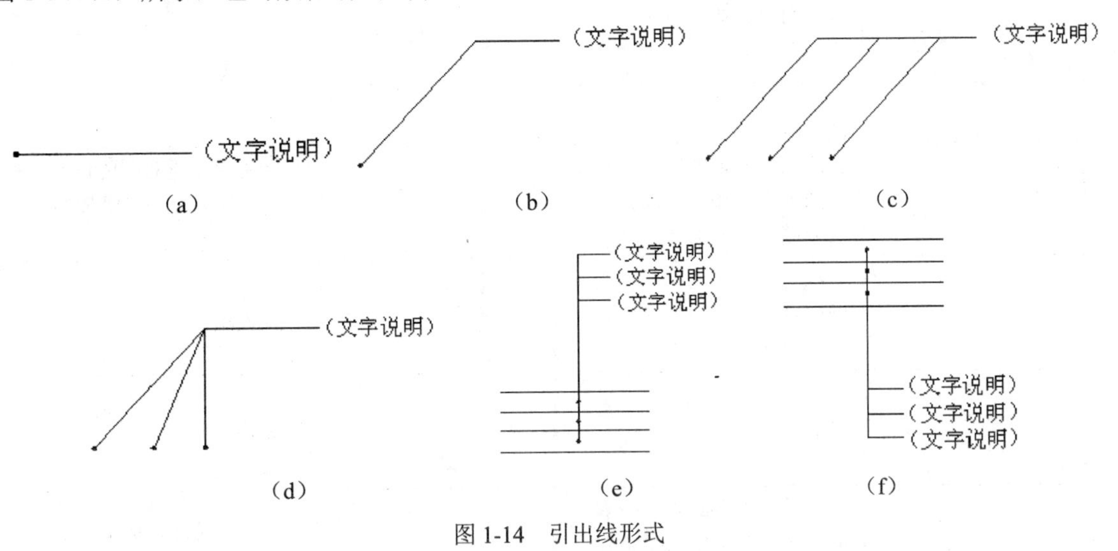

图 1-14　引出线形式

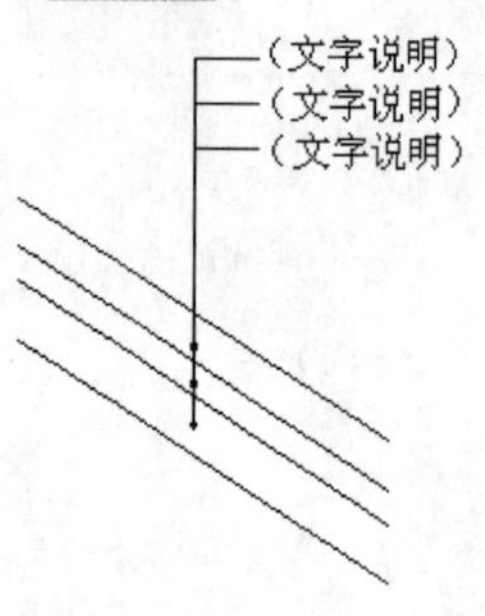

(g)

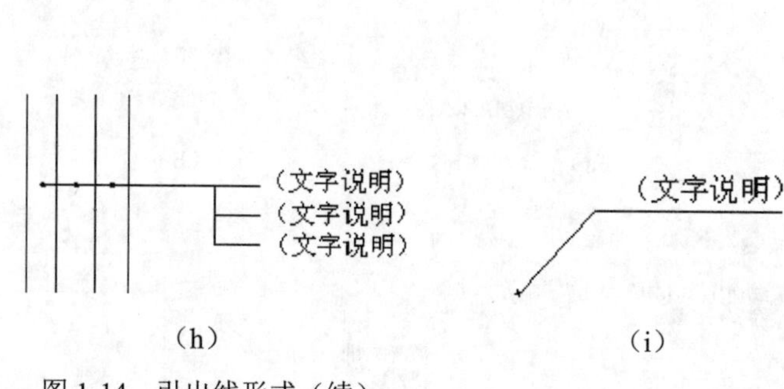

(h)　　(i)

图 1-14　引出线形式（续）

3．内视符号

在房屋建筑中，一个特定的室内空间领域总存在竖向分隔（隔断或墙体）来界定，因此，根据具体情况，就有可能绘制一个或多个立面图来表达隔断、墙体及家具、构配件的设计情况。内视符号标注在平面图中，包含视点位置、方向和编号 3 个信息，建立平面图和室内立面图之间的联系。内视符号的形式如图 1-15 所示。图中立面图编号可用英文字母或阿拉伯数字表示，黑色的箭头指向表示的立面方向；图 1-15（a）为单向内视符号，图 1-15（b）为双向内视符号，图 1-15（c）为四向内视符号，A、B、C、D 顺时针标注。

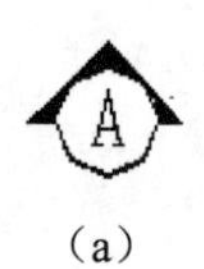

(a)

(b)

(c)

图 1-15　内视符号

为了方便读者查阅，我们将其他常用符号及其意义列出，如表 1-10 所示。

表 1-10　建筑设计图常用符号图例

符　　号	说　　明	符　　号	说　　明
3.600　3.600	标高符号。线上数字为标高值，单位为 m。右侧的在标注位置比较拥挤时采用	i=5%	表示坡度
1　1	标注剖切位置的符号。标数字的方向为投影方向，“1”与剖面图的编号“1-1”对应	2　2	标注绘制断面图的位置，标数字的方向为投影放向，“2”表示断面图的编号
	对称符号。在对称图形的中轴位置画此符号，可以省画另一半图形		指北针
	楼板开方孔		楼板开圆孔
@	表示重复出现的固定间隔，例如“双向木格栅@500”	Φ	表示直径，如 Φ30

续表

符　号	说　明	符　号	说　明
平面图 1:100	图名及比例	1 1:5	索引详图名及比例
	单扇平开门		旋转门
	双扇平开门		卷帘门
	子母门		单扇推拉门
	单扇弹簧门		双扇推拉门
	四扇推拉门		折叠门
	窗	上	首层楼梯
下	顶层楼梯	上 下	中间层楼梯

1.2.2　材料符号

建筑水暖电设计图中经常应用材料图例来表示材料，在无法用图例表示的地方，也采用文字说明。为了方便读者，我们将常用的图例汇集，如表 1-11 所示。

表 1-11　常用材料符号图例

材 料 图 例	说　明	材 料 图 例	说　明
	自然土壤		夯实土壤
	毛石砌体		普通砖
	石材		砂、灰土
	空心砖		松散材料
	混凝土		钢筋混凝土

Note

续表

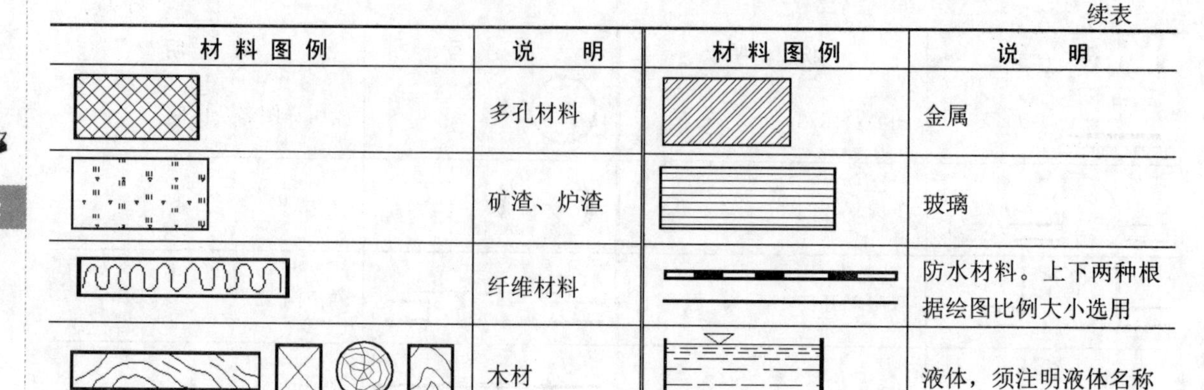

材料图例	说　明	材料图例	说　明
	多孔材料		金属
	矿渣、炉渣		玻璃
	纤维材料		防水材料。上下两种根据绘图比例大小选用
	木材		液体，须注明液体名称

1.2.3　建筑水暖电符号

建筑水暖电工程中常用的图例如图 1-16～图 1-19 所示。为了便于读者使用，我们将这些图例制作成图块，放到了随书光盘中，读者在后面章节的练习过程中，可以随时调用。

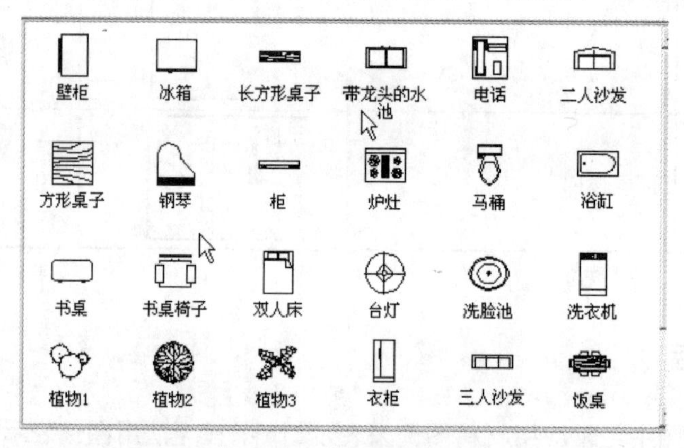

图 1-16　室内设施图例

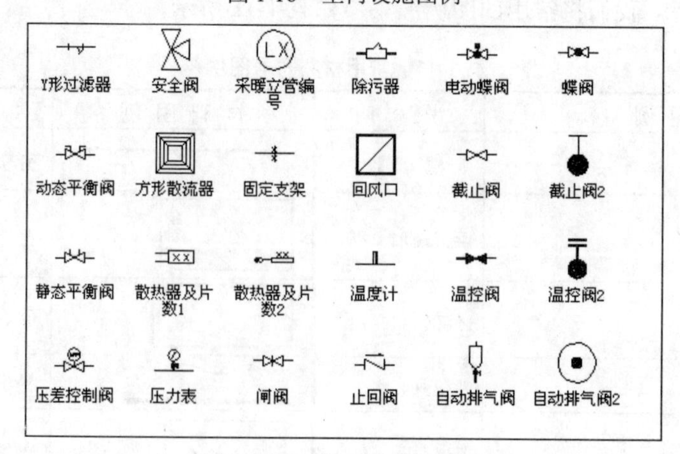

图 1-17　暖气与空调图例

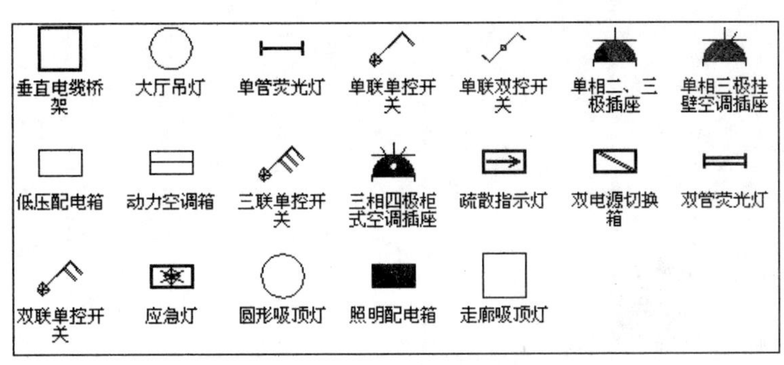

图 1-18 强电布置图例

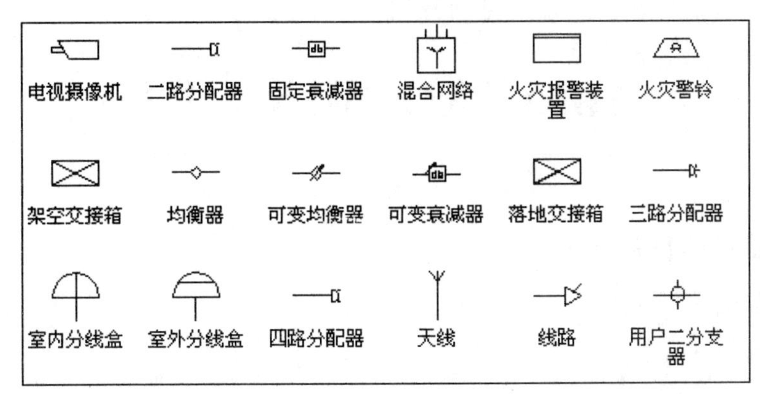

图 1-19 弱电布置图例

第2章

AutoCAD 2016 入门

本章学习要点和目标任务：

- ☑ 操作界面
- ☑ 配置绘图系统
- ☑ 设置绘图环境
- ☑ 图形显示工具
- ☑ 精确绘图工具
- ☑ 基本输入操作

AutoCAD 2016 是美国 Autodesk 公司于 2015 年推出的最新版本，该版本与 2009 版的 DWG 文件及应用程序兼容，拥有很好的整合性。

本章将开始循序渐进地学习 AutoCAD 2016 绘图的有关基本知识，包括了解如何设置图形的系统参数、样板图，熟悉建立新的图形文件、打开已有文件的方法等。

Note

2.1　操 作 界 面

AutoCAD 的操作界面是 AutoCAD 显示、编辑图形的区域。启动 AutoCAD 2016 后的默认界面是 AutoCAD 2009 版本以后出现的新界面风格，为了便于学习和使用过 AutoCAD 2016 及以前版本的用户学习本书，我们采用 AutoCAD 的操作界面来讲述，如图 2-1 所示。

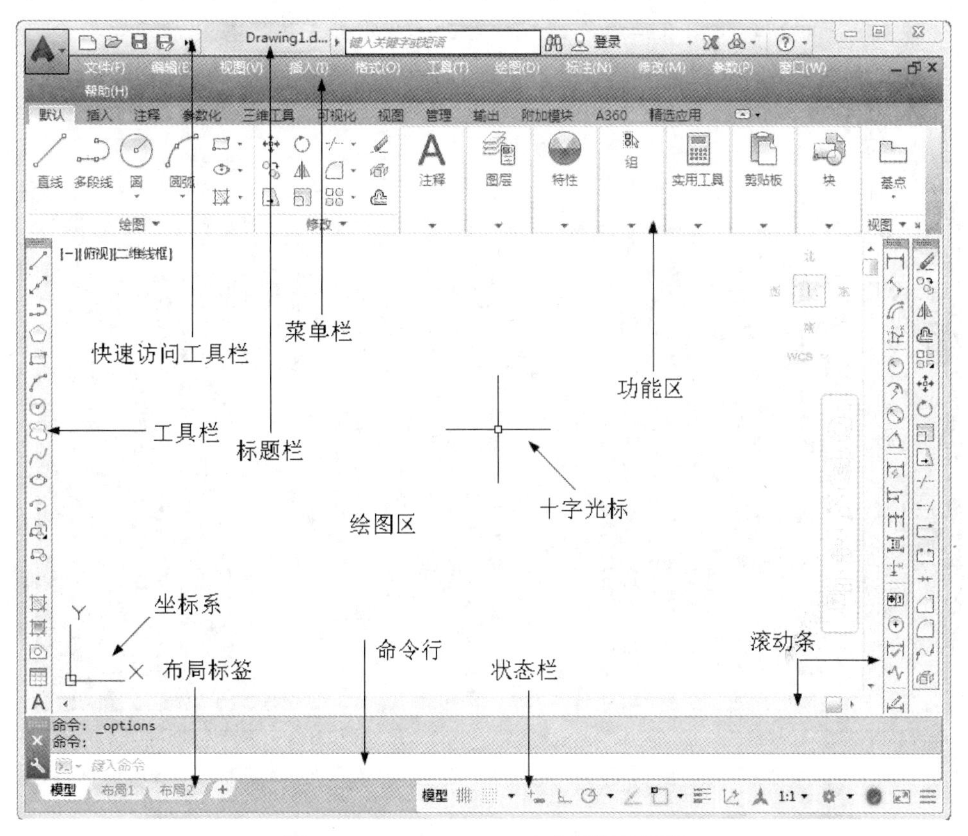

图 2-1　AutoCAD 2016 中文版操作界面

具体的转换方法是：单击界面右下角的“切换工作空间”按钮 ⚙ ▾，在打开的菜单中选择“草图与注释”命令，如图 2-2 所示，系统即转换到草图与注释界面。

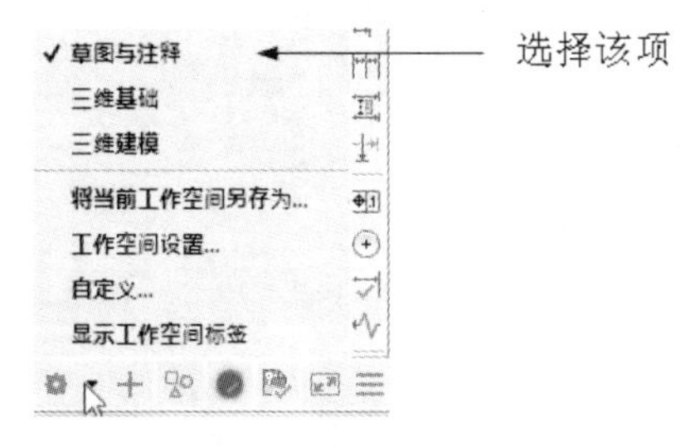

图 2-2　工作空间转换

一个完整的 AutoCAD 经典操作界面包括快速访问工具栏、标题栏、绘图区、十字光标、菜

单栏、工具栏、坐标系、命令行、状态栏、状态托盘、功能区、布局标签和滚动条等。

Note

注意：

安装 AutoCAD 2016 后，默认的界面如图 2-3 所示，在绘图区中右击，打开快捷菜单，如图 2-4 所示，选择“选项”命令，打开“选项”对话框，选择“显示”选项卡，在窗口元素对应的“配色方案”中设置为“明”，如图 2-5 所示，单击“确定”按钮，退出对话框，继续单击“窗口元素”选项组中的“颜色”按钮，将打开如图 2-6 所示的“图形窗口颜色”对话框，在“颜色”下拉列表框中选择白色，然后单击“应用并关闭”按钮，继续单击“确定”按钮，退出对话框，其界面效果如图 2-7 所示。

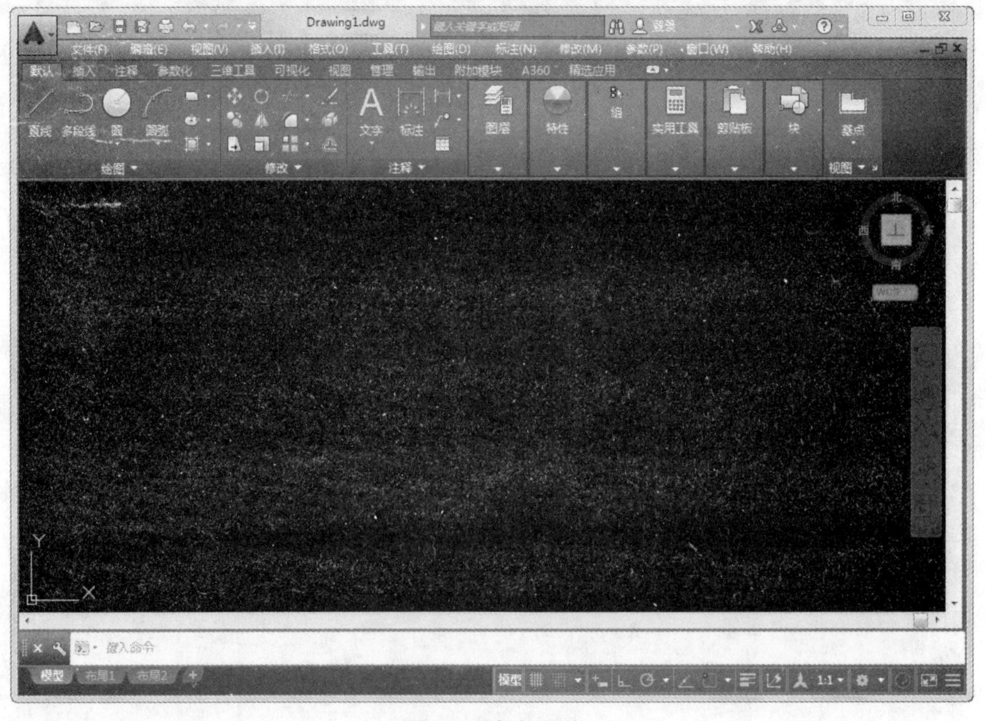

图 2-3 默认界面

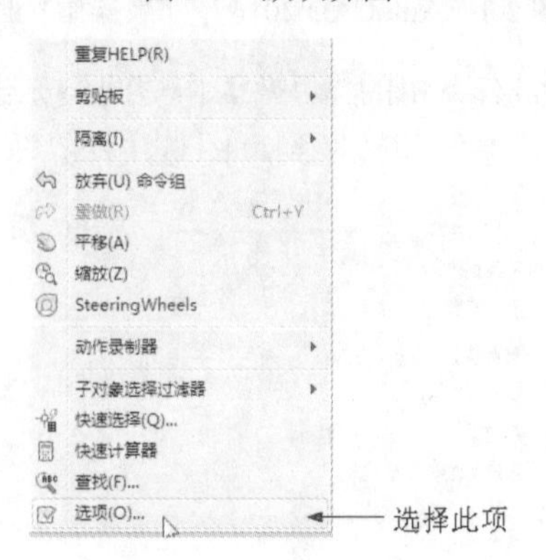

图 2-4 快捷菜单

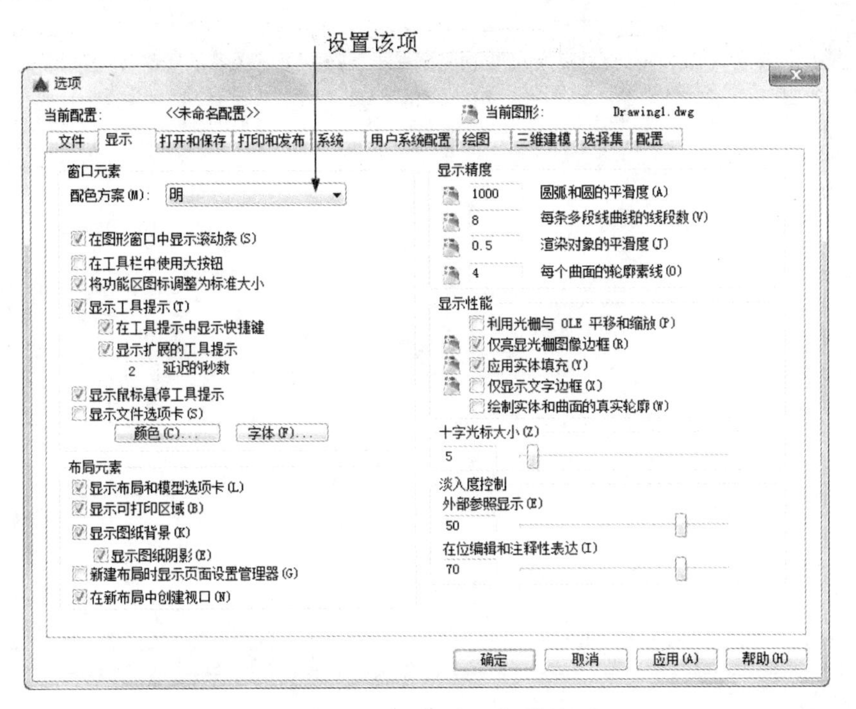

图 2-5 “选项”对话框

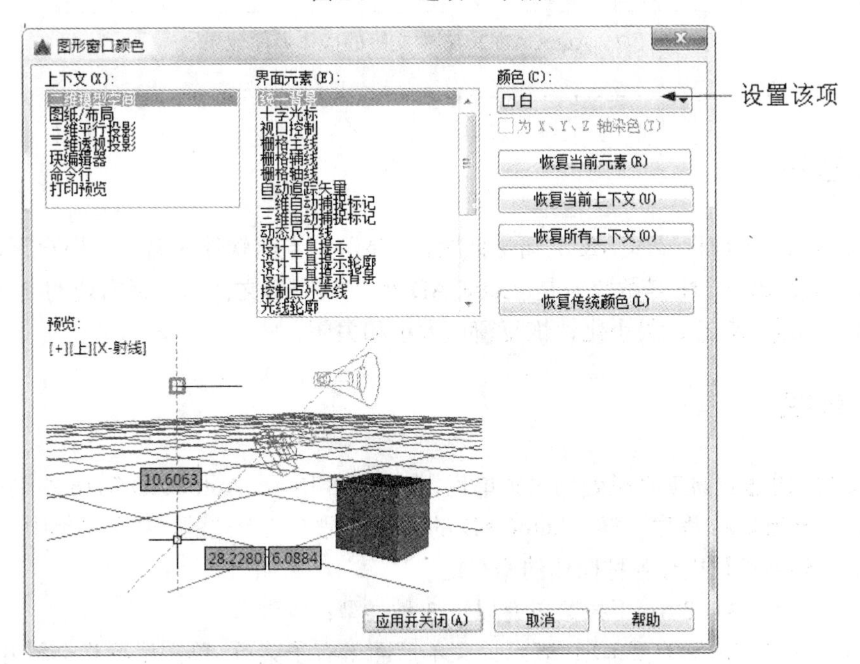

图 2-6 “图形窗口颜色”对话框

Note

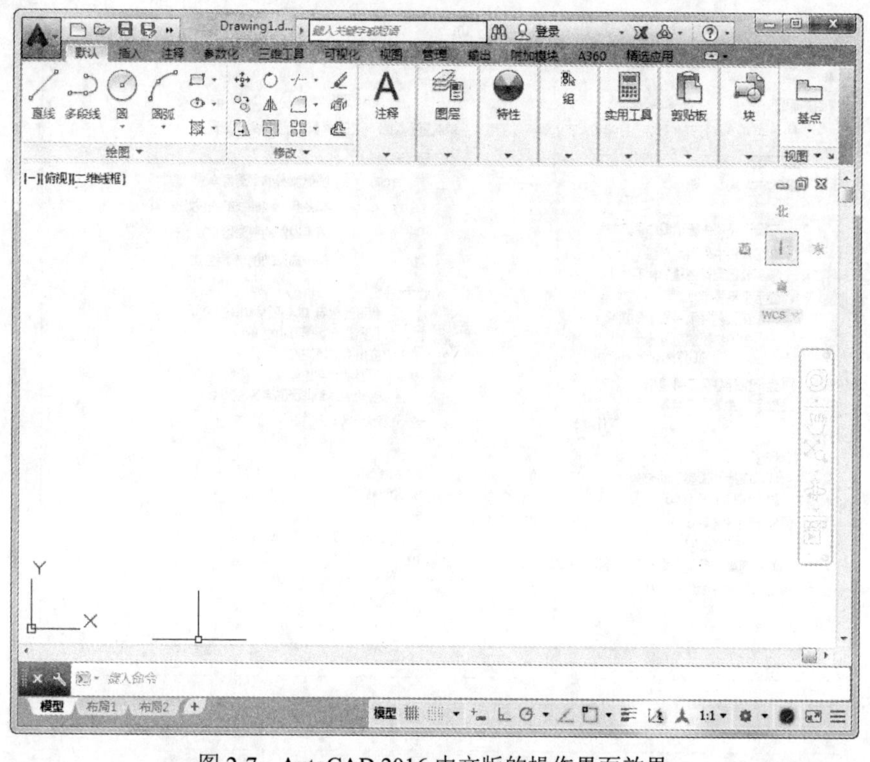

图 2-7　AutoCAD 2016 中文版的操作界面效果

2.1.1　标题栏

在 AutoCAD 2016 操作界面的最上端是标题栏，显示了当前软件的名称和用户正在使用的图形文件，DrawingN.dwg（N 是数字）是 AutoCAD 的默认图形文件名；最右边的 3 个按钮控制 AutoCAD 2016 当前的状态：最小化、恢复窗口大小和关闭。

2.1.2　菜单栏

在 AutoCAD 快速访问工具栏处调出菜单栏，如图 2-8 所示。AutoCAD 2016 的菜单栏位于标题栏的下方，同 Windows 程序一样，AutoCAD 的菜单也是下拉形式的，并在菜单中包含子菜单，如图 2-9 所示。菜单栏是执行各种操作的途径之一。

一般来讲，AutoCAD 2016 下拉菜单有以下 3 种类型：

- ☑　右边带有小三角形的菜单项，表示该菜单后面带有子菜单，单击鼠标将会打开其子菜单。
- ☑　右边带有省略号的菜单项，表示单击后会打开一个对话框。
- ☑　右边没有任何内容的菜单项，单击后可以直接执行一个相应的 AutoCAD 命令，并在命令行提示窗口中显示出相应的提示。

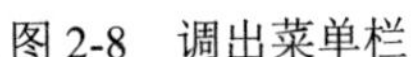
图 2-8 调出菜单栏

图 2-9 下拉菜单

2.1.3 工具栏

工具栏是一组按钮工具的集合，在菜单栏中选择“工具”→“工具栏”→AutoCAD 命令，调出所需要的工具栏，把鼠标移动到某个按钮上，稍停片刻即在该按钮的一侧显示相应的功能提示，此时，单击该按钮就可以启动相应的命令了。

工具栏是执行各种操作最方便的途径。工具栏是一组图标型按钮工具的集合，单击这些图标

按钮就可调用相应的 AutoCAD 命令。AutoCAD 2016 的“工具”菜单中提供了几十种工具栏，每一个工具栏都有一个名称。对工具栏的操作有以下方面。

☑ 固定工具栏：绘图窗口的四周边界为工具栏固定位置，在此位置上的工具栏不显示名称，在工具栏的最左端显示出一个句柄。

☑ 浮动工具栏：拖动固定工具栏的句柄到绘图窗口内，工具栏转变为浮动状态，此时显示出该工具栏的名称，拖动工具栏的左、右、下边框可以改变工具栏的形状。

☑ 打开工具栏标签列表：将光标放在任一工具栏的非标题区，单击鼠标右键，系统会自动打开单独的工具栏标签，如图 2-10 所示。用鼠标左键单击某一个未在界面中显示的工具栏名，系统将自动在界面中打开该工具栏。如图 2-11 所示为打开的“标注”工具栏。

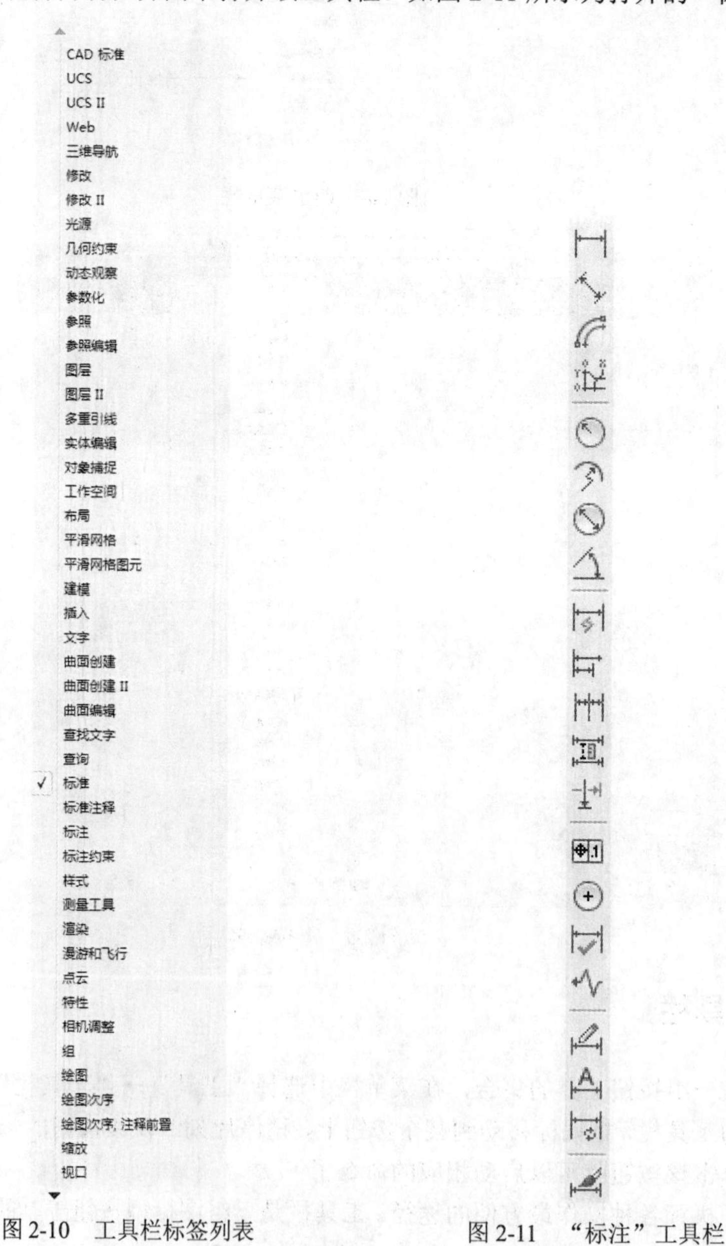

图 2-10　工具栏标签列表　　　　图 2-11　“标注”工具栏

☑ 弹出工具栏：有些图标按钮的右下角带有图标“◢”，表示该工具项具有隐藏工具，按住鼠标左键，将光标移到某一图标上然后释放鼠标，该图标就成为当前图标。

2.1.4 绘图区

Note

绘图区是显示、绘制和编辑图形的矩形区域。左下角是坐标系图标，表示当前使用的坐标系和坐标方向，根据工作需要，用户可以打开或关闭该图标的显示。十字光标由鼠标控制，其交叉点的坐标值显示在状态栏中。

1. 改变十字光标的大小

（1）在菜单栏中选择“工具”→“选项”命令，打开“选项”对话框。

（2）选择“显示”选项卡，如图 2-12 所示。

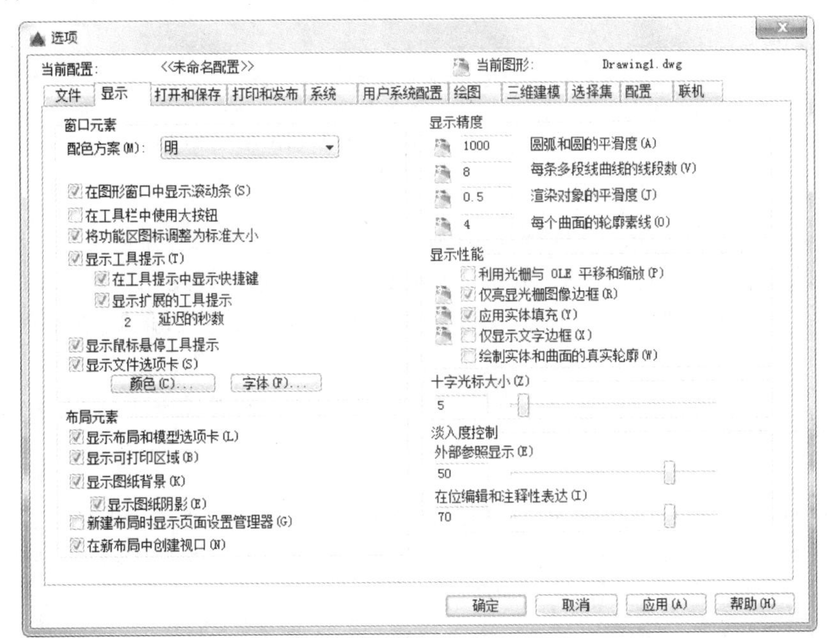

图 2-12 “选项”对话框中的“显示”选项卡

在如图 2-12 所示的“显示”选项卡中，拖动“十字光标大小”选项组中的滑块，或在文本框中直接输入数值，即可对十字光标的大小进行调整。

2. 设置自动保存时间和位置

（1）在菜单栏中选择“工具”→“选项”命令，打开“选项”对话框。

（2）选择“打开和保存”选项卡，如图 2-13 所示。

（3）选中“文件安全措施”选项组中的“自动保存”复选框，在其下方的文本框中输入自动保存的间隔分钟数，建议设置为 10～30 分钟。

（4）在“文件安全措施”选项组的“临时文件的扩展名”文本框中，可以改变临时文件的扩展名。默认为 ac$。

（5）选择“文件”选项卡，在“自动保存文件”选项组中设置自动保存文件的路径，单击“浏览”按钮可修改自动保存文件的存储位置。设置完成后单击“确定”按钮即可。

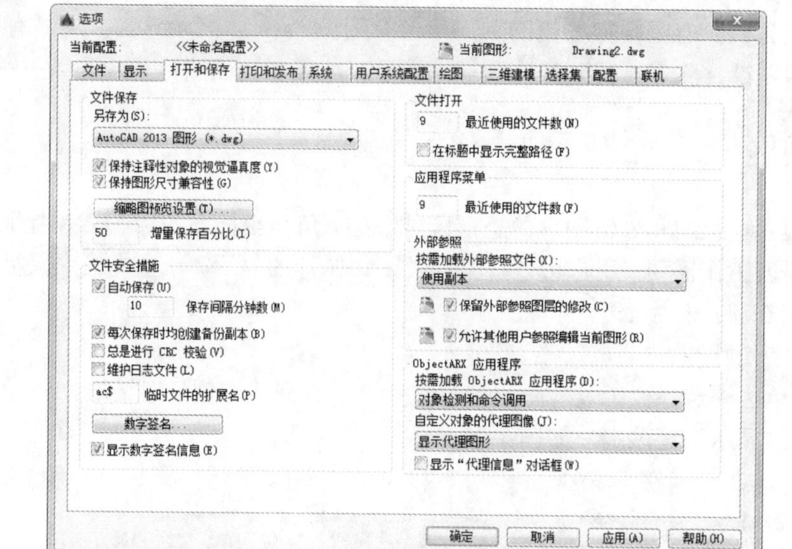

图 2-13 “选项”对话框中的“打开和保存”选项卡

3．布局标签

在绘图窗口左下角有模型空间标签和布局标签来实现模型空间与布局之间的转换。模型空间提供了设计模型（绘图）的环境。布局是指可访问的图纸显示，专用于打印。AutoCAD 2016 可以在一个布局上建立多个视图，同时，一张图纸可以建立多个布局且每一个布局都有相对独立的打印设置。

2.1.5 命令行窗口

命令行窗口位于操作界面的底部，是用户与 AutoCAD 进行交互对话的窗口。在“命令:”提示下，AutoCAD 接收用户使用各种方式输入的命令，然后显示出相应的提示，如命令选项、提示信息和错误信息等。

命令行中显示文本的行数可以改变，将光标移至命令行上边框处，光标变为双箭头后，按住左键拖动即可。命令行的位置可以在操作界面的上方或下方，也可以浮动在绘图窗口内，只需将光标移至该窗口左边框处，当光标变为箭头时，单击并拖动即可。使用 F2 功能键可以快速打开 AutoCAD 文本窗口，该窗口显示了在命令行中的操作命令。

2.1.6 状态栏和滚动条

1．状态栏

状态栏在操作界面的最下部，能够显示有关的信息，例如，当光标在绘图区时，显示十字光标的三维坐标；当光标在工具栏的图标按钮上时，显示该按钮的提示信息。

状态栏上包括若干个功能按钮，它们是 AutoCAD 的绘图辅助工具，有多种方法控制这些功能按钮的开关：

☑ 单击即可打开或关闭。

☑ 使用相应的功能键，如按下F8键可以循环打开和关闭正交模式。

☑ 使用快捷菜单。在一个功能按钮上右击，可打开相关快捷菜单。

2．滚动条

滚动条包括水平和垂直滚动条，用于上下或左右移动绘图窗口内的图形。用鼠标拖动滚动条中的滑块或单击滚动条两侧的三角按钮，即可移动图形。

2.1.7 快速访问工具栏和交互信息工具栏

1．快速访问工具栏

快速访问工具栏包括“新建”、“打开”、“保存”、“另存为”、“打印”、“放弃”、“重做”和“工作空间”等几个最常用的工具。用户也可以单击工具栏后面的下拉按钮来设置需要显示的常用工具。

2．交互信息工具栏

交互信息工具栏包括“搜索”、Autodesk A360、“Autodesk Exchange 应用程序”、“保持连接”和“单击此处访问帮助”等几个常用的数据交互访问工具。

2.1.8 功能区

功能区包括“默认”、“插入”、“注释”、“参数化”、“视图”、“管理”、“输出”、“附加模块”和A360等几个功能区，每个功能区集成了相关的操作工具，方便了用户的使用。用户可以单击功能区选项后面的▭按钮控制功能的展开与收缩。

打开或关闭功能区的操作方式如下：

☑ 在命令行中输入“RIBBON”（或“RIBBONCLOSE”）命令。

☑ 在菜单栏中选择“工具”→“选项板”→“功能区”命令。

2.2 配置绘图系统

由于每台计算机所使用的显示器、输入设备和输出设备的类型不同，用户喜好的风格及计算机的目录设置也是不同的，所以每台计算机都是独特的。一般来讲，使用AutoCAD 2016的默认配置就可以绘图，但为了使用用户的定点设备或打印机，以及为了提高绘图的效率，AutoCAD推荐用户在开始作图前先进行必要的配置。

具体方法有以下3种：

☑ 在命令行中输入“PREFERENCES”命令。

☑ 在菜单栏中选择“工具”→“选项”命令。

☑ 在绘图区中单击鼠标右键，打开如图2-14所示的快捷菜单，选择“选项”命令。

执行上述命令后，系统自动打开“选项”对话框。用户可以在该对话框中选择有关选项，对系统进行配置。下面只对其中主要的选项卡进行说明，其他配置选项在后面用到时再作具体说明。

Note

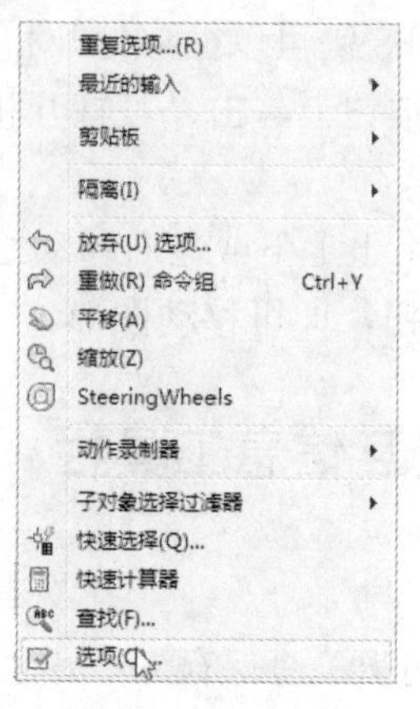

图 2-14　快键菜单

2.2.1　显示配置

“选项”对话框的第 2 个选项卡为“显示”，该选项卡控制 AutoCAD 窗口的外观，用于设定屏幕菜单、滚动条显示与否、固定命令行窗口中文字行数、AutoCAD 的版面布局设置、各实体的显示分辨率及 AutoCAD 运行时的其他各项性能参数等。前面已经讲述了屏幕菜单、屏幕颜色、光标大小设置等知识，其余有关选项的设置读者可参照“帮助”文件学习。

在设置实体显示分辨率时，请务必记住，显示质量越高，即分辨率越高，计算机计算的时间越长，所示千万不要将其设置得太高。将显示质量设置在一个合理的程度上是很重要的。

2.2.2　系统配置

“选项”对话框的第 5 个选项卡为“系统”，如图 2-15 所示。该选项卡用来设置 AutoCAD 系统的有关特性。

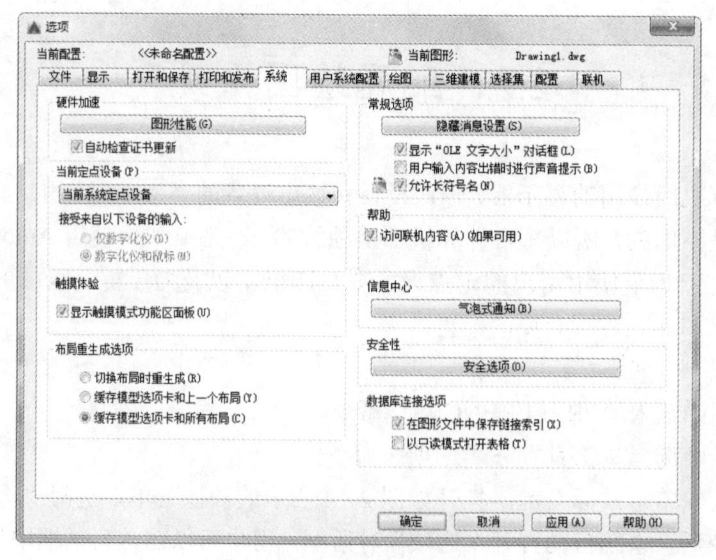

图 2-15　“系统”选项卡

☑ “当前定点设备”选项组：安装及配置定点设备，如数字化仪和鼠标。具体如何配置和安装，请参照定点设备的用户手册。

☑ “常规选项”选项组：确定是否选择系统配置的有关基本选项。

☑ “布局重生成选项”选项组：确定切换布局时是否重生成或缓存模型选项卡和布局。

☑ “数据库连接选项”选项组：确定数据库连接的方式。

2.3 设置绘图环境

2.3.1 绘图单位设置

设置绘图单位的命令主要有如下两种调用方法：

☑ 在命令行中输入“DDUNITS”或“UNITS”命令。

☑ 在菜单栏中选择“格式”→“单位”命令。

执行上述命令后，系统打开“图形单位”对话框，如图 2-16 所示。该对话框用于定义单位和角度格式。对话框中的各参数设置如下。

☑ “长度”选项组：指定测量长度的当前单位及当前单位的精度。

☑ “角度”选项组：指定测量角度的当前单位、精度及旋转方向，默认方向为逆时针。

☑ “插入时的缩放单位”选项组：控制使用工具选项板（例如 DesignCenter 或 i-drop）拖入当前图形的块的测量单位。如果块或图形创建时使用的单位与该选项指定的单位不同，则在插入这些块或图形时，将对其按比例缩放。插入比例是源块或图形使用的单位与目标图形使用的单位之比。如果插入块时不按指定单位缩放，则选择“无单位”选项。

☑ “输出样例”选项组：显示当前输出的样例值。

☑ “光源”选项组：用于指定光源强度的单位。

☑ “方向”按钮：单击该按钮，系统打开“方向控制”对话框，如图 2-17 所示。可以在该对话框中进行方向控制设置。

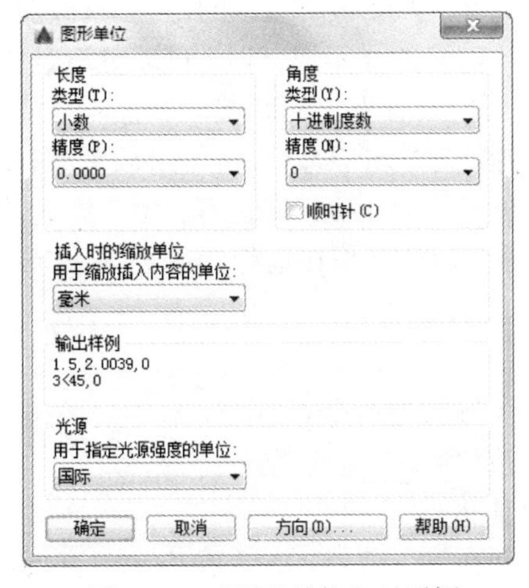

图 2-16 “图形单位”对话框

图 2-17 “方向控制”对话框

2.3.2 图形边界设置

Note

执行图形界限命令主要有如下两种调用方法：

☑ 在命令行中输入“LIMITS”命令。

☑ 在菜单栏中选择“格式”→“图形界限”命令。

执行上述命令后，根据系统提示输入图形边界左下角的坐标后按下 Enter 键，输入图形边界右上角的坐标后回车。执行该命令时，命令行提示中各选项含义如下。

☑ 开(ON)：使绘图边界有效。系统在绘图边界以外拾取的点视为无效。

☑ 关(OFF)：使绘图边界无效。用户可以在绘图边界以外拾取点或实体。

☑ 动态输入角点坐标：它可以直接在屏幕上输入角点坐标，输入了横坐标值后，按下“,”键，接着输入纵坐标值，如图 2-18 所示，也可以按光标位置直接单击鼠标左键确定角点位置。

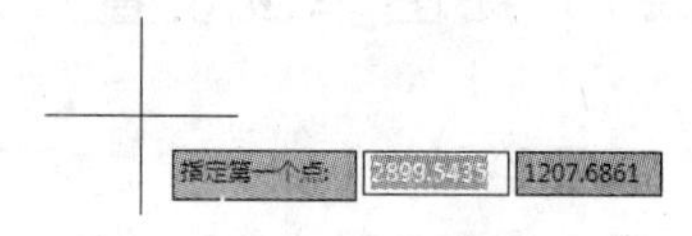

图 2-18 动态输入

2.4 图形显示工具

对于一个较为复杂的图形来说，在观察整幅图形时往往无法对其局部细节进行查看和操作，而当在屏幕上显示一个细部时又看不到其他部分，为解决这类问题，AutoCAD 提供了缩放、平移、视图、鸟瞰视图和视口等一系列图形显示控制命令，可以用来任意地放大、缩小或移动屏幕上的图形显示，或者同时从不同的角度、不同的部位来显示图形。AutoCAD 还提供了重画和重新生成命令来刷新屏幕、重新生成图形。

2.4.1 图形缩放

图形缩放命令类似于照相机的镜头，可以放大或缩小屏幕所显示的范围，只改变视图的比例，但是对象的实际尺寸并不发生变化。当放大图形一部分的显示尺寸时，可以更清楚地查看这个区域的细节；相反，如果缩小图形的显示尺寸，则可以查看更大的区域，如整体浏览。

图形缩放功能在绘制大幅面机械图，尤其是装配图时非常有用，是使用频率最高的命令之一。该命令可以透明地使用，也就是说，该命令可以在其他命令执行时运行。用户完成涉及透明命令的过程时，AutoCAD 会自动地返回到用户调用透明命令前正在运行的命令。执行图形缩放命令主要有以下 3 种调用方法：

☑ 在命令行中输入“ZOOM”命令。

☑ 在菜单栏中选择“视图”→“缩放”→“实时”命令。

☑ 单击“标准”工具栏中的“实时缩放”按钮。

执行上述命令后，命令行提示中各选项含义如下。

☑ 实时：这是“缩放”命令的默认操作，即在输入“ZOOM”命令后，直接按 Enter 键，将自动执行实时缩放操作。实时缩放就是可以通过上下移动鼠标交替进行放大和缩小。

在使用实时缩放时，系统会显示一个“+”或“-”号。当缩放比例接近极限时，AutoCAD将不再与光标一起显示“+”或“-”号。需要从实时缩放操作中退出时，可按Enter键、Esc键或右击鼠标在弹出的快捷菜单中选择“退出”命令。

Note

- ☑ 全部(A)：执行ZOOM命令后，在提示文字后输入“A”，即可执行“全部(A)”缩放操作。不论图形有多大，该操作都将显示图形的边界或范围，即使对象不包括在边界以内，它们也将被显示。因此，使用“全部(A)”缩放选项，可查看当前视口中的整个图形。
- ☑ 中心点(C)：通过确定一个中心点，该选项可以定义一个新的显示窗口。操作过程中需要指定中心点及输入比例或高度。默认新的中心点就是视图的中心点，默认的输入高度就是当前视图的高度，直接按Enter键后，图形将不会被放大。输入比例，则数值越大，图形放大倍数也将越大。也可以在数值后面紧跟一个“X”，如3X，表示在放大时不是按照绝对值变化，而是按相对于当前视图的相对值缩放。
- ☑ 动态(D)：通过操作一个表示视口的视图框，可以确定所需显示的区域。选择该选项，在绘图窗口中出现一个小的视图框，按住鼠标左键左右移动可以改变该视图框的大小，定形后释放左键，再按下鼠标左键移动视图框，确定图形中的放大位置，系统将清除当前视口并显示一个特定的视图选择屏幕。这个特定屏幕，由有关当前视图及有效视图的信息所构成。
- ☑ 范围(E)：可以使图形缩放至整个显示范围。图形的范围由图形所在的区域构成，剩余的空白区域将被忽略。应用该选项，图形中所有的对象都尽可能地被放大。
- ☑ 上一个(P)：在绘制一幅复杂的图形时，有时需要放大图形的一部分以进行细节的编辑。当编辑完成后，有时希望回到前一个视图。这种操作可以使用“上一个(P)”选项来实现。由“缩放”命令的各种选项命令或“移动”视图、视图恢复、平行投影或透视命令对当前视口进行一系列操作，系统都将保存这些操作命令引起的变化。每一个视口最多可以保存10个视图。连续使用“上一个(P)”选项可以恢复前10个视图。
- ☑ 比例(S)：提供了3种使用方法。在提示信息下，直接输入比例系数，AutoCAD将按照此比例因子放大或缩小图形的尺寸。如果在比例系数后面加一个“X”，则表示相对于当前视图计算的比例因子。使用比例因子的第三种方法就是相对于图形空间，例如，可以在图纸空间阵列布排或打印出模型的不同视图。为了使每一张视图都与图纸空间单位成比例，可以使用“比例(S)”选项，每一个视图可以有单独的比例。
- ☑ 窗口(W)：是最常使用的选项。通过确定一个矩形窗口的两个对角来指定所需缩放的区域，对角点可以由鼠标指定，也可以输入坐标确定。指定窗口的中心点将成为新的显示屏幕的中心点。窗口中的区域将被放大或者缩小。调用ZOOM命令时，可以在没有选择任何选项的情况下，利用鼠标在绘图窗口中直接指定缩放窗口的两个对角点。
- ☑ 对象(O)：缩放以便尽可能大地显示一个或多个选定的对象并使其位于视图的中心。可以在启动ZOOM命令前后选择对象。

说明：

这里所提到的诸如放大、缩小或移动的操作，仅仅是对图形在屏幕上的显示进行控制，图形本身并没有任何改变。

Note

2.4.2 图形平移

当图形幅面大于当前视口时，例如使用图形缩放命令将图形放大，如果需要在当前视口之外观察或绘制一个特定区域时，可以使用图形平移命令来实现。平移命令能将在当前视口以外的图形的一部分移动进来查看或编辑，但不会改变图形的缩放比例。执行实时平移命令主要有以下3种调用方法：

☑ 在命令行中输入“PAN”命令。

☑ 在菜单栏中选择“视图”→“平移”→“实时”命令。

☑ 单击“标准”工具栏中的“实时平移”按钮。

执行上述操作后，激活平移命令，光标将变成一只“小手”形状，可以在绘图窗口中任意移动，以示当前正处于平移模式。单击并按住鼠标左键将光标锁定在当前位置，即“小手”已经抓住图形，然后拖动图形使其移动到所需位置上。松开鼠标左键将停止平移图形。可以反复按下鼠标左键，拖动，松开，将图形平移到其他位置上。

平移命令预先定义了一些不同的菜单选项与按钮，它们可用于在特定方向上平移图形，在激活平移命令后，这些选项可以从“视图”→“平移”子菜单中调用。

☑ 实时：是平移命令中最常用的选项，也是默认选项，前面提到的平移操作都是指实时平移，通过鼠标的拖动来实现任意方向上的平移。

☑ 点：该选项要求确定位移量，这就需要确定图形移动的方向和距离。可以通过输入点的坐标或用鼠标指定点的坐标来确定位移。

☑ 左：该选项移动图形使屏幕左部的图形进入显示窗口。

☑ 右：该选项移动图形使屏幕右部的图形进入显示窗口。

☑ 上：该选项向底部平移图形后，使屏幕顶部的图形进入显示窗口。

☑ 下：该选项向顶部平移图形后，使屏幕底部的图形进入显示窗口。

2.5 精确绘图工具

想要快速顺利地完成图形绘制工作，有时要借助一些辅助工具，下面简要介绍一下精确定位工具和对象捕捉工具的使用。

2.5.1 精确定位工具

在绘制图形时，可以使用直角坐标和极坐标精确定位点，但是有些点（如端点、中心点等）的坐标我们是不知道的，如果想精确地指定这些点是很困难的，有时甚至是不可能的。AutoCAD中提供了精确定位工具，使用这类工具，可以很容易地在屏幕中捕捉到这些点，进行精确绘图。

1．推断约束

可以在创建和编辑几何对象时自动应用几何约束。

启用“推断约束”模式会自动在正在创建或编辑的对象与对象捕捉的关联对象或点之间应用约束。

与 AUTOCONSTRAIN 命令相似，约束也只在对象符合约束条件时才会应用。推断约束后不会重新定位对象。

打开“推断约束”时，用户在创建几何图形时指定的对象捕捉将用于推断几何约束，但是不支持下列对象捕捉：交点、外观交点、延长线和象限点。

无法推断下列约束：固定、平滑、对称、同心、等于、共线。

2．捕捉模式

捕捉是指 AutoCAD 可以生成一个隐含分布于屏幕上的栅格，这种栅格能够捕捉光标，使光标只能落到其中的某一个栅格点上。捕捉可分为矩形捕捉和等轴测捕捉两种类型，默认设置为矩形捕捉，即捕捉点的阵列类似于栅格，如图 2-19 所示。用户可以指定捕捉模式在 X 轴方向和 Y 轴方向上的间距，也可改变捕捉模式与图形界限的相对位置。与栅格不同之处在于，捕捉间距的值必须为正实数，且捕捉模式不受图形界限的约束。等轴测捕捉表示捕捉模式为等轴测模式，此模式是绘制正等轴测图时的工作环境，如图 2-20 所示。在等轴测捕捉模式下，栅格和光标十字线成绘制等轴测图时的特定角度。

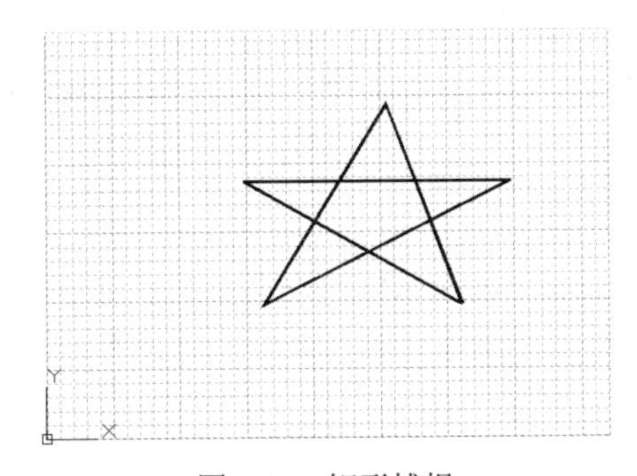

图 2-19　矩形捕捉

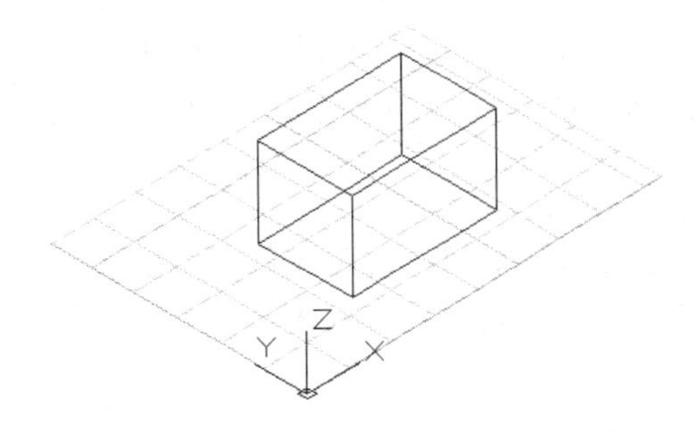

图 2-20　等轴测捕捉

在绘制图 2-19 和图 2-20 所示的图形时，输入参数点时光标只能落在栅格点上。在菜单栏中选择“工具”→“草图设置”命令，打开“草图设置”对话框，在“捕捉和栅格”选项卡的“捕捉类型”选项组中，通过选中“矩形捕捉”或“等轴测捕捉”单选按钮，即可切换两种模式。

3．栅格显示

AutoCAD 中的栅格由有规则的点的矩阵组成，延伸到指定为图形界限的整个区域。使用栅格绘图与在坐标纸上绘图是十分相似的，利用栅格可以对齐对象并直观显示对象之间的距离。如果放大或缩小图形，可能需要调整栅格间距，使其适合新的比例。虽然栅格在屏幕上是可见的，但它并不是图形对象，因此不会被打印成图形中的一部分，也不会影响在何处绘图。

可以单击状态栏中的“栅格显示”按钮▦或按 F7 键打开或关闭栅格。启用栅格并设置栅格在 X 轴方向和 Y 轴方向上的间距的方法如下：

☑　在命令行中输入“DSETTINGS”或“DS”、“SE”或“DDRMODES”命令。

☑　在菜单栏中选择“工具”→“草图设置”命令。

☑　在“栅格”按钮处右击，在弹出的快捷菜单中选择“设置”命令。

执行上述操作之一后，系统打开“草图设置”对话框，如图 2-21 所示。

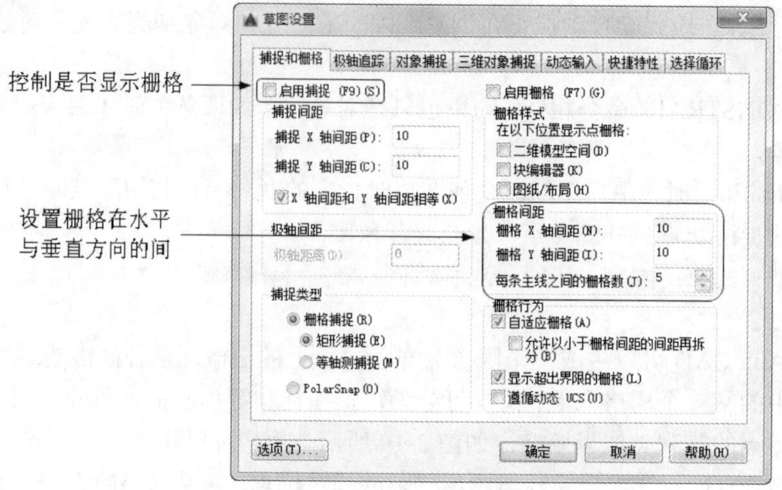

图 2-21 “草图设置”对话框

如果要显示栅格，需选中“启用栅格”复选框。在“栅格 X 轴间距”文本框中输入栅格点之间的水平距离，单位为“毫米”。如果要使用相同的间距设置垂直和水平分布的栅格点，则按 Tab 键；否则，在“栅格 Y 轴间距”文本框中输入栅格点之间的垂直距离。

用户可改变栅格与图形界限的相对位置。默认情况下，栅格以图形界限的左下角为起点，沿着与坐标轴平行的方向填充整个由图形界限所确定的区域。

注意：

如果栅格的间距设置得太小，当进行打开栅格操作时，AutoCAD 将在命令行中显示“栅格太密，无法显示”提示信息，而不在屏幕上显示栅格点。使用缩放功能时，将图形缩放得很小，也会出现同样的提示，不显示栅格。

使用捕捉功能可以使用户直接使用鼠标快速地定位目标点。捕捉模式有几种不同的形式：栅格捕捉、对象捕捉、极轴捕捉和自动捕捉，在下文中将详细讲解。

另外，还可以使用 GRID 命令通过命令行方式设置栅格，功能与“草图设置”对话框类似，不再赘述。

4．正交绘图

正交绘图模式，即在命令的执行过程中，光标只能沿 X 轴或者 Y 轴移动。所有绘制的线段和构造线都将平行于 X 轴或 Y 轴，因此它们相互垂直成 90° 相交，即正交。使用正交绘图模式，对于绘制水平线和垂直线非常有用，特别是绘制构造线时经常使用。而且当捕捉模式为等轴测模式时，它还迫使直线平行于 3 个坐标轴中的一个。

设置正交绘图模式，可以直接单击状态栏中的“正交模式”按钮或按 F8 键，相应的会在文本窗口中显示开/关提示信息。也可以在命令行中输入“ORTHO”命令，执行开启或关闭正交绘图模式的操作。

5．极轴捕捉

极轴捕捉是在创建或修改对象时，按事先给定的角度增量和距离增量来追踪特征点，即捕捉相对于初始点，且满足指定极轴距离和极轴角的目标点。

极轴追踪设置主要是设置追踪的距离增量和角度增量，以及与之相关联的捕捉模式。这些设置可以通过“草图设置”对话框中的“捕捉和栅格”和“极轴追踪”选项卡来实现。

（1）设置极轴距离

如图 2-22 所示，在“草图设置”对话框的“捕捉和栅格”选项卡中，可以设置极轴距离增量，单位为毫米。绘图时，光标将按指定的极轴距离增量进行移动。

（2）设置极轴角度

在“草图设置”对话框的“极轴追踪”选项卡中，可以设置极轴角增量角度，如图 2-22 所示。设置时，可以使用“增量角”下拉列表框中预设的角度，也可以直接输入其他任意角度。光标移动时，如果接近极轴角，将显示对齐路径和工具栏提示。例如，图 2-23 所示为当极轴角增量设置为 30°，光标移动时显示的对齐路径。

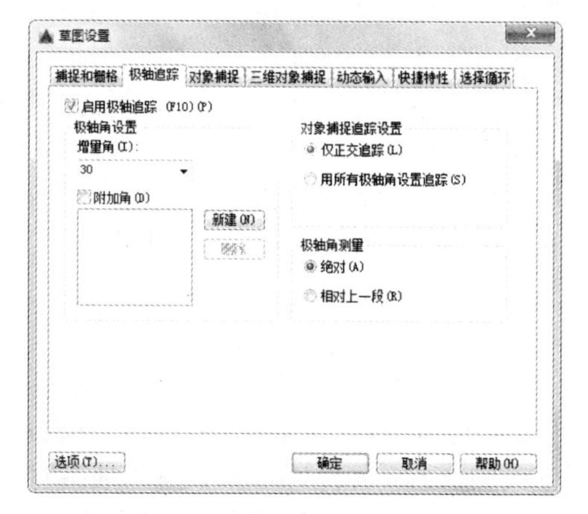

图 2-22　“极轴追踪”选项卡

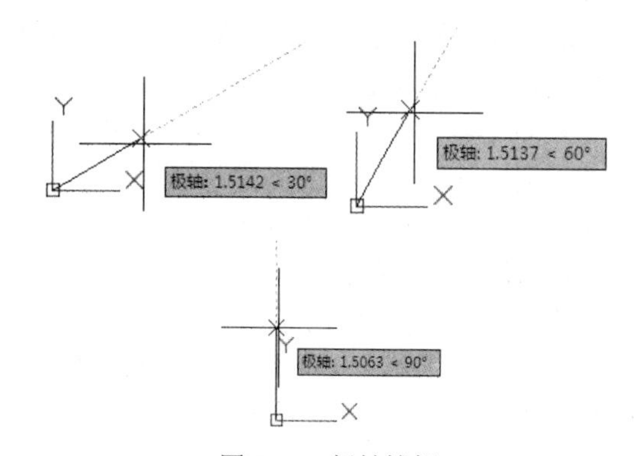

图 2-23　极轴捕捉

“附加角”用于设置极轴追踪时是否采用附加角度追踪。选中“附加角”复选框，通过“新建”按钮或者“删除”按钮可以增加、删除附加角度值。

（3）对象捕捉追踪设置

用于设置对象捕捉追踪的模式。如果在“极轴追踪”选项卡的“对象捕捉追踪设置”选项组中选中“仅正交追踪”单选按钮，则当采用追踪功能时，系统仅在水平和垂直方向上显示追踪数据；如果选中“用所有极轴角设置追踪”单选按钮，则当采用追踪功能时，系统不仅可以在水平和垂直方向显示追踪数据，还可以在设置的极轴追踪角度与附加角度所确定的一系列方向上显示追踪数据。

（4）极轴角测量

用于设置极轴角的角度测量采用的参考基准。“绝对”则是相对水平方向逆时针测量，“相对上一段”则是以上一段对象为基准进行测量。

6．允许/禁止动态 UCS

使用动态 UCS 功能，可以在创建对象时使 UCS 的 XY 平面自动与实体模型上的平面临时对齐。

使用绘图命令时，可以通过在面的一条边上移动指针对齐 UCS，而无须使用 UCS 命令。结束该命令后，UCS 将恢复到其上一个位置和方向。

7．动态输入

“动态输入”在光标附近提供了一个命令界面，以帮助用户专注于绘图区域。

打开动态输入时，工具提示将在光标旁边显示信息，该信息会随光标移动动态更新。当某命

令处于活动状态时，工具提示将为用户提供输入的位置。

8．显示/隐藏线宽

可以在图形中打开和关闭线宽，并在模型空间中以不同于在图纸空间布局中的方式显示。

9．快捷特性

对于选定的对象，可以使用“快捷特性”选项板访问可通过“特性”选项板访问特性的子集。

可以自定义显示在“快捷特性”选项板上的特性。选定对象后所显示的特性是所有对象类型的共同特性，也是选定对象的专用特性。可用特性与“特性”选项板上的特性以及用于鼠标悬停工具提示的特性相同。

2.5.2　对象捕捉工具

1．对象捕捉

AutoCAD 给所有的图形对象都定义了特征点，对象捕捉则是指在绘图过程中，通过捕捉这些特征点，迅速准确地将新的图形对象定位在现有对象的确切位置上，如圆的圆心、线段中点或两个对象的交点等。在 AutoCAD 2016 中，可以通过单击状态栏中的“对象捕捉追踪”按钮，或在“草图设置”对话框的“对象捕捉”选项卡中选中“启用对象捕捉”复选框，来启用对象捕捉功能。在绘图过程中，对象捕捉功能的调用可以通过以下方法完成。

（1）使用“对象捕捉”工具栏

在绘图过程中，当系统提示需要指定点的位置时，可以单击“对象捕捉”工具栏中相应的特征点按钮，如图 2-24 所示，再把光标移动到要捕捉对象的特征点附近，AutoCAD 会自动提示并捕捉到这些特征点。例如，如果需要用直线连接一系列圆的圆心，可以将圆心设置为捕捉对象。如果有多个可能的捕捉点落在选择区域内，AutoCAD 将捕捉离光标中心最近的符合条件的点。在指定位置有多个符合捕捉条件的对象时，需要检查哪一个对象捕捉有效，在捕捉点之前，按 Tab 键可以遍历所有可能的点。

（2）使用“对象捕捉”快捷菜单

在需要指定点的位置时，还可以按住 Ctrl 键或 Shift 键并右击，打开“对象捕捉”快捷菜单，如图 2-25 所示。在该菜单中同样可以选择某一种特征点执行对象捕捉，把光标移动到要捕捉对象的特征点附近，即可捕捉到这些特征点。

图 2-24　“对象捕捉”工具栏

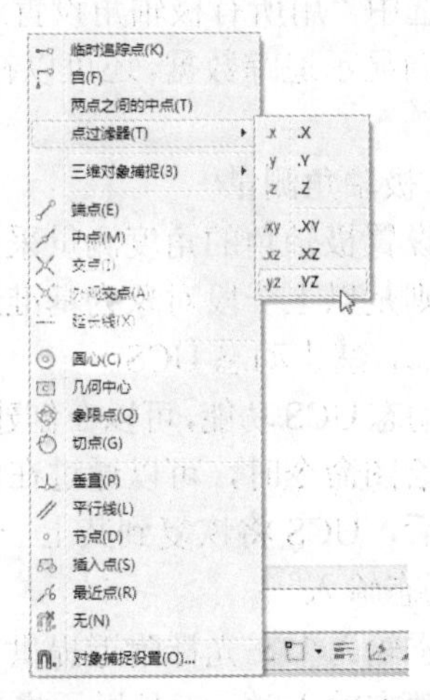

图 2-25　“对象捕捉”快捷菜单

（3）使用命令行

当需要指定点的位置时，在命令行中输入相应特征点的关键字，然后把光标移动到要捕捉对象的特征点附近，即可捕捉到这些特征点。对象捕捉特征点的关键字如表 2-1 所示。

表 2-1　对象捕捉特征点的关键字

模　　式	关　键　字	模　　式	关　键　字	模　　式	关　键　字
临时追踪点	TT	捕捉自	FROM	端点	END
中点	MID	交点	INT	外观交点	APP
延长线	EXT	圆心	CEN	象限点	QUA
切点	TAN	垂足	PER	平行线	PAR
节点	NOD	最近点	NEA	无捕捉	NON

注意：

（1）对象捕捉不可单独使用，必须配合其他绘图命令一起使用。仅当 AutoCAD 提示输入点时，对象捕捉才生效。如果试图在命令行提示下使用对象捕捉，AutoCAD 将显示错误信息。

（2）对象捕捉只影响屏幕上可见的对象，包括锁定图层上的对象、布局视口边界和多段线上的对象，不能捕捉不可见的对象，如未显示的对象、关闭或冻结图层上的对象或虚线的空白部分。

2．三维对象捕捉

控制三维对象的执行对象捕捉设置。使用执行对象捕捉设置（也称为对象捕捉），可以在对象上的精确位置指定捕捉点。选择多个选项后，将应用选定的捕捉模式，以返回距离靶框中心最近的点。按 Tab 键可以在这些选项之间循环。

当对象捕捉打开时，在“三维对象捕捉模式”下选定的三维对象捕捉处于活动状态。

3．对象捕捉追踪

在绘制图形的过程中，使用对象捕捉的频率非常高，如果每次在捕捉时都要先选择捕捉模式，将使工作效率大大降低。出于此种考虑，AutoCAD 提供了自动对象捕捉模式。如果启用了自动捕捉功能，当光标距指定的捕捉点较近时，系统会自动精确地捕捉这些特征点，并显示出相应的标记及该捕捉的提示。在“草图设置”对话框的“对象捕捉”选项卡中选中“启用对象捕捉追踪”复选框，可以调用自动捕捉追踪功能，如图 2-26 所示。

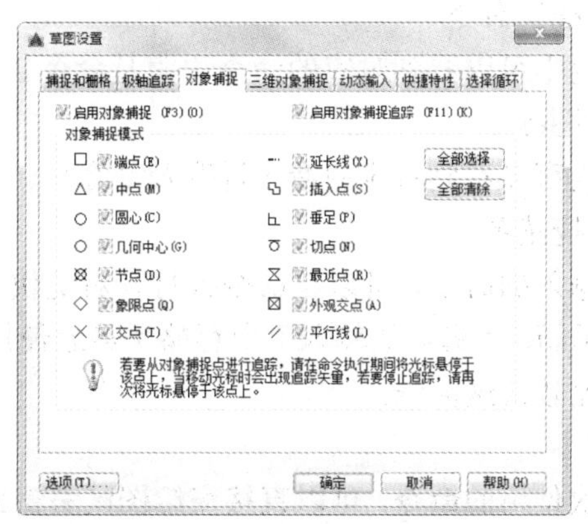

图 2-26　“对象捕捉”选项卡

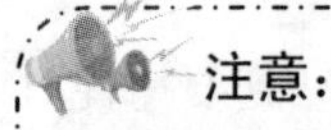

注意：

用户可以设置自己经常要用的捕捉方式。一旦设置了捕捉方式，在每次运行时，所设定的目标捕捉方式就会被激活，而不是仅对一次选择有效。当同时使用多种捕捉方式时，系统将捕捉距光标最近、同时又满足多种目标捕捉方式之一的点。当光标距要获取的点非常近时，按 Shift 键将暂时不获取对象。

Note

2.6 基本输入操作

在 AutoCAD 中，有一些基本的输入操作方法，这些基本方法是进行 AutoCAD 绘图的必备知识基础，也是深入学习 AutoCAD 功能的前提。

2.6.1 命令输入方式

AutoCAD 交互绘图必须输入必要的指令和参数。有多种 AutoCAD 命令输入方式，下面以画直线为例分别进行介绍。

1．在命令行窗口输入命令名

命令字符不区分大小写。执行命令时，在命令行提示中经常会出现命令选项。如输入绘制直线命令“LINE”后，在命令行的提示下在屏幕上指定一点或输入一个点的坐标，当命令行提示“指定下一点或 [放弃(U)]:”时，选项中不带括号的提示为默认选项，因此可以直接输入直线段的起点坐标或在屏幕上指定一点，如果要选择其他选项，则应该首先输入该选项的标识字符，如“放弃”选项的标识字符“U”，然后按系统提示输入数据即可。在命令选项的后面有时候还带有尖括号，尖括号内的数值为默认数值。

2．在命令行窗口输入命令缩写字

如 L（Line）、C（Circle）、A（Arc）、Z（Zoom）、R（Redraw）、M（More）、CO（Copy）、PL（Pline）、E（Erase）等。

3．选择“绘图”→“直线”命令

选择该命令后，在状态栏中可以看到对应的命令说明及命令名。

4．单击工具栏中的对应图标

单击图标后在状态栏中也可以看到对应的命令说明及命令名。

5．在命令行打开右键快捷菜单

如果在前面刚使用过要输入的命令，可以在命令行打开右键快捷菜单，在“最近的输入”中选择需要的命令，如图 2-27 所示。“最近的输入”中存储了最近使用的几个命令，如果是经常重复使用的命令，这种方法就比较快速简洁。

6．在绘图区右击鼠标

如果用户要重复使用上次使用的命令，可以直接在绘图区右击鼠标，系统立即重复执行上次

使用的命令，这种方法适用于重复执行某个命令。

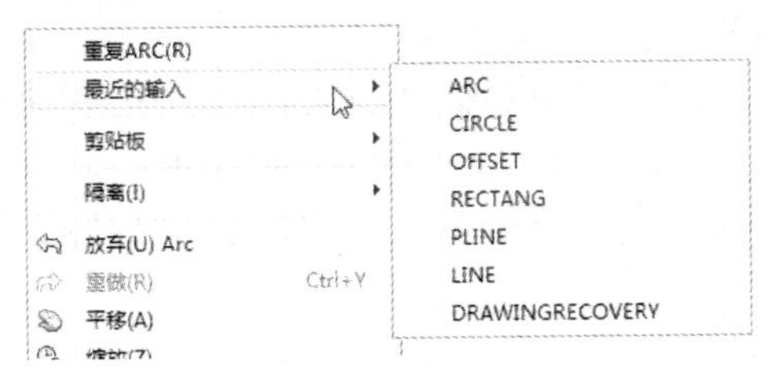

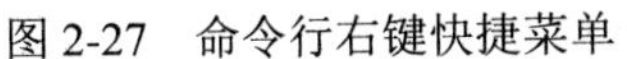

图 2-27 命令行右键快捷菜单

2.6.2 命令的重复、撤销、重做

1. 命令的重复

在命令行窗口中按 Enter 键可重复调用上一个命令，不管上一个命令是完成了还是被取消了。

2. 命令的撤销

在命令执行的任何时刻都可以取消和终止命令的执行。执行该命令时，调用方法有如下 4 种：

☑ 在命令行中输入“UNDO”命令。

☑ 在菜单栏中选择“编辑”→“放弃”命令。

☑ 单击“标准”工具栏中的“放弃”按钮。

☑ 使用快捷键 Esc。

3. 命令的重做

已被撤销的命令还可以恢复重做。执行该命令时，调用方法有如下 3 种：

☑ 在命令行中输入“REDO”命令。

☑ 在菜单栏中选择“编辑”→“重做”命令。

☑ 单击“标准”工具栏中的“重做”按钮。

该命令可以一次执行多重放弃和重做操作方法为：单击“标准”工具栏中的“放弃”按钮或“重做”按钮后面的小三角，可以选择要放弃或重做的操作，如图 2-28 所示。

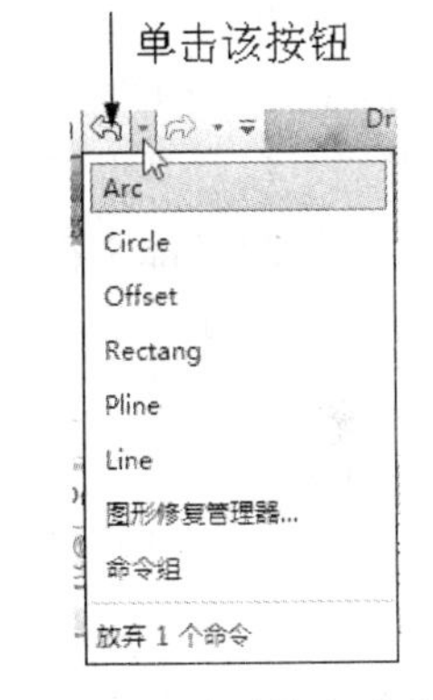

图 2-28 多重放弃或重做

2.6.3 透明命令

在 AutoCAD 2016 中有些命令不仅可以直接在命令行中使用，而且还可以在其他命令的执行过程中插入并执行，待该命令执行完毕后，系统继续执行原命令，这种命令称为透明命令。透明命令一般多为修改图形设置或打开辅助绘图工具的命令。

如执行“圆弧”命令时，在命令行提示“指定圆弧的起点或 [圆心(C)]:”时输入“ZOOM”，则透明使用显示缩放命令，按 Esc 键退出该命令，则恢复执行 ARC 命令。

2.6.4 按键定义

在 AutoCAD 2016 中，除了可以通过在命令行窗口输入命令、单击工具栏图标或选择菜单命

令来完成操作外，还可以使用键盘上的一组功能键或快捷键，快速实现指定功能，如按 F1 键，系统调用 AutoCAD 帮助对话框。

Note

系统使用 AutoCAD 传统标准（Windows 之前）或 Microsoft Windows 标准解释快捷键。有些功能键或快捷键在 AutoCAD 的菜单中已经指出，如"粘贴"命令的快捷键为 Ctrl+V，这些只要用户在使用的过程中多加留意，就会熟练掌握。快捷键的定义见菜单命令后面的说明，如"剪切"的快捷键为 Ctrl+X。

2.6.5 命令执行方式

有的命令有两种执行方式，通过对话框或通过命令行输入命令。如指定使用命令行方式，可以在命令名前加短划来表示，如"_LAYER"表示用命令行方式执行"图层"命令，而如果在命令行中输入"LAYER"命令，系统则会自动打开"图层"对话框。

另外，有些命令同时存在命令行、菜单和工具栏 3 种执行方式，这时如果选择菜单或工具栏方式，命令行会显示该命令，并在前面加一下划线，如通过菜单或工具栏方式执行"直线"命令时，命令行会显示"_line"，命令的执行过程和结果与命令行方式相同。

2.6.6 坐标系统与数据的输入方法

1．坐标系

AutoCAD 采用两种坐标系：世界坐标系（WCS）与用户坐标系（UCS）。用户刚进入 AutoCAD 时的坐标系统就是世界坐标系，是默认的坐标系统。世界坐标系也是坐标系统中的基准，绘制图形时多数情况下都是在这个坐标系统下进行的。调用用户坐标系命令的方法有如下 3 种：

☑ 在命令行中输入"UCS"命令。

☑ 在菜单栏中选择"工具"→"新建 UCS"命令。

☑ 单击 UCS 工具栏中的 UCS 按钮。

AutoCAD 有两种视图显示方式：模型空间和图纸空间。模型空间是指单一视图显示法，通常使用的都是这种显示方式；图纸空间是指在绘图区域创建图形的多视图。用户可以对其中每一个视图进行单独操作。在默认情况下，当前 UCS 与 WCS 重合。图 2-29（a）所示为模型空间下的 UCS 坐标系图标，通常放在绘图区左下角处，也可以指定它放在当前 UCS 的实际坐标原点位置，如图 2-29（b）所示。图 2-29（c）所示为图纸空间下的坐标系图标。

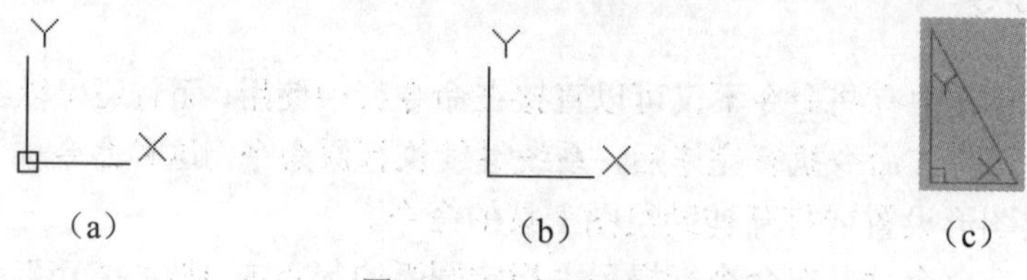

图 2-29 坐标系图标

2．数据输入方法

在 AutoCAD 2016 中，点的坐标可以用直角坐标、极坐标、球面坐标和柱面坐标表示，每一种坐标又分别具有两种坐标输入方式：绝对坐标和相对坐标。其中直角坐标和极坐标最为常用，下面主要介绍一下它们的输入。

Note

（1）直角坐标法

直角坐标法即用点的X、Y坐标值表示的坐标。

例如，在命令行中输入点的坐标提示下输入“15,18”，则表示输入了一个X、Y的坐标值分别为15、18的点，此为绝对坐标输入方式，表示该点的坐标是相对于当前坐标原点的坐标值，如图2-30（a）所示。如果输入“@10,20”，则为相对坐标输入方式，表示该点的坐标是相对于前一点的坐标值，如图2-30（b）所示。

（2）极坐标法

极坐标法即用长度和角度表示的坐标，只能用来表示二维点的坐标。

在绝对坐标输入方式下，表示为“长度<角度”，如“25<50”，其中长度为该点到坐标原点的距离，角度为该点至原点的连线与X轴正向的夹角，如图2-30（c）所示。

在相对坐标输入方式下，表示为“@长度<角度”，如“@25<45”，其中长度为该点到前一点的距离，角度为该点至前一点的连线与X轴正向的夹角，如图2-30（d）所示。

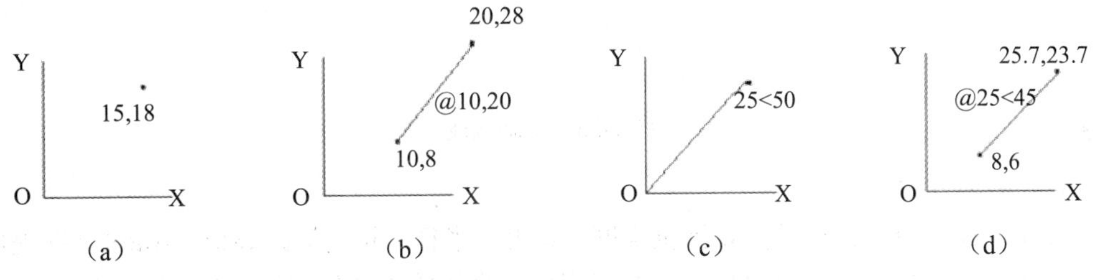

图2-30　数据输入方法

3．动态数据输入

单击状态栏中的“动态输入”按钮，系统打开动态输入功能，可以在屏幕上动态地输入某些参数数据。例如，绘制直线时，在光标附近会动态地显示“指定第一个点”，以及后面的坐标框，当前显示的是光标所在位置，可以输入数据，两个数据之间以逗号隔开，如图2-31所示。指定第一个点后，系统动态显示直线的角度，同时要求输入线段长度值，如图2-32所示，其输入效果与“@长度<角度”方式相同。

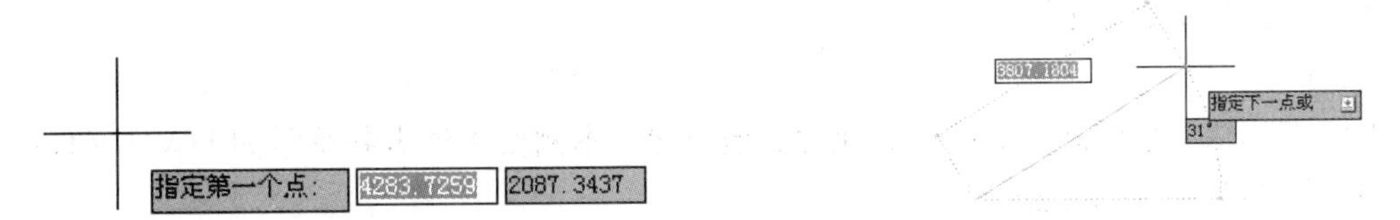

图2-31　动态输入坐标值　　　　图2-32　动态输入长度值

下面分别讲述点与距离值的输入方法。

（1）点的输入

绘图过程中，常需要输入点的位置，AutoCAD提供了如下几种输入点的方法。

☑ 用键盘直接在命令行窗口中输入点的坐标：直角坐标有两种输入方式，即“x,y”（点的绝对坐标值，例如“100,50”）和“@ x,y”（相对于上一点的相对坐标值，例如“@50,-30”）。坐标值均相对于当前的用户坐标系。

☑ 极坐标的输入方式为：长度<角度（其中，长度为点到坐标原点的距离，角度为原点至

该点连线与X轴的正向夹角，例如“20<45”）或@长度<角度（相对于上一点的相对极坐标，例如“@50<-30”）。

☑ 用鼠标等定标设备移动光标并单击左键在屏幕上直接取点。

☑ 用目标捕捉方式捕捉屏幕上已有图形的特殊点（如端点、中点、中心点、插入点、交点、切点、垂足点等）。

☑ 直接距离输入：先用光标拖拉出橡筋线确定方向，然后用键盘输入距离。这样有利于准确控制对象的长度等参数，如要绘制一条10mm长的线段，在命令行提示下指定起点，这时在屏幕上移动光标指明线段的方向，但不要单击鼠标左键确认，如图2-33所示，然后在命令行中输入“10”，这样就在指定方向上准确地绘制了长度为10mm的线段。

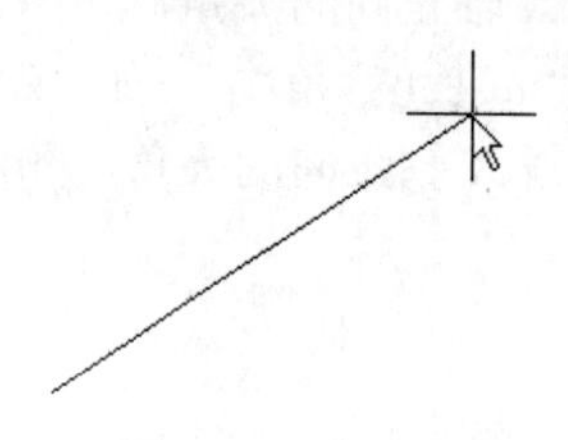

图2-33　绘制直线

（2）距离值的输入

在AutoCAD命令中，有时需要提供高度、宽度、半径、长度等距离值。AutoCAD提供了两种输入距离值的方式：一种是用键盘在命令行窗口中直接输入数值；另一种是在屏幕上拾取两点，以两点的距离值定出所需数值。

2.7　实战演练

通过前面的学习，读者对本章知识也有了大体的了解，本节通过几个操作练习使读者进一步掌握本章知识要点。

【实战演练1】管理图形文件。

1．目的要求

图形文件管理包括文件的新建、打开、保存、退出等。本例要求读者熟练掌握DWG文件的赋名保存、自动保存及打开的方法。

2．操作提示

（1）启动AutoCAD 2016，进入操作界面。

（2）打开一幅已经保存过的图形。

（3）打开图层特性管理器，设置图层。

（4）进行自动保存设置。

（5）尝试在图形上绘制任意图线。

（6）将图形以新的名称保存。

（7）退出该图形。

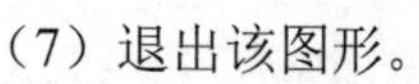

【实战演练2】显示图形文件。

1．目的要求

图形文件显示包括各种形式的放大、缩小和平移等操作。本例要求读者熟练掌握DWG文件灵活的显示方法。

2．操作提示

（1）在菜单栏中选择“文件”→“打开”命令，打开“选择文件”对话框。

（2）打开一个图形文件。

（3）将其进行实时缩放、局部放大等显示操作。

第3章

二维绘图命令

本章学习要点和目标任务：

- ☑ 直线与点命令
- ☑ 圆类图形
- ☑ 平面图形
- ☑ 图案填充
- ☑ 多段线
- ☑ 样条曲线
- ☑ 多线

二维图形是指在二维平面空间绘制的图形，主要由一些图形元素组成，如点、直线、圆弧、圆、椭圆、矩形、多边形、多段线、样条曲线、多线等几何元素。AutoCAD提供了大量的绘图工具，可以帮助用户完成二维图形的绘制。本章主要内容包括直线、圆和圆弧、椭圆和椭圆弧、平面图形、点、多段线、样条曲线、多线和图案填充等。

Note

3.1　直线与点命令

直线类命令主要包括直线和构造线命令。这两个命令是 AutoCAD 中最简单的绘图命令。

3.1.1　绘制直线段

执行直线命令，主要有如下 4 种调用方法。

☑　在命令行中输入“LINE”或“L”命令。

☑　在菜单栏中选择“绘图”→“直线”命令。

☑　单击“绘图”工具栏中的“直线”按钮。

☑　单击“默认”选项卡“绘图”面板中的“直线”按钮（如图 3-1 所示）。

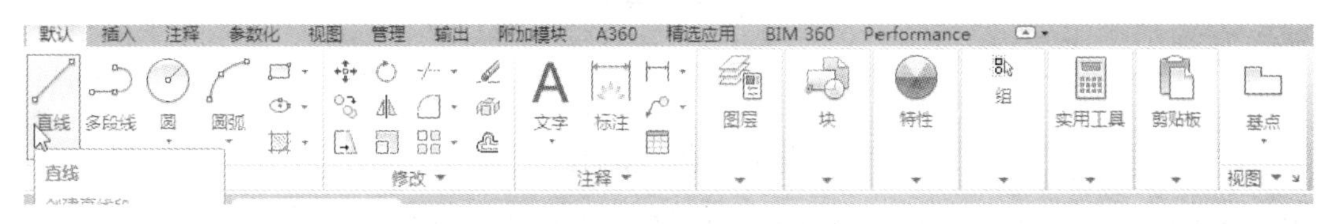

图 3-1　“绘图”面板

执行上述命令后，根据系统提示输入直线段的起点，用鼠标指定点或者给定点的坐标。再输入直线段的端点，也可以用鼠标指定一定角度后，直接输入直线的长度。输入选项“U”表示放弃前面的输入；单击鼠标右键或按 Enter 键，结束命令。在命令行提示下输入下一直线段的端点，或输入选项“C”使图形闭合，结束命令。使用直线命令绘制直线时，命令行提示中各选项的含义如下。

☑　若采用按 Enter 键响应“指定第一个点”提示，系统会把上次绘制图线的终点作为本次图线的起始点。若上次操作为绘制圆弧，按 Enter 键响应后绘出通过圆弧终点并与该圆弧相切的直线段，该线段的长度为光标在绘图区指定的一点与切点之间线段的距离。

☑　在“指定下一点”提示下，用户可以指定多个端点，从而绘制出多条直线段。但是，每一段直线是一个独立的对象，可以进行单独的编辑操作。

☑　绘制两条以上直线段后，若采用输入选项“C”响应“指定下一点”提示，系统会自动连接起始点和最后一个端点，从而绘出封闭的图形。

☑　若采用输入选项“U”响应提示，则删除最近一次绘制的直线段。

☑　若设置正交方式（单击状态栏中的“正交模式”按钮），只能绘制水平线段或垂直线段。

☑　若设置动态数据输入方式（单击状态栏中的“动态输入”按钮），则可以动态输入坐标或长度值，效果与非动态数据输入方式类似。除了特别需要，以后不再强调，而只按非动态数据输入方式输入相关数据。

3.1.2　绘制构造线

执行构造线命令，主要有如下 4 种调用方法。

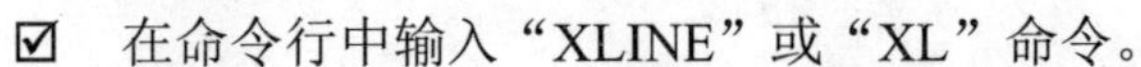

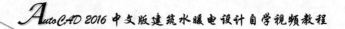

☑ 在命令行中输入“XLINE”或“XL”命令。

☑ 在菜单栏中选择“绘图”→“构造线”命令。

☑ 单击“绘图”工具栏中的“构造线”按钮。

☑ 单击“默认”选项卡“绘图”面板中的“构造线”按钮。

执行上述命令后，根据系统提示指定起点和通过点，绘制一条双向无限长直线。在命令行提示“指定通过点:”后继续指定点，继续绘制直线，按Enter键结束命令。

3.1.3 实战——阀

本实例利用直线命令绘制连续线段，从而绘制出阀，绘制流程如图3-2所示。

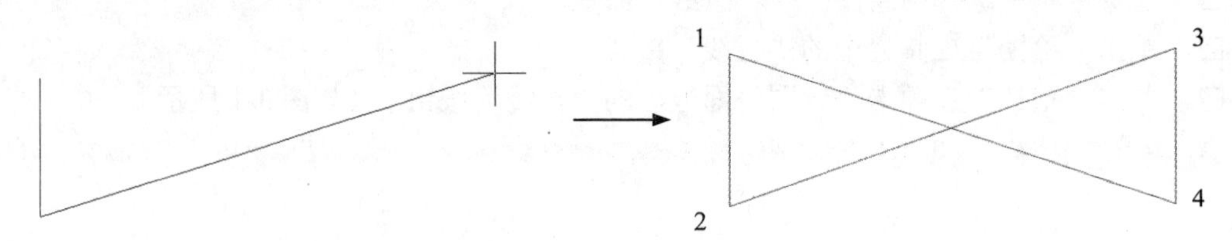

图3-2 绘制阀流程图

操作步骤如下：（光盘\配套视频\动画演示\第3章\阀.avi）

单击“默认”选项卡“绘图”面板中的“直线”按钮，绘制阀。

（1）在命令行提示“指定第一个点:”后任意指定一点。

（2）在命令行提示“指定下一点或[放弃(U)]:”后垂直向下在屏幕上大约位置指定点2。

（3）在命令行提示“指定下一点或[放弃(U)]:”后在屏幕上大约位置指定点3，使点3大约与点1等高，如图3-3所示。

（4）在命令行提示“指定下一点或[闭合(C)/放弃(U)]:”后垂直向下在屏幕上大约位置指定点4，使点4大约与点2等高。

（5）在命令行提示“指定下一点或[闭合(C)/放弃(U)]:”后输入“C”（系统自动封闭连续直线并结束命令）。

绘制结果如图3-4所示。

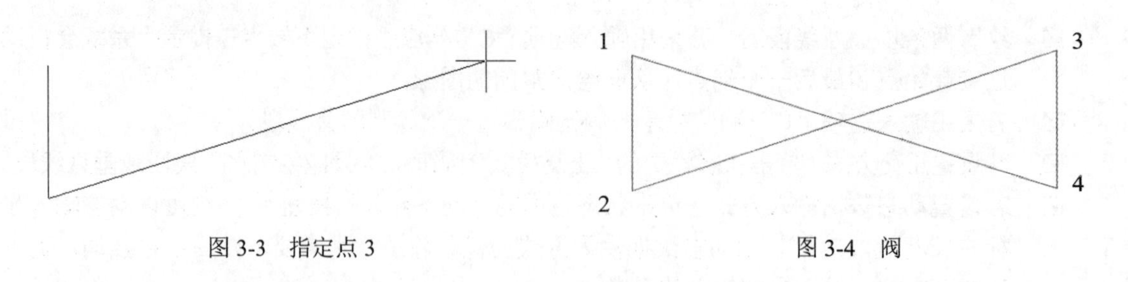

图3-3 指定点3

图3-4 阀

说明：

一般每个命令有4种执行方式，这里只给出了工具栏执行方式，其他几种执行方式的操作方法与工具栏执行方式相同。

3.1.4　绘制点

执行点命令，主要有如下 4 种调用方法：

☑　在命令行中输入“POINT”或“PO”命令。

☑　在菜单栏中选择“绘图”→“点”命令。

☑　单击“绘图”工具栏中的“点”按钮。

☑　单击“默认”选项卡“绘图”面板中的“多点”按钮。

执行点命令之后，在命令行提示下输入点的坐标或使用鼠标在屏幕上单击，即可完成点的绘制。

☑　通过菜单方法进行操作时（如图 3-5 所示），“单点”命令表示只输入一个点，“多点”命令表示可输入多个点。

☑　可以单击状态栏中的“对象捕捉”开关按钮，设置点的捕捉模式，帮助用户拾取点。

☑　点在图形中的表示样式共有 20 种。可通过 DDPTYPE 命令或在菜单栏中选择“格式”→“点样式”命令，打开“点样式”对话框来设置点样式，如图 3-6 所示。

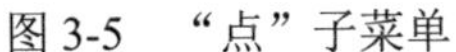
图 3-5　“点”子菜单

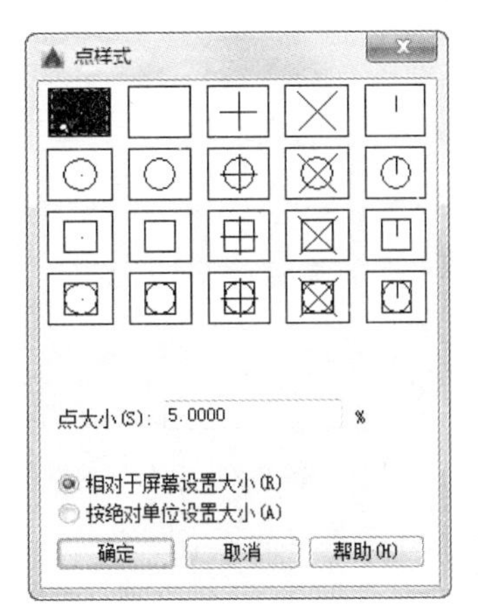

图 3-6　“点样式”对话框

3.1.5　实战——桌布

本实例主要是利用直线命令绘制轮廓，然后再利用点命令绘制装饰，绘制流程如图 3-7 所示。

Note

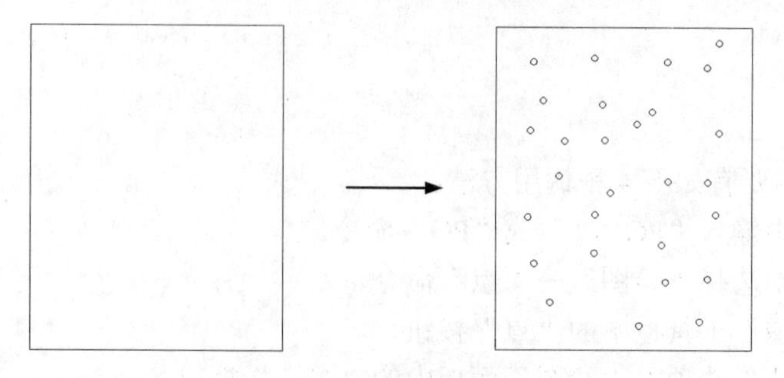

图 3-7　绘制桌布流程图

操作步骤如下：（：光盘\配套视频\动画演示\第 3 章\桌布.avi）

（1）选择菜单栏中的“格式”→“点样式”命令，在打开的“点样式”对话框中选择“O”样式。

（2）单击“默认”选项卡“绘图”面板中的“直线”按钮，绘制桌布外轮廓线。

① 在命令行提示“指定第一个点:”后输入“100,100”。

② 在命令行提示“指定下一点或[放弃(U)]:”后输入“900,100”。

③ 在命令行提示“指定下一点或[放弃(U)]:”后输入“@0,800”。

④ 在命令行提示“指定下一点或[闭合(C)/放弃(U)]:”后输入“U”（操作错误，取消上一步的操作）。

⑤ 在命令行提示“指定下一点或[放弃(U)]:”后输入“@0,1000”。

⑥ 在命令行提示“指定下一点或[闭合(C)/放弃(U)]:”后输入“@-800,0”。

⑦ 在命令行提示“指定下一点或[闭合(C)/放弃(U)]:”后输入“C”。

绘制结果如图 3-8 所示。

（3）单击“默认”选项卡“绘图”面板中的“多点”按钮，绘制桌布内装饰点，结果如图 3-9 所示。

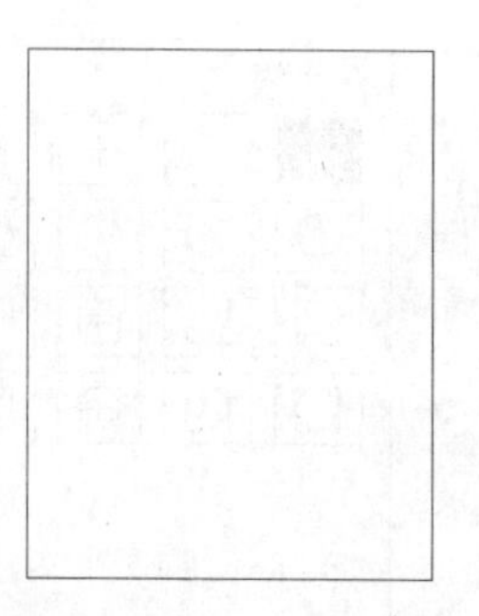

图 3-8　桌布外轮廓线图

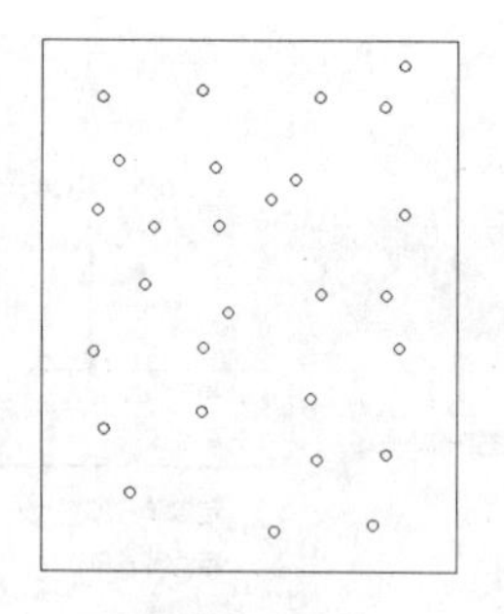

图 3-9　桌布

在命令行提示“指定点:”后在屏幕上单击。

3.2 圆类图形

圆类命令主要包括圆、圆弧、椭圆、椭圆弧及圆环等命令，这几个命令是 AutoCAD 中最简单的圆类命令。

3.2.1 绘制圆

执行圆命令，主要有如下4种调用方法。

☑ 在命令行中输入“CIRCLE”或“C”命令。

☑ 在菜单栏中选择“绘图”→“圆”命令。

☑ 单击“绘图”工具栏中的“圆”按钮⊙。

☑ 单击“默认”选项卡“绘图”面板中的“圆”下拉菜单（如图3-10所示）。

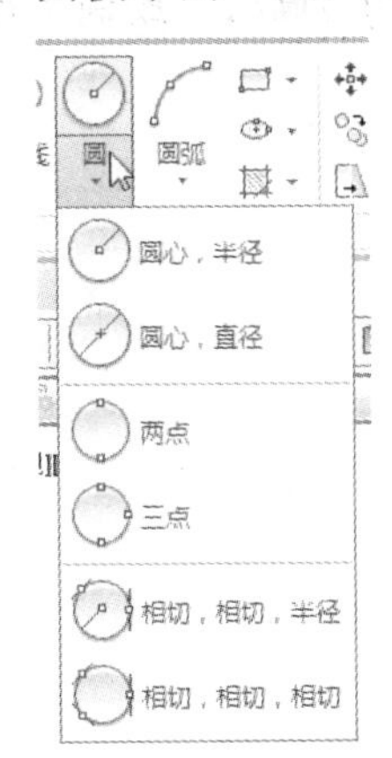

图3-10 “圆”下拉菜单

执行上述命令后，根据系统提示指定圆心位置。在命令行提示“指定圆的半径或 [直径(D)]:”后直接输入半径数值或用鼠标指定半径长度。在命令行提示“指定圆的直径 <默认值>”后输入直径数值或用鼠标指定直径长度。使用圆命令时，命令行提示中各选项的含义如下。

☑ 三点(3P)：用指定圆周上3点的方法画圆。依次输入3个点，即可绘制出一个圆。

☑ 两点(2P)：根据直径的两端点画圆。依次输入两个点，即可绘制出一个圆，两点间的距离为圆的直径。

☑ 相切、相切、半径(T)：使用先指定两个相切对象，后给出半径的方法画圆。

☑ 相切、相切、相切(A)：依次拾取相切的第一个圆弧、第二个圆弧和第三个圆弧来画圆。

3.2.2 实战——线箍

本实例利用圆命令绘制两个同心圆，从而绘制出线箍，绘制流程如图3-11所示。

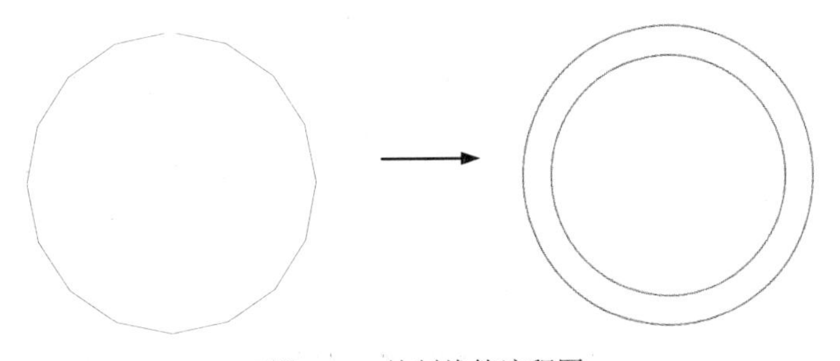

图3-11 绘制线箍流程图

操作步骤如下：（：光盘\配套视频\动画演示\第3章\线箍.avi）

（1）设置绘图环境。选择菜单栏中的“格式”→“图形界限”命令，设置图幅界限为297×210。

（2）单击“默认”选项卡“绘图”面板中的“圆”按钮，绘制圆。

Note

① 在命令行提示“指定圆的圆心或[三点(3P)/两点(2P)/切点、切点、半径(T)]:”后输入“100,100”。

② 在命令行提示“指定圆的半径或 [直径(D)]:”后输入“50”。

绘制结果如图3-12所示。

（3）重复“圆”命令，以(100,100)为圆心，绘制半径为40的圆。结果如图3-13所示。

图3-12　绘制圆

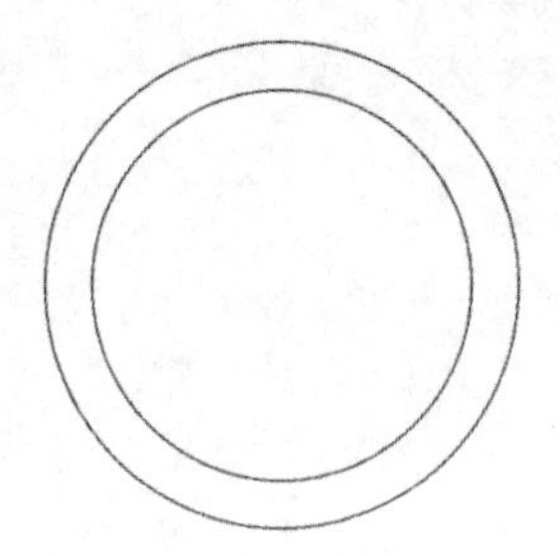

图3-13　线箍

3.2.3　绘制圆弧

执行圆弧命令，主要有如下4种调用方法。

☑ 在命令行中输入“ARC”或“A”命令。

☑ 在菜单栏中选择“绘图”→“圆弧”命令。

☑ 单击“绘图”工具栏中的“圆弧”按钮。

☑ 单击“默认”选项卡“绘图”面板中的“圆弧”下拉菜单（如图3-14所示）。

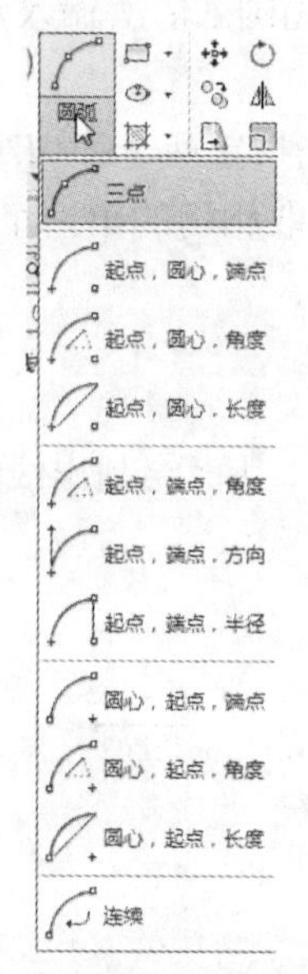

图3-14　“圆弧”下拉菜单

下面以“三点”法为例讲述圆弧的绘制方法。

执行上述命令后，根据系统提示指定起点和第二点，在命令行提示时指定末端点。

需要强调的是，“继续”方式绘制的圆弧与上一线段圆弧相切。因此使用“继续”方式绘制圆弧时，只提供端点即可，如图 3-15 所示。

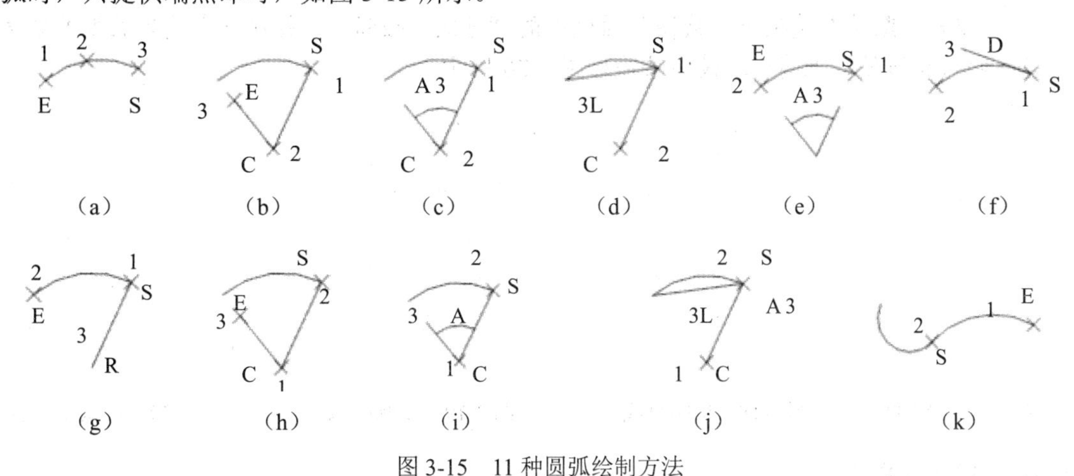

图 3-15　11 种圆弧绘制方法

注意：

绘制圆弧时，注意圆弧的曲率是遵循逆时针方向的，所以在单击指定圆弧两个端点和半径模式时，需要注意端点的指定顺序，否则有可能导致圆弧的凹凸形状与预期的相反。

3.2.4 实战——自耦变压器

本实例利用圆、直线和圆弧命令绘制自耦变压器，绘制流程如图 3-16 所示。

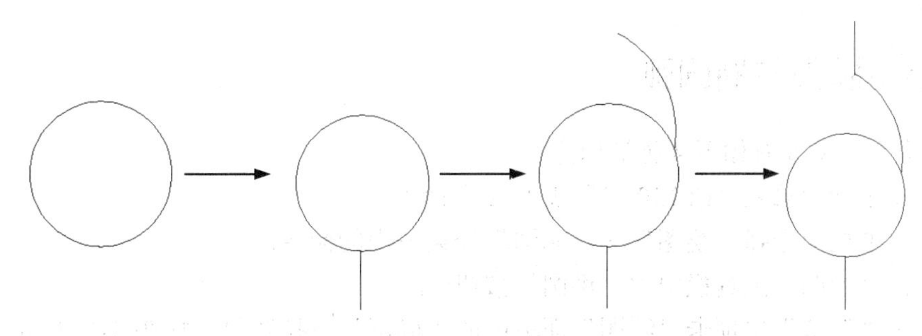

图 3-16　绘制自耦变压器流程图

操作步骤如下：（光盘\配套视频\动画演示\第 3 章\自耦变压器.avi）

（1）单击“默认”选项卡“绘图”面板中的“圆”按钮，绘制一个适当大小的圆，如图 3-17 所示。

（2）单击“默认”选项卡“绘图”面板中的“直线”按钮，从圆的最下方的圆弧点开始绘制一条适当长度的竖直直线，如图 3-18 所示。

（3）单击“默认”选项卡“绘图”面板中的“圆弧”按钮，绘制一段圆弧。

① 在命令行提示“指定圆弧的起点或[圆心(C)]:”后指定起点为圆上右上方适当位置一点。

② 在命令行提示“指定圆弧的第二个点或[圆心(C)/端点(E)]:”后在适当位置指定第二个点。

③ 在命令行提示“指定圆弧的端点:”后在圆的大约正上方某位置指定一点。

结果如图 3-19 所示。

（4）单击“默认”选项卡“绘图”面板中的“直线”按钮，绘制一条适当长度的竖直直线，直线起点为圆弧的上端点。最终结果如图 3-20 所示。

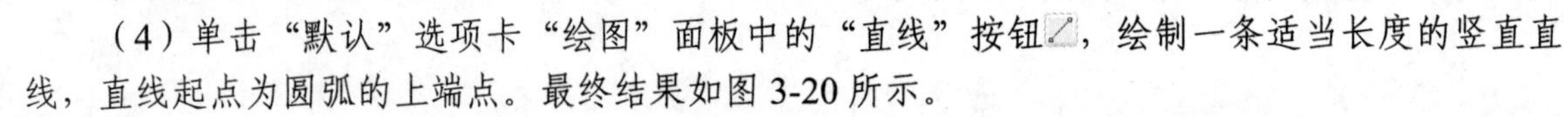

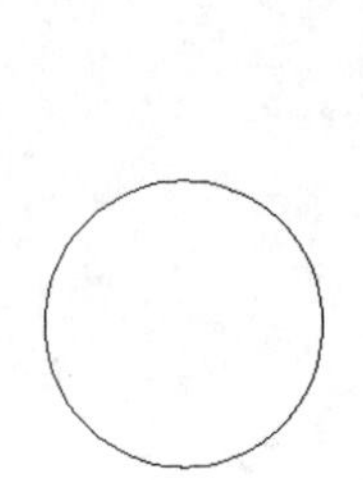

图 3-17　绘制圆

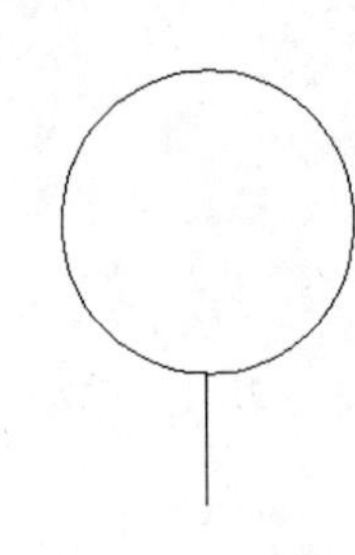

图 3-18　绘制直线

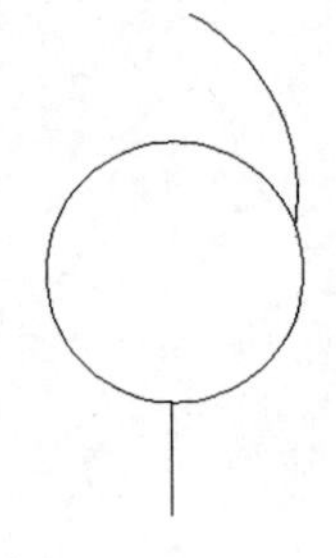

图 3-19　绘制圆弧

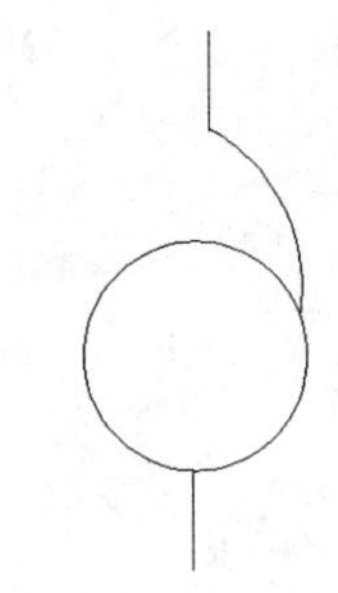

图 3-20　自耦变压器

3.2.5　绘制圆环

执行圆环命令，主要有如下 3 种调用方法。

☑　在命令行中输入“DONUT”命令。

☑　在菜单栏中选择“绘图”→“圆环”命令。

☑　单击“默认”选项卡“绘图”面板中的“圆环”按钮◎。

执行上述命令后，指定圆环内径和外径，再指定圆环的中心点。

☑　若指定内径为零，则画出实心填充圆。

☑　使用 FILL 命令可以控制圆环是否填充，根据系统提示选择“开”表示填充，选择“关”表示不填充。

3.2.6　绘制椭圆与椭圆弧

执行该命令，主要有如下 4 种调用方法。

☑　在命令行中输入“ELLIPSE”或“EL”命令。

☑　在菜单栏中选择“绘图”→“椭圆”子菜单中的命令。

☑　单击“绘图”工具栏中的“椭圆”按钮。

☑　单击“默认”选项卡“绘图”面板中的“椭圆”下拉菜单（如图 3-21 所示）。

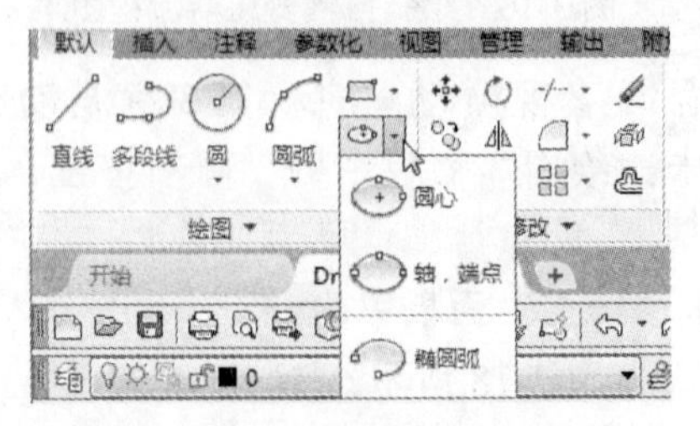

图 3-21　“椭圆”下拉菜单

执行上述命令后，根据系统提示指定轴端点和另一个轴端点。在命令行提示“指定另一条半轴长度或[旋转(R)]:”后按 Enter 键。使用椭圆命令时，命令行提示中各选项的含义如下。

☑ 指定椭圆的轴端点：根据两个端点定义椭圆的第一条轴，第一条轴的角度确定了整个椭圆的角度。第一条轴既可定义为椭圆的长轴，也可定义为其短轴。

☑ 圆弧(A)：用于创建一段椭圆弧，与单击“绘图”工具栏中的“椭圆弧”按钮功能相同。其中第一条轴的角度确定了椭圆弧的角度。第一条轴既可定义为椭圆弧长轴，也可定义为其短轴。

执行该命令后，根据系统提示输入“A”，之后指定端点或输入“C”并指定另一端点。在命令行提示下指定另一条半轴长度或输入“R”并指定起始角度、指定适当点或输入“P”，在命令行提示“指定端点角度或 [参数(P)/包含角度(I)]:”后指定适当点。其中各选项含义如下。

☑ 起始角度：指定椭圆弧端点的两种方式之一，光标与椭圆中心点连线的夹角为椭圆端点位置的角度。

☑ 参数(P)：指定椭圆弧端点的另一种方式，该方式同样是指定椭圆弧端点的角度，但通过矢量参数方程式“$p(u) = c + a\times\cos(u) + b\times\sin(u)$”创建椭圆弧。其中，$c$ 是椭圆的中心点，a 和 b 分别是椭圆的长轴和短轴，u 为光标与椭圆中心点连线的夹角。

☑ 夹角(I)：定义从起始角度开始的包含角度。

☑ 中心点(C)：通过指定的中心点创建椭圆。

☑ 旋转(R)：通过绕第一条轴旋转圆来创建椭圆。相当于将一个圆绕椭圆轴翻转一个角度后的投影视图。

3.2.7 实战——感应式仪表

本实例利用椭圆、圆环和直线命令绘制感应式仪表，绘制流程如图 3-22 所示。

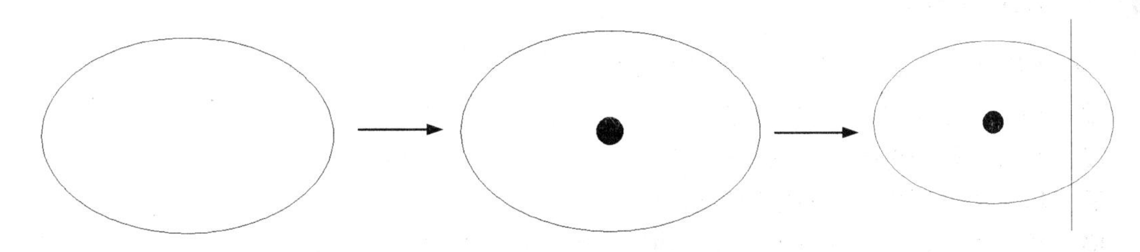

图 3-22　绘制感应式仪表流程图

操作步骤如下：（：光盘\配套视频\动画演示\第 3 章\感应式仪表.avi）

（1）单击“默认”选项卡“绘图”面板中的“椭圆”按钮，绘制椭圆。

① 在命令行提示“指定椭圆的轴端点或[圆弧(A)/中心点(C)]:”后适当指定一点为椭圆的轴端点。

② 在命令行提示“指定轴的另一个端点:”后在水平方向指定椭圆的轴的另一个端点。

③ 在命令行提示“指定另一条半轴长度或[旋转(R)]:”后适当指定一点，以确定椭圆另一条半轴的长度。

结果如图 3-23 所示。

（2）单击“默认”选项卡“绘图”面板中的“圆环”按钮，绘制圆环。

① 在命令行提示“指定圆环的内径<0.5000>:”后输入“0”。

② 在命令行提示“指定圆环的外径<1.0000>:”后输入“10”。

③ 在命令行提示“指定圆环的中心点或<退出>:”后大约指定椭圆的圆心位置。

④ 在命令行提示“指定圆环的中心点或<退出>:”后按 Enter 键。

结果如图 3-24 所示。

Note

（3）单击“默认”选项卡“绘图”面板中的“直线”按钮，在椭圆偏右位置绘制一条竖直直线，最终结果如图 3-25 所示。

图 3-23　绘制椭圆　　图 3-24　绘制圆环　　图 3-25　感应式仪表

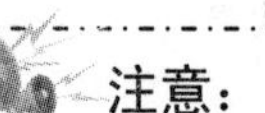

注意：

在绘制圆环时，可能仅仅一次无法准确确定圆环外径大小以确定圆环与椭圆的相对大小，可以通过多次绘制的方法找到一个相对合适的外径值。

3.3　平面图形

3.3.1　绘制矩形

执行矩形命令，主要有如下 4 种调用方法。

☑ 在命令行中输入“RECTANG”或“REC”命令。

☑ 在菜单栏中选择“绘图”→“矩形”命令。

☑ 单击“绘图”工具栏中的“矩形”按钮。

☑ 单击“默认”选项卡“绘图”面板中的“矩形”按钮。

执行上述命令后，根据系统提示指定角点，再指定另一角点，绘制矩形。在执行矩形命令时，命令行提示中各选项的含义如下。

☑ 第一个角点：通过指定两个角点确定矩形，如图 3-26（a）所示。

☑ 倒角(C)：指定倒角距离，绘制带倒角的矩形，如图 3-26（b）所示。每一个角点的逆时针和顺时针方向的倒角可以相同，也可以不同，其中，第一个倒角距离是指角点逆时针方向倒角距离，第二个倒角距离是指角点顺时针方向倒角距离。

☑ 标高(E)：指定矩形标高（Z 坐标），即把矩形放置在标高为 Z 并与 XOY 坐标面平行的平面上，并作为后续矩形的标高值。

☑ 圆角(F)：指定圆角半径，绘制带圆角的矩形，如图 3-26（c）所示。

☑ 厚度(T)：指定矩形的厚度，如图 3-26（d）所示。

☑ 宽度(W)：指定线宽，如图 3-26（e）所示。

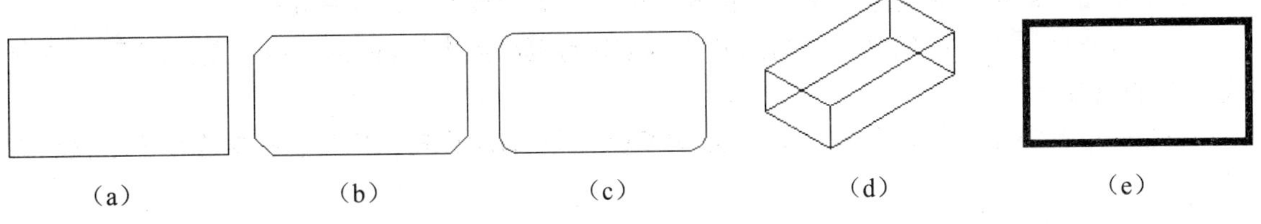

图 3-26　绘制矩形

☑ 面积(A)：指定面积和长或宽创建矩形。选择“面积”选项后，操作如下。

- 在命令行提示“输入以当前单位计算的矩形面积 <20.0000>:”后输入面积值。
- 在命令行提示“计算矩形标注时依据 [长度(L)/宽度(W)] <长度>:”后按 Enter 键或输入“W”。
- 在命令行提示“输入矩形长度 <4.0000>:”后指定长度或宽度。
- 指定长度或宽度后，系统自动计算另一个维度，绘制出矩形。如果矩形被倒角或圆角，则长度或面积计算中也会考虑此设置，如图 3-27 所示。

图 3-27　按面积绘制矩形

☑ 尺寸(D)：使用长和宽创建矩形，第二个指定点将矩形定位在与第一角点相关的 4 个位置之一内。

☑ 旋转(R)：使所绘制的矩形旋转一定角度。选择“旋转”选项后，操作如下。

- 在命令行提示“指定旋转角度或[拾取点(P)] <135>:”后指定角度。
- 在命令行提示“指定另一个角点或[面积(A)/尺寸(D)/旋转(R)]:”后指定另一个角点或选择其他选项。
- 指定旋转角度后，系统按指定角度创建矩形，如图 3-28 所示。

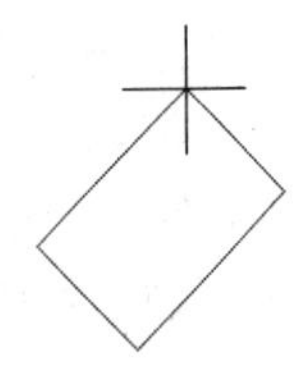

图 3-28　按指定旋转角度创建矩形

3.3.2　实战——缓吸继电器线圈

本实例利用矩形和直线命令绘制缓吸继电器线圈，绘制流程如图 3-29 所示。

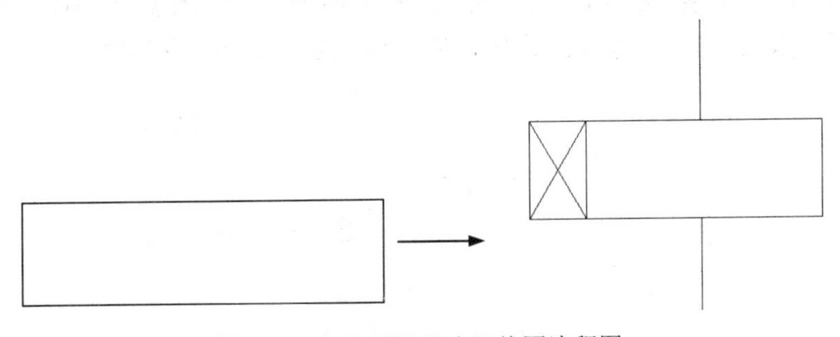

图 3-29　绘制缓吸继电器线圈流程图

操作步骤如下：（：光盘\配套视频\动画演示\第 3 章\缓吸继电器线圈.avi）

（1）单击“默认”选项卡“绘图”面板中的“矩形”按钮，绘制外框。

① 在命令行提示“指定第一个角点或[倒角(C)/标高(E)/圆角(F)/厚度(T)/宽度(W)]:”后在屏幕适当位置指定一点。

② 在命令行提示“指定另一个角点或[面积(A)/尺寸(D)/旋转(R)]:”后在屏幕适当位置指定另一点。

绘制结果如图 3-30 所示。

（2）单击“默认”选项卡“绘图”面板中的“直线”按钮，绘制另外的图线，尺寸适当确定，结果如图 3-31 所示。

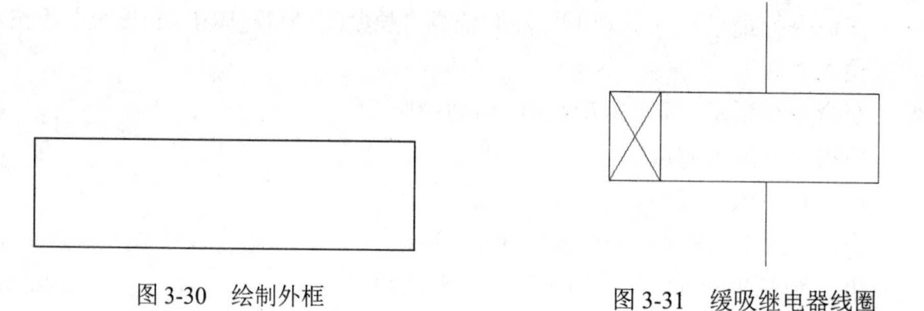

图 3-30　绘制外框　　　图 3-31　缓吸继电器线圈

3.3.3　绘制正多边形

执行正多边形命令，主要有如下 4 种调用方法。

- ☑ 在命令行中输入“POLYGON”或“POL”命令。
- ☑ 在菜单栏中选择“绘图”→“多边形”命令。
- ☑ 单击“绘图”工具栏中的“多边形”按钮。
- ☑ 单击“默认”选项卡“绘图”面板中的“多边形”按钮。

执行上述命令后，根据系统提示指定多边形的边数和中心点，之后指定是内接于圆或外切于圆，并输入外接圆或内切圆的半径。在执行正多边形命令的过程中，命令行提示中各选项的含义如下。

- ☑ 边(E)：选择该选项，则只要指定多边形的一条边，系统就会按逆时针方向创建该正多边形，如图 3-32（a）所示。
- ☑ 外切于圆(I)：选择该选项，绘制的多边形外切于圆，如图 3-32（b）所示。
- ☑ 内接于圆(C)：选择该选项，绘制的多边形内接于圆，如图 3-32（c）所示。

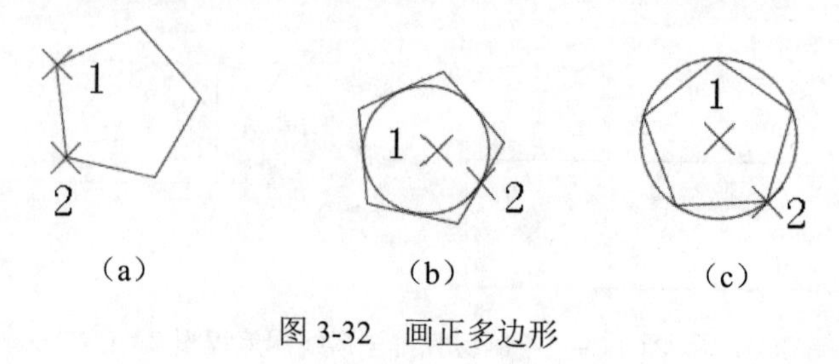

图 3-32　画正多边形

Note

3.3.4　实战——方形散流器

本实例利用点、多边形和直线命令绘制方形散流器，绘制流程如图 3-33 所示。

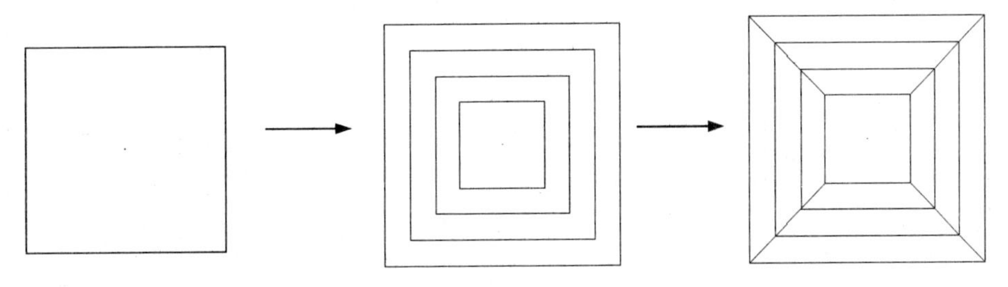

图 3-33　绘制方形散流器流程图

操作步骤如下：（：光盘\配套视频\动画演示\第 3 章\方形散流器.avi）

（1）单击“默认”选项卡“绘图”面板中的“多点”按钮，在屏幕上适当位置绘制一个点。

（2）单击状态栏中的和按钮，打开“正交”和“对象捕捉”状态，如图 3-34 所示。

图 3-34　状态栏

（3）单击“默认”选项卡“绘图”面板中的“多边形”按钮，绘制正方形。

① 在命令行提示“输入侧面数<4>:”后输入“4”。

② 在命令行提示“指定正多边形的中心点或[边(E)]:”后将光标移动到刚绘制的点附近，系统自动捕捉到该点作为中心点，如图 3-35 所示。

③ 在命令行提示“输入选项[内接于圆(I)/外切于圆(C)] <I>:”后输入“C”。

④ 在命令行提示“指定圆的半径:”后移动光标到适当位置，如图 3-36 所示，系统自动绘制一个适当大小的正方形。

绘制结果如图 3-37 所示。

图 3-35　捕捉中心点　　图 3-36　指定正方形内切圆半径　　图 3-37　绘制出的正方形

提示：

由于设置了正交状态，所以绘制出的正方形的边能保证处于水平和竖直方向。

（4）使用同样方法绘制另外 3 个正方形，使这些正方形的中心与刚绘制的正方形中心重合，

正方形之间的距离大约相等，如图 3-38 所示。

（5）单击“默认”选项卡“绘图”面板中的“直线”按钮，绘制连接最里边正方形和最外边正方形的线段，利用“对象捕捉”功能捕捉线段的端点，如图 3-39 所示。

（6）按键盘上的 Delete 键，删除最开始绘制的点，最终结果如图 3-40 所示。

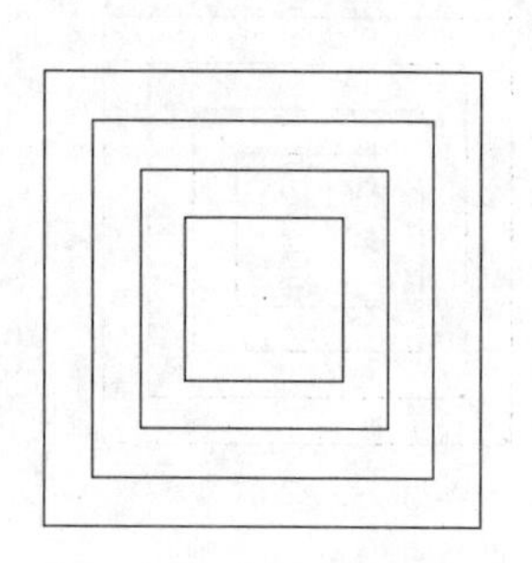

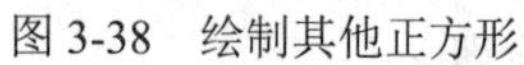

图 3-38　绘制其他正方形

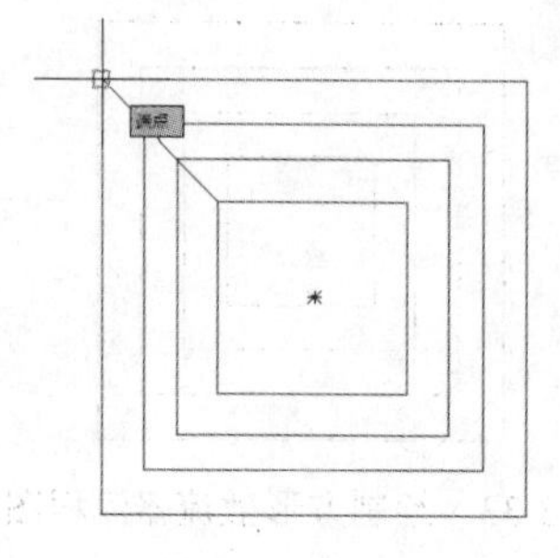

图 3-39　绘制线段

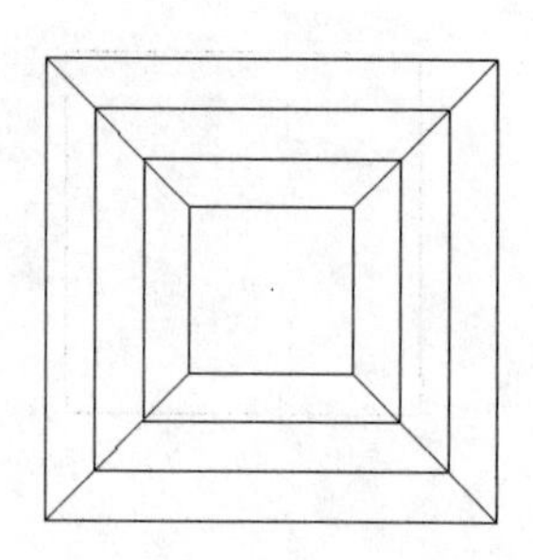

图 3-40　方形散流器

3.4　图案填充

当用户需要用一个重复的图案（pattern）填充某个区域时，可以使用 BHATCH 命令建立一个相关联的填充阴影对象，即所谓的图案填充。

3.4.1　基本概念

1．图案边界

当进行图案填充时，首先要确定图案填充的边界。定义边界的对象只能是直线、双向射线、单向射线、多段线、样条曲线、圆弧、圆、椭圆、椭圆弧、面域等对象或用这些对象定义的块，而且作为边界的对象，在当前屏幕上必须全部可见。

2．孤岛

在进行图案填充时，我们把位于总填充域内的封闭区域称为孤岛，如图 3-41 所示。在用 BHATCH 命令进行图案填充时，AutoCAD 允许用户以拾取点的方式确定填充边界，即在希望填充的区域内任意拾取一点，AutoCAD 会自动确定出填充边界，同时也确定该边界内的孤岛。如果用户是以点取对象的方式确定填充边界的，则必须确切地点取这些孤岛。

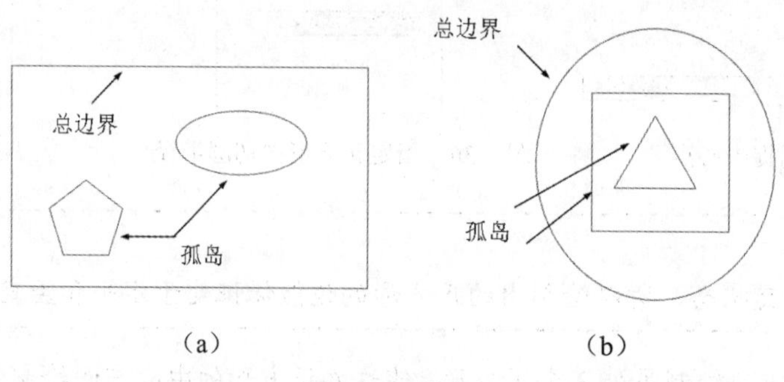

图 3-41　孤岛

3．填充方式

在进行图案填充时，需要控制填充的范围，AutoCAD 系统为用户设置了以下 3 种填充方式，实现对填充范围的控制。

☑ 普通方式：如图 3-42（a）所示，该方式从边界开始，从每条填充线或每个剖面符号的两端向里画，遇到内部对象与之相交时，填充线或剖面符号断开，直到遇到下一次相交时再继续画。采用这种方式时，要避免填充线或剖面符号与内部对象的相交次数为奇数。该方式为系统内部的默认方式。

☑ 外部方式：如图 3-42（b）所示，该方式从边界开始，向里画剖面符号，只要在边界内部与对象相交，则剖面符号由此断开，而不再继续画。

☑ 忽略方式：如图 3-42（c）所示，该方式忽略边界内部的对象，所有内部结构都被剖面符号覆盖。

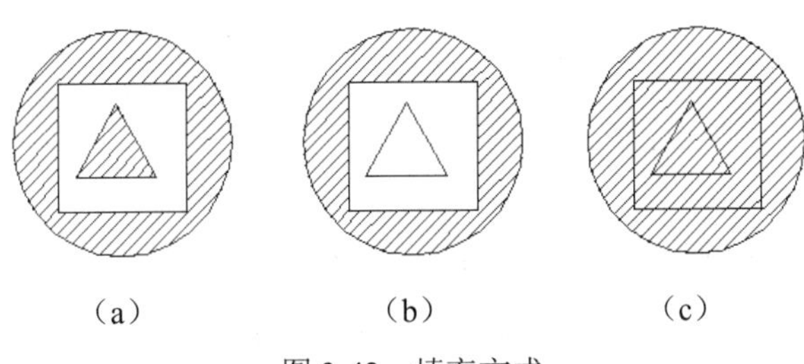

（a）　　（b）　　（c）

图 3-42　填充方式

3.4.2　图案填充的操作

在 AutoCAD 2016 中，可以对图形进行图案填充，图案填充是在“图案填充和渐变色”对话框中进行的。打开“图案填充和渐变色”对话框，主要有如下 4 种调用方法。

☑ 在命令行中输入“BHATCH”命令。

☑ 在菜单栏中选择“绘图”→“图案填充”命令。

☑ 单击“绘图”工具栏中的“图案填充”按钮或“渐变色”按钮。

☑ 单击“默认”选项卡“绘图”面板中的“图案填充”按钮。

执行上述命令后系统将打开图 3-43 所示的“图案填充创建”选项卡，各选项组和按钮含义如下。

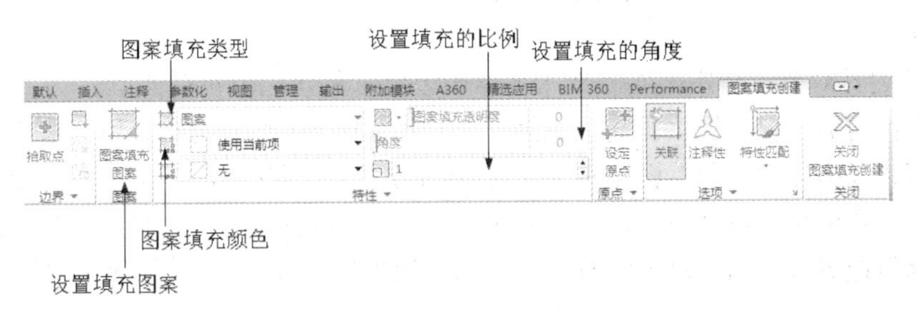

图 3-43　“图案填充创建”选项卡

1．“边界”面板

（1）拾取点：通过选择由一个或多个对象形成的封闭区域内的点，确定图案填充边界（如

图3-44所示）。指定内部点时，可以随时在绘图区域中单击鼠标右键以显示包含多个选项的快捷菜单。

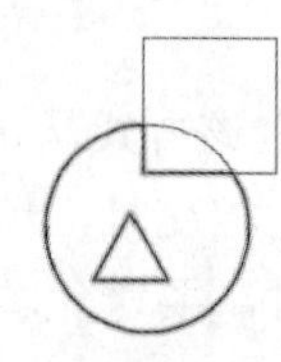
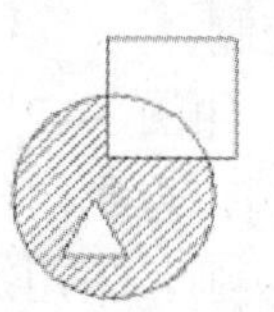
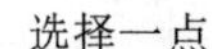

选择一点　　填充区域　　填充结果

图3-44　边界确定

（2）选择边界对象：指定基于选定对象的图案填充边界。使用该选项时，不会自动检测内部对象，必须选择选定边界内的对象，以按照当前孤岛检测样式填充这些对象（如图3-45所示）。

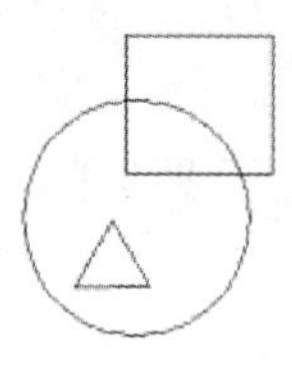
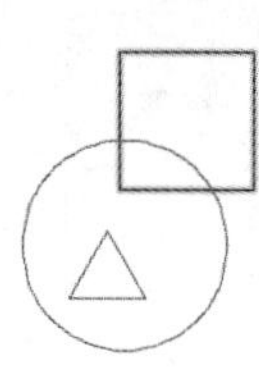
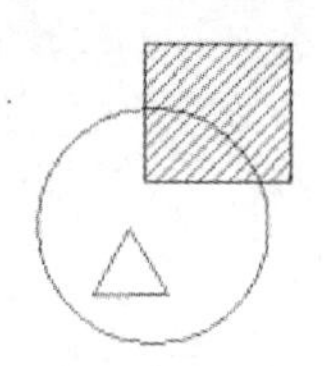

原始图形　　选取边界对象　　填充结果

图3-45　选取边界对象

（3）删除边界对象：从边界定义中删除之前添加的任何对象（如图3-46所示）。

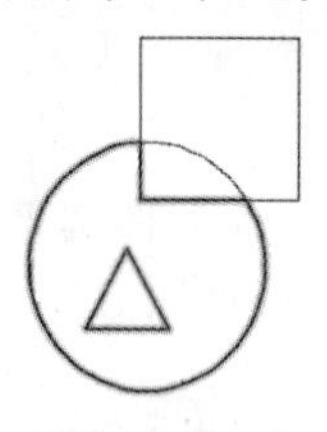
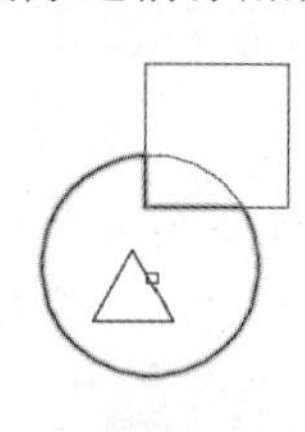
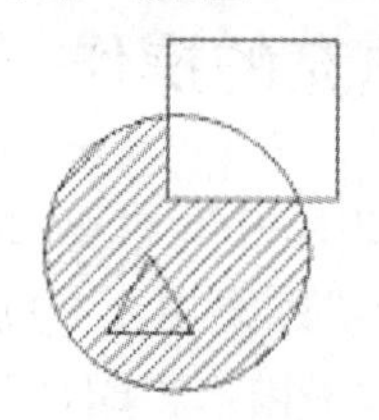

选取边界对象　　删除边界　　填充结果

图3-46　删除“岛”后的边界

（4）重新创建边界：围绕选定的图案填充或填充对象创建多段线或面域，并使其与图案填充对象相关联（可选）。

（5）显示边界对象：选择构成选定关联图案填充对象边界的对象，使用显示的夹点可修改图案填充边界。

（6）保留边界对象：指定如何处理图案填充边界对象，选项包括如下。

- ☑ 不保留边界（仅在图案填充创建期间可用）。不创建独立的图案填充边界对象。
- ☑ 保留边界多段线（仅在图案填充创建期间可用）。创建封闭图案填充对象的多段线。
- ☑ 保留边界面域（仅在图案填充创建期间可用）。创建封闭图案填充对象的面域对象。
- ☑ 选择新边界集。指定对象的有限集（称为边界集），以便通过创建图案填充时的拾取点进行计算。

2．“图案”面板

显示所有预定义和自定义图案的预览图像。

3．“特性”面板

（1）图案填充类型：指定是使用纯色、渐变色、图案还是用户定义的填充。

（2）图案填充颜色：替代实体填充和填充图案的当前颜色。

（3）背景色：指定填充图案背景的颜色。

（4）图案填充透明度：设定新图案填充或填充的透明度，替代当前对象的透明度。

（5）图案填充角度：指定图案填充或填充的角度。

（6）填充图案比例：放大或缩小预定义或自定义填充图案。

（7）相对图纸空间：（仅在布局中可用）相对于图纸空间单位缩放填充图案。使用此选项，可很容易地做到以适合于布局的比例显示填充图案。

（8）双向：（仅当“图案填充类型”设定为“用户定义”时可用）将绘制第二组直线，与原始直线成90度角，从而构成交叉线。

（9）ISO笔宽：（仅对于预定义的ISO图案可用）基于选定的笔宽缩放ISO图案。

4．“原点”面板

（1）设定原点：直接指定新的图案填充原点。

（2）左下：将图案填充原点设定在图案填充边界矩形范围的左下角。

（3）右下：将图案填充原点设定在图案填充边界矩形范围的右下角。

（4）左上：将图案填充原点设定在图案填充边界矩形范围的左上角。

（5）右上：将图案填充原点设定在图案填充边界矩形范围的右上角。

（6）中心：将图案填充原点设定在图案填充边界矩形范围的中心。

（7）使用当前原点：将图案填充原点设定在 HPORIGIN 系统变量中存储的默认位置。

（8）存储为默认原点：将新图案填充原点的值存储在 HPORIGIN 系统变量中。

5．“选项”面板

（1）关联：指定图案填充或填充为关联图案填充。关联的图案填充或填充在用户修改其边界对象时将会更新。

（2）注释性：指定图案填充为注释性。此特性会自动完成缩放注释过程，从而使注释能够以正确的大小在图纸上打印或显示。

（3）特性匹配。

☑ 使用当前原点：使用选定图案填充对象（除图案填充原点外）设定图案填充的特性。

☑ 使用源图案填充的原点：使用选定图案填充对象（包括图案填充原点）设定图案填充的特性。

（4）允许的间隙：设定将对象用作图案填充边界时可以忽略的最大间隙。默认值为 0，此值指定对象必须封闭区域而没有间隙。

（5）创建独立的图案填充：控制当指定了几个单独的闭合边界时，是创建单个图案填充对象，还是创建多个图案填充对象。

（6）孤岛检测。

☑ 普通孤岛检测：从外部边界向内填充。如果遇到内部孤岛，填充将关闭，直到遇到孤岛中的另一个孤岛。

☑ 外部孤岛检测：从外部边界向内填充。此选项仅填充指定的区域，不会影响内部孤岛。

☑ 忽略孤岛检测：忽略所有内部的对象，填充图案时将通过这些对象。

（7）绘图次序：为图案填充或填充指定绘图次序。选项包括不更改、后置、前置、置于边

界之后和置于边界之前。

6. “关闭”面板

☑ 关闭“图案填充创建”：退出 HATCH 并关闭“图案填充创建”选项卡。也可以按 Enter 键或 Esc 键退出 HATCH。

若在“特性”面板中选择“渐变色”选项时，会进入渐变色填充设置界面，如图 3-47 所示。其中的各选项介绍不再赘述。

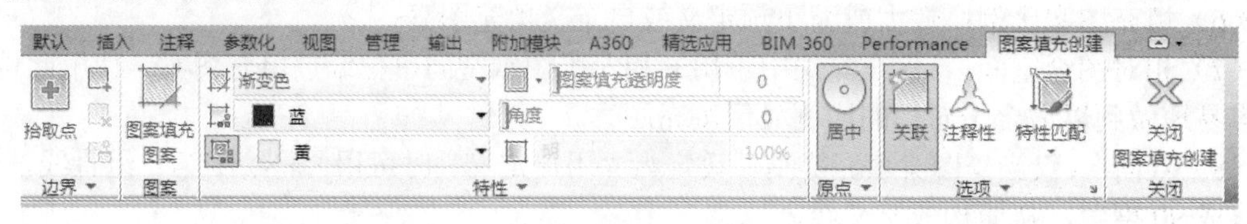

图 3-47 “渐变色”填充设置界面

3.4.3 编辑填充的图案

在对图形对象以图案进行填充后，还可以对填充图案进行编辑操作，如更改填充图案的类型、比例等。更改图案填充，主要有以下 4 种调用方法。

☑ 在命令行中输入“HATCHEDIT”命令。

☑ 在菜单栏中选择“修改”→“对象”→“图案填充”命令。

☑ 单击“绘图”工具栏中的“编辑填充”按钮。

☑ 单击“默认”选项卡“修改”面板中的“编辑图案填充”按钮。

执行上述命令后，根据提示选取关联填充物体后，系统将弹出如图 3-48 所示的“图案填充编辑器”选项卡。

在图 3-48 中，只有正常显示的选项才可以对其进行操作。利用该选项卡，可以对已弹出的图案进行一系列的编辑修改。

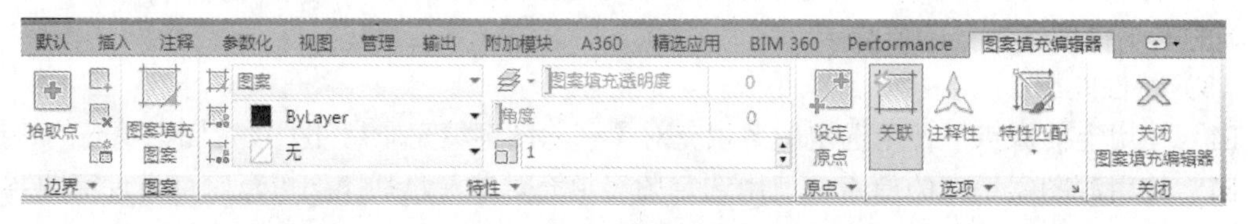

图 3-48 “图案填充编辑器”选项卡

3.4.4 实战——壁龛交接箱

本实例利用矩形和直线命令绘制初步图形，然后结合图案填充命令填充图形完成壁龛交接箱的绘制，绘制流程如图 3-49 所示。

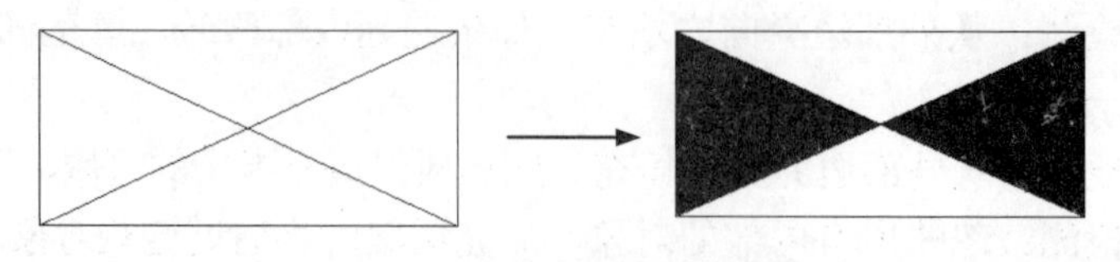

图 3-49 绘制壁龛交接箱流程图

Note

操作步骤如下：（光盘\配套视频\动画演示\第 3 章\壁龛交接箱.avi）

（1）单击“默认”选项卡“绘图”面板中的“矩形”按钮和“直线”按钮，绘制初步图形，如图 3-50 所示。

（2）单击“默认”选项卡“绘图”面板中的“图案填充”按钮，系统将打开“图案填充创建”选项卡，如图 3-51 所示，选择 SOLID 图案，单击“拾取点”按钮进行填充，结果如图 3-52 所示。

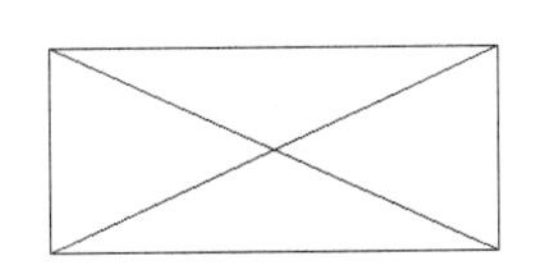

图 3-50　绘制初步图形

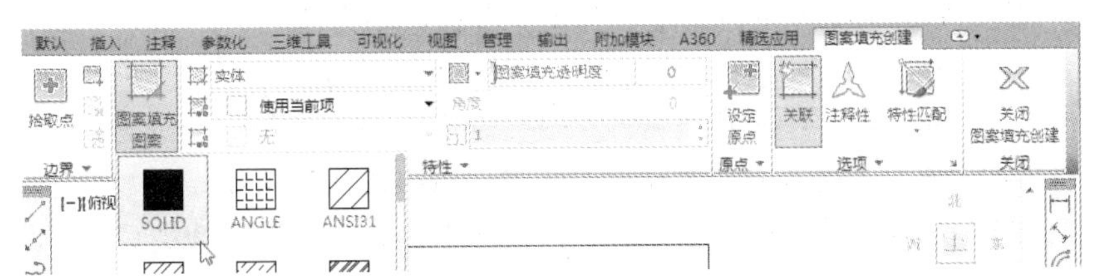

图 3-51　“图案填充创建”选项卡

图 3-52　壁龛交接箱

3.5　多　段　线

多段线是一种由线段和圆弧组合而成的不同线宽的多线，这种线由于其组合形式的多样和线宽的不同，弥补了直线或圆弧功能的不足，适合绘制各种复杂的图形轮廓，因而得到了广泛的应用。

3.5.1　绘制多段线

执行多段线命令，主要有如下 4 种调用方法。

☑ 在命令行中输入“PLINE”或“PL”命令。

☑ 在菜单栏中选择“绘图”→“多段线”命令。

☑ 单击“绘图”工具栏中的“多段线”按钮。

☑ 单击“默认”选项卡“绘图”面板中的“多段线”按钮。

执行上述命令后，根据系统提示指定多段线的起点和下一个点。此时，命令行提示中各选项含义如下。

☑ 圆弧：将绘制直线的方式转变为绘制圆弧的方式，这种绘制圆弧的方法与使用 ARC 命令绘制圆弧的方法类似。

☑ 半宽：用于指定多段线的半宽值，AutoCAD 将提示输入多段线的起点半宽值与终点半宽值。

☑ 长度：定义下一条多段线的长度，AutoCAD 将按照上一条直线的方向绘制这一条多段线。如果上一段是圆弧，则将绘制与此圆弧相切的直线。

☑ 宽度：设置多段线的宽度值。

Note

3.5.2 编辑多段线

执行编辑多段线命令，主要有如下 5 种调用方法。

☑ 在命令行中输入“PEDIT”或“PE”命令。

☑ 在菜单栏中选择“修改”→“对象”→“多段线”命令。

☑ 单击“修改 II”工具栏中的“编辑多段线”按钮。

☑ 选择要编辑的多线段，在绘图区右击，从打开的快捷菜单中选择“多段线编辑”命令。

☑ 单击“默认”选项卡“修改”面板中的“编辑多段线”按钮（如图 3-53 所示）。

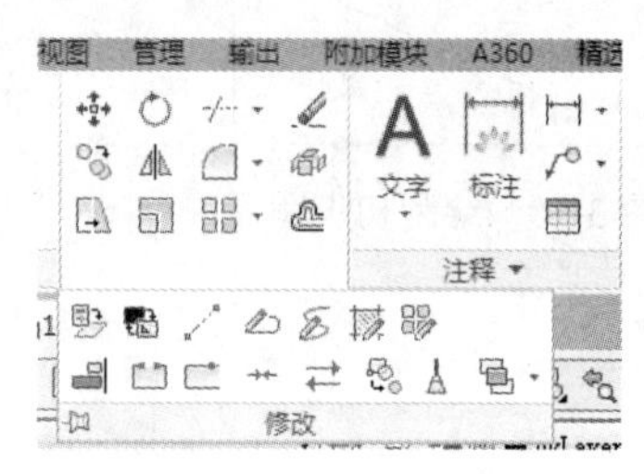

图 3-53 “修改”面板

执行上述命令后，根据系统提示选择一条要编辑的多段线，并根据需要输入其中的选项，此时，命令行提示中各选项含义如下。

☑ 合并(J)：以选中的多段线为主体，合并其他直线段、圆弧或多段线，使其成为一条多段线。能合并的条件是各段线的端点首尾相连，如图 3-54 所示。

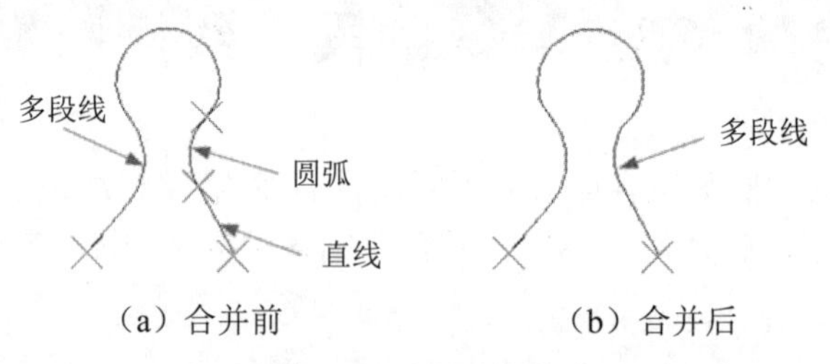

（a）合并前　　（b）合并后

图 3-54 合并多段线

☑ 宽度(W)：修改整条多段线的线宽，使其具有同一线宽，如图 3-55 所示。

☑ 编辑顶点(E)：选择该项后，在多段线起点处出现一个斜的十字叉“×”，它为当前顶点的标记，并在命令行出现后续操作提示中选择任意选项，这些选项允许用户进行移动、插入顶点和修改任意两点间线的线宽等操作。

☑ 拟合(F)：从指定的多段线生成由光滑圆弧连接而成的圆弧拟合曲线，该曲线经过多段线的各顶点，如图 3-56 所示。

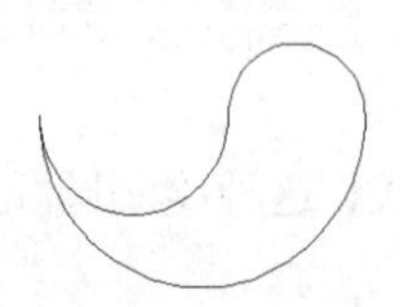

（a）修改前　　（b）修改后

图 3-55 修改整条多段线的线宽

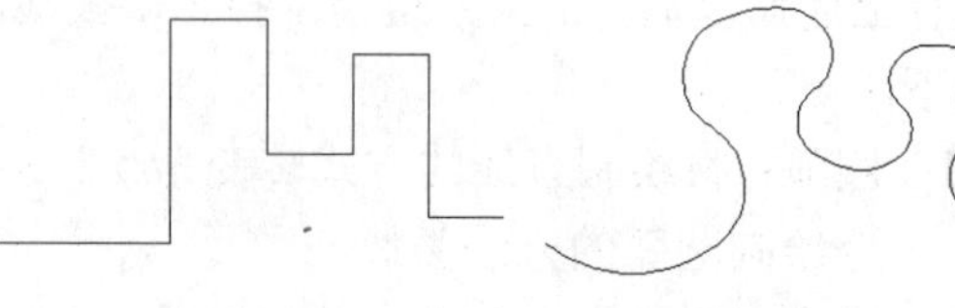

（a）修改前　　（b）修改后

图 3-56 生成圆弧拟合曲线

☑ 样条曲线(S)：以指定的多段线的各顶点作为控制点生成 B 样条曲线，如图 3-57 所示。

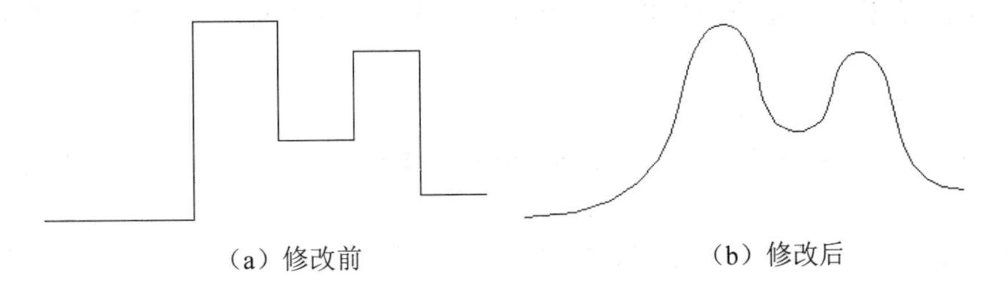

（a）修改前　　（b）修改后

图 3-57　生成 B 样条曲线

☑ 非曲线化(D)：用直线代替指定的多段线中的圆弧。对于选择“拟合(F)”选项或“样条曲线(S)”选项后生成的圆弧拟合曲线或样条曲线，删去其生成曲线时新插入的顶点，则恢复成由直线段组成的多段线。

☑ 线型生成(L)：当多段线的线型为点划线时，控制多段线的线型生成方式开关。选择 ON 时，将在每个顶点处允许以短划开始或结束生成线型；选择 OFF 时，将在每个顶点处允许以长划开始或结束生成线型。“线型生成”选项不能用于包含带变宽的线段的多段线，如图 3-58 所示。

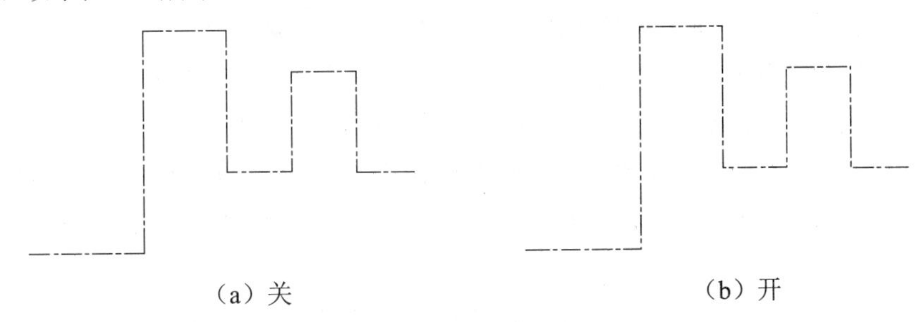

（a）关　　（b）开

图 3-58　控制多段线的线型（线型为点划线时）

3.5.3　实战——振荡回路

本实例利用多段线和圆弧命令绘制电感符号，然后利用直线命令绘制导线，完成振荡回路的绘制，绘制流程如图 3-59 所示。

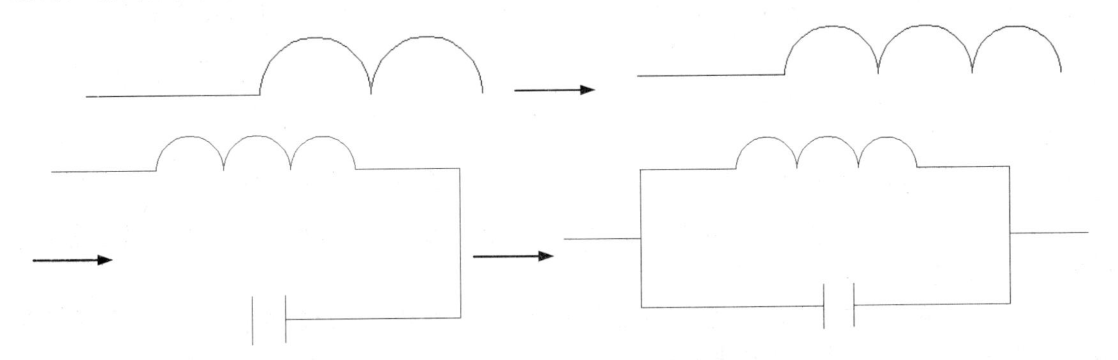

图 3-59　绘制振荡回路流程图

Note

操作步骤如下：（光盘\配套视频\动画演示\第3章\震荡回路.avi）

（1）单击“默认”选项卡“绘图”面板中的“多段线”按钮，绘制电感符号及其相连导线。

① 在命令行提示“指定起点:”后适当指定一点。

② 在命令行提示“指定下一个点或[圆弧(A)/半宽(H)/长度(L)/放弃(U)/宽度(W)]:”后水平向右指定一点。

③ 在命令行提示“指定下一点或[圆弧(A)/闭合(C)/半宽(H)/长度(L)/放弃(U)/宽度(W)]:”后输入“A”。

④ 在命令行提示“指定圆弧的端点或[角度(A)/圆心(CE)/闭合(CL)/方向(D)/半宽(H)/直线(L)/半径(R)/第二个点(S)/放弃(U)/宽度(W)]:”后输入“A”。

⑤ 在命令行提示“指定夹角:”后输入“-180”。

⑥ 在命令行提示“指定圆弧的端点(按住Ctrl键以切换方向)或[圆心(CE)/半径(R)]:”后向右与左边直线大约处于水平位置处指定一点。

⑦ 在命令行提示“指定圆弧的端点(按住Ctrl键以切换方向)或[角度(A)/圆心(CE)/闭合(CL)/方向(D)/半宽(H)/直线(L)/半径(R)/第二个点(S)/放弃(U)/宽度(W)]:”后输入“D”。

⑧ 在命令行提示“指定圆弧的起点切向:”后竖直向上指定一点。

⑨ 在命令行提示“指定圆弧的端点(按住 Ctrl 键以切换方向):”后向右与左边直线大约处于水平位置处指定一点，使此圆弧与前面圆弧半径大约相等。

⑩ 在命令行提示“指定圆弧的端点(按住 Ctrl 键以切换方向)或[角度(A)/圆心(CE)/闭合(CL)/方向(D)/半宽(H)/直线(L)/半径(R)/第二个点(S)/放弃(U)/宽度(W)]:”后按 Enter 键。结果如图3-60所示。

（2）单击“默认”选项卡“绘图”面板中的“圆弧”按钮，完成电感符号绘制。

① 在命令行提示“指定圆弧的起点或[圆心(C)]:”后指定多段线终点为起点。

② 在命令行提示“指定圆弧的第二个点或[圆心(C)/端点(E)]:”后输入“E”。

③ 在命令行提示“指定圆弧的端点:”后水平向右指定一点，与第一点距离约与多段线圆弧直径相等。

④ 在命令行提示“指定圆弧的圆心或[角度(A)/方向(D)/半径(R)]:”后输入“D”。

⑤ 在命令行提示“指定圆弧的起点切向:”后竖直向上指定一点。结果如图3-61所示。

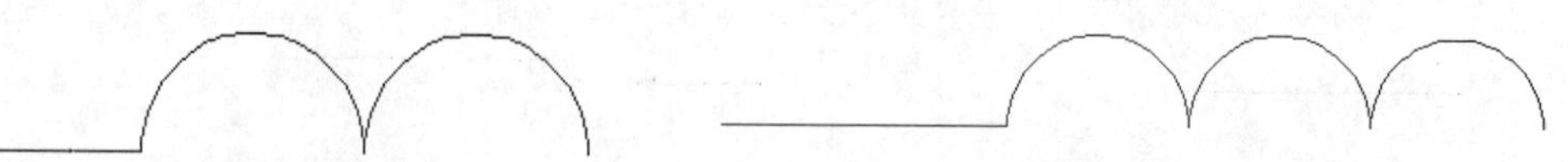

图3-60 绘制电感及其导线

图3-61 完成电感符号绘制

（3）单击“默认”选项卡“绘图”面板中的“直线”按钮，绘制导线。以圆弧终点为起点绘制正交联系直线，如图3-62所示。

（4）单击“默认”选项卡“绘图”面板中的“直线”按钮，绘制电容符号。电容符号为两条平行等长竖线，大约使右边竖线的中点为刚绘制导线的端点，如图3-63所示。

（5）单击“默认”选项卡“绘图”面板中的“直线”按钮，绘制连续正交直线，完成其

他导线绘制，大致使直线的起点为电容符号左边竖线中点，终点为与电感符号相连导线直线左端点，最终结果如图 3-64 所示。

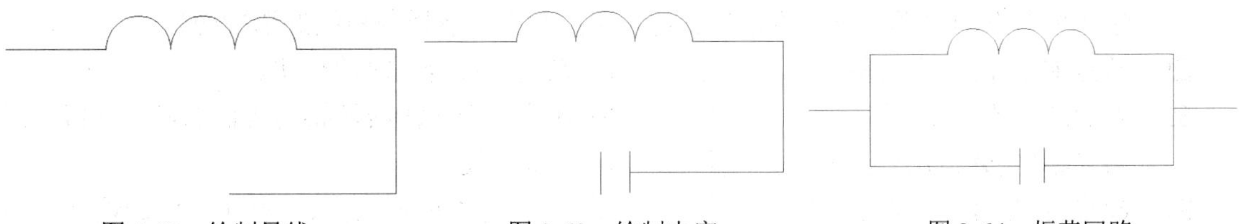

图 3-62 绘制导线　　图 3-63 绘制电容　　图 3-64 振荡回路

Note

注意：

由于所绘制的直线、多段线和圆弧都是首尾相连或要求水平对齐的，所以要求读者在指定相应点时要比较细心。读者操作起来可能比较费劲，但在后面章节学习了精确绘图相关知识后就很简便了。

3.6 样条曲线

AutoCAD 使用一种称为非一致有理 B 样条（NURBS）曲线的特殊样条曲线类型。NURBS 曲线在控制点之间产生一条平滑的样条曲线，如图 3-65 所示。样条曲线可用于创建形状不规则的曲线，例如，为地理信息系统（GIS）应用或汽车设计绘制轮廓线。

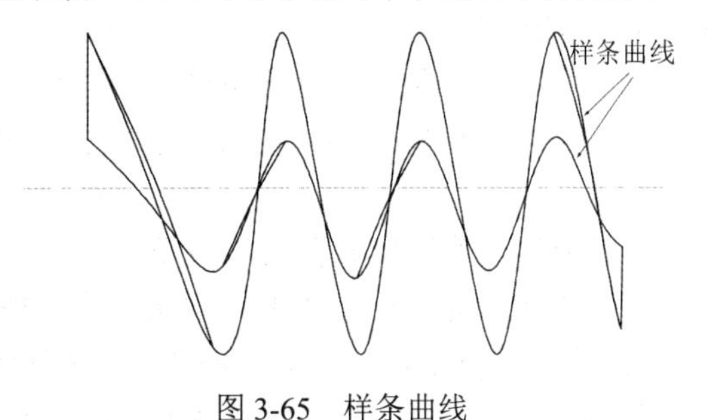

图 3-65 样条曲线

3.6.1 绘制样条曲线

执行样条曲线命令，主要有如下 4 种调用方法。

☑ 在命令行中输入“SPLINE”或“SPL”命令。
☑ 在菜单栏中选择“绘图”→“样条曲线”命令。
☑ 单击“绘图”工具栏中的“样条曲线”按钮。
☑ 单击“默认”选项卡“绘图”面板中的“样条曲线拟合”按钮或“样条曲线控制点”按钮（如图 3-66 所示）。

图 3-66 “绘图”面板

执行样条曲线命令后，系统将提示指定样条曲线的点，在绘图区依次指定所需位置的点即可创建出样条曲线。绘制样条曲线的过

程中，命令行提示中各选项的含义如下。

Note

☑ 方式(M)：控制是使用拟合点还是使用控制点来创建样条曲线。选项会因用户选择的是使用拟合点创建样条曲线的选项还是使用控制点创建样条曲线的选项而异。

☑ 节点(K)：指定节点参数化，它会影响曲线在通过拟合点时的形状。

☑ 对象(O)：将二维或三维的二次或三次样条曲线拟合多段线转换为等价的样条曲线，然后（根据 DELOBJ 系统变量的设置）删除该多段线。

☑ 起点切向(T)：定义样条曲线的第一点和最后一点的切向。如果在样条曲线的两端都指定切向，可以输入一个点或使用“切点”和“垂足”对象捕捉模式使样条曲线与已有的对象相切或垂直。如果按 Enter 键，系统将计算默认切向。

☑ 端点相切(T)：停止基于切向创建曲线。可通过指定拟合点继续创建样条曲线。

☑ 公差(L)：指定距样条曲线必须经过的指定拟合点的距离。该选项可应用于除起点和端点外的所有拟合点。

☑ 闭合(C)：将最后一点定义与第一点一致，并使其在连接处相切，以闭合样条曲线。选择该项，在命令行提示下指定点或按 Enter 键，用户可以指定一点来定义切向矢量，或按下状态栏中的“对象捕捉”按钮□，使用“切点”和“垂足”对象捕捉模式使样条曲线与现有对象相切或垂直。

3.6.2 编辑样条曲线

执行编辑样条曲线命令，主要有如下 5 种调用方法。

☑ 在命令行中输入“SPLINEDIT”命令。

☑ 在菜单栏中选择“修改”→“对象”→“样条曲线”命令。

☑ 选择要编辑的样条曲线，在绘图区右击，从打开的快捷菜单中选择“编辑样条曲线”命令。

☑ 单击“修改 II”工具栏中的“编辑样条曲线”按钮。

☑ 单击“默认”选项卡“修改”面板中的“编辑样条曲线”按钮。

执行上述命令后，根据系统提示选择要编辑的样条曲线。若选择的样条曲线是用 SPLINE 命令创建的，其近似点以夹点的颜色显示出来；若选择的样条曲线是用 PLINE 命令创建的，其控制点以夹点的颜色显示出来。此时，命令行提示中各选项含义如下。

☑ 拟合数据(F)：编辑近似数据。选择该项后，创建该样条曲线时指定的各点将以小方格的形式显示出来。

☑ 移动顶点(M)：移动样条曲线上的当前点。

☑ 精度(R)：调整样条曲线的定义精度。

☑ 反转(E)：翻转样条曲线的方向。该项操作主要用于应用程序。

3.6.3 实战——整流器

本实例利用多边形、直线和样条曲线命令绘制整流器，绘制流程如图 3-67 所示。

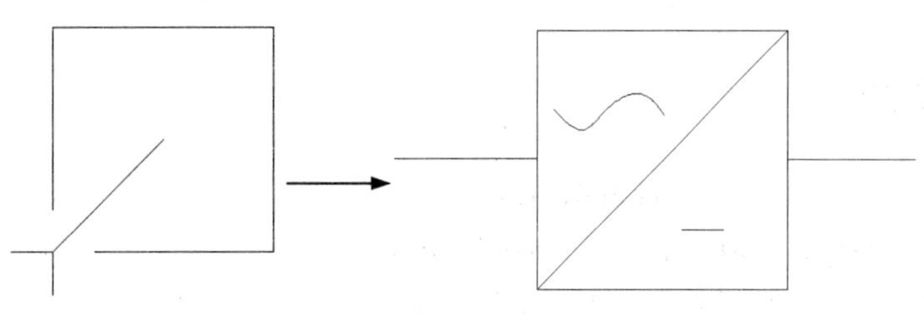

图 3-67　绘制整流器流程图

操作步骤如下：（光盘\配套视频\动画演示\第 3 章\整流器.avi）

（1）单击“默认”选项卡“绘图”面板中的“多边形”按钮，绘制正四边形。

① 在命令行提示“输入侧面数 <4>:”后输入“4”。

② 在命令行提示“指定正多边形的中心点或[边(E)]:”后在绘图屏幕适当位置指定一点。

③ 在命令行提示“输入选项[内接于圆(I)/外切于圆(C)] <I>:”后输入“I”。

④ 在命令行提示“指定圆的半径:”后适当指定一点作为外接圆半径，使正四边形的边大约处于垂直正交位置，如图 3-68 所示。

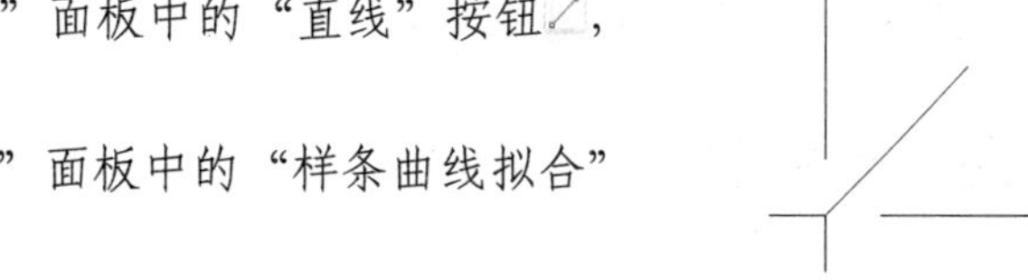

图 3-68　绘制正四边形

（2）单击“默认”选项卡“绘图”面板中的“直线”按钮，绘制 4 条直线，如图 3-69 所示。

（3）单击“默认”选项卡“绘图”面板中的“样条曲线拟合”按钮，绘制样条曲线。

① 在命令行提示“指定第一个点或[方式(M)/节点(K)/对象(O)]:”后适当指定一点。

② 在命令行提示“输入下一个点或[起点切向(T)/公差(L)]:”后适当指定一点。

③ 在命令行提示“输入下一个点或[端点相切(T)/公差(L)/放弃(U)]:”后适当指定一点。

④ 在命令行提示“输入下一个点或[端点相切(T)/公差(L)/放弃(U)/闭合(C)]:”后适当指定一点。

⑤ 在命令行提示“输入下一个点或 [端点相切(T)/公差(L)/放弃(U)/闭合(C)]:”后按 Enter 键。

最终结果如图 3-70 所示。

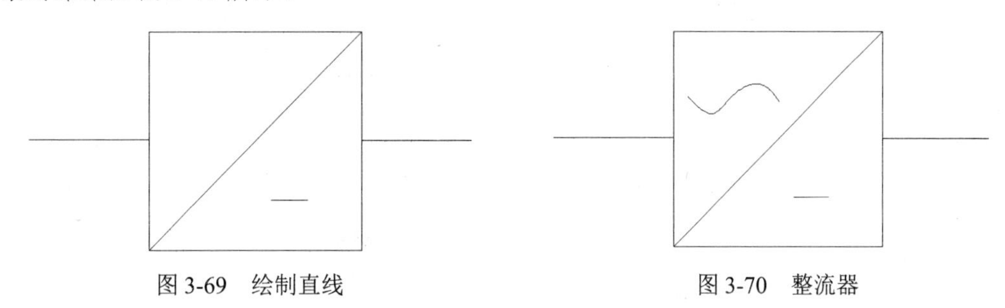

图 3-69　绘制直线　　　　图 3-70　整流器

3.7　多　　线

多线是一种复合线，由连续的直线段复合组成。多线的一个突出优点是能够提高绘图效率，保证图线之间的统一性。

3.7.1 绘制多线

Note

执行多线命令，主要有如下两种调用方法。

☑ 在命令行中输入“MLINE”或“ML”命令。

☑ 在菜单栏中选择“绘图”→“多线”命令。

执行此命令后，根据系统提示指定起点和下一点。在命令行提示下继续指定下一点绘制线段，输入“U”，则放弃前一段多线的绘制；右击或按 Enter 键，则结束命令。在命令行提示下继续指定下一点绘制线段，输入“C”，则闭合线段，结束命令。在执行多线命令的过程中，命令行提示中各主要选项的含义如下。

☑ 对正(J)：该项用于指定绘制多线的基准。共有 3 种对正类型，即“上”、“无”和“下”。其中，“上”表示以多线上侧的线为基准，其他两项依此类推。

☑ 比例(S)：选择该项，要求用户设置平行线的间距。输入值为零时，平行线重合；输入值为负时，多线的排列倒置。

☑ 样式(ST)：用于设置当前使用的多线样式。

3.7.2 定义多线样式

使用多线命令绘制多线时，首先应对多线的样式进行设置，其中包括多线的数量，以及每条线之间的偏移距离等。执行多线样式命令，主要有如下两种调用方法。

☑ 在命令行中输入“MLSTYLE”命令。

☑ 在菜单栏中选择“格式”→“多线样式”命令。

执行上述命令后，系统将弹出如图 3-71 所示的“多线样式”对话框。在该对话框中，用户可以对多线样式进行定义、保存和加载等操作。

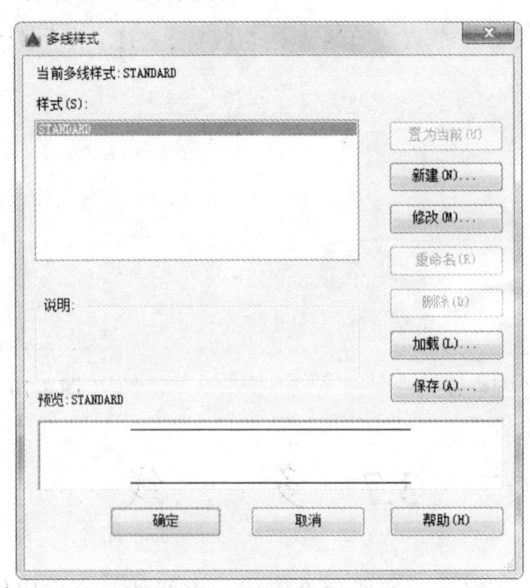

图 3-71 “多线样式”对话框

Note

3.7.3　编辑多线

利用编辑多线命令，可以创建和修改多线样式。执行该命令，主要有如下两种调用方法。

☑　在命令行中输入“MLEDIT”命令。

☑　在菜单栏中选择“修改”→“对象”→“多线”命令。

执行上述操作后，弹出“多线编辑工具”对话框，如图 3-72 所示。

利用该对话框，可以创建或修改多线的模式。对话框中分 4 列显示了示例图形。其中，第 1 列管理十字交叉形式的多线，第 2 列管理 T 形多线，第 3 列管理拐角接合点和节点形式的多线，第 4 列管理多线被剪切或连接的形式。

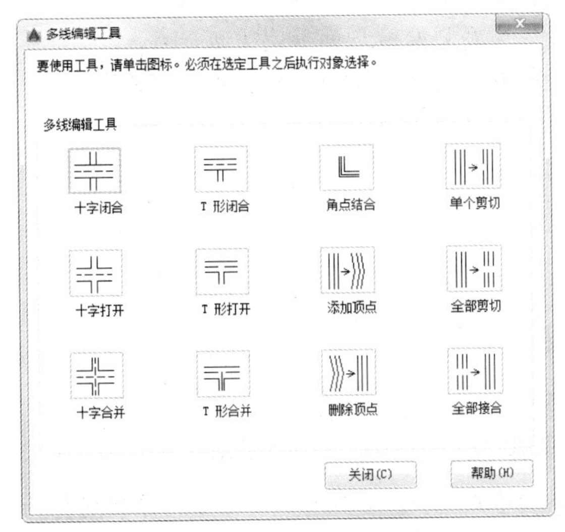

图 3-72　“多线编辑工具”对话框

单击选择某个示例图形，然后单击“关闭”按钮，就可以调用该项编辑功能。

3.7.4　实战——墙体

本例利用构造线与偏移命令绘制辅助线，再利用多线命令绘制墙线，最后编辑多线得到所需图形，绘制流程图如图 3-73 所示。

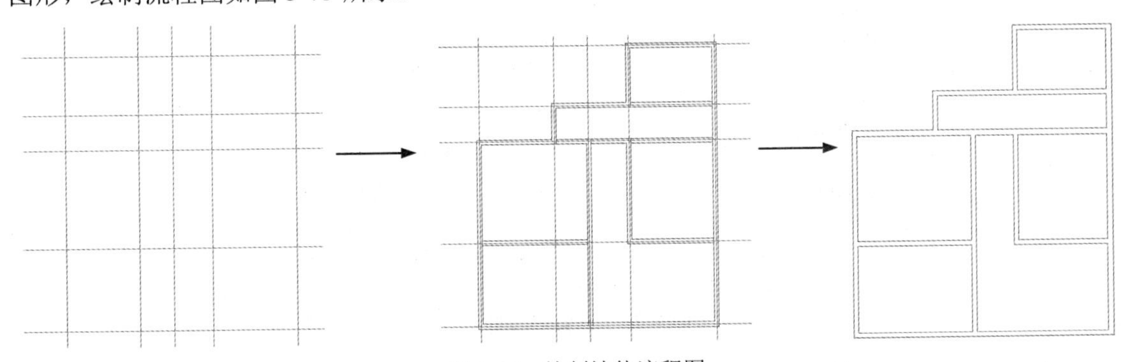

图 3-73　绘制墙体流程图

Note

操作步骤如下：（📹：光盘\配套视频\动画演示\第3章\墙体.avi）

（1）单击“默认”选项卡“绘图”面板中的“构造线”按钮⤢，绘制出一条水平构造线和一条竖直构造线，组成“十”字形辅助线，如图3-74所示。

（2）按Enter键，将水平构造线依次向上偏移4200、5100、1800和3000，偏移得到的水平构造线如图3-75所示。重复“偏移”命令，将垂直构造线依次向右偏移3900、1800、2100和4500，结果如图3-76所示。

① 在命令行提示“指定点或[水平(H)/垂直(V)/角度(A)/二等分(B)/偏移(O)]:”后输入“O”，然后按Enter键。

② 在命令行提示“指定偏移距离或[通过(T)] <12000.0000>:”后输入“4200”，然后按Enter键。

③ 在命令行提示“选择直线对象:”后选择水平构造线。

④ 在命令行提示“指定向哪侧偏移:”后指定上边一点。

⑤ 在命令行提示“选择直线对象:”后继续选择水平构造线。

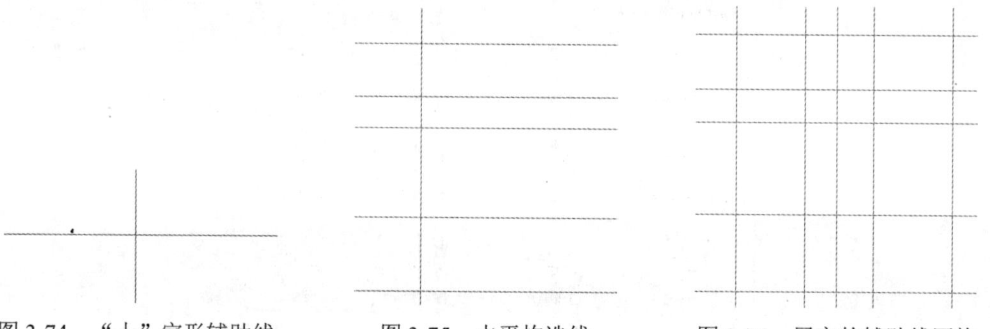

图3-74　“十”字形辅助线　　图3-75　水平构造线　　图3-76　居室的辅助线网格

（3）在菜单栏中选择“格式”→“多线样式”命令，系统将打开“多线样式”对话框，再单击“新建”按钮，系统打开“创建新的多线样式”对话框，在“新样式名”文本框中输入“墙体线”，然后单击“继续”按钮。

（4）系统打开“新建多线样式：墙体线”对话框，按如图3-77所示进行设置。

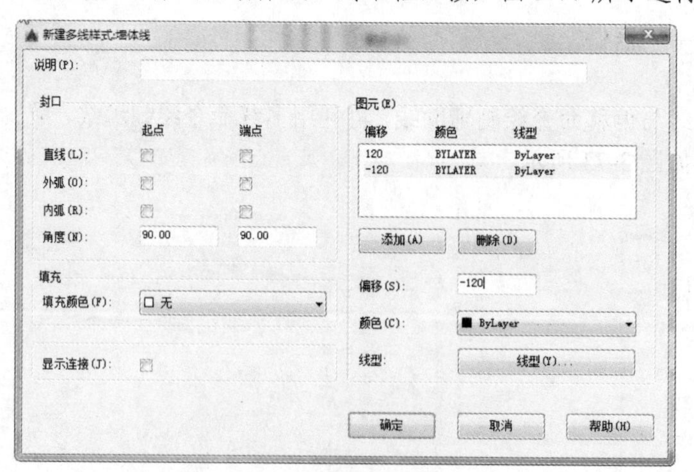

图3-77　设置多线样式

（5）在菜单栏中选择“绘图”→“多线”命令，绘制墙体。

① 在命令行提示“指定起点或[对正(J)/比例(S)/样式(ST)]:”后输入“S”。

② 在命令行提示“输入多线比例<20.00>:”后输入“1”。

③ 在命令行提示“指定起点或[对正(J)/比例(S)/样式(ST)]:”后输入“J”。

④ 在命令行提示“输入对正类型[上(T)/无(Z)/下(B)] <上>:”后输入“Z”。

⑤ 在命令行提示“指定起点或[对正(J)/比例(S)/样式(ST)]:”后在绘制的辅助线交点上指定一点。

⑥ 在命令行提示“指定下一点:”后在绘制的辅助线交点上指定下一点。

⑦ 在命令行提示“指定下一点或[放弃(U)]:”后在绘制的辅助线交点上指定下一点。

⑧ 在命令行提示“指定下一点或[闭合(C)/放弃(U)]:”后在绘制的辅助线交点上指定下一点。

⑨ 在命令行提示“指定下一点或[闭合(C)/放弃(U)]:”后输入“C”。

根据辅助线网格，使用相同方法绘制多线，绘制结果如图3-78所示。

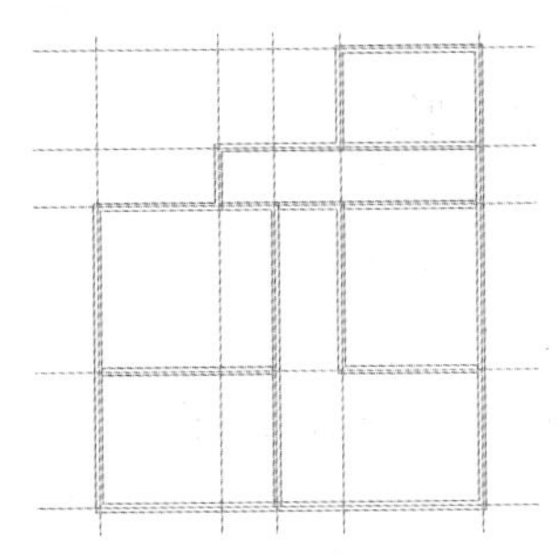

图3-78 全部多线绘制结果

（6）编辑多线。在菜单栏中选择“修改”→“对象”→“多线”命令，系统弹出“多线编辑工具”对话框，如图3-79所示。单击其中的“T形打开”选项。

① 在命令行提示“选择第一条多线:”后选择多线。

② 在命令行提示“选择第二条多线:”后选择多线。

③ 在命令行提示“选择第一条多线或[放弃(U)]:”后选择多线。

④ 在命令行提示“选择第一条多线或[放弃(U)]:”后按Enter键。

重复“编辑多线”命令继续进行多线编辑，最终结果如图3-80所示。

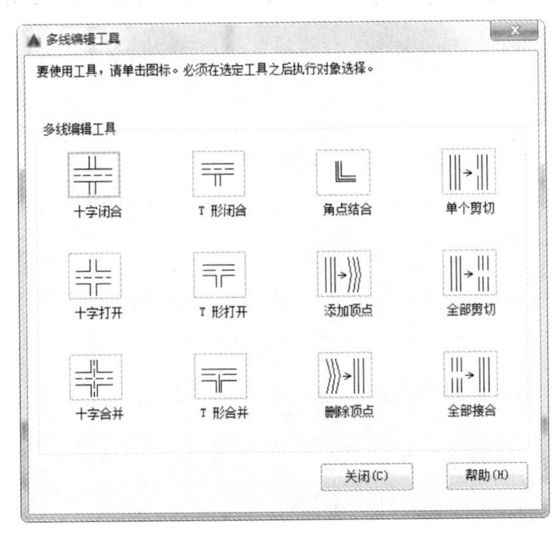

图3-79 “多线编辑工具”对话框

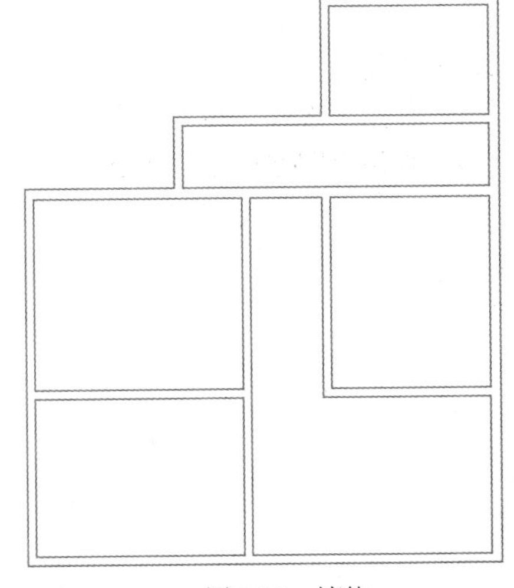

图3-80 墙体

3.8 实战演练

Note

通过前面的学习，读者对本章知识也有了大体的了解，本节通过几个操作练习使读者进一步掌握本章知识要点。

【实战演练 1】绘制如图 3-81 所示的可变衰减器。

1．目的要求

本例图形涉及的命令主要是“矩形”、“直线”、“多行文字”和“多段线”命令。通过本实例可帮助读者灵活掌握矩形、直线、多行文字以及多段线的绘制方法。

2．操作提示

（1）利用“矩形”命令绘制一个矩形。

（2）利用“直线”命令，绘制直线。

（3）利用“多行文字”命令，输入文字。

（4）利用“多段线”命令，绘制箭头。

【实战演练 2】绘制动力空调箱（如图 3-82 所示）。

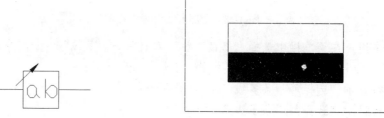

图 3-81　可变衰减器

图 3-82　动力空调箱

1．目的要求

本例图形涉及的命令主要是“图案填充”命令。通过本实例可帮助读者灵活掌握图案填充的方法。

2．操作提示

（1）使用“直线”和“矩形”命令绘制图形。

（2）使用“图案填充”命令填充半个矩形。

基本绘图工具

本章学习要点和目标任务：

☑ 图层设置

☑ 对象约束

☑ 文字

☑ 表格

☑ 尺寸标注

AutoCAD 2016 提供了多种功能强大的辅助绘图工具，包括图层相关工具、对象约束、文字注释、表格、尺寸标注等。使用这些工具，可以帮助用户方便、快速、准确地进行绘图。

Note

4.1 图层设置

图层是AutoCAD制图使用的主要组织工具。可以使用图层将信息按功能编组，以及执行线型、颜色及其他标准。AutoCAD的图层可以简单形象地理解为：一层叠一层放置的透明叠合电子纸，如图4-1所示。我们可以根据需要增加或删除某一层或多个层。在每一层上，都可以进行图形绘制，能够设置任意的线型与颜色。在图形的绘制之前，为了便于以后的使用，最好先创建层的组织结构。

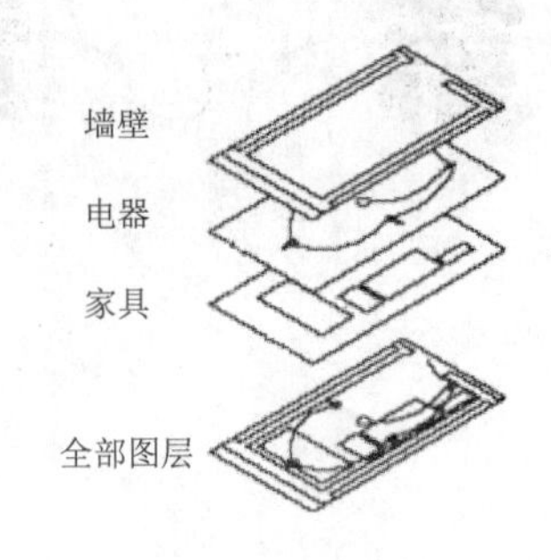

图4-1 图层示意图

在绘制施工图时，可以根据不同的构想和思路，用不同的层完成不同的设计，然后逐次打开每一个层，比较效果，选择出最合理的层的组合，以实现设计制图的简洁、快速。在图形的输出过程中，不管是建筑图、管线图，还是零件图，往往需要对图样的某一部分或每一类图样输出，此时可以通过改变层的状态（冻结或锁定或打印），来获取不同的输出效果。

4.1.1 建立新图层

新建的CAD文档中只能自动创建一个名为“0”的特殊图层。默认情况下，图层0将被指定使用7号颜色、Continuous线型、默认线宽及NORMAL打印样式，并且不能被删除或重命名。通过创建新的图层，可以将类型相似的对象指定给同一个图层使其相关联。例如，可以将构造线、文字、标注和标题栏置于不同的图层上，并为这些图层指定通用特性。通过将对象分类放到各自的图层中，可以快速有效地控制对象的显示及对其进行更改。执行上述功能，主要有如下4种调用方法。

☑ 在命令行中输入“LAYER”或“LA”命令。

☑ 在菜单栏中选择“格式”→“图层”命令。

☑ 单击“图层”工具栏中的“图层特性管理器”按钮，如图4-2所示。

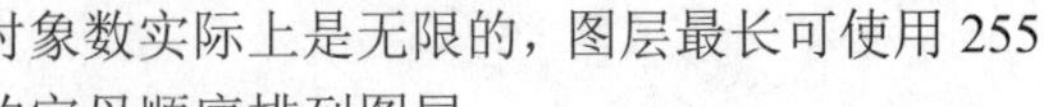

图4-2 “图层”工具栏

☑ 单击“默认”选项卡“图层”面板中的“图层特性”按钮或单击“视图”选项卡“选项板”面板中的“图层特性”按钮。

执行上述命令后，系统将弹出“图层特性管理器”选项板，如图4-3所示。单击“新建图层”按钮，建立新图层，默认的图层名为“图层 1”。可以根据绘图需要，更改图层名。在一个图形中可以创建的图层数及在每个图层中可以创建的对象数实际上是无限的，图层最长可使用255个字符的字母和数字命名。图层特性管理器按名称的字母顺序排列图层。

注意：

如果要建立不止一个图层，无须重复单击“新建图层”按钮。更有效的方法是：在建立一个新的图层“图层 1”后，改变图层名，在其后输入逗号“,”，这样系统会自动建立一个新图层，改变图层名，再输入一个逗号，又一个新的图层建立了，这样可以依次建立各个图层。也可以按两次Enter键，建立另一个新的图层。

图 4-3　“图层特性管理器”对话框

注意：

建议创建几个新图层来组织图形，而不是将整个图形均创建在图层 0 上。

每个图层的属性设置包括图层名称、关闭/打开图层、冻结/解冻图层、锁定/解锁图层、图层线条颜色、图层线条线型、图层线条宽度、图层打印样式及图层是否打印等参数。下面将分别讲述如何设置这些图层参数。

1．设置图层线条颜色

在工程图中，整个图形包含多种不同功能的图形对象，如实体、剖面线与尺寸标注等，为了便于直观地区分它们，就有必要针对不同的图形对象使用不同的颜色，例如实体层使用白色，剖面线层使用青色等。

要改变图层的颜色时，单击图层所对应的颜色图标，打开“选择颜色”对话框，如图 4-4 所示。它是一个标准的颜色设置对话框，可以使用“索引颜色”、“真彩色”和“配色系统”3 个选项卡中的参数来设置颜色。

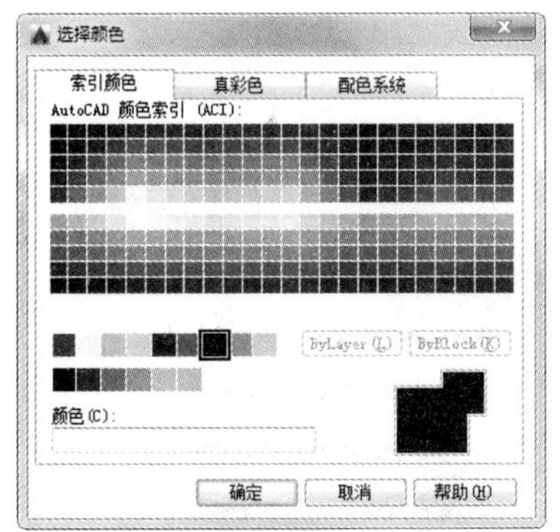

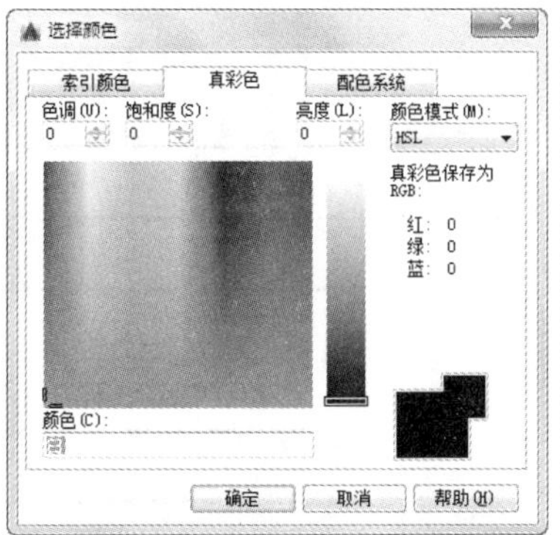

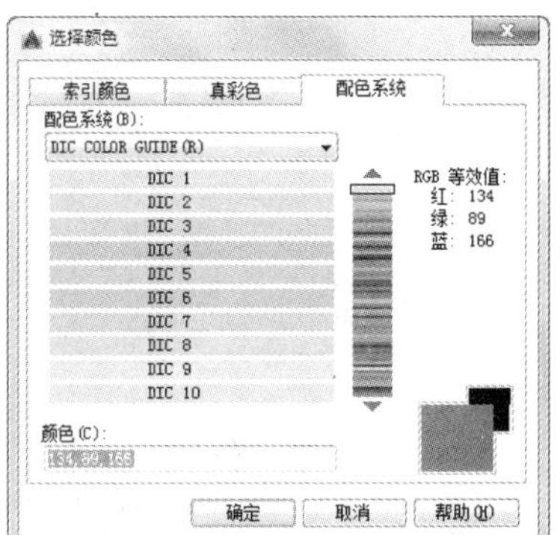

图 4-4　“选择颜色”对话框

2．设置图层线型

线型是指作为图形基本元素的线条的组成和显示方式，如实线、点划线等。在许多绘图工作中，常常以线型划分图层，为某一个图层设置适合的线型。在绘图时，只需将该图层设置为当前

工作层，即可绘制出符合线型要求的图形对象，极大地提高了绘图效率。

Note

单击图层所对应的线型图标，打开“选择线型”对话框，如图 4-5 所示。默认情况下，在“已加载的线型”列表框中，系统中只添加了 Continuous 线型。单击“加载”按钮，打开“加载或重载线型”对话框，如图 4-6 所示，可以看到 AutoCAD 提供了许多线型，选择所需的线型然后单击“确定”按钮，即可把该线型加载到“已加载的线型”列表框中，可以按住 Ctrl 键选择几种线型同时加载。

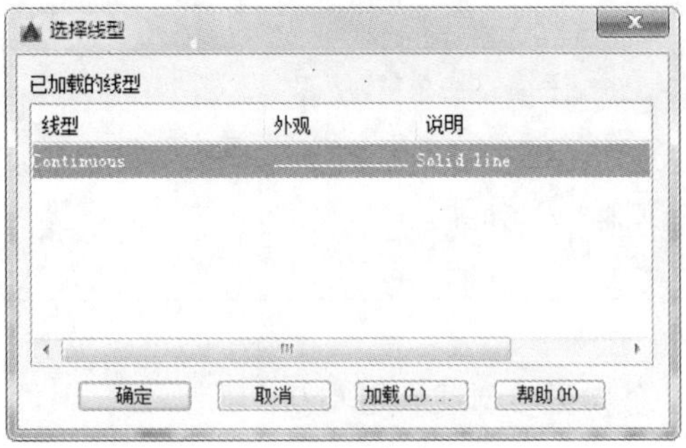

图 4-5　“选择线型”对话框

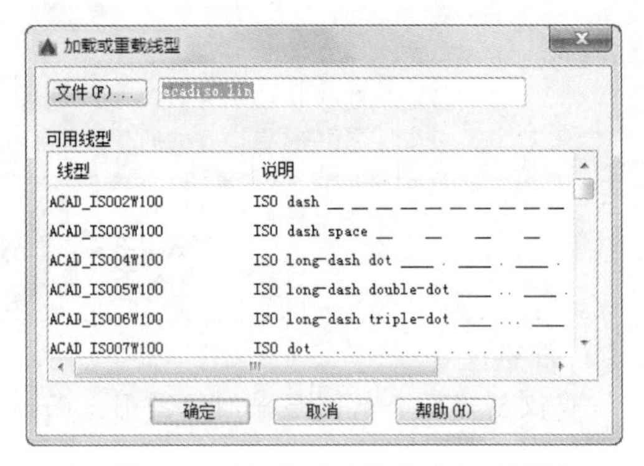

图 4-6　“加载或重载线型”对话框

3．设置图层线宽

线宽设置顾名思义就是线条的宽度。用不同宽度的线条表现图形对象的类型，可以提高图形的表达能力和可读性，例如绘制外螺纹时大径使用粗实线，小径使用细实线。

单击“图层特性管理器”选项板中图层所对应的线宽图标，打开“线宽”对话框，如图 4-7 所示。选择一个线宽，单击“确定”按钮即可完成对图层线宽的设置。

图层线宽的默认值为 0.25mm。在状态栏为“模型”状态时，显示的线宽同计算机的像素有关。线宽为零时，显示为一个像素的线宽。单击状态栏中的“显示/隐藏线宽”按钮，显示的图形线宽与实际线宽成比例，如图 4-8 所示，但线宽不随着图形的放大和缩小而变化。线宽功能关闭时，不显示图形的线宽，图形的线宽均为默认宽度值显示。

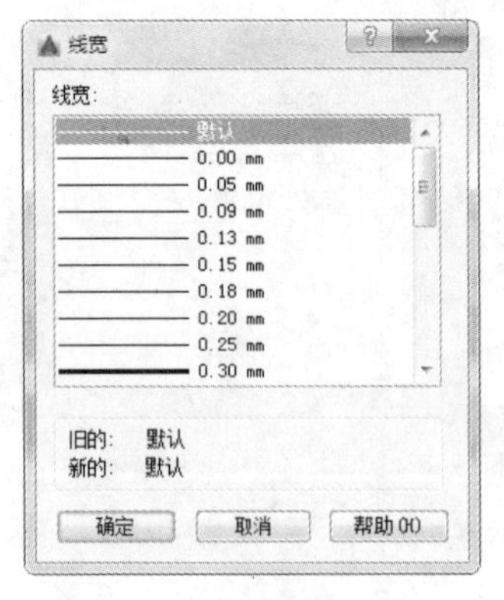

图 4-7　“线宽”对话框

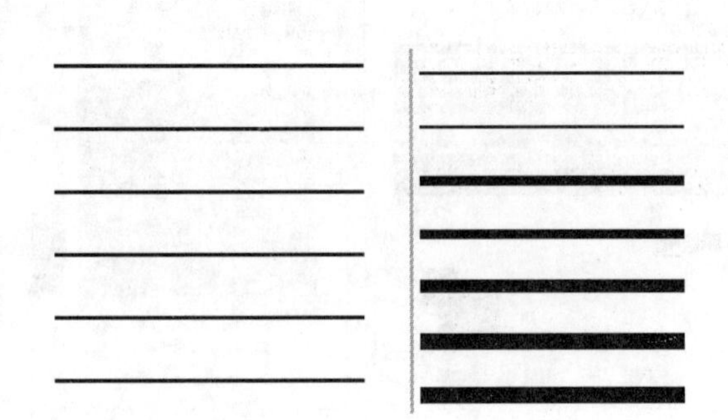

图 4-8　线宽显示效果图

4.1.2　设置图层

除了前面讲述的通过图层管理器设置图层的方法外，还有其他几种简便方法可以设置图层的

颜色、线宽、线型等参数。

1．直接设置图层

可以直接通过命令行或菜单设置图层的颜色、线宽、线型等参数。

（1）设置颜色

执行颜色命令，主要有如下两种调用方法。

☑　在命令行中输入“COLOR”命令。

☑　在菜单栏中选择“格式”→“颜色”命令。

执行上述命令后，AutoCAD 打开如图 4-4 所示的“选择颜色”对话框。该对话框与前面讲述的相关知识相同，不再赘述。

（2）设置线宽

执行线宽命令，主要有如下两种调用方法。

☑　在命令行中输入“LINEWEIGHT”命令。

☑　在菜单栏中选择“格式”→“线宽”命令。

执行上述命令后，系统打开“线宽设置”对话框，如图 4-9 所示。该对话框的使用方法与图 4-7 所示的“线宽”对话框类似。

（3）设置线型

执行线型命令，主要有如下两种调用方法。

☑　在命令行中输入“LINETYPE”命令。

☑　在菜单栏中选择“格式”→“线型”命令。

执行上述命令后，系统弹出“线型管理器”对话框，如图 4-10 所示。该对话框的使用方法与图 4-5 所示的“选择线型”对话框类似。

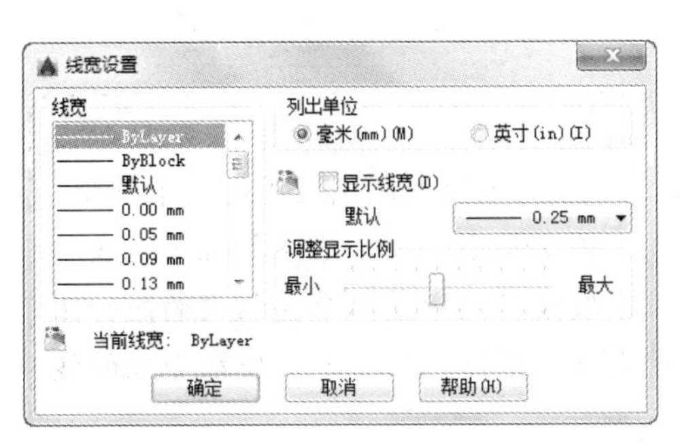

图 4-9　“线宽设置”对话框

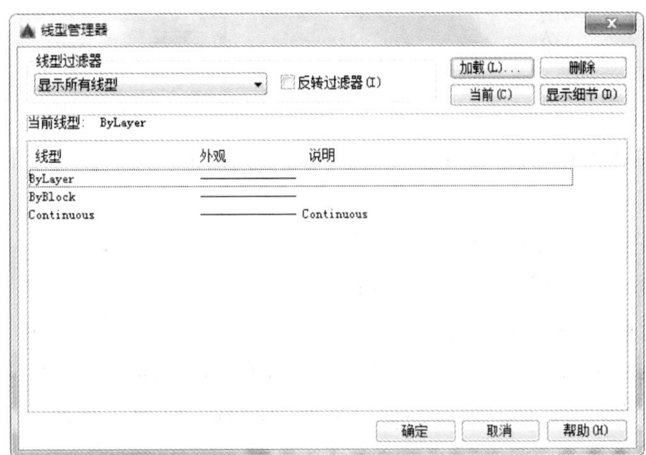

图 4-10　“线型管理器”对话框

2．使用“特性”工具栏设置图层

AutoCAD 提供了一个“特性”工具栏，如图 4-11 所示。用户能够控制和使用工具栏中的对象特性工具快速地查看和改变所选对象的颜色、线型、线宽等特性。“特性”工具栏增强了查看和编辑对象属性的功能，在绘图区选择任意对象都将在该工具栏中自动显示它所在的图层、颜色、线型等属性。

也可以在“特性”工具栏的“颜色”、“线型”、“线宽”和“打印样式”下拉列表框中选择需要的参数值。如果在“颜色”下拉列表框中选择“选择颜色”选项，如图 4-12 所示，系统就会打开“选择颜色”对话框。同样，如果在“线型”下拉列表框中选择“其他”选项，如图 4-13 所示，系统就会打开“线型管理器”对话框。

3．使用“特性”选项板设置图层

执行特性命令，主要有以下 3 种调用方法。

☑ 在命令行中输入“DDMODIFY”或“PROPERTIES”命令。

☑ 在菜单栏中选择“修改”→“特性”命令。

☑ 单击“标准”工具栏中的“特性”按钮。

执行上述命令后，系统弹出“特性”选项板，如图 4-14 所示。在其中可以方便地设置或修改图层名称、颜色、线型、线宽等属性。

图 4-11 “特性”工具栏

图 4-12 “选择颜色”选项

图 4-13 “其他”选项

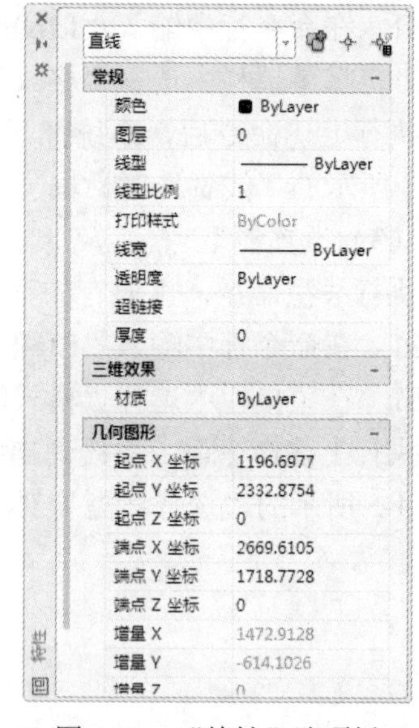

图 4-14 “特性”选项板

注意：

通过“特性”选项板修改每个对象的线型比例因子，可以以不同的比例使用同一个线型。默认情况下，全局线型和单个线型比例均设置为 1.0。比例越小，每个绘图单位中生成的重复图案就越多。例如，设置为 0.5 时，每一个图形单位在线型定义中显示重复两次的同一图案。不能显示完整线型图案的短线段显示为连续线。对于太短甚至不能显示一个虚线小段的线段，可以使用更小的线型比例。

4.1.3 控制图层

1．切换当前图层

不同的图形对象需要绘制在不同的图层中，在绘制前，需要将工作图层切换到所需的图层上

来。单击“图层”工具栏中的“图层特性管理器”按钮，打开“图层特性管理器”选项板，选择图层，单击“置为当前”按钮即可完成设置。

2．删除图层

在“图层特性管理器”选项板的图层列表框中选择要删除的图层，单击“删除”按钮即可删除该图层。从图形文件定义中删除选定的图层时，只能删除未参照的图层。参照图层包括图层0及DEFPOINTS、包含对象（包括块定义中的对象）的图层、当前图层和依赖外部参照的图层。不包含对象（包括块定义中的对象）的图层、非当前图层和不依赖外部参照的图层都可以删除。

注意：

如果绘制的是共享工程中的图形或是基于一组图层标准的图形，删除图层时要小心。

3．关闭/打开图层

在“图层特性管理器”选项板中单击图标，可以控制图层的可见性。图层打开时，图标小灯泡呈鲜艳的颜色时，该图层上的图形可以显示在屏幕上或绘制在绘图仪上。单击该属性图标后，图标小灯泡呈灰暗色时，该图层上的图形不显示在屏幕上，而且不能被打印输出，但仍然作为图形的一部分保留在文件中。

4．冻结/解冻图层

在“图层特性管理器”选项板中单击图标，可以冻结图层或将图层解冻。图标呈雪花灰暗色时，该图层处于冻结状态；图标呈太阳鲜艳色时，该图层处于解冻状态。冻结图层上的对象不能显示，也不能打印，同时也不能编辑修改。在冻结了图层后，该图层上的对象不影响其他图层上对象的显示和打印。例如，在使用HIDE命令消隐对象时，被冻结图层上的对象不隐藏。

5．锁定/解锁图层

在“图层特性管理器”选项板中单击或图标，可以锁定图层或将图层解锁。锁定图层后，该图层上的图形依然显示在屏幕上并可打印输出，也可以在该图层上绘制新的图形对象，但不能对该图层上的图形进行编辑修改操作。当前图层可以进行锁定，也可对锁定图层上的图形对象进行查询或捕捉。锁定图层可以防止对图形的意外修改。

6．打印样式

在AutoCAD 2016中，可以使用一个名为“打印样式”对象特性。打印样式控制对象的打印特性，包括颜色、抖动、灰度、笔号、虚拟笔、淡显、线型、线宽、线条端点样式、线条连接样式和填充样式。打印样式功能给用户提供了很大的灵活性，用户可以设置打印样式来替代其他对象特性，也可以根据需要关闭这些替代设置。

7．打印/不打印

在“图层特性管理器”选项板中单击或图标，可以设定该图层是否打印，以保证在图形可见性不变的条件下，控制图形的打印特征。打印功能只对可见的图层起作用，对于已经被冻结或被关闭的图层不起作用。

8．新视口冻结

新视口冻结功能用于控制在当前视口中图层的冻结和解冻，不解冻图形中设置为“关”或“冻结”的图层，对于模型空间视口不可用。

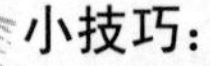

Note

小技巧：

（1）在绘图时，尽量保持图元的属性和图层的一致，也就是说，尽可能地将图元属性都设置为 Bylayer。这样，有助于图面的清晰、准确和效率的提高。

（2）图层设置的几个原则如下。

① 图层设置的第一原则是在够用的基础上越少越好。图层太多会给绘制过程造成不便。

② 一般不在图层 0 上绘制图线。

③ 不同的图层一般采用不同的颜色。这样可利用颜色对图层进行区分。

9．透明度

透明度用来控制所有对象在选定图层上的可见性。对单个对象应用透明度时，对象的透明度特性将替代图层的透明度设置。

10．说明

（可选）说明部分用于描述图层或图层过滤器。

4.2 对象约束

约束能够用于精确地控制草图中的对象。草图约束有两种类型：尺寸约束和几何约束。

几何约束建立起草图对象的几何特性（如要求某一直线具有固定长度）及两个或多个草图对象的关系类型（如要求两条直线垂直或平行，或是几个弧具有相同的半径）。在二维草图与注释环境下，可以单击“参数化”选项卡中的“全部显示”、“全部隐藏”或“显示”按钮来显示有关信息，并显示代表这些约束的直观标记（如图 4-15 所示的水平标记和共线标记等）。

尺寸约束用于建立草图对象的大小（如直线的长度、圆弧的半径等）及两个对象之间的关系（如两点之间的距离）。如图 4-16 所示为一个带有尺寸约束的示例。

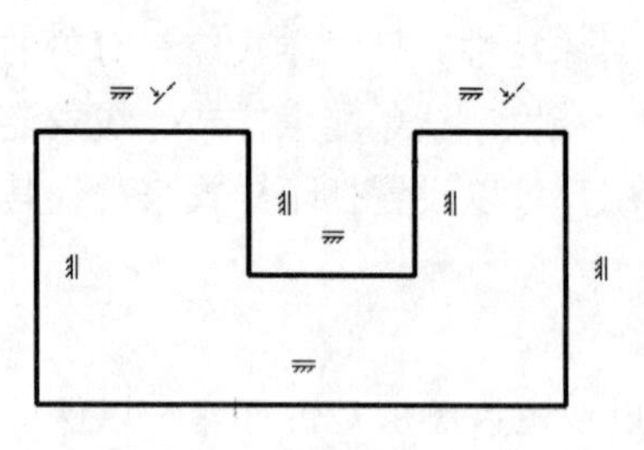

图 4-15　“几何约束”示意图

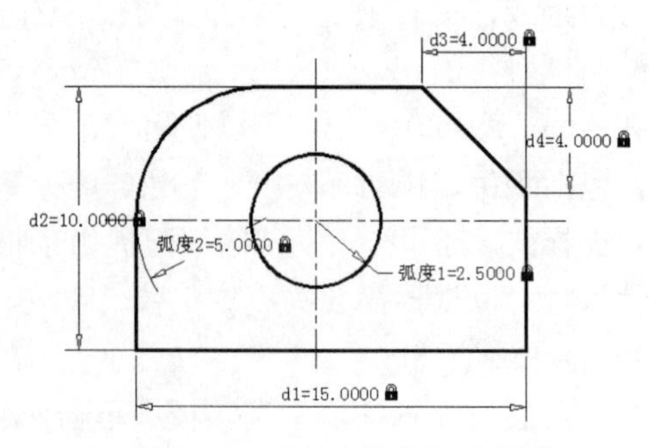

图 4-16　“尺寸约束”示意图

4.2.1 建立几何约束

使用几何约束，可以指定草图对象必须遵守的条件，或是草图对象之间必须维持的关系。“几何”面板（在二维草图与注释环境下的“参数化”选项卡中）及“几何约束”工具栏（AutoCAD

经典环境）如图 4-17 所示，其主要选项的功能如表 4-1 所示。

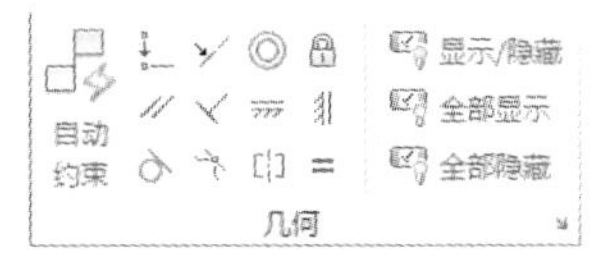

图 4-17　“几何”面板及“几何约束”工具栏

Note

表 4-1　特殊位置点捕捉

约 束 模 式	功　　能
重合	约束两个点使其重合，或者约束一个点使其位于曲线（或曲线的延长线）上。可以使对象上的约束点与某个对象重合，也可以使其与另一对象上的约束点重合
共线	使两条或多条直线段沿同一直线方向
同心	将两个圆弧、圆或椭圆约束到同一个中心点，与将重合约束应用于曲线的中心点所产生的结果相同
固定	将几何约束应用于一对对象时，选择对象的顺序以及选择每个对象的点都可能会影响对象彼此间的放置方式
平行	使选定的直线位于彼此平行的位置。平行约束在两个对象之间应用
垂直	使选定的直线位于彼此垂直的位置。垂直约束在两个对象之间应用
水平	使直线或点位于与当前坐标系的 X 轴平行的位置。默认选择类型为对象
竖直	使直线或点位于与当前坐标系的 Y 轴平行的位置
相切	将两条曲线约束为保持彼此相切或与其延长线保持彼此相切。相切约束在两个对象之间应用
平滑	将样条曲线约束为连续，并与其他样条曲线、直线、圆弧或多段线保持 G2 连续性
对称	使选定对象受对称约束，相对于选定直线对称
相等	将选定的圆弧和圆重新调整为相同的半径，或将选定的直线重新调整为长度相同

绘图中可指定二维对象或对象上的点之间的几何约束。之后编辑受约束的几何图形时，将保留约束。因此，通过使用几何约束，可以在图形中包括设计要求。

4.2.2　几何约束设置

在使用 AutoCAD 绘图时，使用“约束设置”对话框，可以控制显示或隐藏的几何约束类型。执行该命令，主要有如下 5 种调用方法。

☑　在命令行中输入“CONSTRAINTSETTINGS”命令。
☑　在菜单栏中选择“参数”→“约束设置”命令。
☑　单击功能区中的“参数化”→“几何面板”→“约束设置”按钮。
☑　单击“参数化”工具栏中的“约束设置”按钮。
☑　单击“参数化”选项卡“几何”面板中的“对话框启动器”按钮

执行上述命令后，系统将弹出“约束设置”对话框，并选择“几何”选项卡，如图 4-18 所示。利用该选项卡可以控制约束栏上约束类型的显示，其中各参数含义如下。

☑　“约束栏显示设置”选项组：此选项组控制图形编辑器中是否为对象显示约束栏或约束点标记。例如，可以为水平约束和竖直约束隐藏约束栏的显示。

Note

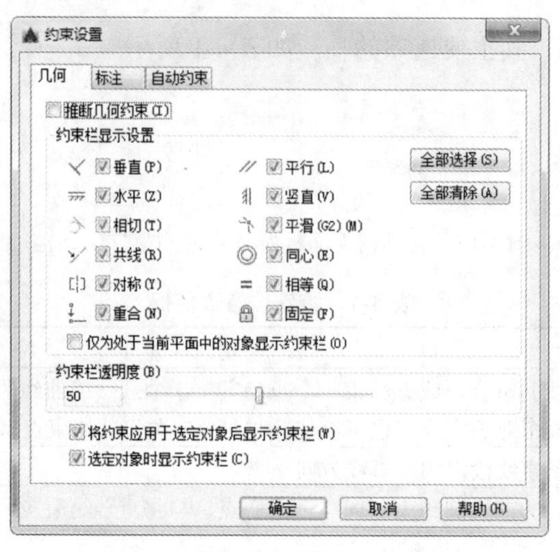

图 4-18 “约束设置”对话框

☑ “全部选择”按钮：选择所有几何约束类型。

☑ “全部清除”按钮：清除选定的几何约束类型。

☑ “仅为处于当前平面中的对象显示约束栏”复选框：仅为当前平面上受几何约束的对象显示约束栏。

☑ “约束栏透明度”选项组：设置图形中约束栏的透明度。

☑ “将约束应用于选定对象后显示约束栏”复选框：手动进行约束后或使用 AUTOCONSTRAIN 命令时显示相关约束栏。

☑ “选定对象时显示约束栏”复选框：临时显示选定对象的约束栏。

4.2.3 建立尺寸约束

建立尺寸约束就是限制图形几何对象的大小，与在草图上标注尺寸相似，同样设置尺寸标注线，与此同时建立相应的表达式，不同的是可以在后续的编辑工作中实现尺寸的参数化驱动。“标注”面板（在“参数化”选项卡的“标注”面板中）及“标注约束”工具栏（AutoCAD 经典环境）如图 4-19 所示。

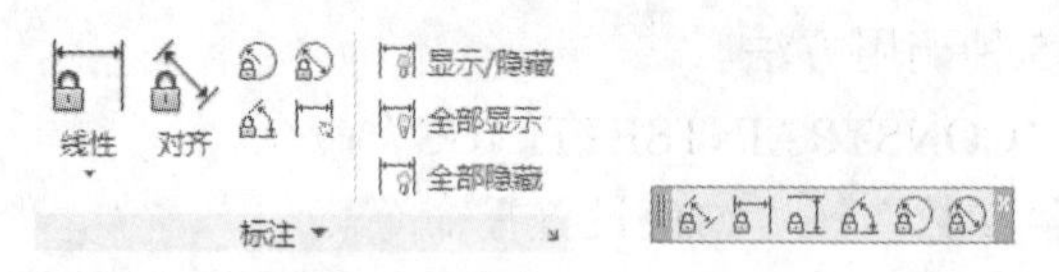

图 4-19 “标注”面板及“标注约束”工具栏

生成尺寸约束时，用户可以选择草图曲线、边、基准平面或基准轴上的点，以生成水平、竖直、平行、垂直或角度尺寸。

生成尺寸约束时，系统会生成一个表达式，其名称和值显示在一个打开的文本区域中，如图 4-20 所示，用户可以接着编辑该表达式的名称和值。

生成尺寸约束时，只要选中了几何体，其尺寸及其延伸线和箭头就会全部显示出来。将尺寸拖动到位后单击，即可完成尺寸的约束。完成尺寸约束后，用户可以随时更改。只需在绘图区选

中该值并双击，就可以使用和生成过程相同的方式，编辑其名称、值和位置。

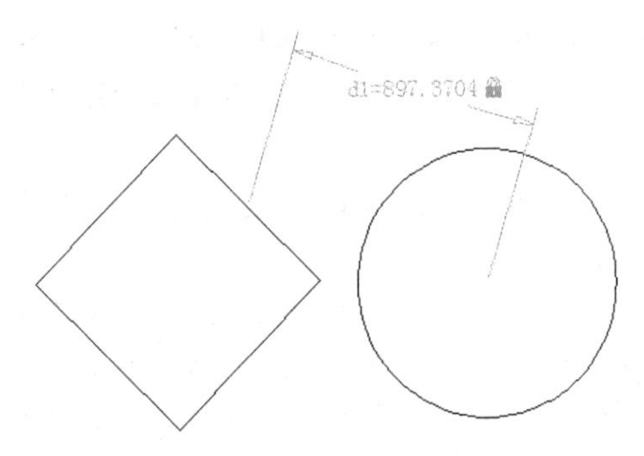

图 4-20　尺寸约束编辑

4.2.4　尺寸约束设置

在使用 AutoCAD 绘图时，尺寸可以约束以下内容。

☑　对象之间或对象上的点之间的距离。

☑　对象之间或对象上的点之间的角度。

在"约束设置"对话框中选择"标注"选项卡，如图 4-21 所示。利用该选项卡可以控制约束类型的显示，其中各选项含义如下。

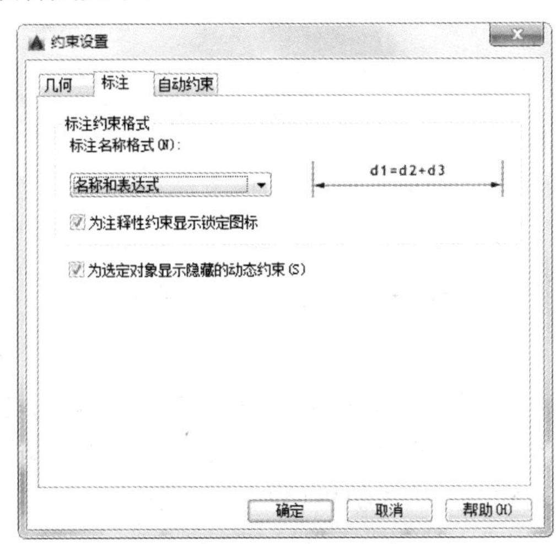

图 4-21　标注"选项卡

☑　"标注约束格式"选项组：在该选项组中可以设置标注名称格式以及锁定图标的显示。

☑　"标注名称格式"下拉列表框：选择应用标注约束时显示的文字指定格式。

☑　"为注释性约束显示锁定图标"复选框：针对已应用注释性约束的对象显示锁定图标。

☑　"为选定对象显示隐藏的动态约束"复选框：显示选定时已设置为隐藏的动态约束。

4.2.5　自动约束

选择"约束设置"对话框中的"自动约束"选项卡，如图 4-22 所示。利用该选项卡可以控

制自动约束相关参数 其中各选项含义如下。

☑ “自动约束”列表框：显示自动约束的类型以及优先级。可以通过“上移”和“下移”按钮调整优先级的先后顺序。可以单击✔图标选择或去掉某约束类型作为自动约束类型。

☑ “相切对象必须共用同一交点”复选框：指定两条曲线必须共用一个点（在距离公差范围内指定）以便应用相切约束。

☑ “垂直对象必须共用同一交点”复选框：指定直线必须相交或者一条直线的端点必须与另一条直线或直线的端点重合（在距离公差范围内指定）。

☑ “公差”选项组：设置可接受的“距离”和“角度”公差值以确定是否可以应用约束。

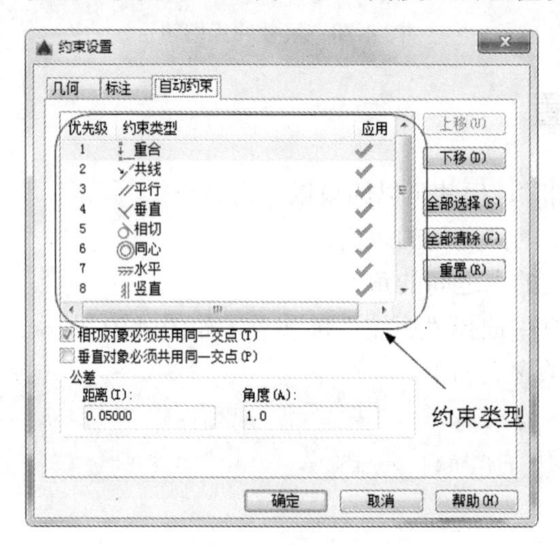

图 4-22 “自动约束”选项卡

4.3 文 字

AutoCAD 2016 提供了“文字样式”对话框，通过该对话框可方便直观地设置需要的文字样式，或对已有的样式进行修改。执行该命令，主要有以下 4 种调用方法。

☑ 在命令行中输入“STYLE”或“DDSTYLE”命令。

☑ 在菜单栏中选择“格式”→“文字样式”命令。

☑ 单击“文字”工具栏中的“文字样式”按钮。

☑ 单击“默认”选项卡“注释”面板中的“文字样式”按钮或单击“注释”选项卡“文字”面板上的“文字样式”下拉菜单中的“管理文字样式”按钮或单击“注释”选项卡“文字”面板中的“对话框启动器”按钮。

执行上述命令，系统将弹出“文字样式”对话框，如图 4-23 所示。其中各选项含义如下。

☑ “字体”选项组：确定字体式样。在 AutoCAD 中，除了固有的 SHX 字体外，还可以使用 TrueType 字体（如宋体、楷体、italic 等）。一种字体可以设置不同的效果，从而被多种文字样式使用。

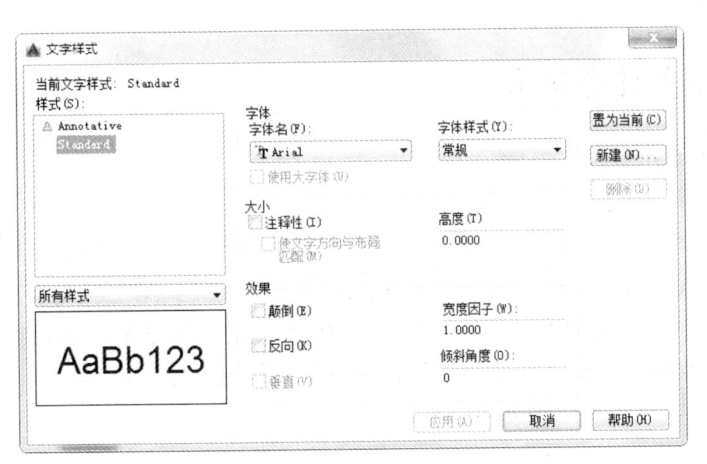

图 4-23　“文字样式”对话框

☑　“大小”选项组：用于确定文字样式使用的字体文件、字体风格及字高等。

- “注释性”复选框：指定文字为注释性文字。
- “使文字方向与布局匹配”复选框：指定图纸空间视口中的文字方向与布局方向匹配。如果取消选中“注释性”复选框，则该选项不可用。
- “高度”文本框：如果在“高度”文本框中输入一个数值，则它将作为添加文字时的固定字高，在用 TEXT 命令输入文字时，AutoCAD 将不再提示输入字高参数。如果在该文本框中设置字高为 0，文字默认高度值为 0.2，AutoCAD 则会在每一次创建文字时提示输入字高。

☑　“效果”选项组：用于设置字体的特殊效果。

- “颠倒”复选框：选中该复选框，表示将文本文字进行倒置标注，如图 4-24（a）所示。
- “反向”复选框：选中该复选框，表示将文本文字进行反向标注，如图 4-24（b）所示给出了这种标注效果。
- “垂直”复选框：确定文本是水平标注还是垂直标注。选中该复选框为垂直标注，否则为水平标注，如图 4-25 所示。

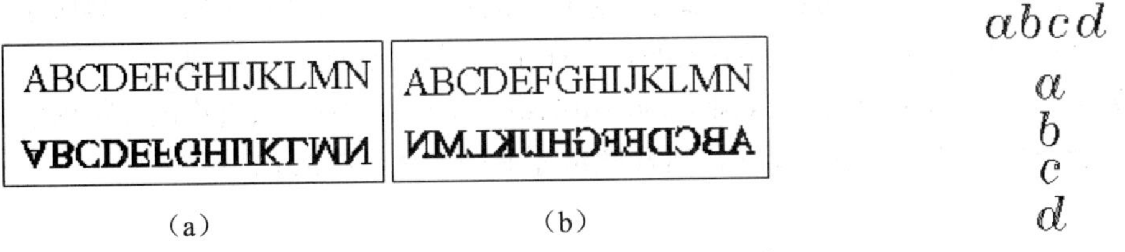

图 4-24　文字倒置标注与反向标注

abcd
a
b
c
d

图 4-25　垂直标注文字

- “宽度因子”文本框：用于设置宽度系数，确定文本字符的宽高比。当宽度因子为 1 时，表示将按字体文件中定义的宽高比标注文字；小于 1 时文字会变窄，反之变宽。
- “倾斜角度”文本框：用于确定文字的倾斜角度。角度为 0 时不倾斜，为正值时向右倾斜，为负值时向左倾斜。

4.3.1 字体相关注意事项

设置字体还需要注意以下事项。

1．字体库

在 AutoCAD 软件中，可以利用的字库有两类。第一类是存放在 AutoCAD 安装目录下的 Fonts 文件夹中，字库的后缀名为.shx，这一类是 CAD 的专有字库。第二类是存放在操作系统目录下的 Fonts 文件夹中，字库的后缀名为.ttf，如图 4-26 示，这一类是 Windows 系统的通用字库，除了 CAD 以外，其他如 Word、Excel 等软件，也都是采用这个字库。其中，汉字字库都已包含了英文字母。

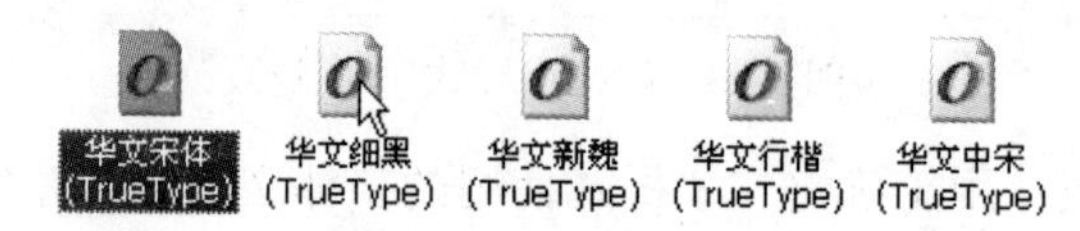

图 4-26　TTF 字体图标形式

设置使用 TTF 字体时并不需要在“文字样式”对话框中选中“使用大字体”复选框，这样即可在“字体名”下拉列表框中直接选择 Windows 下的所有 TTF 字体。

注意：

首先，同样是在够用的情况下，字体采用越少越好的原则。这一点，应该适用于 AutoCAD 中所有的设置。不管什么类型的设置，都是越多就会造成 CAD 文件越大，在运行软件时，也可能会给运算速度带来影响。更为关键的是，设置越多，越容易在图元的归类上发生错误。

另外，在使用 AutoCAD 时，除了默认的 Standard 字体外，一般只有两种字体定义。一种是常规定义，字体宽度为 0.75。一般所有的汉字、英文字都采用这种字体。第二种字体定义采用与第一种同样的字库，但是字体宽度为 0.5。这一种字体，是笔者在尺寸标注时所采用的专用字体。因为，在大多数施工图中，有很多细小的尺寸挤在一起，这时采用较窄的字体，标注就会减少很多相互重叠的情况发生。

在 AutoCAD 中定义字体时，两种字库都可以采用，但它们分别有各自的特点，要区别使用。后缀名为.shx 的字库，如图 4-27 示，其最大的特点在于占用系统资源少。因此，一般情况下，都推荐使用这类字库，如 sceic.shx、sceie.shx、sceist01.shx 这 3 个字库，强烈建议公司内的图纸，除特殊情况外，全都采用这 3 个字库文件，这样图纸才能统一化、格式化。

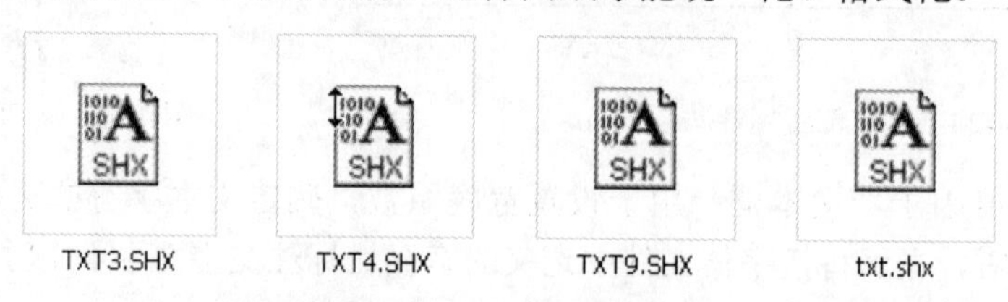

图 4-27　SHX 字体图标形式

后缀名为.ttf 的字库有两种情况采用：一是图纸文件要与其他公司交流，这样采用宋体、黑体这样的字库，可以保证其他公司在打开你的文件时，不会发生任何问题；二是在做方案、封面

等情况时，因为这一类的字库文件非常多，各种样式都有，在需要美观效果的字样时，就可以采用这一类字库。

注意：

不要选择前面带“@”的字体，如 4-28 所示。因为带“@”的字体本来就是侧倒的。

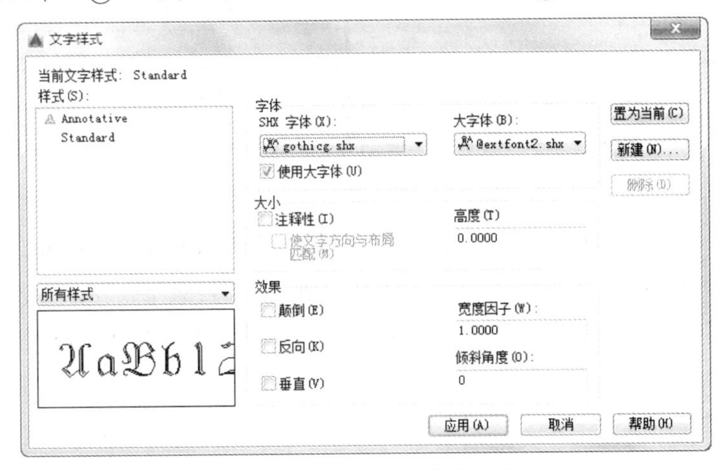

图 4-28　带“@”的字体形式

2．使用大字体

在“文字样式”对话框中选中“使用大字体”复选框，如图 4-28 示，即可激活大字体文件。可以选择两种字体，左侧是选择西文，右侧是选择中文，而且两种字体都必须为.shx 字体。如果不使用大字体，则只能选择一种字体，该字体可以是.shx 字体，也可以是.ttf 字体。建筑制图推荐使用 txt.shx+hztxt.shx 两种大字体结合。

注意：

可以直接使用 Windows 中的 TTF 中文字体，但是 TTF 字体影响图形的显示速度，还是尽量避免使用。

3．设置替换字体

图纸是用来交流的，不同的单位使用的字体可能会不同，对于图纸中的文字，如果不是专门用于印刷出版的话，不一定必须要找回原来的字体显示，只要能看懂其中文字所要说明的内容就够了。所以，找不到的字体首先考虑的是使用其他的字体来替换，而不是到处查找字体。

在打开图形时，AutoCAD 在碰到没有的字体时会提示用户指定替换字体，但每次打开都进行这样的操作未免有些繁琐。这里介绍一种一次性操作，免除以后的烦恼。

方法如下：复制要替换的字库为将被替换的字库名。如打开一幅图，提示找不到 jd.shx 字库，想用 hztxt.shx 替换它，那么可以将 hztxt.shx 复制一份并命名为 jd.shx，即可解决问题。不过这种办法的缺点显而易见，即太占用磁盘空间。

4．修改文字样式

修改多行文字对象的文字样式时，已更新的设置将应用到整个对象中，单个字符的某些格式

可能不会被保留。表 4-2 描述了文字样式修改对字符格式的影响，读者应清楚了解哪些样式设置会被保留。

Note

表 4-2　文字样式修改对字符格式的影响

格　式	是否保留	格　式	是否保留
粗体	否	斜体	否
颜色	是	堆叠	是
字体	否	下划线	是
高度	否		

5. 字体文件加载

特殊行业字体往往含有特殊的行业符号，大大方便了行业的 CAD 制图，但在使用前必须安装该种字体文件，可直接复制某字体文件至 AutoCAD 安装目录下，然后重新启动 AutoCAD 即可顺利找到该字体，一般网络上有多种字体可供下载安装，读者可自行尝试。

4.3.2　单行文本标注

执行单行文本标注命令，主要有以下 4 种调用方法。

☑ 在命令行中输入“TEXT”命令。
☑ 在菜单栏中选择“绘图”→“文字”→“单行文字”命令。
☑ 单击“文字”工具栏中的“单行文字”按钮A|。
☑ 单击“默认”选项卡“注释”面板中的“单行文字”按钮A|或单击“注释”选项卡“文字”面板中的“单行文字”按钮A|。

执行上述命令后，根据系统提示指定文字的起点或选择选项。命令行提示中主要选项的含义如下。

☑ 指定文字的起点：在此提示下直接在作图屏幕上点取一点作为文本的起始点，输入一行文本后按 Enter 键，AutoCAD 继续显示“输入文字:”提示，可继续输入文本，待全部输入完后直接按 Enter 键，则退出 TEXT 命令。可见，由 TEXT 命令也可创建多行文本，只是这种多行文本每一行是一个对象，不能对多行文本同时进行操作。
☑ 对正(J)：执行此选项，根据系统提示选择选项作为文本的对齐方式。
☑ 样式(S)：指定文字样式，文字样式决定文字字符的外观。创建的文字使用当前文字样式。

实际绘图时，有时需要标注一些特殊字符，例如直径符号、上划线或下划线、温度符号等，由于这些符号不能直接从键盘上输入，AutoCAD 提供了一些控制码，用来实现这些要求。控制码用两个百分号（%%）加一个字符构成，常用的控制码如表 4-3 所示。

表 4-3　AutoCAD 常用控制码

控制码	功　能	控制码	功　能
%%O	上划线	\u+0278	电相位
%%U	下划线	\u+E101	流线

Note

续表

控 制 码	功 能	控 制 码	功 能
%%D	度符号	\u+2261	标识
%%P	正负符号	\u+E102	界碑线
%%C	直径符号	\u+2260	不相等
%%%	百分号（%）	\u+2126	欧姆
\u+2248	几乎相等	\u+03A9	欧米加
\u+2220	角度	\u+214A	低界线
\u+E100	边界线	\u+2082	下标 2
\u+2104	中心线	\u+00B2	上标 2
\u+0394	差值		

其中，%%O 和%%U 分别是上划线和下划线的开关，第一次出现此符号时开始画上划线和下划线，第二次出现此符号上划线和下划线终止。例如，在“输入文字:”提示后输入“I want to %%U go to Beijing%%U”，则得到如图 4-29（a）所示的文本行；输入“50%%D+%%C75%%P12”，则得到如图 4-29（b）所示的文本行。

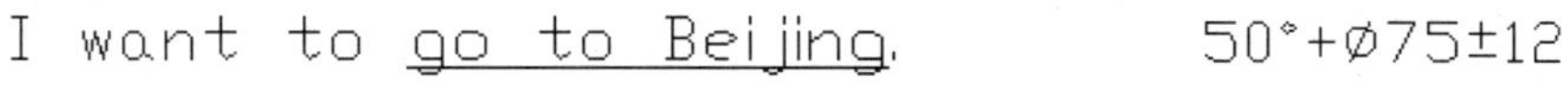

I want to go to Beijing. 50°+Ø75±12

（a） （b）

图 4-29 文本行

用 TEXT 命令可以创建一个或若干个单行文本，也就是说，用此命令可以用于标注多行文本。在“输入文字:”提示下输入一行文本后按 Enter 键，用户可输入第二行文本，依次类推，直到文本全部输完，再在此提示下按 Enter 键，结束文本输入命令。每按一次 Enter 键就结束一个单行文本的输入。

用 TEXT 命令创建文本时，在命令行中输入的文字同时显示在屏幕上，而且在创建过程中可以随时改变文本的位置，只要将光标移到新的位置单击，则当前行结束，随后输入的文本出现在新的位置上。用这种方法可以把多行文本标注到屏幕的任何地方。

4.3.3 多行文本标注

执行该命令，主要有以下 4 种调用方法。

☑ 在命令行中输入“MTEXT”命令。

☑ 在菜单栏中选择“绘图”→“文字”→“多行文字”命令。

☑ 单击“绘图”工具栏中的“多行文字”按钮A或单击“文字”工具栏中的“多行文字”按钮A。

☑ 单击“默认”选项卡“注释”面板中的“多行文字”按钮A或单击“注释”选项卡“文字”面板中的“多行文字”按钮A

执行上述命令后，根据系统提示指定矩形框的范围，创建多行文字。命令行提示中主要选项含义如下。

☑ 指定对角点：直接在屏幕上拾取一个点作为矩形框的第二个角点，AutoCAD 以这两个点为对角点形成一个矩形区域，其宽度作为将来要标注的多行文本的宽度，而且第一个点作为第一行文本顶线的起点。响应后系统弹出如图 4-30 所示的“文字编辑器”选项卡和多行文字编辑器，可利用此编辑器输入多行文本并对其格式进行设置。

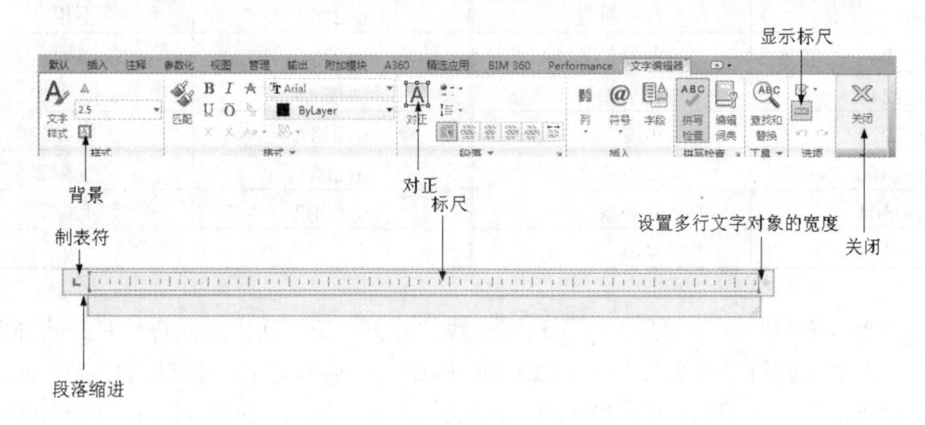

图 4-30 “文字编辑器”选项卡和多行文字编辑器

☑ 对正(J)：确定所标注文本的对齐方式。选取此选项，根据系统提示选择对齐方式后按 Enter 键，AutoCAD 回到上一级提示。

☑ 行距(L)：确定多行文本的行间距，这里所说的行间距是指相邻两文本行的基线之间的垂直距离。根据系统提示输入行距类型，在此提示下有两种方式确定行间距，即“至少”方式和“精确”方式。“至少”方式下，AutoCAD 根据每行文本中最大的字符自动调整行间距；“精确”方式下，AutoCAD 给多行文本赋予一个固定的行间距。可以直接输入一个确切的间距值，也可以输入“nx”的形式，其中 n 是一个具体数，表示行间距设置为单行文本高度的 n 倍，而单行文本高度是本行文本字符高度的 1.66 倍。

☑ 旋转(R)：确定文本行的倾斜角度。根据系统提示输入倾斜角度。

☑ 样式(S)：确定当前的文字样式。

☑ 宽度(W)：指定多行文本的宽度。可在屏幕上拾取一点，将其与前面确定的第一个角点组成的矩形框的宽度作为多行文本的宽度，也可以输入一个数值，精确设置多行文本的宽度。

☑ 栏(C)：可以将多行文字对象的格式设置为多栏。可以指定栏和栏之间的宽度、高度及栏数，以及使用夹点编辑栏宽和栏高。其中提供了 3 个栏选项：“不分栏”、“静态栏”和“动态栏”。

“文字格式”工具栏用来控制文本的显示特性。可以在输入文本之前设置文本的特性，也可以改变已输入文本的特性。要改变已有文本的显示特性，首先应选中要修改的文本。选择文本有以下 3 种方法：

☑ 将光标定位到文本开始处，按住鼠标左键，将光标拖到文本末尾。

☑ 双击某一个字，则该字被选中。

☑ 三击鼠标，则选中全部内容。

下面介绍“文字格式”工具栏中部分选项的功能。

☑ “文字高度”下拉列表框：用于确定文本的字符高度，可在其中直接输入新的字符高度，也可在下拉列表框中选择已设定的高度。

☑ “粗体”按钮**B**和“斜体”按钮*I*：用于设置粗体和斜体效果。这两个按钮只对 TrueType 字体有效。

☑ “下划线”按钮U和“上划线”按钮Ō：用于设置或取消上/下划线。

☑ “堆叠”按钮：该按钮为层叠/非层叠文本按钮，用于层叠所选的文本，也就是创建分数形式。当文本中某处出现“/”、“^”或“#”这 3 种层叠符号之一时可层叠文本，方法是选中需层叠的文字，然后单击此按钮，则符号左边的文字作为分子，右边文字的作为分母进行层叠。

☑ “倾斜角度”文本框0/：用于设置文本的倾斜角度。

☑ “符号”按钮@：用于输入各种符号。单击该按钮，系统弹出符号列表，如图 4-31 所示，用户可以从中选择符号输入到文本中。

☑ “插入字段”按钮：用于插入一些常用或预设字段。单击该按钮，系统弹出“字段”对话框，如图 4-32 所示，用户可以从中选择字段插入到标注文本中。

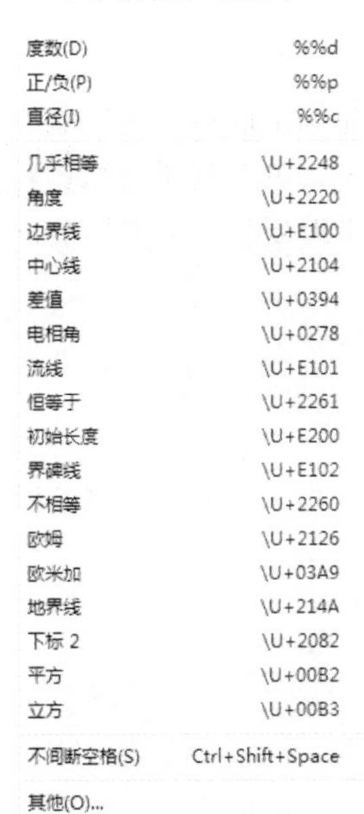

图 4-31　符号列表

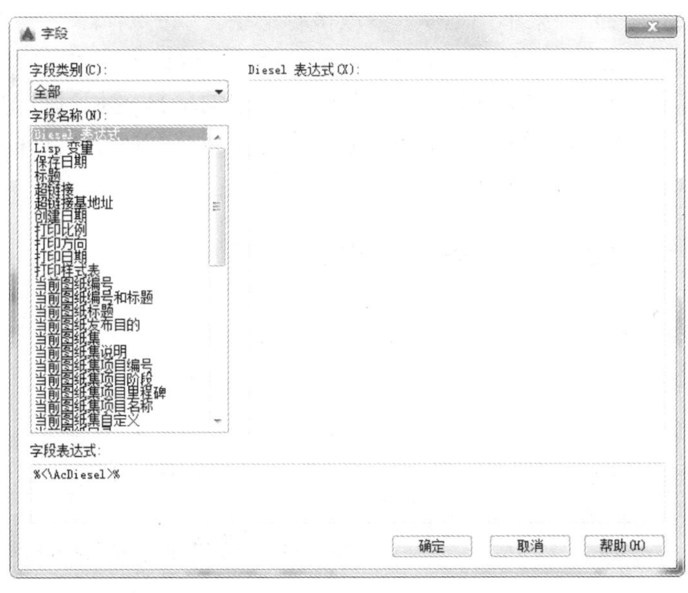

图 4-32　“字段”对话框

☑ “追踪”文本框a•b：用于增大或减小选定字符之间的距离。1.0 是常规间距，设置为大于 1.0 可增大间距，设置为小于 1.0 可减小间距。

☑ “宽度比例”文本框：用于扩展或收缩选定字符。1.0 设置代表此字体中字母的常规宽度。可以增大该宽度或减小该宽度。

☑ “栏”下拉列表框：其中提供了“不分栏”、“静态栏”和“动态栏”以及“插入分栏符”和“分栏设置”设置选项。

☑ “多行文字对正”下拉列表框：选择“多行文字对正”菜单，并且有 9 个对齐选项可用。“左上”为默认。

☑ 背景遮罩：用设定的背景对标注的文字进行遮罩。选择该命令，系统打开“背景遮罩”

Note

对话框，如图 4-33 所示。

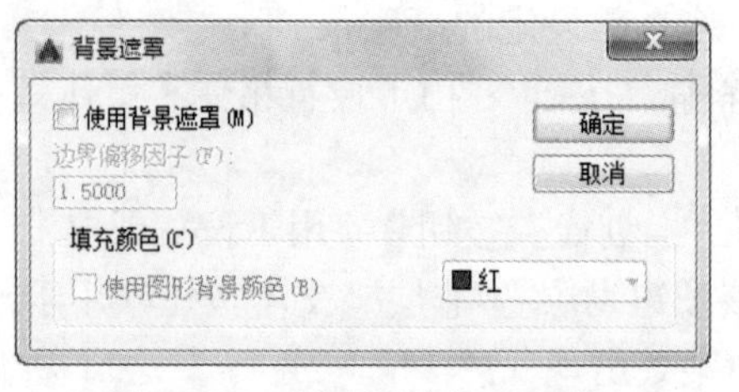

图 4-33 “背景遮罩”对话框

4.3.4 文本编辑

执行文本编辑命令，主要有以下 4 种调用方法。

☑ 在命令行中输入“DDEDIT”命令。

☑ 在菜单栏中选择“修改”→“对象”→“文字”→“编辑”命令。

☑ 单击“文字”工具栏中的“编辑”按钮。

☑ 在快捷菜单中选择“修改多行文字”或“编辑文字”命令。

执行上述命令后，根据系统提示选择想要修改的文本，同时光标变为拾取框。用拾取框点击对象，如果选取的文本是用 TEXT 命令创建的单行文本，则深显该文本，可对其进行修改；如果选取的文本是用 MTEXT 命令创建的多行文本，选取后则打开多行文字编辑器，可根据前面的介绍对各项设置或内容进行修改。

4.3.5 实战——滑线式变阻器

本实例利用矩形、直线、多段线和多行文字命令绘制滑线式变阻器，绘制流程如图 4-34 所示。

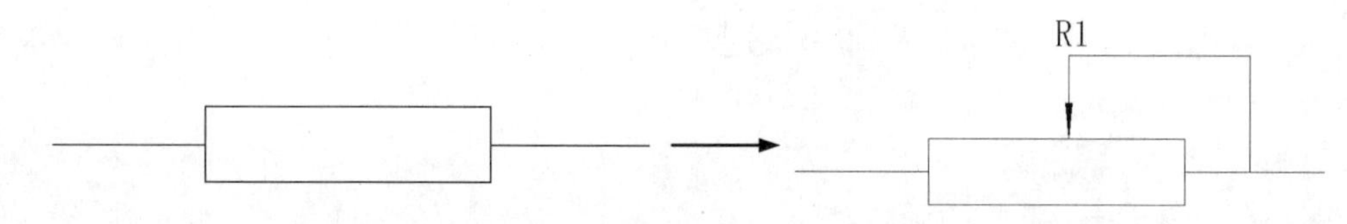

图 4-34 绘制滑线式变阻器流程图

操作步骤如下：（光盘\配套视频\动画演示\第 4 章\滑线式变阻器.avi）

（1）单击“默认”选项卡“绘图”面板中的“矩形”按钮，绘制一个矩形，指定矩形两个角点的坐标分别为(100,100)和(500,200)。然后单击“默认”选项卡“绘图”面板中的“直线”按钮，分别捕捉矩形左右边的中点为端点，向左和向右绘制两条适当长度的水平线段，如图 4-35 所示。

图 4-35 绘制矩形和直线

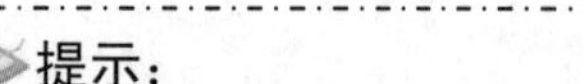

提示：

输入坐标值时，坐标数值之间的间隔逗号必须在西文状态下输入，否则系统无法识别。

（2）单击“默认”选项卡“绘图”面板中的“多段线”按钮，绘制多段线。

① 在命令行提示“指定起点:”后捕捉右边线段中点 1，如图 4-36 所示。

② 在命令行提示“指定下一个点或[圆弧(A)/半宽(H)/长度(L)/放弃(U)/宽度(W)]:”后竖直向上大约指定一点 2，如图 4-36 所示。

③ 在命令行提示“指定下一点或[圆弧(A)/闭合(C)/半宽(H)/长度(L)/放弃(U)/宽度(W)]:”后水平向左大约指定一点 3，如图 4-36 所示。

④ 在命令行提示“指定下一点或[圆弧(A)/闭合(C)/半宽(H)/长度(L)/放弃(U)/宽度(W)]:”后竖直向下大约指定一点 4，如图 4-36 所示。

⑤ 在命令行提示“指定下一点或[圆弧(A)/闭合(C)/半宽(H)/长度(L)/放弃(U)/宽度(W)]:”后输入“W”。

⑥ 在命令行提示“指定起点宽度<0.0000>:”后输入“10”。

⑦ 在命令行提示“指定端点宽度<10.0000>:”后输入“0”。

⑧ 在命令行提示“指定下一点或[圆弧(A)/闭合(C)/半宽(H)/长度(L)/放弃(U)/宽度(W)]:”后竖直向下捕捉矩形上的垂足点。

⑨ 在命令行提示“指定下一点或[圆弧(A)/闭合(C)/半宽(H)/长度(L)/放弃(U)/宽度(W)]:”后按 Enter 键。

结果如图 4-36 所示。

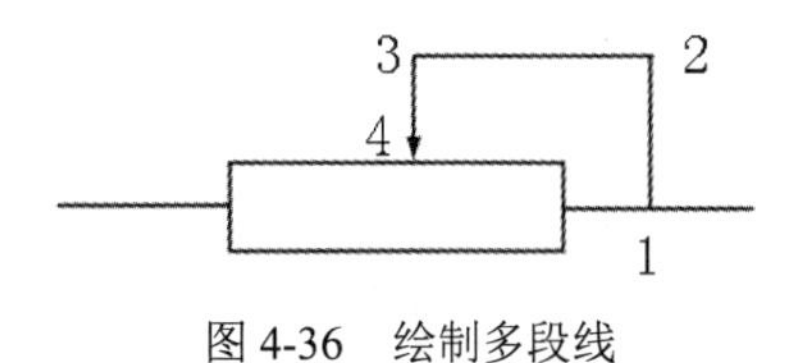

图 4-36　绘制多段线

（3）单击“默认”选项卡“注释”面板中的“多行文字”按钮，在图 4-36 中点 3 位置正上方指定文本范围框，系统打开多行文字编辑器，输入文字“R1”，并按图 4-37 所示设置文字的各项参数，最终结果如图 4-38 所示。

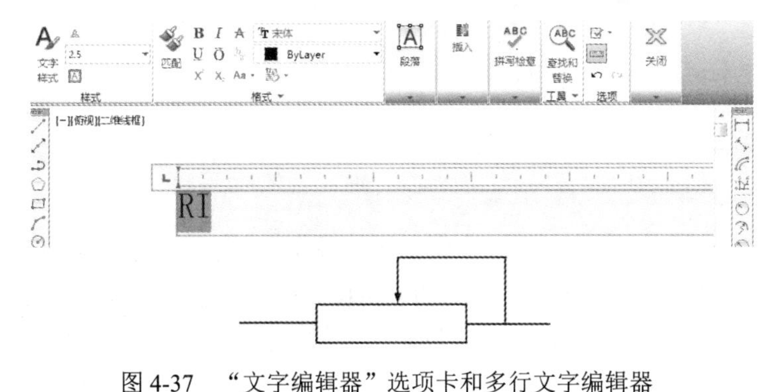

图 4-37　“文字编辑器”选项卡和多行文字编辑器

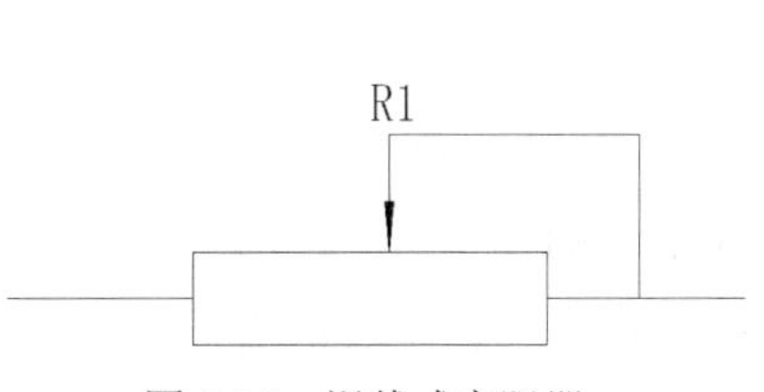

图 4-38　滑线式变阻器

4.4　表　　格

使用 AutoCAD 提供的表格功能，创建表格就变得非常容易，用户可以直接插入设置好样式的表格，而不用由单独的图线重新绘制。

4.4.1　定义表格样式

表格样式是用来控制表格基本形状和间距的一组设置。和文字样式一样，所有 AutoCAD 图

形中的表格都有和其相对应的表格样式。当插入表格对象时，AutoCAD 使用当前设置的表格样式。模板文件 acad.dwt 和 acadiso.dwt 中定义了名为 Standard 的默认表格样式。执行表格样式命令，主要有以下 4 种调用方法。

☑ 在命令行中输入“TABLESTYLE”命令。
☑ 在菜单栏中选择“格式”→“表格样式”命令。
☑ 单击“样式”工具栏中的“表格样式管理器”按钮。
☑ 单击“默认”选项卡“注释”面板中的“表格样式”按钮（如图 4-39 所示），或单击“注释”选项卡“表格”面板上的“表格样式”下拉菜单中的“管理表格样式”按钮，（如图 4-40 所示），或单击“注释”选项卡“表格”面板中的“对话框启动器”按钮。

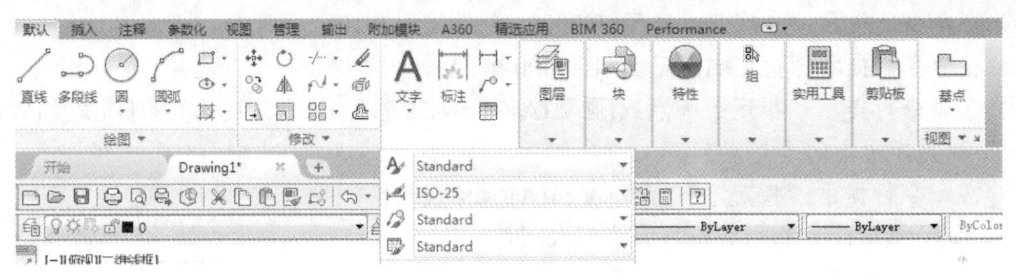

图 4-39 “注释”面板

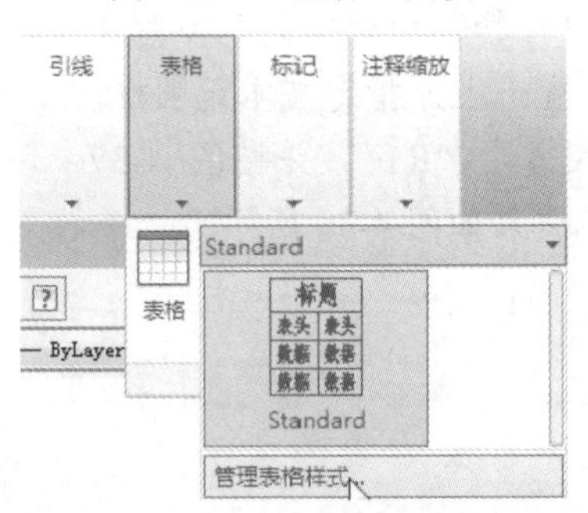

图 4-40 “表格”面板

执行上述命令后，AutoCAD 打开“表格样式”对话框，如图 4-41 所示。单击“新建”按钮，弹出“创建新的表格样式”对话框，如图 4-42 所示。输入新的表格样式名后，单击“继续”按钮，弹出“新建表格样式”对话框，如图 4-43 所示，从中可以定义新的表格样式。

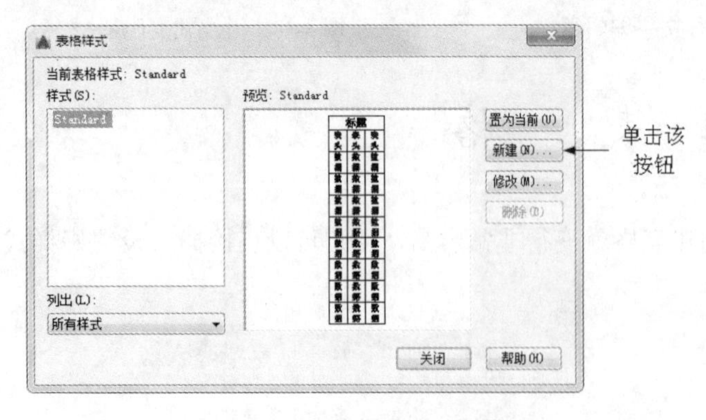

图 4-41 “表格样式”对话框

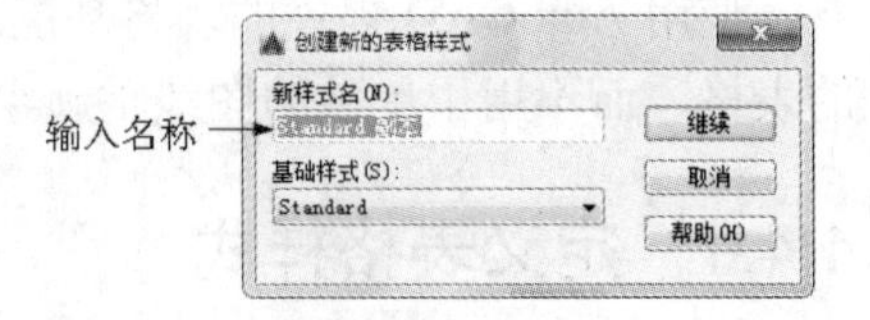

图 4-42 “创建新的表格样式”对话框

Note

“新建表格样式”对话框中有 3 个选项卡：“常规”、“文字”和“边框”，分别用于控制表格中数据、表头和标题的有关参数，如图 4-44 所示。

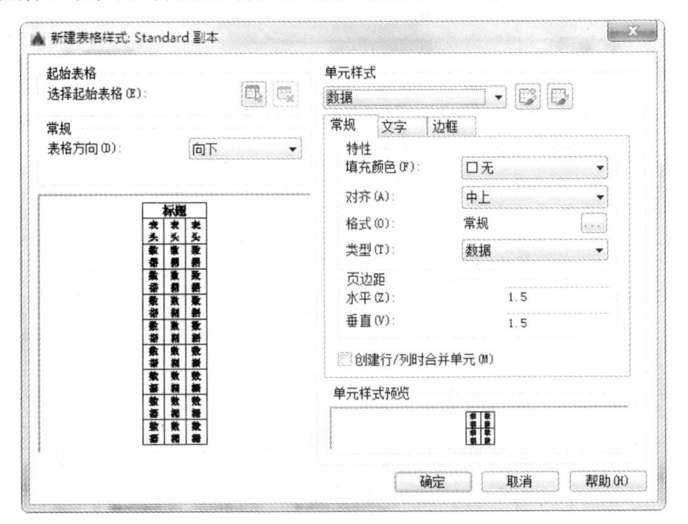

图 4-43　“新建表格样式”对话框

标题		
表头	表头	表头
数据	数据	数据
数据	数据	数据
数据	数据	数据
数据	数据	数据

图 4-44　表格样式

1．“常规”选项卡（如图 4-43 所示）

（1）“特性”选项组

☑　“填充颜色”下拉列表框：用于指定填充颜色。

☑　“对齐”下拉列表框：用于为单元内容指定一种对齐方式。

☑　“格式”选项框：用于设置表格中各行的数据类型和格式。

☑　“类型”下拉列表框：将单元样式指定为标签或数据，在包含起始表格的表格样式中插入默认文字时使用。也用于在工具选项板上创建表格工具的情况。

（2）“页边距”选项组

☑　“水平”文本框：设置单元中的文字或块与左右单元边界之间的距离。

☑　“垂直”文本框：设置单元中的文字或块与上下单元边界之间的距离。

☑　“创建行/列时合并单元”复选框：将使用当前单元样式创建的所有新行或列合并到一个单元中。

2．“文字”选项卡（如图 4-45 所示）

☑　“文字样式”下拉列表框：用于指定文字样式。

☑　“文字高度”文本框：用于指定文字高度。

☑　“文字颜色”下拉列表框：用于指定文字颜色。

☑　“文字角度”文本框：用于设置文字角度。

3．“边框”选项卡（如图 4-46 所示）

☑　“线宽”下拉列表框：用于设置要用于显示边界的线宽。

☑　“线型”下拉列表框：通过单击边框按钮，设置线型以应用于指定的边框。

☑　“颜色”下拉列表框：用于指定颜色以应用于显示的边界。

☑　“双线”复选框：选中该复选框，指定选定的边框为双线。

Note

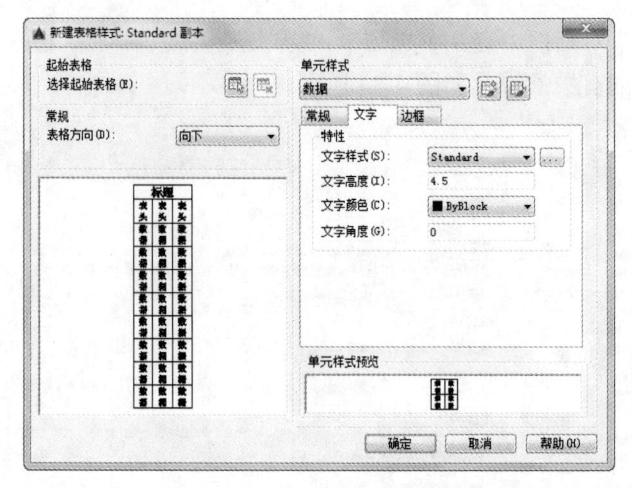

图 4-45 “文字”选项卡

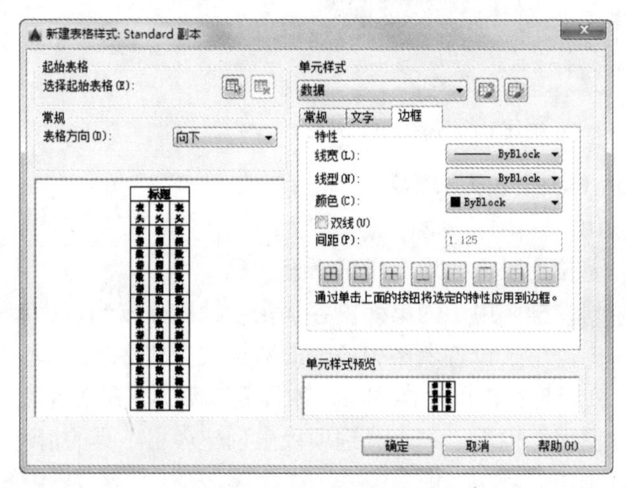

图 4-46 “边框”选项卡

4.4.2 创建表格

设置好表格样式后，用户可以利用 TABLE 命令创建表格。执行表格命令，主要有以下 3 种调用方法。

☑ 在命令行中输入“TABLE”命令。

☑ 在菜单栏中选择“绘图”→“表格”命令。

☑ 单击“绘图”工具栏中的“表格”按钮。

执行上述命令后，AutoCAD 将打开“插入表格”对话框，如图 4-47 所示。对话框中的各选项组含义如下。

☑ “表格样式”选项组：可以在该下拉列表框中选择一种表格样式，也可以单击后面的按钮新建或修改表格样式。

☑ “插入方式”选项组：选中“指定插入点”单选按钮，需要指定表左上角的位置，可以使用定点设备，也可以在命令行中输入坐标值。如果表样式将表的方向设置为由下而上读取，则插入点位于表的左下角。选中“指定窗口”单选按钮，需要指定表的大小和位

置，可以使用定点设备，也可以在命令行中输入坐标值，其中，行数、列数、列宽和行高取决于窗口的大小以及列和行设置。

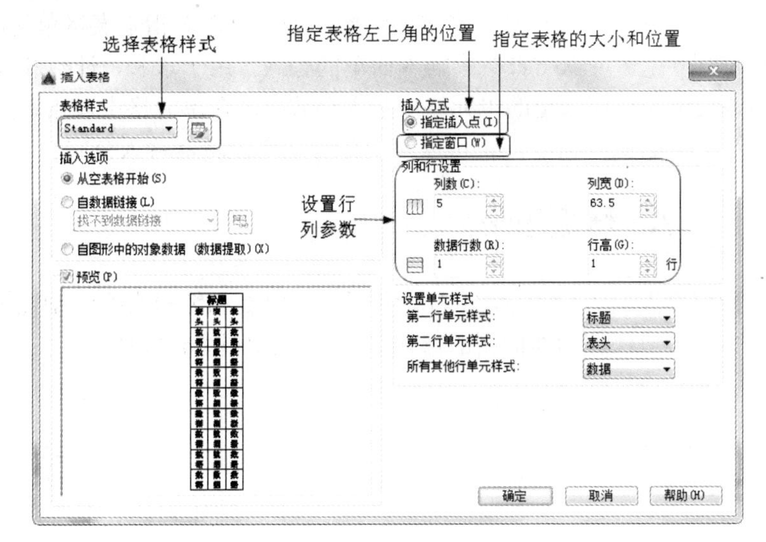

图 4-47　“插入表格”对话框

☑　“列和行设置”选项组：指定列和行的数目以及列宽与行高。

在“插入表格”对话框中进行相应设置后，单击“确定”按钮，系统在指定的插入点或窗口自动插入一个空表格，并显示“文字编辑器”选项卡，用户可以逐行逐列输入相应的文字或数据，如图 4-48 所示。

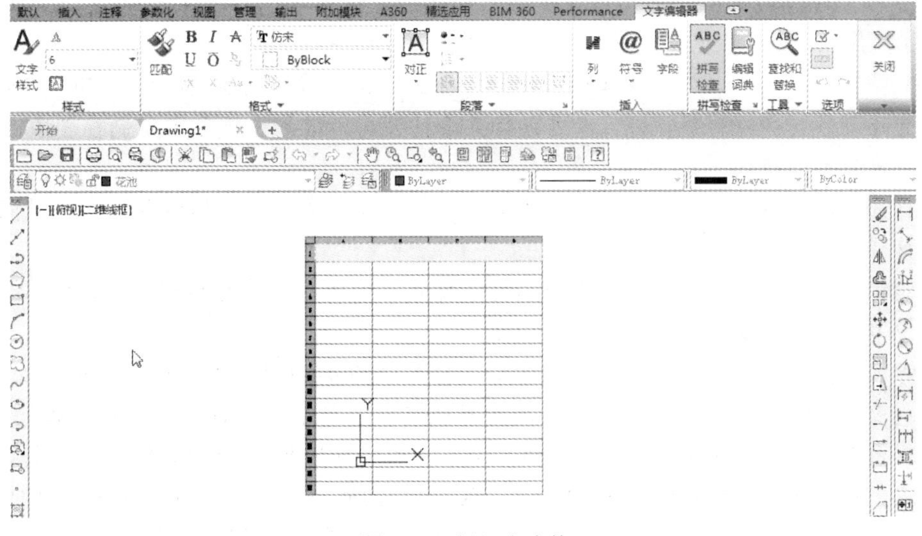

图 4-48　插入空表格

4.4.3　表格文字编辑

执行文字编辑命令，主要有以下 3 种调用方法。

☑　在命令行中输入“TABLEDIT”命令。

☑ 在快捷菜单中选择“编辑文字”命令。

☑ 在表格单元内双击。

执行上述命令后，系统将打开多行文字编辑器，用户可以对指定表格单元的文字进行编辑。

Note

在 AutoCAD 2016 中，可以在表格中插入简单的公式，用于求和、计数和计算平均值，以及定义简单的算术表达式。要在选定的单元格中插入公式，需在单元格中右击，在打开的快捷菜单中选择“插入点”→“公式”命令。也可以使用多行文字编辑器输入公式。

4.4.4 实战——A3 样板图形

本实例主要介绍样板图的绘制方法。首先利用二维绘制和编辑命令绘制图框，然后绘制标题栏，再绘制会签栏，最后保存为样板图的形式，绘制流程如图 4-49 所示。

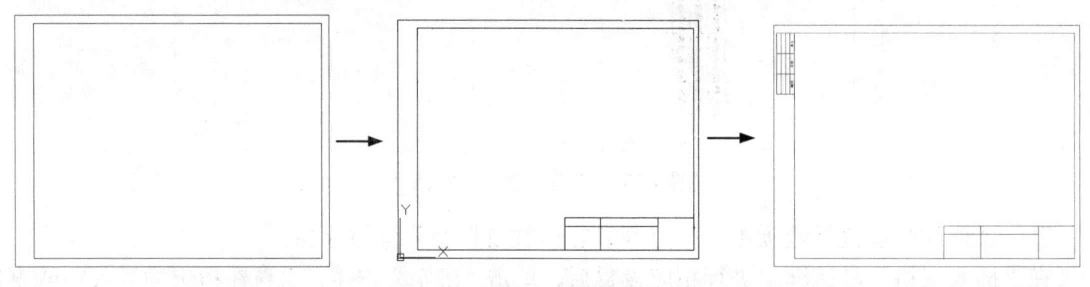

图 4-49 绘制 A3 样板图流程图

操作步骤如下：（光盘\配套视频\动画演示\第 4 章\绘制 A3 样板图形.avi）

图形样板文件包含标准设置，可以提供一种初始设计标准，其文件名是*.dwt，默认路径是\AutoCAD...\Template。其优点如下。

☑ 制图标准化。可以方便快捷地依据各专业的国家标准（ISO、ANSI、IEC、DIN 等）事先定制各种图纸样板文件，也可以将各设计公司标准的图纸要求定制在其中，从而统一设计公司的风格等。

☑ 提高制图效率。一次定制，多次重复使用，而不是每次启动时都指定惯例及默认设置，这样可以节省很多时间。

☑ 简化绘图。因已预先定制好线型、标注样式、绘图比例等 CAD 制图方面标准，故可大量节约机械性操作，使绘图更加快捷。

在菜单栏中选择“文件”→“新建”命令，打开如图 4-50 所示的“选择样板”对话框。

其中，位于 Template 文件夹内的文件均为模板文件，文件名以 Gb_为开头的模板（Template 文件，即模板文件，其保存格式后缀为.dwt）为“国标”的意思。其他如 ISO 则为国际标准的意思，为英制；ANSI 则为美国国家标准学会；IEC 则为国际电工委员会等。读者也可打开其他模板，认识了解一下相关模板的设置，后续章节也将重点讲述关于模板（DWT）文件的应用。

读者也可以从现有图形创建图形样板文件，具体方法如下。

（1）单击快速访问工具栏中的“新建”命令，在打开的“选择文件”对话框中选择要用作样板的文件，单击“确定”按钮。打开一个样板文件。

（2）对打开的文件进行一定的操作，如删除或更改某些图线或设置。

（3）在菜单栏中选择“文件”→“另存为”命令，在打开的“图形另存为”对话框的“文

件类型”下拉列表框中选择“图形样板”文件类型，如图 4-51 所示。

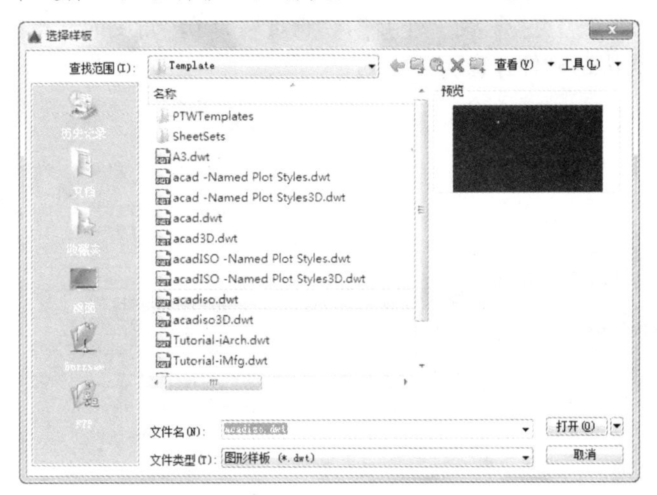

图 4-50　“选择样板”对话框

图 4-51　“图形另存为”对话框

（4）在“文件名”文本框中输入此样板的名称，单击“保存”按钮。

（5）系统打开“样板选项”对话框。输入样板说明，如图 4-52 所示。

（6）单击“确定”按钮，新样板将保存在 Template 文件夹中。

用户也可以根据自己的需要从零开始创建一个新的样板文件，下面以创建一个建筑样板图形为例，讲述其具体方法。

操作步骤如下：

1. 设置单位和图形边界

（1）打开 AutoCAD 2016 应用程序，系统自动建立一个新的图形文件。

（2）设置单位。在菜单栏中选择“格式”→“单位”命令，打开“图形单位”对话框，如图4-53所示。设置长度的“类型”为“小数”，“精度”为0；角度的“类型”为“十进制度数”，“精度”为0，系统默认逆时针方向为正方向。

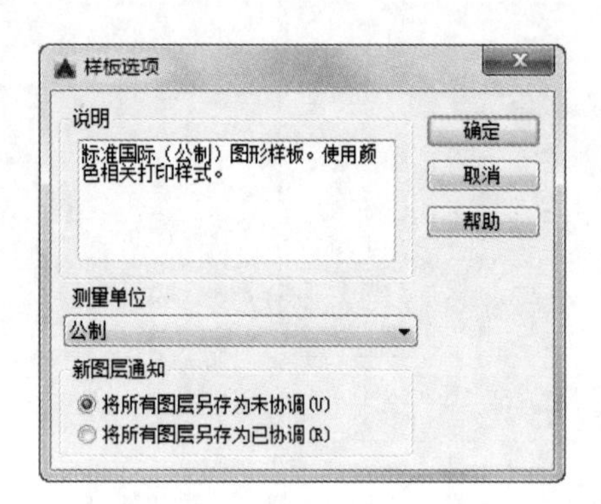

图4-52 “样板选项”对话框

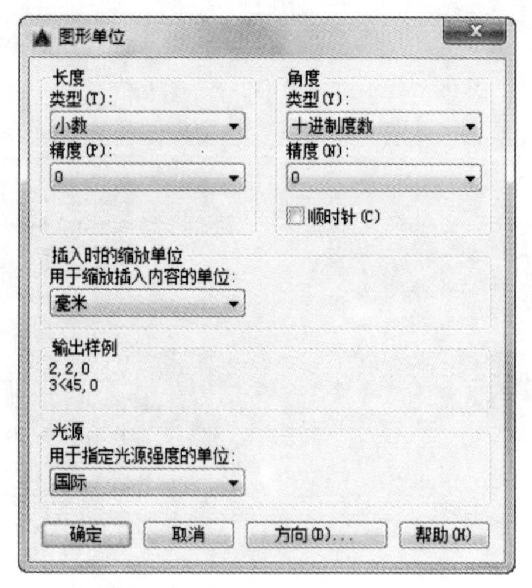

图4-53 “图形单位”对话框

（3）设置图形界限。国标对图纸的幅面大小作了严格规定，在这里，按国标A3图纸幅面设置图形边界。A3图纸的幅面为420mm×297mm。在菜单栏中选择“格式”→“图形界限”命令，设置图形界限。

① 在命令行提示“指定左下角点或[开(ON)/关(OFF)] <0.0000,0.0000>:”后输入“0,0”。

② 在命令行提示“指定右上角点<12.0000,9.0000>:”后输入“420,297”。

2. 设置文本样式

下面列出一些本练习中的格式，请按如下约定进行设置：文本高度一般注释为7mm，零件名称为10mm，图标栏和会签栏中的其他文字为5mm，尺寸文字为5mm；线型比例为1，图纸空间线型比例为1；单位为十进制，尺寸小数点后0位，角度小数点后0位。可以生成4种文字样式，分别用于一般注释、标题块中零件名、标题块注释及尺寸标注。

（1）在菜单栏中选择“格式”→“文字样式”命令，打开“文字样式”对话框，单击“新建”按钮，系统打开“新建文字样式”对话框，如图4-54所示。接受默认的“样式1”文字样式名，单击“确定”按钮退出。

（2）系统返回“文字样式”对话框，在“字体名”下拉列表框中选择“宋体”选项，设置“高度”为5，“宽度因子”为1，如图4-55所示。单击“应用”按钮，再单击“关闭”按钮。其他文字样式进行类似的设置。

3. 绘制图框线和标题栏

（1）单击“默认”选项卡“绘图”面板中的“矩形”按钮，两个角点的坐标分别为(25,10)和(410,287)绘制一个矩形，然后绘制一个420mm×297mm（A3图纸大小）的矩形作为图纸范围，如图4-56所示（外框表示设置的图纸范围）。

（2）单击“默认”选项卡“绘图”面板中的“直线”按钮，绘制标题栏。坐标分别为{(230,10)、(230,50)、(410,50)}，{(280,10)、(280,50)}，{(360,10)、(360,50)}，{(230,40)、(360,40)}。（大括

号中的数值表示一条独立连续线段的端点坐标值），如图 4-57 所示。

图 4-54 “新建文字样式”对话框

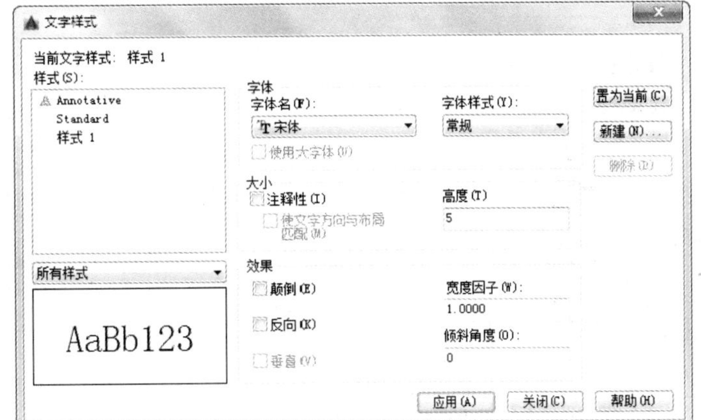

图 4-55 “文字样式”对话框

图 4-56 绘制图框线

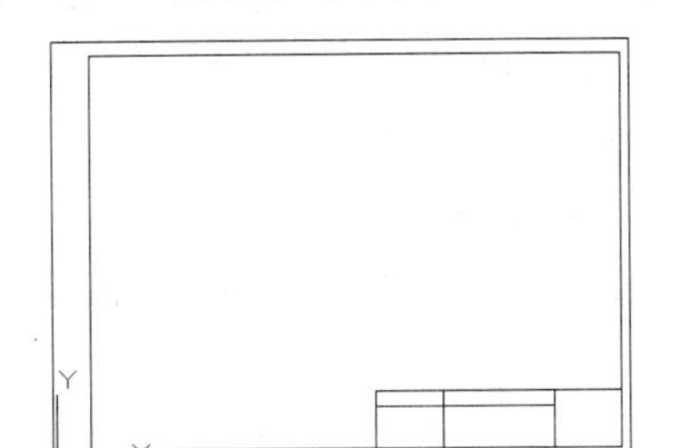

图 4-57 绘制标题栏

4. 绘制会签栏

（1）在菜单栏中选择“格式”→“表格样式”命令，打开“表格样式”对话框，如图 4-58 所示。

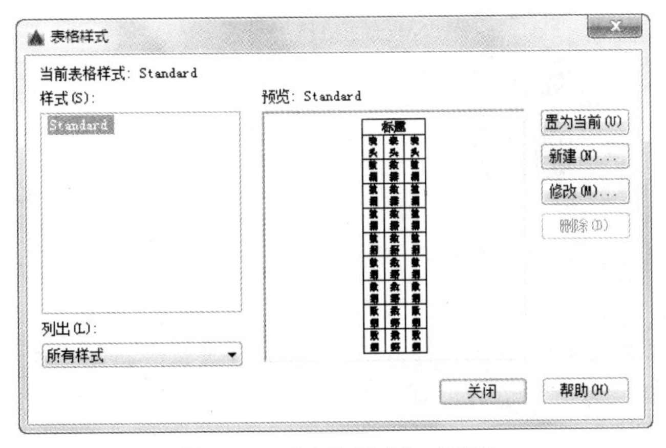

图 4-58 “表格样式”对话框

（2）单击“修改”按钮，系统打开“修改表格样式”对话框，在“单元样式”下拉列表框中选择“数据”选项，在下面的“文字”选项卡中将“文字高度”设置为 3，如图 4-59 所示。再选择“常规”选项卡，将“页边距”选项组的“水平”和“垂直”都设置成 1，如图 4-60 所示。

Note

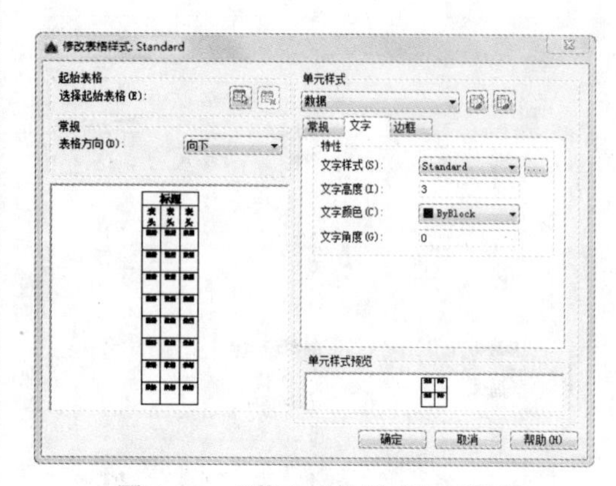

图 4-59 “修改表格样式”对话框

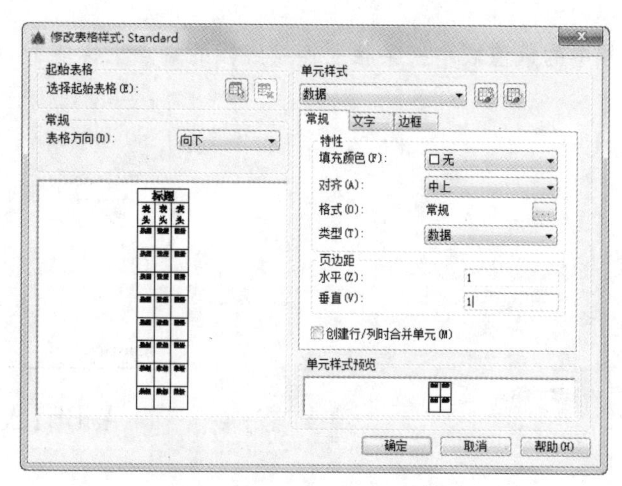

图 4-60 设置“常规”选项卡

（3）系统回到“表格样式”对话框，单击“关闭”按钮退出。

（4）在菜单栏中选择“绘图”→“表格”命令，系统打开“插入表格”对话框，在“列和行设置”选项组中将“列数”设置为 3，“列宽”设置为 25，“数据行数”设置为 2（加上标题行和表头行共 4 行），“行高”设置为 1 行（即为 5）；在“设置单元样式”选项组中将“第一行单元样式”、“第二行单元样式”和“所有其他行单元样式”都设置为“数据”，如图 4-61 所示。

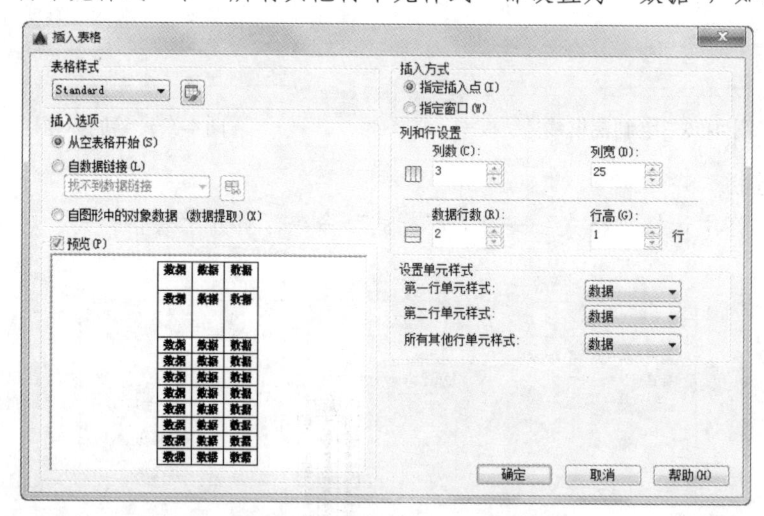

图 4-61 “插入表格”对话框

（5）在图框线左上角指定表格位置，系统生成表格，同时打开多行文字编辑器，如图 4-62 所示，依次输入文字，如图 4-63 所示，最后按 Enter 键，完成表格制作如图 4-64 所示。

（6）单击“默认”选项卡“修改”面板中的“旋转”按钮（此命令会在以后详细讲述），将会签栏旋转-90°。

① 在命令行提示“选择对象:”后选择刚绘制的表格。

② 在命令行提示“选择对象:”后按 Enter 键。

③ 在命令行提示“指定基点:”后指定图框左上角。

④ 在命令行提示“指定旋转角度，或[复制(C)/参照(R)] <0>:”后输入“-90”。

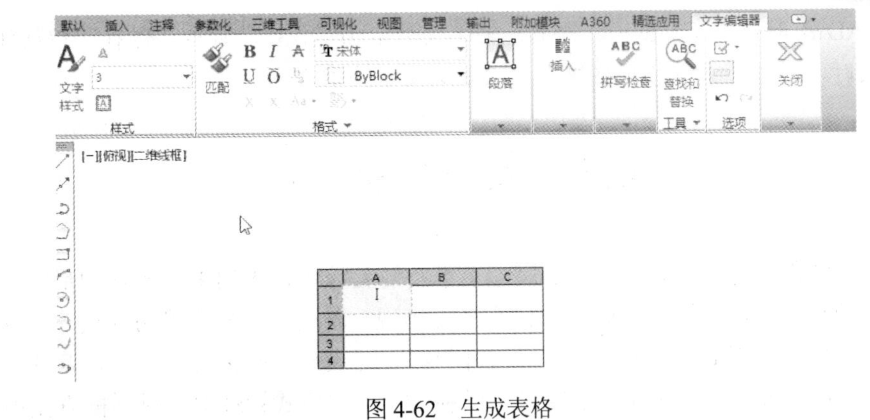

图 4-62　生成表格

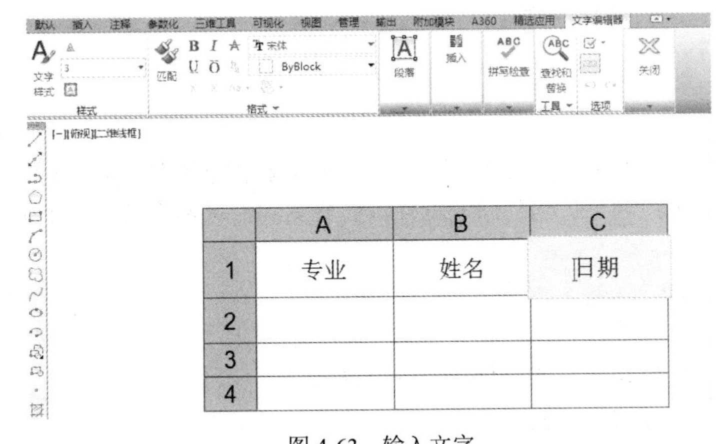

图 4-63　输入文字

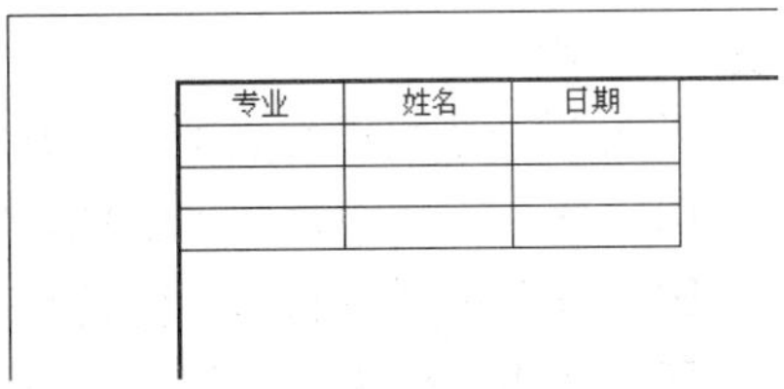

专业	姓名	日期

图 4-64　完成表格

结果如图 4-65 所示。这就得到了一个样板图形，带有自己的图标栏和会签栏。

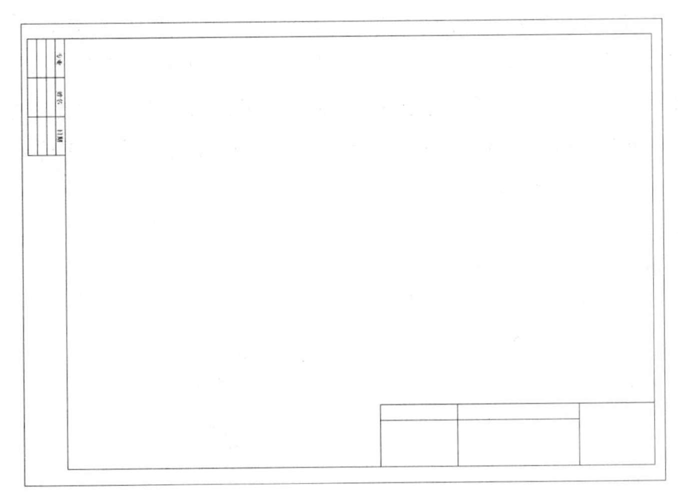

图 4-65　旋转会签栏

5. 保存成样板图文件

样板图及其环境设置完成后，可以将其保存成样板图文件。选择快速访问工具栏中的“文件”→“保存”或“另存为”命令，打开“图形另存为”对话框。在“文件类型”下拉列表框中选择“AutoCAD 图形样板（*.dwt）”选项，输入文件名为“A3”，单击“保存”按钮保存文件。

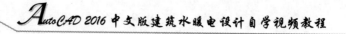

下次绘图时，可以打开该样板图文件，在此基础上开始绘图。

Note

4.5 尺寸标注

组成尺寸标注的尺寸界线、尺寸线、尺寸文本及箭头等可以采用多种多样的形式，实际标注一个几何对象的尺寸时，它的尺寸标注以什么形态出现，取决于当前所采用的尺寸标注样式。标注样式决定尺寸标注的形式，包括尺寸线、尺寸界线、箭头和中心标记的形式，以及尺寸文本的位置、特性等。在 AutoCAD 2016 中，用户可以利用“标注样式管理器”对话框方便地设置自己需要的尺寸标注样式。下面介绍如何定制尺寸标注样式。

4.5.1 尺寸样式

在进行尺寸标注之前，要建立尺寸标注的样式。如果用户不建立尺寸样式而直接进行标注，系统使用默认名称为 Standard 的样式。用户如果认为使用的标注样式有某些设置不合适，也可以修改标注样式。

执行该命令主要有如下 3 种调用方法。

☑ 在命令行中输入“DIMSTYLE”命令。

☑ 在菜单栏中选择“格式”→“标注样式”或“标注”→“样式”命令。

☑ 单击“标注”工具栏中的“标注样式”按钮。

执行上述命令后，系统打开“标注样式管理器”对话框，如图 4-66 所示。使用此对话框可方便直观地定制和浏览尺寸标注样式，包括产生新的标注样式、修改已存在的样式、设置当前尺寸标注样式、样式重命名以及删除已有样式等。该对话框中各按钮含义如下。

☑ “置为当前”按钮：单击该按钮，将在“样式”列表框中选中的样式设置为当前样式。

☑ “新建”按钮：定义一个新的尺寸标注样式。单击该按钮，弹出“创建新标注样式”对话框，如图 4-67 所示，利用此对话框可创建一个新的尺寸标注样式。

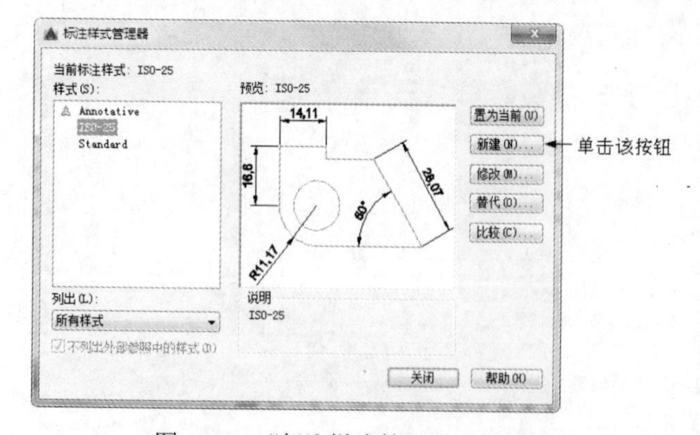

图 4-66 “标注样式管理器”对话框

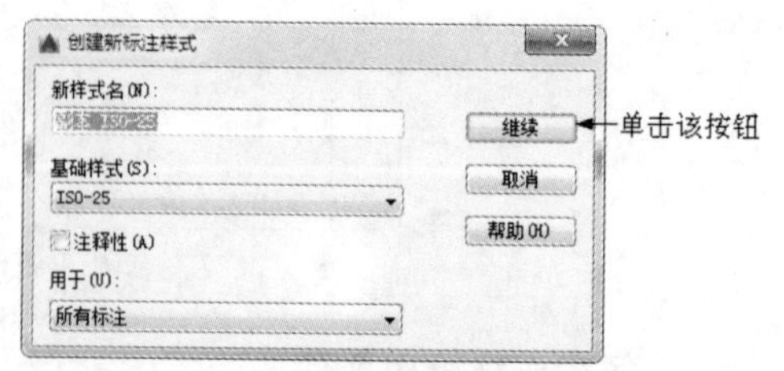

图 4-67 “创建新标注样式”对话框

☑ “修改”按钮：修改一个已存在的尺寸标注样式。单击该按钮，弹出“修改标注样式”

对话框，该对话框中的各选项与“创建新标注样式”对话框中完全相同，用户可以对已有标注样式进行修改。

☑　“替代”按钮：设置临时覆盖尺寸标注样式。单击该按钮，弹出“替代当前样式”对话框，如图 4-68 所示。用户可改变选项的设置覆盖原来的设置，但这种修改只对指定的尺寸标注起作用，而不影响当前尺寸变量的设置。

☑　“比较”按钮：比较两个尺寸标注样式在参数上的区别，或浏览一个尺寸标注样式的参数设置。单击该按钮，弹出“比较标注样式”对话框，如图 4-69 所示。可以把比较结果复制到剪贴板上，然后再粘贴到其他的 Windows 应用软件中。

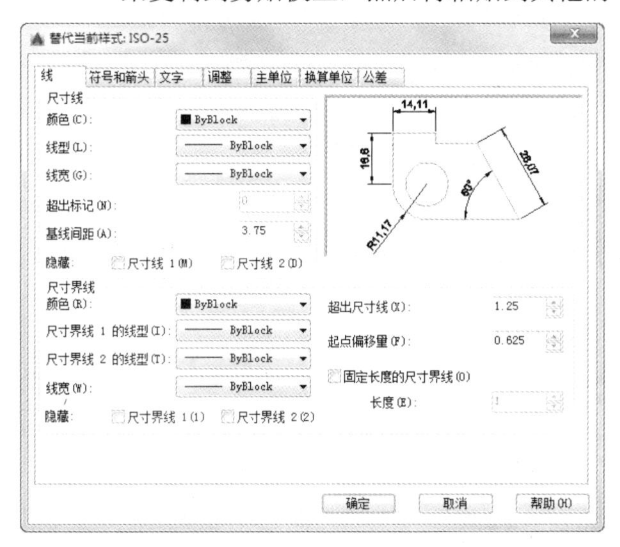

图 4-68　“替代当前样式”对话框

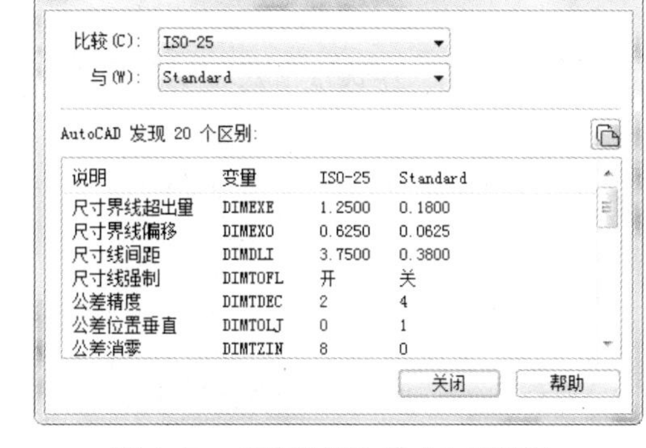

图 4-69　“比较标注样式”对话框

下面对“新建标注样式”对话框中的主要选项卡进行简要说明。

☑　线：该选项卡对尺寸线、尺寸界线的形式和特性各个参数进行设置。包括尺寸线的颜色、线宽、超出标记、基线间距、隐藏等参数，尺寸界线的颜色、线宽、超出尺寸线、起点偏移量、隐藏等参数。

☑　符号和箭头：该选项卡主要对箭头、圆心标记、弧长符号和半径折弯标注的形式和特性进行设置，如图 4-70 所示。包括箭头的大小、引线、形状等参数以及圆心标记的类型和大小等参数。

- “箭头”选项组：用于设置尺寸箭头的形式。系统提供了多种箭头形状，列在“第一个”和“第二个”下拉列表框中。另外，还允许采用用户自定义的箭头形状。两个尺寸箭头可以采用相同的形式，也可以采用不同的形式。一般建筑制图中的箭头采用建筑标记样式。
- “圆心标记”选项组：用于设置半径标注、直径标注和中心标注中的中心标记和中心线的形式。相应的尺寸变量是 DIMCEN。
- “弧长符号”选项组：用于控制弧长标注中圆弧符号的显示。
- “折断标注”选项组：控制折断标注的间隙宽度。
- “半径折弯标注”选项组：控制折弯（Z 字型）半径标注的显示。
- “线性折弯标注”选项组：控制线性标注折弯的显示。

Note

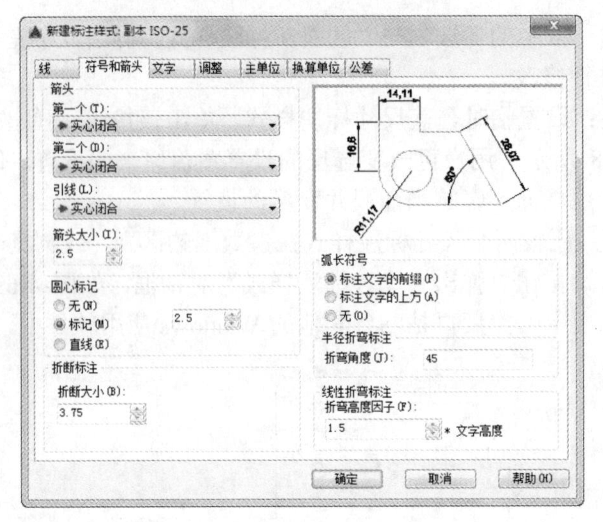

图 4-70 “符号和箭头”选项卡

☑ 文字：该选项卡对文字的外观、位置、对齐方式等各个参数进行设置，如图 4-71 所示。

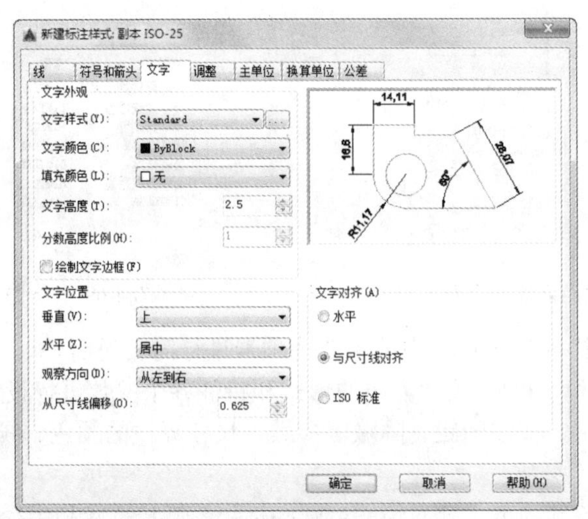

图 4-71 “文字”选项卡

- “文字外观”选项组：用于设置文字的样式、颜色、填充颜色、高度、分数高度比例以及文字是否带边框。
- “文字位置”选项组：用于设置文字的位置是垂直还是水平，以及从尺寸线偏移的距离。
- “文字对齐”选项组：用于控制尺寸文本排列的方向。当尺寸文本在尺寸界线之内时，与其对应的尺寸变量是 DIMTIH；当尺寸文本在尺寸界线之外时，与其对应的尺寸变量是 DIMTOH。

4.5.2 尺寸标注方法

正确地进行尺寸标注是设计绘图工作中非常重要的一个环节，AutoCAD 2016 提供了方便快

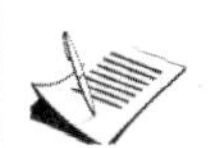

捷的尺寸标注方法，可通过执行命令实现，也可利用菜单或工具按钮来实现。本节将重点介绍如何对各种类型的尺寸进行标注。

1．线性标注

执行该命令，主要有如下 3 种调用方法。

☑ 在命令行中输入“DIMLINEAR”（缩写名 DIMLIN）命令。
☑ 在菜单栏中选择“标注”→“线性”命令。
☑ 单击“标注”工具栏中的“线性”按钮。

执行上述命令后，根据系统提示直接按 Enter 键选择要标注的对象或指定两条尺寸界线的起始点后，命令行提示中各选项含义如下。

☑ 指定尺寸线位置：确定尺寸线的位置。用户可移动鼠标选择合适的尺寸线位置，然后按 Enter 键或单击鼠标左键，AutoCAD 则自动测量所标注线段的长度并标注出相应的尺寸。
☑ 多行文字(M)：用多行文本编辑器确定尺寸文本。
☑ 文字(T)：在命令行提示下输入或编辑尺寸文本。选择此选项后，根据系统提示输入标注线段的长度，直接按 Enter 键即可采用此长度值，也可输入其他数值代替默认值。当尺寸文本中包含默认值时，可使用尖括号“<>”表示默认值。
☑ 角度(A)：确定尺寸文本的倾斜角度。
☑ 水平(H)：水平标注尺寸，不论标注什么方向的线段，尺寸线均水平放置。
☑ 垂直(V)：垂直标注尺寸，不论被标注线段沿什么方向，尺寸线总保持垂直。
☑ 旋转(R)：输入尺寸线旋转的角度值，旋转标注尺寸。

2．对齐标注

执行该命令，主要有如下 3 种调用方法。

☑ 在命令行中输入“DIMALIGNED”命令。
☑ 在菜单栏中选择“标注”→“对齐”命令。
☑ 单击“标注”工具栏中的“对齐”按钮。

使用“对齐标注”命令标注的尺寸线与所标注的轮廓线平行，标注的是起始点到终点之间的距离尺寸。

3．基线标注

基线标注用于产生一系列基于同一条尺寸界线的尺寸标注，适用于长度尺寸标注、角度标注和坐标标注等。在使用基线标注方式之前，应该先标注出一个相关的尺寸。执行基线标注命令的调用方法主要有如下 3 种。

☑ 在命令行中输入“DIMBASELINE”命令。
☑ 在菜单栏中选择“标注”→“基线”命令。
☑ 单击“标注”工具栏中的“基线”按钮。

执行上述命令后，根据系统提示指定第二条尺寸界线原点或选择其他选项。命令行提示中各选项含义如下。

☑ 指定第二条尺寸界线原点：直接确定另一个尺寸的第二条尺寸界线的起点，以上次标注的尺寸为基准标注出相应的尺寸。
☑ 选择(S)：在上述提示下直接按 Enter 键，命令行中提示选择基准标注（选择作为基准的

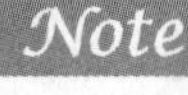

尺寸标注）。

4．连续标注

连续标注又叫尺寸链标注，用于产生一系列连续的尺寸标注，后一个尺寸标注均把前一个标注的第二条尺寸界线作为它的第一条尺寸界线。适用于长度尺寸标注、角度标注和坐标标注等。在使用连续标注方式之前，应该先标注出一个相关的尺寸。

执行连续标注命令的调用方法主要有如下 3 种。

☑ 在命令行中输入“DIMCONTINUE”命令。

☑ 在菜单栏中选择“标注”→“连续”命令。

☑ 单击“标注”工具栏中的“连续”按钮。

执行上述命令后，各选项与基线标注中的选项完全相同，在此不再赘述。

5．引线标注

AutoCAD 提供了引线标注功能，使用该功能不仅可以标注特定的尺寸，如圆角、倒角等，还可以在图中添加多行旁注、说明。在引线标注中，指引线可以是折线，也可以是曲线；指引线端部可以有箭头，也可以没有箭头。

使用 QLEADER 命令可快速生成指引线及注释，而且可以通过命令行优化对话框进行用户自定义，由此可以消除不必要的命令行提示，取得最高的工作效率。引线标注命令的调用方法是在命令行中输入“QLEADER”命令。

执行命令后，根据系统提示指定第一个引线点或选择其他选项。也可以在上面操作过程中选择“设置(S)”选项，弹出“引线设置”对话框，进行相关参数设置。该对话框中包含“注释”、“引线和箭头”和“附着”3 个选项卡，下面分别进行介绍。

☑ “注释”选项卡：用于设置引线标注中注释文本的类型、多行文本的格式并确定注释文本是否多次使用，如图 4-72 所示。

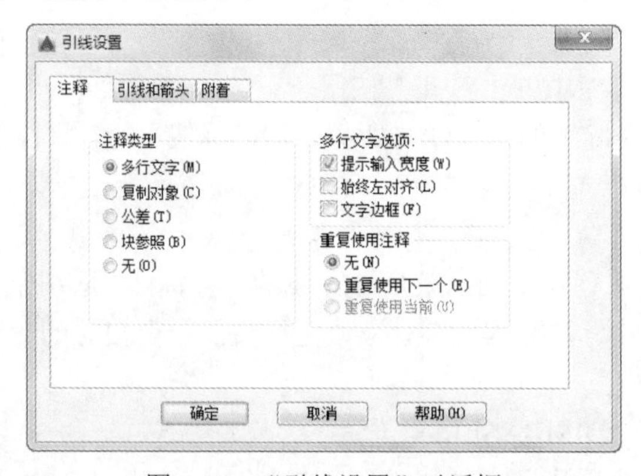

图 4-72 “引线设置”对话框

☑ “引线和箭头”选项卡：用于设置引线标注中引线和箭头的形式，如图 4-73 所示。其中，“点数”选项组用于设置执行 QLEADER 命令时提示用户输入的点的数目。例如，设置点数为 3，执行 QLEADER 命令时当用户在提示下指定 3 个点后，AutoCAD 自动提示用户输入注释文本。需要注意的是，设置的点数要比用户希望的指引线段数多 1。如果选中“无限制”复选框，AutoCAD 会一直提示用户输入点直到连续按 Enter 键两次为止。“角度约束”选项组用于设置第一段和第二段指引线的角度约束。

☑ “附着”选项卡：用于设置注释文本和指引线的相对位置，如图 4-74 所示。如果最后一段指引线指向右边，系统自动把注释文本放在右侧；如果最后一段指引线指向左边，系统自动把注释文本放在左侧。利用该选项卡中左侧和右侧的单选按钮，可以分别设置位于左侧和右侧的注释文本与最后一段指引线的相对位置，二者可相同也可不同。

图 4-73　“引线和箭头”选项卡　　　　图 4-74　“附着”选项卡

4.5.3　实战——标注办公室建筑电气平面图

本实例使用多行文字和线性标注命令为办公室电气平面图标注尺寸和文字注释，绘制的流程如图 4-75 所示。

操作步骤如下：（：光盘\配套视频\动画演示\第 4 章\标注办公室建筑电气平面图.avi）

（1）打开随书光盘中的“源文件\第 4 章\办公室电气平面图”文件，将其另存为“标注办公室建筑电气平面图.dwg”，如图 4-75 所示。

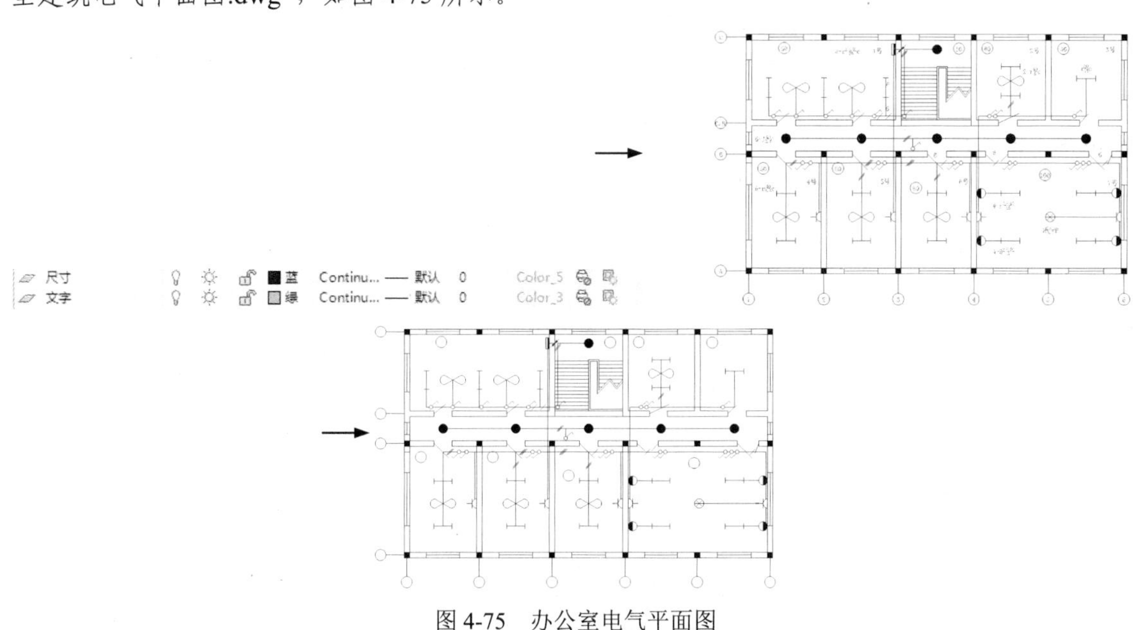

图 4-75　办公室电气平面图

Note

（2）单击“默认”选项卡“图层”面板中的“图层特性”按钮，打开“图层特性管理器”选项板，建立“文字”和“尺寸”图层，图层参数设置如图4-76所示。

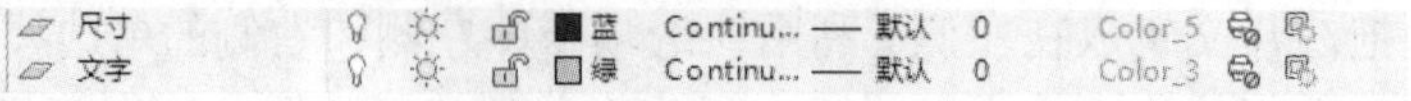

尺寸				蓝	Continu... ——	默认	0	Color_5
文字				绿	Continu... ——	默认	0	Color_3

图4-76　图层参数设置

（3）将“文字”图层设置为当前图层，单击“默认”选项卡“注释”面板中的“多行文字”按钮A，在图中添加注释文字，效果如图4-77所示。

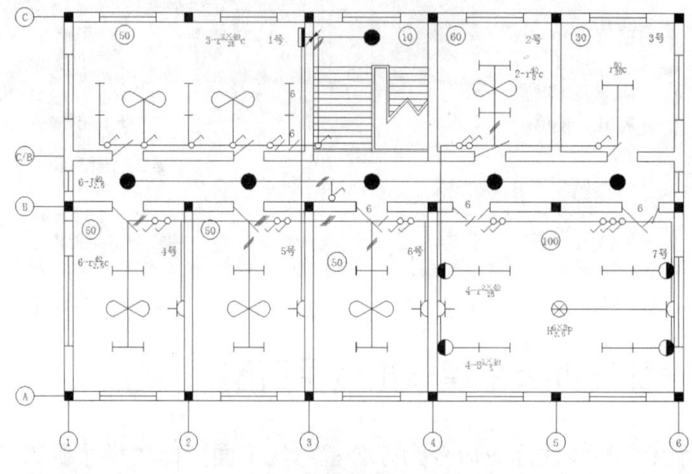

图4-77　添加注释文字

（4）单击“默认”选项卡“注释”面板中的“标注样式”按钮，系统弹出“标注样式管理器”对话框，单击“新建”按钮，系统弹出“创建新标注样式”对话框。在“新样式名”文本框中输入“电气照明平面图”，基础样式为“ISO-25”，用于“所有标注”，单击“继续”按钮，弹出“新建标注样式”对话框，设置“线”选项卡中的“超出尺寸线”为3，“起点偏移量”为1.5；在“符号和箭头”选项卡中设置箭头为“建筑标记”，“箭头大小”为3；在“文字”选项卡中设置“文字高度”为3；在“主单位”选项卡中设置“精度”为0，“比例因子”为100，如图4-78～图4-81所示。

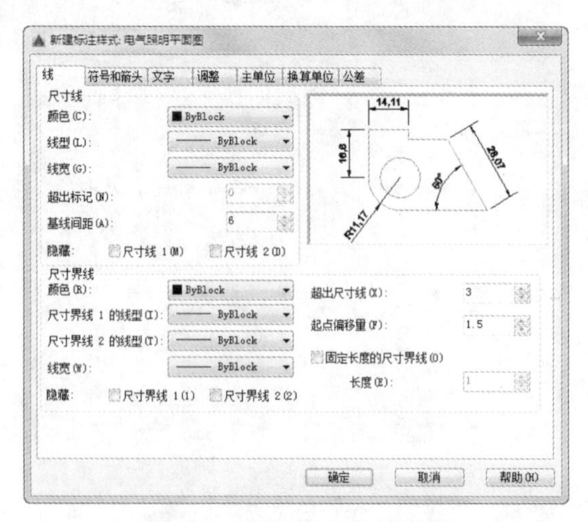

图4-78　“线”选项卡设置

Note

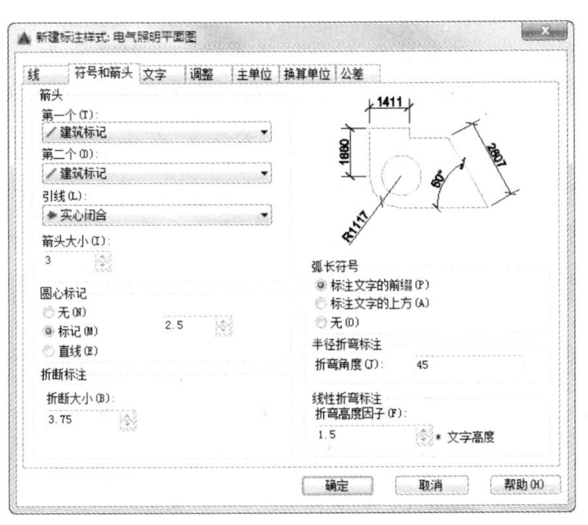

图 4-79　“符号和箭头”选项卡设置

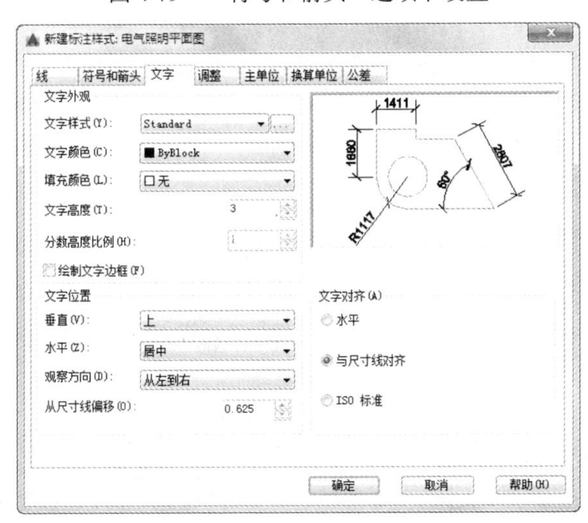

图 4-80　“文字”选项卡设置

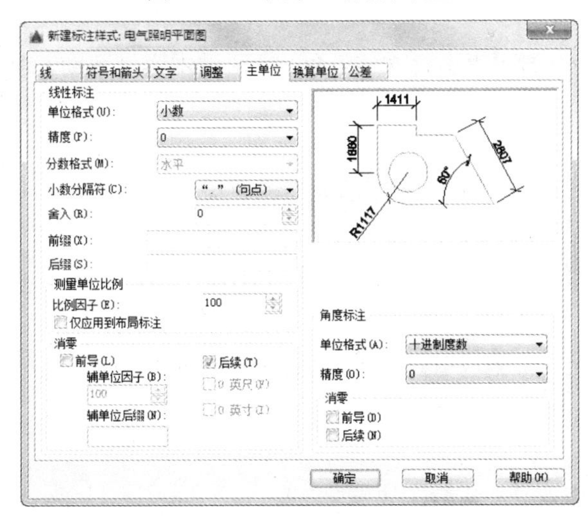

图 4-81　“主单位”选项卡设置

（5）设置完毕后，回到“标注样式管理器”对话框，单击“置为当前”按钮，将新建的“电气照明平面图”样式设置为当前使用的标注样式。将“尺寸”图层设置为当前图层，单击“标注”工具栏中的“线性”按钮，标注轴线间的尺寸，效果如图 4-82 所示。

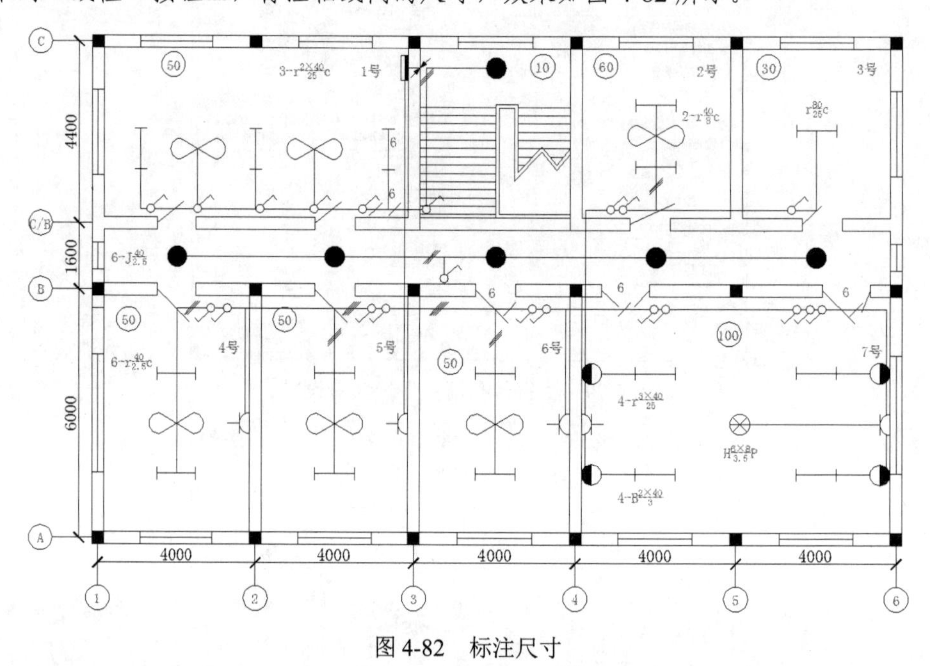

图 4-82　标注尺寸

4.6　实 战 演 练

通过前面的学习，读者对本章知识也有了大体的了解，本节通过几个操作练习使读者进一步掌握本章知识要点。

【实战演练 1】绘制压力表（如图 4-83 所示）。

1．目的要求

本例图形涉及的命令主要是“多行文字”命令。通过本实例帮助读者灵活掌握多行文字的绘制方法。

2．操作提示

（1）使用“多段线”、“圆”和“图案填充”命令绘制压力表。

（2）使用“多行文字”命令输入文字。

【实战演练 2】创建灯具规格表（如图 4-84 所示）。

1．目的要求

本例在定义了表格样式后再利用表格命令绘制表格，最后将表格内容添加完整。通过本例的练习，读者应掌握表格的创建方法。

2．操作提示

（1）定义表格样式。

（2）创建表格。

Note

（3）添加表格内容。

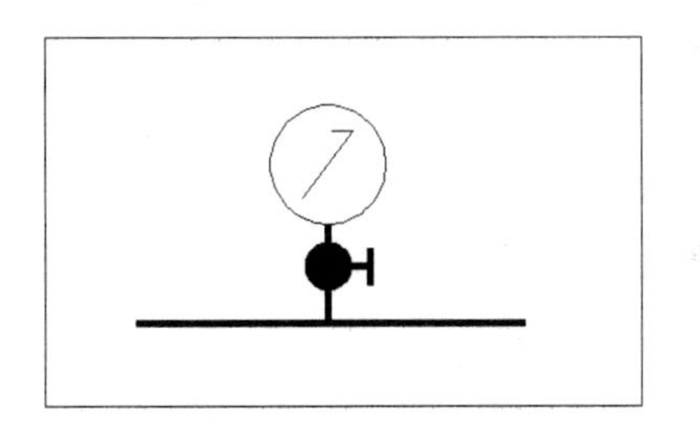

图 4-83　压力表

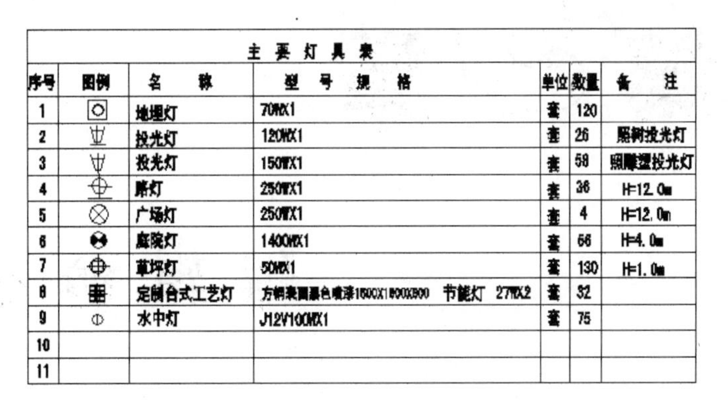

主要灯具表

序号	图例	名　称	型号规格	单位	数量	备　注
1		地埋灯	70WX1	套	120	
2		投光灯	120WX1	套	26	照树投光灯
3		投光灯	150WX1	套	58	照雕塑投光灯
4		路灯	250WX1	套	36	H=12.0m
5		广场灯	250WX1	套	4	H=12.0m
6		庭院灯	1400WX1	套	66	H=4.0m
7		草坪灯	50WX1	套	130	H=1.0m
8		定制台式工艺灯	方钢表面黑色喷漆1500X1800X800　节能灯　27WX2	套	32	
9		水中灯	J12V100WX1	套	75	
10						
11						

图 4-84　灯具规格表

第5章 编辑命令

本章学习要点和目标任务：

☑ 选择对象

☑ 删除及恢复类命令

☑ 复制类命令

☑ 改变位置类命令

☑ 改变几何特性类命令

☑ 对象编辑

二维图形的编辑操作配合绘图命令的使用可以进一步完成复杂图形对象的绘制工作，并可使用户合理安排和组织图形，保证绘图准确，减少重复，因此，对编辑命令的熟练掌握和使用有助于提高设计和绘图的效率。本章主要内容包括：选择对象、删除及恢复类命令、复制类命令、改变位置类命令、改变几何特性类命令和对象编辑等。

5.1 选择对象

AutoCAD 2016 提供了如下两种编辑图形的途径。

☑ 先执行编辑命令，然后选择要编辑的对象。

☑ 先选择要编辑的对象，然后执行编辑命令。

这两种途径的执行效果是相同的，但选择对象是进行编辑的前提。AutoCAD 2016 提供了多种选择对象的方法，如点取方法、用选择窗口选择对象、用选择线选择对象、用对话框选择对象等。AutoCAD 可以把选择的多个对象组成整体，如选择集和对象组，进行整体编辑与修改。

下面结合 SELECT 命令说明选择对象的方法。

SELECT 命令可以单独使用，即在命令行中输入“SELECT”后按 Enter 键，也可以在执行其他编辑命令时被自动调用。此时，屏幕出现提示“选择对象:”，等待用户以某种方式选择对象作为回答。AutoCAD 提供了多种选择方式，可以输入“?”查看这些选择方式。选择该选项后，出现如下提示：“需要点或窗口(W)/上一个(L)/窗交(C)/框(BOX)/全部(ALL)/栏选(F)/圈围(WP)/圈交(CP)/编组(G)/添加(A)/删除(R)/多个(M)/上一个(P)/放弃(U)/自动(AU)/单选(SI)/子对象(SU)/对象(O)”。

上面各选项含义如下。

☑ 点：该选项表示直接通过点取的方式选择对象。这是较常用也是系统默认的一种对象选择方法。用鼠标或键盘移动拾取框，使其框住要选取的对象，然后单击鼠标左键，就会选中该对象并高亮显示。该点的选定也可以使用键盘输入一个点坐标值来实现。当选定点后，系统将立即扫描图形，搜索并且选择穿过该点的对象。用户可以在菜单栏中选择“工具”→“选项”命令打开“选项”对话框，选择“选择”选项卡，移动“拾取框大小”选项组中的滑块来调整拾取框的大小。左侧的空白区中会显示相应的拾取框的尺寸大小。

☑ 窗口(W)：用由两个对角顶点确定的矩形窗口选取位于其范围内部的所有图形，与边界相交的对象不会被选中。指定对角顶点时应该按照从左向右的顺序。在“选择对象:”提示下输入“W”，按 Enter 键，然后输入矩形窗口的第一个对角点的位置和另一个对角点的位置。指定两个对角顶点后，位于矩形窗口内部的所有图形被选中，如图 5-1 所示。

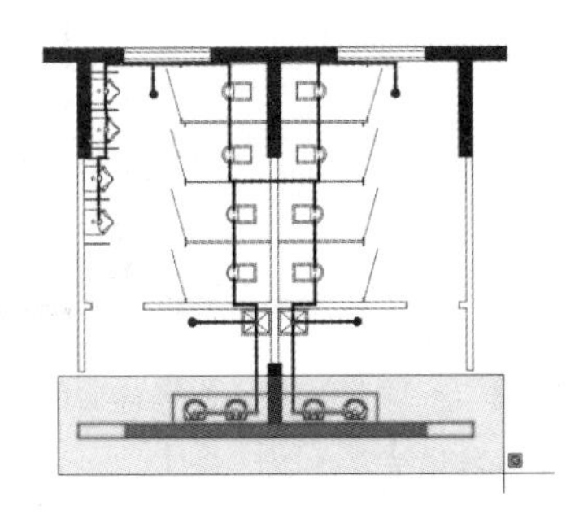

（a）图中深色覆盖部分为选择窗口

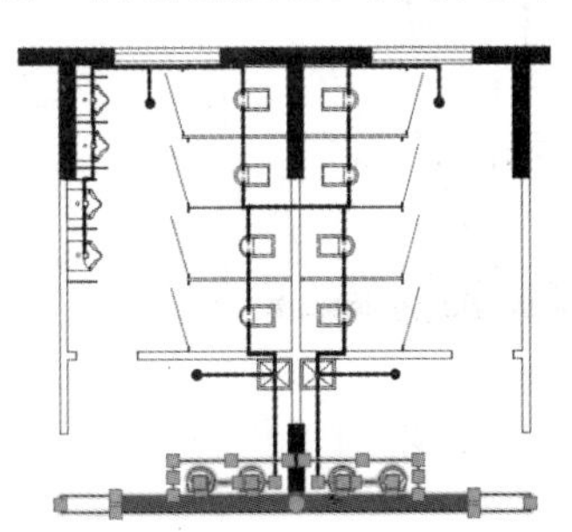

（b）选择后的图形

图 5-1　“窗口”对象选择方式

☑ 上一个(L)：在“选择对象:”提示下输入“L”后按 Enter 键，系统会自动选取最后绘出的一个对象。

☑ 窗交(C)：该方式与上述“窗口”方式类似，区别在于它不但选择矩形窗口内部的对象，也选中与矩形窗口边界相交的对象。在“选择对象:”提示下输入“C”，按 Enter 键，然后输入矩形窗口的第一个对角点的位置和另一个对角点的位置，选择的对象如图 5-2 所示。

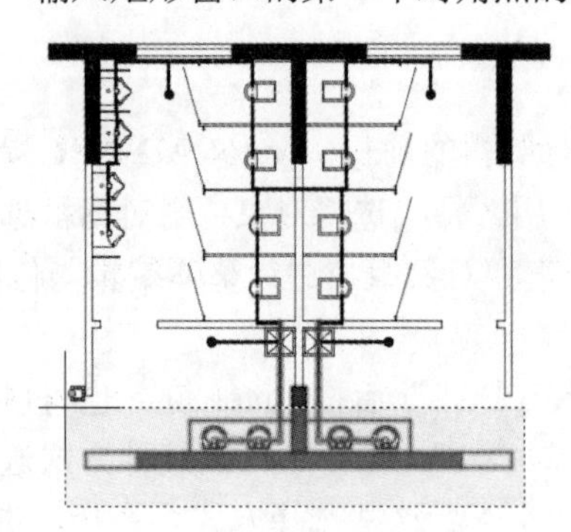

（a）图中深色覆盖部分为选择窗口

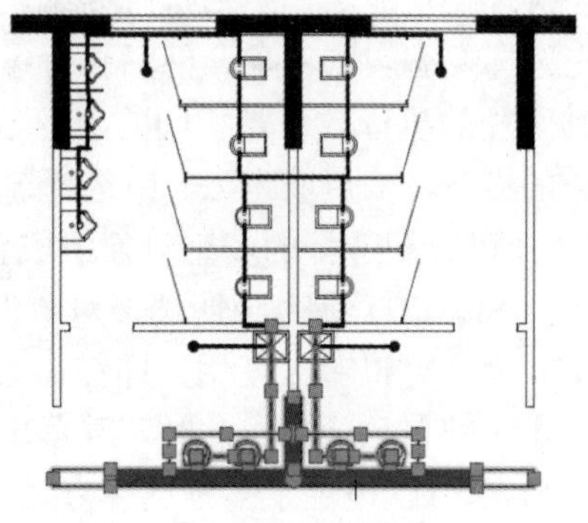

（b）选择后的图形

图 5-2　“窗交”对象选择方式

☑ 框(BOX)：该方式没有命令缩写字。使用时，系统根据用户在屏幕上给出的两个对角点的位置而自动引用“窗口”或“窗交”选择方式。若从左向右指定对角点，为“窗口”方式；反之，为“窗交”方式。

☑ 全部(ALL)：选取图面上所有对象。在“选择对象:”提示下输入“ALL”，按 Enter 键。此时，绘图区域内的所有对象均被选中。

☑ 栏选(F)：用户临时绘制一些直线，这些直线不必构成封闭图形，凡是与这些直线相交的对象均被选中。这种方式对选择相距较远的对象比较有效。交线可以穿过本身。在“选择对象:”提示下输入“F”后按 Enter 键，然后选择指定交线的第一点、第二点和下一条交线的端点。选择完毕后，按 Enter 键结束。执行结果如图 5-3 所示。

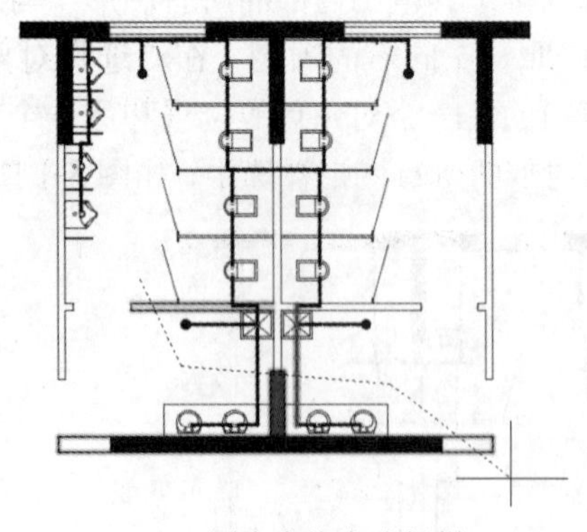

（a）图中虚线为选择栏

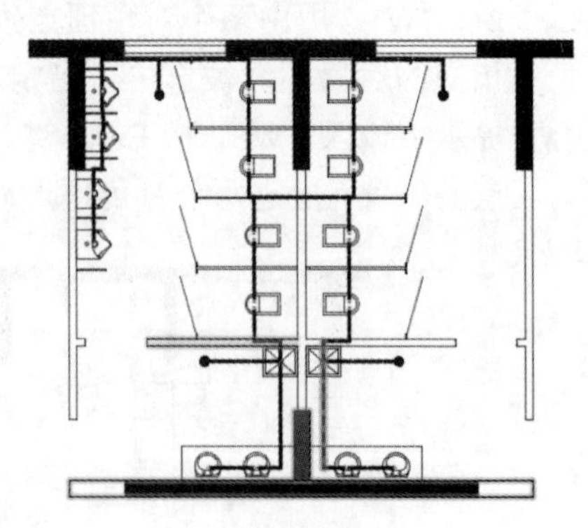

（b）选择后的图形

图 5-3　“栏选”对象选择方式

☑ 圈围(WP)：使用一个不规则的多边形来选择对象。在“选择对象:”提示下输入“WP”，选择该选项，输入不规则多边形的第一个顶点坐标和第二个顶点坐标后按 Enter 键。根

据提示，用户顺次输入构成多边形所有顶点的坐标，直到最后按 Enter 键作出空回答结束操作，系统将自动连接第一个顶点与最后一个顶点形成封闭的多边形。多边形的边不能接触或穿过本身。若输入“U”，则取消刚才定义的坐标点并且重新指定。凡是被多边形围住的对象均被选中（不包括边界）。执行结果如图 5-4 所示。

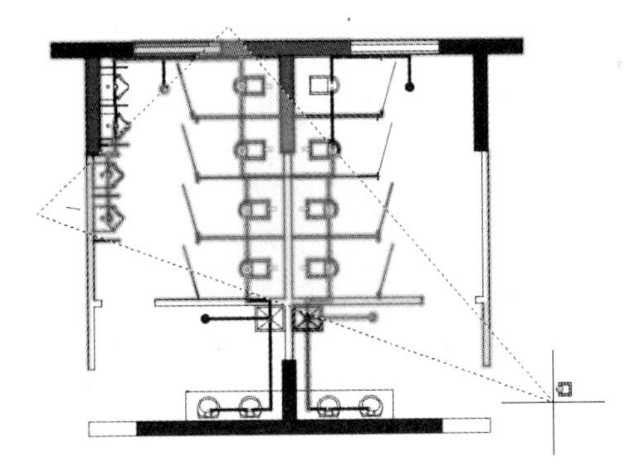

（a）图中十字线所拉出深色多边形为选择窗口

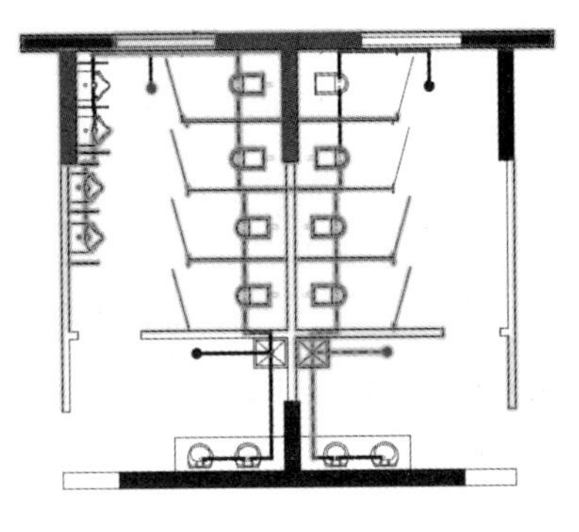

（b）选择后的图形

图 5-4　“圈围”对象选择方式

- ☑ 圈交(CP)：类似于“圈围”方式，在“选择对象:”提示后输入“CP”，后续操作与“圈围”方式相同。区别在于与多边形边界相交的对象也被选中。
- ☑ 编组(G)：使用预先定义的对象组作为选择集。事先将若干个对象组成对象组，用组名引用。
- ☑ 添加(A)：添加下一个对象到选择集。也可用于从移走模式（Remove）到选择模式的切换。
- ☑ 删除(R)：按住 Shift 键选择对象，可以从当前选择集中移走该对象。对象由高亮度显示状态变为正常显示状态。
- ☑ 多个(M)：指定多个点，不高亮度显示对象。这种方法可以加快在复杂图形上的选择对象过程。若两个对象交叉，两次指定交叉点，则可以选中这两个对象。
- ☑ 上一个(P)：用关键字 P 回应“选择对象:”的提示，则把上次编辑命令中的最后一次构造的选择集或最后一次使用 SELECT（DDSELECT）命令预置的选择集作为当前选择集。这种方法适用于对同一选择集进行多种编辑操作的情况。
- ☑ 放弃(U)：用于取消加入选择集的对象。
- ☑ 自动(AU)：选择结果视用户在屏幕上的选择操作而定。如果选中单个对象，则该对象为自动选择的结果；如果选择点落在对象内部或外部的空白处，系统会提示“指定对角点”，此时，系统会采取一种窗口的选择方式。对象被选中后，变为虚线形式，并以高亮度显示。

注意：

若矩形框从左向右定义，即第一个选择的对角点为左侧的对角点，矩形框内部的对象被选中，框外部的及与矩形框边界相交的对象不会被选中。若矩形框从右向左定义，矩形框内部及与矩形框边界相交的对象都会被选中。

☑ 单选(SI)：选择指定的第一个对象或对象集，而不继续提示进行下一步的选择。

Note

5.2 删除及恢复类命令

这一类命令主要用于删除图形的某部分或对已被删除的部分进行恢复，包括删除、回退、重做、清除等命令。

5.2.1 删除命令

如果所绘制的图形不符合要求或错绘了图形，则可以使用删除命令 ERASE 将其删除。执行删除命令，主要有以下 4 种调用方法。

☑ 在命令行中输入“ERASE”命令。

☑ 在菜单栏中选择“修改”→“删除”命令。

☑ 单击“修改”工具栏中的“删除”按钮。

☑ 在快捷菜单中选择“删除”命令。

执行上述命令后，可以先选择对象后调用删除命令，也可以先调用删除命令后再选择对象。选择对象时可以使用前面介绍的对象选择的各种方法。

当选择多个对象时，多个对象都被删除；若选择的对象属于某个对象组，则该对象组的所有对象都被删除。

5.2.2 恢复命令

若误删除了图形，则可以使用恢复命令 OOPS 恢复误删除的对象。执行恢复命令，主要有以下 3 种调用方法。

☑ 在命令行中输入“OOPS”或“U”命令。

☑ 单击“标准”工具栏中的“放弃”按钮。

☑ 利用快捷键 Ctrl+Z。

执行上述命令后，在命令行窗口的提示行上输入“OOPS”，按 Enter 键。

5.3 复制类命令

本节将详细介绍 AutoCAD 2016 的复制类命令。使用这些复制类命令，可以方便地编辑绘制图形。

5.3.1 复制命令

执行复制命令，主要有以下 5 种调用方法。

- ☑ 在命令行中输入“COPY”命令。
- ☑ 在菜单栏中选择“修改”→“复制”命令。
- ☑ 单击“修改”工具栏中的“复制”按钮。
- ☑ 选择快捷菜单中的“复制选择”命令。
- ☑ 单击“默认”选项卡“修改”面板中的“复制”按钮。

执行上述命令，将提示选择要复制的对象。按 Enter 键结束选择操作。在命令行提示“指定基点或 [位移(D)/模式(O)] <位移>:”后指定基点或位移。使用“复制“命令时，命令行提示中各选项的含义如下。

- ☑ 指定基点：指定一个坐标点后，AutoCAD 2016 把该点作为复制对象的基点，并提示指定第二个点。指定第二个点后，系统将根据这两点确定的位移矢量把选择的对象复制到第二点处。如果此时直接按 Enter 键，即选择默认的“用第一点作位移”，则第一个点被当作相对于 X、Y、Z 的位移。例如，如果指定基点为“2，3”并在下一个提示下按 Enter 键，则该对象从它当前的位置开始在 X 方向上移动 2 个单位，在 Y 方向上移动 3 个单位。复制完成后，根据提示指定第二个点或输入选项。这时，可以不断指定新的第二个点，从而实现多重复制。
- ☑ 位移：直接输入位移值，表示以选择对象时的拾取点为基准，以拾取点坐标为移动方向纵横比，移动指定位移后确定的点为基点。例如，选择对象时拾取点坐标为(2,3)，输入位移为 5，则表示以(2,3)点为基准，沿纵横比为 3:2 的方向移动 5 个单位所确定的点为基点。
- ☑ 模式：控制是否自动重复该命令。选择该项后，系统提示输入复制模式选项，可以设置复制模式是单个或多个。

5.3.2　实战——三相变压器

本实例使用圆、直线和复制命令绘制三相变压器符号，绘制流程如图 5-5 所示。

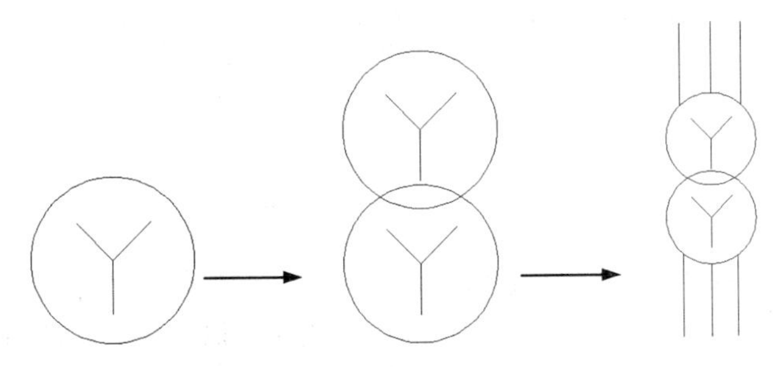

图 5-5　绘制三相变压器符号流程图

操作步骤如下：（：光盘\配套视频\动画演示\第 5 章\三相变压器.avi）

（1）单击“默认”选项卡“绘图”面板中的“圆”按钮和“直线”按钮，绘制一个圆和 3 条共端点直线，尺寸适当指定。使用对象捕捉功能捕捉 3 条直线的共同端点为圆心，如图 5-6 所示。

（2）单击“默认”选项卡“修改”面板中的“复制”按钮，复制图形。

① 在命令行提示“选择对象:”后选择刚绘制的图形。

② 在命令行提示“选择对象:”后按 Enter 键。

③ 在命令行提示“指定基点或[位移(D)/模式(O)] <位移>:”后适当指定一点。

④ 在命令行提示“指定第二个点或[阵列(A)] <使用第一个点作为位移>:”后在正上方适当位置指定一点，如图 5-7 所示。

⑤ 在命令行提示“指定第二个点或[阵列(A)/退出(E)/放弃(U)] <退出>:”后按 Enter 键。

结果如图 5-8 所示。

（3）结合“正交”和“对象捕捉”功能，单击“默认”选项卡“绘图”面板中的“直线”按钮，绘制 6 条竖直直线，最终结果如图 5-9 所示。

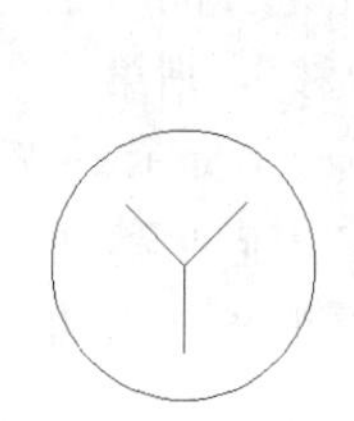

图 5-6　绘制圆和直线

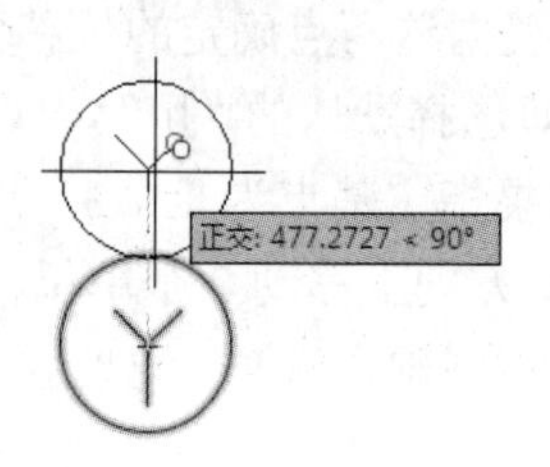

图 5-7　指定第二点

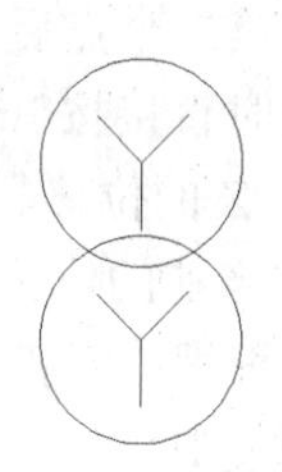

图 5-8　复制对象

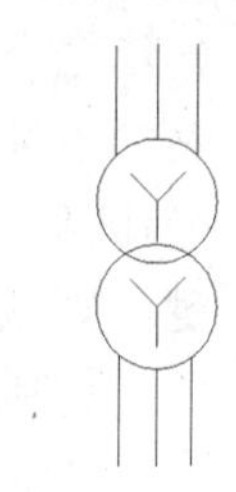

图 5-9　三相变压器

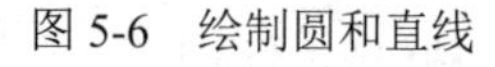

5.3.3　镜像命令

镜像对象是指将选择的对象以一条镜像线为对称轴进行镜像后的对象。镜像操作完成后，可以保留原对象也可以将其删除。执行镜像命令，主要有如下 3 种调用方法。

☑　在命令行中输入“MIRROR”命令。

☑　在菜单栏中选择“修改”→“镜像”命令。

☑　单击“修改”工具栏中的“镜像”按钮。

☑　单击“默认”选项卡“修改”面板中的“镜像”按钮（如图 5-10 所示）。

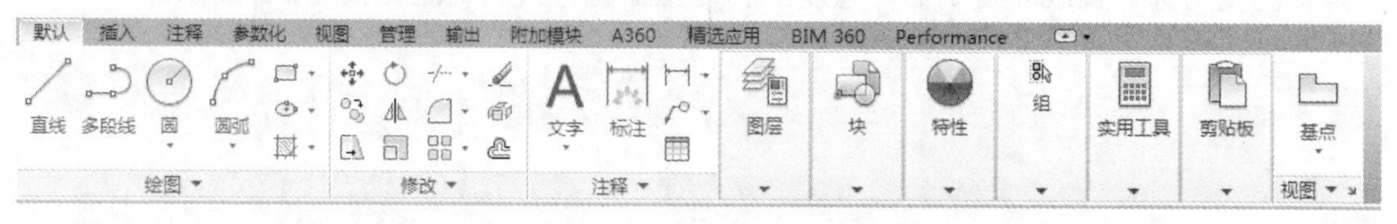

图 5-10　“修改”面板

执行上述命令后。系统提示选择要镜像的对象，并指定镜像线的第一个点和第二个点，并确定是否删除源对象。这两点确定一条镜像线，被选择的对象以该线为对称轴进行镜像。包含该线的镜像平面与用户坐标系统的 XY 平面垂直，即镜像操作工作在与用户坐标系统的 XY 平面平行的平面上。

5.3.4　实战——双管荧光灯

本实例将使用多段线命令绘制基本轮廓，再使用镜像命令镜像对象，完成双管荧光灯的绘制，绘制流程如图 5-11 所示。

图 5-11　绘制双管荧光灯流程图

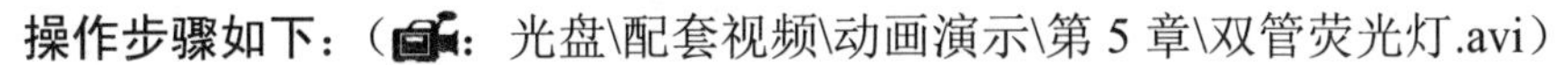

操作步骤如下：（光盘\配套视频\动画演示\第 5 章\双管荧光灯.avi）

（1）单击“默认”选项卡“绘图”面板中的“多段线”按钮，绘制两条垂直线段（线宽设为 2，线段长度适当设置），如图 5-12 所示。

（2）单击“默认”选项卡“修改”面板中的“复制”按钮，将多段线进行复制。结果如图 5-13 所示。

图 5-12　绘制多段线　　　　图 5-13　复制线段

（3）单击“默认”选项卡“修改”面板中的“镜像”按钮，将水平直线进行镜像操作，最终结果如图 5-11 所示。

① 在命令行提示“选择对象:”后选择水平直线。

② 在命令行提示“选择对象:”后按 Enter 键。↙

③ 在命令行提示“指定镜像线的第一点:”后选择左侧竖直直线的中点。

④ 在命令行提示“指定镜像线的第二点:”后选择右侧竖直直线的中点。

⑤ 在命令行提示“要删除源对象吗？[是(Y)/否(N)] <N>:”后按 Enter 键。

5.3.5　偏移命令

偏移对象是指保持选择对象的形状并在不同的位置以不同尺寸新建的一个对象。

执行偏移命令，主要有如下 4 种调用方法。

- ☑ 在命令行中输入“OFFSET”命令。
- ☑ 在菜单栏中选择“修改”→“偏移”命令。
- ☑ 单击“修改”工具栏中的“偏移”按钮。
- ☑ 单击“默认”选项卡“修改”面板中的“偏移”按钮。

执行上述命令后，将提示指定偏移距离或选择选项，选择要偏移的对象并指定偏移方向。使用偏移命令绘制构造线时，命令行提示中各选项的含义如下。

- ☑ 指定偏移距离：输入一个距离值，或按 Enter 键使用当前的距离值作为偏移距离，如图 5-14 所示。

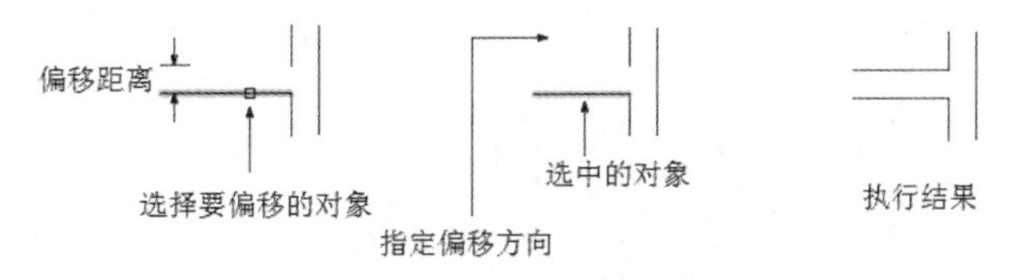

图 5-14　指定距离偏移对象

☑ 通过(T)：指定偏移的通过点。选择该选项后，选择要偏移的对象后按 Enter 键，并指定偏移对象的一个通过点，系统根据指定的通过点绘制出偏移对象，如图 5-15 所示。

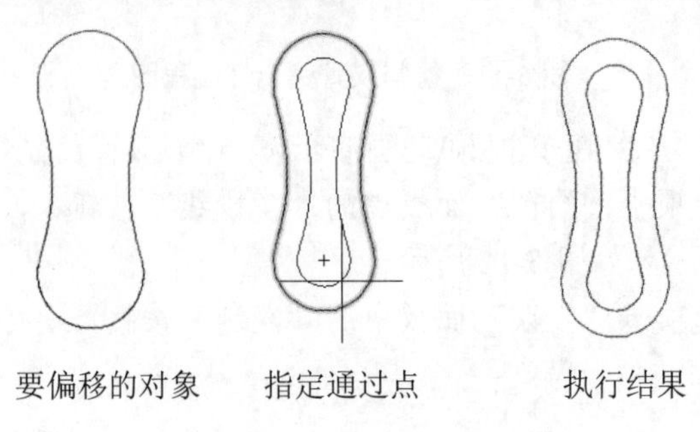

图 5-15　指定通过点偏移对象

☑ 删除(E)：偏移后，将源对象删除。

☑ 图层：确定将偏移对象创建在当前图层上还是源对象所在的图层上。选择该选项后输入偏移对象的图层选项，操作完毕后系统根据指定的图层绘出偏移对象。

5.3.6　实战——手动三级开关

本实例利用直线命令绘制一级开关，然后使用偏移命令偏移直线，最后更改水平直线的线型，绘制流程如图 5-16 所示。在绘制过程中，要熟练掌握偏移命令的运用。

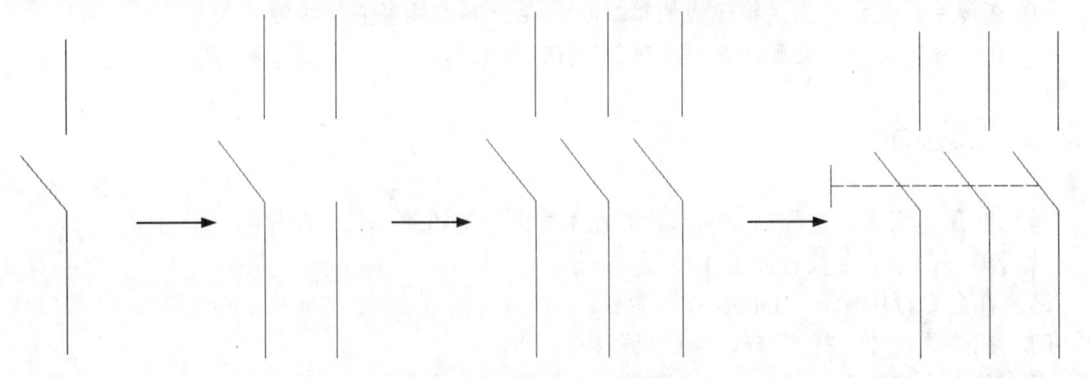

图 5-16　绘制手动三级开关流程图

操作步骤如下：（📹：光盘\配套视频\动画演示\第 5 章\手动三级开关.avi）

（1）单击“默认”选项卡“绘图”面板中的“直线”按钮，结合“正交”和“对象追踪”功能，绘制 3 条直线，完成开关的一级的绘制，如图 5-17 所示。

（2）单击“默认”选项卡“修改”面板中的“偏移”按钮，偏移直线。

① 在命令行提示“指定偏移距离或[通过(T)/删除(E)/图层(L)] <通过>:”后在适当位置指定一点。

② 在命令行提示“指定第二点:”后在水平向右适当距离指定一点。

③ 在命令行提示“选择要偏移的对象，或[退出(E)/放弃(U)] :”后选择一条竖直直线。

④ 在命令行提示“指定要偏移的那一侧上的点，或[退出(E)/多个(M)/放弃(U)] <退出>:”后

向右指定一点。

⑤ 在命令行提示“选择要偏移的对象，或[退出(E)/放弃(U)] <退出>:”后指定另一条竖线。

⑥ 在命令行提示“指定要偏移的那一侧上的点，或[退出(E)/多个(M)/放弃(U)] <退出>:”后向右指定一点。

Note

⑦ 在命令行提示“选择要偏移的对象，或[退出(E)/放弃(U)] <退出>:”后按 Enter 键。

结果如图 5-18 所示。

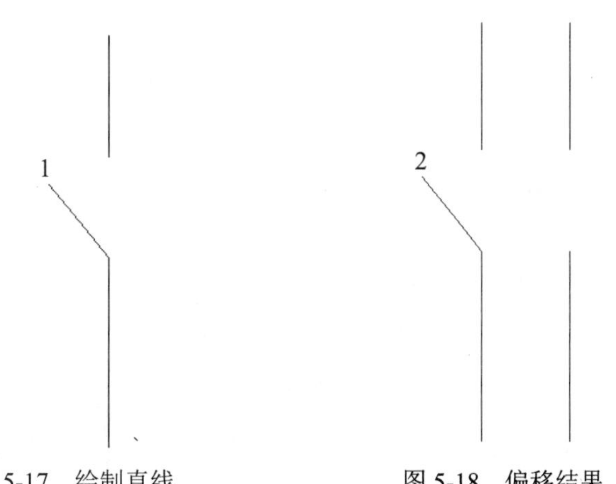

图 5-17　绘制直线　　　　图 5-18　偏移结果

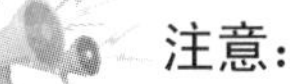

注意：

偏移是指将对象按指定的距离沿对象的垂直或法向方向进行复制，在本例中，如果采用与上面设置相同的距离将斜线进行偏移，就会得到如图 5-19 所示的结果，与我们设想的结果不一样，这是初学者应该注意的地方。

图 5-19　偏移斜线

（3）单击“默认”选项卡“修改”面板中的“偏移”按钮，绘制第三级开关的竖线，具体操作方法与上面相同，只是在系统提示“指定偏移距离或[通过(T)/删除(E)/图层(L)]<34.8209 >:”后直接按 Enter 键，接受上一次偏移指定的偏移距离为本次偏移的默认距离，结果如图 5-20 所示。

（4）单击“默认”选项卡“修改”面板中的“复制”按钮，复制斜线，捕捉基点和目标点分别为对应的竖线端点，结果如图 5-21 所示。

（5）单击“默认”选项卡“绘图”面板中的“直线”按钮，结合“对象捕捉”功能绘制一条竖直线和一条水平线，结果如图 5-22 所示。

（6）下面将水平直线的图线由实线改为虚线。选择“线型控制”下拉列表框中的“其他”选项，打开“线型管理器”对话框，单击“加载”按钮，打开“加载或重载线型”对话框，选择其中的 ACAD_ISO02W100 线型，如图 5-23 所示，单击“确定”按钮，回到“线型管理器”对话框，再次单击“确定”按钮退出。

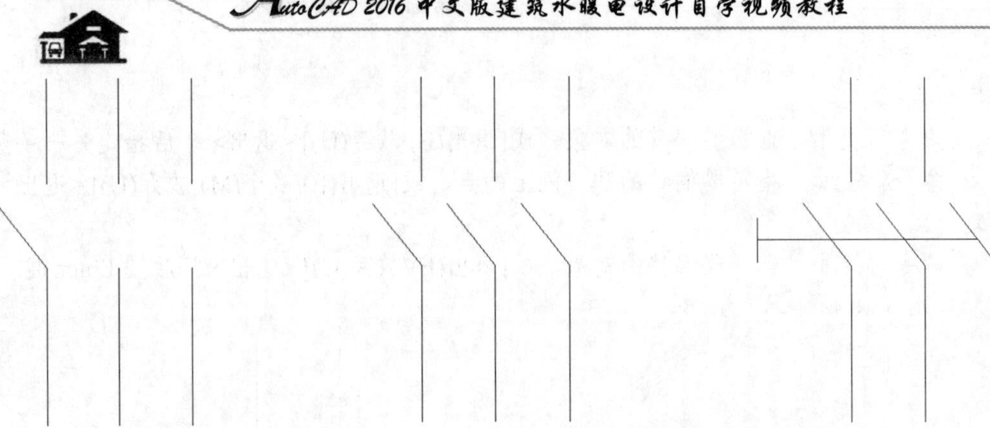

图 5-20　完成偏移　　　　图 5-21　复制斜线　　　　图 5-22　绘制直线

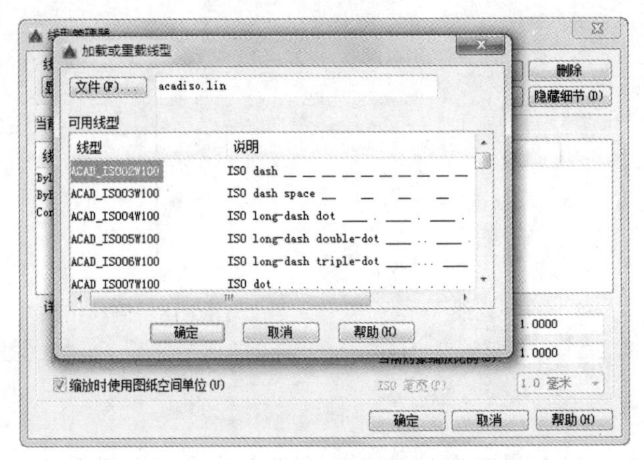

图 5-23　加载线型

（7）选择上面绘制的水平直线，右击后在弹出的快捷菜单中选择“特性”命令，打开“特性”选项板，在“线型”下拉列表框中选择刚加载的 ACAD_ISO02W100 线型，在“线型比例”文本框中将线型比例改为 0.5，如图 5-24 所示，关闭“特性”选项板，可以看到水平直线的线型已经改为虚线，最终结果如图 5-25 所示。

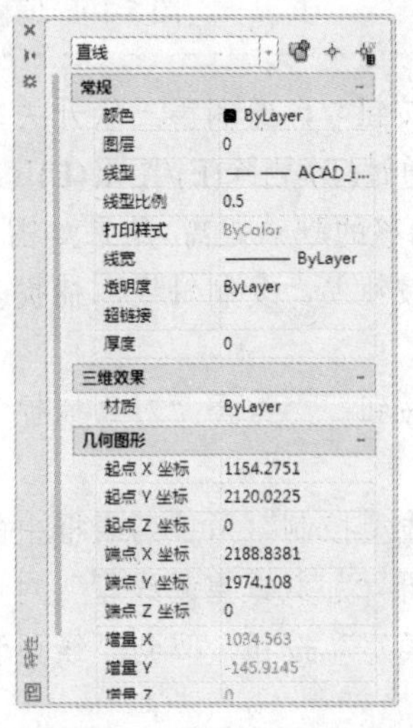

图 5-24　“特性”选项板

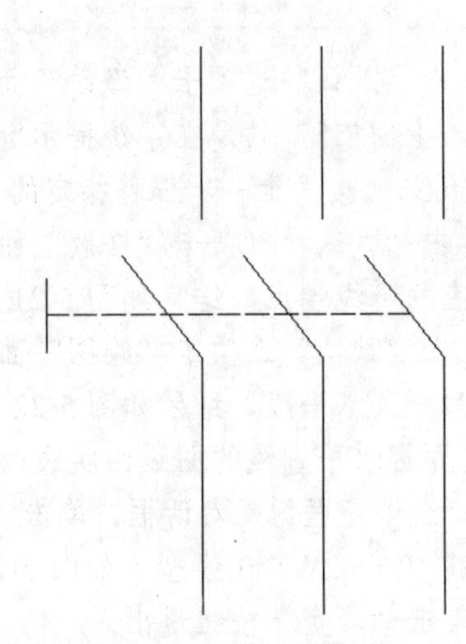

图 5-25　手动三级开关

5.3.7　阵列命令

Note

阵列是指多重复制选择对象并把这些副本按矩形或环形排列。把副本按矩形排列称为建立矩形阵列，把副本按环形排列称为建立极阵列。建立极阵列时，应该控制复制对象的次数和对象是否被旋转；建立矩形阵列时，应该控制行和列的数量及对象副本之间的距离。

使用阵列命令可以一次将选择的对象复制多个并按一定规律进行排列。阵列命令主要有如下4种调用方法。

☑　在命令行中输入“ARRAY”命令。

☑　在菜单栏中选择“修改”→“阵列”命令。

☑　单击“修改”工具栏中的“阵列”按钮。

☑　单击“默认”选项卡“修改”面板中的“矩形阵列”按钮/“路径阵列”按钮/“环形阵列”按钮（如图 5-26 所示）。

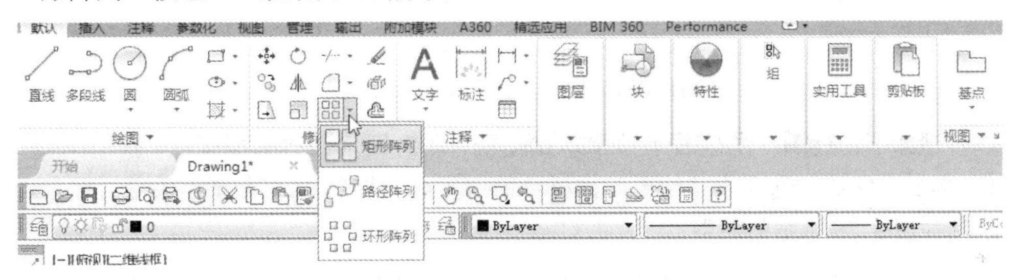

图 5-26　“修改”面板

执行阵列命令后，根据系统提示选择对象，按 Enter 键结束选择后输入阵列类型并在命令行提示下选择路径曲线或输入行列数。在执行阵列命令的过程中，命令行提示中各主要选项的含义如下。

☑　方向(O)：控制选定对象是否将相对于路径的起始方向重定向（旋转），然后再移动到路径的起点。

☑　表达式(E)：使用数学公式或方程式获取值。

☑　基点(B)：指定阵列的基点。

☑　关键点(K)：对于关联阵列，在源对象上指定有效的约束点（或关键点）以用作基点。如果编辑生成的阵列的源对象，阵列的基点保持与源对象的关键点重合。

☑　定数等分(D)：沿整个路径长度平均定数等分项目。

☑　全部(T)：指定第一个和最后一个项目之间的总距离。

☑　关联(AS)：指定是否在阵列中创建项目作为关联阵列对象，或作为独立对象。

☑　项目(I)：编辑阵列中的项目数。

☑　行数(R)：指定阵列中的行数和行间距，以及它们之间的增量标高。

☑　层级(L)：指定阵列中的层数和层间距。

☑　对齐项目(A)：指定是否对齐每个项目以与路径的方向相切。对齐相对于第一个项目的方向（“方向”选项）。

☑　Z 方向(Z)：控制是否保持项目的原始 Z 方向或沿三维路径自然倾斜项目。

Note

☑ 退出(X)：退出命令。

5.3.8 实战——多级插头插座

本实例利用直线、圆弧和矩形命令绘制初步轮廓，然后使用图案填充命令填充矩形并修改水平直线为虚线，最后使用矩形阵列命令阵列图形，最终完成多级插头插座的绘制，绘制流程如图5-27所示。

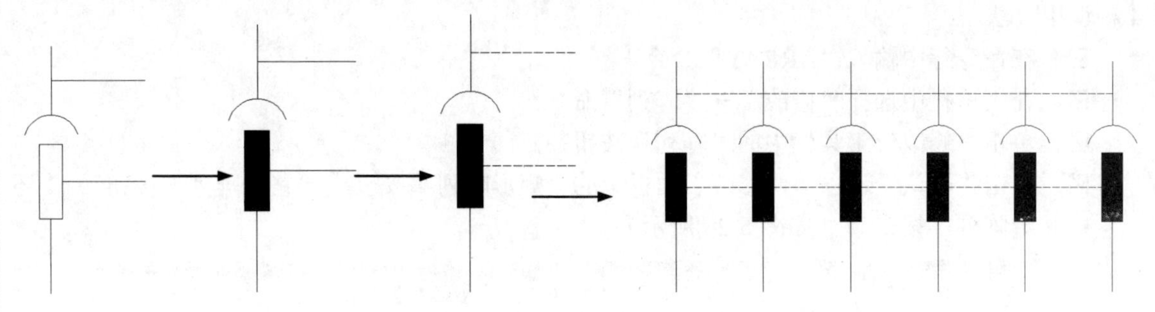

图5-27 绘制多级插头插座流程图

操作步骤如下：（光盘\配套视频\动画演示\第5章\多级插头插座.avi）

（1）单击“默认”选项卡“绘图”面板中的“直线”按钮、“矩形”按钮和“圆弧”按钮，绘制如图5-28所示的图形。

注意：

结合“正交”、“对象捕捉”和“对象追踪”等功能准确绘制图线，保持相应端点对齐。

（2）单击“默认”选项卡“绘图”面板中的“图案填充”按钮，将矩形进行填充，如图5-29所示。

（3）将两条水平直线的线型改为虚线，如图5-30所示。

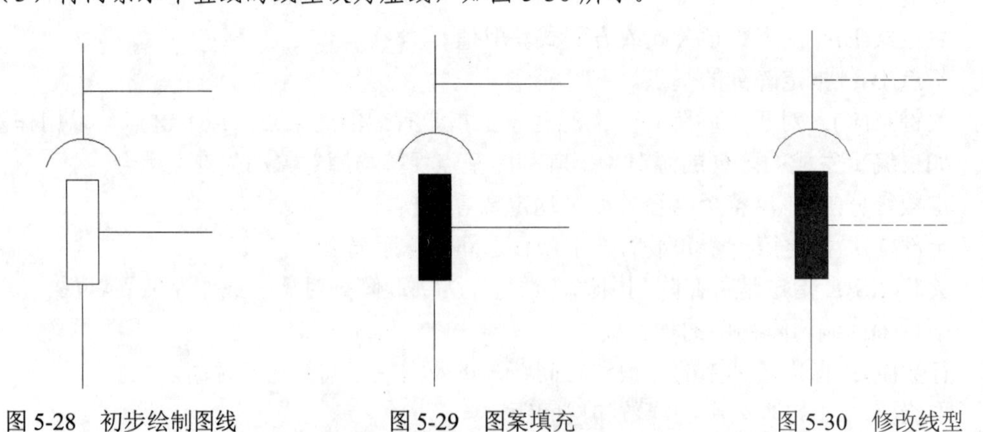

图5-28 初步绘制图线　　图5-29 图案填充　　图5-30 修改线型

（4）单击“默认”选项卡“修改”面板中的“矩形阵列”按钮，阵列所有的图形。

① 在命令行提示“选择对象:”后选择绘制的所有图形。

② 在命令行提示“选择夹点以编辑阵列或[关联(AS)/基点(B)/计数(COU)/间距(S)/列数

(COL)/行数(R)/层数(L)/退出(X)] <退出>:”后输入“COL”。

③ 在命令行提示“输入列数数或[表达式(E)] <4>:”后输入“6”。

④ 在命令行提示“指定列数之间的距离或[总计(T)/表达式(E)] <233.0482>:”后选择水平直线的右端点。

⑤ 在命令行提示“指定第二点:”后选择水平直线的左端点。

⑥ 在命令行提示“选择夹点以编辑阵列或[关联(AS)/基点(B)/计数(COU)/间距(S)/列数(COL)/行数(R)/层数(L)/退出(X)] <退出>:”后输入“R”。

⑦ 在命令行提示“输入行数数或[表达式(E)] <3>:”后输入“1”。

⑧ 在命令行提示“指定行数之间的距离或[总计(T)/表达式(E)] <233.0482>:”后按 Enter 键。

⑨ 在命令行提示“指定行数之间的标高增量或[表达式(E)] <0>:”后按 Enter 键。

⑩ 在命令行提示“选择夹点以编辑阵列或[关联(AS)/基点(B)/计数(COU)/间距(S)/列数(COL)/行数(R)/层数(L)/退出(X)] <退出>:”后按 Enter 键。

结果如图 5-31 所示。

（5）按键盘上的 Delete 键，将图 5-31 最右边两条水平虚线删掉，最终结果如图 5-32 所示。

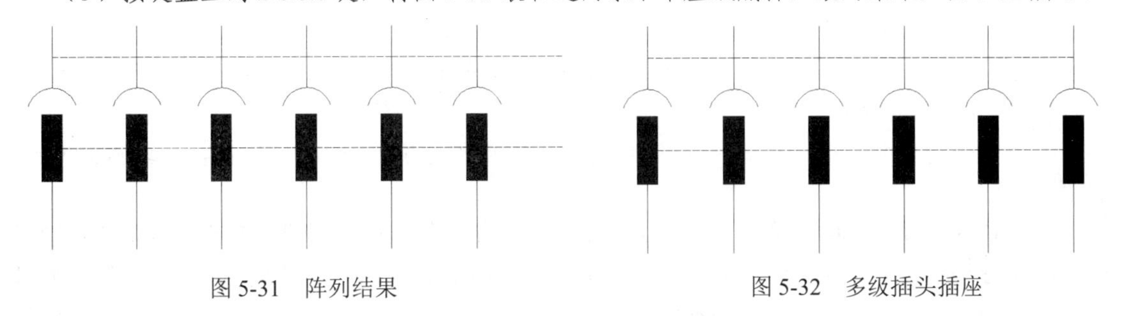

图 5-31　阵列结果　　　　图 5-32　多级插头插座

5.4　改变位置类命令

这一类编辑命令的功能是按照指定要求改变当前图形或图形的某部分的位置，主要包括移动、旋转和缩放等命令。

5.4.1　移动命令

使用移动命令可以将图形从当前位置移动到新位置，该命令主要有如下 5 种调用方法。

☑ 在命令行中输入“MOVE”命令。

☑ 在菜单栏中选择“修改”→“移动”命令。

☑ 单击“修改”工具栏中的“移动”按钮。

☑ 选择快捷菜单中的“移动”命令。

☑ 单击“默认”选项卡“修改”面板中的“移动”按钮。

执行上述命令后，根据系统提示选择对象，按 Enter 键结束选择，然后在命令行提示下指定基点或移至点，并指定第二个点或位移量。各选项功能与 COPY 命令相关选项功能相同，所不同的是对象被移动后，原位置处的对象消失。

5.4.2 实战——带磁芯的电感器符号

Note

本实例使用二维绘制和编辑命令绘制带磁芯的电感器符号，绘制流程如图 5-33 所示，在绘制过程中，应熟练掌握移动命令的运用。

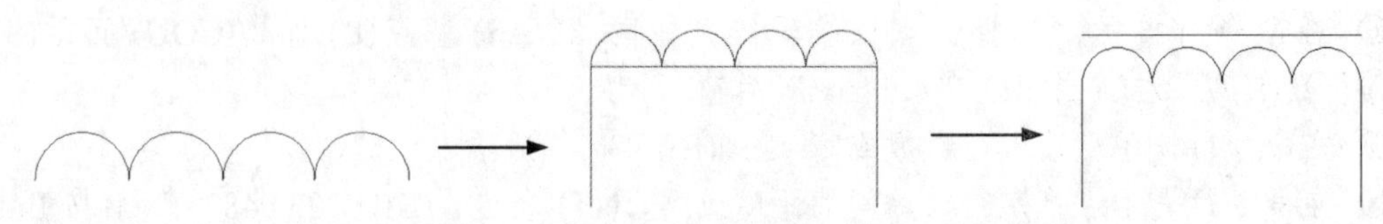

图 5-33　绘制带磁芯的电感器符号流程图

操作步骤如下：（光盘\配套视频\动画演示\第 5 章\带磁芯的电感器符号.avi）

（1）单击“默认”选项卡“绘图”面板中的“圆弧”按钮，绘制半径为 10 的半圆弧。

（2）单击“默认”选项卡“修改”面板中的“复制”按钮，4 个半圆弧相切。

① 在命令行提示“选择对象:”后选择圆弧。

② 在命令行提示“当前设置:复制模式 = 多个”后按 Enter 键。

③ 在命令行提示“指定第二个点或[阵列(A)] <使用第一个点作为位移>:”后，用鼠标选取圆弧的一个端点作为基点。

④ 在命令行提示“指定第二个点或<使用第一个点作为位移>:”后，用鼠标选取圆弧的另一端点作为复制放置点。

⑤ 在命令行提示“指定第二个点或[阵列(A)/退出(E)/放弃(U)] <退出>:”后复制第二段圆弧。

⑥ 在命令行提示“指定第二个点或[阵列(A)/退出(E)/放弃(U)] <退出>:”后复制第三段圆弧。

⑦ 在命令行提示“指定第二个点或[阵列(A)/退出(E)/放弃(U)] <退出>:”后复制第四段圆弧。

结果如图 5-34 所示。

（3）单击状态栏上的“正交模式”按钮，单击“默认”选项卡“绘图”面板中的“直线”按钮，绘制竖直的电感两端引线，以及水平的磁芯，如图 5-35 所示。

图 5-34　绕组图　　图 5-35　绘制竖直直线

（4）单击“默认”选项卡“修改”面板中的“移动”按钮，将电感器上方绘制的水平直线向上移动，效果如图 5-5 所示。

① 在命令行提示“指定基点或[位移(D)] <位移>:”后在绘图区中指定一点。

② 在命令行提示“指定第二个点或<使用第一个点作为位移>:”后在绘图区中指定合适的另外一点。

5.4.3 旋转命令

使用旋转命令可以将图形围绕指定的点进行旋转，该命令主要有如下 4 种调用方法。

☑ 在命令行中输入“ROTATE”命令。

☑ 在菜单栏中选择“修改”→“旋转”命令。

☑ 单击“修改”工具栏中的“旋转”按钮。

☑ 在快捷菜单中选择“旋转”命令。

执行上述命令后，根据系统提示选择要旋转的对象，并指定旋转的基点和旋转角度。在执行旋转命令的过程中，命令行提示中各主要选项的含义如下。

☑ 复制(C)：选择该选项，旋转对象的同时，保留原对象，如图 5-36 所示。

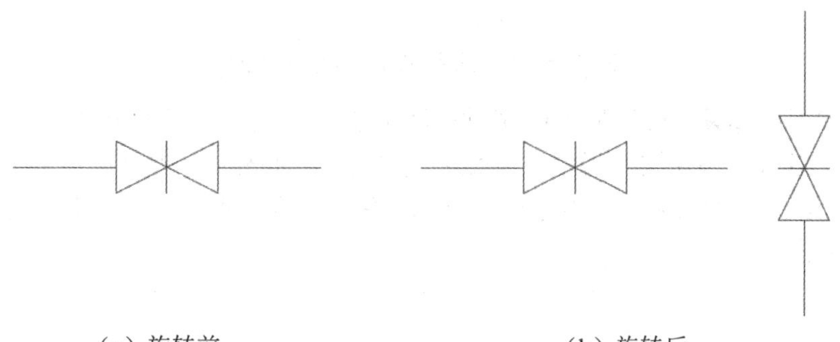

（a）旋转前　　（b）旋转后

图 5-36　复制旋转

☑ 参照(R)：采用参考方式旋转对象时，根据系统提示指定要参考的角度和旋转后的角度值，操作完毕后，对象被旋转至指定的角度位置。

说明：

可以用拖动鼠标的方法旋转对象。选择对象并指定基点后，从基点到当前光标位置会出现一条连线，选择的对象会动态地随着该连线与水平方向的夹角的变化而旋转，按 Enter 键确认旋转操作，如图 5-37 所示。

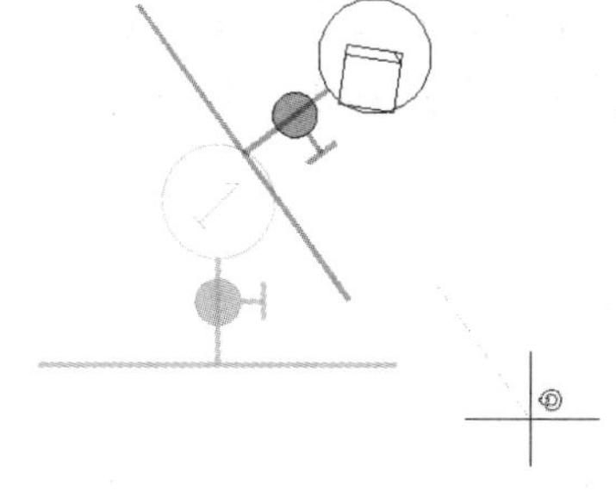

图 5-37　拖动鼠标旋转对象

5.4.4　实战——熔断式隔离开关

本实例使用直线和矩形命令绘制初步图形，然后使用旋转命令将直线和矩形旋转到一定的角度，绘制流程如图 5-38 所示。在绘制过程中，应熟练掌握旋转命令的运用。

Note

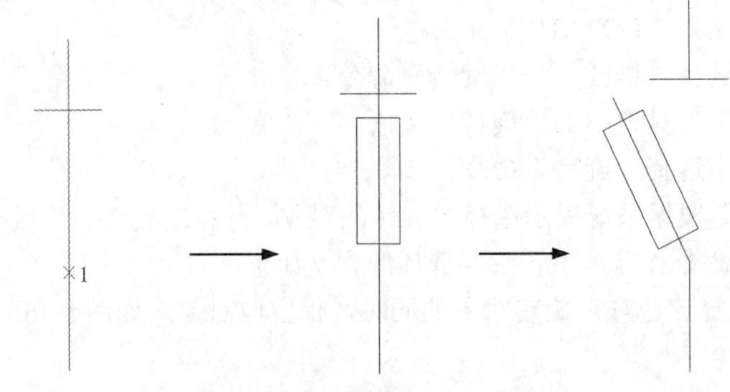

图 5-38　绘制熔断式隔离开关流程图

操作步骤如下：（光盘\配套视频\动画演示\第 5 章\熔断式隔离开关.avi）

（1）单击“默认”选项卡“绘图”面板中的“直线”按钮，绘制一条水平线段和 3 条首尾相连的竖直线段，其中上面两条竖直线段以水平线段为分界点，下面两条竖直线段以图 5-39 所示点 1 为分界点。

> **注意：**
> 这里绘制的 3 条首尾相连的竖直线段不能用一条线段代替，否则后面无法操作。

（2）单击“默认”选项卡“绘图”面板中的“矩形”按钮，绘制一个穿过中间竖直线段的矩形，如图 5-40 所示。

（3）单击“默认”选项卡“修改”面板中的“旋转”按钮，旋转矩形和直线。

① 在命令行提示“选择对象:”后选择矩形和中间竖直线段。

② 在命令行提示“选择对象:”后按 Enter 键。

③ 在命令行提示“指定基点:”后捕捉图 5-41 中的点 1。

④ 在命令行提示“指定旋转角度，或[复制(C)/参照(R)] <0>:”后拖动鼠标，系统自动指定旋转角度垂直于基点与鼠标所在位置点的连线，如图 5-41 所示。

最终完成熔断式隔离开关的绘制，结果如图 5-42 所示。

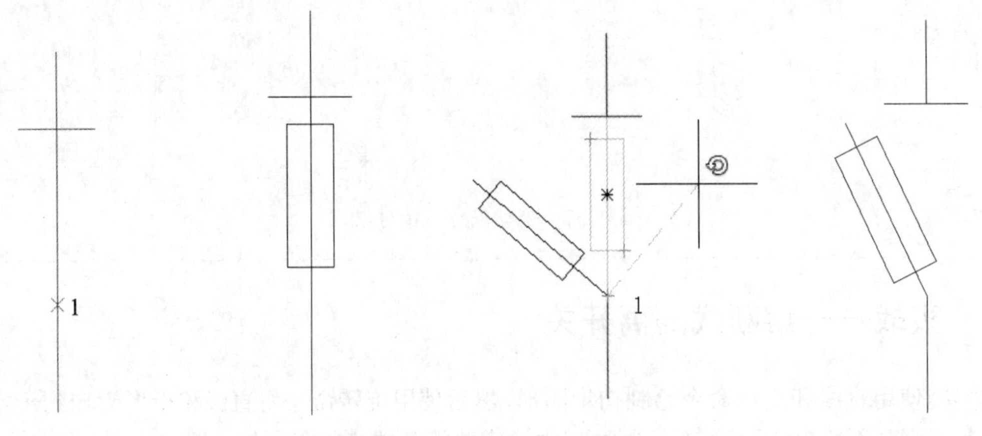

图 5-39　绘制线段　　图 5-40　绘制矩形　　图 5-41　指定旋转角度　　图 5-42　熔断式隔离开关

5.4.5　缩放命令

执行缩放命令，主要有以下 5 种调用方法。

☑　在命令行中输入“SCALE”命令。

☑　在菜单栏中选择“修改”→“缩放”命令。

☑　单击“修改”工具栏中的“缩放”按钮。

☑　在快捷菜单中选择“缩放”命令。

☑　单击“默认”选项卡“修改”面板中的“缩放”按钮。

执行上述命令后，根据系统提示选择要缩放的对象，指定缩放操作的基点，然后指定比例因子或选择相关选项。在执行缩放命令的过程中，命令行提示中各主要选项的含义如下。

☑　参照(R)：采用参考方向缩放对象时，根据系统提示输入参考长度值并指定新长度值。若新长度值大于参考长度值，则放大对象；否则，缩小对象。操作完毕后，系统以指定的基点按指定的比例因子缩放对象。如果选择“点(P)”选项，则指定两点来定义新的长度。

☑　指定比例因子：选择对象并指定基点后，从基点到当前光标位置会出现一条线段，线段的长度即为比例大小。鼠标选择的对象会动态地随着该连线长度的变化而缩放，按 Enter 键确认缩放操作。

☑　复制(C)：选择“复制(C)”选项时，可以复制缩放对象，即缩放对象时，保留原对象，如图 5-43 所示。

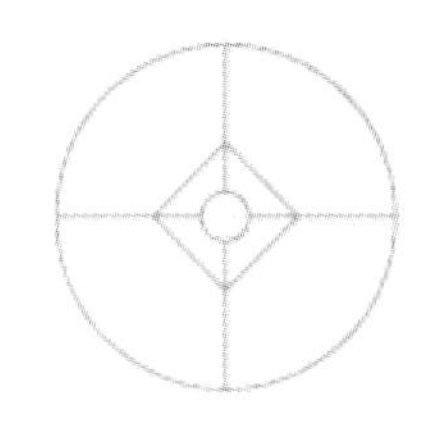

缩放前

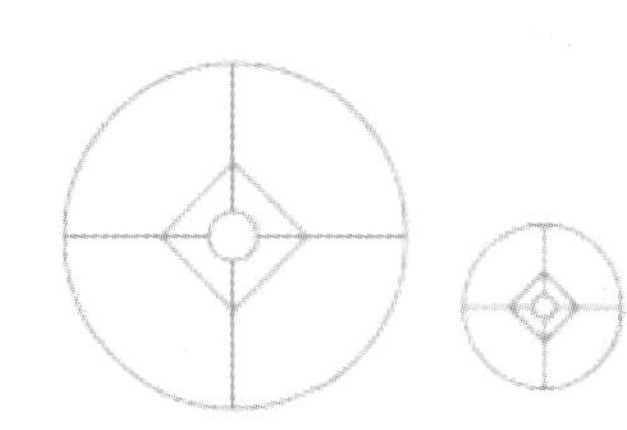

缩放后

图 5-43　复制缩放

5.5　改变几何特性类命令

这一类编辑命令在对指定对象进行编辑后，使编辑对象的几何特性发生改变，包括倒角、圆角、打断、剪切、延伸、拉长、拉伸等命令。

5.5.1　圆角命令

圆角是指用指定的半径决定的一段平滑的圆弧连接两个对象。系统规定可以圆角连接一对直线段、非圆弧的多段线段、样条曲线、双向无限长线、射线、圆、圆弧和椭圆。可以在任何时刻圆角连接非圆弧多段线的每个节点。执行圆角命令，主要有以下 3 种调用方法。

☑ 在命令行中输入“FILLET”命令。

☑ 在菜单栏中选择“修改”→“圆角”命令。

☑ 单击“修改”工具栏中的“圆角”按钮。

执行上述命令后，根据系统提示选择第一个对象或其他选项，再选择第二个对象。使用圆角命令对图形对象进行圆角时，命令行提示中主要选项的含义如下。

☑ 多段线(P)：在一条二维多段线的两段直线段的节点处插入圆滑的弧。选择多段线后系统会根据指定的圆弧的半径把多段线各顶点用圆滑的弧连接起来。

☑ 半径(R)：确定圆角半径。

☑ 修剪(T)：决定在圆滑连接两条边时，是否修剪这两条边，如图 5-44 所示。

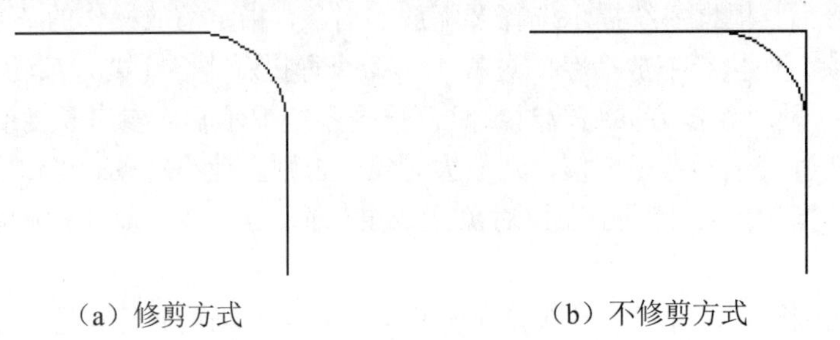

（a）修剪方式　　（b）不修剪方式

图 5-44　圆角连接

☑ 多个(M)：同时对多个对象进行圆角编辑，而不必重新起用命令。

☑ 按住 Shift 键：按住 Shift 键并选择两条直线，可以快速创建零距离倒角或零半径圆角。

5.5.2 实战——变压器

本例利用二维绘制和编辑命令绘制变压器，绘制流程如图 5-45 所示。在绘制过程中，应熟练掌握圆角命令的运用。

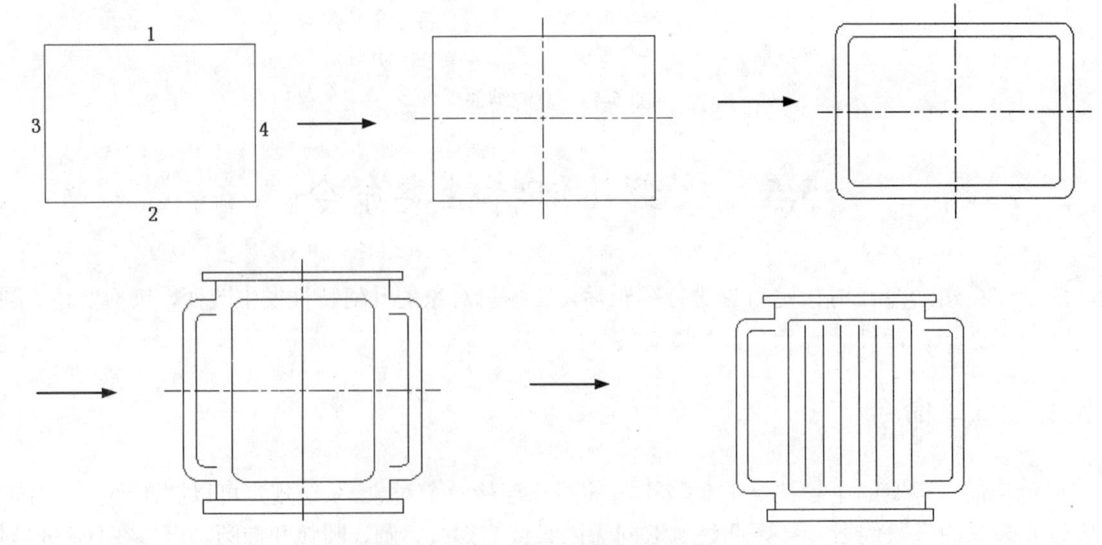

图 5-45　绘制变压器流程图

操作步骤如下：（：光盘\配套视频\动画演示\第 5 章\变压器.avi）

1. 绘制矩形及中心线

（1）单击“默认”选项卡“绘图”面板中的“矩形”按钮，绘制一个长为 630mm、宽为 455mm 的矩形，如图 5-46 所示。

（2）单击“默认”选项卡“修改”面板中的“分解”按钮（此命令会在以后章节中详细讲述），将绘制的矩形分解为直线 1、2、3、4。

在命令行提示“选择对象:”后选择矩形。

（3）单击“默认”选项卡“修改”面板中的“偏移”按钮，将直线 1 向下偏移 227.5mm，将直线 3 向右偏移 315mm，得到两条中心线，设置中心线为虚线。选择“修改”→“拉长”命令，将两条中心线向端点方向分别拉长 50mm，结果如图 5-47 所示。

2. 修剪直线

（1）单击“默认”选项卡“修改”面板中的“偏移”按钮，将直线 1 向下偏移 35mm，将直线 2 向上偏移 35mm，将直线 3 向右偏移 35mm，将直线 4 向左偏移 35mm。然后使用“修剪”命令修剪掉多余的直线，得到的结果如图 5-48 所示。

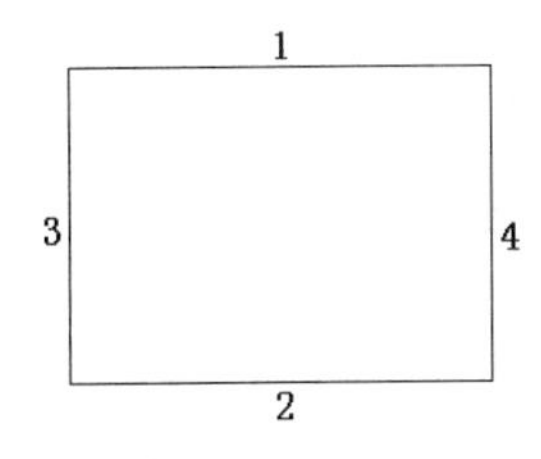

图 5-46　绘制矩形

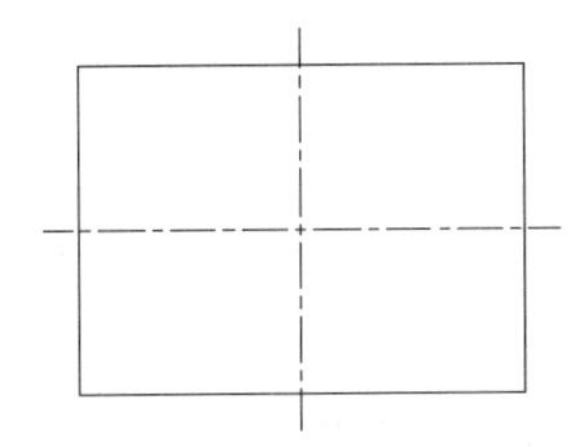
图 5-47　绘制中心线

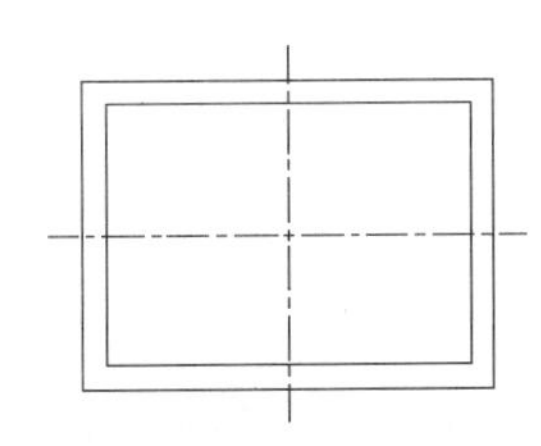
图 5-48　偏移修剪直线

（2）单击“默认”选项卡“修改”面板中的“圆角”按钮，设置圆角半径为 35，对图形进行圆角处理。

① 在命令行提示“选择第一个对象或[放弃(U)/多段线(P)/半径(R)/修剪(T)/多个(M)]:”后输入“r”。

② 在命令行提示“指定圆角半径<0.0000>:”后输入“35”。

③ 在命令行提示“选择第一个对象或[放弃(U)/多段线(P)/半径(R)/修剪(T)/多个(M)]:”后输入“m”。

④ 在命令行提示“选择第一个对象或[放弃(U)/多段线(P)/半径(R)/修剪(T)/多个(M)]:”后选择大矩形的一边。

⑤ 在命令行提示“选择第二个对象，或按住 Shift 键选择对象以应用角点或[半径(R)]:”后选择大矩形的相邻另一边。

结果如图 5-49 所示。

（3）单击“默认”选项卡“修改”面板中的“偏移”按钮，将竖直中心线分别向左和向右偏移 230mm，将偏移后的直线设置为实线，结果如图 5-50 所示。

（4）单击“默认”选项卡“绘图”面板中的“直线”按钮，在“对象追踪”绘图方式下，以直线 1、2 的上端点为两端点绘制水平直线 3，并调用“拉长”命令，将水平直线向两端分别拉长 35mm，结果如图 5-51 所示。将图中的水平直线 3 向上偏移 20mm 得到直线 4，分别连接直线 3 和 4 的左右端点，如图 5-52 所示。

Note

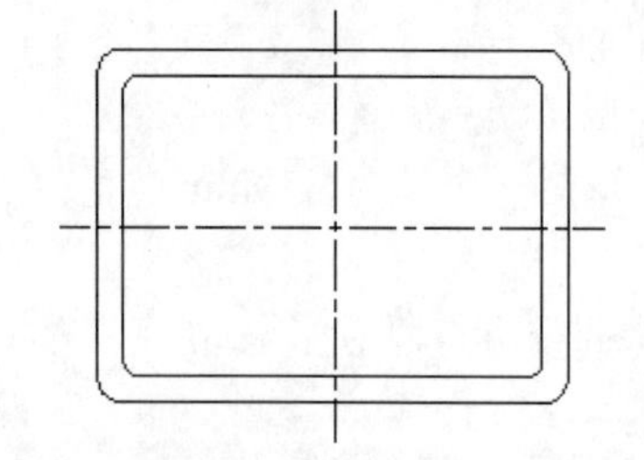

图 5-49　圆角处理

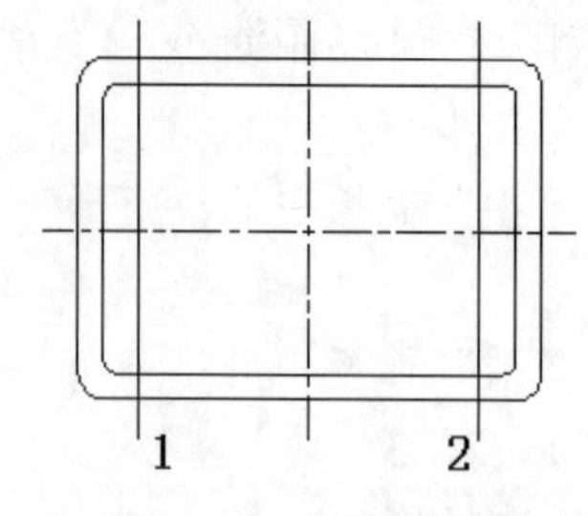

图 5-50　偏移中心线

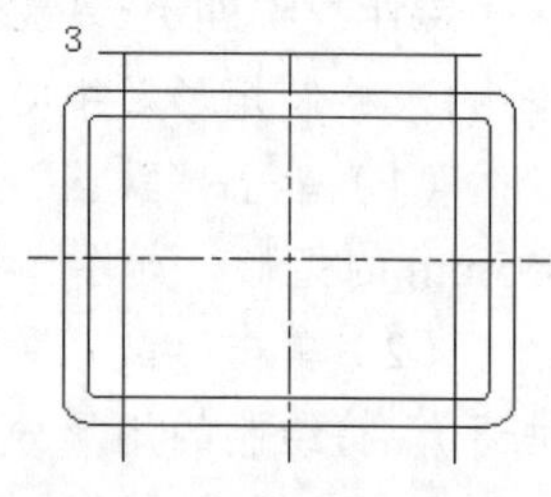

图 5-51　绘制水平线

（5）使用和前面相同的方法绘制下半部分，下半部分两水平直线的距离是 35，其他操作与绘制上半部分完全相同，完成后单击“默认”选项卡“修改”面板中的“修剪”按钮，修剪掉多余的直线，得到的结果如图 5-53 所示。

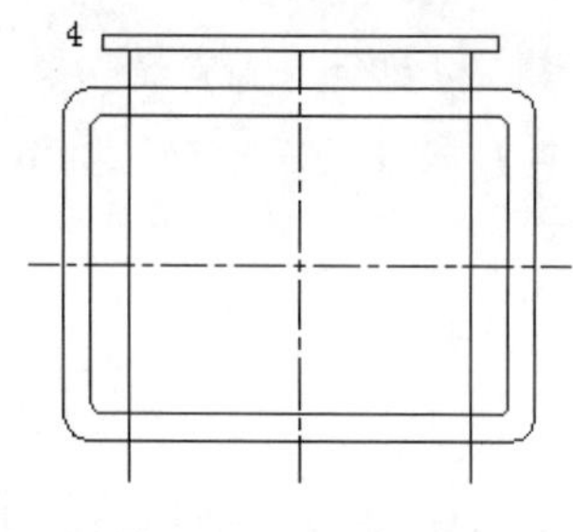

图 5-52　偏移水平线

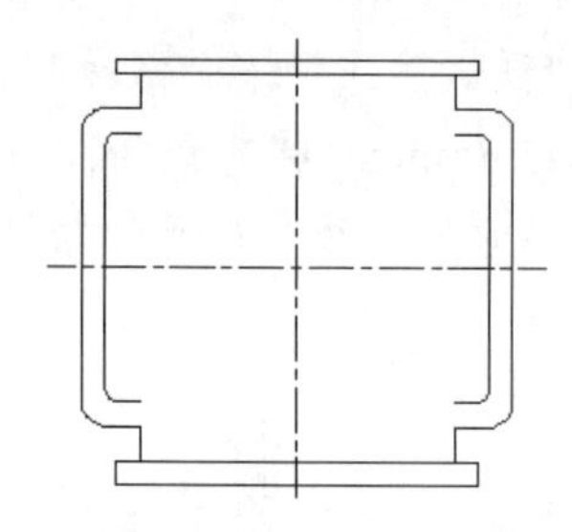

图 5-53　绘制下半部分

（6）单击“默认”选项卡“绘图”面板中的“矩形”按钮，以两中心线交点为中心绘制一个带圆角的矩形，矩形的长为 380、宽为 460，圆角的半径为 35。

① 在命令行提示“指定第一个角点或[倒角(C)/标高(E)/圆角(F)/厚度(T)/宽度(W)]:”后输入“f”，然后按 Enter 键。

② 在命令行提示“指定矩形的圆角半径<0.0000>:”后输入“35”，然后按 Enter 键。

③ 在命令行提示“指定第一个角点或[倒角(C)/标高(E)/圆角(F)/厚度(T)/宽度(W)]:”后输入“from”，然后按 Enter 键。

④ 在命令行提示“基点:”后选择中心线交点。

⑤ 在命令行提示“<偏移>:”后输入“@-190,-230”，然后按 Enter 键。

⑥ 在命令行提示“指定另一个角点或[面积(A)/尺寸(D)/旋转(R)]:”后输入“d”，然后按 Enter 键。

⑦ 在命令行提示“指定矩形的长度<0.0000>:”后输入“380”，然后按 Enter 键。

⑧ 在命令行提示“指定矩形的宽度<0.0000>:”后输入“460”，然后按 Enter 键。

⑨ 在命令行提示“指定另一个角点或[面积(A)/尺寸(D)/旋转(R)]:”后移动鼠标到中心线的右上角，单击鼠标左键确定另一个角点的位置。

结果如图 5-54 所示。

注意：

采用上面这种按已知一个角点位置及长度和宽度方式绘制矩形时，另一个矩形的角点位置有 4 种可能，通过移动鼠标指向大体位置方向可以确定具体的另一个角点位置。

（7）单击“默认”选项卡“绘图”面板中的“直线”按钮，以竖直中心线为对称轴，绘制 6 条竖直直线，长度均为 420，直线间的距离为 55，结果如图 5-55 所示。至此，所用变压器图形绘制完毕。

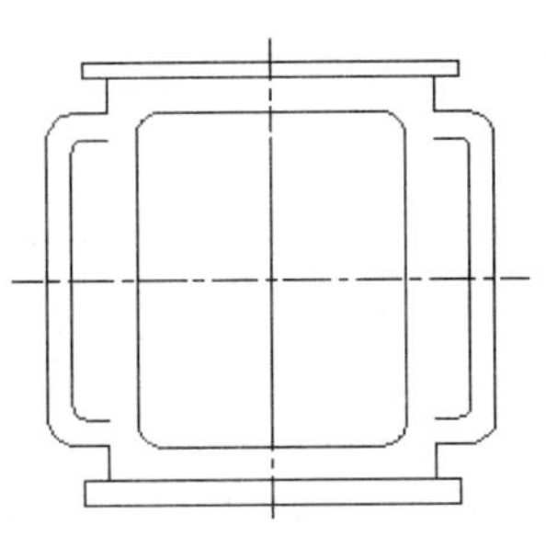

图 5-54　插入矩形

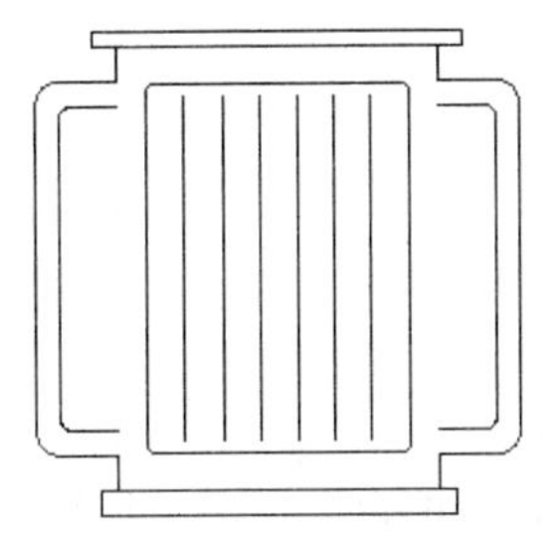

图 5-55　变压器

5.5.3　倒角命令

倒角是指用斜线连接两个不平行的线型对象，可以用斜线连接直线段、双向无限长线、射线和多段线。执行倒角命令，主要有以下 4 种调用方法。

☑　在命令行中输入“CHAMFER”命令。

☑　在菜单栏中选择“修改”→“倒角”命令。

☑　单击“修改”工具栏中的“倒角”按钮。

☑　单击“默认”选项卡“修改”面板中的“打断”按钮。

执行上述命令后，根据系统提示选择第一条直线或其他选项，再选择第二条直线。执行倒角命令对图形进行倒角处理时，命令行提示中各选项含义如下。

☑　距离(D)：选择倒角的两个斜线距离。斜线距离是指从被连接的对象与斜线的交点到被连接的两对象可能的交点之间的距离。如图 5-56 所示，这两个斜线距离可以相同也可以不相同，若二者均为 0，则系统不绘制连接的斜线，而是把两个对象延伸至相交，并修剪超出的部分。

☑　角度(A)：选择第一条直线的斜线距离和角度。采用这种方法斜线连接对象时，需要输入两个参数：斜线与一个对象的斜线距离和斜线与该对象的夹角，如图 5-57 所示。

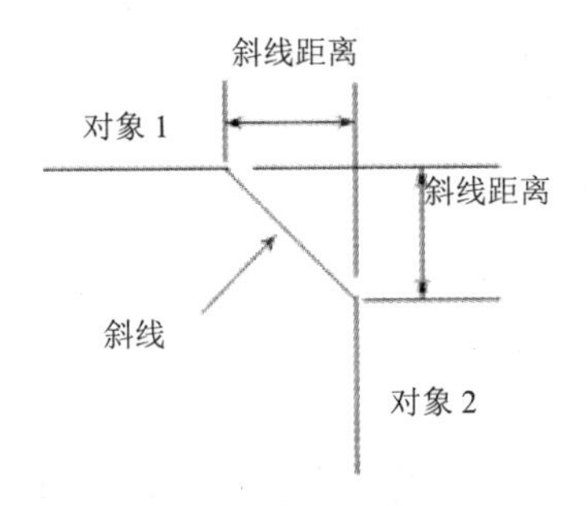

图 5-56　斜线距离

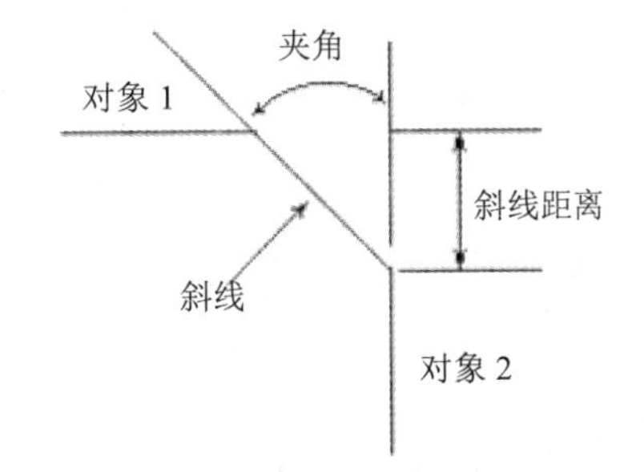

图 5-57　斜线距离与夹角

☑　多段线(P)：对多段线的各个交叉点进行倒角编辑。为了得到最好的连接效果，一般设

Note

置斜线是相等的值。系统根据指定的斜线距离把多段线的每个交叉点都作斜线连接，连接的斜线成为多段线新添加的构成部分，如图 5-58 所示。

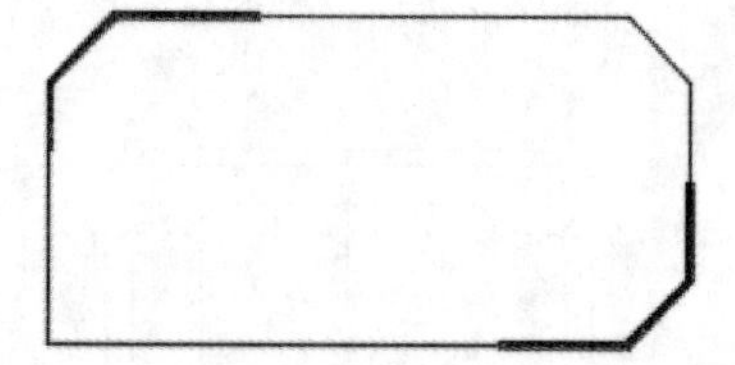

（a）选择多段线　　（b）倒角结果

图 5-58　斜线连接多段线

☑　修剪(T)：与圆角命令 FILLET 相同，该选项决定连接对象后，是否剪切原对象。

☑　方式(M)：决定采用“距离”方式还是“角度”方式来倒角。

☑　多个(U)：同时对多个对象进行倒角编辑。

说明：

有时用户在执行圆角和倒角命令时，发现命令不执行或执行后没什么变化，这是因为系统默认圆角半径和斜线距离均为 0，如果不事先设定圆角半径或斜线距离，系统就以默认值执行命令，所以看起来好像没有执行命令。

5.5.4　实战——洗菜盆

本实例使用直线命令绘制大体轮廓，再使用圆、复制命令绘制水龙头和出水口，最后使用倒角命令细化，绘制流程如图 5-59 所示。

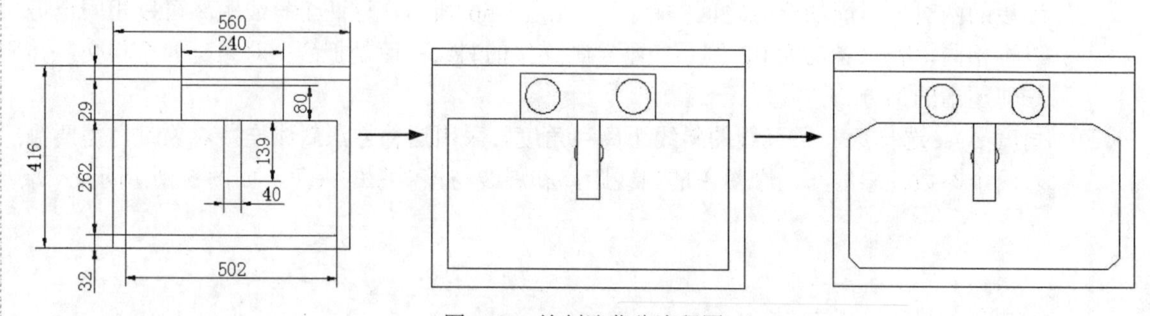

图 5-59　绘制洗菜盆流程图

操作步骤如下：（光盘\配套视频\第 5 章\洗菜盆.avi）

（1）单击“默认”选项卡“绘图”面板中的“直线”按钮，绘制出初步轮廓，大约尺寸如图 5-60 所示。

（2）单击“默认”选项卡“绘图”面板中的“圆”按钮，以长为 240、宽为 80 的矩形的左中位置处为圆心，如图 5-60 所示，绘制半径为 35 的圆。

（3）单击“默认”选项卡“修改”面板中的“复制”按钮，选择刚绘制的圆，复制到右

边合适的位置，完成旋钮绘制。

（4）单击“默认”选项卡“绘图”面板中的“圆”按钮，以长为139、宽为40的矩形的正中位置为圆心，如图5-60所示，绘制半径为25的圆作为出水口。

Note

（5）单击“默认”选项卡“修改”面板中的“修剪”按钮，将绘制的出水口圆修剪成如图5-61所示。

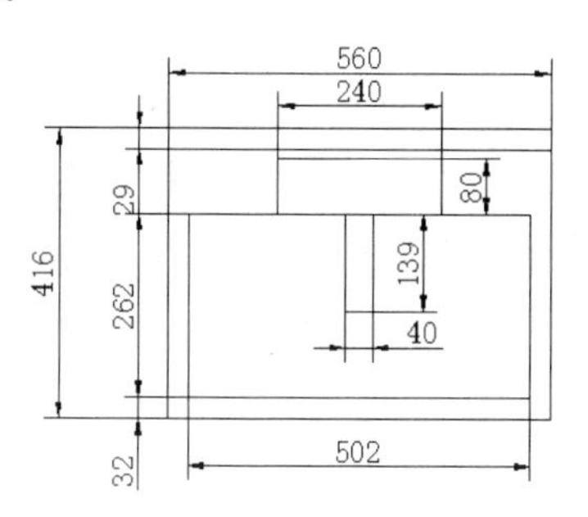

图5-60　初步轮廓图

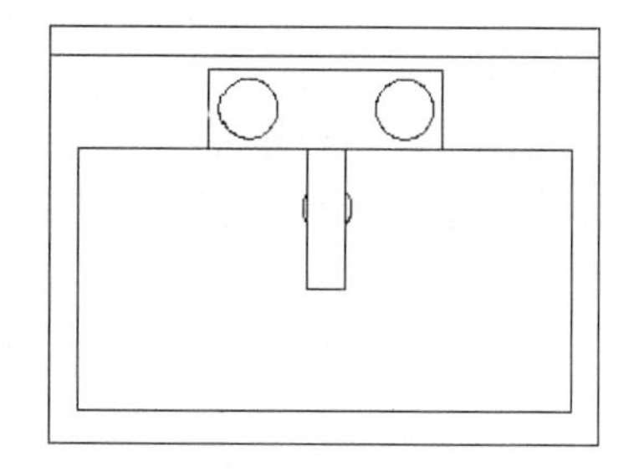

图5-61　绘制水龙头和出水口

（6）单击“默认”选项卡“修改”面板中的“倒角”按钮，绘制水盆的4个角。

① 在命令行提示“选择第一条直线或[放弃(U)/多段线(P)/距离(D)/角度(A)/修剪(T)/方式(E)/多个(M)]:”后输入“D”。

② 在命令行提示“指定第一个倒角距离<0.0000>:”后输入“50”。

③ 在命令行提示“指定第二个倒角距离<50.0000>:”后输入“30”。

④ 在命令行提示“选择第一条直线或[放弃(U)/多段线(P)/距离(D)/角度(A)/修剪(T)/方式(E)/多个(M)]:”后输入“M”。

⑤ 在命令行提示“选择第一条直线或[放弃(U)/多段线(P)/距离(D)/角度(A)/修剪(T)/方式(E)/多个(M)]:”后选择左上角横线段。

⑥ 在命令行提示“选择第二条直线，或按住Shift键选择直线以应用角点或[距离(D)/角度(A)/方法(M)]:”后选择左上角竖线段。

⑦ 在命令行提示“选择第一条直线或[放弃(U)/多段线(P)/距离(D)/角度(A)/修剪(T)/方式(E)/多个(M)]:”后选择右上角横线段。

⑧ 在命令行提示“选择第二条直线，或按住Shift键选择直线以应用角点或[距离(D)/角度(A)/方法(M)]:”后选择右上角竖线段。

同理，绘制另外一个倒角，设置倒角长度为20，倒角角度为45，绘制结果如图5-62所示。

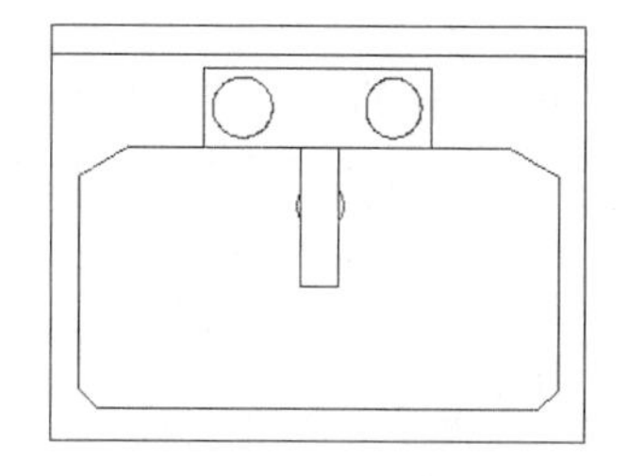

图5-62　洗菜盆

5.5.5　修剪命令

执行修剪命令，主要有以下4种调用方法。

☑ 在命令行中输入“TRIM”命令。

☑ 在菜单栏中选择“修改”→“修剪”命令。

☑ 单击“修改”工具栏中的“修剪”按钮。

Note

☑ 单击“默认”选项卡“修改”面板中的“修剪”按钮。

执行上述命令后，根据系统提示选择剪切边，可以选择一个或多个对象后按 Enter 键，或者直接按 Enter 键选择所有显示的对象，并按 Enter 键结束对象选择。使用修剪命令对图形对象进行修剪时，命令行提示中主要选项的含义如下。

☑ 按 Shift 键：在选择对象时，如果按住 Shift 键，系统就自动将“修剪”命令转换成“延伸”命令，“延伸”命令将在 5.5.7 节介绍。

☑ 边(E)：选择此选项时，可以选择对象的修剪方式。

➢ 延伸(E)：延伸边界进行修剪。在此方式下，如果剪切边没有与要修剪的对象相交，系统会延伸剪切边直至与要修剪的对象相交，然后再修剪，如图 5-63 所示。

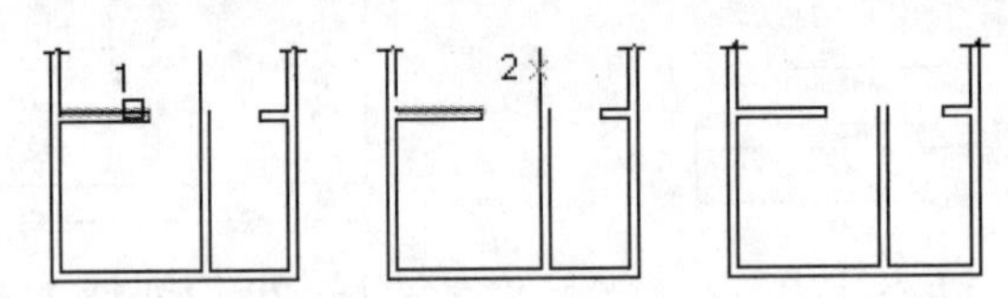

选择剪切边　选择要修剪的对象　修剪后的结果

图 5-63　延伸方式修剪对象

➢ 不延伸(N)：不延伸边界修剪对象，只修剪与剪切边相交的对象。

☑ 栏选(F)：选择此选项时，系统以栏选的方式选择被修剪对象，如图 5-64 所示。

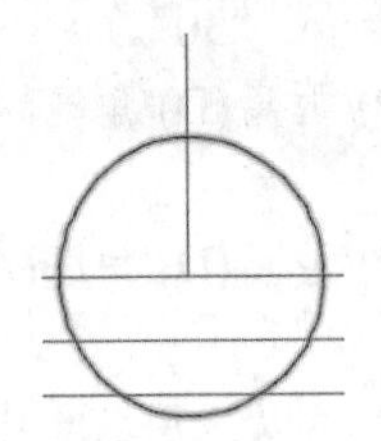
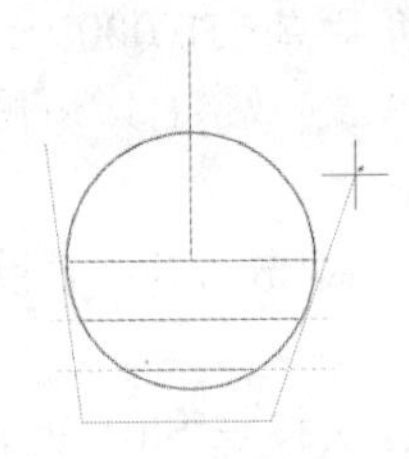
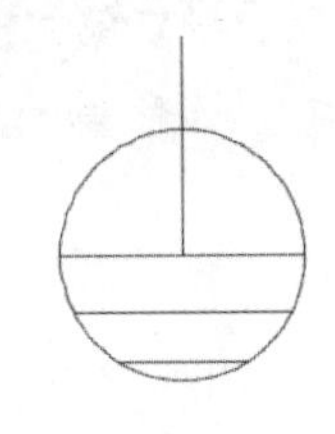

选定剪切边　使用栏选选定的要修剪的对象　结果

图 5-64　栏选选择修剪对象

☑ 窗交(C)：选择此选项时，系统以窗交的方式选择被修剪对象，如图 5-65 所示。被选择的对象可以互为边界和被修剪对象，此时系统会在选择的对象中自动判断边界。

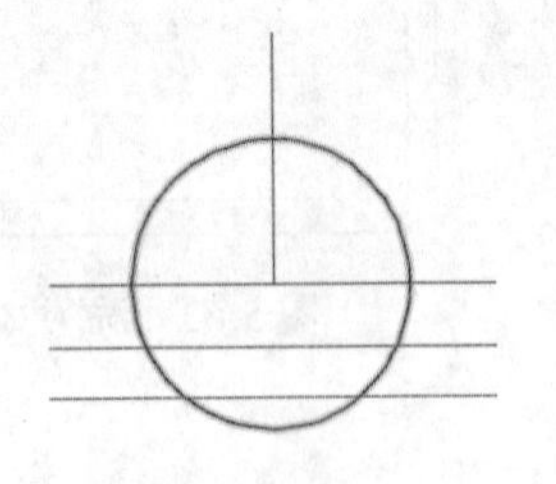
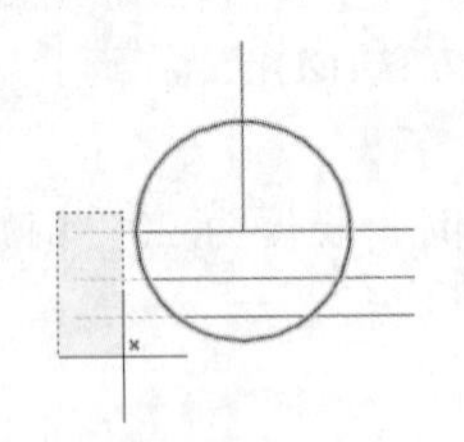
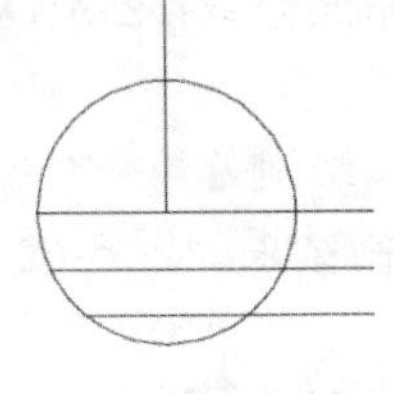

使用窗交选择选定的边　选定要修剪的对象　结果

图 5-65　窗交选择修剪对象

5.5.6　实战——落地灯

本实例利用矩形、镜像、圆弧命令绘制灯架，再利用圆弧、直线、修剪等命令绘制连接处，

最后利用样条曲线、直线、圆弧命令创建灯罩，绘制流程如图 5-66 所示。

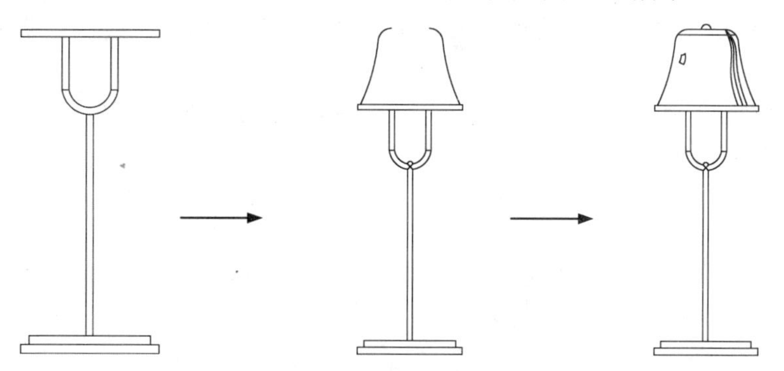

图 5-66　绘制落地灯流程图

操作步骤如下：（：光盘\配套视频\第 5 章\落地灯.avi）

（1）单击“默认”选项卡“绘图”面板中的“矩形”按钮，绘制轮廓线，然后单击“修改”面板中的“镜像”按钮，使轮廓线左右对称，如图 5-67 所示。

（2）单击“默认”选项卡“绘图”面板中的“圆弧”按钮和“修改”面板中的“偏移”按钮，绘制两条圆弧，端点分别捕捉到矩形的角点，其中绘制的下面的圆弧中间一点捕捉到中间矩形上边的中点，如图 5-68 所示。

（3）单击“默认”选项卡“绘图”面板中的“直线”按钮和“圆弧”按钮，绘制灯柱上的结合点。

（4）单击“默认”选项卡“修改”面板中的“修剪”按钮，修剪多余图形。

① 在命令行提示“选择对象或<全部选择>:”后选择修剪边界对象，如图 5-69 所示。

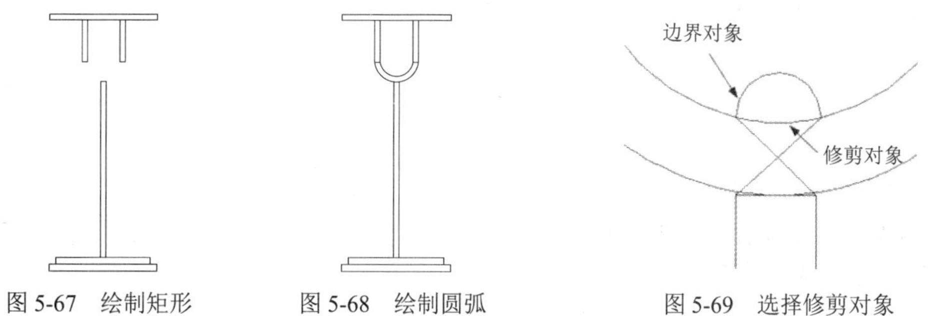

图 5-67　绘制矩形　　图 5-68　绘制圆弧　　图 5-69　选择修剪对象

② 在命令行提示“选择对象:”后按 Enter 键。

③ 在命令行提示“选择要修剪的对象，或按住 Shift 键选择要延伸的对象，或[栏选(F)/窗交(C)/投影(P)/边(E)/删除(R)/放弃(U)]:”后选择修剪对象，如图 5-69 所示。

④ 在命令行提示“选择要修剪的对象，或按住 Shift 键选择要延伸的对象，或[栏选(F)/窗交(C)/投影(P)/边(E)/删除(R)/放弃(U)]:”后按 Enter 键。

修剪结果如图 5-70 所示。

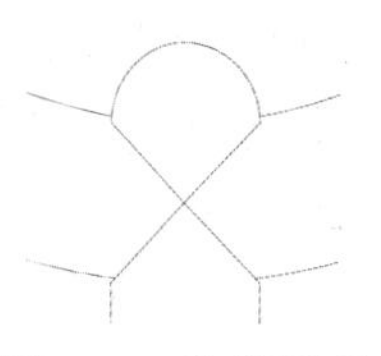

图 5-70　修剪图形

（5）单击“默认”选项卡“绘图”面板中的“样条曲线拟合”按钮和“修改”面板中的“镜像”按钮，绘制灯罩轮廓线，如图 5-71 所示。

（6）单击“默认”选项卡“绘图”面板中的“直线”按钮，补齐灯罩轮廓线，直线端点

捕捉对应样条曲线端点，如图 5-72 所示。

（7）单击“默认”选项卡“绘图”面板中的“圆弧”按钮，绘制灯罩顶端的凸起，如图 5-73 所示。

（8）单击“默认”选项卡“绘图”面板中的“样条曲线拟合”按钮，绘制灯罩上的装饰线，最终结果如图 5-74 所示。

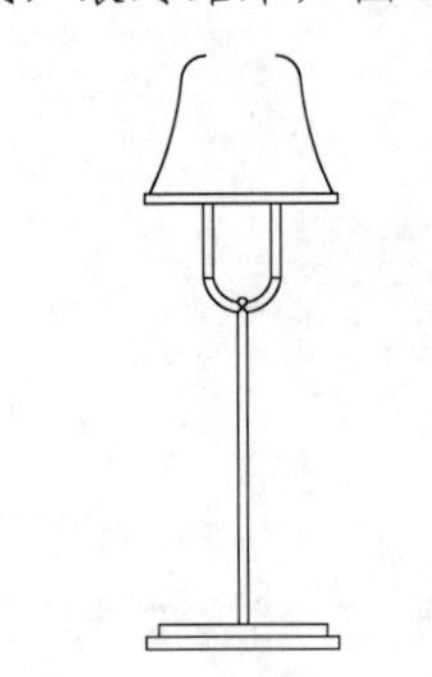

图 5-71　绘制样条曲线

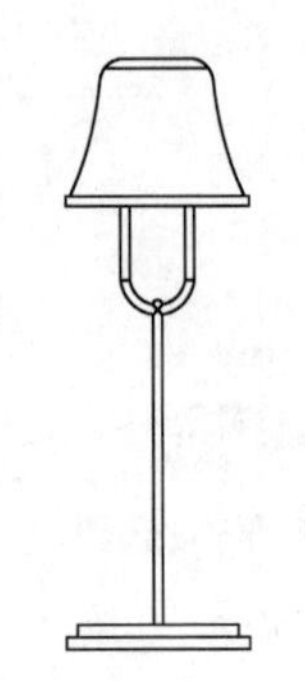

图 5-72　绘制直线

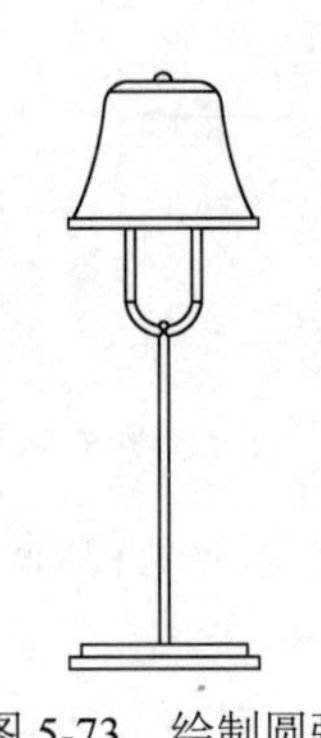

图 5-73　绘制圆弧

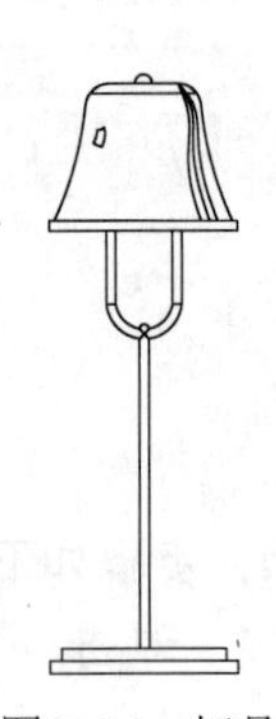

图 5-74　灯具

5.5.7　延伸命令

延伸命令是指延伸要延伸的对象直至另一个对象的边界线，如图 5-75 所示。

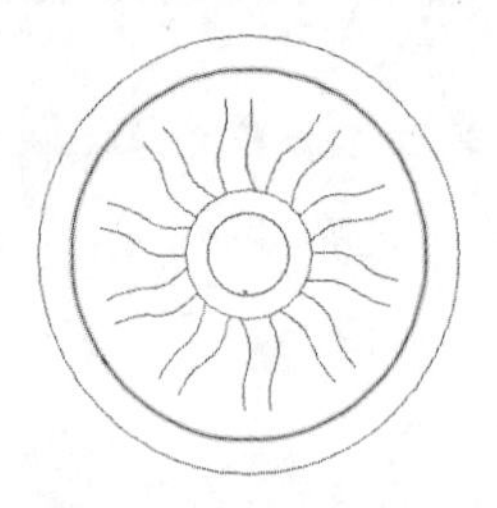

选择边界

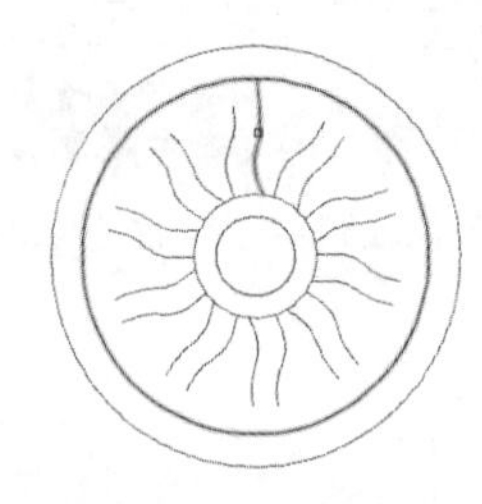

选择要延伸的对象

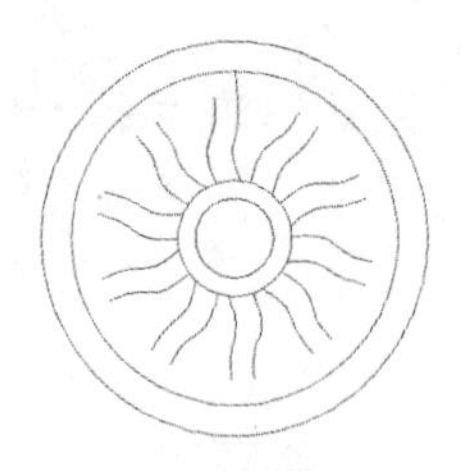

执行结果

图 5-75　延伸对象

执行延伸命令，主要有以下 4 种调用方法。

☑　在命令行中输入“EXTEND”命令。

☑　在菜单栏中选择“修改”→“延伸”命令。

☑　单击“修改”工具栏中的“延伸”按钮。

☑　单击“默认”选项卡“修改”面板中的“延伸”按钮。

执行上述命令后，根据系统提示选择边界。此时可以选择对象来定义边界。若直接按 Enter 键，则选择所有对象作为可能的边界对象。

☑　如果要延伸的对象是适配样条多段线，则延伸后会在多段线的控制框上增加新节点。如果要延伸的对象是锥形的多段线，系统会修正延伸端的宽度，使多段线从起始端平滑地延伸至新的终止端。如果延伸操作导致新终止端的宽度为负值，则取宽度值为 0，如图 5-76 所示。

☑　选择对象时，如果按住 Shift 键，系统就自动将“延伸”命令转换成“修剪”命令。

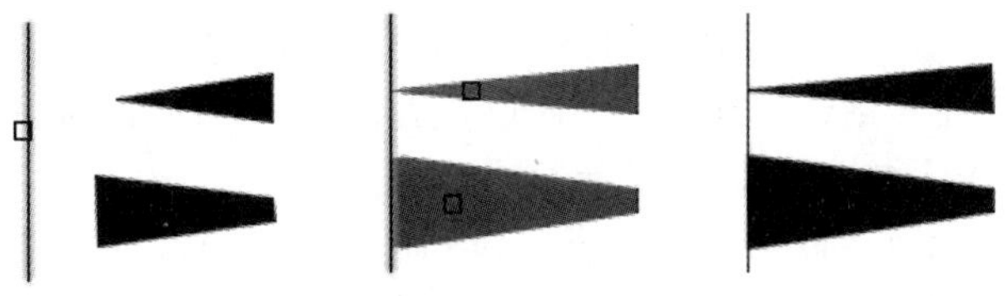

图 5-76　延伸对象

5.5.8　实战——动断按钮

本实例使用直线和偏移命令绘制初步轮廓，然后使用修剪和删除命令对图形进行细化处理，绘制流程如图 5-77 所示。在绘制过程中，应熟练掌握延伸命令的运用。

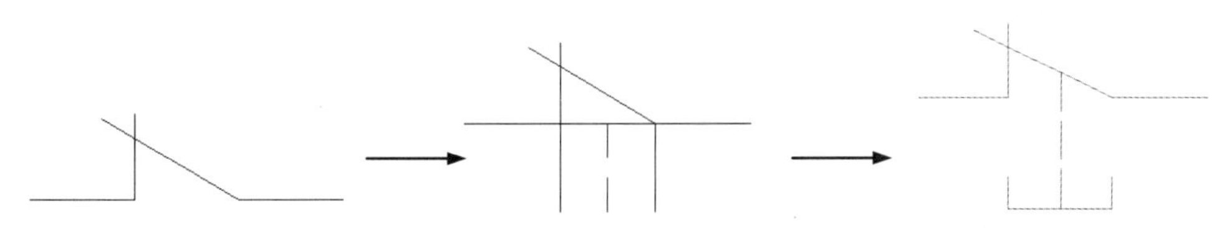

图 5-77　绘制动断按钮流程图

操作步骤如下：（：光盘\配套视频\动画演示\第 5 章\动断按钮.avi）

（1）设置两个图层，即“实线”图层和“虚线”图层，线型分别设置为 Continuous 和 ACAD_ISO02W100。其他属性按默认设置。

（2）绘制初步图形。将“实线”图层设置为当前图层。单击“默认”选项卡“绘图”面板中的“直线”按钮，绘制初步图形，如图 5-78 所示。

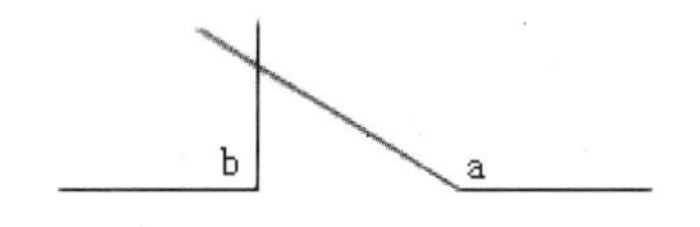

图 5-78　绘制初步图形

（3）绘制竖直直线。单击“默认”选项卡“绘图”面板中的“直线”按钮，分别以图 5-78 中 a 点和 b 点为起点，竖直向下绘制长为 3.5 mm 的直线，结果如图 5-79 所示。

（4）绘制水平直线。单击“默认”选项卡“绘图”面板中的“直线”按钮，以图 5-79 中 a 点为起点、b 点为终点，绘制直线 ab，结果如图 5-80 所示。

（5）绘制竖直直线。单击“默认”选项卡“绘图”面板中的“直线”按钮，捕捉直线 ab 的中点，以其为起点，竖直向下绘制长度为 3.5 mm 的直线，并将其所在图层更改为“虚线”图层，如图 5-81 所示。

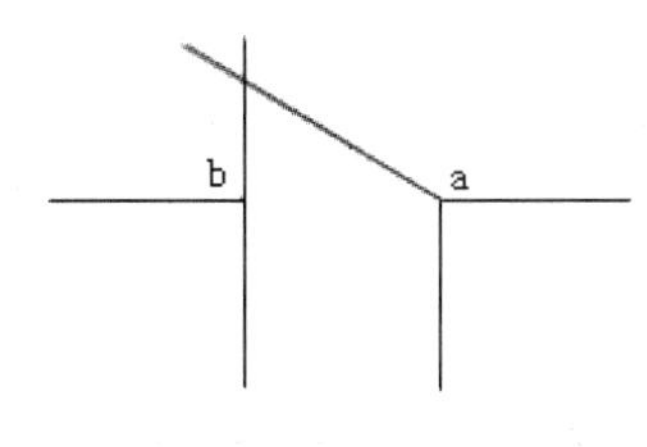

图 5-79　绘制直线

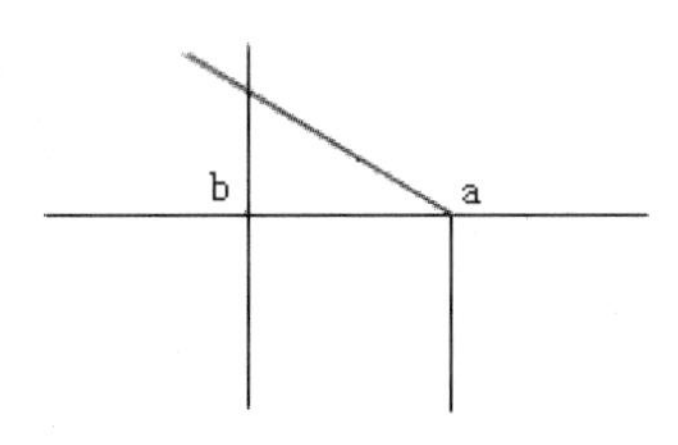

图 5-80　绘制直线

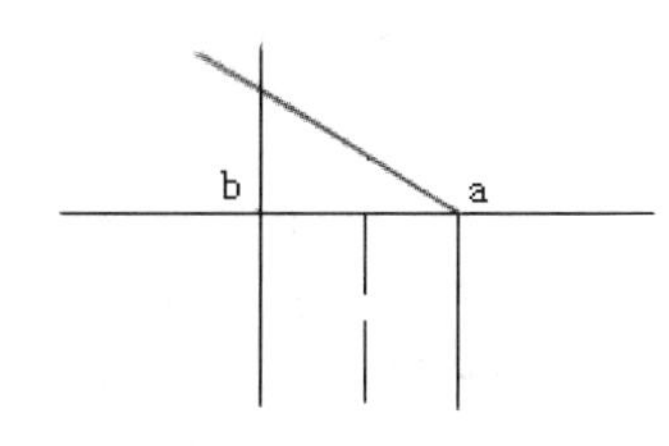

图 5-81　绘制虚线

（6）偏移直线。单击“默认”选项卡“修改”面板中的“偏移”按钮，以直线 ab 为起始

边，绘制两条水平直线，偏移长度分别为 2.5 mm 和 3.5 mm，如图 5-82 所示。

（7）修剪图形。单击“默认”选项卡“修改”面板中的“修剪”按钮和“删除”按钮，对图形进行修剪，并删除掉直线 ab，结果如图 5-83 所示。

Note

（8）延伸直线。单击“默认”选项卡“修改”面板中的“延伸”按钮，选择虚线作为延伸的对象，将其延伸到斜线 ac 上，即为绘制完成的动断按钮。

① 在命令行提示“选择对象或 <全部选择>:”后选取 ac 斜边。

② 在命令行提示“选择对象:”后按 Enter 键。

③ 在命令行提示“选择要延伸的对象，或按住 Shift 键选择要修剪的对象，或[栏选(F)/窗交(C)/投影(P)/边(E)/放弃(U)]:”后选取虚线。

④ 在命令行提示“选择要延伸的对象，或按住 Shift 键选择要修剪的对象，或[栏选(F)/窗交(C)/投影(P)/边(E)/放弃(U)]:”后按 Enter 键。

最终结果如图 5-84 所示。

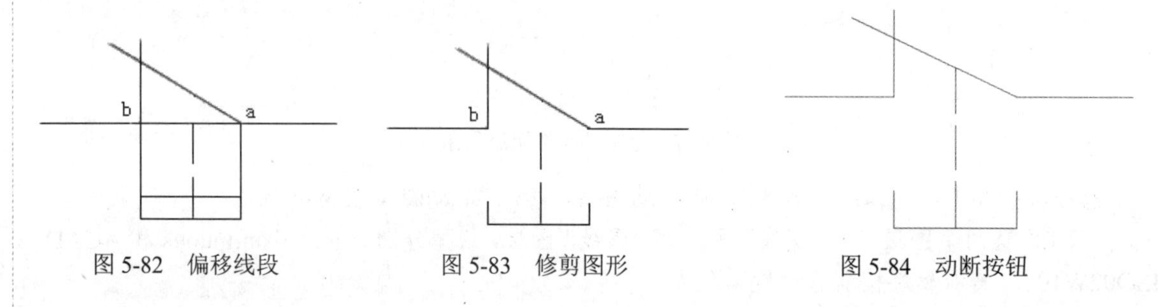

图 5-82 偏移线段　　图 5-83 修剪图形　　图 5-84 动断按钮

5.5.9 拉伸命令

拉伸对象是指拖拉选择的对象，且形状发生改变后的对象。拉伸对象时，应指定拉伸的基点和移置点。使用一些辅助工具如捕捉、钳夹功能及相对坐标等可以提高拉伸的精度。

执行拉伸命令，主要有以下 4 种调用方法。

☑ 在命令行中输入“STRETCH”命令。

☑ 在菜单栏中选择“修改”→“拉伸”命令。

☑ 单击“修改”工具栏中的“拉伸”按钮。

☑ 单击“默认”选项卡“修改”面板中的“拉伸”按钮。

执行上述命令后，根据系统提示输入“C”，采用交叉窗口的方式选择要拉伸的对象，指定拉伸的基点和第二个点。

此时，若指定第二个点，系统将根据这两点决定的矢量拉伸对象。若直接按 Enter 键，系统会把第一个点作为 X 轴和 Y 轴的分量值，拉伸、移动的对象为完全包含在交叉窗口内的顶点和端点，同时部分包含在交叉窗口内的对象也将被拉伸。

说明：

用交叉窗口选择拉伸对象时，落在交叉窗口内的端点被拉伸，落在外部的端点保持不动。

5.5.10　实战——管式混合器符号

本实例使用直线和多段线绘制管式混合器符号的基本轮廓，再利用拉伸命令细化图形，绘制流程如图 5-85 所示。

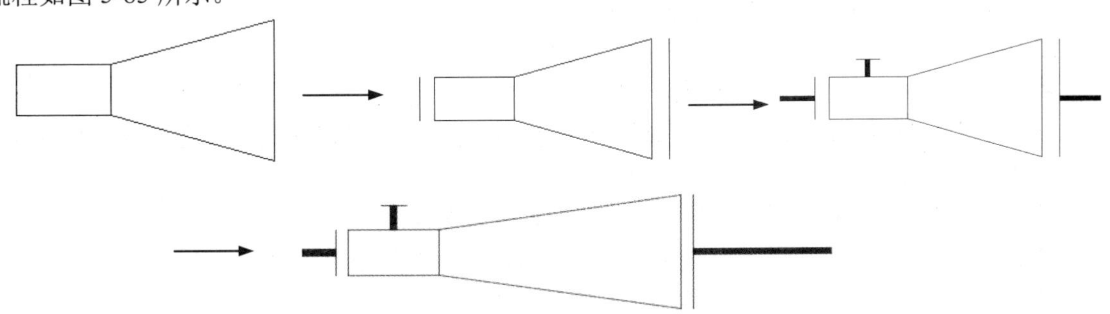

图 5-85　绘制管式混合器符号流程图

操作步骤如下：（光盘\配套视频\动画演示\第 5 章\管式混合器符号.avi）

（1）单击“默认”选项卡“绘图”面板中的“直线”按钮，在图形空白位置绘制连续直线，如图 5-86 所示。

（2）单击“默认”选项卡“绘图”面板中的“直线”按钮，在绘制的图形左右两侧分别绘制两段竖直直线，如图 5-87 所示。

图 5-86　绘制连续直线　　　　图 5-87　绘制竖直直线

（3）单击“默认”选项卡“绘图”面板中的“多段线”按钮和“直线”按钮，绘制如图 5-88 所示的图形。

（4）单击“默认”选项卡“修改”面板中的“拉伸”按钮，选择右侧多段线为拉伸对象并对其进行拉伸操作。

① 指定基点或[位移(D)] <位移>：后选择右侧水平直线上任意一点。

② 指定第二个点或<使用第一个点作为位移>:↙

结果如图 5-89 所示。

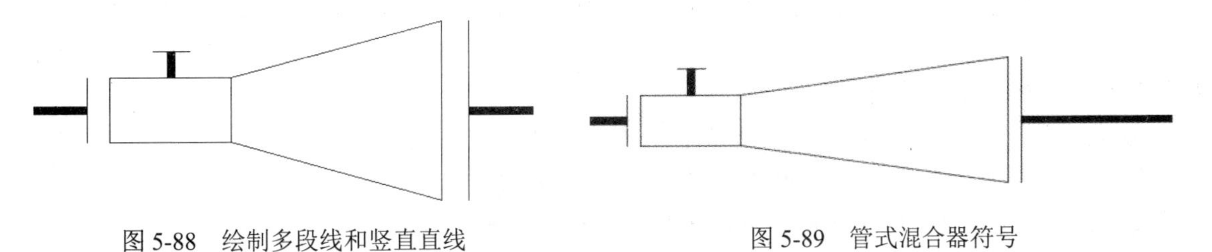

图 5-88　绘制多段线和竖直直线　　　　图 5-89　管式混合器符号

5.5.11 拉长命令

执行拉长命令，主要有以下 3 种调用方法。

☑ 在命令行中输入“LENGTHEN”命令。

☑ 在菜单栏中选择“修改”→“拉长”命令。

☑ 单击“默认”选项卡“修改”面板中的“拉长”按钮。

执行上述命令后，根据系统提示选择对象。使用拉长命令对图形对象进行拉长时，命令行提示中主要选项的含义如下。

☑ 增量(DE)：用指定增加量的方法改变对象的长度或角度。

☑ 百分数(P)：用指定占总长度的百分比的方法改变圆弧或直线段的长度。

☑ 全部(T)：用指定新的总长度或总角度值的方法来改变对象的长度或角度。

☑ 动态(DY)：打开动态拖拉模式。在这种模式下，可以使用拖拉鼠标的方法来动态地改变对象的长度或角度。

5.5.12 实战——挂钟

本实例首先使用圆命令绘制挂钟的外轮廓线，然后使用直线命令绘制指针，最后使用拉长命令完成挂钟的绘制，绘制流程如图如图 5-90 所示。

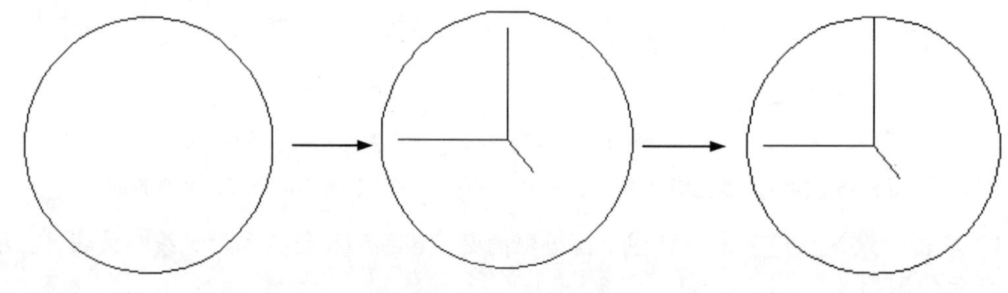

图 5-90 绘制挂钟流程图

操作步骤如下：（：光盘\配套视频\动画演示\第 5 章\挂钟.avi）

（1）单击“默认”选项卡“绘图”面板中的“圆”按钮，以(100,100)为圆心，绘制半径为 20 的圆形作为挂钟的外轮廓线，如图 5-91 所示。

（2）单击“默认”选项卡“绘图”面板中的“直线”按钮，绘制坐标点分别为{(100,100)(100,117.25)}、{(100,100)(82.75,100)}、{(100,100)(105,94)}的 3 条直线作为挂钟的指针，如图 5-92 所示。

（3）单击“默认”选项卡“修改”面板中的“拉长”按钮，将秒针拉长至圆的边，完成挂钟的绘制，如图 5-93 所示

① 在命令行提示“选择对象或[增量(DE)/百分数(P)/全部(T)/动态(DY)]:”后输入“DE”。

② 在命令行提示“输入长度增量或[角度(A)] <2.7500>:”后输入“2.75”。

③ 在命令行提示“选择要修改的对象或[放弃(U)]:”后选择秒针。

④ 在命令行提示“选择要修改的对象或[放弃(U)]:”后按 Enter 键。

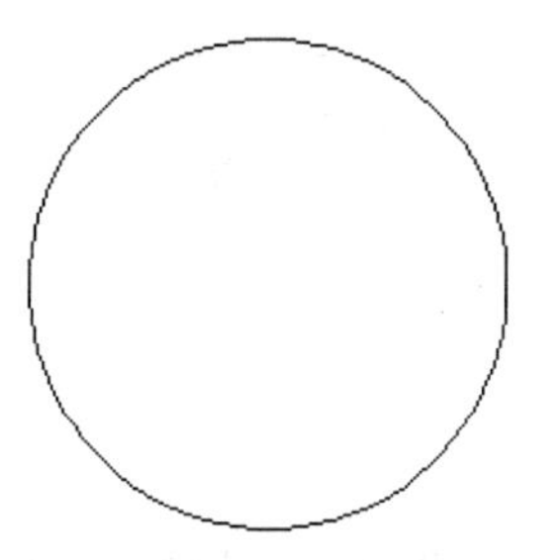

图 5-91　绘制圆形

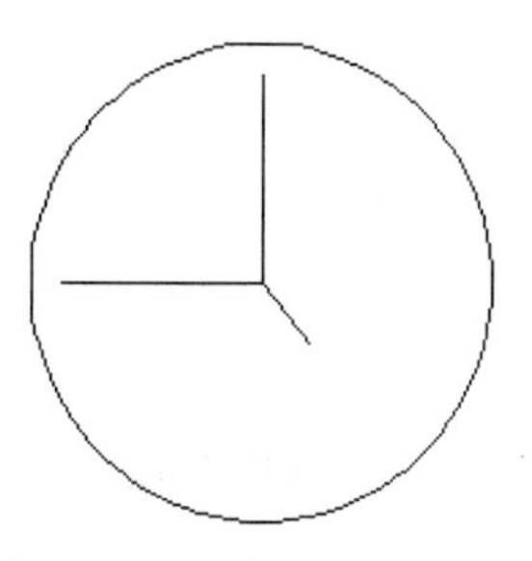

图 5-92　绘制指针

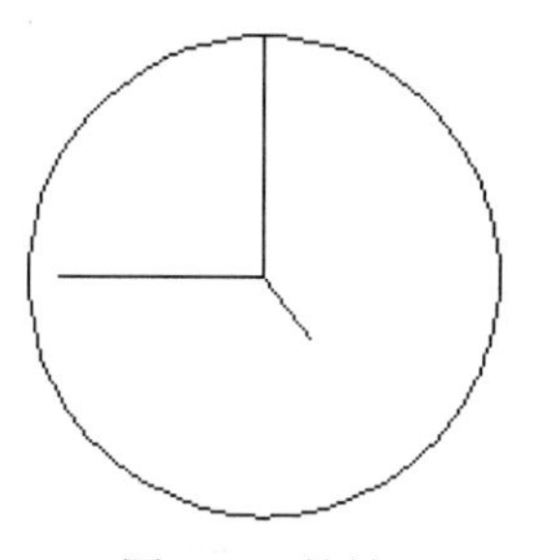

图 5-93　挂钟

5.5.13　打断命令

打断命令是通过指定点删除对象的一部分或将对象分断。该命令主要有以下 4 种调用方法。

☑　在命令行中输入“BREAK”命令。

☑　在菜单栏中选择“修改”→“打断”命令。

☑　单击“修改”工具栏中的“打断”按钮。

☑　单击“默认”选项卡“修改”面板中的“打断”按钮。

执行上述命令后，根据系统提示选择要打断的对象，并指定第二个打断点或输入“F”。

5.5.14　打断于点

打断于点命令是指在对象上指定一点从而把对象在此点拆分成两部分。此命令与打断命令类似。该命令主要有如下 3 种调用方法。

☑　在菜单栏中选择“修改”→“打断”命令。

☑　单击“修改”工具栏中的“打断于点”按钮。

☑　单击“默认”选项卡“修改”面板中的“打断于点”按钮。

执行上述命令后，根据系统提示选择要打断的对象，并选择打断点，图形由断点处断开。

5.5.15　实战——吸顶灯

本实例利用直线命令绘制辅助线，然后利用圆命令绘制同心圆，最后利用打断命令将多余的辅助线打断，绘制流程如图 5-94 所示。

操作步骤如下：（：光盘\配套视频\动画演示\第 5 章\吸顶灯.avi）

（1）新建两个图层。“1”图层，颜色为蓝色，其余属性默认；“2”图层，颜色为黑色，其余属性默认。

（2）将“1”图层设置为当前图层，单击“默认”选项卡“绘图”面板中的“直线”按钮，绘制两条相交的直线，坐标点分别为{(50,100)(100,100)}、{(75,75)(75,125)}，如图 5-95 所示。

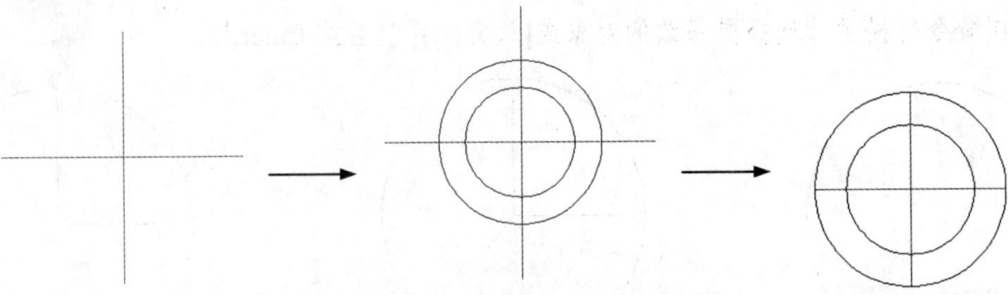

图 5-94　绘制吸顶灯流程图

（3）将“2”图层设置为当前图层，单击“默认”选项卡“绘图”面板中的“圆”按钮，以(75,100)为圆心，绘制半径分别为 15 和 10 的两个同心圆，如图 5-96 所示。

（4）单击“默认”选项卡“修改”面板中的“打断”按钮，将超出圆外的直线修剪掉。

① 在命令行提示“选择对象:”后选择竖直直线。

② 在命令行提示“指定第二个打断点 或[第一点(F)]:”后输入“F”。

③ 在命令行提示“指定第一个打断点:”后选择竖直直线的上端点。

④ 在命令行提示“指定第二个打断点:”后选择竖直直线与大圆上面的相交点。

使用同样的方法将其他 3 段超出圆外的直线修剪掉，结果如图 5-97 所示。

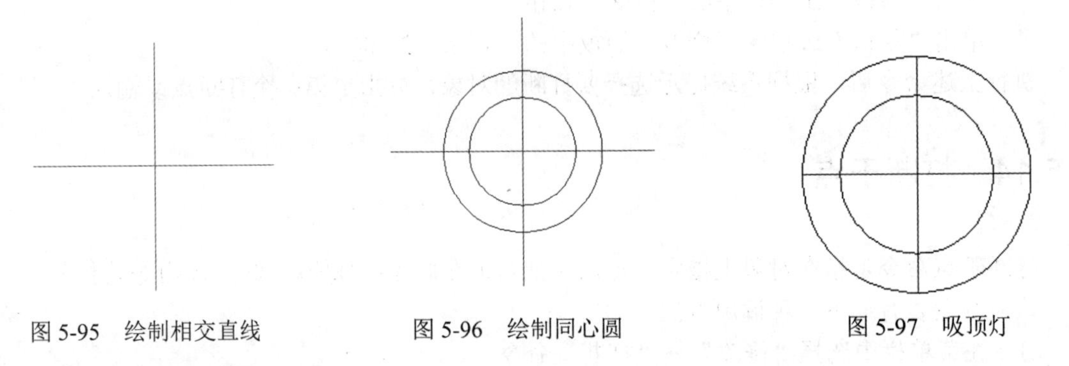

图 5-95　绘制相交直线　　图 5-96　绘制同心圆　　图 5-97　吸顶灯

5.5.16　分解命令

执行分解命令，主要有以下 4 种调用方法。

☑ 在命令行中输入“EXPLODE”命令。

☑ 在菜单栏中选择“修改”→“分解”命令。

☑ 单击“修改”工具栏中的“分解”按钮。

☑ 单击“默认”选项卡“修改”面板中的“分解”按钮。

执行上述命令后，根据系统提示选择要分解的对象。选择一个对象后，该对象会被分解。系统将继续提示信息，允许分解多个对象。选择的对象不同，分解的结果也不同。

5.5.17　实战——热继电器驱动器件

本实例使用矩形命令绘制外部轮廓，之后使用分解、偏移、修剪和拉长命令绘制其余图形，

绘制的热继电器驱动器件如图 5-98 所示。

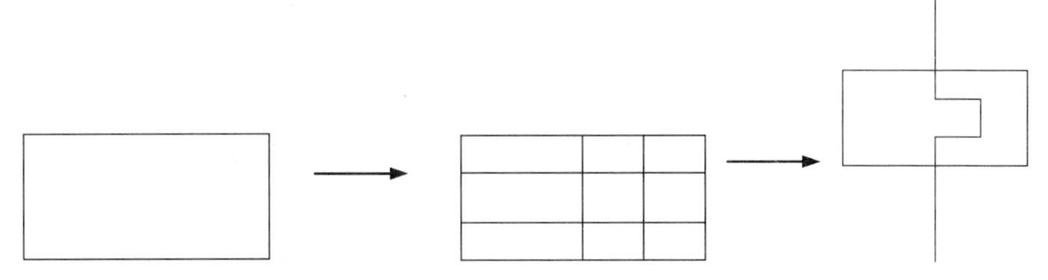

图 5-98　绘制热继电器驱动器件流程图

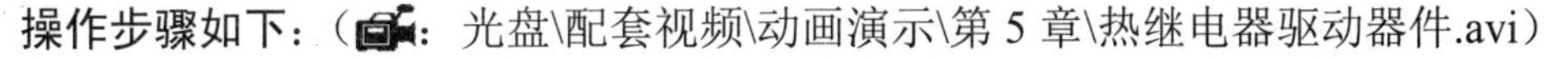

操作步骤如下：（光盘\配套视频\动画演示\第 5 章\热继电器驱动器件.avi）

（1）绘制矩形。单击“默认”选项卡“绘图”面板中的“矩形”按钮，绘制一个长为 10mm、宽为 5mm 的矩形，效果如图 5-99（a）所示。

（2）分解矩形。单击“默认”选项卡“修改”面板中的“分解”按钮，将绘制的矩形分解为 4 条直线。

① 在命令行提示“选择对象:”后选择矩形。

② 在命令行提示“选择对象:”后按 Enter 键。

（3）偏移直线。单击“默认”选项卡“修改”面板中的“偏移”按钮，以上端水平直线为起始，绘制两条水平直线，偏移量分别为 1.5mm、2mm，以左侧竖直直线为起始绘制两条竖直直线，偏移量分别为 5mm、2.5mm，效果如图 5-99（b）所示。

（4）修剪和打断图形。单击“默认”选项卡“修改”面板中的“修剪”按钮，修剪图形，如图 5-99（c）所示。

（5）拉长线段。单击“默认”选项卡“修改”面板中的“拉长”按钮，分别将与矩形相交的竖直直线向上、向下拉长 5mm，结果如图 5-99（d）所示。

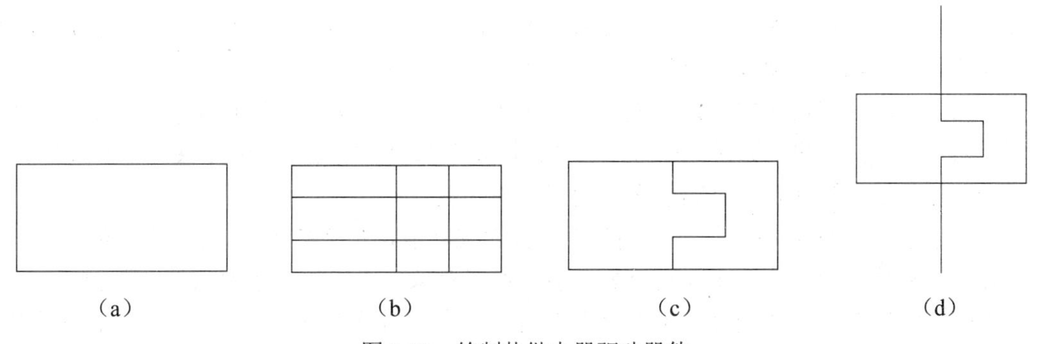

图 5-99　绘制热继电器驱动器件

5.5.18　合并命令

可以将直线、圆弧、椭圆弧和样条线等独立的对象合并为一个对象，如图 5-100 所示。

执行合并命令，主要有以下 4 种调用方法。

☑　在命令行中输入“JOIN”命令。

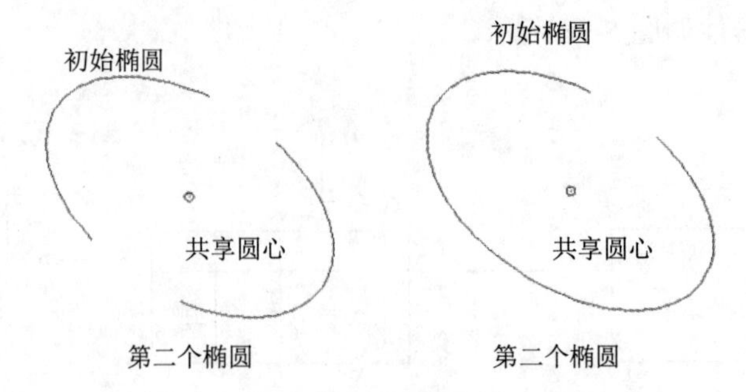

图 5-100　合并对象

☑　在菜单栏中选择“修改”→“合并”命令。

☑　单击“修改”工具栏中的“合并”按钮。

☑　单击“默认”选项卡“修改”面板中的“合并”按钮。

执行上述命令后，根据系统提示选择一个对象，然后选择要合并到源的另一个对象，合并完成。

5.6 对象编辑

在对图形进行编辑时，还可以对图形对象本身的某些特性进行编辑，从而方便地进行图形绘制。

5.6.1 钳夹功能

使用钳夹功能可以快速方便地编辑对象。AutoCAD 在图形对象上定义了一些特殊点，称为夹点，使用夹点可以灵活地控制对象，如图 5-101 所示。

要使用钳夹功能编辑对象，必须先打开钳夹功能，打开方法是：在菜单栏中选择“工具”→“选项”命令，在打开的“选项”对话框的“选择集”选项卡中选中“显示夹点”复选框。在该选项卡中，还可以设置代表夹点的小方格的尺寸和颜色。

也可以通过 GRIPS 系统变量来控制是否打开钳夹功能，1 代表打开，0 代表关闭。

打开了钳夹功能后，应该在编辑对象之前先选择对象。夹点表示了对象的控制位置。

使用夹点编辑对象，要选择一个夹点作为基点，称为基准夹点。然后，选择一种编辑操作：镜像、移动、旋转、拉伸或缩放。可以用空格键、Enter 键或键盘上的快捷键循环选择这些功能。

下面仅就其中的拉伸对象操作为例进行讲述，其他操作类似。

在图形上拾取一个夹点，该夹点改变颜色，此点为夹点编辑的基准夹点。这时系统提示：

```
** 拉伸 **
指定拉伸点或 [基点(B)/复制(C)/放弃(U)/退出(X)]:
```

在上述拉伸编辑提示下输入移动命令，或右击鼠标，在弹出的快捷菜单中选择“移动”命令，如图 5-102 所示，系统就会转换为“移动”操作，其他操作类似。

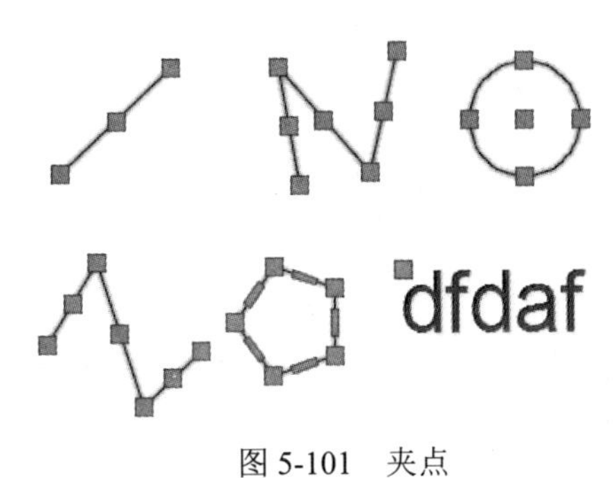

图5-101　夹点

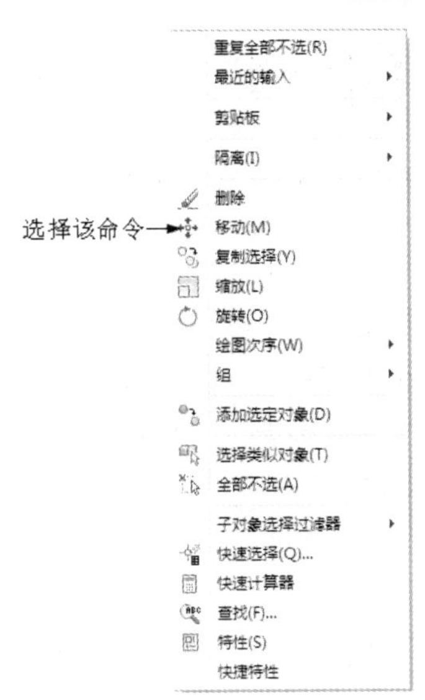

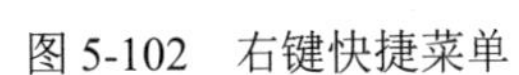

图5-102　右键快捷菜单

5.6.2　修改对象属性

执行该命令，主要有以下3种调用方法。

☑　在命令行中输入“DDMODIFY”或“PROPERTIES”命令。

☑　在菜单栏中选择“修改”→“特性”命令。

☑　单击“标准”工具栏中的“特性”按钮。

执行上述命令后，AutoCAD打开“特性”选项板，如图5-103所示。使用它可以方便地设置或修改对象的各种属性。

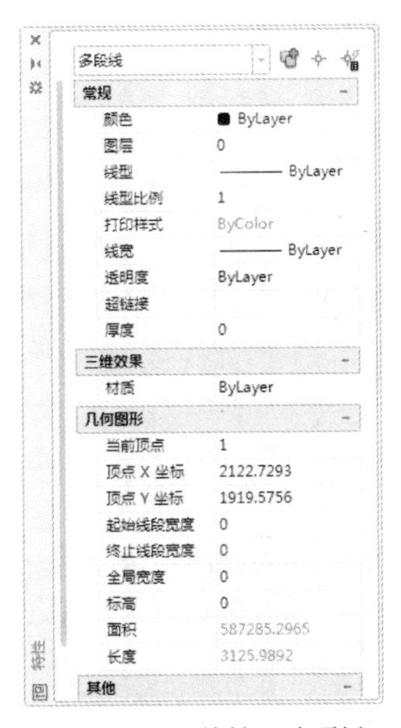

图5-103　“特性”选项板

5.6.3 特性匹配

Note

使用特性匹配功能可以将目标对象的属性与源对象的属性进行匹配，使目标对象的属性与源对象属性相同。利用特性匹配功能可以方便快捷地修改对象属性，并保持不同对象的属性相同。执行该命令，主要有如下两种调用方法。

☑ 在命令行中输入“MATCHPROP”命令。

☑ 在菜单栏中选择“修改”→“特性匹配”命令。

执行上述命令后，根据系统提示选择源对象，然后选择目标对象。

图 5-104（a）所示为两个属性不同的对象，以左边的圆为源对象，对右边的矩形进行特性匹配，结果如图 5-104（b）所示。

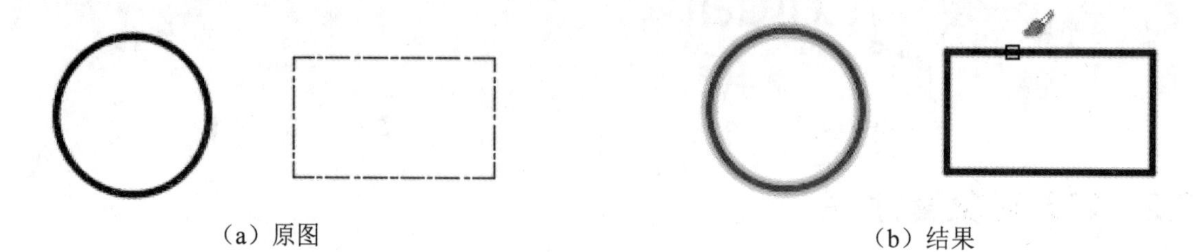

（a）原图　　（b）结果

图 5-104　特性匹配

5.6.4 实战——花朵

绘制如图 5-105 所示的花朵。

图 5-105　花朵图案

操作步骤如下：（光盘\配套视频\动画演示\第 5 章\花朵.avi）

（1）单击“默认”选项卡“绘图”面板中的“圆”按钮，绘制花芯，如图 5-106 所示。

（2）单击“默认”选项卡“绘图”面板中的“多边形”按钮，绘制以图 5-107 所示圆心为多边形的中心点，并且内接于圆的正五边形。

（3）单击“默认”选项卡“绘图”面板中的“圆弧”按钮，以最上斜边的中点为圆弧起

点，左上斜边中点为圆弧端点，绘制花朵，绘制结果如图 5-108 所示。重复“圆弧”命令，绘制另外 4 段圆弧，结果如图 5-109 所示。最后删除正五边形，结果如图 5-110 所示。

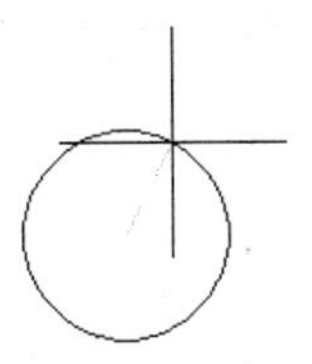

图 5-106　绘制花芯

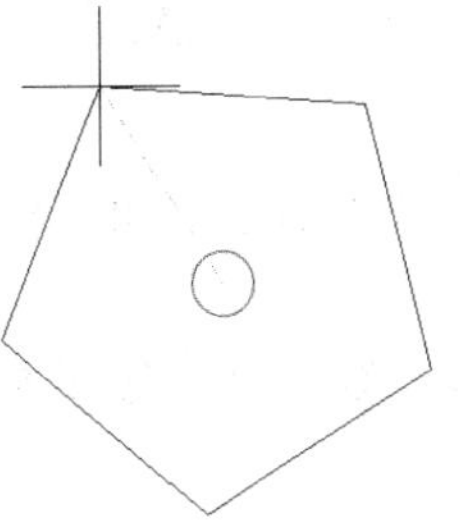

图 5-107　绘制正五边形

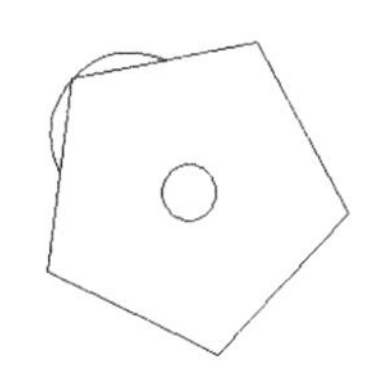

图 5-108　绘制一段圆弧

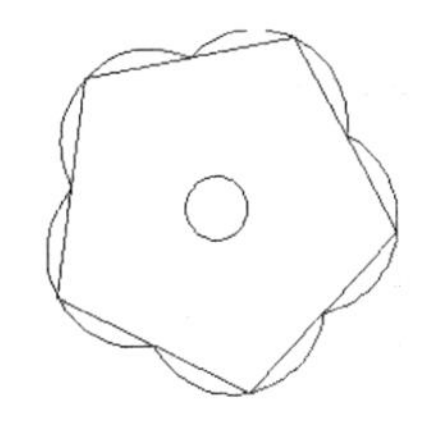

图 5-109　绘制所有圆弧

图 5-110　绘制花朵

（4）单击“默认”选项卡“绘图”面板中的“多段线”按钮，绘制枝叶。花枝的宽度为 4，叶子的起点半宽为 12，端点半宽为 3。使用同样的方法绘制另两片叶子，结果如图 5-111 所示。

（5）选择枝叶，枝叶上显示夹点标志，在一个夹点上单击鼠标右键，在弹出的快捷菜单中选择“特性”命令，打开“特性”选项板，在“颜色”下拉列表框中选择“绿”，如图 5-112 所示，结果如图 5-113 所示。

图 5-111　绘制花枝和叶子

图 5-112　设置颜色

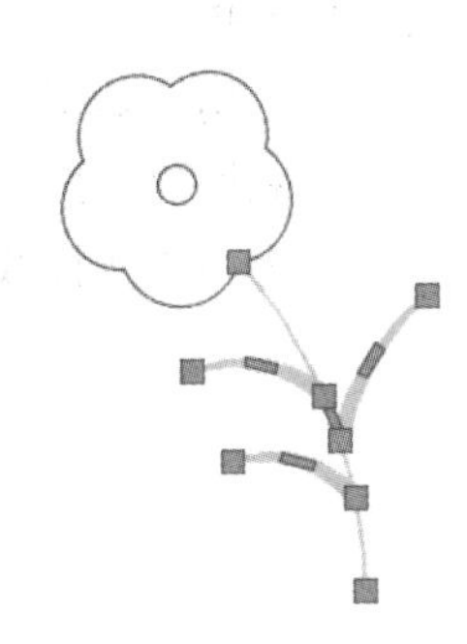

图 5-113　修改枝叶颜色

（6）按照步骤（5）的方法修改花朵颜色为红色，花芯颜色为洋红色，最终结果如图 5-105

所示。

Note

5.7 实战演练

通过前面的学习，读者对本章知识也有了大体的了解，本节通过几个操作练习使读者进一步掌握本章知识要点。

【实战演练 1】绘制除污器（如图 5-114 所示）。

1．目的要求

本例图形涉及的命令主要是“修剪”命令。通过本实例可以帮助读者灵活掌握修剪图形的方法。

2．操作提示

（1）利用“矩形”命令绘制除污器箱体。

（2）利用“修剪”命令修剪矩形。

（3）利用“多段线”命令添加管道。

【实战演练 2】绘制楼梯（如图 5-115 所示）。

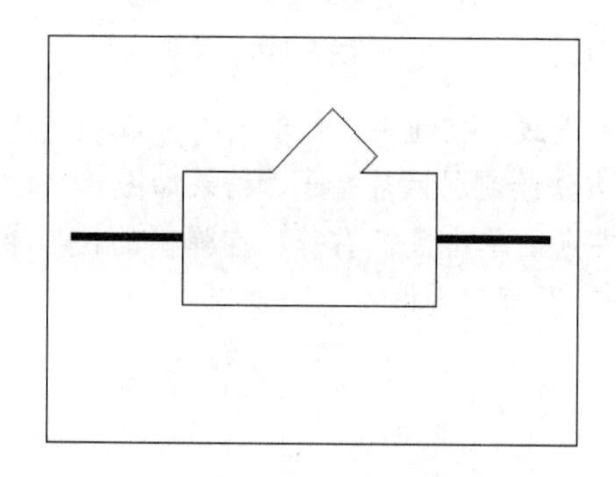

图 5-114　除污器

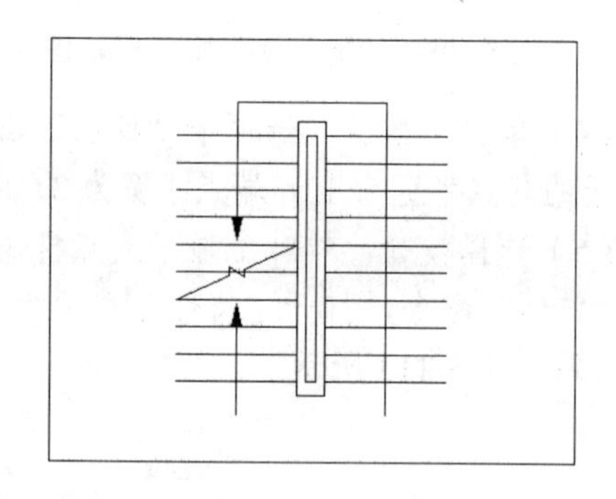

图 5-115　楼梯

1．目的要求

本例图形涉及的命令主要是“偏移”命令。通过本实例可以帮助读者灵活掌握偏移图形的方法。

2．操作提示

（1）利用“矩形”命令绘制扶手。

（2）利用“直线”和“偏移”命令绘制台阶。

（3）利用“多段线”命令绘制箭头。

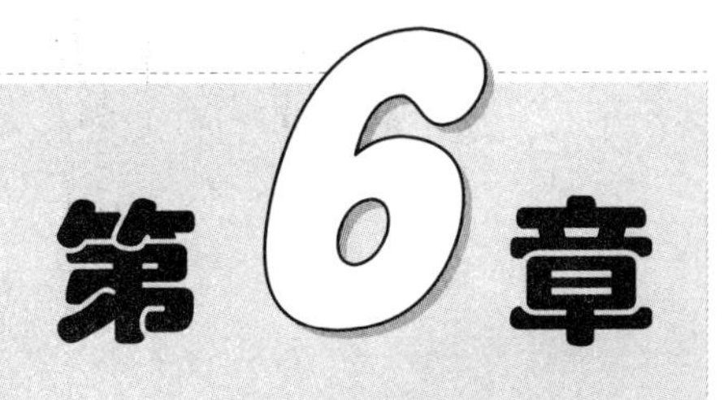

第6章 辅助工具

本章学习要点和目标任务：

☑ 查询工具

☑ 图块及其属性

☑ 设计中心与工具选项板

☑ 综合实战——手动串联电阻起动控制电路图

在绘图设计过程中，经常会遇到一些重复出现的图形（如建筑设计中的桌椅、门窗等），如果每次都重新绘制这些图形，不仅会造成大量的重复工作，而且存储这些图形及其信息也会占据相当大的磁盘空间。图块与设计中心，提出了模块化绘图的方法，这样不仅避免了大量的重复工作，提高了绘图速度和工作效率，而且还可以大大节省磁盘空间。本章主要介绍图块和设计中心功能，主要内容包括图块操作、图块属性、设计中心、工具选项板等知识。

Note

6.1 查询工具

为了方便用户及时了解图形信息，AutoCAD 提供了很多查询工具，这里简要进行说明。

6.1.1 距离查询

查询距离命令的调用方法主要有如下 3 种。

☑ 在命令行中输入“DIST”命令。

☑ 在菜单栏中选择“工具”→“查询”→“距离”命令。

☑ 单击“查询”工具栏中的“距离”按钮。

执行上述命令后，根据系统提示指定要查询的第一个点和第二个点。此时，如果选择命令行提示中的“多点”选项，将基于现有直线段和当前橡皮线即时计算总距离。

6.1.2 面积查询

面积查询命令的调用方法主要有如下 3 种。

☑ 在命令行中输入“MEASUREGEOM”命令。

☑ 在菜单栏中选择“工具”→“查询”→“面积”命令。

☑ 单击“查询”工具栏中的“面积”按钮。

执行上述命令后，根据系统提示选择查询区域。此时，命令行提示中各选项含义如下。

☑ 指定角点：计算由指定点所定义的面积和周长。

☑ 增加面积：打开“加”模式，并在定义区域时即时保持总面积。

☑ 减少面积：从总面积中减去指定的面积。

6.2 图块及其属性

把一组图形对象组合成图块加以保存，需要时可以把图块作为一个整体以任意比例和旋转角度插入到图中任意位置，这样不仅避免了大量的重复工作，提高了绘图速度和工作效率，而且可大大节省磁盘空间。

6.2.1 图块操作

1. 图块定义

在使用图块时，首先要定义图块，图块的定义方法有如下 3 种。

☑ 在命令行中输入“BLOCK”命令。

☑ 在菜单栏中选择“绘图”→“块”→“创建”命令。

☑　单击“绘图”工具栏中的“创建块”按钮。

执行上述命令后，系统弹出如图 6-1 所示的“块定义”对话框，利用该对话框指定定义对象和基点及其他参数，即可定义图块。

2．图块保存

图块的保存方法为：在命令行中输入“WBLOCK”命令。

执行上述命令后，系统弹出如图 6-2 所示的“写块”对话框。利用该对话框可把图形对象保存为图块或把图块转换成图形文件。

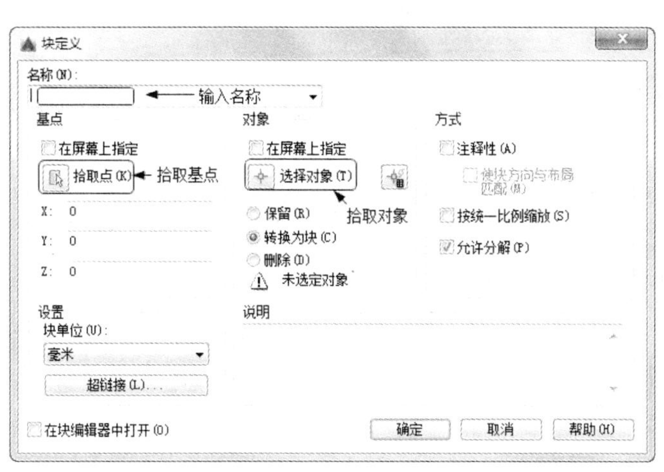

图 6-1　“块定义”对话框

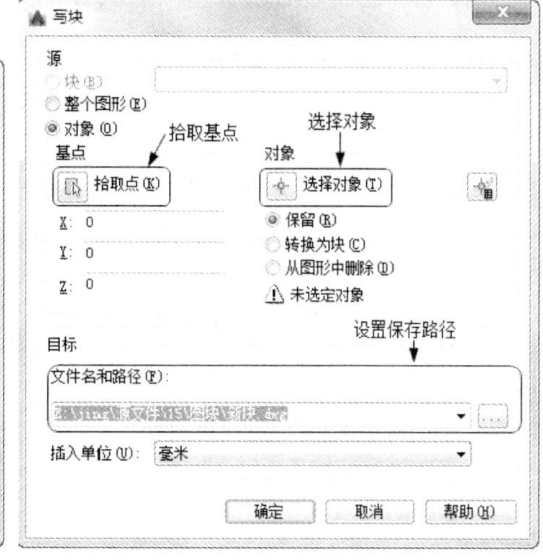

图 6-2　“写块”对话框

3．图块插入

执行块插入命令，主要有以下 3 种调用方法。

☑　在命令行中输入“INSERT”命令。

☑　在菜单栏中选择“插入”→“块”命令。

☑　单击“插入”工具栏中的“插入块”按钮或“绘图”工具栏中的“插入块”按钮。

执行上述命令，系统弹出“插入”对话框，如图 6-3 所示。在该对话框中可以指定要插入的图块，并设置插入点位置、插入比例以及旋转角度。

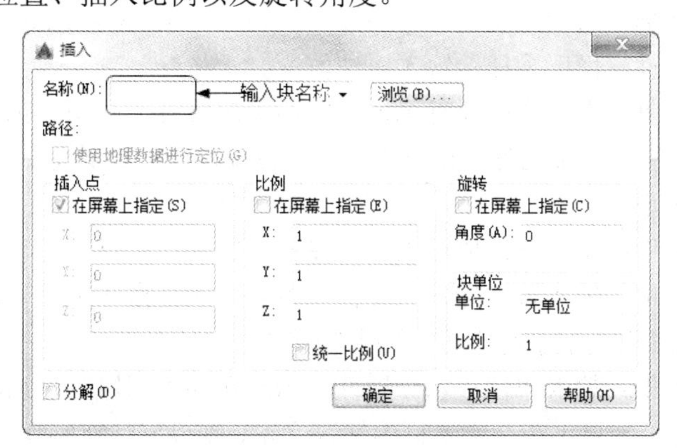

图 6-3　“插入”对话框

6.2.2 图块的属性

Note

1．属性定义

在使用图块属性前，要对其属性进行定义。定义属性的方法有如下两种。

☑ 在命令行中输入“ATTDEF”命令。

☑ 在菜单栏中选择“绘图”→“块”→“定义属性”命令。

执行上述命令，系统弹出“属性定义”对话框，如图6-4所示。对话框中各选项的含义如下。

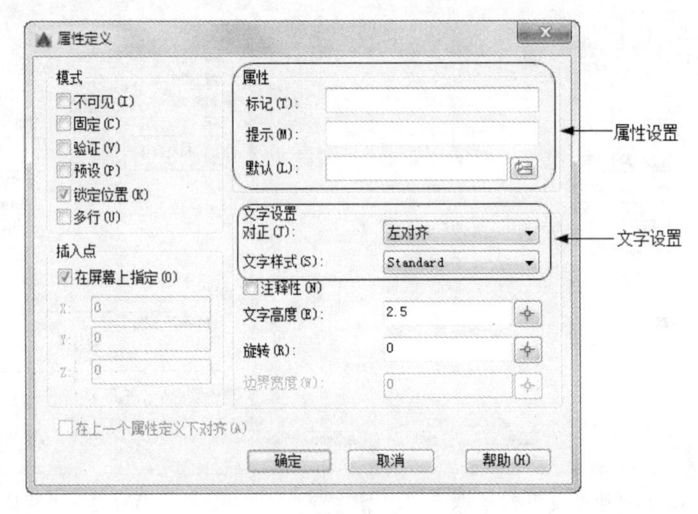

图6-4 “属性定义”对话框

☑ “不可见”复选框：选中此复选框，属性为不可见显示方式，即插入图块并输入属性值后，属性值在图中并不显示出来。

☑ “固定”复选框：选中此复选框，属性值为常量，即属性值在属性定义时给定，在插入图块时，AutoCAD 2016不再提示输入属性值。

☑ “验证”复选框：选中此复选框，当插入图块时，AutoCAD 2016重新显示属性值让用户验证该值是否正确。

☑ “预设”复选框：选中此复选框，当插入图块时，AutoCAD 2016自动把事先设置好的默认值赋予属性，而不再提示输入属性值。

☑ “锁定位置”复选框：选中此复选框，当插入图块时，AutoCAD 2016锁定块参照中属性的位置。解锁后，属性可以相对于使用夹点编辑的块的其他部分移动，并且可以调整多行属性的大小。

☑ “多行”复选框：指定属性值可以包含多行文字。

☑ “标记”文本框：输入属性标签。属性标签可由除空格和感叹号以外的所有字符组成。AutoCAD 2016自动把小写字母改为大写字母。

☑ “提示”文本框：输入属性提示。属性提示是在插入图块时，AutoCAD 2016要求输入属性值的提示。如果不在此文本框内输入文本，则以属性标签作为提示。如果在“模式”选项组中选中“固定”复选框，即设置属性为常量，则不需设置属性提示。

☑　“默认”文本框：设置默认的属性值。可把使用次数较多的属性值作为默认值，也可不设默认值。

其他各选项含义比较简单，不再赘述。

2．修改属性定义

在定义图块之前，可以对属性的定义加以修改，不仅可以修改属性标签，还可以修改属性提示和属性默认值。修改属性定义命令的调用方法有如下两种。

☑　在命令行中输入“DDEDIT”命令。

☑　在菜单栏中选择“修改”→“对象”→“文字”→“编辑”命令。

执行上述命令后，根据系统提示选择要修改的属性定义，然后选择要修改的属性定义，AutoCAD 2016 打开“编辑属性定义”对话框，如图 6-5 所示。可以在该对话框中修改属性定义。

3．图块属性编辑

图块属性编辑命令的调用方法有如下 3 种。

☑　在命令行中输入“EATTEDIT”命令。

☑　在菜单栏中选择“修改”→“对象”→“属性”→“单个”命令。

☑　单击“修改 II”工具栏中的“编辑属性”按钮。

执行上述命令后，在系统提示下选择块后，系统弹出“增强属性编辑器”对话框，如图 6-6 所示。该对话框不仅可以编辑属性值，还可以编辑属性的文字选项和图层、线型、颜色等特性值。

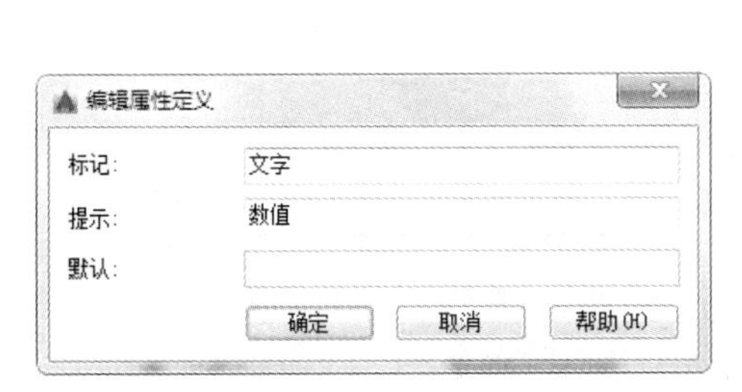

图 6-5　“编辑属性定义”对话框

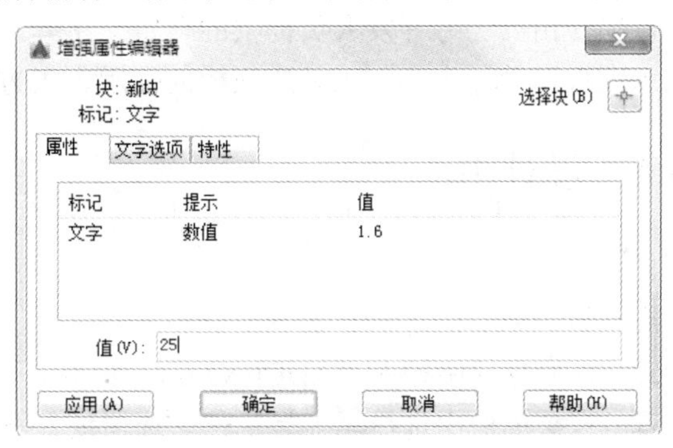

图 6-6　“增强属性编辑器”对话框

6.2.3　实战——灯图块

本实例首先打开一个图形，然后利用创建块命令将灯创建为块，如图 6-7 所示，在绘制过程中应灵活掌握块的运用。

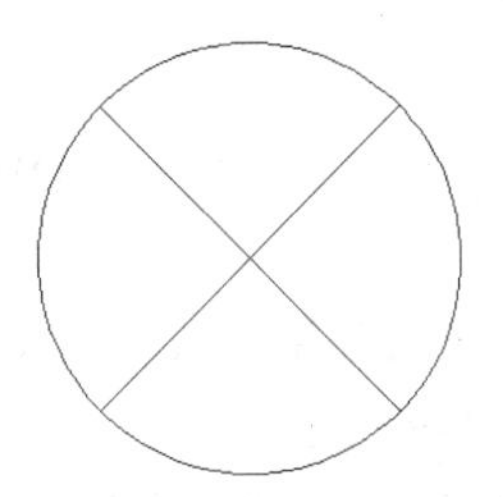

图 6-7　绘制图块

操作步骤如下：（：光盘\配套视频\动画演示\第6章\灯图块.avi）

（1）打开“源文件\第6章\灯”文件，将其另存为“灯图块.dwg”文件。

（2）单击“默认”选项卡“块”面板中的“创建”按钮，打开“块定义”对话框。

（3）在“名称”下拉列表框中输入“deng”。

（4）单击“拾取点”按钮切换到作图屏幕，选择圆心为插入基点，返回“块定义”对话框。

（5）单击“选择对象”按钮切换到作图屏幕，选择图6-7中的对象后，按Enter键返回“块定义”对话框。

（6）单击“确定”按钮关闭对话框。

（7）在命令行中输入“WBLOCK”命令，系统打开“写块”对话框，在“源”选项组中选中“块”单选按钮，在后面的下拉列表框中选择deng图块，并进行其他相关设置后单击“确定”按钮退出。

6.3 设计中心与工具选项板

使用AutoCAD 2016的设计中心可以很容易地组织设计内容，并把它们拖动到当前图形中。工具选项板是选项卡形式的区域，提供组织、共享和放置块及填充图案的有效方法。工具选项板还可以包含由第三方开发人员提供的自定义工具。也可以利用设计中心组织内容，并将其创建为工具选项板。设计中心与工具选项板的使用大大方便了绘图，加快了绘图的效率。

6.3.1 设计中心

1．启动设计中心

启动设计中心的方法有如下4种。

☑ 在命令行中输入“ADCENTER”命令。

☑ 在菜单栏中选择“工具”→“选项板”→“设计中心”命令。

☑ 单击“标准”工具栏中的“设计中心”按钮。

☑ 使用快捷键Ctrl+2。

执行上述命令，系统打开设计中心。第一次启动设计中心时，其默认打开的选项卡为“文件夹”。内容显示区采用大图标显示，左边的资源管理器采用tree view显示方式显示系统的树形结构，浏览资源的同时，在内容显示区显示所浏览资源的有关细目或内容，如图6-8所示。也可以搜索资源，方法与Windows资源管理器类似。

2．利用设计中心插入图形

设计中心一个最大的优点是可以将系统文件夹中的DWG图形当成图块插入到当前图形中。方法如下。

（1）从查找结果列表框选择要插入的对象，双击对象。

（2）打开“插入”对话框，如图6-9所示。

（3）在对话框中设置插入点、比例和旋转角度等参数。

被选择的对象即根据指定的参数插入到图形当中。

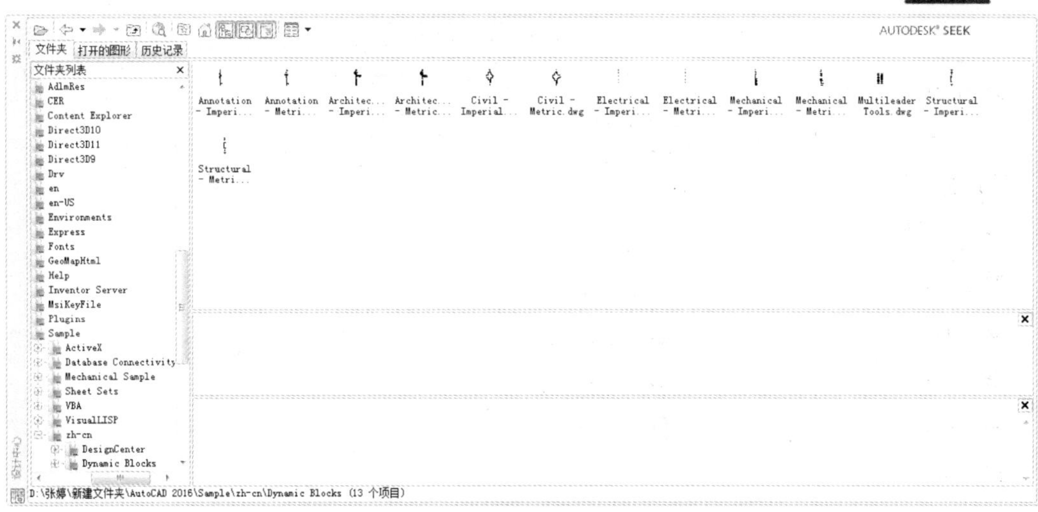

图 6-8　AutoCAD 2016 设计中心的资源管理器和内容显示区

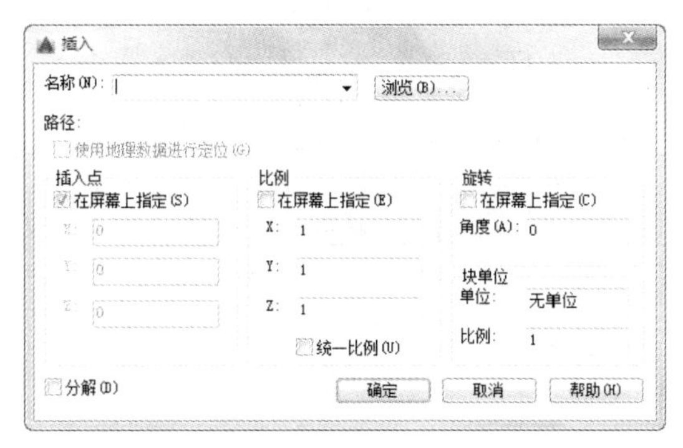

图 6-9　“插入”对话框

6.3.2　工具选项板

1．打开工具选项板

打开工具选项板的方法主要有如下 4 种。

☑　在命令行中输入“TOOLPALETTES”命令。

☑　在菜单栏中选择“工具”→“选项板”→“工具选项板窗口”命令。

☑　单击“标准”工具栏中的“工具选项板”按钮。

☑　使用快捷键 Ctrl+3。

执行上述操作后，系统自动打开工具选项板窗口，如图 6-10 所示。单击鼠标右键，在打开的快捷菜单中选择“新建选项板”命令，如图 6-11 所示，系统将新建一个空白选项板，并可以命名该选项板，如图 6-12 所示。

2．将设计中心内容添加到工具选项板

在 DesignCenter 文件夹上单击鼠标右键，在打开的快捷菜单中选择“创建块的工具选项板”命令，如图 6-13 所示。设计中心中存储的图元就出现在工具选项板中新建的 DesignCenter 选项卡上，如图 6-14 所示。这样就可以将设计中心与工具选项板结合起来，建立一个快捷方便的工具选项板。

Note

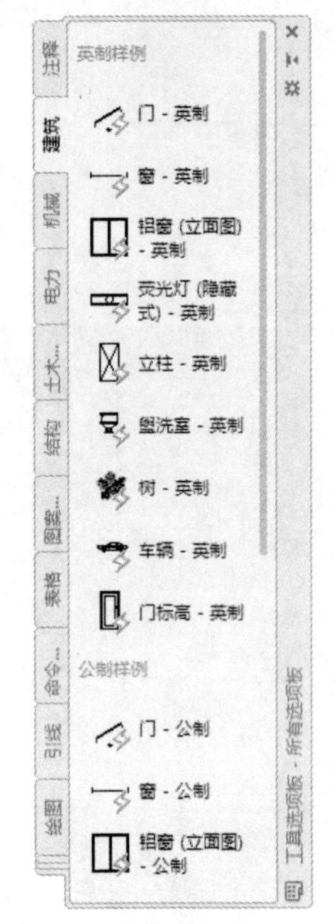

图 6-10 工具选项板窗口

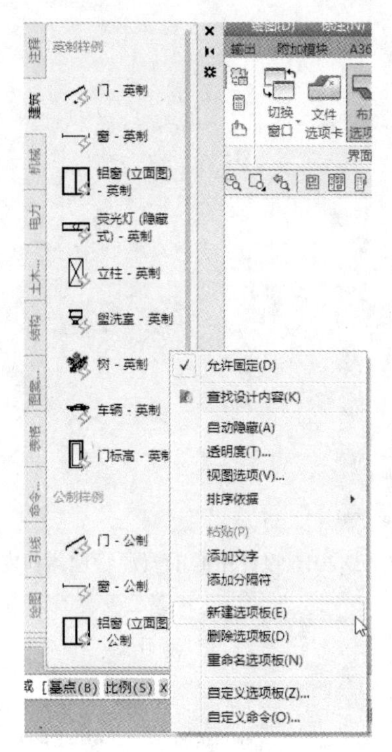

图 6-11 快捷菜单

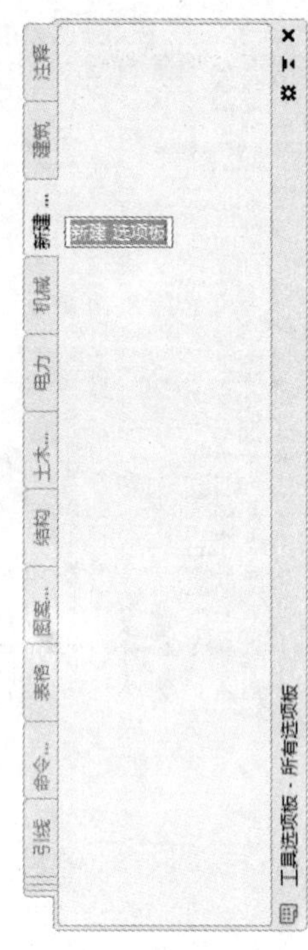

图 6-12 新建选项板

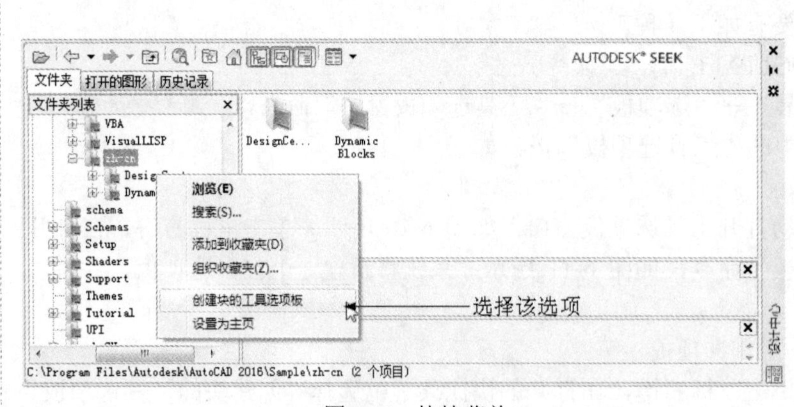

图 6-13 快捷菜单

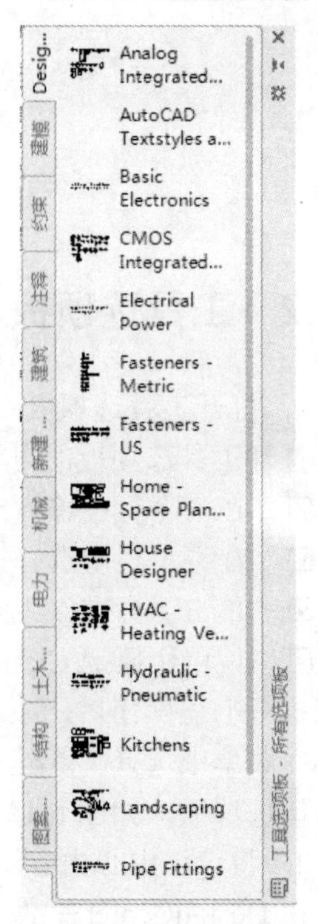

图 6-14 创建工具选项板

3. 使用工具选项板绘图

只需要将工具选项板中的图形单元拖动到当前图形，该图形单元就可以图块的形式插入到当

前图形中。如图 6-15 所示是将工具选项板中“建筑”选项卡中的“床-双人床”图形单元拖到当前图形。

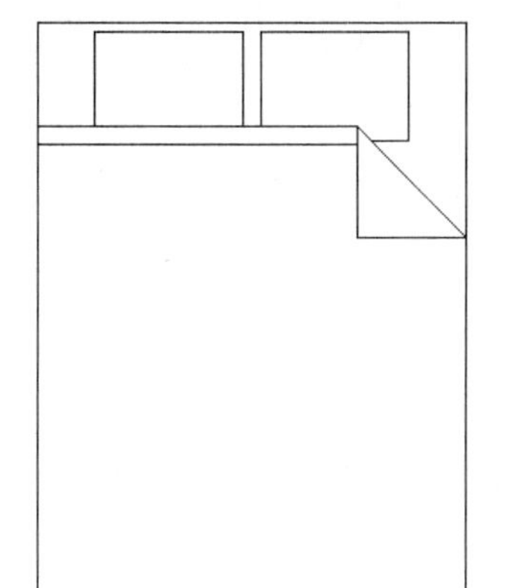

图 6-15　双人床

6.4　综合实战——手动串联电阻起动控制电路图

本节主要考虑怎样利用设计中心与工具选项板来绘制手动串联电阻起动控制电路图，从中感受设计中心与工具选项板使用的便捷性，绘制流程如图 6-16 所示。

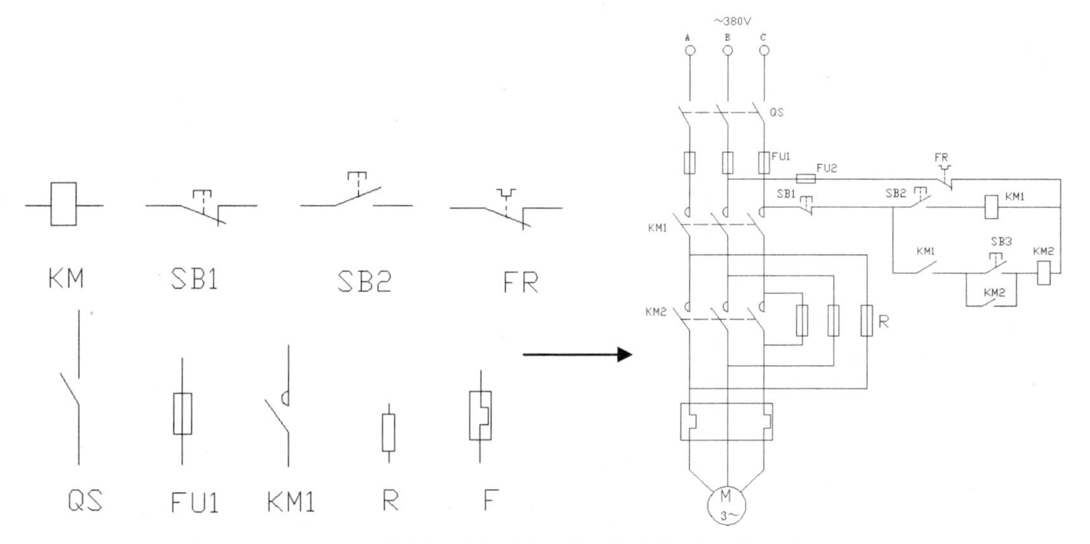

图 6-16　绘制手动串联电阻起动控制电路图流程图

操作步骤如下：（：光盘\配套视频\动画演示\第 6 章\手动串联电阻起动控制电路图.avi）

6.4.1　创建电气元件图形

（1）单击快速访问工具栏中的“新建”按钮，新建图形。

（2）单击“默认”选项卡“绘图”面板中的“矩形”按钮，绘制矩形，继续单击“默认”

选项卡“绘图”面板中的“直线”按钮，绘制直线，结果如图 6-17 所示的 KM 图形。

（3）单击快速访问工具栏中的“保存”按钮，保存图形，输入文件的名称为“KM.dwg”。

（4）利用各种绘图和编辑命令绘制如图 6-17 所示的各个电气元件图形，并按图所示代号分别保存到“电气元件”文件夹中。

Note

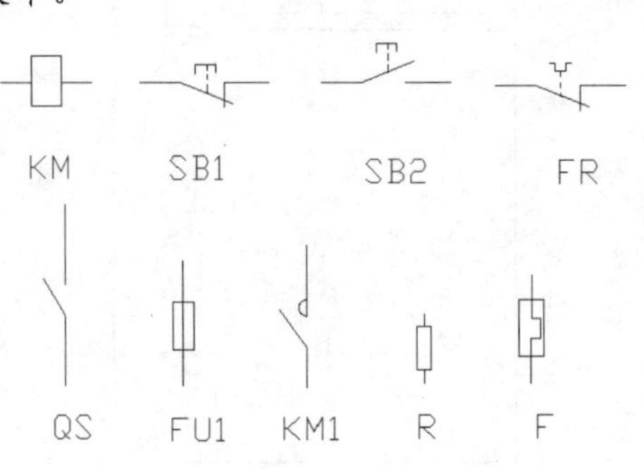

图 6-17　电气元件

> **注意：**
> 这里绘制的电气元件只作为 DWG 图形保存，不必保存成图块。

6.4.2　创建选项板

（1）分别单击“视图”选项卡“选项板”面板中的“设计中心”按钮和“工具选项板”按钮，打开设计中心和工具选项板，如图 6-18 所示。

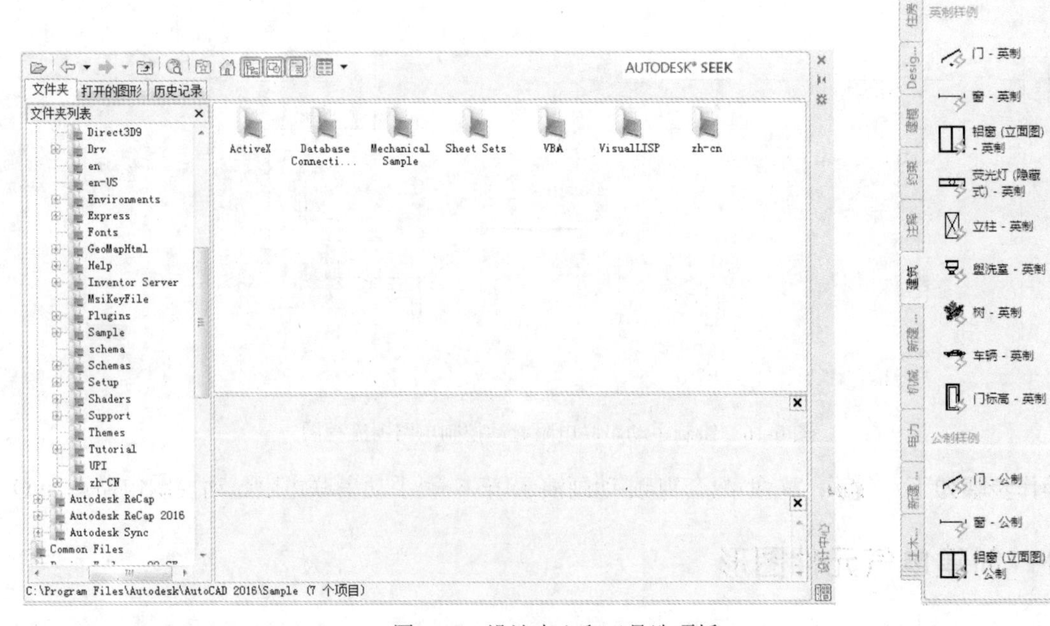

图 6-18　设计中心和工具选项板

（2）在设计中心的“文件夹”选项卡下找到刚才绘制的电器元件保存的“电气元件”文件

夹，在该文件夹上单击鼠标右键，打开快捷菜单，选择“创建块的工具选项板”命令，如图6-19所示。

（3）系统自动在工具选项板上创建一个名为“电气元件”的工具选项板，如图6-20所示，该选项板上列出了“电气元件”文件夹中各图形，并将每一个图形自动转换成图块。

Note

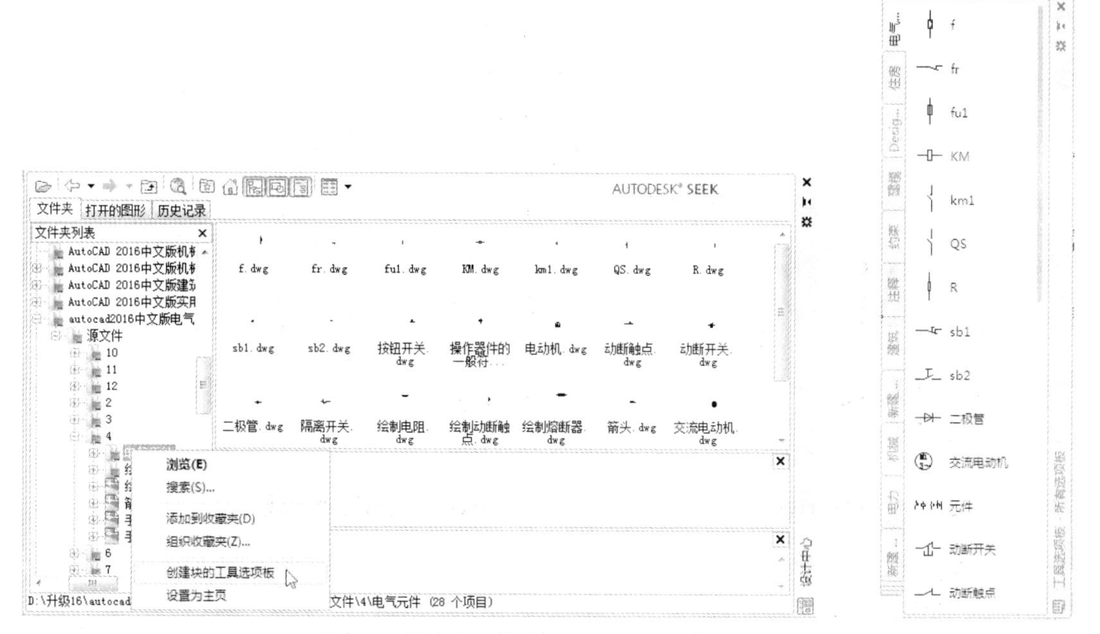

图6-19　设计中心操作

图6-20　“电气元件”工具选项

6.4.3　绘制图形

1. 插入电动机图块

按住鼠标左键，将“电气元件”工具选项板中的“交流电动机”图块拖动到绘图区域，电动机图块就插入到新的图形文件中了，如图6-21所示。

2. 旋转和移动操作

如果工具选项板中插入的图块不能旋转，对需要旋转的图块，可单独利用“旋转”命令结合“移动”命令进行旋转和移动操作，也可以采用直接从设计中心拖动图块的方法实现。单击“默认”选项卡“块”面板中的“插入”按钮，插入手动串联电阻，如图6-22所示。以图6-22所示绘制水平引线后需要插入旋转的图块为例讲述本方法。

（1）打开设计中心，找到“电气元件”文件夹，选择该文件夹，设计中心右边的显示框列表显示该文件夹中的各图形文件，如图6-23所示。

（2）选择其中的文件，按住鼠标左键，拖动到当前绘制图形中，系统提示如下。

① 在命令行提示“输入块名或[?]:”后打开“随书光盘:\源文件\电气元件\FU.dwg”。

② 在命令行提示“指定插入点或[基点(B)/比例(S)/X/Y/Z/旋转(R)]:”后捕捉图6-22中的1点。

③ 在命令行提示“输入X比例因子，指定对角点，或[角点(C)/XYZ(XYZ)] <1>:”后输入“1”，然后按Enter键。

Note

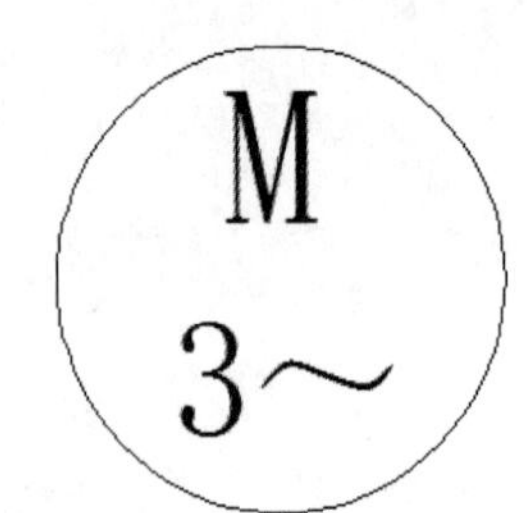

图 6-21　插入电动机图块

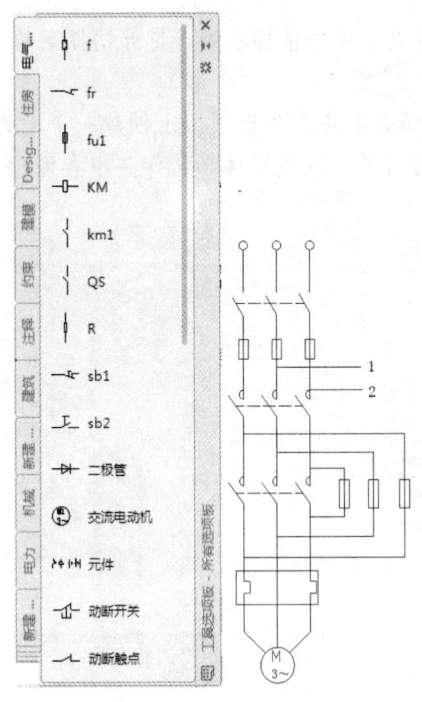

图 6-22　绘制水平引线

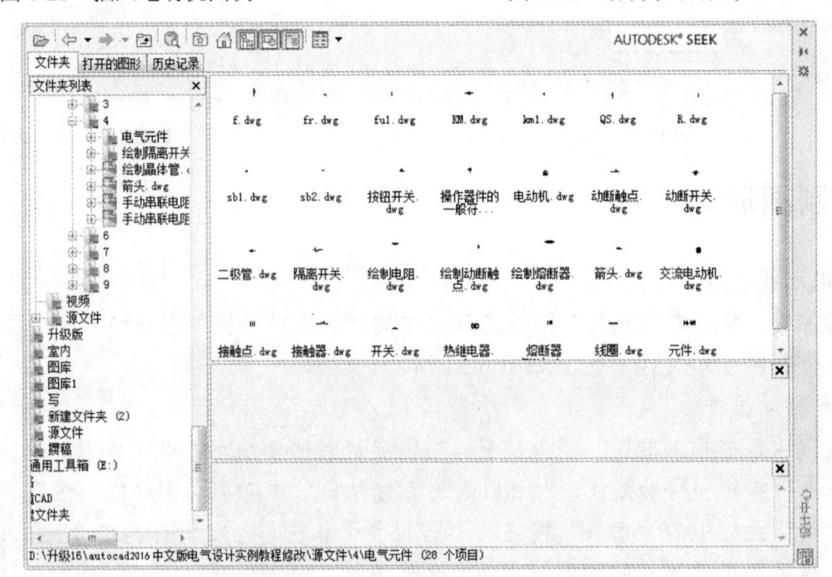

图 6-23　设计中心

④ 在命令行提示“输入 Y 比例因子或<使用 X 比例因子>”后按 Enter 键。

⑤ 在命令行提示“指定旋转角度<0>:”后输入“-90”按 Enter 键，也可以通过拖动鼠标动态控制旋转角度，如图 6-24 所示。

插入结果如图 6-25 所示。

继续利用工具选项板和设计中心插入各图块，利用“直线”命令将电路图补充完成，最终结果如图 6-26 所示。

Note

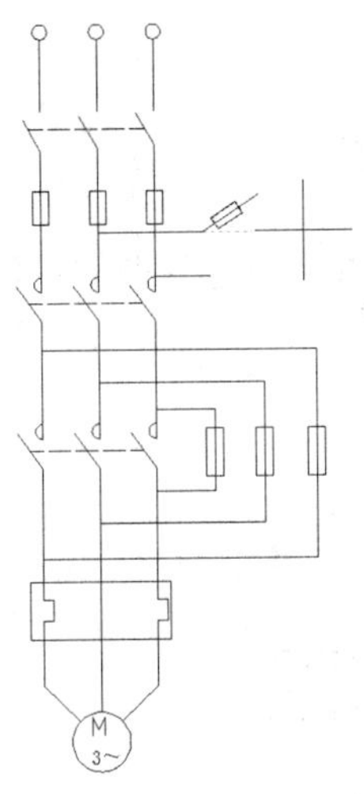

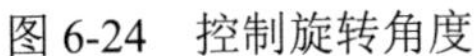
图 6-24 控制旋转角度

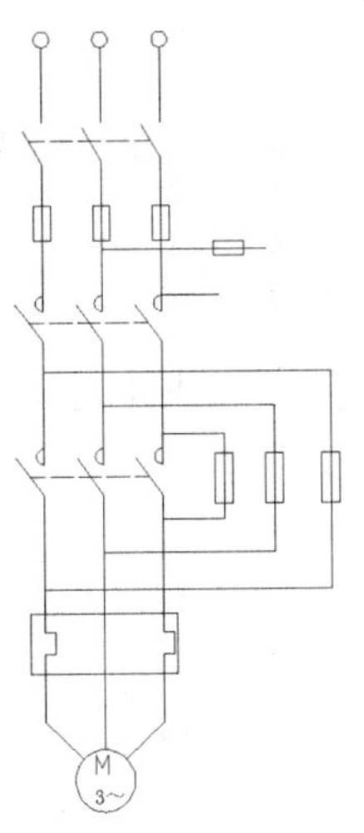

图 6-25 插入结果

3. 是否保存文件

如果不想保存“电气元件”工具选项板，可以在“电气元件”工具选项板上单击鼠标右键，打开快捷菜单，选择“删除选项板”命令，如图 6-26 所示，系统打开提示框，如图 6-27 所示，单击“确定”按钮，系统自动将“电气元件”工具选项板删除。

删除后的工具选项板如图 6-28 所示。

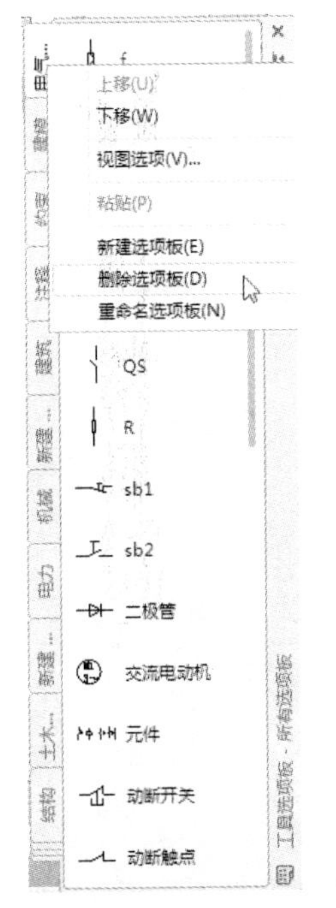

图 6-26 快捷菜单

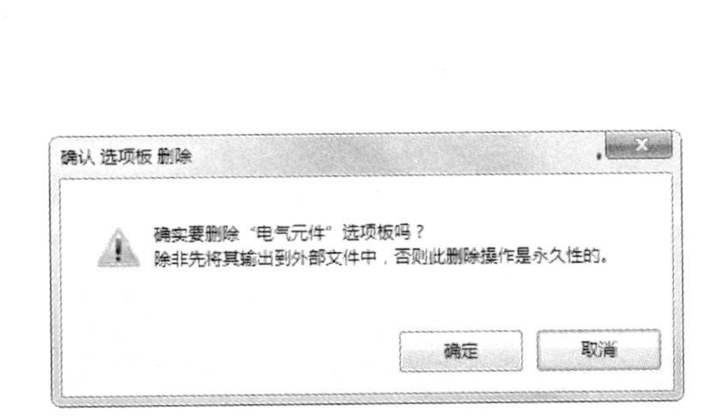

图 6-27 提示框

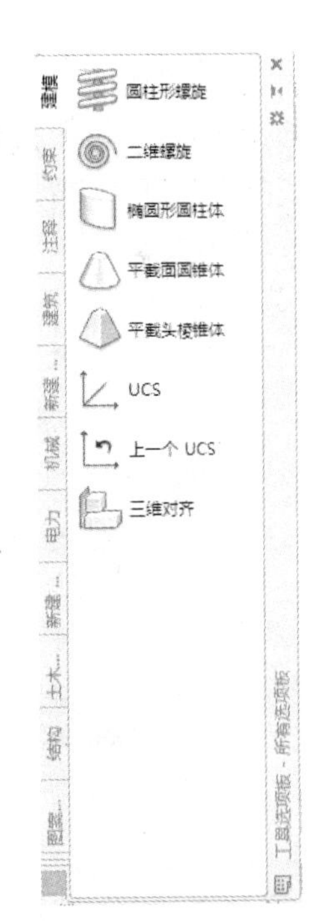

图 6-28 删除后的工具选项板

4. 保存图形

单击快速访问工具栏中的“保存”按钮，保存图形，在“图形另存为”对话框中输入文件的名称。

Note

6.5 实 战 演 练

通过前面的学习，读者对本章知识也有了大体的了解，本节通过下面的操作练习使读者进一步掌握本章知识要点。

【实战演练】创建住房布局截面图（如图6-29所示）。

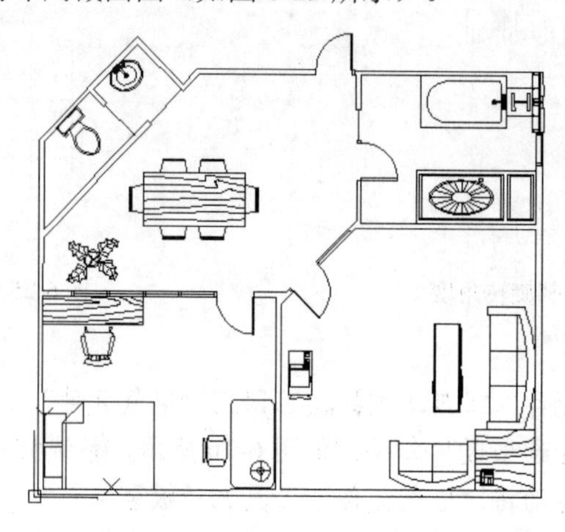

图6-29　住房布局截面图

1．目的要求

利用“直线”“圆弧”“修剪”“偏移”等绘图命令绘制居室平面图，再利用设计中心和工具选项板辅助绘制住房布局截面图，读者应掌握设计中心和工具选项板的使用方法。

2．操作提示

（1）绘制居室平面图。

（2）利用设计中心和工具选项板插入并布置图块。

▶▶第2篇

办公楼水暖电设计

本篇内容通过某公司办公楼室内给水排水设计实例加深读者对AutoCAD功能的理解和掌握，熟悉办公环境室内给排水设计的方法。

第7章

建筑电气工程基础

本章学习要点和目标任务：

☑ 建筑电气工程施工图纸的分类

☑ 电气工程施工图的设计深度

☑ 职业法规及规范标准

本章将结合电气工程专业的浅要专业知识，介绍建筑电气工程图的相关理论，以便读者利用 AutoCAD 进行建筑电气设计。通过本章的概要性叙述，可帮助读者建立一种将专业知识与工程制图技巧相联系的思维模式，初步掌握建筑电气 AutoCAD 的一些基础知识。

Note

7.1 概　　述

各种需要表达在图纸中的电气设施，主要涉及两方面内容：一是供电、配电线路的规格与敷设方式；二是各类电气设备与配件的选型、规格与安装方式。

现代工业与民用建筑中，为满足一定的生产、生活需求，都要安装多种不同功能的电气设施，如照明灯具、电源插座、电视、电话、消防控制装置、各种工业与民用的动力装置、控制设备、智能系统、娱乐电气设施及避雷装置等。对于这些电气工程或设施，都要经过专业人员专门设计在图纸上，这些相关图纸就可称为电气施工图（也可称为电气安装图）。在建筑施工图中，它与给水排水施工图、采暖通风施工图一起，统一列称为设备施工图。其中，电气施工图按“电施”编号。

各种导线、电气设备及配件等在图纸中多数并不是采用其投影制图，而是用国际或国内统一规定的图例、符号及文字表示，具体参见相关标准规程的图例说明，亦可于图纸中予以详细说明，并将其标绘在按比例绘制的建筑结构的各种投影图中（系统图除外），这也是电气施工图的一个特点。

7.1.1 建筑电气工程施工图纸的分类

建筑电气工程项目的规模大小、功能不同，则其图纸的数量、类别也是有所差异的。常用的建筑电气工程图大致可分为以下几类（注意每套图纸的各类型的排放顺序，一套完整、优秀的施工图应方便施工人员的阅读识图，其必须遵循一定的顺序）。

1. 目录、设计说明、图例、设备材料明细表

（1）图纸目录应表达有关序号、图纸名称、图纸编号、图纸张数、篇幅、设计单位等。

（2）设计说明（施工说明）主要阐述电气工程的设计基本概况，如设计的依据、工程的要求和施工原则、建筑功能特点、电气安装标准、安装方法、工程等级、工艺要求及有关设计的补充说明等。

（3）图例是指各种电气装置为便于表达简化而成的图形符号。通常只列出本套图纸中涉及的一些图形符号，一些常见的标准通用图例可省略，相关图形符号参见《电气简图用图形符号》（GB/T 4728.11—2008）有关解释。

（4）设备材料明细表则应列出该项电气工程所需要的各种设备和材料的名称、型号、规格和数量，可供进一步设计概算和施工预算时参考。

2. 电气系统图

电气系统图是用于表达该项电气工程的供电方式及途径、电力输送、分配及控制关系和设备运转等情况的图纸。从电气系统图应可看出该电气工程的概况。电气系统图中又包括变配电系统图、动力系统图、照明系统图、弱电系统图等子项。

3. 电气平面图

电气平面图是表达电气设备、相关装置及各种管线线路平面布置位置关系的图纸，是进行电气安装施工的依据。电气平面图以建筑总平面图为依据，在建筑图上绘出电气设备、相关装置及

各种线路的安装位置、敷设方法等。常用的电气平面图有变配电所平面图、动力平面图、照明平面图、防雷平面图、接地平面图、弱电平面图。

4．设备平面布置图

设备平面布置图是表达各种电气设备或器件的平面与空间的位置、安装方式及其相互关系的图纸，通常由平面图、立面图、剖面图及各种构件详图等组成。设备平面布置图是按三视图原理绘制的，类似于建筑结构制图方法。

Note

5．安装接线图

安装接线图又称安装配线图，是用来表达电气设备、电器元件和线路的安装位置、配线方式、接线方法、配线场所特征等的图纸。

6．电气原理图

电气原理图是表达某一电气设备或系统的工作原理的图纸。它是按照各个部分的动作原理采用展开法来绘制的，通过分析电气原理图可以清楚地看出整个系统的动作顺序。电气原理图可以用来指导电气设备和器件的安装、接线、调试、使用与维修。

7．详图

详图是表达电气工程中设备的某一部分、某一节点的具体安装要求和工艺的图纸，可参照标准图集或进行单独制图予以表达。

工程人员的识图阅读顺序一般应按如下顺序进行：标题栏及图纸说明→总说明→系统图→（电路图与接线图）→平面图→详图→设备材料明细表。

7.1.2 建筑电气工程项目的分类

在建筑电气工程中，包含多项具体的功能项目，它们协同配合，共同实现整个建筑的电气功能，进而满足不同的生产、生活及安全等方面的需求。

1．外线工程

外线工程包括室外电源供电线路、室外通信线路等，涉及强电和弱电，如电力线路和电缆线路。

2．变配电工程

变配电工程是由变压器、高低压配电柜、母线、电缆、继电保护与电气计量等设备组成的变配电所。

3．室内配线工程

室内配线工程主要有线管配线、桥架线槽配线、瓷瓶配线、瓷夹配线、钢索配线等。

4．电力工程

电力工程包括各种风机、水泵、电梯、机床、起重机及其他工业与民用、人防等动力设备（电动机）和控制器、动力配电箱。

5．照明工程

照明工程包括照明电器、开关按钮、插座和照明配电箱等相关设备。

6．接地工程

接地工程包括各种电气设施的工作接地、保护接地系统。

7．防雷工程

防雷工程包括建筑物、电气装置和其他构筑物、设备的防雷设施，一般需经有关气象部门防雷中心检测。

8．发电工程

发电工程包括各种发电动力装置，如风力发电装置、柴油发电机设备。

9．弱电工程

弱电工程包括智能网络系统、通信系统（广播、电话、闭路电视系统）、消防报警系统、安保检测系统等。

Note

7.1.3 建筑电气工程图的基本规定

工业与民用建筑的各个环节均离不开图纸的表达，建筑设计单位设计、绘制图纸，建筑施工单位按图纸组织施工，图纸成为双方表达、交换信息的载体。因此，图纸必须具有设计和施工等部门共同遵守的一定的格式及标准。这些规定包括建筑电气工程自身的规定，也涉及机械制图、建筑制图等相关工程方面的一些规定。

有关建筑电气制图的相关标注及规则，可参见现行国家标准《房屋建筑制图统一标准》（GB/T50001—2010）及《电气工程 CAD 制图规则》（GB/T18135—2008）等。

电气制图中涉及的图形符号、文字符号及项目代号等，可参见现行国家标准《电气简图用图形符号》（GB/T4728.1—2005）、《电气设备用图形符号》（GB/T5465.2—2008）和《工业系统、装置与设备以及工业产品原则与参照代号》（GB/T5094—2005）等。

除了上述国标，我国相关行业标准、国际上通用的 IEC 标准等，都比较严格地规定了电气工程图的一些名词术语。这些名词术语是建筑电气工程制图及识读所必需的。读者若有所需要，可查阅相关文献资料详细认识、了解。

7.1.4 建筑电气工程图的特点

建筑电气工程图的内容主要通过系统图、位置图（平面图）、电路图（控制原理图）、接线图、端子接线图、设备材料表等表达。建筑电气工程图不同于机械图、建筑图，了解、掌握其相关特点，对建筑电气工程制图及识读将会提供很多方便。建筑电气工程图主要具有如下特点。

（1）建筑电气工程图大多是在建筑图上采用统一的图形符号，并加注文字符号绘制出来的。绘制和阅读建筑电气工程图，首先必须明确和熟悉这些图形符号、文字符号及项目代号所代表的内容和物理意义，以及它们之间的相互关系。

（2）任何电路均为闭合回路。一个合理的闭合回路一定包括 4 个基本元素，即电源、用电设备、导线和开关控制设备。正确读懂图纸，还必须了解各种设备的基本结构、工作原理、工作程序、主要性能和用途，以及安装和运行。

（3）电路中的电气设备、元件等，彼此之间都是通过导线连接起来，构成一个整体。识图时，可将各有关的图纸联系起来，相互参照交叉查阅（通过系统图、电路图联系，通过布置图、接线图找位置），以达到事半功倍的效果。

（4）建筑电气工程施工通常是与土建工程及其他设备安装工程（给排水管道、工艺管道、采暖通风管道、通信线路、消防系统及机械设备等设备安装工程）施工相互配合进行的，因此识读建筑电气工程图时应与有关的土建工程图、管道工程图等对应、参照起来阅读，仔细研究电气工程的各施工流程，提高施工效率。

（5）有效识读电气工程图也是编制工程预算和施工方案必须具备的一项基本能力，能够有效指导施工以及设备的维修和管理。同时在识图时，还应熟悉有关规范、规程及标准的要求，才能真正读懂、读通图纸。

Note

（6）电气工程图是采用图形符号绘制表达的，表现的是示意图（如电路图、系统图等），不必按比例绘制。但电气工程平面图是在建筑平面图的基础上表示相关电气设备位置关系的图纸，因此一般采用与建筑平面图同比例绘制。其缩小比例可取 1:10、1:20、1:50、1:100、1:200、1:500 等。

7.2 电气工程施工图的设计深度

本节摘录了住房和城乡建设部颁发的文件《建筑工程设计文件编制深度规定》（2003 年版）中电气工程部分施工图设计的有关内容，供读者学习参考。

7.2.1 总则

（1）民用建筑工程一般应分为方案设计、初步设计和施工图设计 3 个阶段；对于技术要求简单的民用建筑工程，经有关主管部门同意，并且合同中有不作初步设计的约定，可在方案设计审批后直接进入施工图设计。

（2）各阶段设计文件编制深度应按以下原则进行。

① 方案设计文件，应满足编制初步设计文件的需要。

注意：

对于投标方案，设计文件深度应满足标书要求；若标书无明确要求，设计文件深度可参照本规定的有关条款。

② 初步设计文件，应满足编制施工图设计文件的需要。

③ 施工图设计文件，应满足设备材料采购、非标准设备制作和施工的需要。对于将项目分别发包给几个设计单位或实施设计分包的情况，设计文件相互关联处的深度应当满足各承包或分包单位设计的需要。

7.2.2 方案设计

建筑电气设计说明如下。

（1）设计范围。

本工程拟设置的电气系统。

（2）变、配电系统。

① 确定负荷级别：1、2、3 级负荷的主要内容。

② 负荷估算。

③ 电源：根据负荷性质和负荷量，要求外供电源的回路数、容量、电压等级。

④ 变、配电所：位置、数量、容量。

（3）应急电源系统：确定备用电源和应急电源形式。

（4）照明、防雷、接地、智能建筑设计的相关系统内容。

7.2.3　初步设计

1．初步设计阶段

建筑电气专业设计文件应包括设计说明书、设计图纸、主要电气设备表、计算书（供内部使用及存档）。

2．设计说明书

（1）设计依据

① 建筑概况：应说明建筑类别、性质、面积、层数、高度等。

② 相关专业提供给本专业的工程设计资料。

③ 建设方提供的有关职能部门（如供电部门、消防部门、通信部门、公安部门等）认定的工程设计资料、建设方设计要求。

④ 本工程采用的主要标准及法规。

（2）设计范围

① 根据设计任务书和有关设计资料说明本专业的设计工作内容和分工。

② 本工程拟设置的电气系统。

（3）变、配电系统

① 确定负荷等级和各类负荷容量。

② 确定供电电源及电压等级：电源由何处引来、电源数量及回路数、专用线或非专用线、电缆埋地或架空、近远期发展情况。

③ 备用电源和应急电源容量确定原则及性能要求，有自备发电机时，说明启动方式及与市电网关系。

④ 高、低压供电系统结线型式及运行方式：正常工作电源与备用电源之间的关系；母线联络开关运行和切换方式；变压器之间低压侧联络方式；重要负荷的供电方式。

⑤ 变、配电站的位置、数量、容量（包括设备安装容量，计算有功、无功、视在容量、变压器台数、容量）及型式（户内、户外或混合）；设备技术条件和选型要求。

⑥ 继电保护装置的设置。

⑦ 电能计量装置：采用高压或低压；专用柜或非专用柜（满足供电部门要求和建设方内部核算要求）；监测仪表的配置情况。

⑧ 功率因数补偿方式：说明功率因数是否达到供用电规则的要求、应补偿容量和采取的补偿方式及补偿前后的结果。

⑨ 操作电源和信号：说明高压设备操作电源和运行信号装置配置情况。

⑩ 工程供电：高、低压进出线路的型号及敷设方式。

（4）配电系统

① 电源由何处引来、电压等级、配电方式；对重要负荷、特别重要负荷及其他负荷的供电措施。

② 选用导线、电缆、母干线的材质和型号，敷设方式。

③ 开关、插座、配电箱、控制箱等配电设备选型及安装方式。

④ 电动机启动及控制方式的选择。

（5）照明系统

① 照明种类及照度标准。

② 光源及灯具的选择、照明灯具的安装及控制方式。

③ 室外照明的种类（如路灯、庭园灯、草坪灯、地灯、泛光照明、水下照明等）、电压等级、光源选择及其控制方法等。

④ 照明线路的选择及敷设方式（包括室外照明线路的选择和接地方式）。

（6）热工检测及自动调节系统

① 按工艺要求说明热工检测及自动调节系统的组成。

② 自动化仪表的选择。

③ 仪表控制盘、台选型及安装。

④ 线路选择及敷设。

⑤ 仪表控制盘、台的接地。

（7）火灾自动报警系统

① 按建筑性质确定保护等级及系统组成。

② 消防控制室位置的确定和要求。

③ 火灾探测器、报警控制器、手动报警按钮、控制台（柜）等设备的选择。

④ 火灾报警与消防联动控制要求、控制逻辑关系及控制显示要求。

⑤ 火灾应急广播及消防通信概述。

⑥ 消防主电源、备用电源供给方式，接地及接地电阻要求。

⑦ 线路选型及敷设方式。

⑧ 当有智能化系统集成要求时，应说明火灾自动报警系统与其他子系统的接口方式及联动关系。

⑨ 应急照明的电源形式、灯具配置、线路选择及敷设方式、控制方式等。

（8）通信系统

① 对工程中不同性质的电话用户和专线，分别统计其数量。

② 电话站总配线设备及其容量的选择和确定。

③ 电话站交、直流供电方案。

④ 电话站站址的确定及对土建的要求。

⑤ 通信线路容量的确定及线路网络的组成和敷设。

⑥ 对市话中继线路的设计分工、线路敷设和引入位置的确定。

⑦ 室内配线及敷设要求。

⑧ 防电磁脉冲接地、工作接地方式及接地电阻要求。

（9）有线电视系统

① 系统规模、网络组成、用户输出口电平值的确定。

② 节目源选择。

③ 机房位置、前端设备配置。

④ 用户分配网络、导体选择及敷设方式、用户终端数量的确定。

（10）闭路电视系统

① 系统组成。

② 控制室的位置及设备的选择。

③ 传输方式、导体选择及敷设方式。

④ 电视制作系统组成及主要设备选择。

（11）有线广播系统

① 系统组成。

② 输出功率、馈送方式和用户线路敷设的确定。

③ 广播设备的选择，并确定广播室位置。

④ 导体选择及敷设方式。

（12）扩声和同声传译系统

① 系统组成。

② 设备选择及声源布置的要求。

③ 确定机房位置。

④ 同声传译方式。

⑤ 导体选择及敷设方式。

（13）呼叫信号系统

① 系统组成及功能要求（包括有线或无线）。

② 导体选择及敷设方式。

③ 设备选型。

（14）公共显示系统

① 系统组成及功能要求。

② 显示装置安装部位、种类、导体选择及敷设方式。

③ 显示装置规格。

（15）时钟系统

① 系统组成、安装位置、导体选择及敷设方式。

② 设备选型。

（16）安全技术防范系统

① 系统防范等级、组成和功能要求。

② 保安监控及探测区域的划分、控制、显示及报警要求。

③ 摄像机、探测器安装位置的确定。

④ 访客对讲、巡更、门禁等子系统配置及安装。

⑤ 机房位置的确定。

⑥ 设备选型、导体选择及敷设方式。

（17）综合布线系统

① 根据工程项目的性质、功能、环境条件和近、远期用户要求确定综合布线的类型及配置标准。

② 系统组成及设备选型。

③ 总配线架、楼层配线架及信息终端的配置。

④ 导体选择及敷设方式。

⑤ 建筑设备监控系统及系统集成，包括系统组成、监控点数及其功能要求、设备选型等。

（18）信息网络交换系统

① 系统组成、功能及用户终端接口的要求。

② 导体选择及敷设要求。

（19）车库管理系统

① 系统组成及功能要求。

② 监控室设置。

③ 导体选择及敷设要求。

（20）智能化系统集成

① 集成形式及要求。

② 设备选择。

（21）建筑物防雷

① 确定防雷类别。

② 防直接雷击、防侧雷击、防雷击电磁脉冲、防高电位侵入的措施。

③ 当利用建（构）筑物混凝土内钢筋件接闪器、引下线、接地装置时，应说明采取的措施和要求。

（22）接地及安全

① 本工程各系统要求接地的种类及接地电阻要求。

② 总等电位、局部等电位的设置要求。

③ 接地装置要求，当接地装置需作特殊处理时应说明采取的措施、方法等。

④ 安全接地及特殊接地的措施。

（23）需提请在设计审批时解决或确定的主要问题

3．设计图纸

（1）电气总平面图（仅有单体设计时，可无此项内容）

① 标示建（构）筑物名称、容量，高、低压线路及其他系统线路走向，回路编号，导线及电缆型号规格，架空线杆位，路灯、庭园灯的杆位（路灯、庭园灯可不绘线路），重复接地点等。

② 变、配电站位置、编号和变压器容量。

③ 比例、指北针。

（2）变、配电系统

① 高、低压供电系统图：注明开关柜编号、型号及回路编号、一次回路设备型号、设备容量、计算电流、补偿容量、导体型号规格、用户名称、二次回路方案编号。

② 平面布置图：应包括高、低压开关柜、变压器、母干线、发电机、控制屏、直流电源及信号屏等设备平面布置和主要尺寸，图纸应有比例。

③ 标示房间层高、地沟位置、标高（相对标高人）。

（3）配电系统（一般只绘制内部作业草图，不对外出图）

主要干线平面布置图、竖向干线系统图（包括配电及照明干线、变配电站的配出回路及回路编号）。

（4）照明系统

对于特殊建筑，如大型体育场馆、大型影剧院等，有条件时应绘制照明平面图。该平面图应

Note

包括灯位（含应急照明灯）、灯具规格、配电箱（或控制箱）位，不需连线。

（5）热工检测及自动调节系统

① 需专项设计的自控系统需绘制热工检测及自动调节原理系统图。

② 控制室设备平面布置图。

（6）火灾自动报警系统

① 火灾自动报警系统图。

② 消防控制室设备布置平面图。

（7）通信系统

① 电话系统图。

② 站房设备布置图。

（8）防雷系统、接地系统

一般不出图纸，特殊工程只出箱柜平面图、接地平面图。

（9）其他系统

① 各系统所属系统图。

② 各控制室设备平面布置图（若在相应系统图中已清楚说明，可不出此图）。

4．主要设备表

注明设备名称、型号、规格、单位、数量。

5．设计计算书（供内部使用及存档）

（1）用电设备负荷计算。

（2）变压器选型计算。

（3）电缆选型计算。

（4）系统短路电流计算。

（5）防雷类别计算及避雷针保护范围计算。

（6）各系统计算结果还应标示在设计说明或相应图纸中。

（7）因条件不具备不能进行计算的内容，应在初步设计中说明，并应在施工图设计时补算。

7.2.4　施工图设计

在施工图设计阶段，建筑电气专业设计文件应包括图纸目录、施工设计说明、设计图纸、主要设备表、计算书（供内部使用及存档）。

1．图纸目录

先列新绘制图纸，后列重复使用图。

2．施工设计说明

（1）工程设计概况：应将经审批定案后的初步（或方案）设计说明书中的主要指标录入电脑。

（2）各系统的施工要求和注意事项（包括布线、设备安装等）。

（3）设备订货要求（亦可附在相应图纸上）。

（4）防雷及接地保护等其他系统有关内容（亦可附在相应图纸上）。

（5）本工程选用标准图集编号、页号。

Note

3．设计图纸

（1）施工设计说明、补充图例符号、主要设备表可组成首页，当内容较多时，可分设专页。

（2）电气总平面图（仅有单体设计时，可无此项内容）。

① 标注建（构）筑物名称或编号、层数或标高、道路、地形等高线和用户的安装容量。

② 标注变、配电站位置、编号，变压器台数、容量，发电机台数、容量，室外配电箱的编号、型号，室外照明灯具的规格、型号、容量。

③ 架空线路应标注：线路规格及走向、回路编号、杆位编号、档数、档距、杆高、拉线、重复接地、避雷器等（附标准图集选择表）。

④ 电缆线路应标注：线路走向、回路编号、电缆型号及规格、敷设方式（附标准图集选择表）、人（手）孔位置。

⑤ 比例、指北针。

⑥ 图中未表达清楚的内容可附图作统一说明。

（3）变、配电站。

① 高、低压配电系统图（一次线路图）。

图中应标明：母线的型号、规格；变压器、发电机的型号、规格；开关、断路器、互感器、继电器、电工仪表（包括计量仪表）等的型号、规格、整定值。

图下方表格标注：开关柜编号、开关柜型号、回路编号、设备容量、计算电流、导体型号及规格、敷设方法、用户名称、二次原理图方案号（当选用分格式开关柜时，可增加小室高度或模数等相应栏目）。

② 平、剖面图。按比例绘制变压器、发电机、开关柜、控制柜、直流及信号柜、补偿柜、支架、地沟、接地装置等平、剖面布置，安装尺寸等。当选用标准图时，应标注标准图编号、页次；标注进出线回路编号、敷设安装方法，图纸应有比例。

③ 继电保护及信号原理图。继电保护及信号二次原理方案，应选用标准图或通用图。当需要对所选用标准图或通用图进行修改时，只需绘制修改部分并说明修改要求。

控制柜、直流电源及信号柜、操作电源均应选用企业标准产品，图中标示相关产品型号、规格和要求。

④ 竖向配电系统图。以建（构）筑物为单位，自电源点开始至终端配电箱止，按设备所处楼层绘制，应包括变、配电站变压器台数、容量，发电机台数、容量，各处终端配电箱编号，自电源点引出回路编号（与系统图一致），接地干线规格。

⑤ 相应图纸说明。图中表达不清楚的内容，可随图做相应说明。

（4）配电、照明。

① 配电箱（或控制箱）系统图，应标注配电箱编号、型号，进线回路编号；标注各开关（或熔断器）型号、规格、整定值；配电回路编号、导线型号规格（对于单相负荷应标明相别），对有控制要求的回路应提供控制原理图；对重要负荷供电回路宜标明用户名称。上述配电箱（或控制箱）系统内容在平面图上标注完整的，可不单独出配电箱（或控制箱）系统图。

② 配电平面图应包括建筑门窗、墙体、轴线、主要尺寸、工艺设备编号及容量；布置配电箱、控制箱，并注明编号、型号及规格；绘制线路始、终位置（包括控制线路），标注回路规模、编号、敷设方式，图纸应有比例。

③ 照明平面图，应包括建筑门窗、墙体、轴线、主要尺寸，标注房间名称，绘制配电箱、灯具、开关、插座、线路等平面布置，标明配电箱编号以及干线、分支线回路编号、相别、型号、规格、敷设方式等；凡需二次装修部位，其照明平面图随二次装修设计，但配电或照明平面上应相应标注预留的照明配电箱，并标注预留容量；图纸应有比例。

④ 图中表达不清楚的，可随图作相应说明。

（5）热工检测及自动调节系统。

① 普通工程宜选定型产品，仅列出工艺要求。

② 需专项设计的自控系统需绘制：热工检测及自动调节原理系统图、自动调节方框图、仪表盘及台面布置图、端子排接线图、仪表盘配电系统图、仪表管路系统图、锅炉房仪表平面图、主要设备材料表、设计说明。

（6）建筑设备监控系统及系统集成。

① 监控系统方框图，绘至DDC站止。

② 随图说明相关建筑设备监控（测）要求、点数、位置。

③ 配合承包方了解建筑情况及要求，审查承包方提供的深化设计图纸。

（7）防雷、接地及安全。

① 绘制建筑物顶层平面，应有主要轴线号、尺寸、标高；标注避雷针、避雷带、引下线位置；注明材料型号规格、所涉及的标准图编号、页次；图纸应标注比例。

② 绘制接地平面图（可与防雷顶层平面相同），绘制接地线、接地极、测试点、断接卡等的平面位置，标明材料型号、规格、相对尺寸等，以及涉及的标准图编号、页次。当利用自然接地装置时，可不出此图。图纸应标注比例。

③ 当利用建筑物（或构筑物）钢筋混凝土内的钢筋作为防雷接闪器、引下线、接地装置时，应标注连接点、接地电阻测试点、预埋件位置及敷设方式，注明所涉及的标准图编号、页次。

④ 随图说明包括：防雷类别和采取的防雷措施（包括防侧击雷、防雷击电磁脉冲、防高电位侵入），接地装置形式，接地极材料要求、敷设要求、接地电阻值要求。当利用桩基、基础内钢筋作接地极时，应采取的措施。

⑤ 除防雷接地外的其他电气系统的工作或安全接地的要求（如电源接地形式，直流接地，局部等电位、总等电位接地等），如果采用共用接地装置，应在接地平面图中叙述清楚，交代不清楚的应绘制相应图纸（如局部电位平面图等）。

（8）火灾自动报警系统。

① 火灾自动报警及消防联动控制系统图、施工设计说明、报警及联动控制要求。

② 各层平面图，应包括设备及器件布点、连线，线路型号、规格及敷设要求。

（9）其他系统。

① 各系统的系统框图。

② 说明各设备定位安装、线路型号、规格及敷设要求。

③ 配合系统承包方了解相应系统的情况及要求，审查系统承包方提供的深化设计图纸。

4．主要设备表

注明主要设备名称、型号、规格、单位、数量。

5．计算书（供内部使用及归档）

施工图设计阶段的计算书，只补充初步设计阶段时应进行计算而未进行计算的部分，修改因初步设计文件审查变更后，需重新进行计算的部分。

Note

7.3 职业法规及规范标准

规范或标准是工程设计的依据，贯穿于工程设计的整个过程。一名合格的专业设计人员首先应熟悉专业规范的各相关条文，严格遵照执行。本节归纳列出了一些建筑电气工程设计中的常用规范标准，供读者参考、学习。

电气工程设计人员在设计过程中必须严格执行相关条文，保证工程设计的合理、安全，满足相关质量要求，特别是对于一些强制性条文，更应提高警惕，严格遵守。在实际工作中应注意以下几点。

（1）掌握我国电气工程设计中法律、法规强制执行的概念。

（2）了解电气工程设计中强制执行法律、法规文件的名称。

（3）了解我国电气工程设计相关法律、法规的归口管理、编制、颁布、等级、分类、版本的基本概念。

（4）了解我国电气工程中工程管理、工程经济、环境保护、监理、咨询、招标、施工、验收、试运行、达标投产、交付运行等环节执行有关法律、法规的基本要求。

（5）了解 IEC、IEEE、ISO 的基本概念和在我国电气工程勘察设计中的使用条件及其与我国各种法律、法规的关系。

表 7-1 列出了电气工程设计中的常用法律、法规及标准规范目录，读者可自行查阅。其中涉及建设法规、高压供配电、低压配电、建筑物电气装置、智能建筑与自动化、公共部分、电厂与电网等相关法规及各类规范标准。

表 7-1 相关职业法规及标准

序 号	文 件 编 号	文 件 名 称
1	GB 50062—2008	《电力装置的继电保护和自动装置设计规范》
2	GB 50217—2007	《电力工程电缆设计规范》
3	GB 50056—1992	《爆炸和火灾危险环境电力装置设计规范》
4	GB50016—2006	《建筑设计防火规范》
5	GB 50045—1995（2005）	《高层民用建筑设计防火规范》
6	GB/T 50314—2006	《智能建筑设计标准》
7	GB/T 50312—2000	《建筑与建筑群综合布线系统工程设计规范》
8	GB 50052—2009	《供配电系统设计规范》
9	GB 50054—2011	《在地低压配电设计规范》
10	GB 50227—2008	《并联电容器装置设计规范》
11	GB 50060—2008	《3～110kV 高压配电装置设计规范》
12	GB 50055—2011	《通用用电设备配电设计规范》
13	GB 50057—2010	《建筑物防雷设计规范》

续表

序　号	文件编号	文件名称
14	JGJ/T 16—2008	《民用建筑电气设计规范》
15	GB 50260—1996	《电力设施抗震设计规范》
16	GB/T 25295—2010	《电气设备安全设计导则》
17	GB 50150—2006	《电气装配安装工程电气设备交接实验标准》
18	DL 5053—1996	《火力发电厂劳动安全和工业卫生设计规程》
19	DL 5000—2000	《火力发电厂设计技术规程》
20	GB 50116—2008	《火灾自动报警系统设计规范》
21	GB 50174—2008	《电子计算机房设计规范》
22	GB 50038—2005	《人民防空地下室设计规范》
23	GB 50034—2004	《民用建筑照明设计规范》
24	GB 50034—2004	《工业企业照明设计标准》
25	GB 50200—1994	《有线电视系统工程技术规范》
26	GB/T 4728—2010	《电气简图用图形符号》
27	GB/T 5465.2—1996	《电气设备用图形符号》
28	GB/T 6988.1—2008	《电气技术用文件的编制》
29	GB/T 16571—1996	《文物系统博物馆安全防范工程设计规范》
30	GB/T 16676—1996	《银行营业场所安全防范工程设计规范》
31	GB 50056—1993	《电热设备、电力装置设计规范》
32	GBJ 147～149—1990 GB 50168～171 GB 50173—1992 GB 50182 GB 50254 GB 50256～258	《电气装置安装工程施工及验收规范》
33	GB/T 19000—2008	《中华人民共和国质量管理体系标准》
34	GB 12501.2	《电工和电子设备按防电击保护的分类——第二部分：对电击防护要求的导则》
35	GB 16895.1—2008	《建筑物电气装置——第一部分：范围、目的和基本原则》
36	GB 16895.21—2004	《建筑物电气装置——电击保护》
37	GB 16895.2—2005	《建筑物电气装置——第四部分：安全防护　第 42 章：热效应保护》
38	GB 16895.5—2000	《建筑物电气装置——第四部分：安全防护　第 43 章：过电流保护》
39	GB 16895.6—2000	《建筑物电气装置——第五部分：电气设备的选择和安装第 52 章：布线系统》
40	GB 16895.4—1997	《建筑物电气装置——第五部分：电气设备的选择和安装第 53 章：开关设备和控制设备》
41	GB 16895.3—2004	建筑物电气装置——第五部分：电气设备的选择和安装第 54 章：接地配置和保护导体
42	GB 16895.8—2010	《建筑物电气装置——第七部分：特殊装置或场所的要求第 706 节：狭窄的可导电场所》

Note

续表

序　号	文件编号	文件名称
43	GB/T 16895.9—2000	《建筑物电气装置——第七部分：特殊装置或场所的要求第707节：数据处理设备用电气装置的接地要求》
44	GB/T 18379—2001	《建筑物电气装置的电压区段》
45	GB/T 13869—2008	《安全用电导则》
46	GB 14050—2008	《系统接地的形式和安全技术要求》
47	GB 13955—2005	《漏电保护安装和运行》
48	GB/T 13870.1	《电流通过人体的效应——第一部分：常用部分》
49	GB/T 13870.2	《电流通过人体的效应——第二部分：特殊情况》
50	JGJ 36—1999	《图书馆建筑设计规范》
51	JGJ 57—2000	《剧场建筑设计规范》
52	JGJ 60—1999	《汽车客运站建筑设计规范》
53	CESC 31—2006	《钢制电缆桥架工程设计规范》
54	DBJ 01-601—1999	《北京市住宅区及住宅楼房电信设施设计技术规定》
55	DBJ 01-606—2002	《北京市住宅区及住宅安全防范设计标准》
56	GB 50222—1995	《建筑内部装修设计防火规范》
57	GB 50263—2007	《气体灭火系统施工及验收规范》
58	GBJ 36—1990	《乡村建筑设计防火规范》
59	GB 50067—1997	《汽车库、修车库、停车场设计防火规范》
60	GB 50096—1998	《人民防空地下室设计防火规范》
61	GA/T 269、296—2001	《黑白可视对讲系统》
62	GB 50166—2007	《火灾自动报警系统施工及验收规范》
63	GB 50284—2008	《飞机库设计防火规范》
64	GB 50326—2006	《建筑工程文件归档整理规范》
65	GB/T 50001—2010	《房屋建筑制图统一标准》
66	GB/T 50311—2000	《建筑与建筑群综合布线系统工程验收规范》
67	GB 50099—2011	《中小学建筑设计规范》
68	GB 50198—2011	《民用闭路监视电视系统工程技术规范》
69	GB 50096—2011	《住宅设计规范》
70	GB 50059—2011	《35kV～110kV变电所设计规范》
71	GB 50061—2010	《66kV及以下架空电力线路设计规范》
72	GB/T 12501	《电工电子设备防触电保护分类》
73	GB 5030—2002	《建筑电气安装工程施工质量验收规范》
74	DBJ 01-606—2002	《北京市住宅区及住宅建筑有线广播电视设施设计规定》
75	GBJ 143—1990	《架空电力线路、变电所对电视差转台、转播台无线电干扰防护间距标准》
76	GB 50063—2008	《电力装置的电测量仪表装置设计规范》
77	GB 50073—2001	《洁净厂房设计规范》
78	GB 50300—2001	《建筑工程施工质量验收统一标准》
79	GB 6986—1986	《电气制图》
80	GB 20156—2002（2006）	《汽车加油加气站设计与施工规范》

续表

序 号	文件编号	文件名称
81	GA/T 308—2001	《安全防范系统验收规则》
82	GA/T 367—2001	《视频安防监控系统技术要求》
83	GA/T 368—2001	《入侵报警系统技术要求》
84	YDJ 9—1990	《市内通信全塑电缆线路工程设计规范》
85	YD/T 2009—1993	《城市住宅区和办公楼电话通信设施设计规范》
86	YD 5010—1995	《城市居住区建筑电话通信设计安装图集》
87	YD/T 5033—2005	《会议电视系统工程设计规范》
88	YD 5040—2005	《通信电源设备安装设计规范》
89	CECS 45—1992	《地下建筑照明设计标准》
90	CECS 37—1991	《工业企业通信工程设计图形及文字符号标准》
91	CECS: 115—2000	《干式电力变压器选用、验收、运行及维护规程》
92	GB 50333—2002	《医院洁净手术部建筑技术规程》
93	JGJ 46—2000	《综合医院建筑设计规范》
94	JGJ 57—2000	《剧场建筑设计规范》
95	GB 17945—2010	《消防应急灯具》
96	GB/T 14549—1993	《电能质量专用电网谐波》
97	GB 50034—2004	《建筑照明设计标准》

电气平面图

本章学习要点和目标任务：

☑ 电气平面图基础

☑ 照明布置图的绘制

☑ 插座布置图的绘制

☑ 弱电布置图的绘制

建筑电气平面图是建筑设计单位提供给施工单位、使用单位予以其从事电气设备安装和电气设备维护管理人员的电气图，是电气施工图中的最重要图样之一。电气平面工程图描述表达的对象是照明设备及其供电线路。

本章将以某小型企业办公楼电气布置图为例，详细讲述电气平面图的绘制过程。在讲述过程中，将逐步带领读者完成电气平面图的绘制，并讲述关于电气照明平面图的相关知识和技巧。本章包括照明布置图的绘制、插座布置图的绘制、弱电布置图的绘制等内容。

Note

8.1 电气平面图基础

本节将简要介绍电气平面图的一些基本的理论知识。

8.1.1 电气平面图概述

1. 电气平面图表示的主要内容

电气平面图一般包含以下内容。

（1）配电箱的型号、数量、安装位置、安装标高、配电箱的电气系统。

（2）电气线路的配线方式、敷设位置，线路的走向，导线的型号、规格及根数，导线的连接方法。

（3）灯具的类型、功率、安装位置、安装方式及安装标高。

（4）开关的类型、安装位置、离地高度、控制方式。

（5）插座及其他电器的类型、容量、安装位置、安装高度等。

2. 图形符号及文字符号的应用

电气施工平面图是简图，它采用图形符号和文字符号来描述图中的各项内容。电气线路、其相关的电气设备的图形符号及其标注的文字符号所表征的意义，将于后续文字中作相关介绍。

3. 电气线路及设备位置的确定方法

电气线路及其设备一般采用图形符号和标注文字相结合的方式来表示，在电气施工平面图中不表示线路及设备本身的尺寸、形状，但必须确定其敷设和安装的位置。其平面位置是根据建筑平面图的定位轴线和某些构筑物的平面位置来确定照明线路和设备布置的位置，而垂直位置，即安装高度，一般采用标高、文字符号等方式来表示。

4. 电气平面图的绘制步骤

电气平面图绘制步骤如下。

（1）绘制房屋平面（外墙、门窗、房间、楼梯等）。

（2）电气工程 CAD 制图中，对于新建结构往往会由建筑专业提供建筑施工图，对于改建改造建筑则需重新绘制其建筑施工图。

（3）绘制配电箱、开关及电力设备。

（4）绘制各种灯具、插座、吊扇等。

（5）绘制进户线及各电气设备、开关、灯具间的连接线。

（6）对线路、设备等附加文字标注。

（7）附加必要的文字说明。

8.1.2 常用照明线路分析

照明控制接线图包括原理接线图和安装接线图。原理接线图比较清楚地表明了开关、灯具的连接与控制关系，但不具体表示照明设备与线路的实际位置。在照明平面图上表示的照明设备连接关系图是安装接线图。照明平面图应清楚地表示灯具、开关、插座、线路的具体位置和安装方

法，但对同一方向、同一档次的导线只用一根线表示。灯具和插座都是并联于电源进线的两端，相线必须经过开关后再进入灯座。零线直接接到灯座，保护接地线与灯具的金属外壳相连接。在一个建筑物内，有许多灯具和插座，一般有两种连接方法：一种是直接接线法，灯具、插座、开关直接从电源干线上引接，导线中间允许有接头，如瓷夹配线、瓷柱配线等；另一种是共头接线法，导线的连接只能在开关盒、灯头盒、接线盒引线，导线中间不允许有接头。这种接线法耗用导线多，但接线可靠，是目前工程广泛应用的安装接线方法，如线管配线、塑料护套配线等。当灯具和开关的位置改变、进线方向改变时，都会使导线根数变化。所以，要真正看懂照明平面图，就必须了解导线数的变化规律，掌握照明线路设计的基本知识。

1．开关与灯具的控制关系

（1）一个开关控制一盏灯

一个开关控制一盏灯是最简单的照明平面布置，这种配线方式可采用共头接线法或直接接线法。如图 8-1 所示的接线图所采用的导线根数是与实际接线的导线根数是一致的。

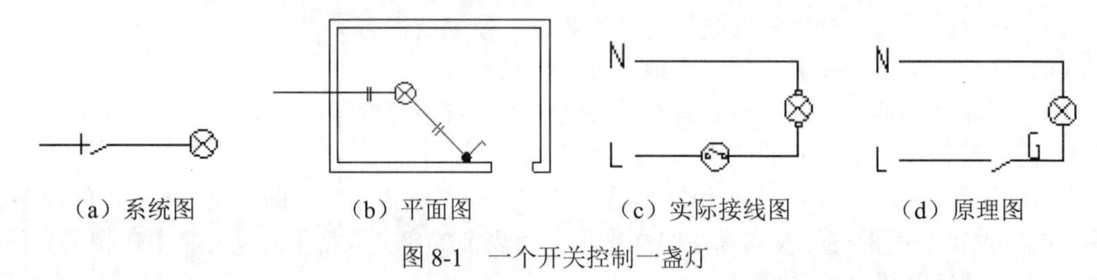

（a）系统图　（b）平面图　（c）实际接线图　（d）原理图

图 8-1　一个开关控制一盏灯

（2）多个开关控制多盏灯

如图 8-2 所示，图中有 1 个照明配电箱、3 盏灯、1 个单控双联开关和 1 个单控单联开关，其采用线管配线，共头接线法。

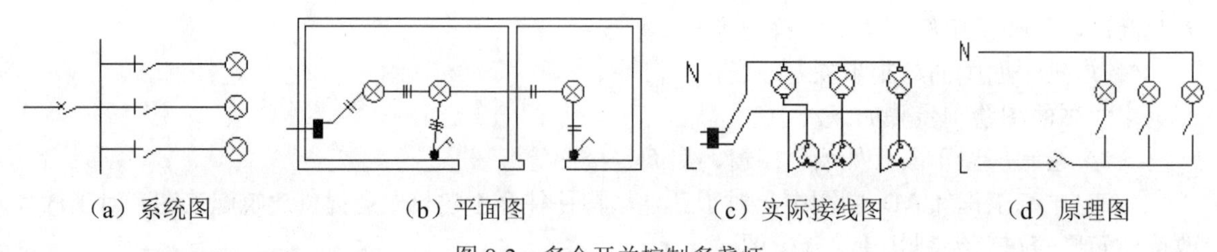

（a）系统图　（b）平面图　（c）实际接线图　（d）原理图

图 8-2　多个开关控制多盏灯

（3）两个开关控制一盏灯

如图 8-3 所示，图中两只双控开关在两处控制一盏灯，这种控制模式通常用于楼梯灯——楼上、楼下分别控制，走廊灯——走廊两端进行控制。

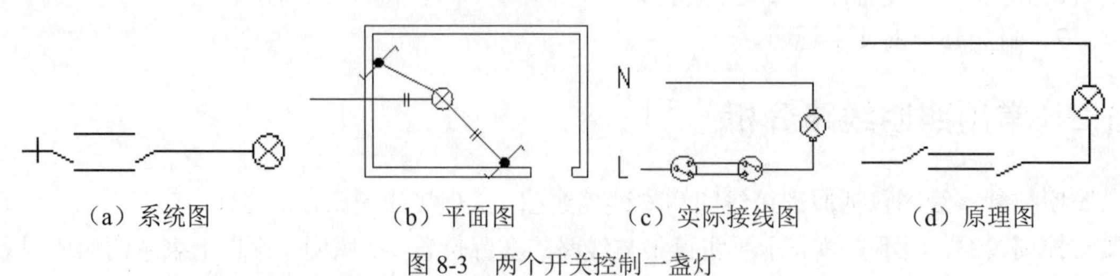

（a）系统图　（b）平面图　（c）实际接线图　（d）原理图

图 8-3　两个开关控制一盏灯

2．插座的接线

（1）单相两极暗插

如图 8-4 所示为单相两极暗插座的平面图及接线示意图，由该图可以看出，左插孔接零线 N，右插孔则接相线 L。

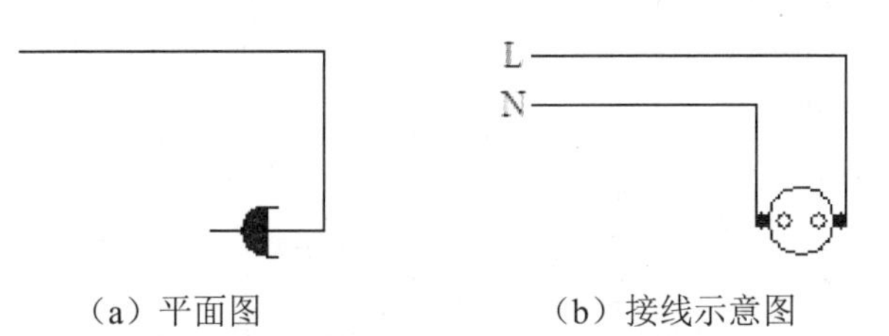

（a）平面图　　（b）接线示意图

图 8-4　单相两极暗插座

（2）单相三级暗插座

如图 8-5 所示为单相三极暗插座的平面图及接线示意图，由该接线图可以看出，上插孔接保护地线 PE，左插孔接零线 N，右插孔则接相线 L。

（3）三相四极暗插座

如图 8-6 所示为三相四极暗插座的平面图及接线示意图，从接线图可以看出，上插孔接零线 N，其余接 3 根相线（L1、L2、L3）及保护接地线 PE 接电气设备的外壳及控制器。

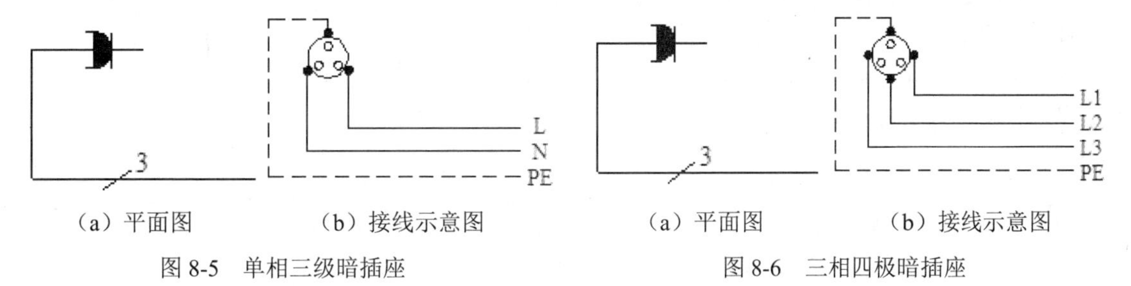

（a）平面图　　（b）接线示意图　　（a）平面图　　（b）接线示意图

图 8-5　单相三级暗插座　　图 8-6　三相四极暗插座

关于电气的接线方式及控制知识，读者可查阅电气专业的相关书籍。

8.1.3　文字标注及相关必要的说明

建筑电气施工图的表达，一般采用图形符号与文字标注符号相结合的方法，文字标注包括相关尺寸、线路的文字标注、用电设备的文字标注、开关与熔断器的文字标注、照明变压器的文字标注、照明灯具的文字标注，以及相关的文字特别说明等，所有的文字标注均应按相关标准要求，做到文字表达规范、清晰明了。

以下为读者简要介绍导线、电缆、配电箱、照明灯具、开关等电气设备的文字标注表示方法，电气专业书籍中也有叙述，本节主要是将其与 AutoCAD 制图相结合统一介绍。

1．绝缘导线与电缆的表示

（1）绝缘导线

低压供电线路及电气设备的连接线多采用绝缘导线。按绝缘材料分为有橡皮绝缘导线与塑料绝缘导线等。按线芯材料分为铜芯和铝芯，其中还有单芯和多芯的区别。导线的标准截面面积有 $20mm^2$、$30mm^2$、$40mm^2$、$50mm^2$ 等。表 8-1 列出了常用绝缘导线的型号、名称、用途。

Note

表 8-1　常用绝缘导线的型号、名称、用途

型　号	名　称	用　途
BXF（BLXF）	氯丁橡皮铜（铝）芯线	适用于交流 500V 及以下，直流 1000V 及以下的电气设备和照明设备
BX（BLX）	橡胶皮铜（铝）芯线	
BXR	铜芯橡皮软线	
BV（BLV）	聚氯乙烯铜（铝）芯线	适用于各种设备、动力、照明的线路固定敷设
BVR	聚氯乙烯铜芯软线	
BVV（BLVV）	铜（铝）芯聚氯乙烯绝缘和护套线	
RVB	铜芯聚氯乙烯平行软线	适用于各种交直流电器、电工仪器、小型电动工具、家用电器装置的连接
RVS	铜芯聚氯乙烯绞型软线	
RV	铜芯聚氯乙烯软线	
RX,RXS	铜芯、橡皮棉纱编织软线	

注：B——绝缘电线，平行；R——软线；V——聚氯乙烯绝缘，聚氯乙烯护套；X——橡皮绝缘；L——铝芯（铜芯不表示）；S——双绞；XF——氯丁橡皮绝缘。

（2）电缆

电缆按用途分为电力电缆、通用（专用）电缆、通信电缆、控制电缆、信号电缆等。按绝缘材料可分为纸绝缘电缆、橡皮绝缘电缆、塑料绝缘电缆等。电缆的结构主要有 3 个部分，即线芯、绝缘层和保护层，保护层又分为内保护层和外保护层。

电缆的型号表示，应表达出电缆的结构、特点及用途。表 8-2 给出了电缆型号字母含义，表 8-3 给出了电缆外护层数字代号含义。

表 8-2　电缆型号字母含义

类　别	绝缘种类	线芯材料	内护层	其他特征	外护层
电力电缆（不表示）	Z——纸绝缘	T——铜	Q——铅套	D——不滴流	2 个数字，见表 8-3
K——控制电缆	X——橡皮绝缘		L——铝套	F——分相护套	
P——信号电缆	V——聚氯乙烯		H——橡套	P——屏蔽	
Y——移动式软电缆	Y——聚乙烯	L——铝	V——聚氯乙烯套	C——重型	
H——市内电话电缆	YJ——交联聚乙烯		Y——聚乙烯套		

表 8-3　电缆外护层数字代号

第一个数字		第二个数字	
代　号	铠装层类型	代　号	外被层类型
0	无	0	无
1	—	1	纤维绕包
2	双钢带	2	聚氯乙烯护套
3	细圆钢丝	3	聚乙烯护套
4	粗圆钢丝	4	—

例如：

① VV-10000-3×50+2×25，表示聚氯乙烯绝缘，聚氯乙烯护套电力电缆，额定电压为 10000V，3 根 50mm² 铜芯线，2 根 25mm² 铜芯线。

② YJV22-3×75+1×35，表示交联聚乙烯绝缘，聚氯乙烯护套内钢带铠装，3 根 75mm² 铜芯线，1 根 35mm² 铜芯线。

2．线路文字标注

动力及照明线路在平面图上均用图线表示，而且只要走向相同，无论导线根数的多少，都可用一条图线（单线法）表示，同时在图线上打上短斜线或标以数字，用以说明导线的根数。另外在图线旁应标注必要的文字符号，用以说明线路的用途，导线型号、规格、根数，线路敷设方式及敷设部位等。这种标注方式被习惯称为直接标注。

其标注基本格式为：

$$a\text{-}b(c \times d)e\text{-}f$$

式中：a——线路编号或线路用途的符号；

b——导线型号；

c——导线根数；

d——导线截面，单位为 mm²；

e——保护管直径，单位为 mm；

f——线路敷设方式和敷设部位。

《电气简图用图形符号》(GB/T 4728—2008)和《电气技术用文件的编制》(GB/T 6988—2008)未对线路用途符号及线路敷设方式和敷设部位用文字符号作统一规定，但仍一般习惯使用原来以汉语拼音字母为标注的方法，专业人士推荐使用以相关专业英语字母表征其相关说明。

例如：

（1）WP1 BLV-(3×50+1×35)-K-WE，表示 1 号电力线路，导线型号为 BLV（铝芯聚氯乙烯绝缘电线），共有 4 根导线，其中 3 根截面分别为 50mm²，1 根截面为 35mm²，采用瓷瓶配线，沿墙明敷设。

（2）BLX-(3×4)G15-WC，表示 3 根截面为 4mm² 的铝芯橡皮配绝缘电线，穿直线 15mm 的水煤气钢管沿墙暗敷设。

注意：

当线路用途明确时，可以不标注线路的用途。标注的相关符号所代表的含义如表 8-4～表 8-6 所示。

表 8-4　标注线路用文字符号

序　　号	中 文 名 称	英 文 名 称	常用文字符号		
			单　字　母	双　字　母	三　字　母
1	控制线路	Control line	W	WC	
2	直流线路	Direct current line		WD	
3	应急照明线路	Emergency lighting line		WE	WEL
4	电话线路	Telephone line		WF	
5	照明线路	Illuminating line		WL	
6	电力设备	Power line		WP	
7	声道（广播）线路	Sound gate line		WS	
8	电视线路	TV.line		WV	
9	插座线路	Socket line		WX	

Note

表 8-5 线路敷设方式文字符号

序号	中文名称	英文名称	旧符号	新符号
1	暗敷	Concealed	A	C
2	明敷	Exposed	M	E
3	铝皮线卡	Aluminum clip	QD	AL
4	电缆桥架	Cable tray		CT
5	金属软管	Flexible metallic conduit		F
6	水煤气管	Gas tube	G	G
7	瓷绝缘子	Porcelain insulator	CP	K
8	钢索敷设	Supported by messenger wire	S	MR
9	金属线槽	metallic raceway		MR
10	电线管	Electrical metallic tubing	DG	T
11	塑料管	Plastic conduit	SG	P
12	塑料线卡	Plastic clip	VJ	PL
13	塑料线槽	Plastic raceway		PR
14	钢管	Steel conduit	GG	S

表 8-6 线路敷设部位文字符号

序号	中文名称	英文名称	旧符号	新符号
1	梁	Beam	L	B
2	顶棚	Ceiling	P	CE
3	柱	Column	Z	C
4	地面（楼板）	Floor	D	F
5	构架	Rack		R
6	吊顶	Suspended ceiling		SC
7	墙	Wall	Q	W

3．动力、照明配电设备的文字标注

动力和照明配电设备应采用《电气简图用图形符号》（GB/T4728.6－2008）所规定的图形符号绘制，并应在图形符号旁加注文字标注，其文字标注格式一般可为

$$a\frac{b}{c}\text{或}a\text{-}b\text{-}c$$

当需要标注引入线的规格时，则标注为

$$a\frac{b\text{-}c}{d(e\times f)\text{-}g}$$

式中：a——设备编号；

b——设备型号；

c——设备功率，单位为kW；

d——导线型号；

e——导线根数；

f——导线截面，单位为mm²；

g——导线敷设方式及敷设部位。

例如：

☑ $A_3\frac{\text{XL-3-2}}{40.5}$，即表示为3号动力配电箱，其型号为XL-3-2型，功率为40.5kW。

☑ $A_3\frac{\text{XL-3-2-40.5}}{\text{BLV-3}\times\text{35G50-CE}}$，即表示为3号动力配电箱，型号为XL-3-2型，功率为40.5kW，配电箱进线为3根铝芯聚氯乙烯绝缘电线，其截面为35mm^2，穿直径40mm的水煤气钢管，沿柱子明敷。

（1）用电设备的文字标注。

用电设备应按国家标准规定的图形符号表示，并在图形符号旁用文字标注说明其性能和特点，如编号、规格、安装高度等，其标注格式为：

$$\frac{a}{b} \text{ 或 } \frac{a}{c}\left|\frac{b}{d}\right.$$

式中：a——设备的编号；

b——额定功率，单位为kW；

c——线路首端熔断片或自动开关释放器的电流，单位为A；

d——安装标高，单位为m。

（2）开关及熔断器的文字标注。

开关及熔断器的表示，亦为图形符号加文字标注。其文字标注格式一般为：

$$a\frac{b\text{-}c/i}{d(e\times f)\text{-}g} \text{ 或 } a\frac{b}{c/i} \text{ 或 } a\text{-}b\text{-}c/i$$

当需要标注引入线时，则其标注格式为：

$$a\frac{b\text{-}c/i}{d(e\times f)\text{-}g}$$

式中：a——设备编号；

b——设备型号；

c——额定电流，单位为A；

i——整定电流，单位为A；

d——导线型号；

e——导线根数；

f——导线截面，单位为mm^2；

g——导线敷设方式及敷设部位。

例如：

① $Q_5\frac{HH_3\text{-100/3}}{100/80}$，即表示2号开关设备，型号为$HH_3$-10/3型，即额定电流为100A的三级铁壳开关，开关内熔断器所配用的熔体额定电流则为80A。

② $Q_5\frac{HH_3\text{-100/3-100/80}}{\text{BLX-3}\times\text{35G40-FC}}$，即表示2号开关设备，型号为$HH_3$-10/3，即额定电流为100A的三级铁壳开关，开关内熔断器所配用的熔体额定电流为80A，开关的进线采用3根截面分别为

35 mm² 的铝芯橡皮绝缘线，导线穿直径为 40mm 的水煤气钢管埋地暗敷。

③ $Q_5\dfrac{DZ10\text{-}100/3}{100/80}$，即表示 5 号开关设备，型号为 DZ10-100/3，即为装置式 3 极低压空气断路器，俗称自动空气开关，即额定电流为 100A，脱扣器额定电流为 80A。

4．照明灯具的文字标注

照明灯具种类多样，图形符号也各有不同。

其文字标注方式一般为：

$$a\text{-}b\frac{c\times d\times l}{e}f$$

当灯具安装方式为吸顶安装时，则标注应为：

$$a\text{-}b\frac{c\times d\times l}{g}f$$

式中：a——灯具的数量；

b——灯具的型号或编号或代号；

c——每盏灯具的灯泡总数；

d——每个灯泡的容量，单位为 W；

e——灯泡安装高度，单位为 m；

f——灯具安装方式；

g——光源的种类（常省略此项）。

灯具的安装方式代号如表 8-7 所示。

表 8-7　照明灯具的安装方式及文字符号

中文名称	英文名称	旧符号	新符号	备注
链吊	Chain Pendant	L	C	
管吊	Pipe(conduit) erected	G	P	
线吊	Wire(cord) pendant	X	WP	
吸顶	Ceiling mounted (Absorbed)			
嵌入	Recessed in		R	
壁装	Wall mounted	B	WP	图形能区别时可不注

注：当灯具的安装方式为吸顶安装时，可在标注方案安装高处改为一横线，而不必标注符号。

常用的光源种类有白炽灯（IN）、荧光灯（FL）、汞灯（Hg）、钠灯（Na）、碘灯（I）、氙灯（Xe）、氖灯（Ne）等。

例如：

（1）$10\text{-}YG_2\text{-}2\dfrac{2\times 40\times FL}{3}C$，即表示有 10 盏型号为 YG_2-2 型的荧光灯，每盏灯有 2 个 40W 灯管，安装高度为 3m，采用链吊安装。

（2）$5\text{-}DBB306\dfrac{4\times 60\times IN}{-}C$，即表示有 5 盏型号为 DBB306 型的圆口方罩吸顶灯，每盏灯有 4 个白炽灯泡，灯泡功率为 60W，吸顶安装。

Note

5. 照明变压器的文字标注

照明变压器也是使用图形符号附加文字标注的方式来表示，其文字标注的格式一般为：

$$a / b\text{-}c$$

式中：a——一次电压，单位为 V；

b——二次电压，单位为 V；

c——额定容量，单位为 V·A。

例如，380/38-500 即表示该照明变压器一次额定电压为 380V，二次额定电压为 36V，其容量为 500V·A。

8.2 照明布置图的绘制

照明布置图设计的基本原则是在满足照明电力需求功能的前提下，要求线路尽量短，节省成本；线缆集成尽量条理清晰，便于后期维修查找；布线应尽量美观。

本节主要讲述一层、二层、三层照明平面图的绘制过程。

8.2.1 一层照明平面图的绘制

本节主要讲述一层照明平面图的绘制过程，结果如图 8-7 所示。

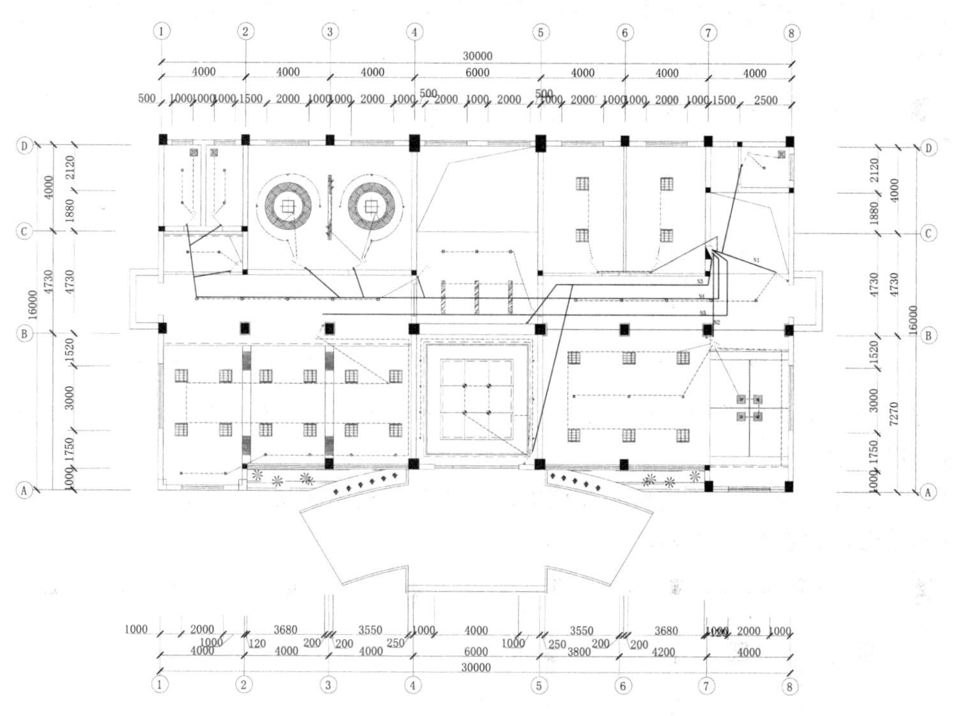

图 8-7 一层照明平面图

操作步骤如下：（光盘\配套视频\动画演示\第 8 章\一层照明平面图的绘制.avi）

（1）单击快速访问工具栏中的“打开”按钮，打开“源文件\第 8 章\一层顶棚平面图”

Note

文件。

（2）单击“默认”选项卡“修改”面板中的“删除”按钮，将平面图中不需要的图形删除，关闭“标注”图层，整理后的一层顶棚平面图如图 8-8 所示。

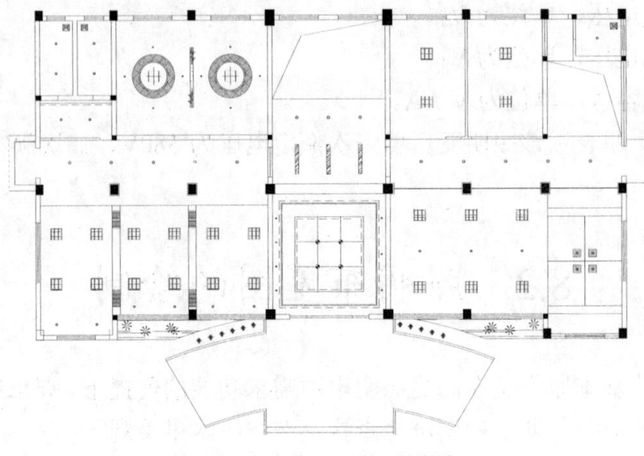

图 8-8　整理后的平面图

（3）绘制配电箱。

① 单击“默认”选项卡“绘图”面板中的“矩形”按钮，在适当位置绘制一个 316 × 607 的矩形，如图 8-9 所示。

② 单击“默认”选项卡“修改”面板中的“修剪”按钮，对绘制矩形内的线段进行修剪，如图 8-10 所示。

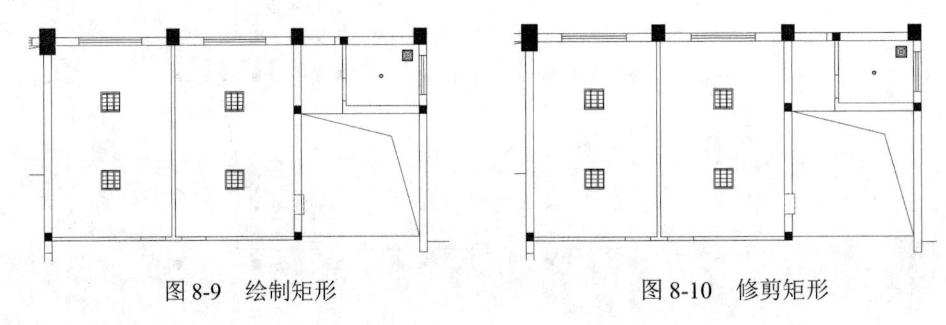

图 8-9　绘制矩形　　　　图 8-10　修剪矩形

③ 单击“默认”选项卡“绘图”面板中的“直线”按钮，在绘制图形内绘制一条斜向直线，如图 8-11 所示。

④ 单击“默认”选项卡“绘图”面板中的“图案填充”按钮，选取矩形为填充区域，填充图案为 SOLID，如图 8-12 所示。

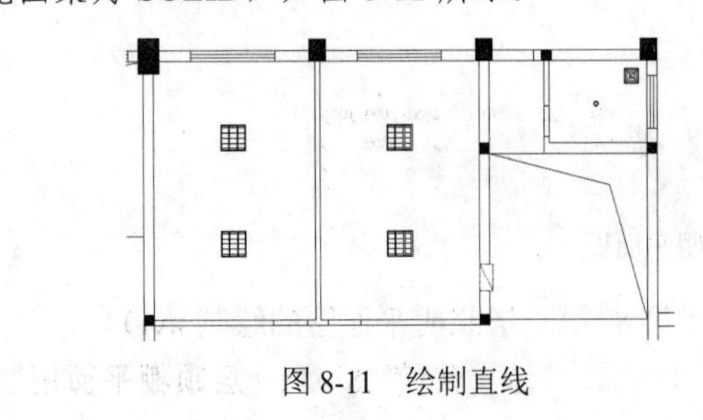

图 8-11　绘制直线

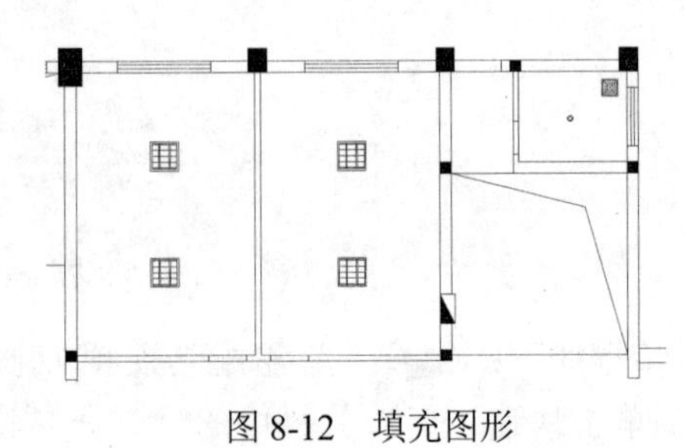

图 8-12　填充图形

（4）绘制一位开关。

① 单击“默认”选项卡“绘图”面板中的“圆”按钮，在图形空白区域绘制一个半径为50的圆，如图8-13所示。

② 单击“默认”选项卡“修改”面板中的“偏移”按钮，选择绘制的圆，为偏移对象向内进行偏移，偏移距离为35，如图8-14所示。

③ 单击“默认”选项卡“绘图”面板中的“图案填充”按钮，选取两圆之间为填充区域，填充图案为SOLID，如图8-15所示。

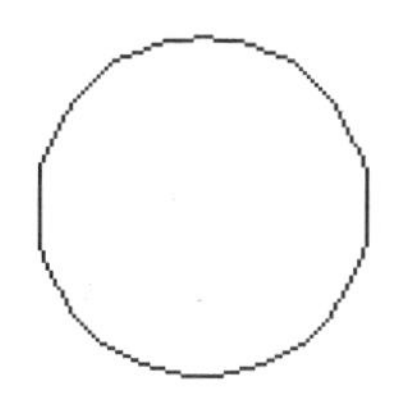

图8-13 绘制圆

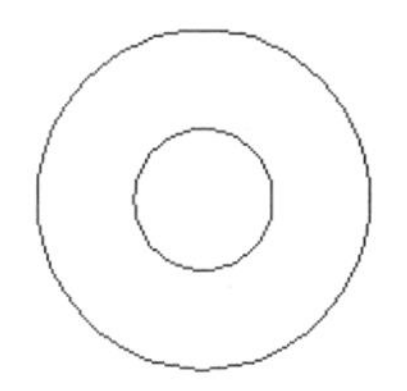

图8-14 偏移圆

图8-15 填充圆

④ 单击“默认”选项卡“绘图”面板中的“直线”按钮，在填充图形上方点选一点为直线起点，绘制一段长度为635的斜向直线，如图8-16所示。

⑤ 单击“默认”选项卡“绘图”面板中的“直线”按钮，以绘制的斜向直线上端点为起点，向左绘制一条长为202的斜线，如图8-17所示。

图8-16 绘制斜向直线　　图8-17 绘制斜线

（5）绘制二位开关。绘制二位开关的方法与绘制一位开关的方法基本相同，这里不再详细阐述，如图8-18所示。

（6）绘制三位开关。绘制三位开关的方法与绘制一位开关的方法基本相同，这里不再详细阐述，如图8-19所示。

（7）绘制四位开关。绘制四位开关的方法与绘制一位开关的方法基本相同，这里不再详细阐述，如图8-20所示。

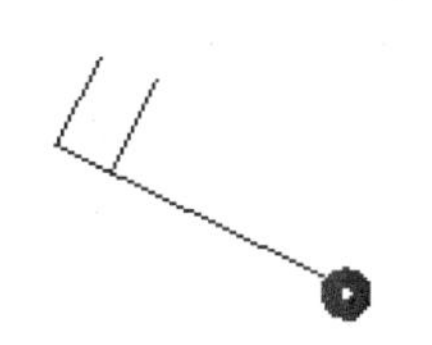

图8-18 绘制二位开关

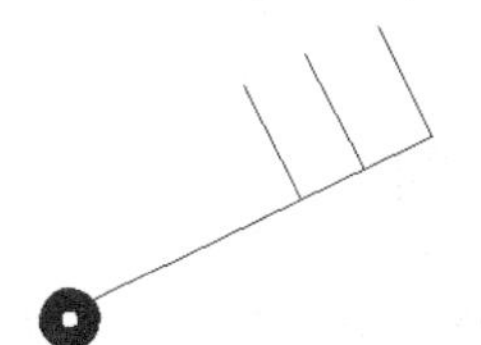

图8-19 绘制三位开关

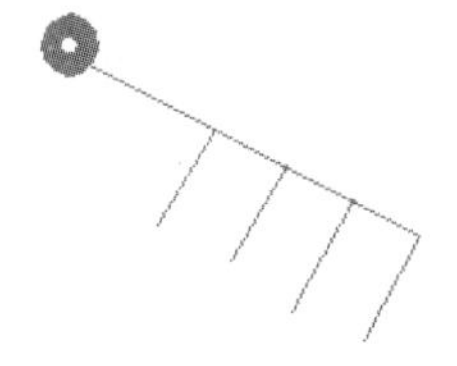

图8-20 绘制四位开关

（8）布置图例。

① 单击“默认”选项卡“修改”面板中的“移动”按钮，选择前面绘制的一位开关为移

Note

动对象，将其放置到图形适当位置，如图 8-21 所示。

② 单击“默认”选项卡“修改”面板中的“镜像”按钮，选择绘制的一位开关图形为镜像对象，将其竖直镜像，如图 8-22 所示。

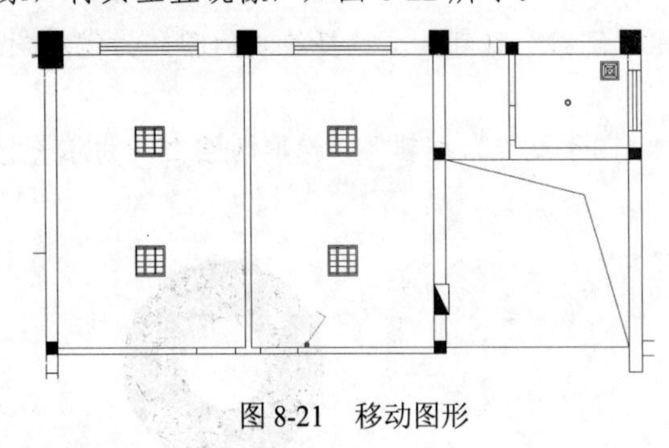

图 8-21 移动图形

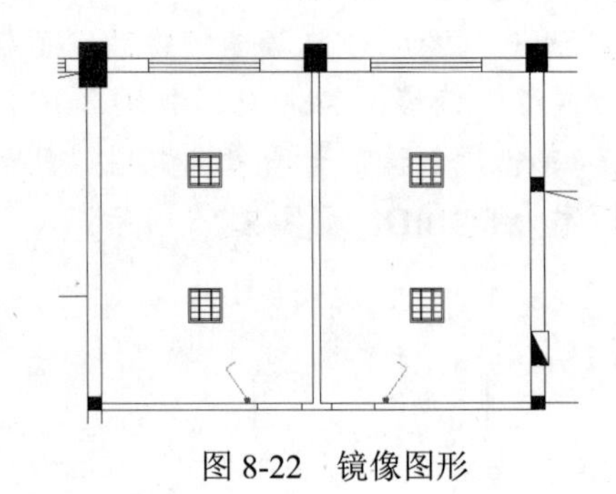

图 8-22 镜像图形

③ 使用上述方法完成一位开关的布置，如图 8-23 所示。

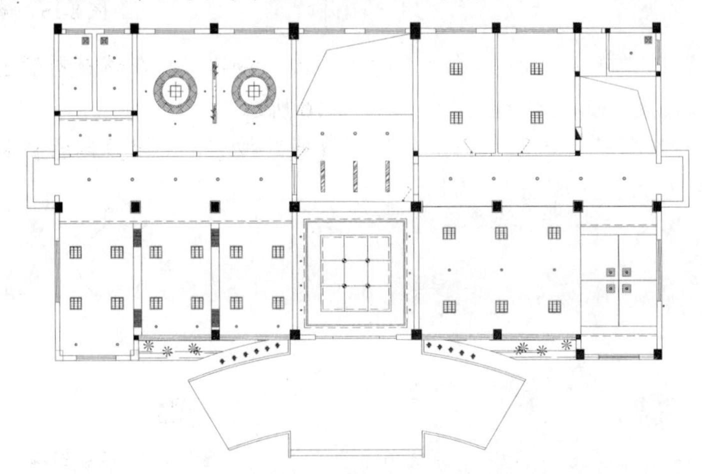

图 8-23 布置一位开关

④ 单击“默认”选项卡“修改”面板中的“移动”按钮，选择前面绘制的二位开关为移动对象，将其放置到图形适当位置，如图 8-24 所示。

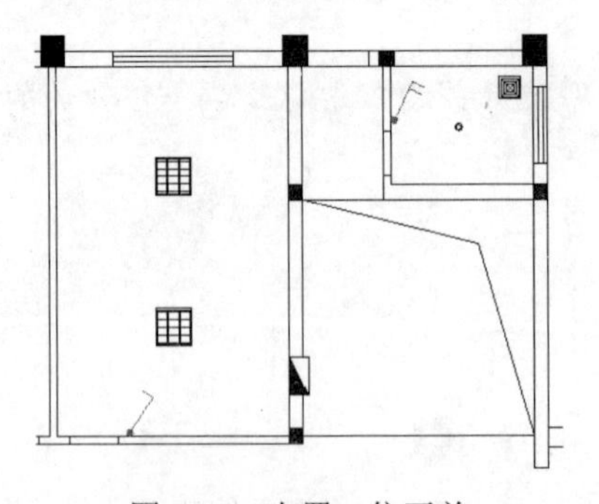

图 8-24 布置二位开关

⑤ 单击“默认”选项卡“修改”面板中的“复制”按钮和“镜像”按钮，完成剩余二位开关的布置，如图 8-25 所示。

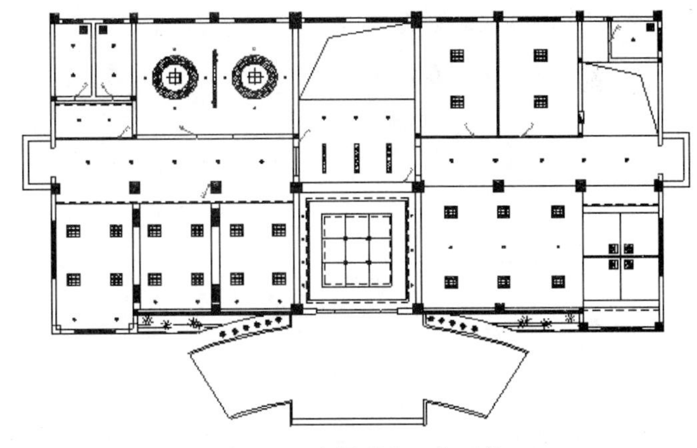

图 8-25 布置剩余二位开关

⑥ 使用上述方法，完成照明平面图中三位开关的放置，如图 8-26 所示。

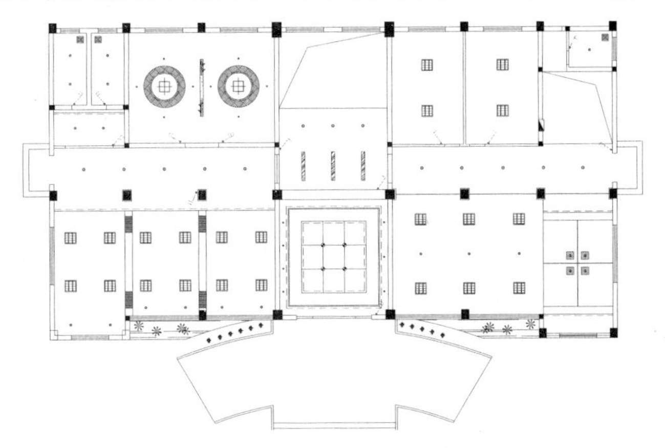

图 8-26 布置三位开关

⑦ 使用上述方法，完成照明平面图中四位开关的放置，如图 8-27 所示。

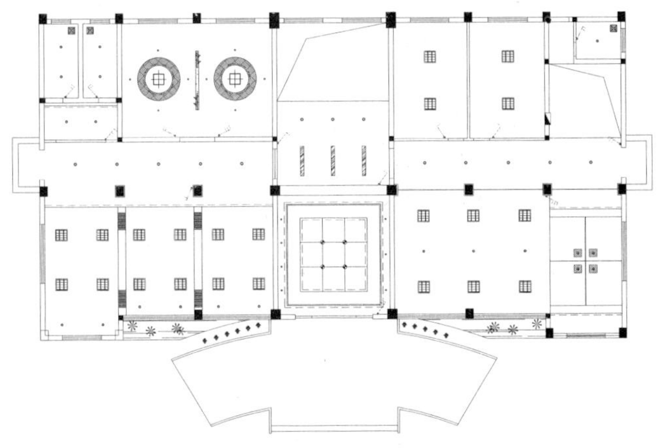

图 8-27 布置四位开关

（9）连接图例。

① 单击“默认”选项卡“绘图”面板中的“多段线”按钮，设置起点宽度为 10，端点宽

Note

度为10，绘制一位开关之间的连接线，如图8-28所示。

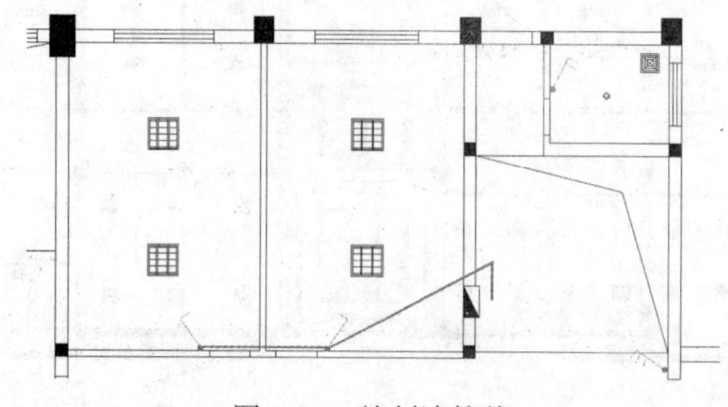

图8-28 绘制连接线

② 重复“多段线”命令完成剩余部分一位开关之间的连接线的绘制，如图8-29所示。

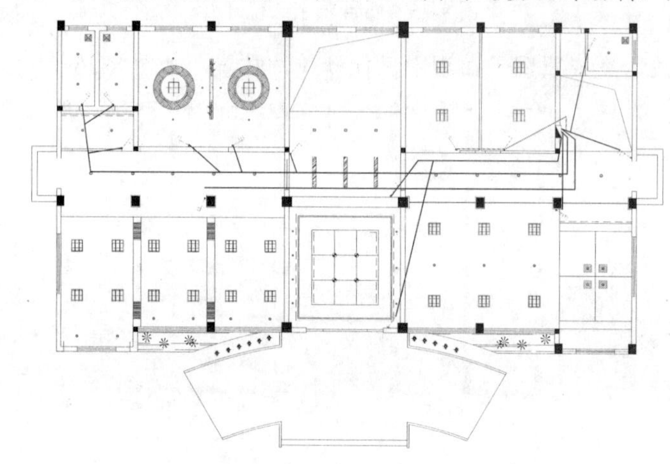

图8-29 绘制剩余部分连接线

③ 继续上述方法完成剩余连接线的绘制，如图8-30所示。

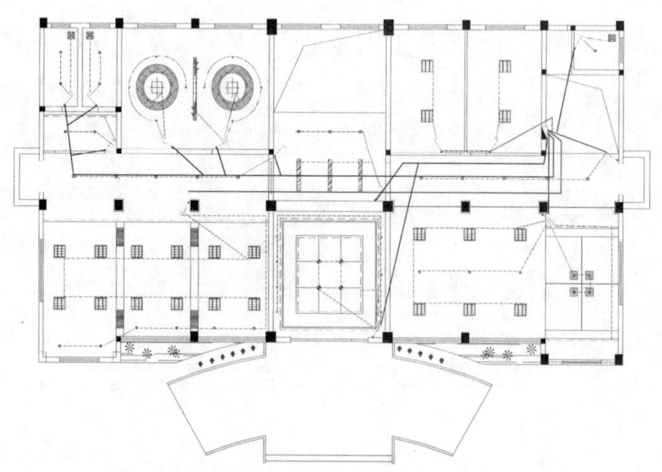

图8-30 绘制连接线

（10）添加文字说明。单击“默认”选项卡“注释”面板中的“多行文字”按钮A，为图例连接线添加文字说明，打开关闭的“标注”图层，结果如图8-7所示。

Note

8.2.2　二层照明平面图的绘制

利用一层照明平面图的绘制方法完成二层照明平面图的绘制，如图 8-31 所示。

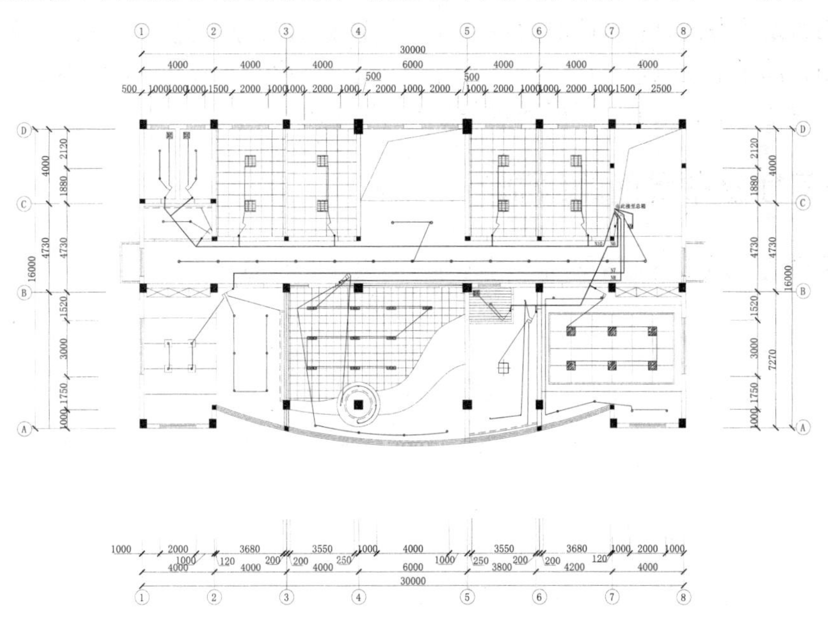

图 8-31　二层照明平面图

8.2.3　三层照明平面图的绘制

利用一层照明平面图的绘制方法完成三层照明平面图的绘制，如图 8-32 所示。

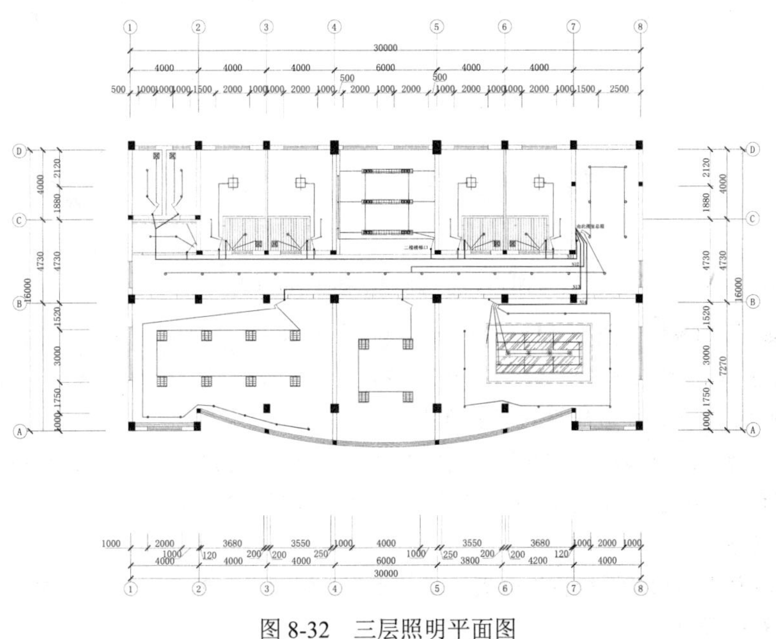

图 8-32　三层照明平面图

8.3 插座布置图的绘制

Note

插座的布置是为办公设备或临时设备预留的取电接口。插座布置的基本原则是要配合建筑单元的基本功用，满足本建筑单元用电接口需求的前提下，尽量有所富余，以备临时需要。

本节主要讲述一层、二层、三层插座布置图的绘制过程。

8.3.1 一层插座布置图的绘制

本节主要讲述一层插座布置图的绘制过程，结果如图 8-33 所示。

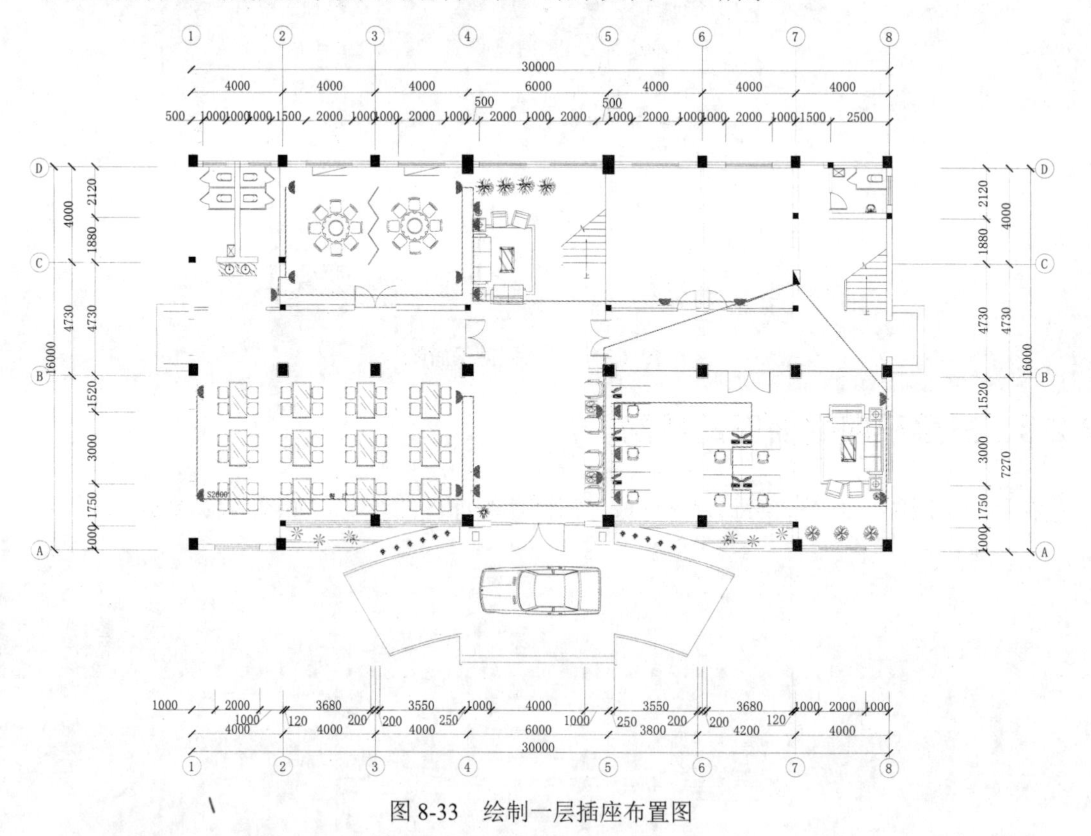

图 8-33 绘制一层插座布置图

操作步骤如下：（光盘\配套视频\动画演示\第 8 章\一层插座布置图的绘制.avi）

（1）单击快速访问工具栏中的“打开”按钮，打开“源文件\第 8 章\一层装饰平面图”文件，将其另存为“一层插座布置图的绘制”。

（2）单击“默认”选项卡“修改”面板中的“删除”按钮，将平面图中不需要的图形删除，并关闭“标注”图层，整理后的一层装饰平面图如图 8-34 所示。

（3）绘制图例。

① 单击“默认”选项卡“绘图”面板中的“矩形”按钮，在图形适当位置绘制一个 317×607 的矩形，如图 8-35 所示。

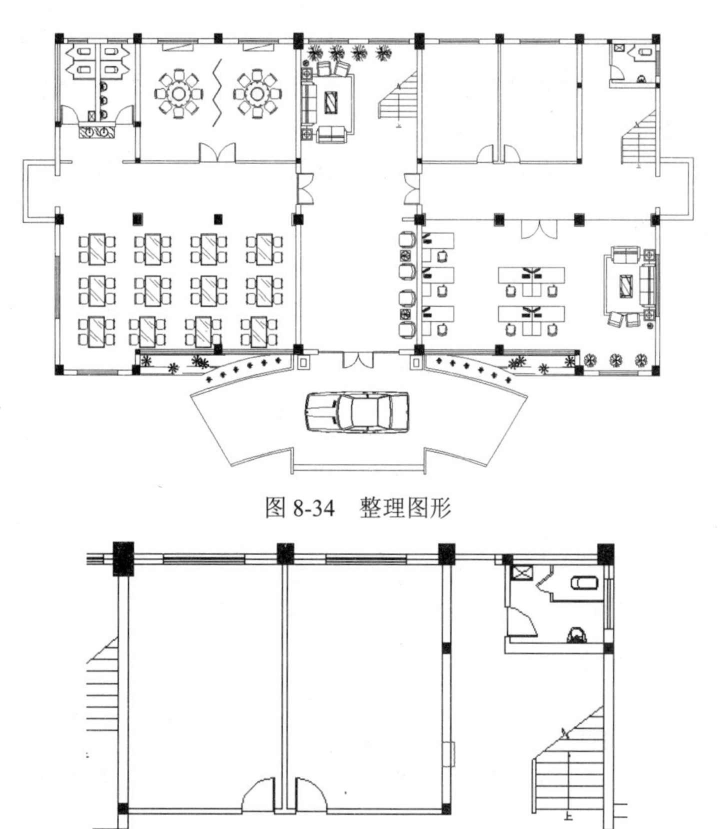

图 8-34 整理图形

图 8-35 绘制矩形

② 单击“默认”选项卡“修改”面板中的“修剪”按钮，选择绘制矩形内的线段进行修剪，如图 8-36 所示。

③ 单击“默认”选项卡“绘图”面板中的“直线”按钮，在绘制矩形内绘制一条斜向直线，如图 8-37 所示。

④ 单击“默认”选项卡“绘图”面板中的“图案填充”按钮，选取矩形为填充区域，填充图案为 SOLID，如图 8-38 所示。

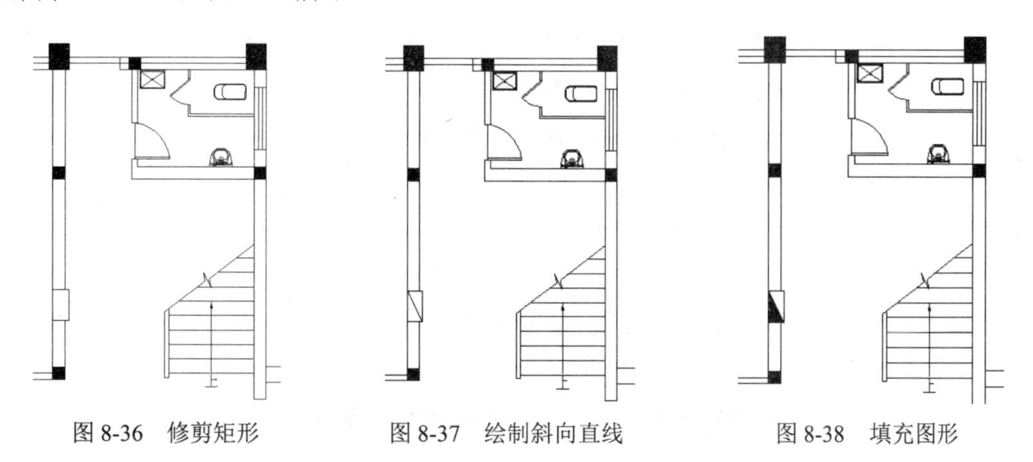

图 8-36 修剪矩形　　图 8-37 绘制斜向直线　　图 8-38 填充图形

⑤ 单击“默认”选项卡“绘图”面板中的“圆”按钮，在图形空白位置绘制一个半径为

276的圆，如图8-39所示。

Note

⑥ 单击“默认”选项卡“修改”面板中的“偏移”按钮，选择绘制的圆图形为偏移对象向内进行偏移，偏移距离为11，如图8-40所示。

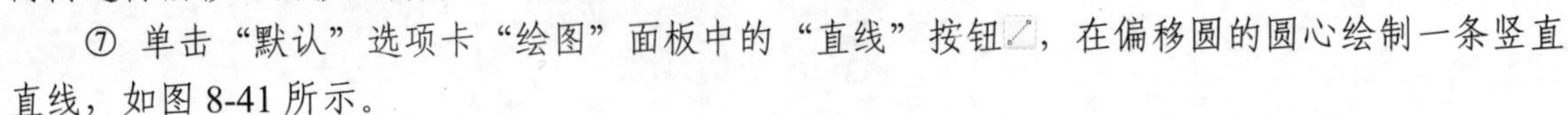

⑦ 单击“默认”选项卡“绘图”面板中的“直线”按钮，在偏移圆的圆心绘制一条竖直直线，如图8-41所示。

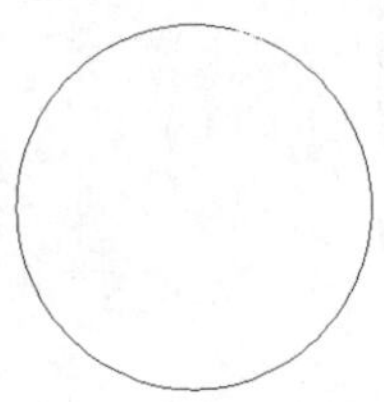

图8-39 绘制圆

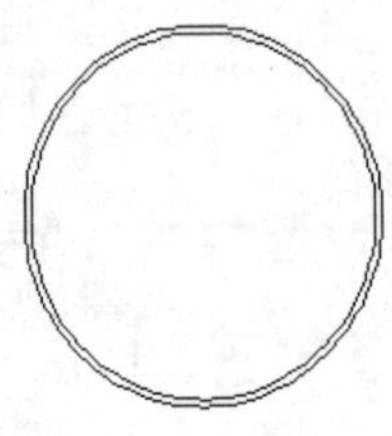

图8-40 偏移圆

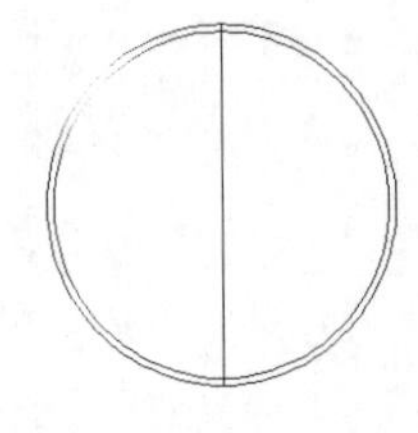

图8-41 绘制竖直直线

⑧ 单击“默认”选项卡“修改”面板中的“修剪”按钮，对图形进行修剪处理，如图8-42所示。

⑨ 单击“默认”选项卡“绘图”面板中的“图案填充”按钮，选取修剪后的图形为填充区域，填充图案为SOLID，如图8-43所示。

⑩ 单击“默认”选项卡“绘图”面板中的“直线”按钮，在填充图形上点选一点为起点，向左绘制一条长度为138的水平直线，如图8-44所示。

⑪ 单击“默认”选项卡“绘图”面板中的“直线”按钮，在绘制的水平线上绘制一条长为631的竖直直线，如图8-45所示。

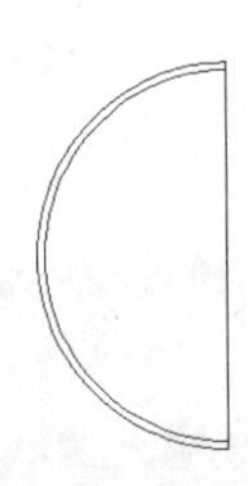

图8-42 修剪线段

图8-43 填充图形

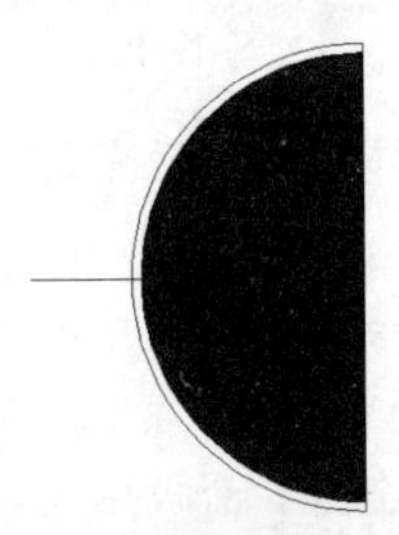

图8-44 绘制水平直线

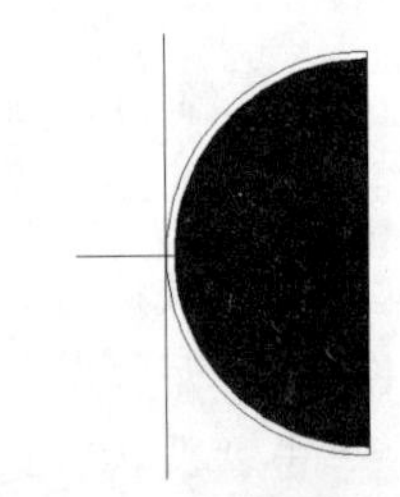

图8-45 绘制竖直直线

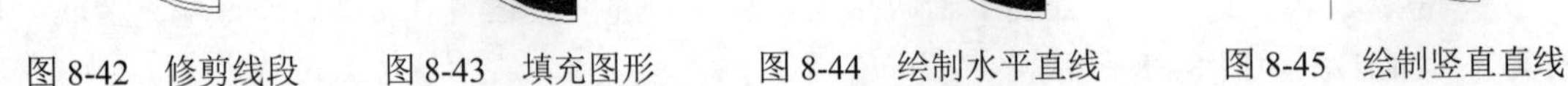

⑫ 单击“默认”选项卡“修改”面板中的“复制”按钮，选择绘制的暗藏开关为复制对象，将其进行复制并移动放置到图形适当位置，如图8-46所示。

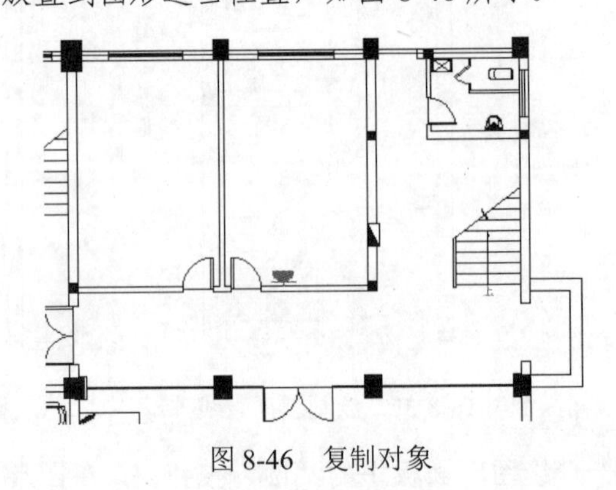

图8-46 复制对象

⑬ 单击“默认”选项卡“修改”面板中的“复制”按钮和“镜像”按钮，完成剩余暗藏开关的放置，如图 8-47 所示。

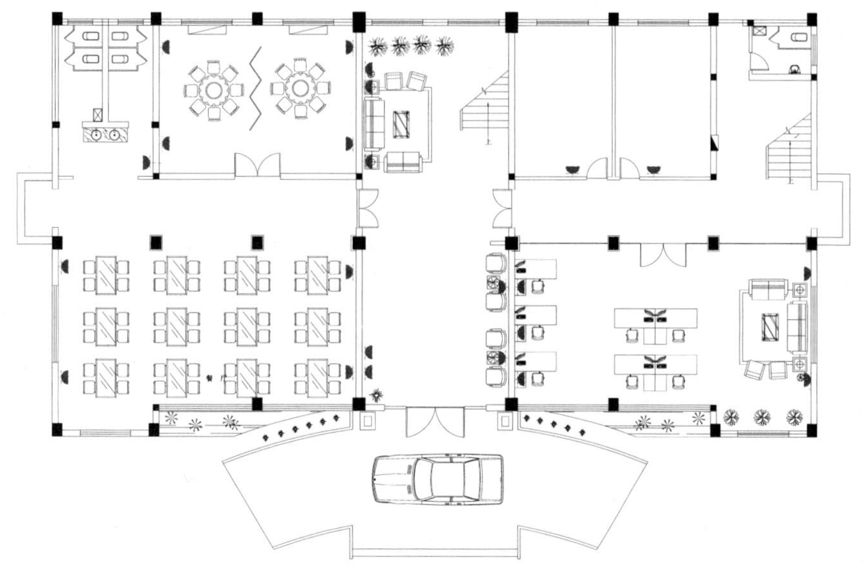

图 8-47 布置剩余开关

（4）绘制插座间线路。

① 单击“默认”选项卡“绘图”面板中的“多段线”按钮，指定起点宽度为 10，端点宽度为 10，绘制暗藏开关之间的连接线，如图 8-48 所示。

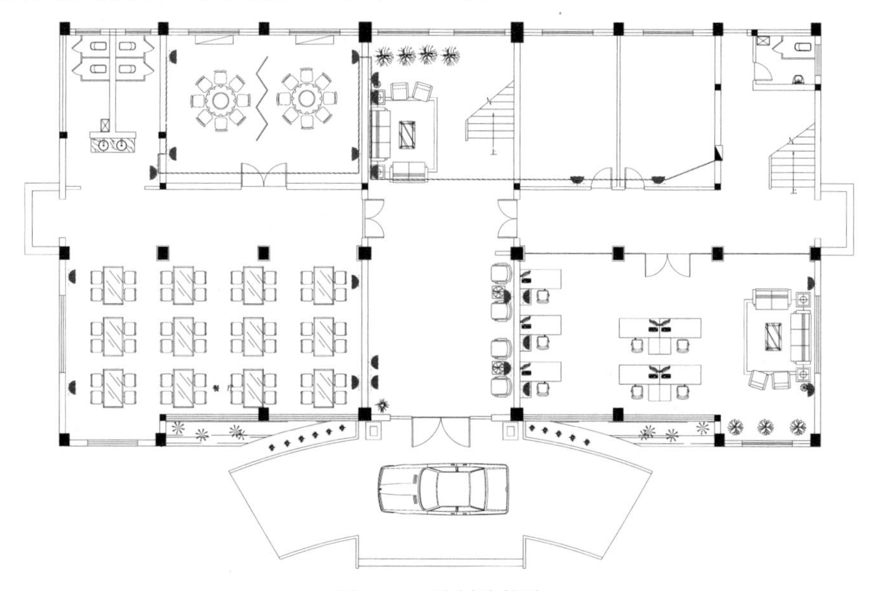

图 8-48 绘制连接线

② 使用上述方法完成剩余插座之间的电路连接线，如图 8-49 所示。

③ 单击“默认”选项卡“注释”面板中的“多行文字”按钮，为前面绘制的图形添加文字说明，打开关闭的“标注”图层，结果如图 8-33 所示。

Note

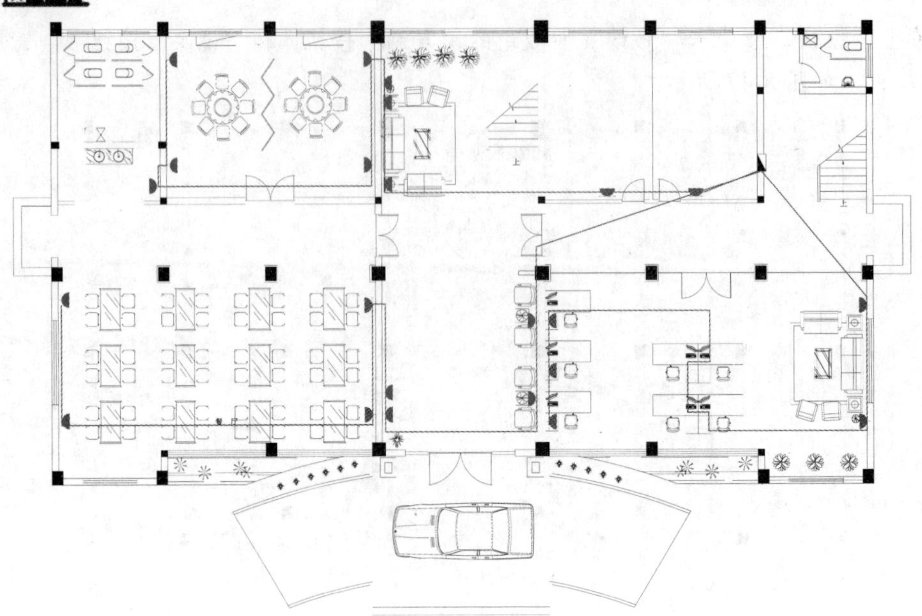

图 8-49　绘制剩余连接线

8.3.2　二层插座布置图的绘制

使用上述方法完成二层插座布置图的绘制，如图 8-50 所示。

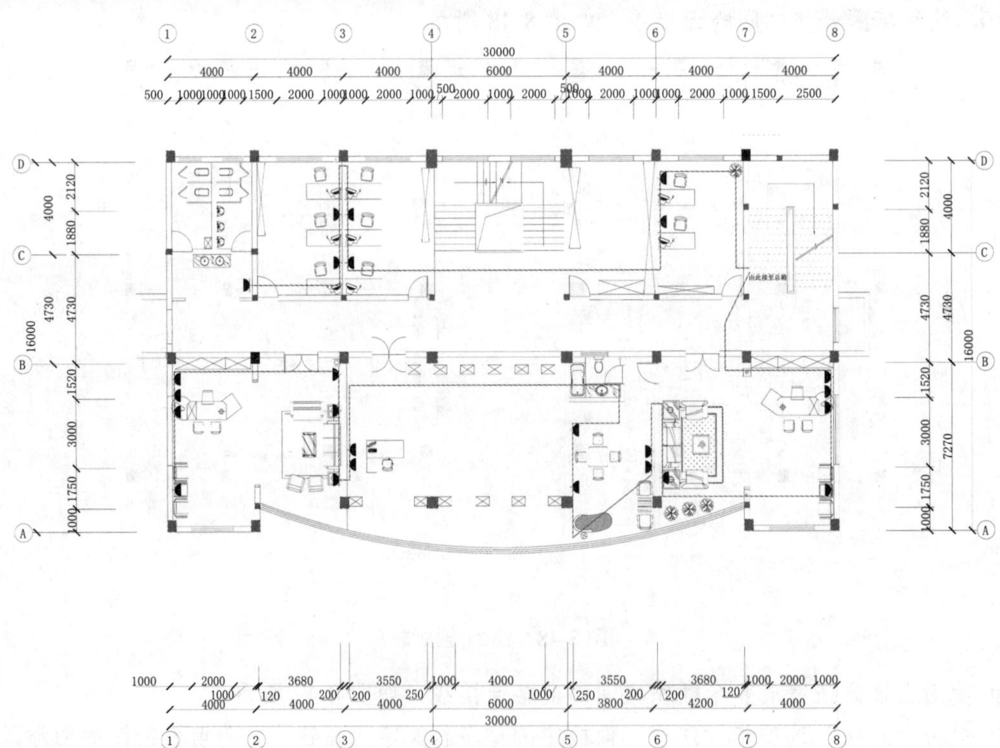

图 8-50　二层插座布置图

Note

8.3.3　三层插座布置图的绘制

使用上述方法完成三层插座布置图的绘制，如图 8-51 所示。

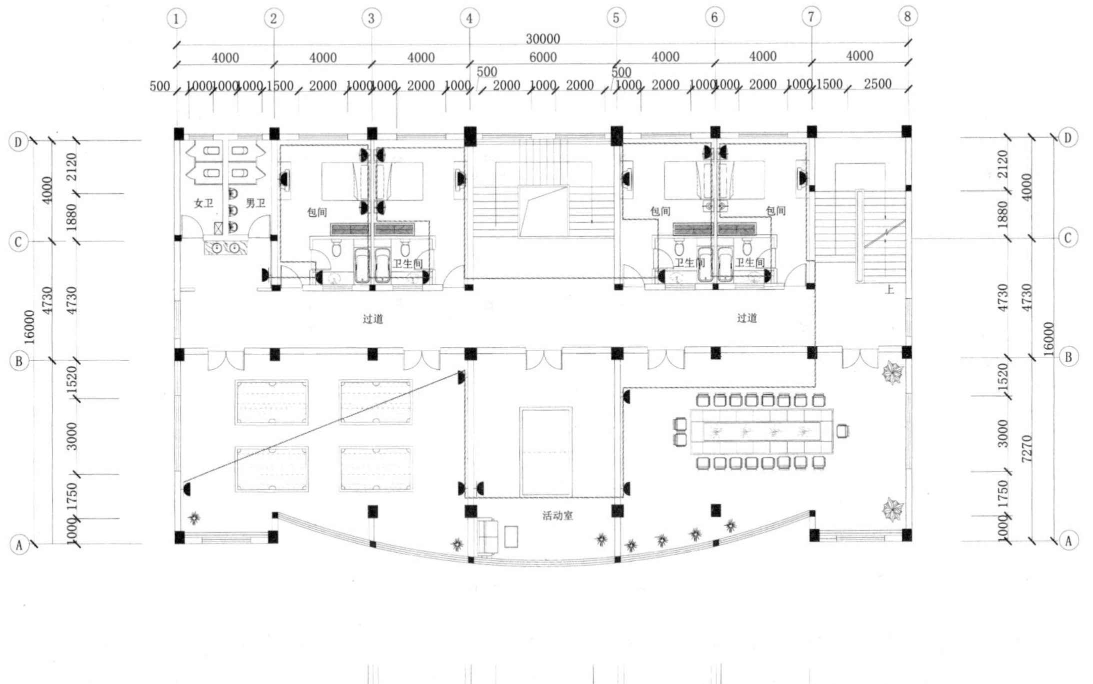

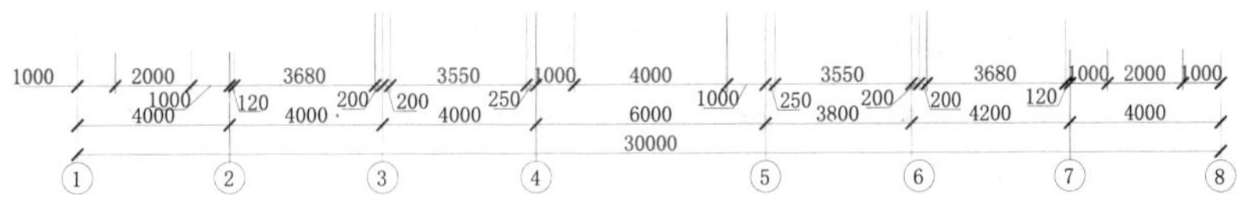

图 8-51　三层插座布置图

8.4　弱电布置图的绘制

弱电布置图主要表达弱电设备的安装布置位置，如电话接口、电视有线信号接口、网线接口等。弱电布置的基本原则是满足基本建筑单元的功能需要，如员工食堂需要有有线电视信号接口，但不需要有网线接口，每个办公桌前需要有网线信号接口，并尽量配置电话信号接口。

本节主要讲述一层、二层、三层弱电布置图的绘制过程。

8.4.1　一层弱电布置图的绘制

本节主要讲述一层弱电布置图的绘制过程，结果如图 8-52 所示。

操作步骤如下：（光盘\配套视频\动画演示\第 8 章\一层弱电布置图的绘制.avi）

（1）单击快速访问工具栏中的“打开”按钮，打开“源文件\第 8 章\一层装饰平面图”文件，将其另存为“一层弱电布置图的绘制”。

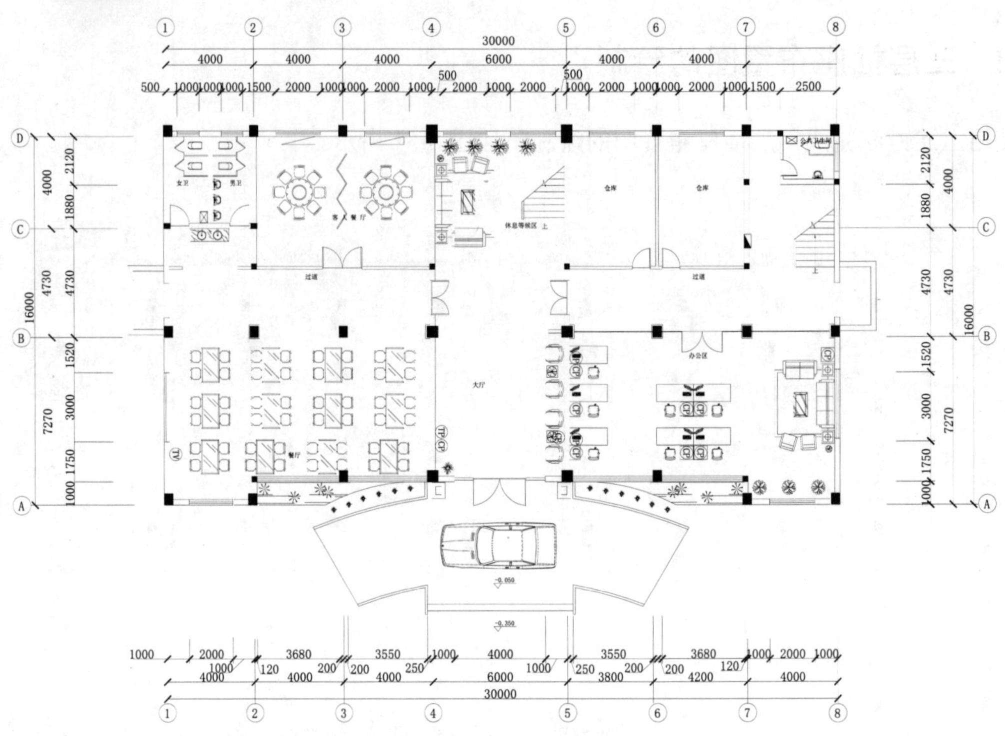

图 8-52　一层弱电布置图

（2）单击“默认”选项卡“修改”面板中的“删除”按钮，将平面图中不需要的图形删除，并关闭“标注”图层，整理后的平面图如图 8-53 所示。

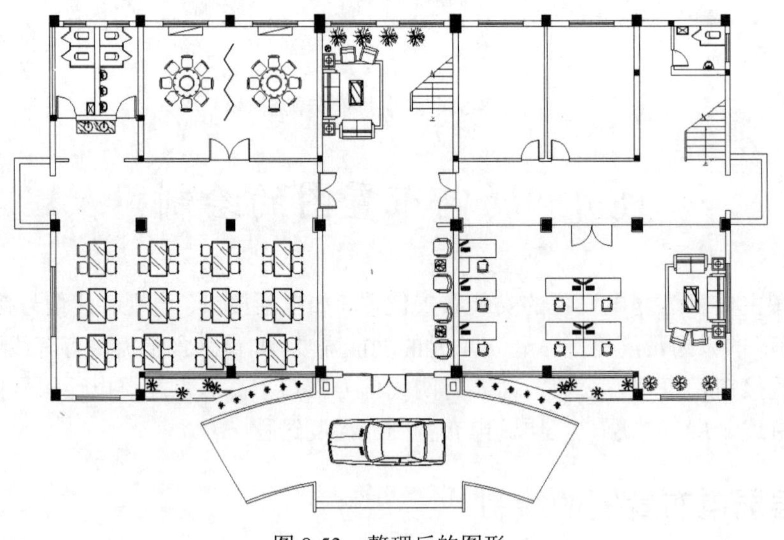

图 8-53　整理后的图形

（3）使用前面讲述绘制配电箱的方法绘制配电箱，如图 8-54 所示。

（4）绘制图例。

① 单击“默认”选项卡“绘图”面板中的“矩形”按钮，在图形空白区域绘制一个 593×605 的矩形，如图 8-55 所示。

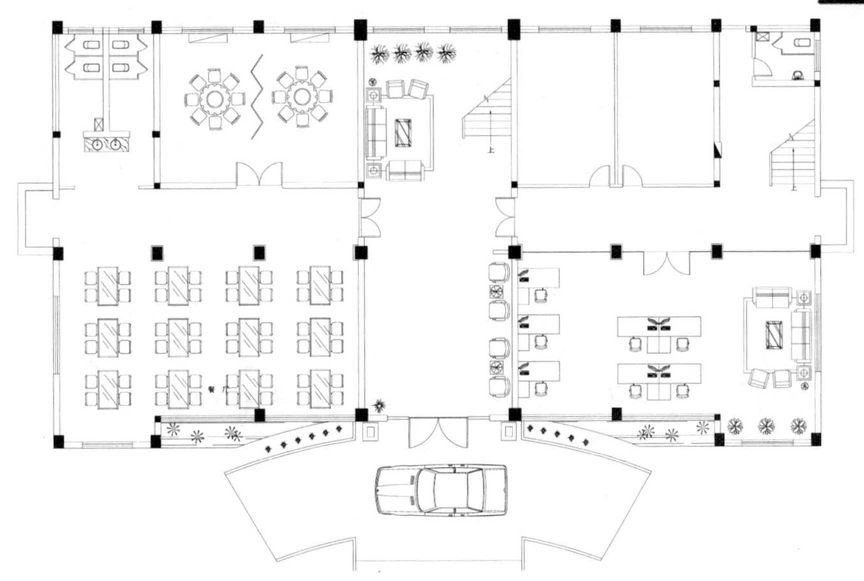

图 8-54　绘制配电箱

② 单击“默认”选项卡“绘图”面板中的“直线”按钮，在矩形的四边绘制十字交叉线，如图 8-56 所示。

③ 单击“默认”选项卡“绘图”面板中的“圆”按钮，以绘制的十字交叉线交点为圆心绘制一个半径为 280 的圆，如图 8-57 所示。

图 8-55　绘制矩形

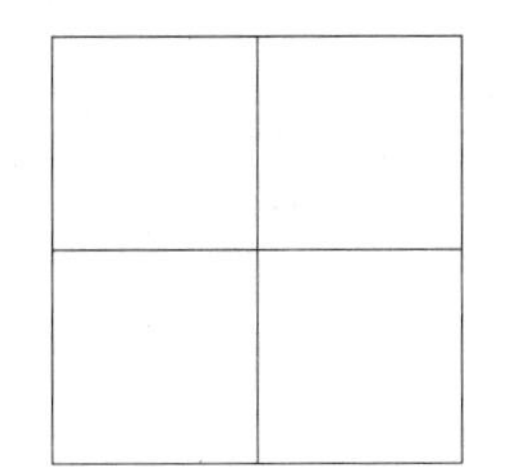

图 8-56　绘制十字交叉线

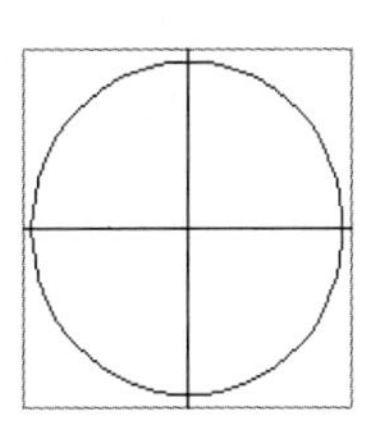

图 8-57　绘制圆

④ 单击“默认”选项卡“修改”面板中的“删除”按钮，选择十字交叉线为删除对象将其删除，如图 8-58 所示。

⑤ 单击“默认”选项卡“注释”面板中的“多行文字”按钮，在圆内添加文字，如图 8-59 所示。

⑥ 使用上述方法完成电话接口和电视接口的绘制，如图 8-60 所示。

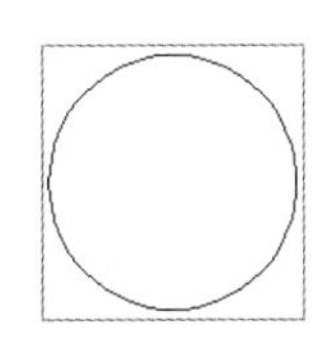

图 8-58　删除线段

图 8-59　添加文字

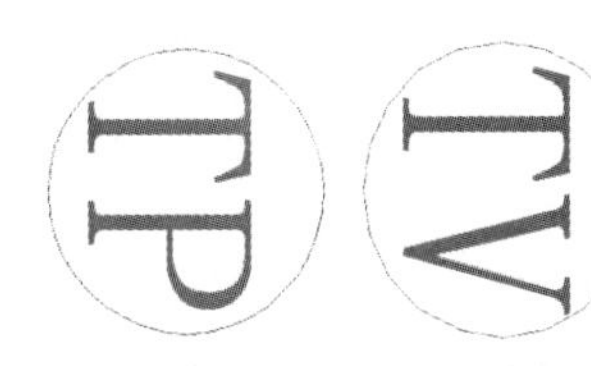

图 8-60　电话接口和电视接口

⑦ 单击“默认”选项卡“修改”面板中的“复制”按钮，选择 CP 符号为复制对象对其进行复制，如图 8-61 所示。

Note

Note

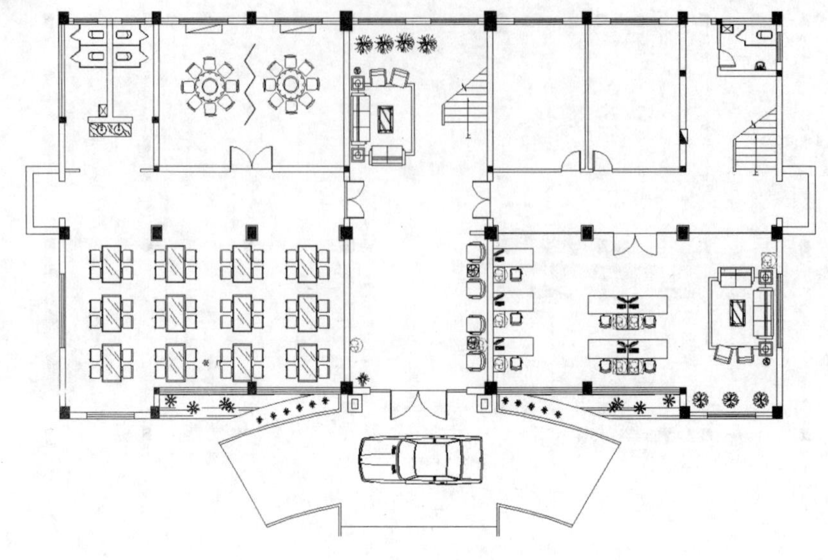

图 8-61　复制符号

⑧ 单击“默认”选项卡“修改”面板中的“复制”按钮，选择电话接口为复制对象对其进行复制，如图 8-62 所示。

⑨ 单击“默认”选项卡“修改”面板中的“复制”按钮，选择电视接口为复制对象对其进行复制，然后单击“默认”选项卡“注释”面板中的“多行文字”按钮A，标注标高和文字，并打开关闭的“标注”图层，最终完成一层弱电布置图的绘制，如图 8-52 所示。

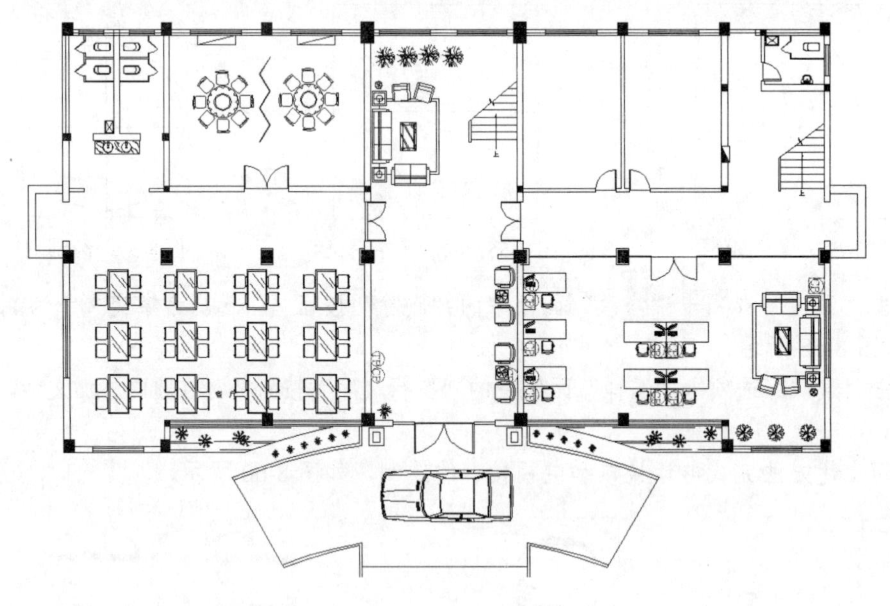

图 8-62　复制电话接口

8.4.2　二层弱电布置图的绘制

使用上述方法完成二层弱电布置图的绘制，如图 8-63 所示。

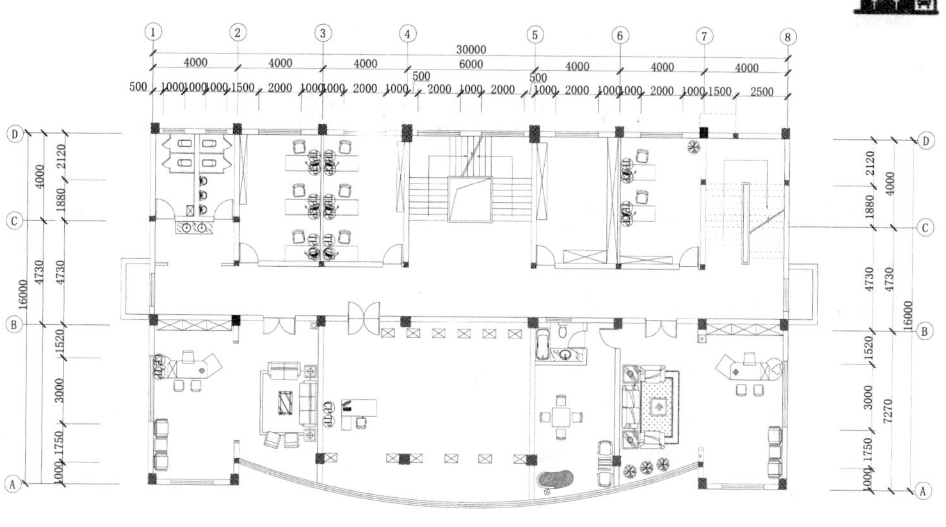

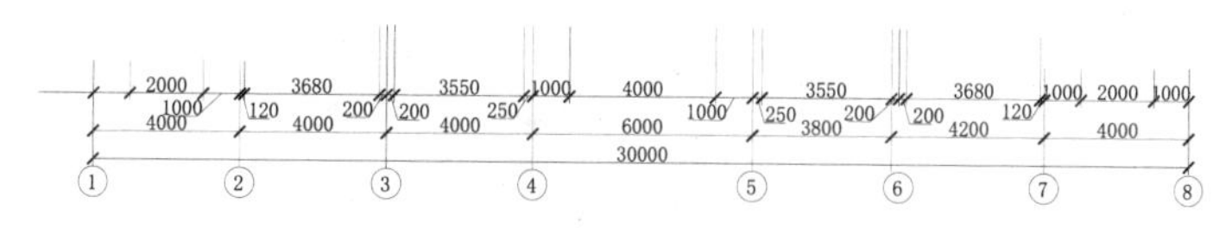

图 8-63　二层弱电布置图

8.4.3　三层弱电布置图的绘制

使用上述方法完成三层弱电布置图的绘制，如图 8-64 所示。

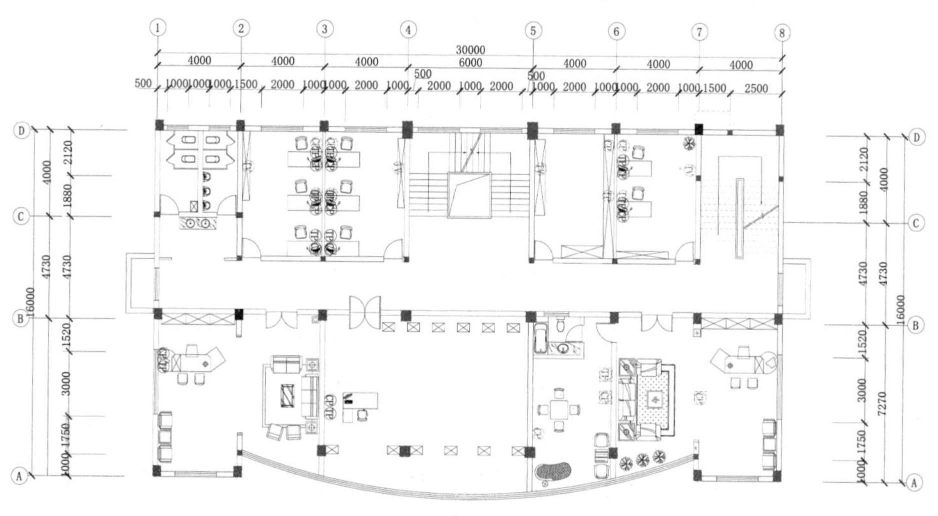

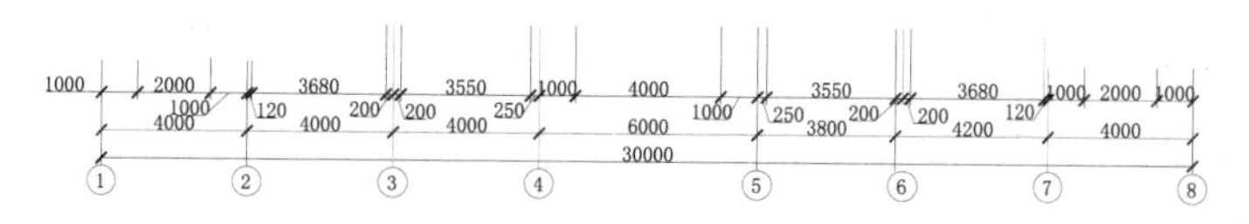

图 8-64　三层弱电布置图

Note

8.5 实 战 演 练

通过前面的学习，读者对本章知识也有了大体的了解，本节通过下面的操作练习使读者进一步掌握本章知识要点。

【实战演练】绘制某单元电气平面图（如图 8-65 所示）。

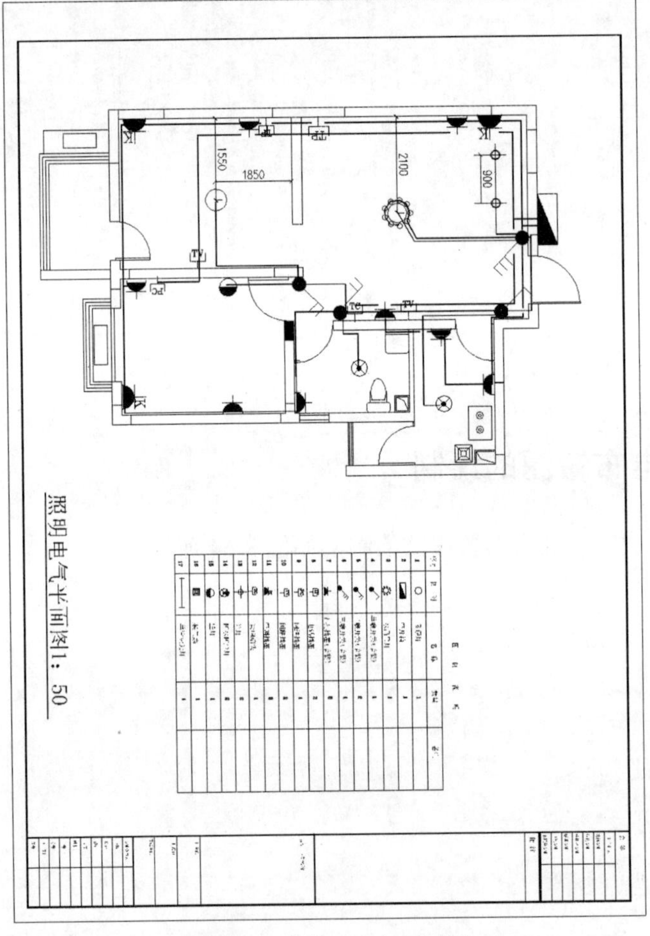

图 8-65　某单元电气平面图

1．目的要求

本实例主要要求读者通过练习进一步熟悉和掌握电气平面图的绘制方法。通过本实例，可以帮助读者学会完成某单元电气平面图绘制的全过程。

2．操作提示

（1）绘图前的准备。

（2）绘制电气图例。

（3）绘制线路。

（4）标注尺寸和文字。

建筑给水排水工程图基本知识

本章学习要点和目标任务：

☑ 给水排水施工图分类

☑ 给水排水施工图的表达特点及一般规定

☑ 给水排水施工图的表达内容

☑ 给水排水工程施工图的设计深度

☑ 职业法规及规范标准

☑ 建筑给水排水工程制图规定

本章将结合建筑给水排水工程专业知识，介绍建筑给水排水工程施工图的相关制图知识，及其在 AutoCAD 中的实现方法及技巧，其中重点讲解工程制图中各绘图手法在 AutoCAD 中的具体操作步骤以及注意事项，以引导读者进入下一章的实际案例学习。

通过本章的学习，读者可以了解相关专业知识与 AutoCAD 给水排水工程制图基础，为后面具体学习建筑给水排水工程的 AutoCAD 制图的基本操作及技巧做好必要的知识准备。

9.1 概　　述

Note

建筑给水排水工程制图涉及多方面的内容，包括基本的工程制图方法、建筑施工图制图方法及建筑结构施工图制图方法等。在识读及绘制建筑给水排水工程图前，读者应对上述的制图方法有所了解，并重点学习《建筑给水排水制图标准》（GB/T50106—2010）。

建筑给水排水工程是现代城市基础设施的重要组成部分，其在城市生活、生产及城市发展中的作用及意义重大。给水排水工程是指城市或工业单位从水源取水到最终处理的整个工业流程，其一般包括给水工程（即水源取水工程）、净水工程（水质净化、净水输送、配水使用）、排水工程（污水净化工程、污泥处理工程、污水最终处置工程等）。整个给水排水工程由主要枢纽工程及给水排水管道网工程组成。

9.1.1 建筑给水概述

1．室内给水系统图表达的主要内容

室内给水系统图主要表达了房屋内部给水设备的配置和管道的布置及连接的空间情况。其主要包括以下内容。

（1）系统编号。在系统图中，系统的编号与给水排水平面图中的编号应该是一致的。

（2）管道的管径、标高、走向、坡度及连接方式等内容。在平面图中管长的变化无法表示，但在系统轴测图中应标注各管段的管径，管径的大小通常用公称直径来表示。在平面图中管道相关设备的标高亦无法表示，在系统图中应标注相关标高，主要包括建筑标高、给水排水管道的标高、卫生设备的标高、管件标高、管径变化处标高及管道的埋深等。管道的埋深采用负标高标注，管道的坡度值及走向也应标明。

（3）管道、设备与建筑的关系。主要是指管道穿墙、穿梁、穿地下室、穿水箱、穿基础的位置及卫生设备与管道接口的位置等。

（4）重要管件的位置，如给水管道中的阀门、污水管道中的检查口等，其应在系统轴测图中标注。

（5）与管道相关的给水排水设施的空间位置，如屋顶水箱、室外储水池、水泵、加压设备、室外阀门井等与给水相关的设施的空间位置，以及与排水有关的设施，如室外排水检查井、管道等。

（6）建筑分区供水，系统轴测图中应反映分区供水的区域；分质供水的建筑，应按照不同的水质独立绘制各系统的供水系统图。

室内给水工程是给水工程的一个分支，也是建筑安装工程的一个分支，主要是研究室内内部的给水问题，保证建筑的功能以及安全。

室内内部给水系统由下列各部分组成。

（1）水表节点。水表节点是指引入管上装设的水表及其前后设置的闸门、泄水装置等的总称。闸门用以关闭管网，以便修理和拆换水表；泄水装置为检修时放空管网、检测水表精度及测

定进户点压力值。水表节点形式多样，选择时应按用户用水要求及所选择的水表型号等因素决定。

分户水表设在分户支管上，可只在表前设阀，以便局部关断水流。为了保证水表计量准确，在翼轮式水表与闸门间应有 8～10 倍水表直径的直线段，其他水表约为 300mm，以使水表前水流平稳。

（2）管道系统。管道系统是指室内给水水平或垂直干管、立管、支管等。

（3）给水附件。给水附件指管路上的闸阀等各式阀类及各式水龙头、仪表等。

（4）升压和储水设备。室内对安全供水、水压稳定有要求时，需设置各种附属设备，如水箱、水泵、气压装置、水池等升压和储水设备。

（5）室内消防。按照建筑物的防火要求及规定需要设置消防给水时，一般应设消火栓消防设备。有特殊要求时，另专门装设自动喷水灭火或水幕灭火设备等。

2. 图例符号及文字符号的应用

建筑给水系统图的绘制涉及很多设备图例及一些设备的简化表达方法，关于这些图形符号及标注的文字符号的表征意义，后续文字中将介绍。

3. 管线位置的确定

给水排水系统轴测图的布图方向一般与平面图一致，一般采用正面斜等测方法绘制，表达出管线及设备的立体空间位置关系；当管道或管道附件被遮挡时，或转弯管道变成直线等局部表达不清晰时，可不按比例绘制。系统图中水平方向的长度尺寸可直接在平面图中量取，高度方向的尺寸可根据建筑物的层高和卫生器具的安装高度确定。

4. 建筑室内给水系统图的绘制步骤

建筑室内给水系统图的绘制一般遵循以下步骤。

（1）画竖向立管及水平向管道。

（2）画各楼层标高线。

（3）画各支管及附属用水设备。

（4）对管线、设备等进行尺寸（管径、标高、坡度等）标注。

（5）附加必要的文字说明。

9.1.2　建筑排水概述

建筑室内给水排水平面图是在建筑平面图的基础上，根据建筑给水排水制图的相关规定绘制出的用于反映给水排水设备、管线的平面布置状况的图样，图中应标注各种管道、附件、卫生器具、用水设备和立管的平面位置，以及标注管道规格、排水管道坡度等相关数值。通常制图时是将各系统的管道绘制在同一张平面布置图上。根据工程规模，当管道及设备等较为复杂时，或在同一张图纸表达不清晰时，或管道局部布置复杂时，可分类（如卫生器具、其他用水设备、附件等）、分层（如底层、标准层、顶层）表达在不同的图纸上或绘制详图，以便于绘制及识读。建筑排水平面图是建筑给水排水施工图的重要组成部分，也是绘制及识读其他给水排水施工图的基础。

1. 室内排水平面图表达的主要内容

室内排水平面图即室内排水系统平面布置图，其主要表达了房屋内部排水设备的配置和管道的布置情况。其主要内容包括如下。

Note

（1）建筑平面图及相关排水设备在建筑平面图中的所在平面位置。

（2）各排水设备的平面位置、规格、类型等尺寸关系。

（3）排水管网的各干管、立管和支管的平面位置、走向，立管编号和管道安装方式（明装或暗装），管道的名称、规格、尺寸等。

（4）管道器材设备（阀门、消火栓、地漏等）、与排水系统相关的室内引出管。

（5）屋顶给水平面图中应注明屋顶水箱的平面位置、水箱容量、进出水箱的各种管道的平面位置、设备支架及保温措施等内容。

（6）管道及设备安装预留洞位置、预埋件、管沟等方面对土建的要求。

（7）与室内排水相关的室外检查井、化粪池、排出管等平面位置。

（8）屋面雨水排水设施及管道的平面位置、雨水排水口的平面位置、水流组织、管道安装敷设方式及阳台、雨篷、走廊等与雨水管相连的排水设施。

2．图例符号及文字符号的应用

建筑排水平面图的绘制涉及设备图例及一些设备的简化表达方法，关于这些图形符号以及标注文字符号的意义，后续文字中将顺带介绍。

3．管线位置的确定

管道设备一般采用图形符号和标注文字的方式来表示。在给水排水平面图中不表示线路及设备本身的尺寸大小、形状，但必须确定其敷设和安装的位置。其中，平面位置（照明线路和设备布置的位置）是根据建筑平面图的定位轴线和某些构筑物来确定，而垂直位置，即安装高度，一般采用标高、文字符号等方式来表示。

4．建筑室内排水平面图的绘制步骤。

建筑室内排水平面图的绘制一般遵循以下步骤。

（1）绘制房屋平面图（外墙、门窗、房间、楼梯等）。室内排水工程CAD制图中，对于新建结构往往会由建筑专业提供建筑图；对于改建、改造建筑，则需绘制建筑图。

（2）绘制排水设备图例及其平面位置。

（3）绘制各排水管道的走向及位置。

（4）对管线、设备等进行尺寸及文字标注。

（5）附加必要的文字说明。

9.2 给水排水施工图分类

给水排水施工图是建筑工程图的重要组成部分，按其内容和作用不同，可将其分为室内给水排水施工图和室外给水排水施工图。

室内给水排水施工图用于表达房屋内给水排水管网的布置、用水设备及附属配件的情况。

室外给水排水施工图用于表达整个城市某一区的给水排水管网的布置以及各种取水、储水、净水结构和水处理的情况。

其主要图纸包括室内给水排水平面图、室内给水排水系统图、室外给水排水平面图及有关详图。

9.3　给水排水施工图的表达特点及一般规定

9.3.1　表达特点

给水排水施工图的表达特点如下。

（1）给水排水施工图中的平面图、详图等图样采用正投影法绘制。

（2）给水排水系统图宜按 45° 正面斜轴测投影法绘制。管道系统图的布图方向应与平面图一致，并宜按比例绘制；当局部管道按比例不易表示清楚时，可不按比例绘制。

（3）给水排水施工图中管道附件和设备等，一般采用标准（统一）图例表示。在绘制和阅读给水排水施工图前，应查阅和掌握与图纸有关的图例及其所表征的设备。

（4）给水及排水管道一般采用单线条表示，并以粗线绘制，而建筑与结构的图样及其他有关器材设备均采用中、细实线绘制。

（5）有关管道的连接配件，属于规格统一的定型工业产品，其在图中均可不予画出。

（6）给水排水施工图中，常用 J 作为给水系统和给水管的代号，用 P 作为排水系统和排水管的代号。

（7）给水排水施工图中管道设备的安装应与土建施工图相互配合，尤其在留洞、预埋件、管沟等方面对土建的要求，须在图纸上予以注明。

9.3.2　一般规定

给水排水施工图的绘制，主要参照《房屋建筑制图统一标准》（GB/T50001—2010）、《建筑给水排水制图标准》（GB/T50106—2010）、《暖通空调制图标准》（GB/T50114—2010）等标准，其中对制图的图线、比例、标高、标注方法、管径编号、图例等都作了详细的说明。

9.4　给水排水施工图的表达内容

9.4.1　施工设计说明

给水排水施工图设计说明，是整个给水排水工程设计及施工中的指导性文字说明。其中主要阐述以下内容：给水排水系统采用何种管材、设备型号及其施工安装中的要求和注意事项；消防设备的选型、阀门位置、系统防腐、保温做法及系统试压的要求，以及其他未说明的各项施工要求；给水排水施工图尺寸单位的说明等。

9.4.2　室内给水施工图

1．室内给水平面图的主要内容

室内给水平面图是室内给水系统平面布置图的简称，主要表达房屋内部给水设备的配置和管

道的布置情况。其主要内容包括如下。

（1）建筑平面图。

（2）各用水设备的平面位置、类型。

（3）给水管网的各干管、立管和支管的平面位置、走向、立管编号和管道安装方式（明装或暗装）。

Note

（4）管道器材设备（阀门、消火栓、地漏等）的平面位置。

（5）管道及设备安装预留洞位置、预埋件、管沟等方面对土建的要求。

2．室内给水平面图的表示方法

（1）建筑平面图

室内给水平面图是在建筑平面图上，根据给水设备的配置和管道的布置情况绘出的，因此建筑轮廓应与建筑平面图一致，一般只抄绘房屋的墙、柱、门窗洞、楼梯等主要构配件（不画建筑材料图例），房屋的细部、门窗代号等均可省略。

（2）卫生器具平面图

室内卫生器具中的洗脸盆、大便器、小便器等都是工业产品，只需表示它们的类型和位置，按规定用图例画出。

（3）管道的平面布置

通常以单线条的粗实线表示水平管道（包括引入管和水平横管），并标注管径；以小圆圈表示立管；底层平面图中应画出给水引入管，并对其进行系统编号。一般给水管以每一引入管作为一个系统。

（4）图例说明

为便于施工人员阅读图纸，无论是否采用标准图例，最好能附上各种管道及卫生设备的图例，并对施工要求和有关材料等用文字说明。

3．室内给水系统图

室内给水系统图是室内给水系统轴测图的简称，主要表达给水管道的空间布置和连接情况。给水系统图和排水系统图应分别绘制。

（1）室内给水系统图的组成

室内给水系统图即室内给水系统平面布置图，其主要表达了房屋内部给水设备的配置和管道的布置及连接的空间情况。其主要内容包括如下。

① 系统编号。在系统图中，系统的编号与给水排水平面图中的编号应该是对应一致的。

② 管道的管径、标高、走向、坡度及连接方式等内容。在平面图中管长的变化无法表示，但在系统轴测图中应标注各管段的管径，管径的大小通常用公称直径来表示。在平面图中管道相关设备的标高亦无法表示，在系统图中应标注相关标高，主要包括建筑标高、给水排水管道的标高、卫生设备的标高、管件标高、管径变化处标高及管道的埋深等。管道的埋深采用负标高标注。管道的坡度值及走向也应标明。

③ 管道、设备与建筑的关系，主要是指管道穿墙、穿梁、穿地下室、穿水箱、穿基础的位置及卫生设备与管道接口的位置等。

④ 重要管件的位置，如给水管道中的阀门、污水管道中的检查口等，其应在系统轴测图中标注。

Note

⑤ 与管道相关的给水排水设施的空间位置，如屋顶水箱、室外储水池、水泵、加压设备、室外阀门井等与给水相关的设施的空间位置，以及与排水有关的设施，如室外排水检查井、管道等。

⑥ 雨水排水系统图主要反映雨水排水管道的走向、坡度、落水口、雨水斗等内容。当雨水排到地下以后，若采用有组织排水方式，则还应反映出排出管与室外雨水井之间的空间关系。

（2）室内给水系统图的图示方法

① 给水系统图与给水平面图采用相同的比例。

② 按平面图上的编号分别绘制管道图。

③ 轴向选择，通常将房屋的高度方向作为 Z 轴，以房屋的横向作为 X 轴，房屋的纵向作为 Y 轴。

④ 系统图中水平方向的长度尺寸可直接在平面图中量取，高度方向的尺寸可根据建筑物的层高和卫生器具的安装高度确定。

⑤ 在给水系统图中，管道用粗实线表示。

⑥ 在给水系统图中出现管道交叉时，要判别可见性，将后面的管道线断开。

（3）给水系统图中的尺寸标注

给水系统图中的尺寸标注包括管径、坡度、标高和标高等的标注。

9.4.3　室内排水施工图

1．室内排水平面图的主要内容

室内排水平面图主要表示房屋内部的排水设备的配置和管道的平面布置情况，其主要内容包括如下。

（1）建筑平面图。

（2）室内排水横管、排水立管、排出管、通气管的平面布置。

（3）卫生器具及管道器材设备的平面位置。

2．室内排水平面图的表达方法

（1）建筑平面图、卫生器具与配水设备平面图的表达方法，要求与给水管网平面布置图相同。

（2）排水管道一般用单线条粗虚线表示，以小圆圈表示排水立管。

（3）按系统对各种管道分别予以标志和编号。

（4）图例及说明与室内给水平面图相似。

3．室内排水系统图

室内排水系统图的定义是指将室内人们在日常生活和工业生产中使用过的水分别汇集起来，直接或经过局部处理后，及时排入室外污水管道。

（1）室内排水系统图的图示方法

① 室内排水系统图仍选用正面斜等测，其图示方法与给水系统图基本一致。

② 排水系统图中的管道用粗线表示。

③ 排水系统图只需绘制管路及存水弯，卫生器具及用水设备可不必画出。

④ 排水横管上的坡度，因画图比例小，可忽略，按水平管道画出。

（2）排水系统图中的尺寸标注

排水系统图中的尺寸标注包括管径、坡度和标高等的标注。

Note

9.4.4 室外管网平面布置图

1. 室外管网平面布置图的主要内容

室外管网平面布置图用于表达一个工程单位（如小区、城市、工厂等）的给水排水管网的布置情况。一般应包括以下内容。

（1）该工程的建筑总平面图。

（2）给水排水管网干管位置等。

（3）室外给水管网，需注明各给水管道的管径、消火栓位置等。

2. 室外管网平面布置图的表达方法

（1）给水管道用粗实线表示。

（2）在排水管的起端、两管相交点和转折点要设置检查井（在图上用 2mm～3mm 的圆圈表示检查井），两检查井之间的管道应是直线。

（3）用汉语拼音字头表示管道类别。

简单的管网布置可直接在布置图中标注上管径、坡度、流向、管底标高等。

9.5 给水排水工程施工图的设计深度

本节摘录了住房和城乡建设部颁发的文件《建筑工程设计文件编制深度规定》（2003 年版）中给水排水工程部分施工图设计的有关内容，供读者学习参考。

9.5.1 总则

（1）民用建筑工程一般应分为方案设计、初步设计和施工图设计 3 个阶段；对于技术要求简单的民用建筑工程，经有关主管部门同意，并且合同中有不作初步设计的约定，可在方案设计审批后直接进入施工图设计阶段。

（2）各阶段设计文件编制深度应按以下原则进行（具体应执行第 2、3、4 章条款）。

① 方案设计文件，应满足编制初步设计文件的需要。

> 注意：
> 对于投标方案，设计文件深度应满足标书要求；若标书无明确要求，设计文件深度可参照本规定的有关条款。

② 初步设计文件，应满足编制施工图设计文件的需要。

③ 施工图设计文件，应满足设备材料采购、非标准设备制作和施工的需要。对于将项目分别发包给几个设计单位或实施设计分包的情况，设计文件相互关联处的深度应当满足各承包或分

包单位设计的需要。

9.5.2　施工图设计

条文编排遵从原文件的序号，以便于读者进行查阅。

1．给水排水

（1）在施工图设计阶段，给水排水专业设计文件应包括图纸目录、施工图设计说明、设计图纸、主要设备表、计算书。

（2）图纸目录：先列新绘制图纸，后列选用的标准图或重复利用图。

（3）设计总说明。

① 设计依据简述。

② 给水排水系统概况，主要的技术指标（如最高日用水量，最大时用水量，最高日排水量，最大时热水用水量、耗热量，循环冷却水量，各消防系统的设计参数及消防总用水量等），控制方法；有大型的净化处理厂（站）或复杂的工艺流程时，还应有运转和操作说明。

③ 凡不能用图示表达的施工要求，均应以设计说明表述。

④ 有特殊需要说明的可分别列在有关图纸上。

（4）图例。

2．给水排水总平面图

（1）绘出各建筑物的外形、名称、位置、标高、指北针（或风玫瑰图）。

（2）绘出全部给水排水管网及构筑物的位置（或坐标）、距离、检查井、化粪池型号及详图索引号。

（3）对较复杂工程，还应将给水、排水（雨水、污废水）总平面图分开绘制，以便于施工（简单工程可以绘在一张图上）。

（4）给水管注明管径、埋设深度或敷设的标高，宜标注管道长度，并绘制节点图，注明节点结构、闸站井尺寸、编号及引用详图（一般工程给水管线可不绘节点图）。

（5）排水管标注检查井编号和水流坡向，标注管道接口处市政管网的位置、标高、管径、水流坡向。

3．排水管道高程表和纵断面图

（1）排水管道绘制高程表，将排水管道的检查井编号、井距、管径、坡度、地面设计标高、管内底标高等写在表内。

简单的工程，可将上述内容直接标注在平面图上，不列表。

（2）对地形复杂的排水管道及管道交叉较多的给水排水管道，应绘制管道纵断面图，图中应表示出设计地面标高、管道标高（给水管道注管中心，排水管道注管内底）、管径、坡度、井距、井号、井深，并标出交叉管的管径、位置、标高；纵断面图比例宜为竖向 1:1000（或 1:50，1:200），横向 1:500（或与总平面图的比例一致）。

4．取水工程总平面图

绘出取水工程区域内（包括河流及岸边）的地形等高线、取水头部、吸水管线（自流管）、集水井、取水泵房、栈桥、转换闸门及相应的辅助建筑物、道路的平面位置、尺寸、坐标、管道

的管径、长度、方位等，并列出建（构）筑物一览表。

5．取水工程流程示意图（或剖面图）

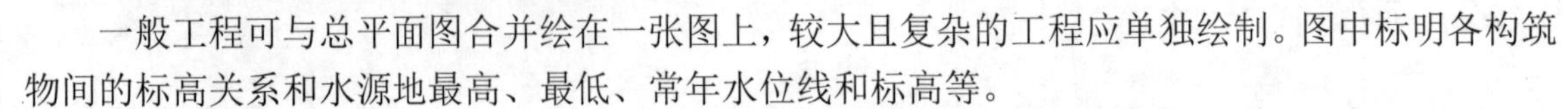

一般工程可与总平面图合并绘在一张图上，较大且复杂的工程应单独绘制。图中标明各构筑物间的标高关系和水源地最高、最低、常年水位线和标高等。

Note

6．取水头部（取水口）平、剖面及详图

（1）绘出取水头部所在位置及相关河流、岸边的地形平面布置，图中标明河流、岸边与总体建筑物的坐标、标高、方位等。

（2）详图应详细标注各部分尺寸、构造、管径和引用详图等。

7．取水泵房平、剖面及详图

绘出各种设备基础尺寸（包括地脚螺栓孔位置、尺寸），相应的管道、阀门、配件、仪表、配电、起吊设备的相关位置、尺寸、标高等，列出设备材料表，并标注出各设备型号和规格及管道、阀门的管径，配件的规格。

8．其他建筑物平、剖面及详图

内容应包括集水井、计量设备、转换闸门井等。

9．输水管线图

在带状地形图（或其他地形图）上绘制出管线及附属设备、闸门等的平面位置、尺寸，图中注明管径、管长、标高及坐标、方位。是否需要另绘管道纵断面图，视工程地形的复杂程度而定。

10．给水净化处理厂（站）总平面布置图及高程系统图

（1）绘出各建（构）筑物的平面位置、道路、标高、坐标，连接各建（构）筑物之间的各种管线、管径、闸门井、检查井、堆放药物、滤料等堆放场的平面位置、尺寸。

（2）高程系统图应表示各构筑物之间的标高、流程关系。

11．各净化建（构）筑物平、剖面及详图

分别绘制各建（构）筑物的平、剖面及详图，图中详细标出各细部尺寸、标高、构造、管径及管道穿池壁预埋管管径或加套管的尺寸、位置、结构形式和引用的详图。

12．水泵房平、剖面图

注意：

一般指利用城市给水管网供水压力不足时设计的加压泵房、净水处理后的二次升压泵房或地下水取水泵房。

（1）平面图

应绘出水泵基础外框、管道位置，列出主要设备材料表，标出设备型号和规格、管径，以及阀件、起吊设备、计量设备等的位置、尺寸。如需设真空泵或其他引水设备时，要绘出有关的管道系统和平面位置及排水设备。

（2）剖面图

绘出水泵基础剖面尺寸、标高，水泵轴线管道、阀门安装标高，防水套管位置及标高。简单的泵房，用系统轴测图能交代清楚时，可不绘剖面图。

13．水塔（箱）、水池配管及详图

分别绘出水塔（箱）、水池的进水、出水、泄水、溢水、透气等各种管道平面、剖面图或系

统轴测图及详图，标注管径、标高、最高水位、最低水位、消防储备水位等及储水容积。

14．循环水构筑物的平、剖面及系统图

有循环水系统时，应绘出循环冷却水系统的构筑物（包括用水设备、冷却塔等）、循环水泵房及各种循环管道的平、剖面及系统图（当绘制系统轴测图时，可不绘制剖面图）。

Note

15．污水处理

如有集中的污水处理或局部污水处理时，绘出污水处理站（间）平面、高程流程图，并绘出各构筑物平、剖面及详图，其深度可参照本书给水部分（第 4.6.9 条、4.6.13 条）的相应图纸内容。

16．建筑给水排水图纸

（1）平面图

① 绘出与给水排水、消防给水管道布置有关各层的平面，内容包括主要轴线编号、房间名称、用水点位置，注明各种管道系统编号（或图例）。

② 绘出给水排水、消防给水管道平面布置、立管位置及编号。

③ 当采用展开系统原理图时，应标注管道管径、标高（给水管安装高度变化处，应在变化处用符号标示清楚，并分别标出标高，排水横管应标注管道终点标高，管道密集处应在该平面图中画横断面图将管道布置定位标示清楚。

④ 底层平面应注明引入道、排出管、水泵接合器等与建筑物的定位尺寸、穿建筑外墙管道的标高、防水套管形式等，还应绘出指北针。

⑤ 标出各楼层建筑平面标高（如卫生设备间平面标高有不同时，应另加注）、灭火器放置地点。

⑥ 若管道种类较多，在一张图纸上表示不清楚时，可分别绘制给水排水平面图和消防给水平面图。

⑦ 对于给水排水设备及管道较多处，如泵房、水池、水箱间、热交换器站、饮水间、卫生间、水处理间、报警阀门、气体消防储瓶间等，当上述平面不能交代清楚时，应绘出局部放大平面图。

（2）系统图

① 系统轴测图。对于给水排水系统和消防给水系统，一般宜按比例分别绘出各种管道系统轴测图。图中标明管道走向、管径、仪表及阀门、控制点标高、管道坡度（设计说明中已交代者，图中可不标注管道坡度）、各系统编号、各楼层卫生设备和工艺用水设备的连接点位置。如各层（或某几层）卫生设备及用水点接管（分支管段）情况完全相同时，在系统轴测图上可只绘一个有代表性楼层的接管图，其他各层注明同该层即可。复杂的边结点应局部放大绘制。在系统轴测图上，应注明建筑楼层标高、层数、室内外建筑平面标高差。卫生间管道应绘制轴测图。

② 展开系统原理图。对于能用展开系统原理图将设计内容表达清楚的，可绘制展开系统原理图。图中标明立管和横管的管径、立管编号、楼层标高、层数、仪表及闸门、各系统编号、各楼层卫生设备和工艺用水设备的连接，排水管标立管检查口、通风帽等距地（板）高度等。如各层（或某几层）卫生设备及用水点接管（分支管段）情况完全相同时，在展开系统原理图上可只绘一个有代表性楼层的接管图，其他各层注明同该层即可。

③ 当自动喷水灭火系统在平面图中已将管道管径、标高、喷头间距和位置标注清楚时，可简化表示从水流指示器至末端试水装置（试水阀）等阀件之间的管道和喷头。

④ 简单管段在平面上注明管径、坡度、走向、进出水管位置及标高，可不绘制系统图。

（3）局部设施

当建筑物内有提升、调节或小型局部给水排水处理设施时，可绘出其平面图、剖面图（或轴测图），或注明引用的详图、标准图号。

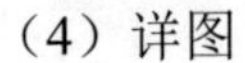

（4）详图

特殊管件无定型产品又无标准图可利用时，应绘制详图。

17．主要设备材料表

主要设备、器具、仪表及管道附、配件可在首页或相关图上列表表示。

18．计算书（内部使用）

根据初步设计审批意见进行施工图阶段设计计算。

19．设计依据

当合作设计时，应依据主设计方审批的初步设计文件，按所分工内容进行施工图设计。

9.6 职业法规及规范标准

规范或标准是工程设计的依据，贯穿于工程设计的整个过程。专业设计人员首先应熟悉专业规范的各相关条文，特别是一些强制性条文。本节归纳列出一些建筑给水排水工程设计中的常用规范标准，供读者参考、学习。

给水排水工程设计人员必须熟悉相关法律、法规及行业标准规范，并在设计过程中严格执行相关条文，保证工程设计的合理、安全，满足相关质量要求，特别是对于一些强制性条文，更应提高警惕，严格遵守。在实际工作中应注意以下几点法律法规：

（1）我国有关基本建设、建筑、城市规划、环保、房地产方面的法律规范。

（2）工程设计人员的职业道德与行为准则。

表9-1列出了给水排水工程设计中的常用法律法规及标准规范目录，读者可自行查阅。

表9-1 相关职业法规及标准

法律法规	
序　号	法律法规名称
1	《中华人民共和国城市房地产管理法》
2	《中华人民共和国城市规划法》
3	《中华人民共和国环境保护法》
4	《中华人民共和国建筑法》
5	《中华人民共和国合同法》
6	《中华人民共和国招标投标法》
7	《建设工程质量管理条例》
8	《建设工程勘察设计管理条例》
9	《中华人民共和国大气污染防治法 》
10	《中华人民共和国水污染防治法》

续表

规范标准		
序 号	文件编号	文件名称
1	GB 50013—2006（2011 版）	《室外给水设计规范》
2	GB 50014—2006（2011 版）	《室外排水设计规范[2014 年版]》
3	GB 50015—2003	《建筑给水排水设计规范（2009 年版）》
4	CB 50016—2014	《建筑设计防火规范》
5	GB 50084—2001	《自动喷水灭火系统设计规范（附条文说明）[2015 年版]》
6	GB 50336—2002	《建筑中水设计规范》
7	CECS 14—2002	《游泳池和水上游乐池给水排水设计规程》
8	GB 50265—2010	《泵站设计规范》
9	GB 50102—2014	《工业循环水冷却设计规范》
10	GB 50050—2007	《工业循环冷却水处理设计规范》
11	GB 50109—2014	《工业用水软化水除盐设计规范》
12	GB 50219—2014	《水喷雾灭火系统设计规范》
13	GB 50067—2014	《汽车库、修车库、停车场设计防火规范》
14	GB 50098—2009	《人民防空工程设计防火规范》
15	GB 50140—2005	《建筑灭火器配置设计规范》
16	GB 50096—2011	《住宅设计规范》
17	GB 50038—2005	《人民防空地下室设计规范》
18	CECS 41—2004	《建筑给水硬聚氯乙烯管道设计与施工验收规程》
19	CJJ/T29—2010	《建筑排水硬聚氯乙烯管道工程技术规程》
20	GB 50268—2008	《给水排水管道工程施工及验收规范》
21	GB 50141—2008	《给水排水构筑物施工及验收规范》
22	GB 50242—2002	《建筑给水排水及采暖工程施工质量验收规范》
23	GB 50261—2005	《自动喷水灭火系统施工及验收规范》
24	GB 50319—2013	《建设工程监理规范》
25	CJ 3020—1993	《生活饮用水水源水质标准》
26	GB 5749—2006	《生活饮用水卫生标准》
27	CJ 94—2005	《饮用净水水质标准》
28	GB 3838—2002	《地表水环境质量标准》
29	GB 8978—1996	《污水综合排放标准》

设计手册	
序 号	参考手册来源
1	严煦世等．给水工程．第 4 版．北京：中国建筑工业出版社，1999
2	孙慧修．排水工程（上册）．第 4 版．北京：中国建筑工业出版社，1999
3	张自杰．排水工程（下册）．第 4 版．北京：中国建筑工业出版社，2000
4	王增长．建筑给水排水工程．北京：中国建筑工业出版社，1998
5	上海市政工程设计研究院．给水排水设计手册（第 3 册）——城镇给水．第 2 版．北京：中国建筑工业出版社，2003

Note

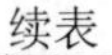
续表

序　号	参考手册来源
6	华东建筑设计院有限公司．给水排水设计手册（第4册）——工业给水处理．第2版．北京：中国建筑工业出版社，2000
7	北京市市政设计研究总院．给水排水设计手册（第5册）——城镇排水．第2版．北京：中国建筑工业出版社，2003
8	北京市市政设计研究总院．给水排水设计手册（第6册）——工业排水．第2版．北京：中国建筑工业出版社，2002
9	中国建筑标准化研究所等．全国民用建筑工程设计技术措施（给水排水）．北京：中国计划出版社，2003
10	严煦世．给水排水工程快速设计手册（第1册）给水工程．北京：中国建筑工业出版社，1995
11	于尔捷等．给水排水工程快速设计手册（第2册）排水工程．北京：中国建筑工业出版社，1996
12	陈耀宗等．建筑给水排水设计手册．北京：中国建筑工业出版社，1992
13	黄晓家等．自动喷水灭火系统设计手册．北京：中国建筑工业出版社，2002
14	聂梅生等．水工业工程设计手册 建筑和小区给水排水．北京：中国建筑工业出版社，2000
15	张自杰．环境工程手册 水污染防治卷．北京：高等教育出版社，1996
16	兰文艺等．实用环境工程手册 水处理材料与药剂．北京：化学工业出版社，2002
17	北京市环境保护科学研究院等．三废处理工程技术手册废水卷．北京：化学工业出版社，2000
18	顾夏声等．水处理工程．北京：清华大学出版社，1985
19	周本省．工业水处理技术．北京：化学工业出版社，1997
20	孙力平等．污水处理新工艺与设计计算实例．北京：中国科学出版社，2001
21	周玉文等．排水管网理论与计算．北京：中国建筑工业出版社，2000
22	唐受印等．废水处理工程．北京：化学工业出版社，1998
23	徐根良等．废水控制及治理工程．杭州：浙江大学出版社，1999
24	李培红．工业废水处理与回收利用．北京：化学工业出版社，2001
25	王绍文等．重金属废水治理技术．北京：冶金工业出版社，1993
26	高廷耀等．水污染控制工程（下册）．北京：高等教育出版社，1999
27	秦钰慧等．饮用水卫生与处理技术．北京：化学工业出版社，2002
28	罗光辉等．环境设备设计与应用．北京：高等教育出版社，1997

9.7　建筑给水排水工程制图规定

建筑给水排水工程的AutoCAD制图必须遵循相关制图标准，其中主要涉及《房屋建筑制图统一标准》（GB/T50001—2010）、《建筑给水排水制图标准》（GB/T50106—2010）等，还有一些大型建筑设计单位内部的相关标准。读者可自行查阅，获得详细的相关条文解释，也可查阅相关建筑设备工程制图方面的教材或辅助读物进行参考、学习。

9.7.1　比例

比例大小的合理选择关系到图样表达的清晰程度及图纸的通用性，《房屋建筑制图统一标准》（GB/T50001—2010）及《建筑给水排水制图标准》（GB/T50106—2010）对建筑制图的比例、给水排水工程制图的比例做了详细的说明。

给水排水专业的图纸种类繁多，包括了平面图、系统图、轴测图、剖面图、详图等。在不同的专业设计阶段，图纸要求表达的内容及深度是不同的，以及工程的规模大小、工程的性质等都关系到比例的合理选择。给水排水工程制图中的常见比例如表 9-2 所示。

表 9-2　图纸比例

名　称	比　例
区域规划图	1:10000、1:25000、1:50000
区域位置图	1:2000、1:5000
厂区总平面图	1:300、1:500、1:1000
管道纵断面图	横向：1:300、1:500、1:1000 纵向：1:50、1:100、1:200
水处理厂平面图	1:500，1:200，1:100
水处理高程图	可无比例
水处理流程图	可无比例
水处理构筑物、设备间、泵房等	1:30、1:50、1:100
建筑给水排水平面图	1:100、1:150、1:200
建筑给水排水轴测图	1:50、1:100、1:150
详图	1:1、2:1、1:5、1:10、1:20、1:50

其中，建筑给水排水平面图及轴测图宜与建筑专业图纸比例一致，以便于识图。另外，在管道纵断面图中，根据表达需要其在横向与纵向采用不同的比例绘制。水处理的高程图及流程图也可不按比例绘制。建筑给水排水轴测图局部绘制表达困难时，亦可不按比例绘制。

9.7.2　线型

建筑制图中的各种建筑、设备等图样多是通过不同式样的线条来表现的，以线条的形式来传递相应的表达信息，不同的线条代表不同的含义。通过对线条的设置、调整（包括线型及线宽等的设置），以及诸如图案填充等的灵活运用，可以使图样表达得更清晰、明确，制图快捷。

《房屋建筑制图统一标准》（GB/T50001—2010）、《建筑给水排水制图标准》（GB/T50106—2010）中对线条进行了详细的解释。建筑给水排水工程涉及建筑制图方面的线条规定，应严格执行；另外还有给水排水专业在制图方面关于线条表达的一些规定，应将两者结合。

表 9-3 列出了线型的一些表达规则。

表 9-3　线型的表达规则

名　称	线　宽	表 达 用 途
粗实线	b	新设计的各种排水及其他重力流管线
粗虚线		新设计的各种排水及其他重力流管线不可见轮廓线
中粗实线	0.75b	新设计的各种给水和其他压力流管线
		原有的各种排水及其他重力流管线
中粗虚线	0.75b	新设计的各种给水及其他压力流管线不可见轮廓线
		原有的各种排水及其他重力流管线不可见轮廓线

Note

续表

名　称	线　宽	表达用途
中实线	0.5b	给水排水设备、零件的可见轮廓线
		总图中新建建筑物和构筑物的可见轮廓线
		原有的各种给水和其他压力流管线
虚实线	0.5b	给水排水设备、零件的不可见轮廓线
		总图中新建建筑物和构筑物的不可见轮廓线
		原有的各种给水和其他压力流管线的不可见轮廓线
细实线	0.25b	建筑的可见轮廓线，总图中原有建筑物和构筑物的可见轮廓线
细虚线	0.25b	建筑的不可见轮廓线，总图中原有建筑物和构筑物的不可见轮廓线
单点长画线	0.25b	中心线、定位轴线
折断线	0.25b	断开线
波浪线	0.25b	平面图中的水面线、局部构造层次范围线、保温范围示意线

说明：图线宽度 b 的选择，主要考虑到图纸的类别、比例、表达内容与复杂程度。给水排水工程图中的基础线宽，一般取 1.0 mm 及 0.7 mm 两种。

对于线型的选用及制图时应注意的细节，读者可参考有关制图标准及教科书，这里不再赘述。

9.7.3　图层及交换文件

《房屋建筑制图统一标准》（GB/T50001—2010）有关给水排水部分的图层命名举例如表 9-4 所示。

表 9-4　图层命名举例（遵从原文件的编排序号）

冷　热		
中 文 名	英 文 名	解　释
给排-冷热	P-DOMW	生活冷热 Domestic hot and cold 水系统 Water systems
给排-冷热-设备	P-DOMW-EQPH	生活冷热 Domestic hot and cold 水设备 Water equipment
给排-冷热-热管	P-DOMW-HPIP	生活热水管线 Domestic hot water piping
给排-冷热-冷管	P-DOMW-CPIP	生活冷水管线 Domestic cold water piping
排　水		
中 文 名	英 文 名	解　释
给排-排水	P-SANR	排水 Sanitary drainage
给排-排水-设备	P-SANR-EQPM	排水设备 Sanitary equipment
给排-排水-管线	P-SANR-PIPE	排水管线 Sanitary piping
给排-雨水	P-STRM	雨水排水系统 Storm drainage system
给排-雨水-管线	P-STRM-PIPE	雨水排水管线 Storm drain piping
给排-排水-屋面	P-STRM-RFDR	屋面排水 Roof drains
给排-消防	P-HYDR	消防系统 Hydrant system

给水排水平面图

本章学习要点和目标任务：

☑ 给水排水平面图概述

☑ 一层给水排水平面图

☑ 二层给水排水平面图

☑ 三层给水排水平面图

本章将以一层给水排水平面图为例，详细讲述其绘制过程。在讲述过程中，将逐步带领读者完成给水排水平面图的绘制，并讲述关于给水排水平面设计的相关知识和技巧。本章包括给水排水平面图绘制的知识要点、图例的绘制、管线的绘制及尺寸文字标注等内容。

10.1　给水排水平面图概述

Note

建筑给水排水平面图是在建筑平面图的基础上，根据建筑给水排水制图的规定绘制出的用于反映给水排水设备、管线的平面布置状况的图样，图中应标注各种管道、附件、卫生器具、用水设备和立管的平面位置，以及管道规格、排水管道坡度等相关数值。通常制图时是将各系统的管道绘制在同一张平面布置图上。根据工程规模，当管道及设备等复杂时，或在同一张图纸表达不清晰时，或管道局部布置复杂时，可分类（如卫生器具、其他用水设备、附件等）、分层（如底层、标准层、顶层）表达在不同的图纸上或绘制详图，以便于绘制及识读。建筑给水排水平面图是建筑给水排水施工图的重要组成部分，是绘制及识读其他给水排水施工图的基础。

建筑给水排水平面图的绘制步骤如下。

（1）绘制房屋平面图（外墙、门窗、房间、楼梯等）。室内给水排水工程 CAD 制图中，对于新建结构往往会由建筑专业提供建筑图，对于改建、改造建筑则需进行建筑图绘制。

（2）绘制用水设备图例及其平面位置。

（3）绘制各给水排水管道的走向及位置。

（4）对管线、设备等进行尺寸及附加文字标注。

（5）附加必要的文字说明。

10.2　一层给水排水平面图

一层给水排水平面图主要表达一层给水排水管道布局情况。一层由于是所有楼层给水排水的最终汇集之处，所以给水排水管道相对较多。管线布置总的原则是：能布置在室外的尽量布置在室外，这样后期维修相对方便。管线尽量沿墙根直线布置，管线之间的连接越简洁越好，这样可以避免环节过多出现的问题。

本节主要讲述一层给水排水平面图的绘制，结果如图 10-1 所示。

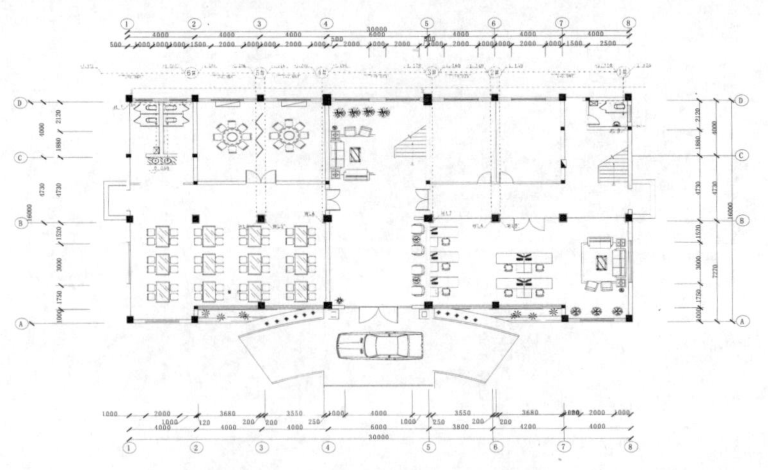

图 10-1　一层给水排水平面图

Note

操作步骤如下：（：光盘\配套视频\动画演示\第 10 章\一层给水排水平面图 avi）

10.2.1　整理平面图

（1）单击快速访问工具栏中的“打开”按钮，打开“源文件\第 10 章\一层弱电布置图”文件，将其另存为“一层给水排水平面图”。

（2）单击“默认”选项卡“修改”面板中的“删除”按钮，将平面图中不需要的图形删除，关闭“标注”图层，整理后如图 10-2 所示。

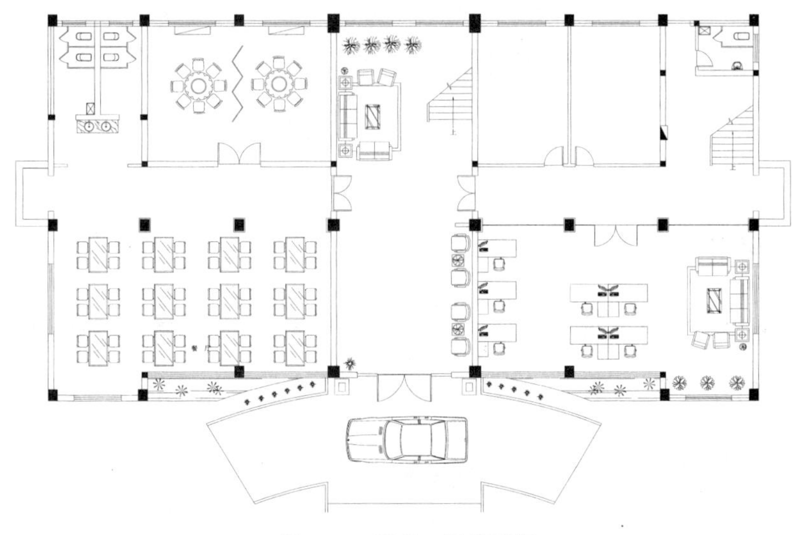

图 10-2　整理一层平面图

10.2.2　布置给水图例

1. 绘制清扫口

（1）单击“默认”选项卡“绘图”面板中的“圆”按钮，在图形空白区域任选一点为圆心，绘制半径为 95 的圆，如图 10-3 所示。

（2）单击“默认”选项卡“绘图”面板中的“矩形”按钮，在绘制的圆内任选一点为矩形起点绘制一个 74×83 的矩形，并调整矩形位置如图 10-4 所示。

图 10-3　绘制圆　　　　图 10-4　绘制矩形

2. 绘制立水管

单击“默认”选项卡“绘图”面板中的“圆”按钮，在图形空白区域绘制一个半径为 45 的圆，完成立管的绘制。

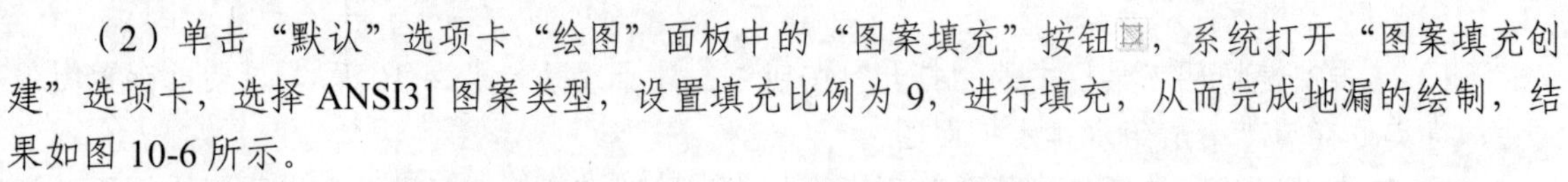

3. 绘制地漏

（1）单击“默认”选项卡“绘图”面板中的“圆”按钮，在图形空白区域绘制一个半径为 63 的圆，如图 10-5 所示。

（2）单击“默认”选项卡“绘图”面板中的“图案填充”按钮，系统打开“图案填充创建”选项卡，选择 ANSI31 图案类型，设置填充比例为 9，进行填充，从而完成地漏的绘制，结果如图 10-6 所示。

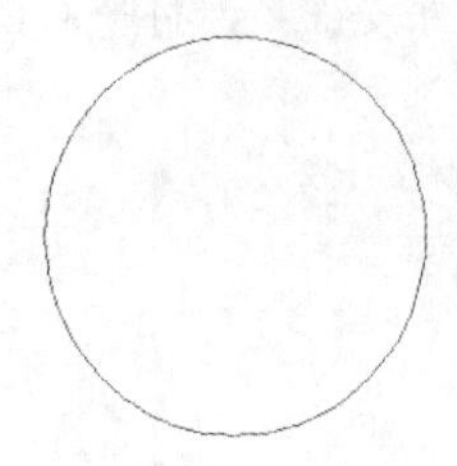

图 10-5　绘制圆

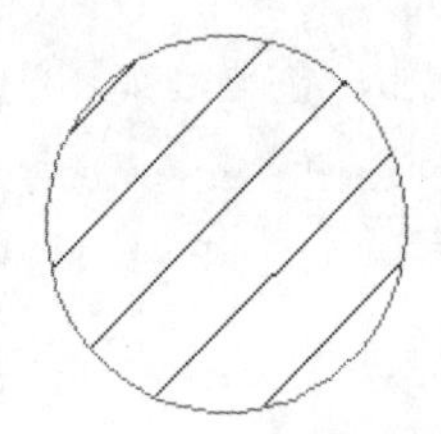

图 10-6　填充图形

10.2.3　绘制图例

（1）单击“默认”选项卡“绘图”面板中的“圆”按钮，在图形上部绘制半径为 400 的污水总管，如图 10-7 所示。

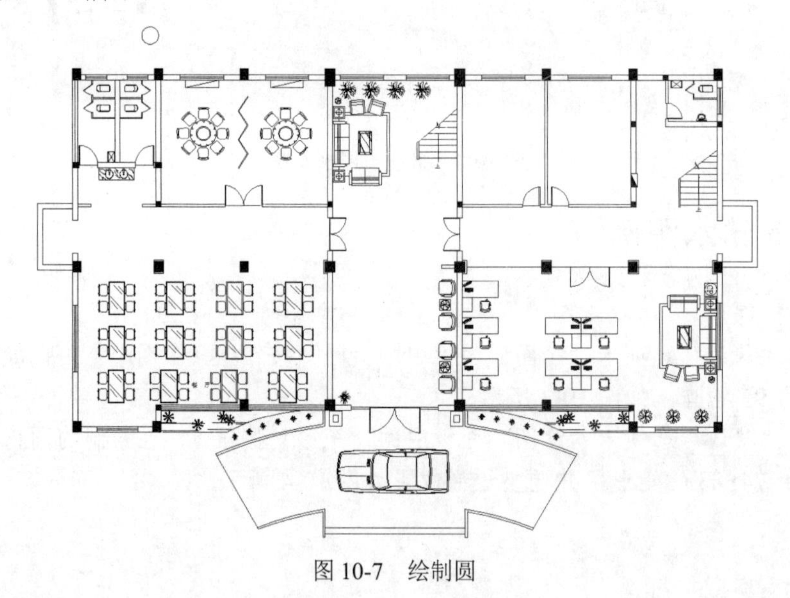

图 10-7　绘制圆

（2）单击“默认”选项卡“注释”面板中的“多行文字”按钮A，在绘制的圆内添加多行文字，如图 10-8 所示。

（3）使用上述方法完成剩余总管符号的绘制，如图 10-9 所示。

（4）单击“默认”选项卡“修改”面板中的“移动”按钮，选择前面绘制的地漏图形为移动对象，将其移动放置到适当位置，如图 10-10 所示。

（5）单击“默认”选项卡“修改”面板中的“复制”按钮，选择移动的地漏图形为复制对象，对其进行连续复制，如图 10-11 所示。

Note

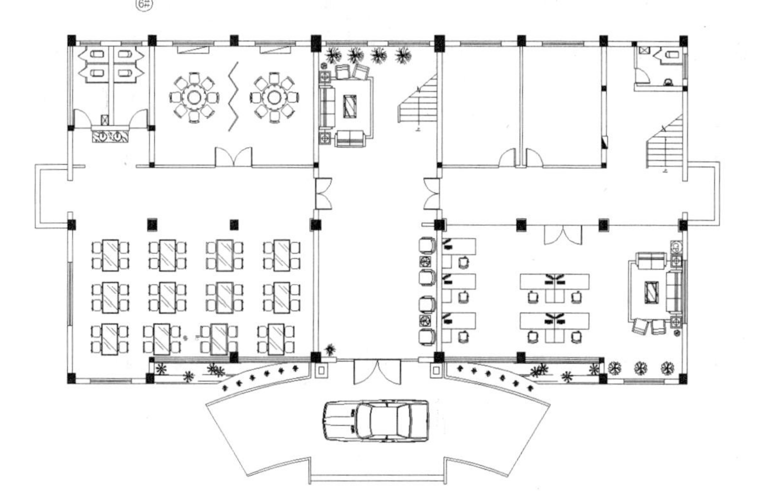

图 10-8　绘制总管符号

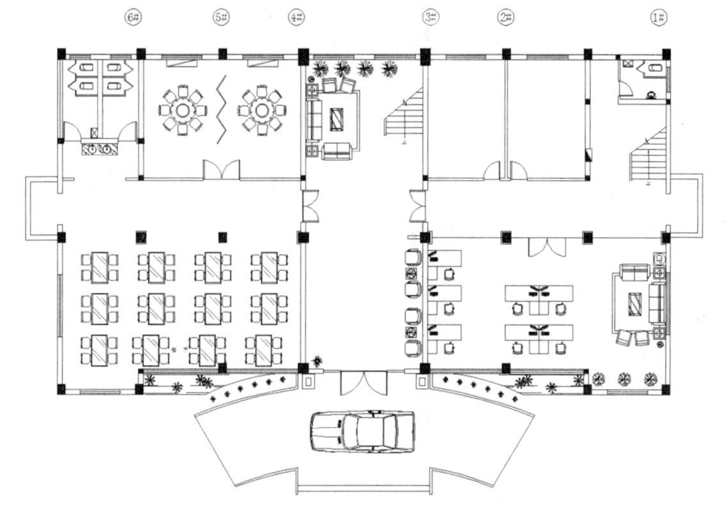

图 10-9　绘制剩余总管符号

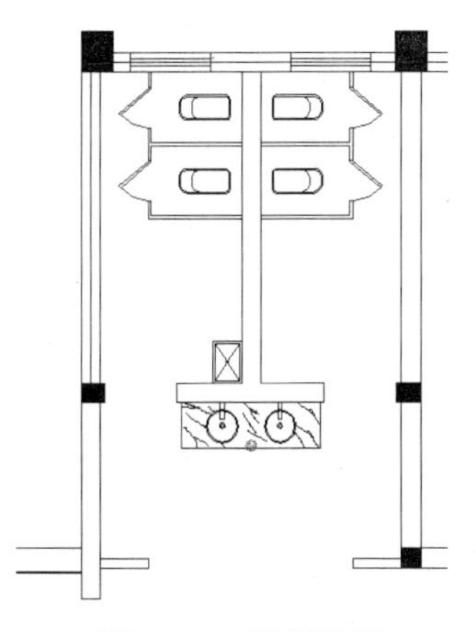

图 10-10　放置地漏

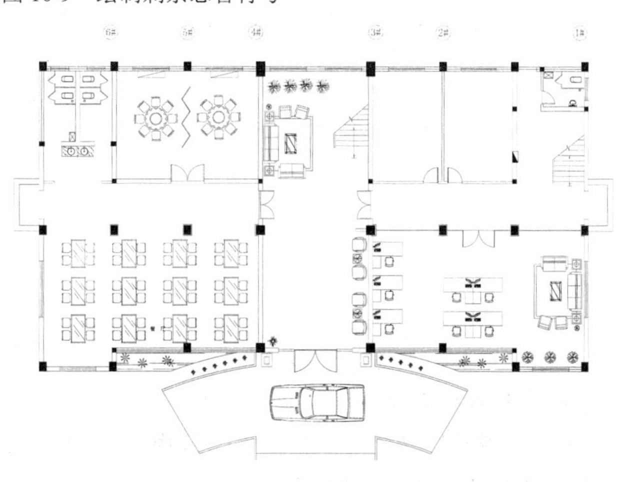

图 10-11　复制地漏

Note

（6）单击“默认”选项卡“修改”面板中的“移动”按钮，选择前面绘制的清扫口为移动对象，将其放置到图形适当位置，如图10-12所示。

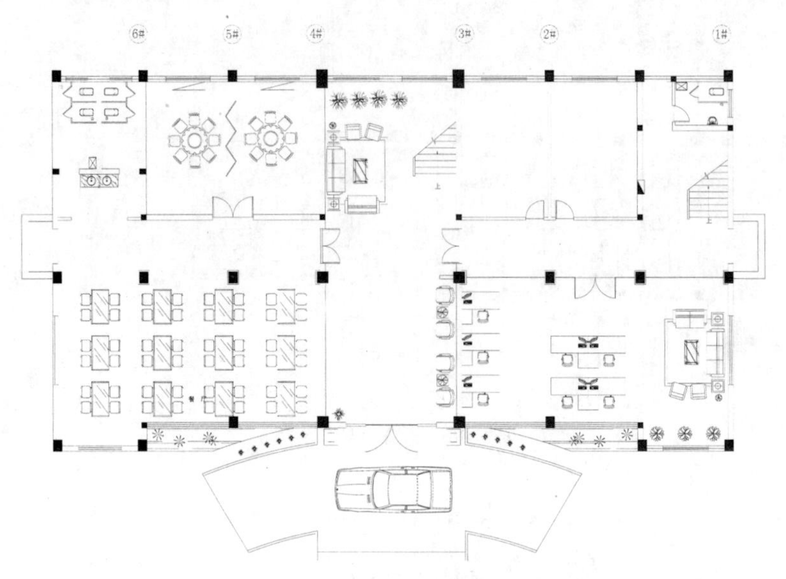

图10-12　移动图形

（7）单击“默认”选项卡“修改”面板中的“移动”按钮，选择前面绘制的立水管为移动对象，将其放置到图形适当位置，如图10-13所示。

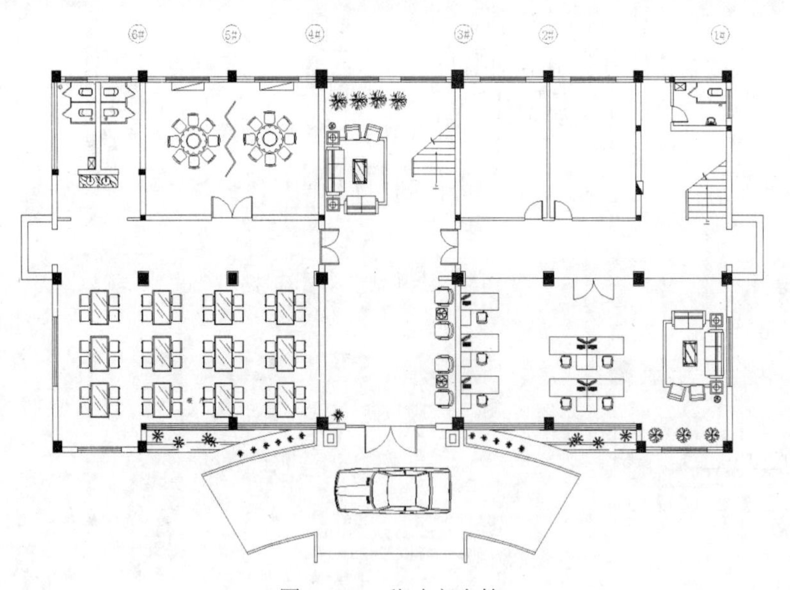

图10-13　移动立水管

（8）单击“默认”选项卡“修改”面板中的“复制”按钮，选择移动的立水管图形为复制对象，对其进行连续复制并放置到适当位置，如图10-14所示。

（9）单击“默认”选项卡“绘图”面板中的“圆”按钮，在图形适当位置任选一点为圆心绘制一个半径为30的圆，如图10-15所示。

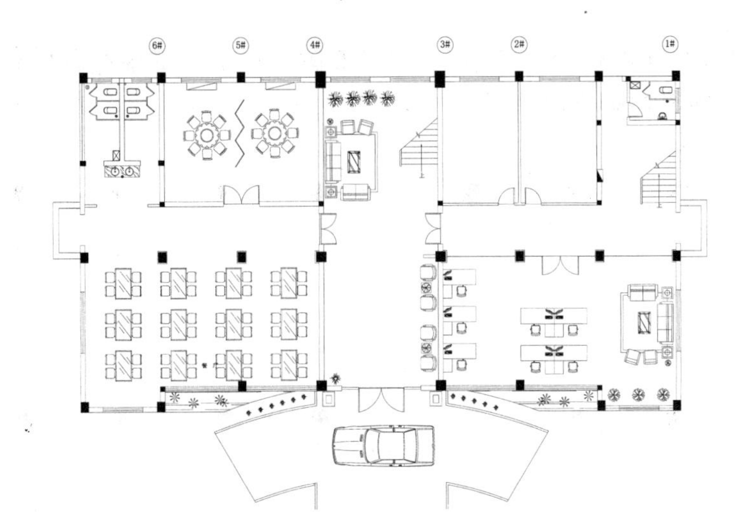

图 10-14　复制立水管

（10）单击“默认”选项卡“绘图”面板中的“圆”按钮，在圆的下方点选一点为圆心绘制一个半径为 24 的圆，如图 10-16 所示。

（11）单击“默认”选项卡“绘图”面板中的“矩形”按钮，在圆右侧选取一点为矩形起点，绘制一个 254×147 的矩形，如图 10-17 所示。

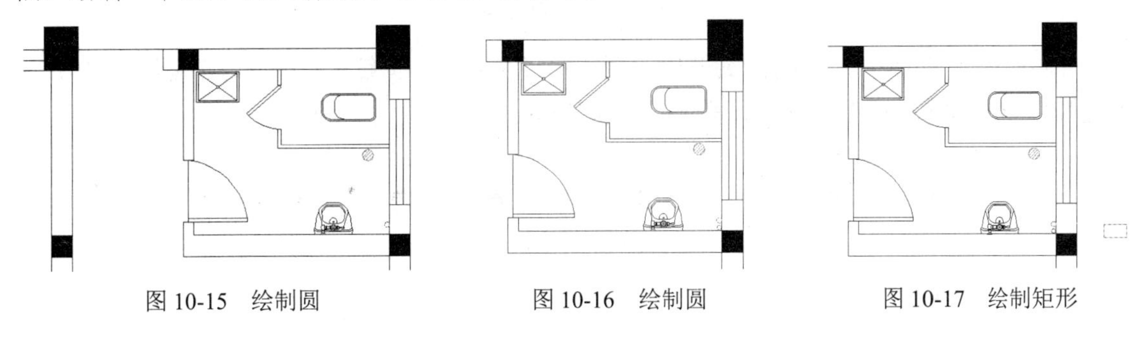

图 10-15　绘制圆　　图 10-16　绘制圆　　图 10-17　绘制矩形

（12）单击“默认”选项卡“绘图”面板中的“直线”按钮，在矩形内绘制对角线，如图 10-18 所示。

（13）单击“默认”选项卡“修改”面板中的“修剪”按钮，选择图形为修剪对象，对其进行修剪处理，如图 10-19 所示。

（14）单击“默认”选项卡“修改”面板中的“旋转”按钮，选择绘制的闸阀为旋转对象，将其旋转复制 90°，如图 10-20 所示。

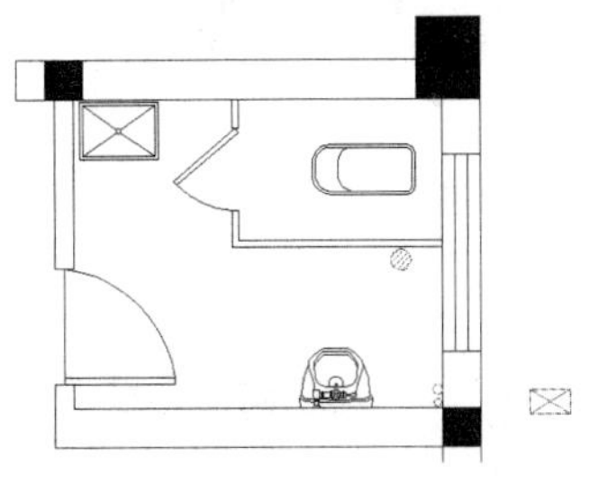

图 10-18　绘制对角线

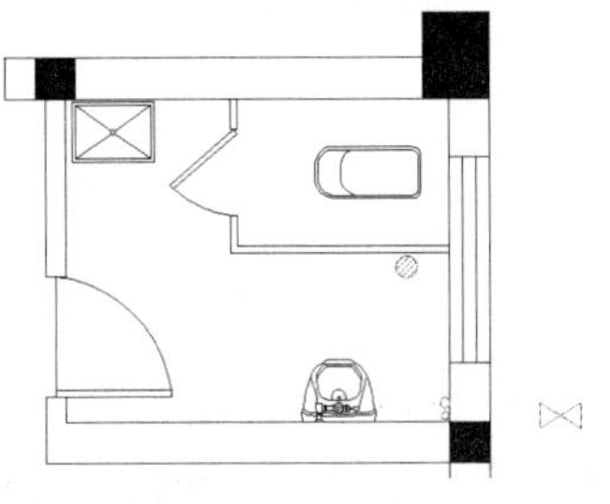

图 10-19　修剪线段

图 10-20　旋转图形

（15）单击“默认”选项卡“修改”面板中的“复制”按钮，选择绘制的闸阀为复制对象，对其进行复制操作，如图 10-21 所示。

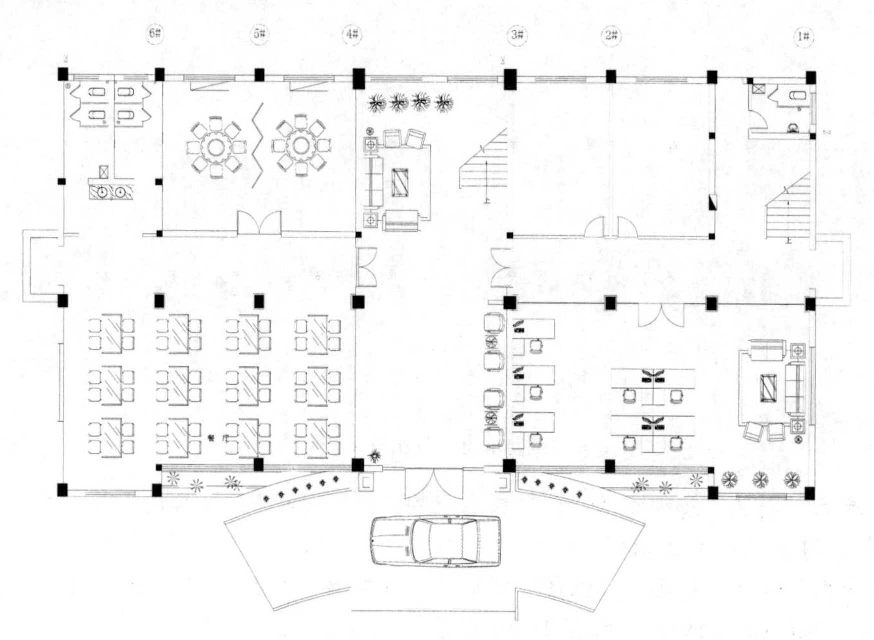

图 10-21　复制对象

（16）单击“默认”选项卡“绘图”面板中的“多段线”按钮，指定起点宽度为 10，端点宽度为 10，绘制图形中总管的连接线，如图 10-22 所示。

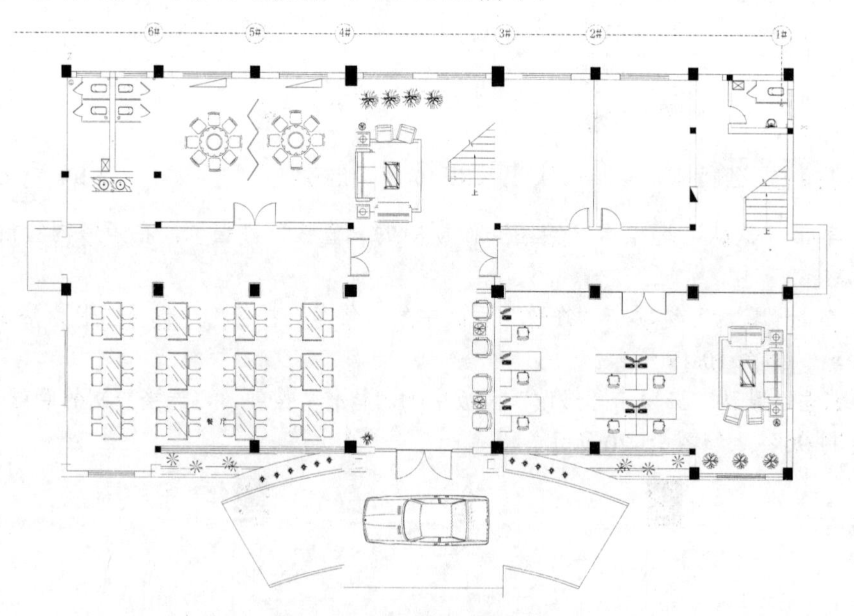

图 10-22　绘制总管连接线

（17）单击“默认”选项卡“绘图”面板中的“多段线”按钮，指定起点宽度为 10，端点宽度为 10，绘制排风口及地漏的连接线，如图 10-23 所示。

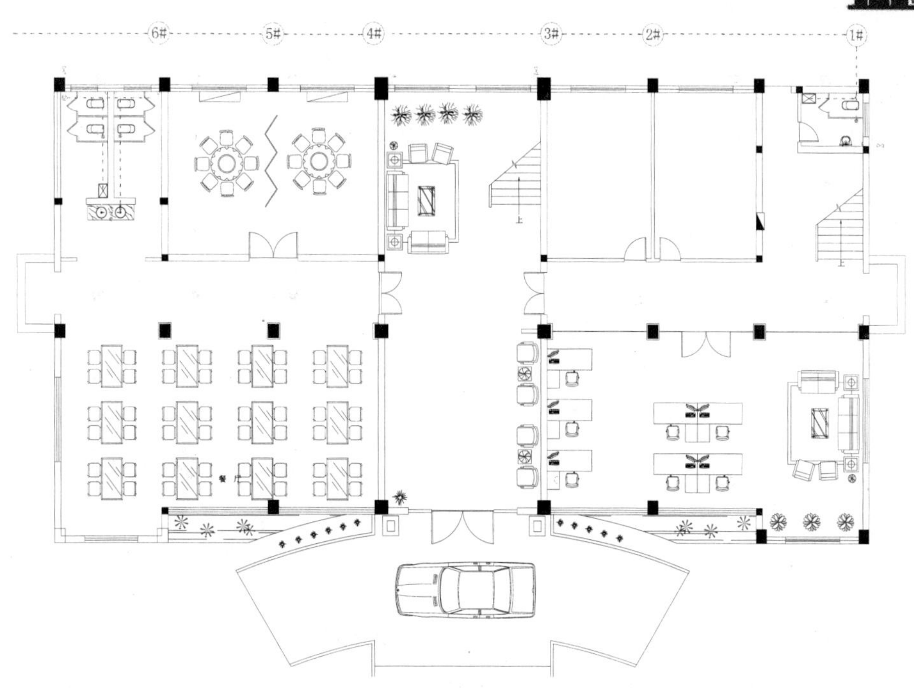

图 10-23　绘制排风口及地漏的连接线

（18）使用上述方法完成剩余相同管线的连接，如图 10-24 所示。

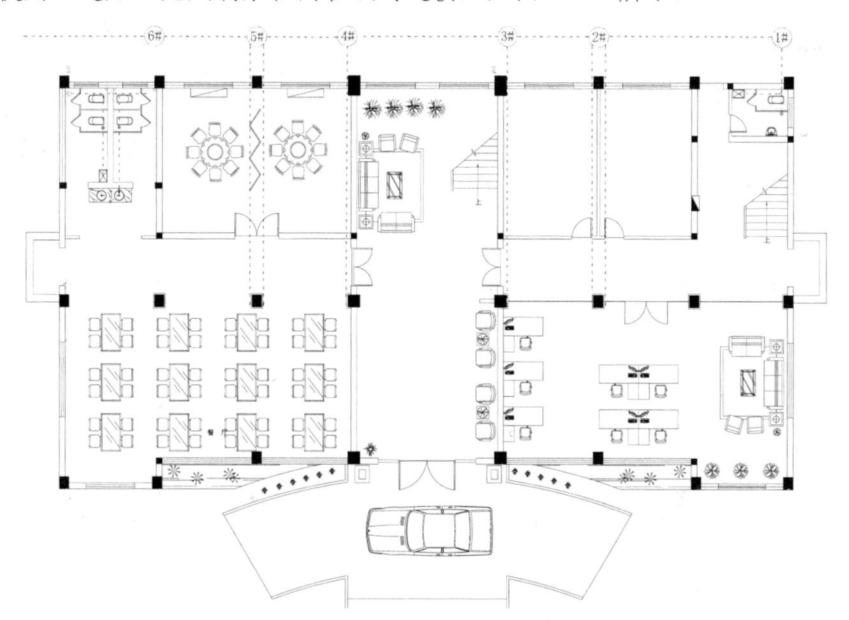

图 10-24　绘制连接管线

（19）单击“默认”选项卡“绘图”面板中的“直线”按钮，绘制各立管之间的连接线，如图 10-25 所示。

（20）单击“默认”选项卡“绘图”面板中的“多段线”按钮，在图形适当位置绘制连续多段线，设置箭头起点宽度为 50，端点宽度为 0，效果如图 10-26 所示。

Note

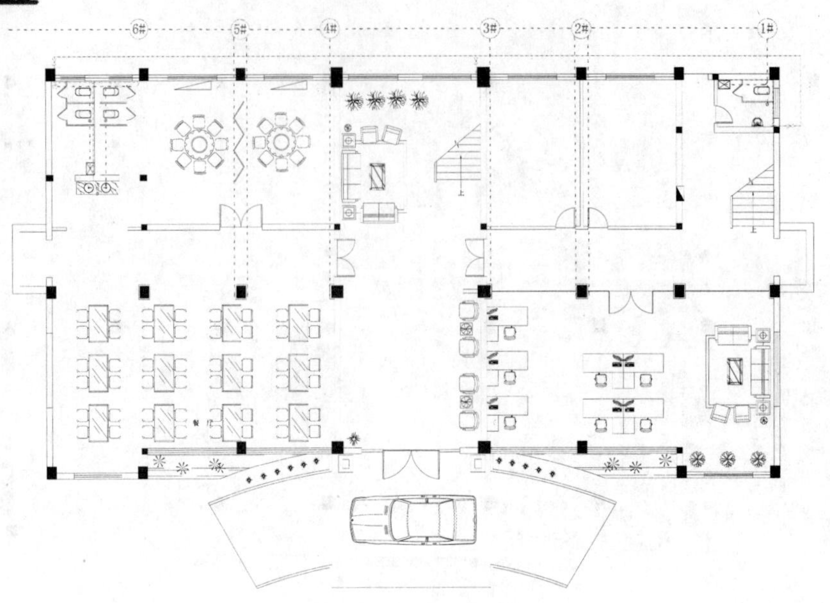

图 10-25　绘制各立管连接线

（21）单击“默认”选项卡“注释”面板中的“多行文字”按钮A，在绘制的指引箭头下方添加文字，如图 10-27 所示。

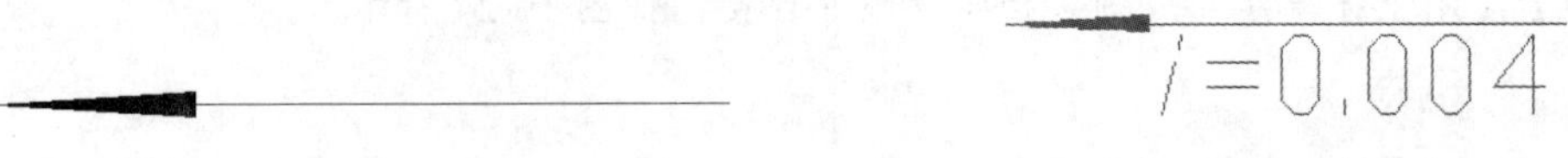

图 10-26　绘制多段线　　　　图 10-27　添加文字

（22）单击“默认”选项卡“修改”面板中的“移动”按钮，选择绘制的图形为移动对象，将其放置到适当位置，如图 10-28 所示。

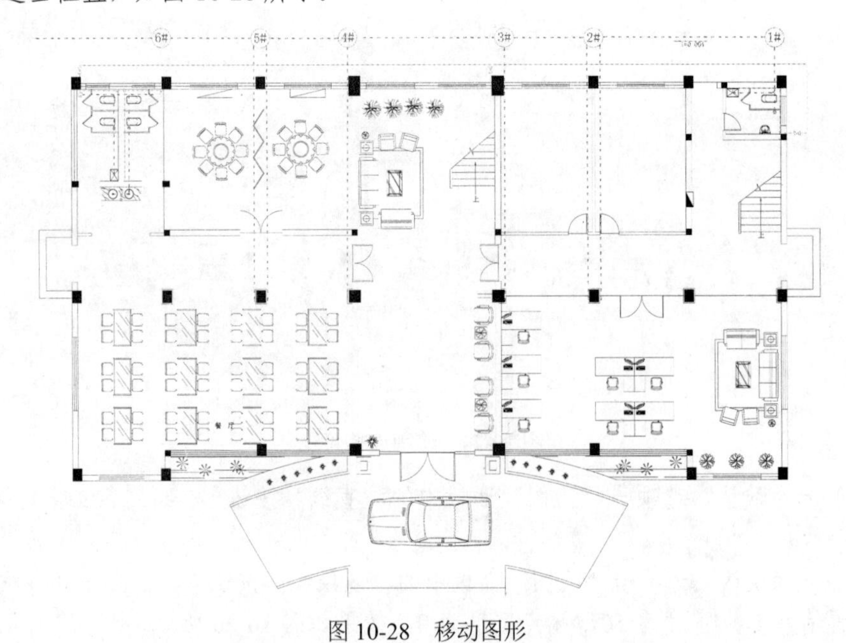

图 10-28　移动图形

Note

（23）单击“默认”选项卡“修改”面板中的“复制”按钮，选择移动图形为复制对象，对其进行连续复制，如图 10-29 所示。

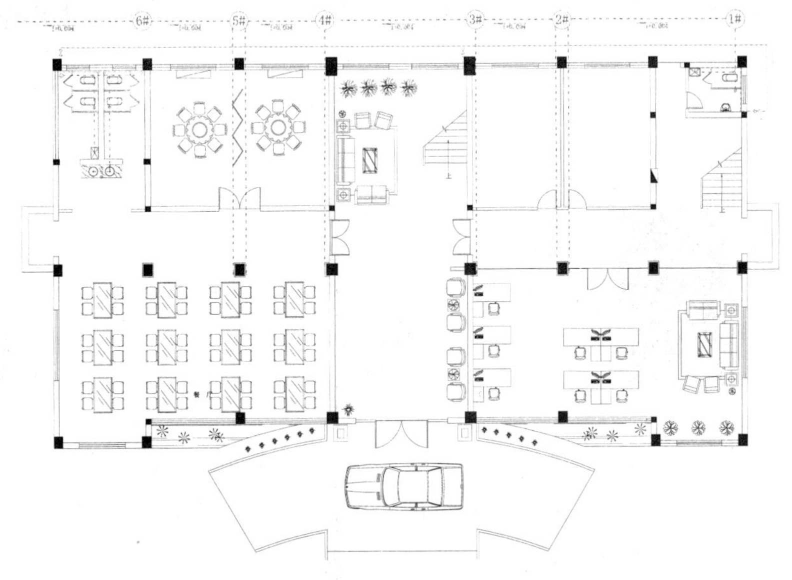

图 10-29　连续复制

（24）单击“默认”选项卡“绘图”面板中的“直线”按钮，在图形适当位置绘制连续直线，如图 10-30 所示。

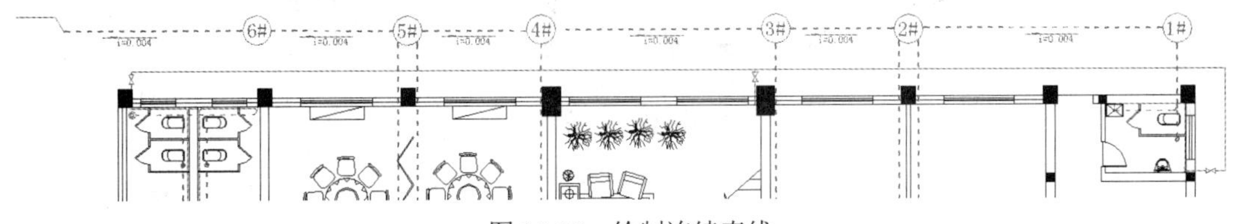

图 10-30　绘制连续直线

（25）单击“默认”选项卡“注释”面板中的“多行文字”按钮，在绘制的斜向直线上添加文字，如图 10-31 所示。

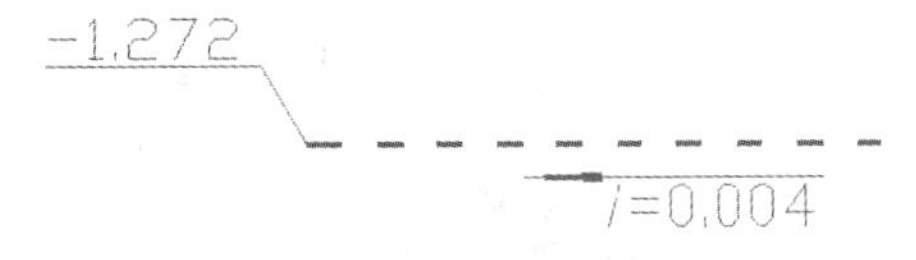

图 10-31　添加文字

（26）使用上述方法完成相同文字的添加，如图 10-32 所示。

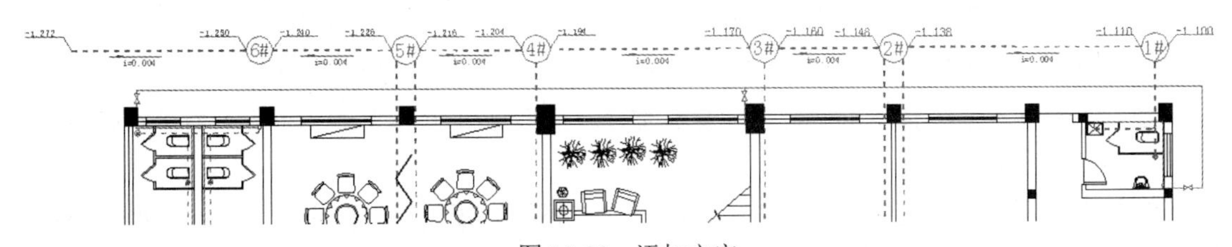

图 10-32　添加文字

（27）单击“默认”选项卡“绘图”面板中的“圆”按钮，在如图 10-33 所示的位置绘制一个半径为 23.6 的圆。

（28）单击“默认”选项卡“绘图”面板中的“圆”按钮，在管线端点处绘制一个半径为 30 的圆，如图 10-34 所示。

Note

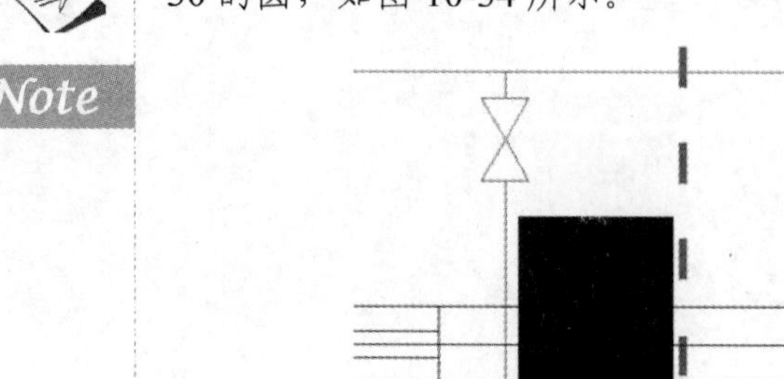

图 10-33　绘制圆

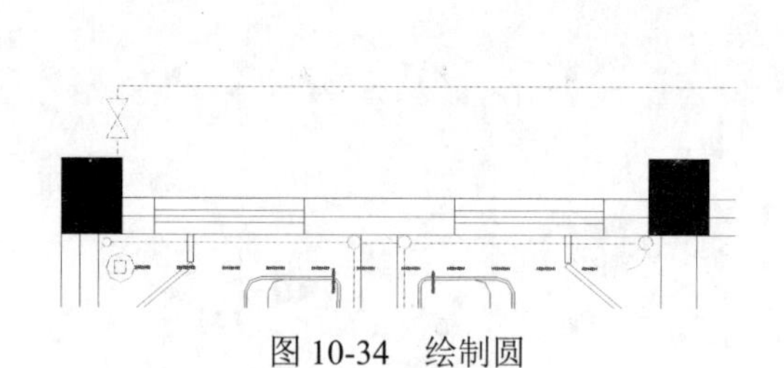

图 10-34　绘制圆

（29）单击“默认”选项卡“绘图”面板中的“图案填充”按钮，选择绘制的圆为填充对象，对其进行填充，如图 10-35 所示。

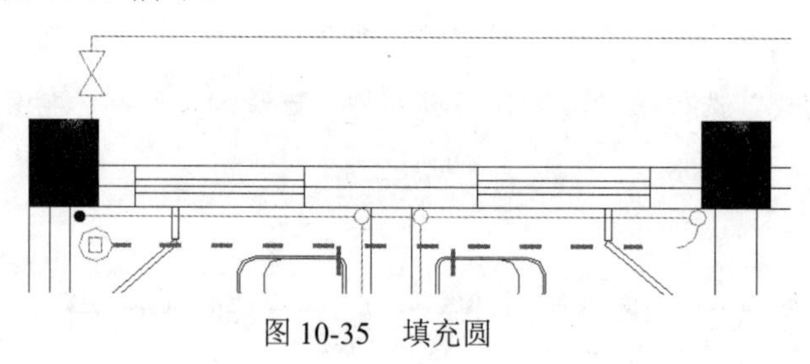

图 10-35　填充圆

（30）单击“默认”选项卡“绘图”面板中的“直线”按钮，以填充图形的圆心为直线起点，绘制连续直线，如图 10-36 所示。

（31）单击“默认”选项卡“注释”面板中的“多行文字”按钮，在绘制的线段上添加文字，如图 10-37 所示。

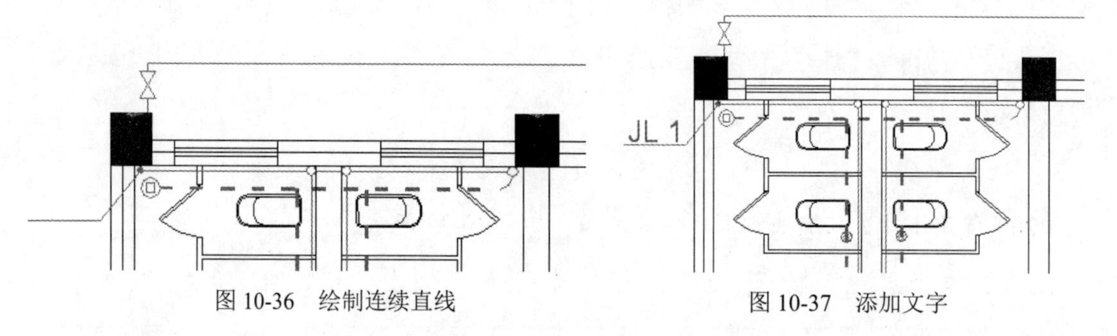

图 10-36　绘制连续直线

图 10-37　添加文字

（32）使用上述方法结合所学命令，最终完成一层给水排水布置图的绘制，打开“标注”图层，如图 10-38 所示。

（33）单击“默认”选项卡“修改”面板中的“移动”按钮，选择“标注”图形为移动对象，将其进行适当的移动，最终完成一层给水排水平面图的绘制。

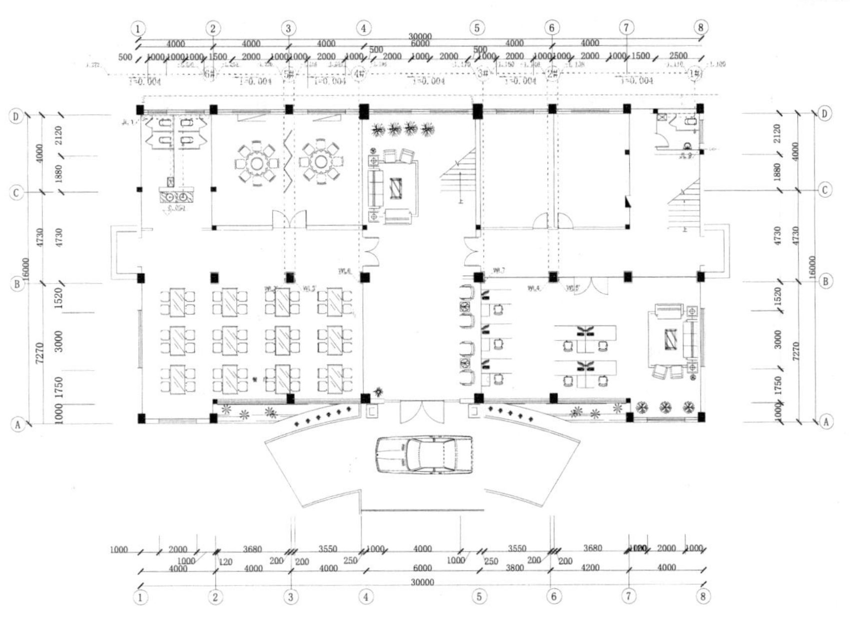

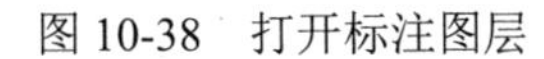

图 10-38 打开标注图层

10.3 二、三层给水排水平面图

二、三层给水排水平面图绘制相对简单，使用 10.2 节介绍的方法即可完成，如图 10-39 和图 10-40 所示。

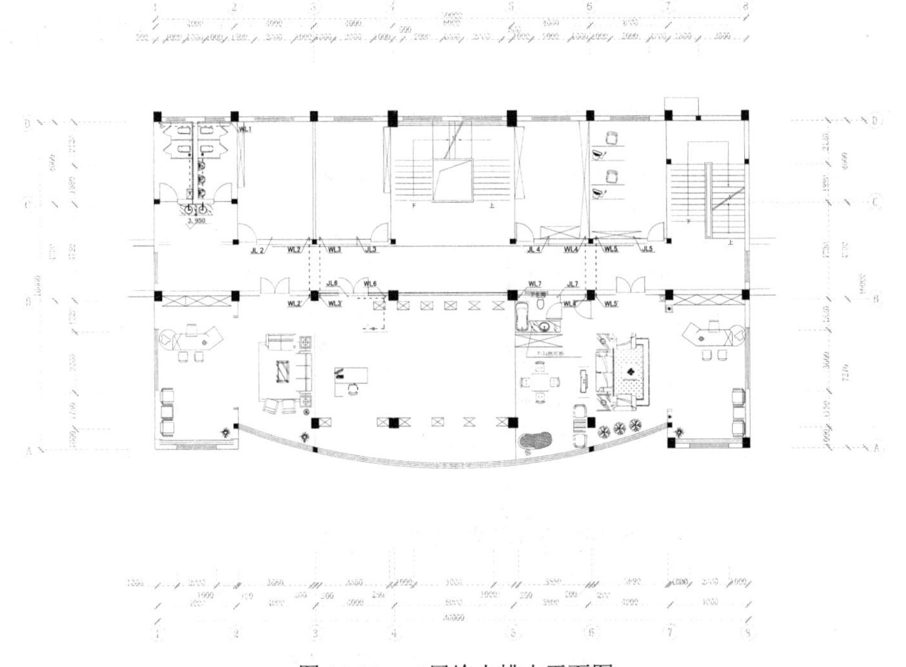

图 10-39 二层给水排水平面图

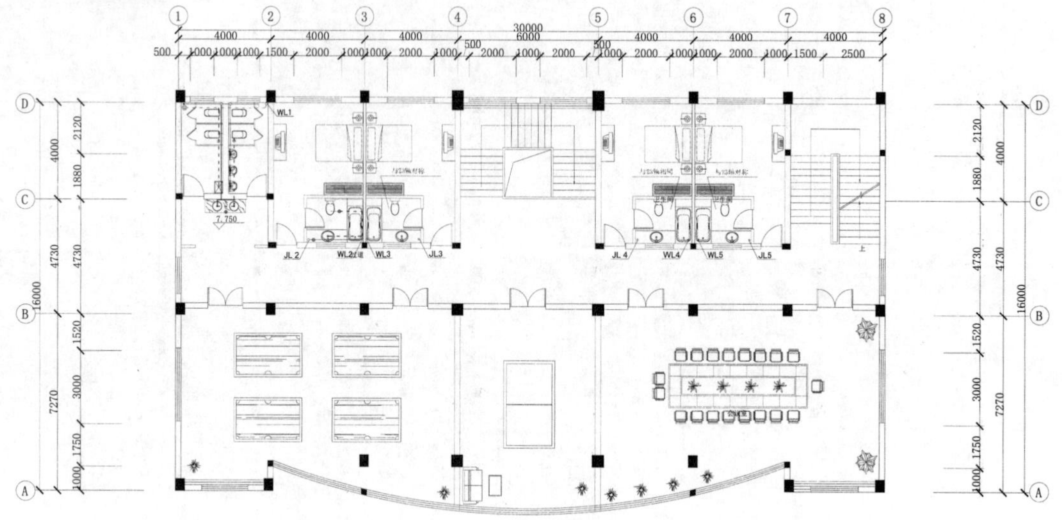

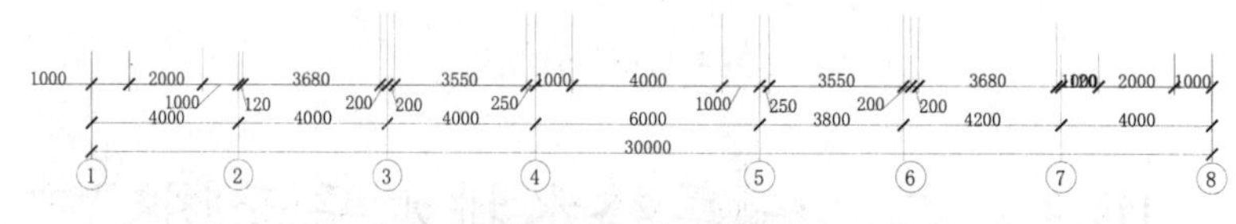

图 10-40　三层给水排水平面图

10.4　实 战 演 练

通过前面的学习，读者对本章知识也有了大体的了解，本节通过几个操作练习使读者进一步掌握本章知识要点。

【实战演练 1】绘制卫生间给水管道平面图（如图 10-41 所示）。

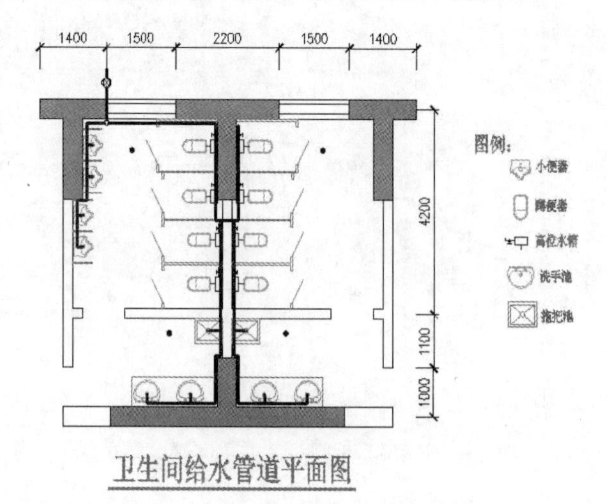

图 10-41　卫生间给水管道平面图

1．目的要求

本实例主要要求读者通过练习进一步熟悉和掌握给水管道平面图的绘制方法。通过本实例，可以帮助读者学会完成卫生间给水管道平面图绘制的全过程。

2．操作提示

（1）绘图前的准备。

（2）绘制给水管道。

（3）标注尺寸和文字。

【实战演练 2】绘制卫生间排水管道平面图（如图 10-42 所示）。

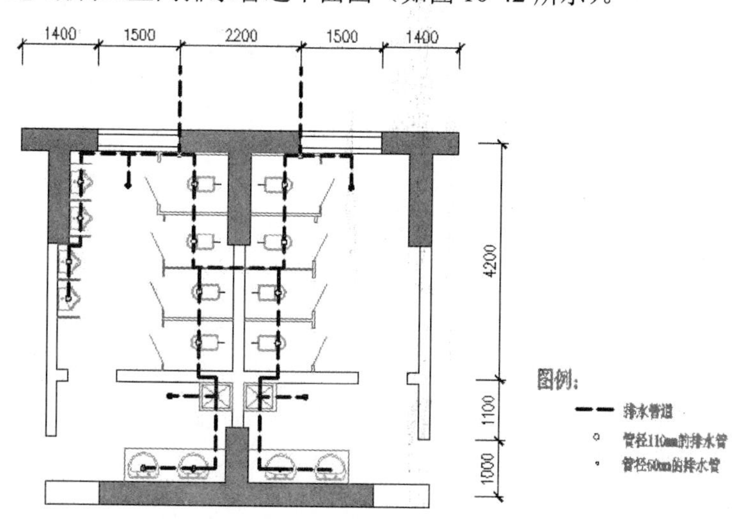

图 10-42　卫生间排水管道平面图

1．目的要求

本实例主要要求读者通过练习进一步熟悉和掌握排水管道平面图的绘制方法。通过本实例，可以帮助读者学会完成卫生间排水管道平面图绘制的全过程。

2．操作提示

（1）绘图前的准备。

（2）绘制排水管道。

（3）标注尺寸和文字。

▶▶第3篇

别墅水暖电设计

本篇内容通过某别墅水暖电设计实例使读者加深对AutoCAD功能的理解和掌握，熟悉建筑水暖电设计的方法。

别墅建筑电气系统图

本章学习要点和目标任务：

☑ 电气系统图基础

☑ 别墅强电设计说明系统图

☑ 别墅弱电设计说明系统图

本章主要讲述别墅强电设计说明系统图、弱电设计说明系统图的绘制过程。

11.1 电气系统图基础

Note

本节将简单介绍电气系统图的一些基本理论知识。

《电气制图》（GB6988）对系统图的定义如下：用符号或带注释的框图，概略地表示系统或分系统的基本组成、相互关系及其主要特征的一种简图。系统的组成有大有小，以某工厂为例，有总降压变电所系统图、车间动力系统图及一台电动机的控制系统图和照明灯具的控制系统图等。

动力、照明工程设计是现代建筑电气工程最基本的内容，所以动力、照明工程图亦为电气工程图最基本的图纸。

动力、照明系统图是用图形符号、文字符号绘制的，用来概略表示该建筑内动力、照明系统或分系统的基本组成、相互关系及主要特征的一种简图。它具有电气系统图的基本特点，能集中反映动力及照明的安装容量、计算容量，计算电流，配电方式，导线或电缆的型号、规格、数量、敷设方式及穿管管径，以及开关及熔断器的规格、型号等。它和变电所的接线图属同一类型图纸，均为系统图，只是动力、照明系统图比变电所主接线图表示得更为详细、清晰。

11.1.1 系统图概述

1．系统图的特点

《电气制图》（GB6988）对系统图的定义，准确描述了系统图或框图的基本特点。

（1）系统图或框图描述的对象是系统或分系统。

（2）它所描述的内容是系统或分系统的基本组成和主要特征，而不是全部组成部分和全部特征。

（3）它对内容的描述是概略的，而不是详细的。

（4）用来表示系统或分系统基本组成的是图形符号和带注释的框。

2．系统图或框图的功能意义

对于图样主要用带注释的框绘制的系统图，习惯上称之为框图。实际上，从表达内容上看系统图与框图没有原则上的差异。

系统图在整套电气施工图纸的编排上处于首位，也就是说它往往是某一系统、某一装置、某一设备成套设计图纸中的第一张图纸。此外，阅读电气施工图也首先应从系统图开始。其原因就在于系统图是系统或分系统设计的汇总，是依据系统或分系统功能依次分解的层次绘制的。有了系统图或框图，就为下一步编制更为详细的电气图或编制其他技术文件等提供了基本依据。根据系统图，我们就可以从整体上确定该项电气工程的规模，进而可为设计其他电气图、编制其他技术文件，以及进行有关的电气计算、选择导线及开关等设备、拟定配电装置的布置和安装位置等提供主要依据，最终为电气工程的工程概预算、施工方案文件的编制提供基本依据。

另外，电气系统图还是电气工程施工操作、技术培训及技术维修不可缺少的图纸。因为只有首先通过阅读系统图，对系统或分系统的总体情况有所了解、认识后，才能在有所依据的前提下进行电气操作或维修等。当系统或分系统发生故障时，维修人员即可借助系统图初步确定故障产

生部位，进而阅读电路图和接线图来确定故障的具体位置。

在绘制成套的电气图纸时，用系统图来描述的对象，可以进行适当的划分，然后分别绘制详细的电气图，使得图样表达更为清晰、简练、准确，同时也可缩小图纸幅面，以利于保管、复制及缩微。

Note

3．系统图或框图的绘制方法

首先，系统图或框图的绘制必须遵守《电气制图》（GB6988）、《电气工程 CAD 制图规则》（GB/T18135—2000）等电气制图方面的有关标准规定，以及其他国标或地方标准；其次，应当尽量简化图纸、方便施工，既详细而又不琐碎地表示设计者的设计目的；最后，图纸中各部分应主次分晰，表达清晰、准确。

（1）图形符号的使用

前文中介绍了许多电气工程制图中涉及的图形符号，绘制系统图或框图应采用《电气图用图形符号》（GB4728）标准中规定的图形符号（包括方框符号）。由于系统图或框图描述的对象层次较高，因此多数情况下都会采用带注释的框。框内的注释可以是文字，也可以是有关符号，还可以是文字加符号，而框的形式可以是实线框，也可以是点划框。有时也会用到一些表示元器件的图形符号，这些符号只是用来表示某一部分的功能，并非与实际的元器件一一对应。

（2）层次划分

对于较复杂的电气工程系统图，可根据技术深度及系统图原理，进行适当的层次划分，由表及里地进行绘制。为了更好地描述对象（系统、成套装置、分系统、设备）的基本组成及其相互之间的关系和各部分的主要特征，往往需要在系统图或框图上反映出对象的层次。通常，对于一个比较复杂的对象，往往可以用逐级分解的方法来划分层次，按不同的层次单独绘制系统图或框图。较高层次的系统图主要反映对象的概况，较低层次的系统图可将对象表达得较为详细。

（3）项目代号标注

项目代号的有关知识，前述章节也有所涉及，读者也可查阅相关资料进行了解。系统图或框图中表示系统基本组成的各个框，原则上均应标注项目代号，因为系统图、框图和电路图、接线图是前呼后应的，标注项目代号为图纸的相互查找提供了方便。通常在较高层次的系统图上标注高层代号，在较低层次的系统图上一般只标注种类代号。通过标注项目代号，可以使图上的项目与实物之间建立起一一对应的关系，并反映出项目的层次关系和从属关系。若不需要标注时，也可不标注。由于系统图或框图不具体表示项目的实际连接和安装位置，所以一般标注端子代号和位置代号。有关项目代号的构成、含义和标注方法可参见前述章节。

（4）布局

系统图和框图通常习惯采用功能布局法，必要时还可以加注位置信息。框图的合理布局，可使材料、能量和控制信息流向表达得更清楚。

（5）连接线

在系统图和框图上，采用连接线来反映各部分之间的功能关系。连接线的线型有细实线和粗实线之分。一般电路连接线采用与图中图形符号相同的细实线；必要时，可将表示电源电路和主信号电路的连接线用粗实线表示。此外，反映非电过程流向的连接线也采用比较明显的粗实线。

连接线一般绘到线框为止。当框内采用符号作注释时应穿越框线进入框内，此时被穿越的框线应采用点划线。在连接线上可以标注各种必要的注释，如信号名称、电平、频率、波形等。在

输入与输出的连接线上，必要时可标注功能及去向。连接线上箭头的表示，一般是用开口箭头来表示电信号流向，用实心箭头表示非电过程和信息的流向。

4．室内电气照明系统图的主要内容

室内电气照明系统图描述的主要内容是其建筑物内的配电系统的组成和连接示意图，用于表达电源的引进设置总配电箱、干线分布、分配电箱、各相线分配、计量表和控制开关等。

5．照明和动力系统图常识

配电系统图的设计应根据具体的工程规模、负荷性质、用电容量来确定。低压配电系统一般采用 380V/220V 中性点直接接地系统，照明和动力回路宜分开设置。单相用电设备应均匀地分配到三相线路中。由单相负荷不平衡引起的中性线电流，对于 Y/Y0 接线的三相变压器来说，中性线电流不得超过低压绕组额定电流的 25%，其任一相电流在满载时不得超过额定电流值。

11.1.2　常用动力配电系统

1．放射式配电系统

如图 11-1 所示即为放射式配电系统。此类型的配电系统可靠性较高，配电线路故障互不影响，配电设备集中，检修比较方便；缺点是系统灵活性较差，线路投资较大。一般适用于容量大、负荷集中或重要的用电设备，或集中控制设备。

2．树干式配电系统

如图 11-2 所示即为树干式配电系统。该类型配电系统线路投资较少，系统灵活；缺点是配电干线发生故障时影响范围大。一般适用于用电设备布置较均匀、容量不大，又没有特殊要求的配电系统。

3．链式配电系统

如图 11-3 所示即为链式配电系统图。该类型配电系统的特点与树干式相似，适用于距配电屏距离较远，而彼此相距较近的小容量用电设备，链接的设备一般不超过 3 台或 4 台，容量不大于 10kW，其中一台不超过 5kW。

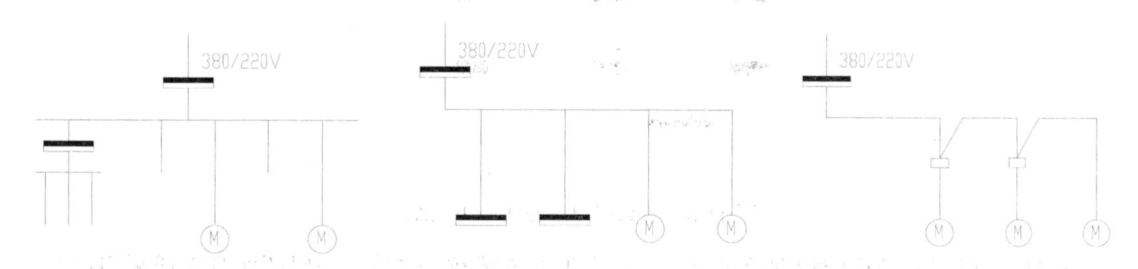

图 11-1　放射式配电系统　　图 11-2　树干式配电系统　　图 11-3　链式配电系统

动力系统图一般采用单线图绘制，但有时也用多线绘制。

11.1.3　照明配电系统图

照明配电系统常用的有三相四线制、三相五线制和单相两线制，一般都采用单线图绘制。根据照明类别的不同可分为以下几种类型。

1．单电源照明配电系统

如图 11-4 所示，照明线路与电力线路在母线上分开供电，事故照明线路与正常照明线路分开。

2．双电源照明配电系统

如图 11-5 所示，该系统中两段供电干线间设联络开关，当一路电源发生故障停电时，通过联络开关接到另一段干线上，事故照明由两段干线交叉供电。

Note

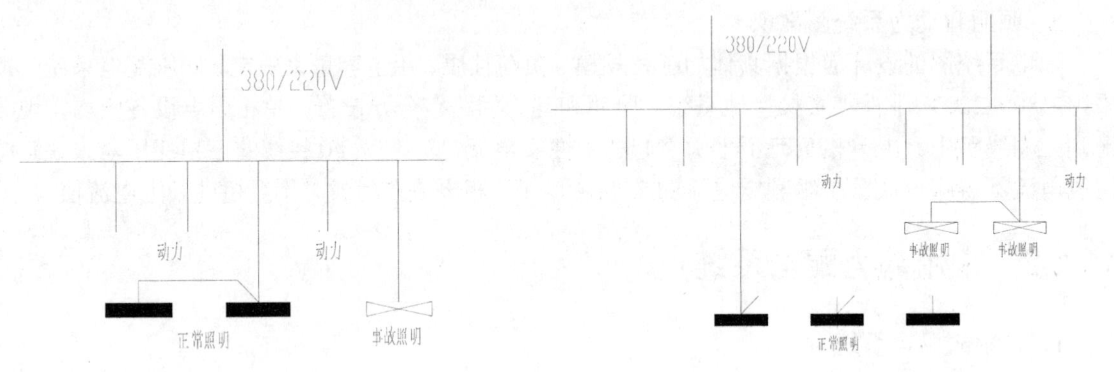

图 11-4　单电源照明配电系统　　　　图 11-5　双电源照明配电系统

3．多高层建筑照明配电系统

如图 11-6 所示，在多高层建筑物内，一般可采用干线式供电，每层均设控制箱，总配电箱设在底层（设备层）。

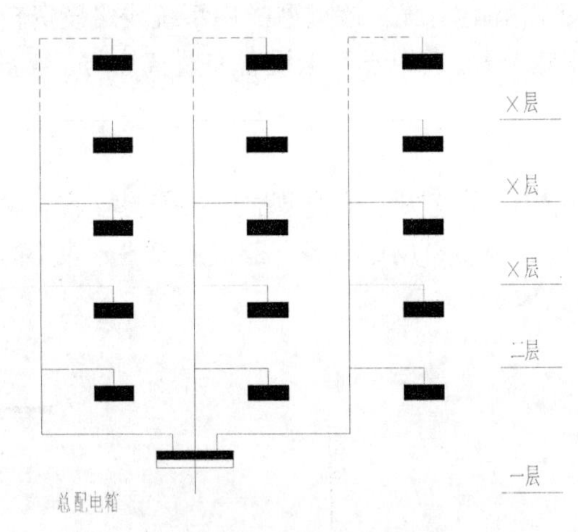

图 11-6　多高层建筑照明配电系统

照明配电系统的设计应根据照明类别，结合供电方式统一考虑，一般照明分支线采用单相供电，照明干线采用三相五线制，并尽量保证配电系统的三相平稳定。

11.2　别墅强电设计说明系统图

别墅强电设计说明系统图如图 11-7 所示，主要包括文字、图表说明和相关系统图，下面具体讲述其中的锅炉配电箱系统图和排污泵配电箱系统图的绘制方法。

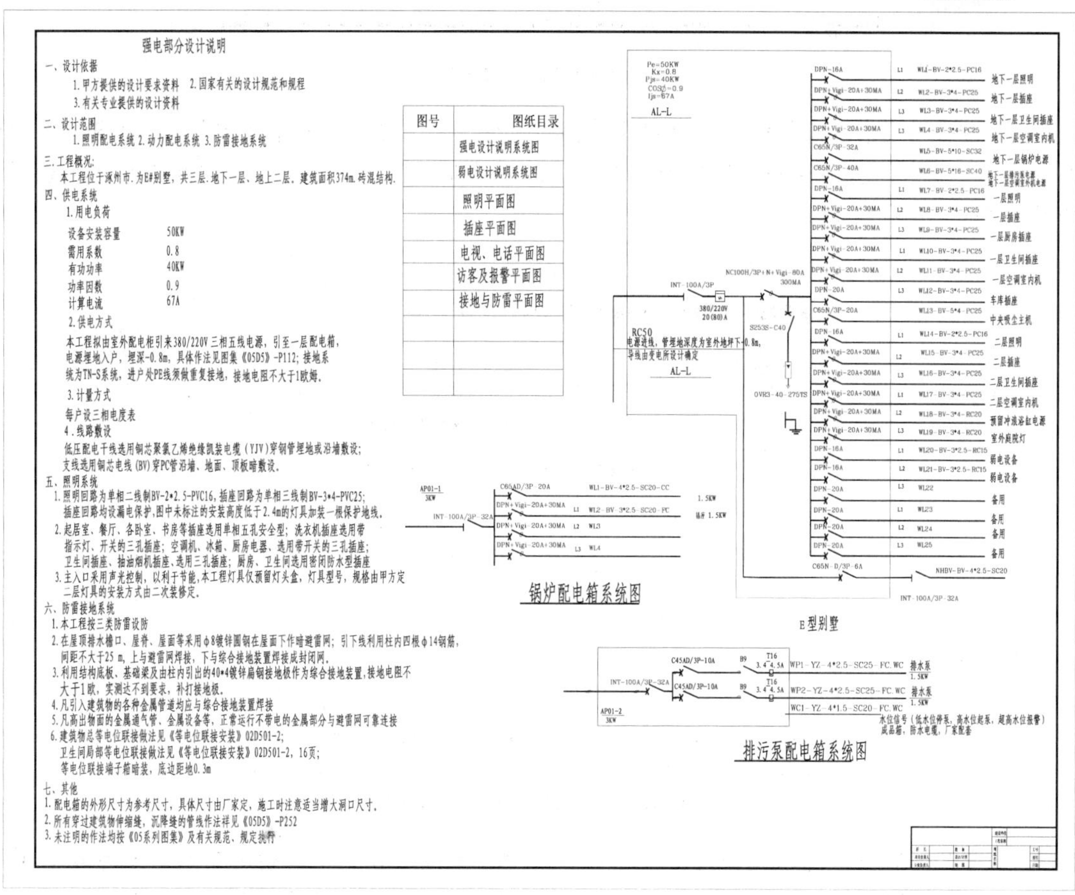

图 11-7　别墅强电设计说明系统图

操作步骤如下：（　：光盘\配套视频\动画演示\第 11 章\别墅强电设计说明系统图.avi）

11.2.1　锅炉配电箱系统图

（1）单击“默认”选项卡“绘图”面板中的“多段线”按钮，指定起点宽度为 48，端点宽度为 48，在图形空白区域任选一点为起点，向右绘制一条长度为 807 的水平多段线，如图 11-8 所示。

（2）单击“默认”选项卡“绘图”面板中的“多段线”按钮，指定起点宽度为 48，端点宽度为 48，在绘制的图形端点处绘制十字交叉线，如图 11-9 所示。

图 11-8　绘制水平多段线

图 11-9　绘制十字交叉线

（3）单击“默认”选项卡“绘图”面板中的“多段线”按钮，指定起点宽度为 48，端点宽度为 48，开启“对象捕捉”功能，在不按鼠标按键的情况下向右拉伸追踪线，绘制一条水平直线，如图 11-10 所示。

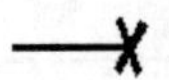

图 11-10　绘制水平线

Note

（4）右击“状态”工具栏中的“对象捕捉”按钮□，选择“对象捕捉设置”，打开“草图设置”对话框，选择“极轴追踪”选项卡，选中“启用极轴追踪”复选框，在“增量角”下拉列表框中选择 20，如图 11-11 所示。

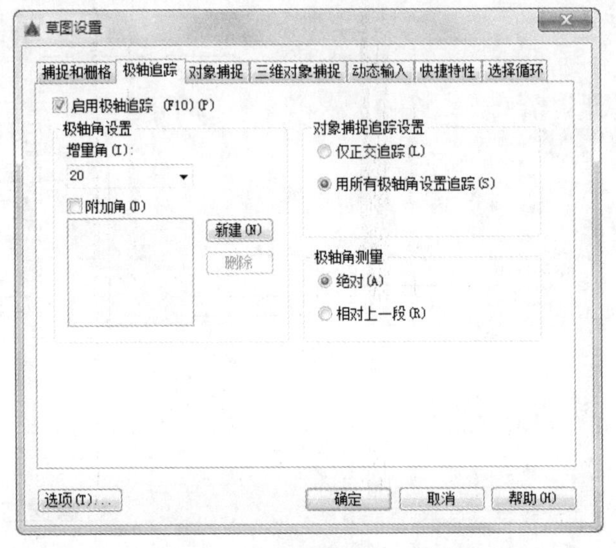

图 11-11　“草图设置”对话框

（5）单击“默认”选项卡“绘图”面板中的“多段线”按钮，指定起点宽度为 48，端点宽度为 48，在 160° 追踪线上向左移动鼠标，直至 160° 追踪线与竖向追踪线出现交点，选此交点为线段的终点，如图 11-12 所示。

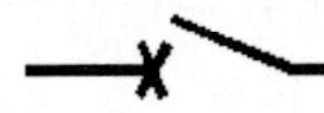

图 11-12　绘制斜向直线

（6）单击“默认”选项卡“注释”面板中的“多行文字”按钮A，在绘制的图形上标注文字，如图 11-13 所示。

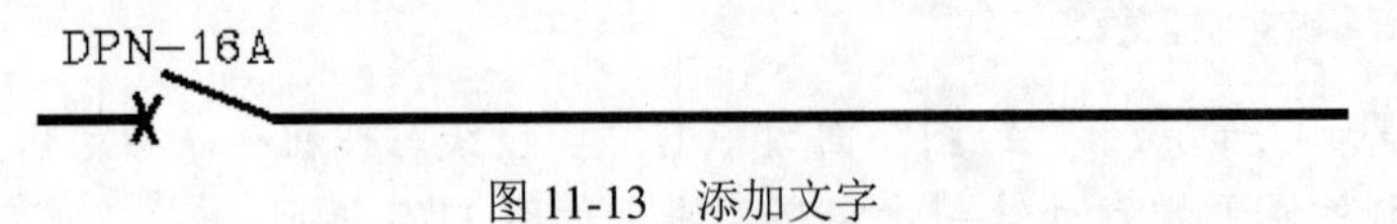

图 11-13　添加文字

（7）单击“默认”选项卡“修改”面板中的“复制”按钮，选择添加的文字为复制对象，向右进行复制，如图 11-14 所示。

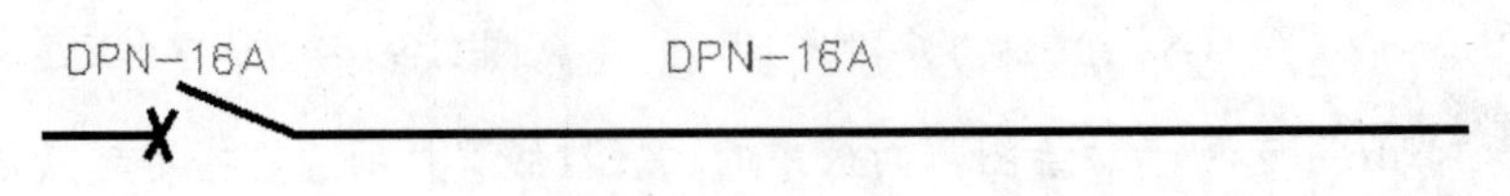

图 11-14　复制文字

（8）双击复制的文字，对文字进行编辑操作，如图 11-15 所示。输入新的文字，如图 11-16 所

示。使用上述方法继续标注文字，如图 11-17 所示。

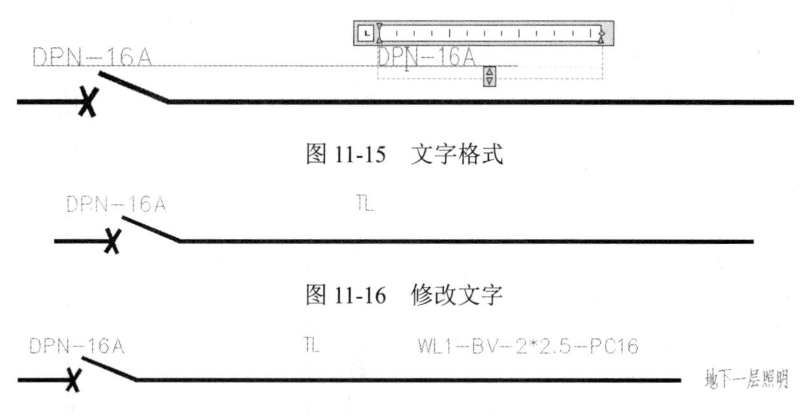

图 11-15　文字格式

图 11-16　修改文字

图 11-17　标注文字

（9）单击“默认”选项卡“修改”面板中的“复制”按钮，选择绘制的图形为复制对象，向下进行复制，并修改文字内容，如图 11-18 所示。

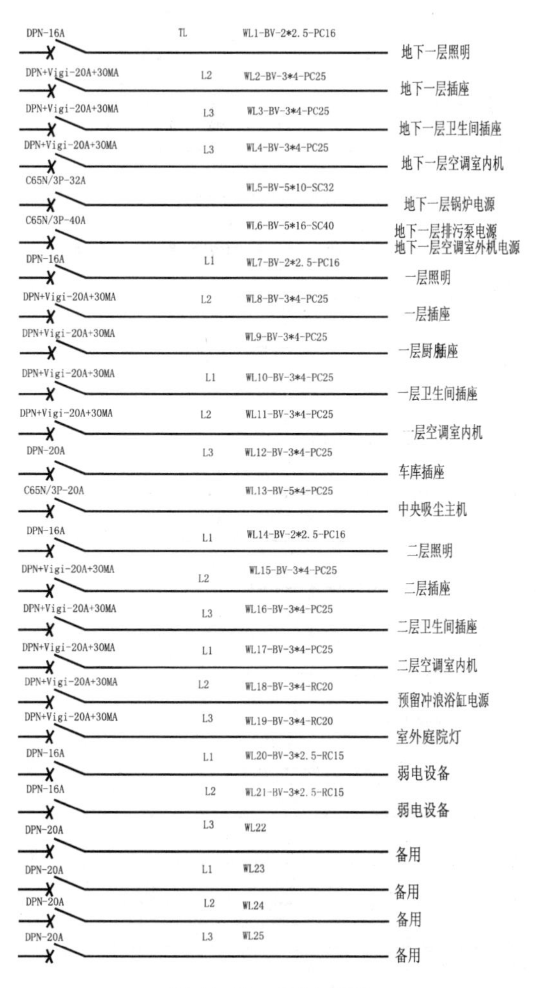

图 11-18　复制文字

（10）单击“默认”选项卡“绘图”面板中的“椭圆”按钮，在绘制图形的适当位置绘制一个适当大小的椭圆，如图 11-19 所示。

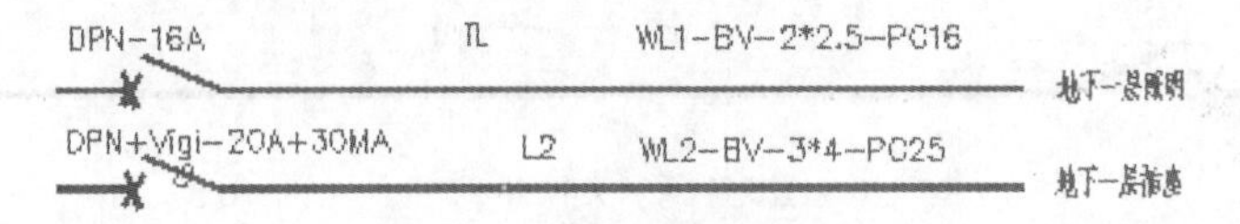

图 11-19　绘制椭圆

（11）单击“默认”选项卡“修改”面板中的“复制”按钮，选择绘制的椭圆图形为复制对象，连续向下进行复制，如图 11-20 所示。

图 11-20　复制椭圆

（12）单击“默认”选项卡“绘图”面板中的“多段线”按钮，指定起点宽度为 48，端点宽度为 48，在绘制的图形左侧位置绘制一条竖直直线，如图 11-21 所示。

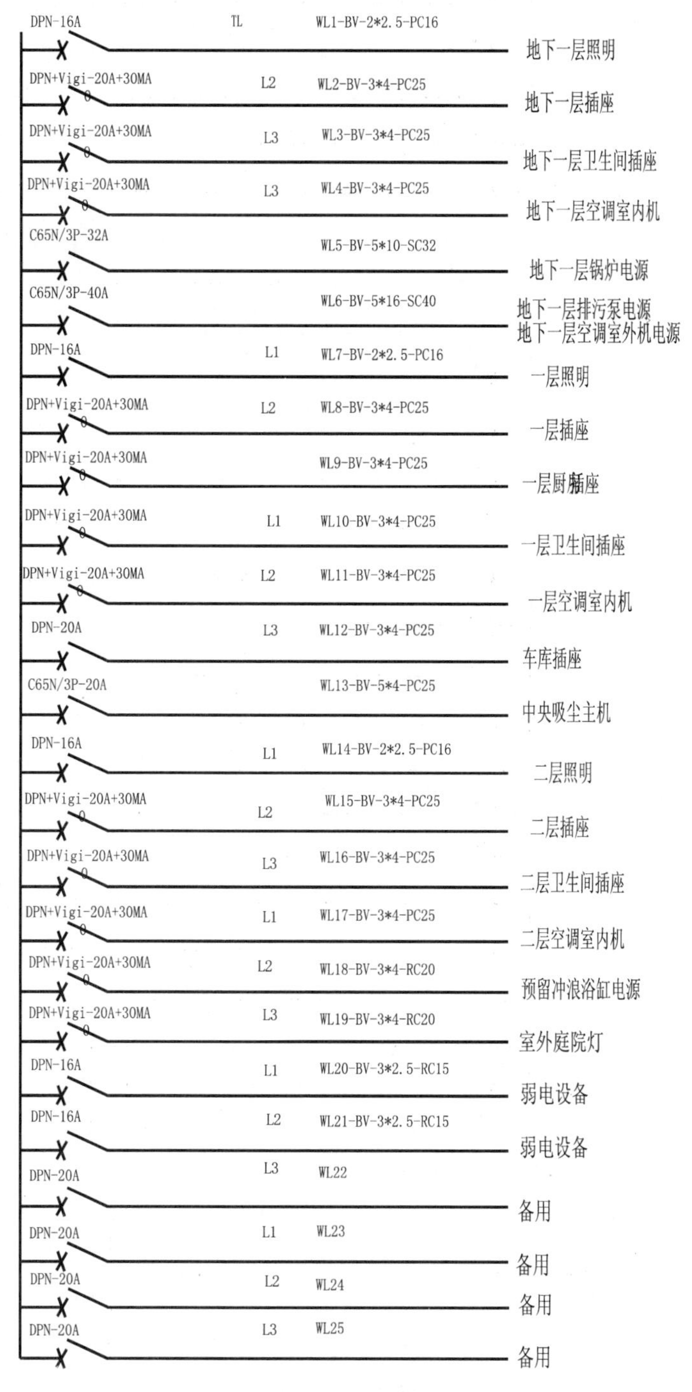

图 11-21　绘制竖直直线

（13）使用上述方法在图形的左侧绘制相同的图形，如图 11-22 所示。

（14）单击“默认”选项卡“绘图”面板中的“多段线”按钮，指定起点宽度为 15，端

点宽度为 15，在绘制图形的左侧位置绘制一个 500×500 的矩形，如图 11-23 所示。

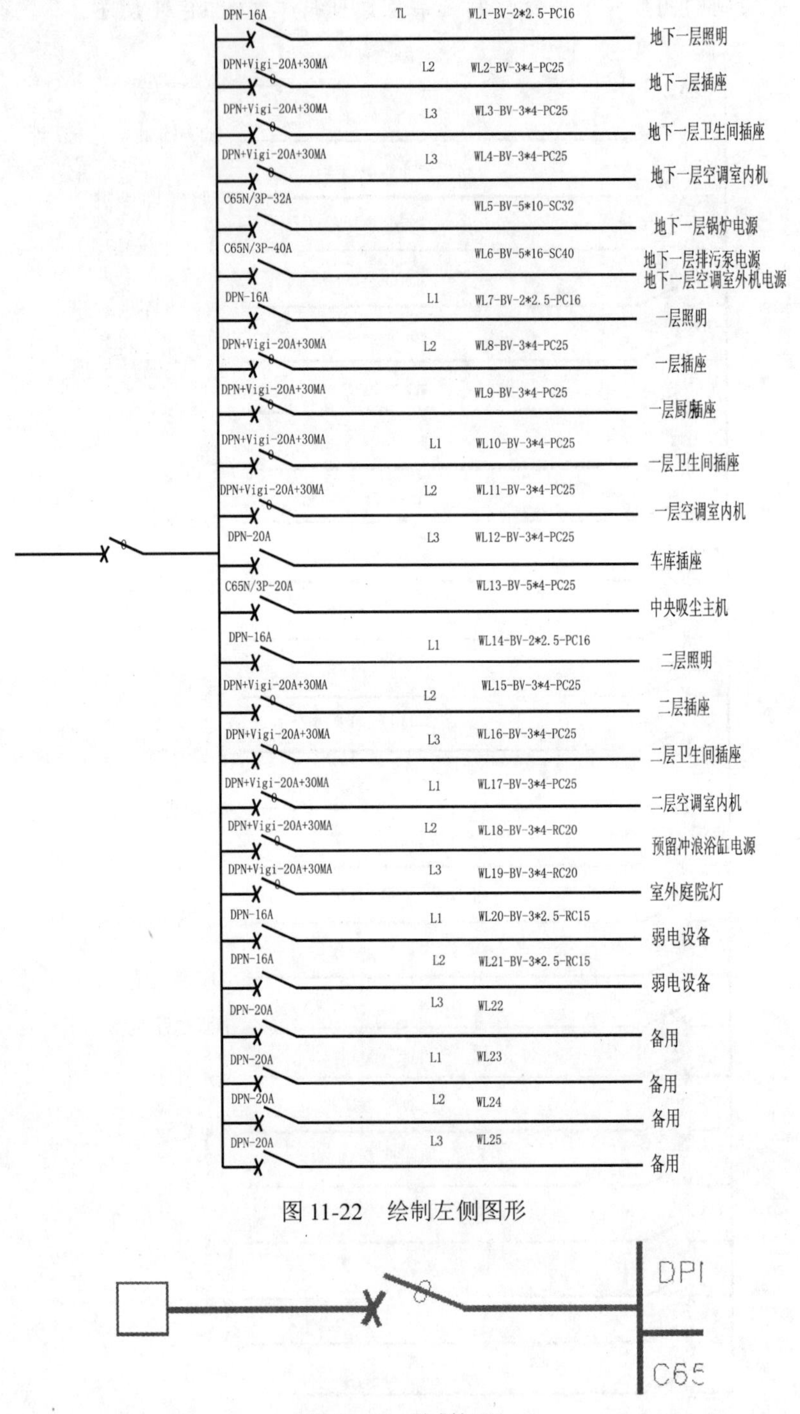

图 11-22　绘制左侧图形

图 11-23　绘制矩形

（15）单击“默认”选项卡“绘图”面板中的“多段线”按钮，指定起点宽度为 15，端点宽度为 15，在绘制的图形内绘制一条水平多段线，如图 11-24 所示。

（16）单击“默认”选项卡“绘图”面板中的“多段线”按钮，指定起点宽度为 48，端点宽度为 48，在矩形的左侧绘制一条多段线，如图 11-25 所示。使用上述方法完成左侧剩余部分图形的绘制，如图 11-26 所示。

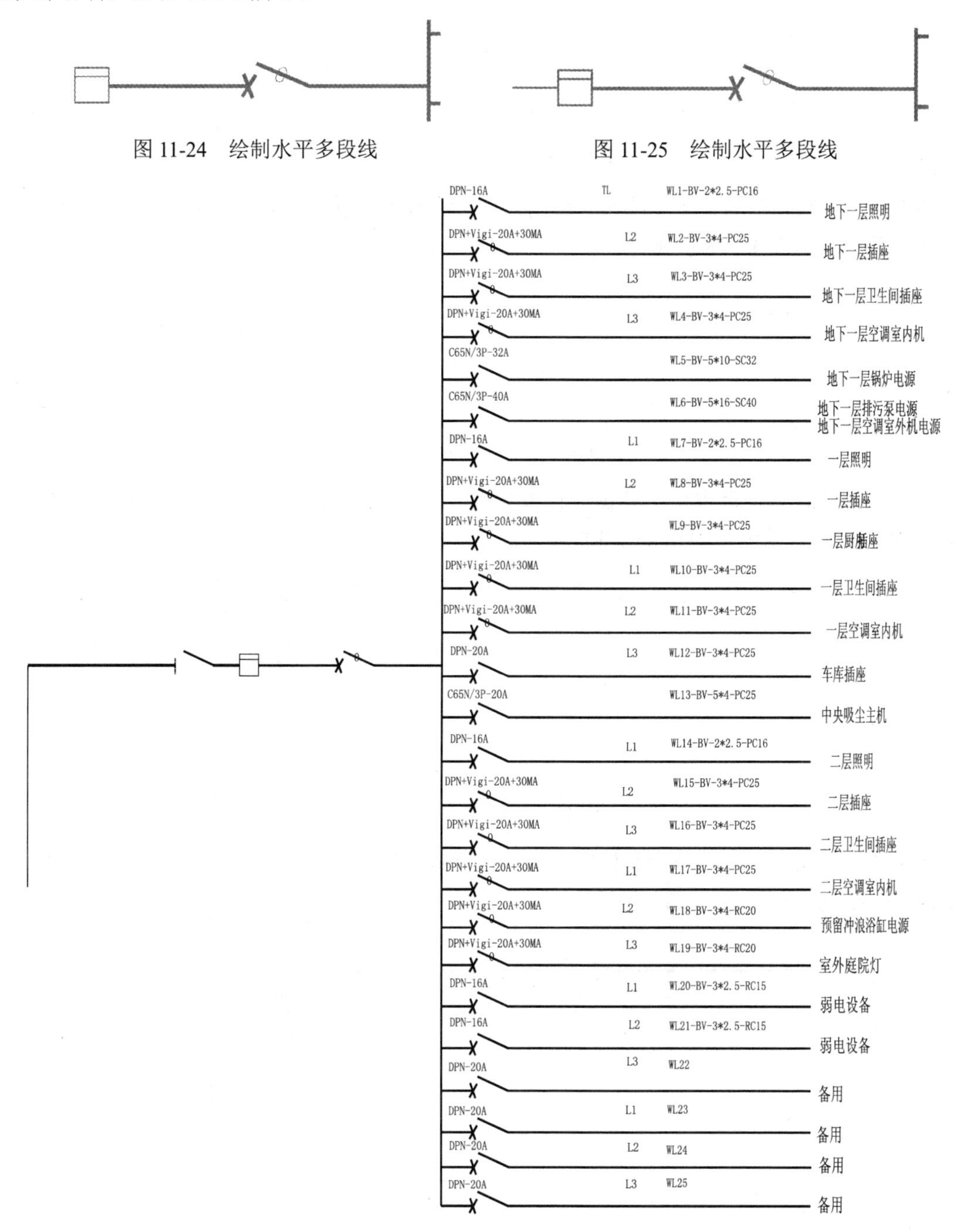

图 11-24　绘制水平多段线

图 11-25　绘制水平多段线

图 11-26　绘制剩余部分图形

（17）单击“默认”选项卡“绘图”面板中的“多段线”按钮，在绘制图形的适当位置绘制一条竖直多段线，如图 11-27 所示。

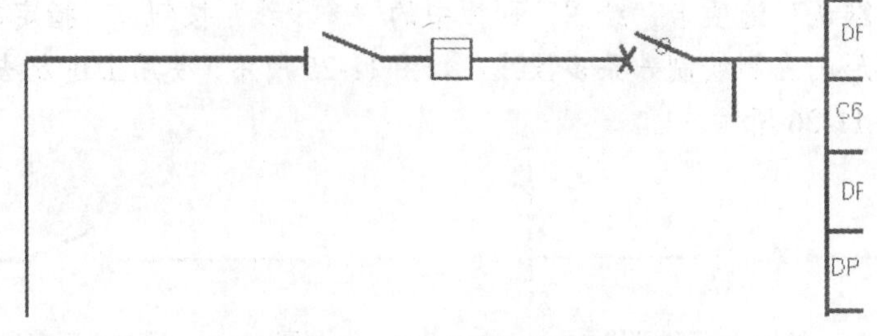

图 11-27　绘制竖直多段线

（18）单击“默认”选项卡“绘图”面板中的“多段线”按钮，在绘制的竖直多段线下端绘制十字交叉线，如图 11-28 所示。

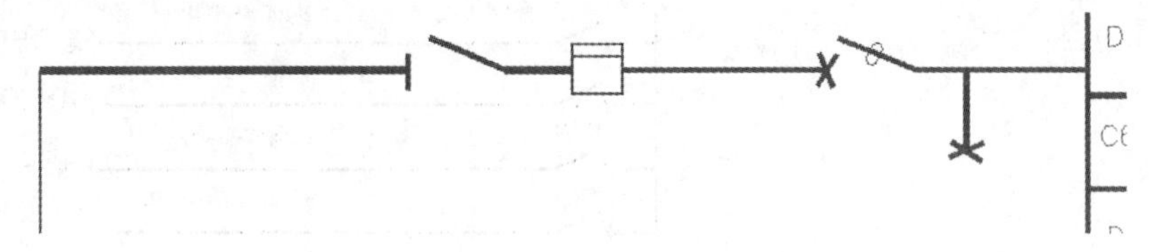

图 11-28　绘制十字交叉线

（19）单击“默认”选项卡“绘图”面板中的“多段线”按钮，指定起点宽度为 48，端点宽度为 48，绘制多段线，如图 11-29 所示。

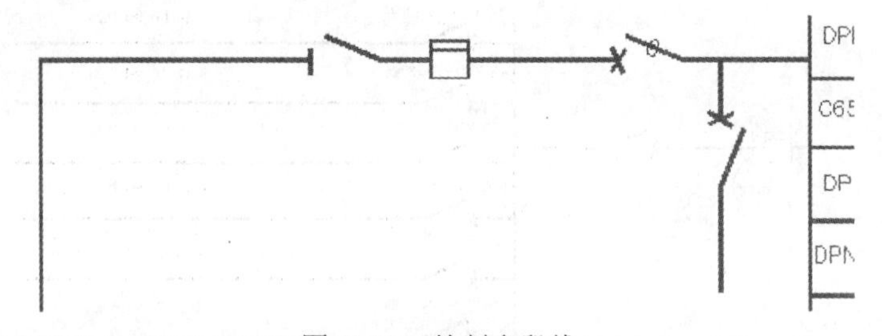

图 11-29　绘制多段线

（20）单击“默认”选项卡“绘图”面板中的“矩形”按钮，在绘制的多段线下部位置绘制一个 320×788 的矩形，如图 11-30 所示。

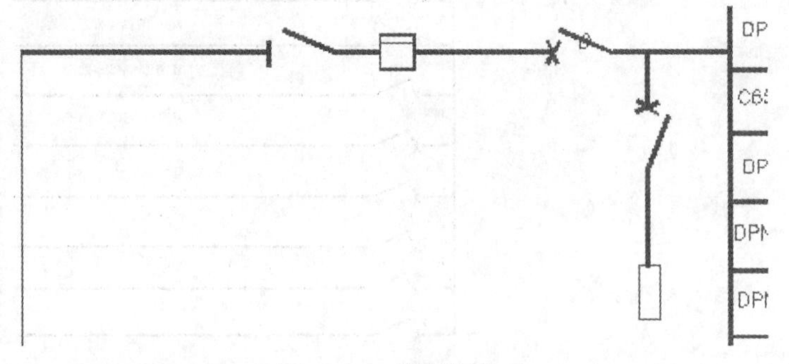

图 11-30　绘制矩形

（21）单击“默认”选项卡“绘图”面板中的“多边形”按钮，在绘制的矩形内绘制一个三角形，如图 11-31 所示。

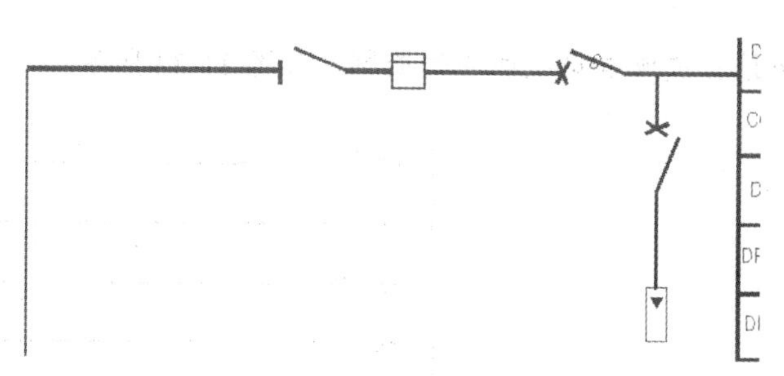

图 11-31 绘制三角形

(22) 单击“默认”选项卡“绘图”面板中的“多段线”按钮和“直线”按钮，完成底部图形的绘制，如图 11-32 所示。

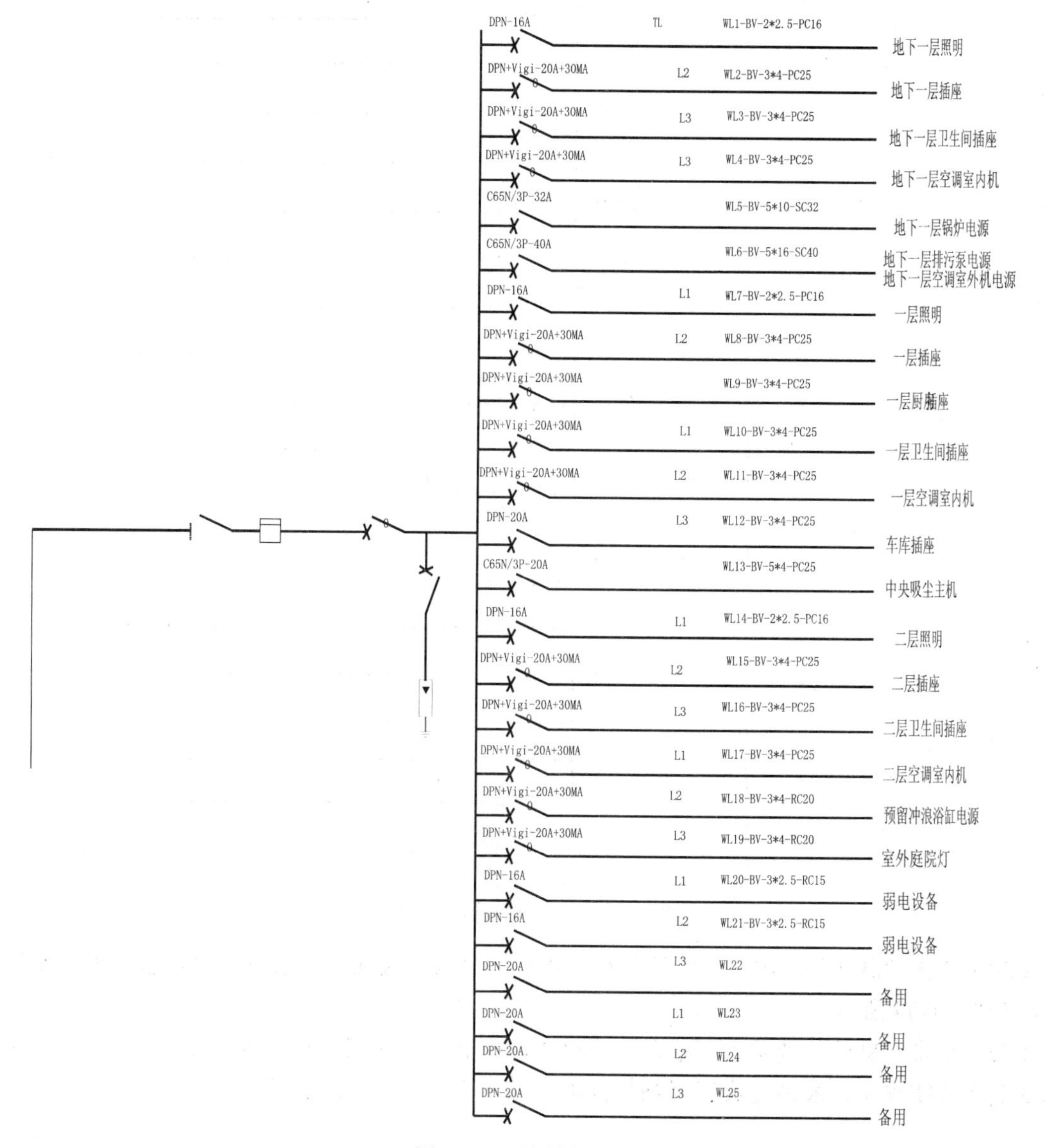

图 11-32 绘制底部图形

Note

（23）使用上述方法完成配电箱主体图的绘制，如图 11-33 所示。

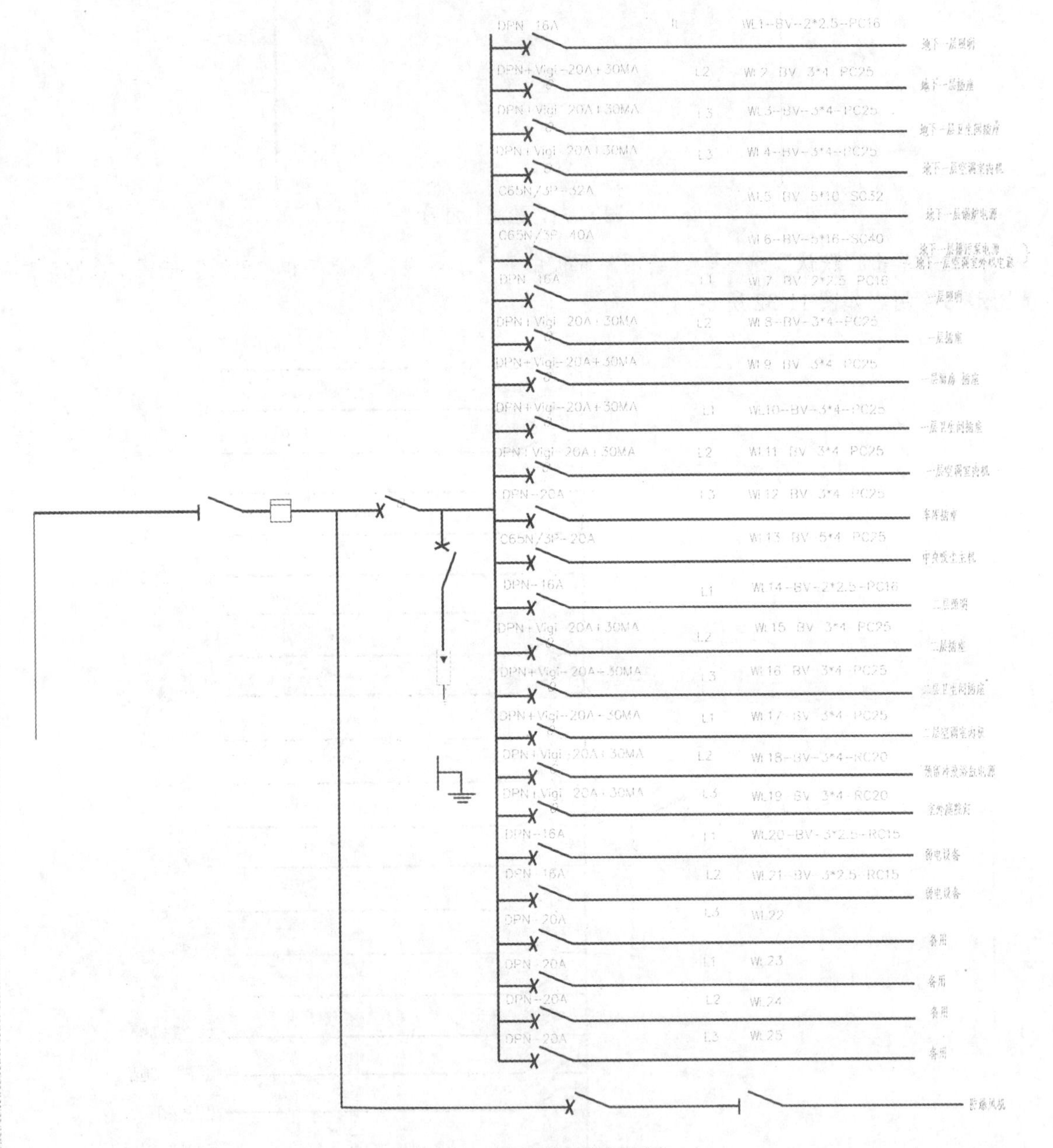

图 11-33　绘制配电箱主体图

（24）单击“默认”选项卡“绘图”面板中的“直线”按钮，在图形的适当位置绘制连续直线，如图 11-34 所示。

（25）单击“默认”选项卡“绘图”面板中的“直线”按钮和“多行文字”按钮A，为图形添加剩余文字说明，最终完成别墅锅炉配电箱系统图，如图 11-35 所示。

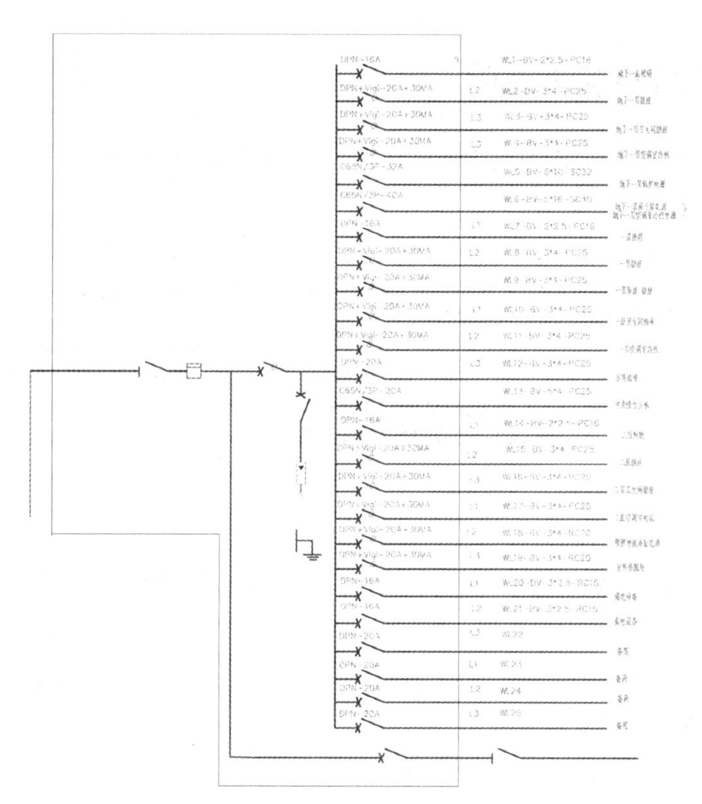

图 11-34 绘制连续直线

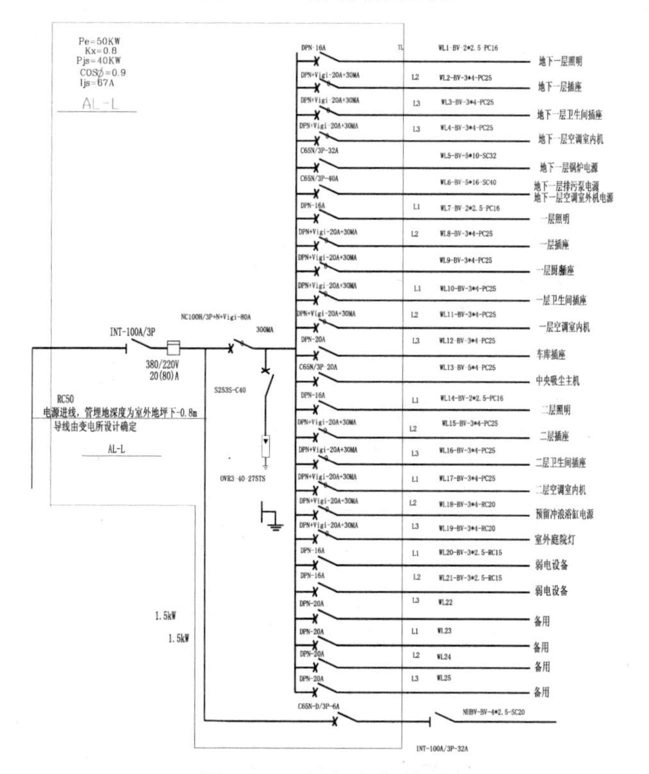

图 11-35 添加文字说明

11.2.2 排污泵配电箱系统图

Note

使用上述方法完成排污泵配电箱系统图的绘制，如图 11-36 所示。

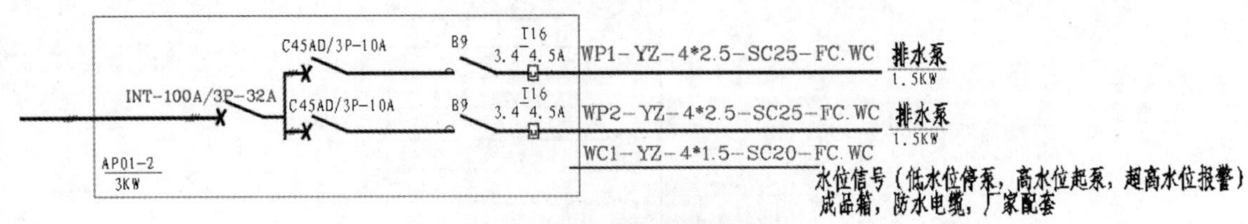

图 11-36 排污泵配电箱系统图

11.3 别墅弱电设计说明系统图

别墅弱电设计说明系统图如图 11-37 所示，主要包括文字、图表说明和相关系统图。下面具体讲述其中的弱电系统图和监控系统图的绘制方法。

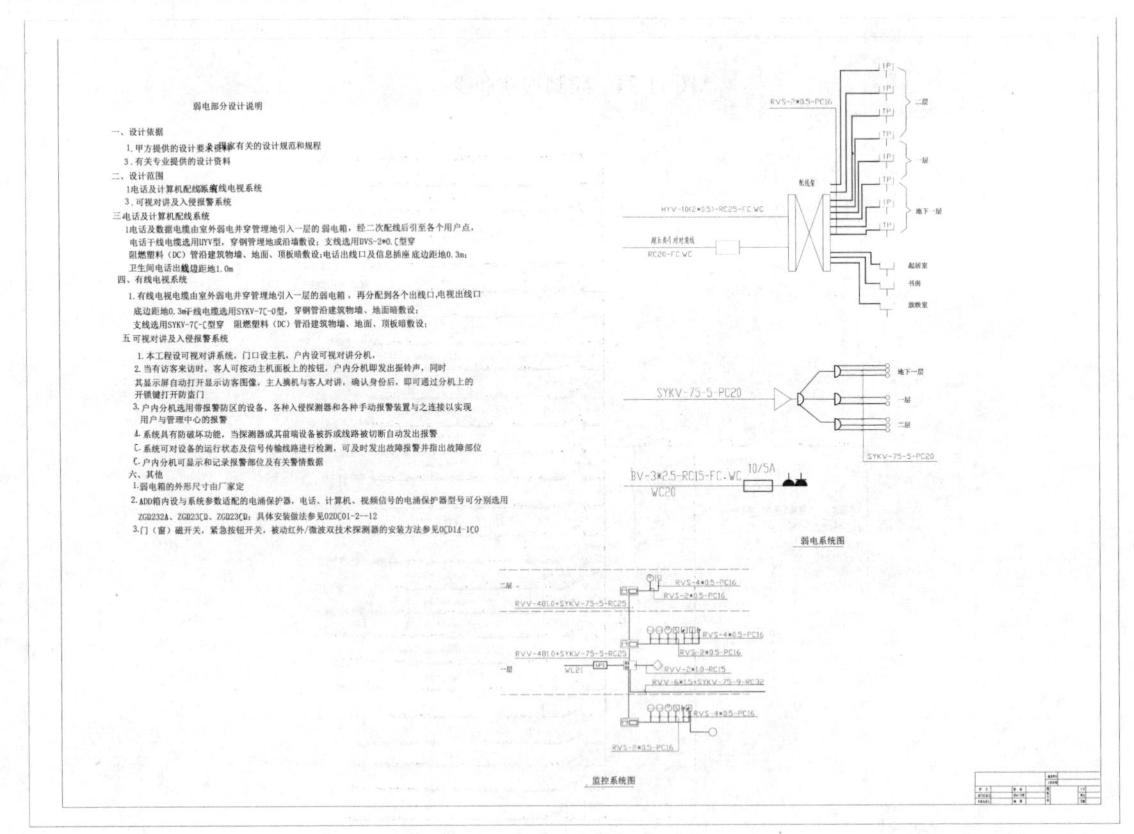

图 11-37 别墅弱电设计说明系统图

操作步骤如下：（：光盘\配套视频\动画演示\第 11 章\别墅弱电设计说明系统图.avi）

11.3.1　弱电系统图的绘制

（1）单击“默认”选项卡“绘图”面板中的“多段线”按钮，指定起点宽度为 0，端点宽度为 0，在图形空白区域绘制连续多段线，如图 11-38 所示。

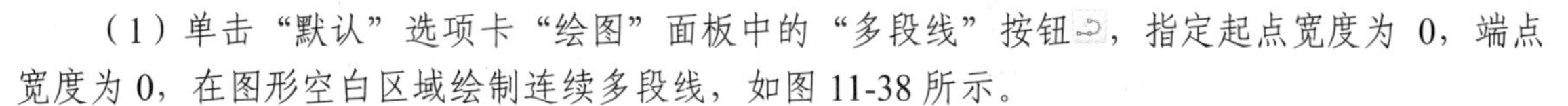

（2）单击“默认”选项卡“绘图”面板中的“直线”按钮，选择绘制的连续多段线底部水平线的中点为起点，向下绘制一条竖直直线，如图 11-39 所示。

（3）单击“默认”选项卡“注释”面板中的“多行文字”按钮，在绘制的图形上添加文字“TP”，如图 11-40 所示。

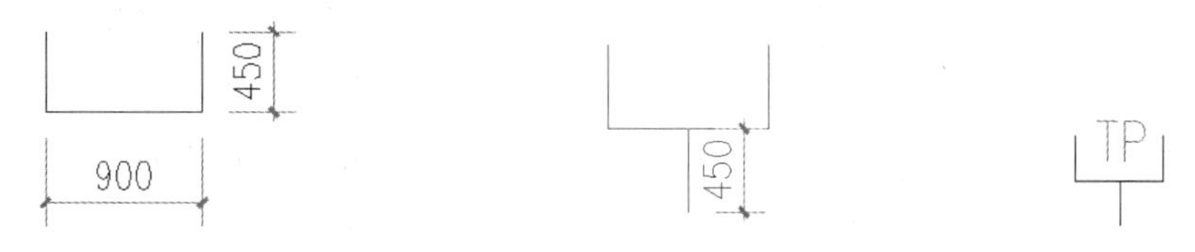

图 11-38　绘制连续多段线　　图 11-39　绘制竖直直线　　图 11-40　添加文字

（4）单击“默认”选项卡“修改”面板中的“复制”按钮，选择绘制的图形为复制对象，向下进行连续复制，复制间距为 1425，如图 11-41 所示。

（5）单击“默认”选项卡“修改”面板中的“复制”按钮，选择步骤（1）和步骤（2）绘制的图形为复制对象，连续向下复制，复制间距分别为 2434、1237、1302，如图 11-42 所示。

（6）单击“默认”选项卡“绘图”面板中的“多段线”按钮，指定起点宽度为 40，端点宽度为 40，绘制图形的首条连接线，如图 11-43 所示。使用上述方法绘制剩余的连接线，如图 11-44 所示。

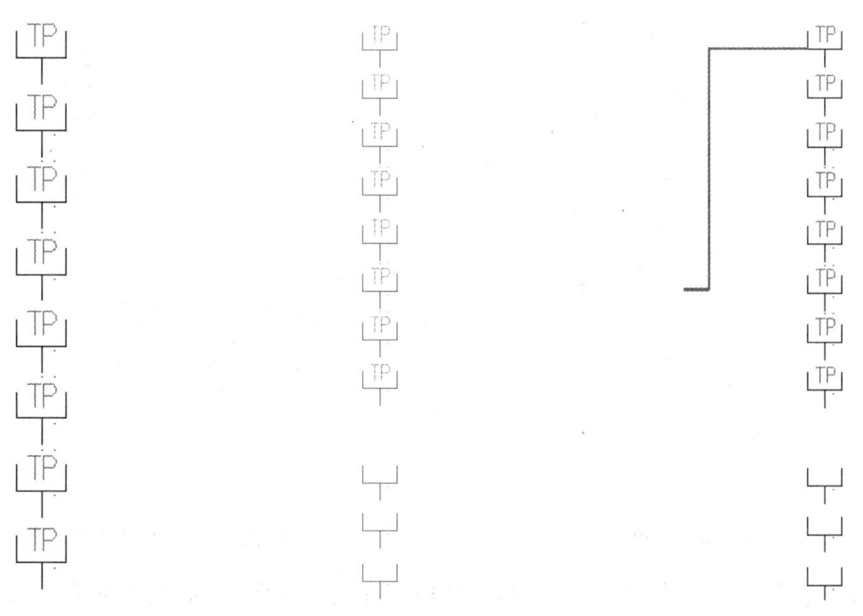

图 11-41　连续复制图形　　图 11-42　向下复制图形　　图 11-43　绘制连接线

（7）单击“默认”选项卡“绘图”面板中的“矩形”按钮▭，在图形左侧绘制一个4777×466的矩形，如图11-45所示。

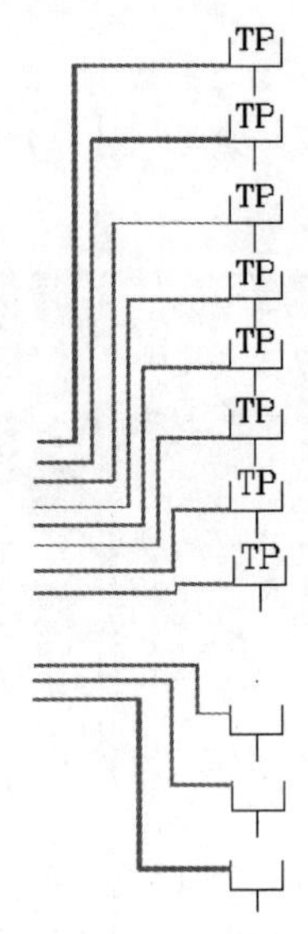

图11-44　绘制剩余连接线

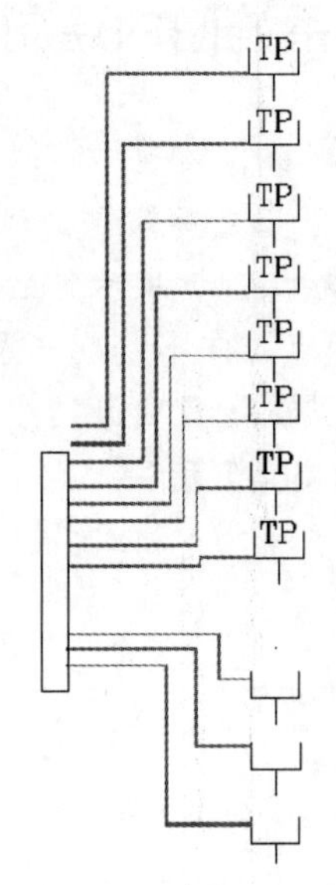

图11-45　绘制矩形

（8）单击“默认”选项卡“修改”面板中的“复制”按钮，选择绘制的矩形为复制对象，向左进行复制，复制间距为2204，如图11-46所示。

（9）单击“默认”选项卡“绘图”面板中的“直线”按钮，选择绘制的两个矩形，连接其角点，如图11-47所示。

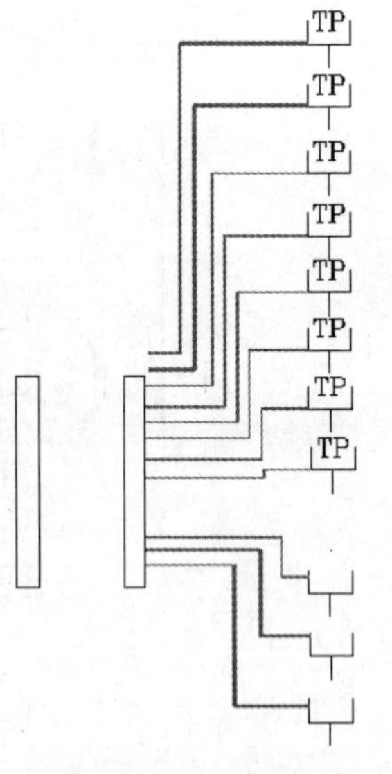

图11-46　复制矩形

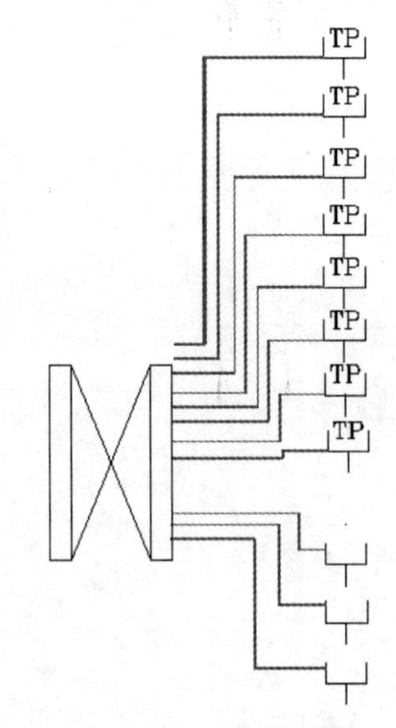

图11-47　绘制连接线

（10）单击“默认”选项卡“绘图”面板中的“直线”按钮，在图形的适当位置绘制一条水平直线，如图11-48所示。

（11）单击“默认”选项卡“修改”面板中的“偏移”按钮，选择绘制的水平直线为偏移

对象，向下进行偏移，偏移距离为 1893，如图 11-49 所示。

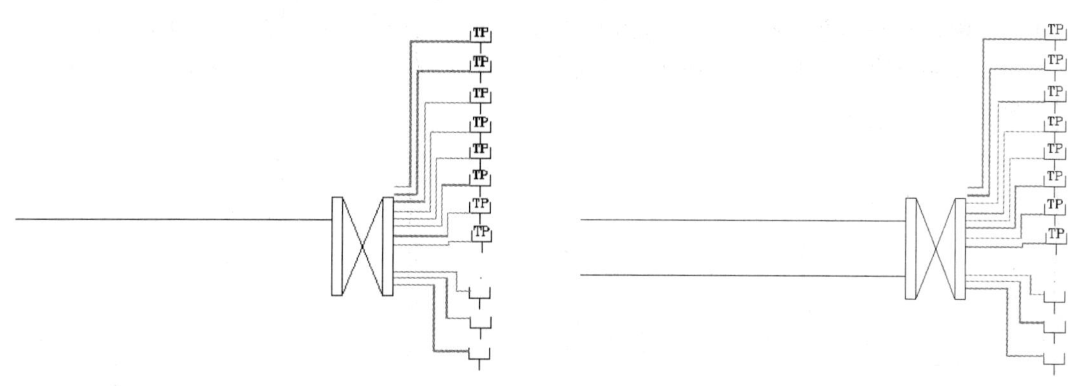

图 11-48　绘制水平直线

图 11-49　偏移水平直线

（12）单击“默认”选项卡“绘图”面板中的“矩形”按钮□，在偏移线段的适当位置绘制一个 1515×852 的矩形，如图 11-50 所示。

（13）单击“默认”选项卡“修改”面板中的“修剪”按钮，选择矩形内的线段为修剪对象，对其进行修剪，如图 11-51 所示。

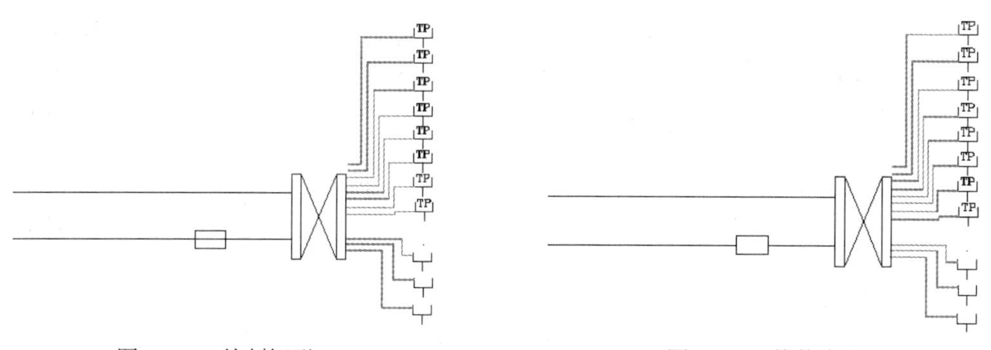

图 11-50　绘制矩形

图 11-51　修剪线段

（14）在图形的下端适当位置选一点为圆的圆心，绘制一个半径为 130 的圆，如图 11-52 所示。

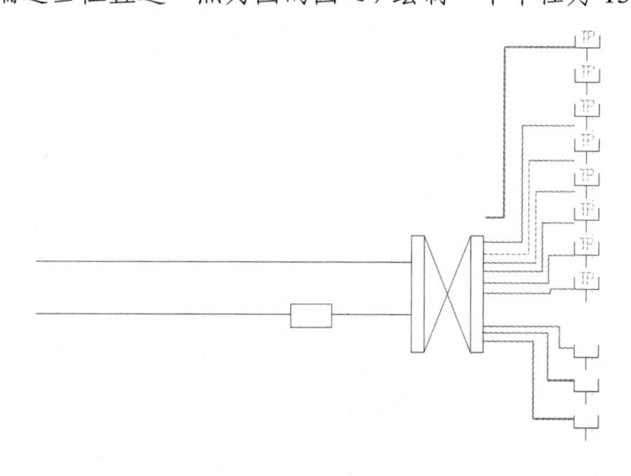

绘制圆

图 11-52　绘制圆

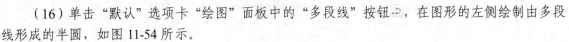

（15）单击“默认”选项卡“修改”面板中的“复制”按钮，选择绘制的圆为复制对象，向下进行复制，复制间距分别为291、323、1376、379、1001、344、327，如图11-53所示。

（16）单击“默认”选项卡“绘图”面板中的“多段线”按钮，在图形的左侧绘制由多段线形成的半圆，如图11-54所示。

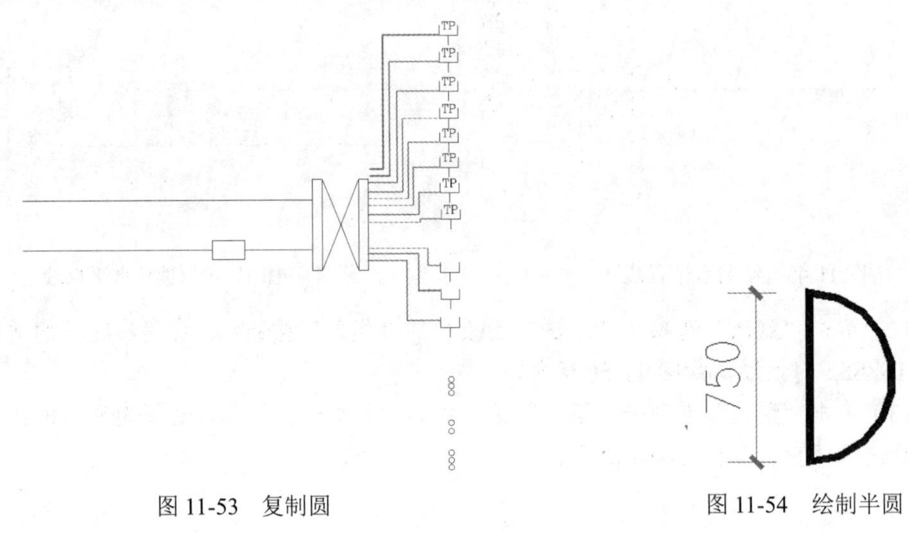

图11-53　复制圆　　　　图11-54　绘制半圆

（17）单击“默认”选项卡“修改”面板中的“复制”按钮，选择绘制的半圆为复制对象，对其进行水平复制及垂直复制，如图11-55所示。

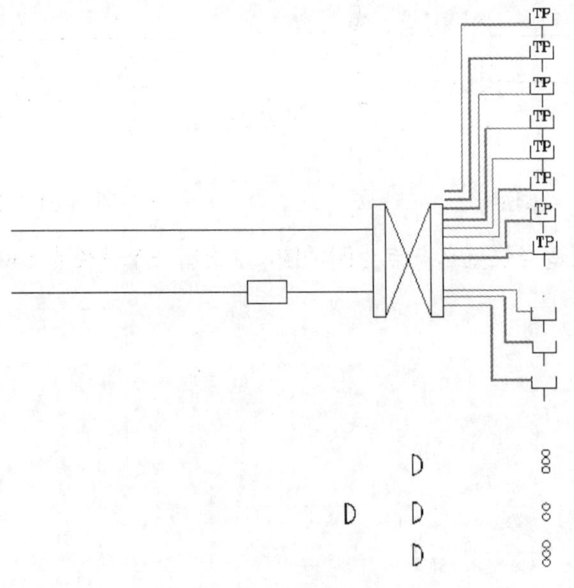

图11-55　复制图形

（18）单击“默认”选项卡“绘图”面板中的“多段线”按钮，指定起点宽度为20，端点宽度为20，绘制图形间的连接线，如图11-56所示。

（19）单击“默认”选项卡“绘图”面板中的“矩形”按钮，在图形的左侧位置绘制一个1064×1423的矩形，如图11-57所示。

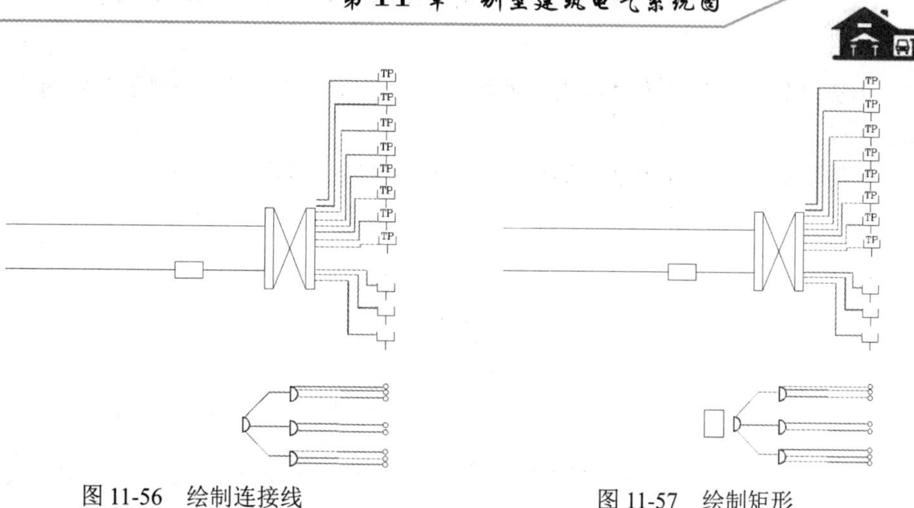

图 11-56　绘制连接线　　　　图 11-57　绘制矩形

（20）单击“默认”选项卡“绘图”面板中的“直线”按钮，在矩形内绘制连续直线，如图 11-58 所示。

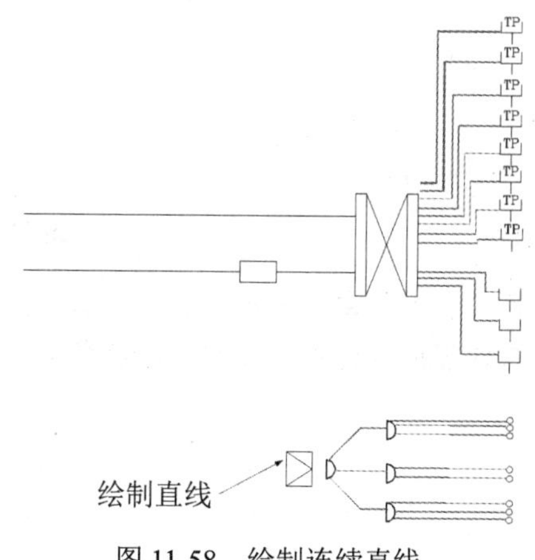

图 11-58　绘制连续直线

（21）单击“默认”选项卡“修改”面板中的“删除”按钮，选择步骤（19）绘制的矩形为删除对象，将矩形删除，如图 11-59 所示。

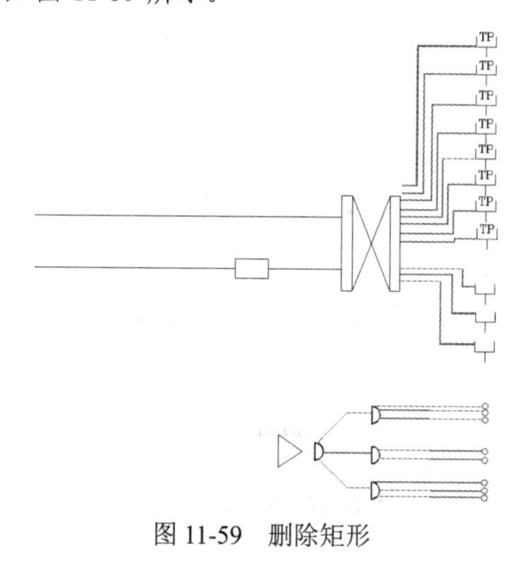

图 11-59　删除矩形

Note

（22）单击“默认”选项卡“绘图”面板中的“直线”按钮，绘制图形中剩余的连接线，如图 11-60 所示。

（23）使用上述方法完成剩余图形的绘制，如图 11-61 所示。

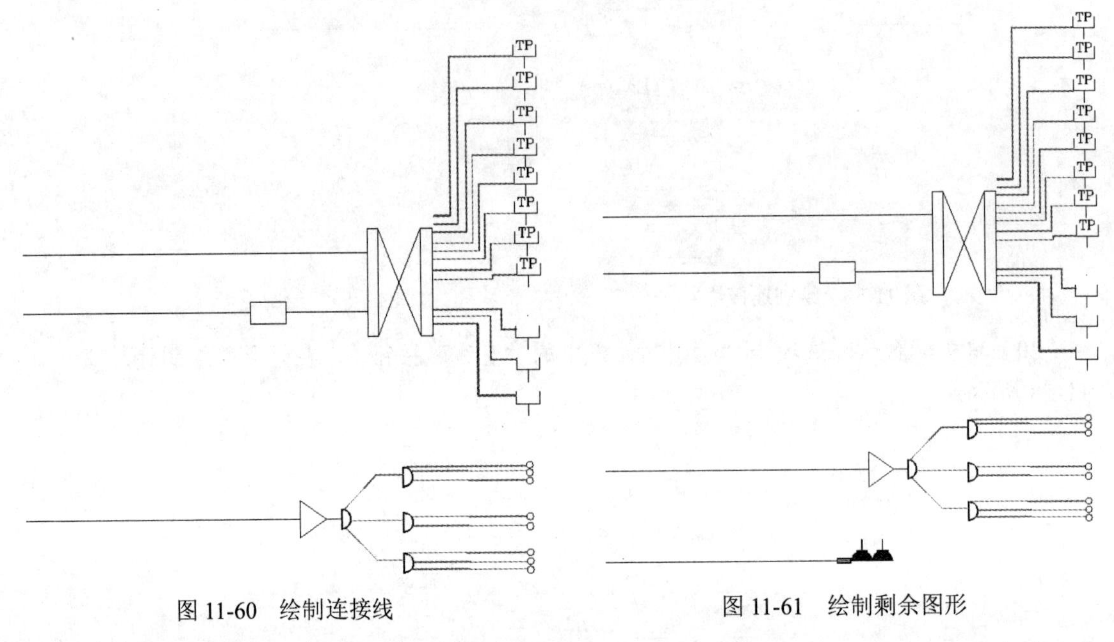

图 11-60　绘制连接线

图 11-61　绘制剩余图形

（24）单击“默认”选项卡“绘图”面板中的“直线”按钮和“多行文字”按钮A，为图形添加文字说明，最终完成弱电系统图的绘制，如图 11-62 所示。

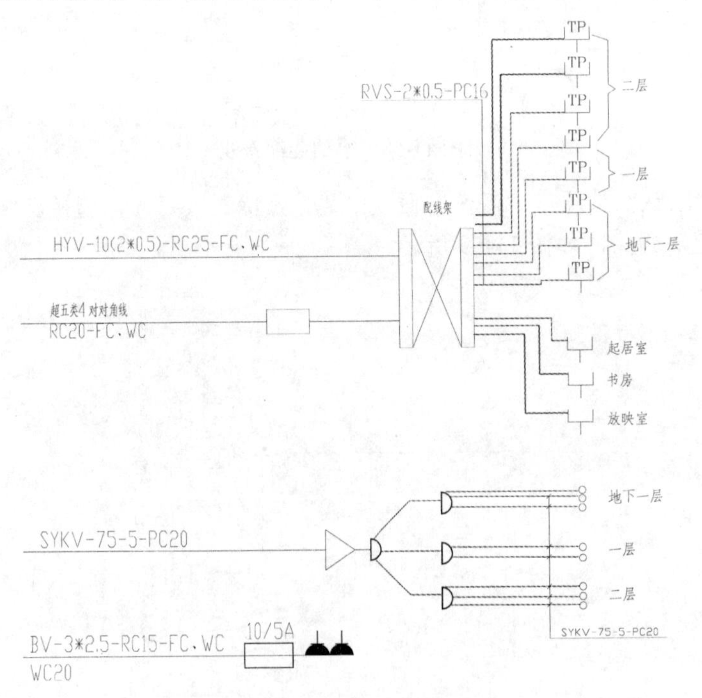

图 11-62　添加文字说明

11.3.2　监控系统图的绘制

1. 绘制监控系统图图例

1）绘制紧急按钮开关

（1）单击“默认”选项卡“绘图”面板中的“圆”按钮，在图形空白区域绘制一个半径为225的圆，如图11-63所示。

（2）单击“默认”选项卡“绘图”面板中的“圆”按钮，在绘制的圆内绘制一个半径为86的圆，如图11-64所示。

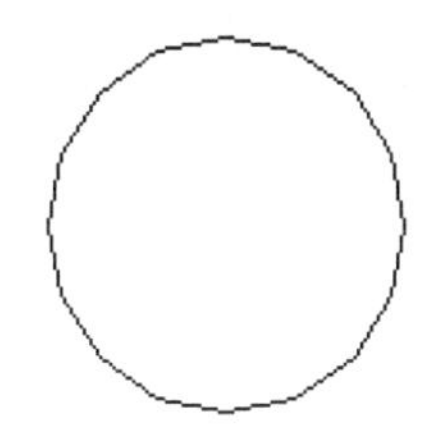

图11-63　绘制圆

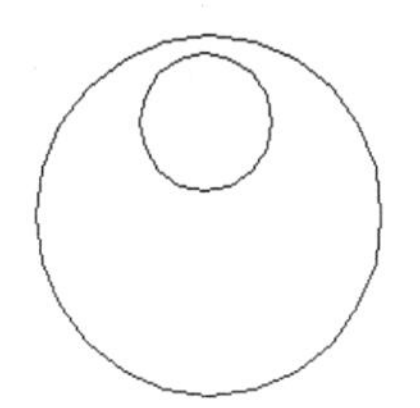

图11-64　绘制圆

（3）在命令行中输入“WBLOCK”命令，打开“写块”对话框，如图11-65所示，选择绘制对象为定义对象，任选一点为定义基点，将其命名为“紧急按钮开关”图块。

图11-65　“写块”对话框

2）绘制探测器

（1）单击“默认”选项卡“绘图”面板中的“矩形”按钮，在图形空白区域绘制一个360×360的矩形，如图11-66所示。

（2）单击“默认”选项卡“绘图”面板中的“直线”按钮，在绘制的矩形内绘制连续直线，如图11-67所示。

（3）在命令行中输入“WBLOCK”命令，打开“写块”对话框，选择绘制的对象为定义对象，任选一点为定义基点，将其命名为“探测器”图块。

3）绘制门（窗）瓷开关

（1）单击“默认”选项卡“绘图”面板中的“圆”按钮，在图形空白处绘制一个半径为

Note

225 的圆，如图 11-68 所示。

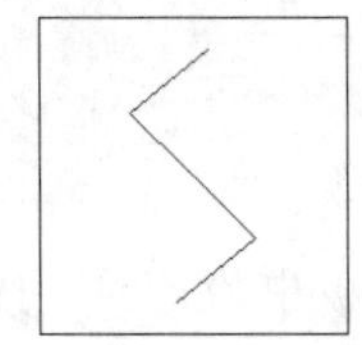

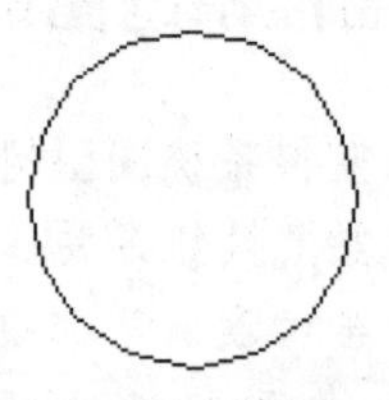

图 11-66　绘制矩形　　图 11-67　绘制连续直线　　图 11-68　绘制圆

（2）单击“默认”选项卡“绘图”面板中的“直线”按钮，在绘制的圆内绘制连续直线，如图 11-69 所示。

（3）在命令行中输入“WBLOCK”命令，打开“写块”对话框，选择绘制的对象为定义对象，任选一点为定义基点，将其命名为“门（窗）瓷开关”图块。

4）绘制可燃气体探测器

（1）单击“默认”选项卡“绘图”面板中的“矩形”按钮，在图形空白区域绘制一个 360×360 的矩形，如图 11-70 所示。

（2）单击“默认”选项卡“绘图”面板中的“圆”按钮，在绘制的矩形内绘制一个半径为 47 的圆，如图 11-71 所示。

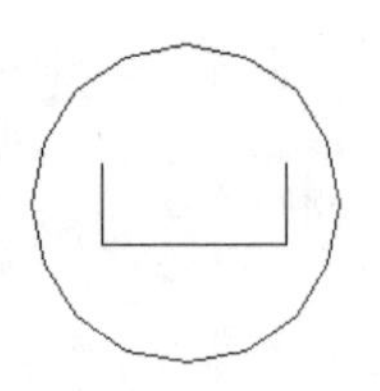

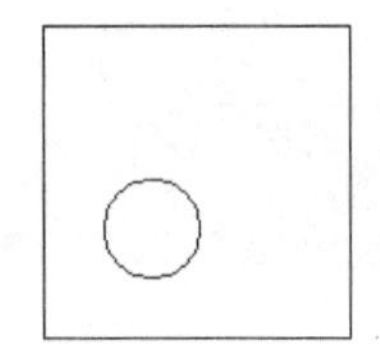

图 11-69　绘制连续直线　　图 11-70　绘制矩形　　图 11-71　绘制圆

（3）单击“默认”选项卡“绘图”面板中的“图案填充”按钮，打开“图案填充创建”选项卡，选择 SOLID 图案，选择绘制的图形为填充区域，将其填充，如图 11-72 所示。

（4）单击“默认”选项卡“绘图”面板中的“直线”按钮，在填充的圆上绘制斜向直线，如图 11-73 所示。

（5）在命令行中输入“WBLOCK”命令，打开“写块”对话框，选择绘制的对象为定义对象，任选一点为定义基点，将其命名为“可燃气体探测器”图块。

5）绘制感温探测器

（1）单击“默认”选项卡“绘图”面板中的“矩形”按钮，在图形空白区域绘制一个 360×360 的矩形，如图 11-74 所示。

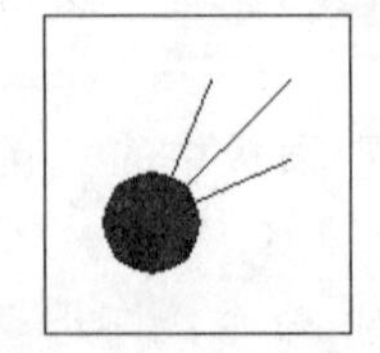

图 11-72　填充图形　　图 11-73　绘制斜向直线　　图 11-74　绘制矩形

（2）单击“默认”选项卡“绘图”面板中的“直线”按钮，在绘制的矩形内绘制一条竖

直直线，如图 11-75 所示。

（3）单击“默认”选项卡“绘图”面板中的“圆”按钮，在绘制的竖直直线下端绘制一个半径为 23 的圆，如图 11-76 所示。

（4）单击“默认”选项卡“绘图”面板中的“图案填充”按钮，打开“图案填充创建”选项卡，选择 SOLID 图案，选择绘制的图形为填充区域，将其填充，如图 11-77 所示。

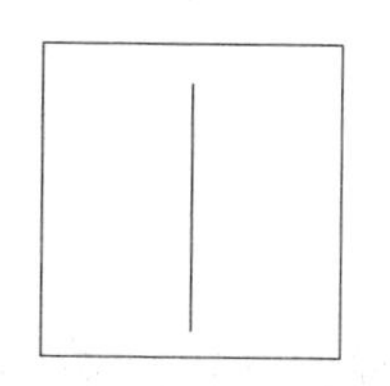

图 11-75　绘制竖直直线

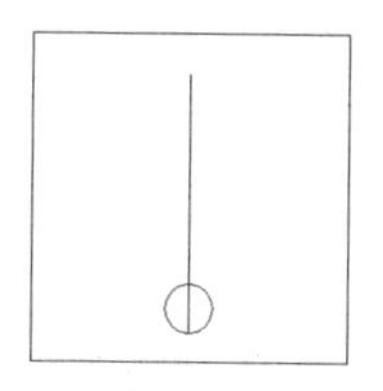

图 11-76　绘制圆

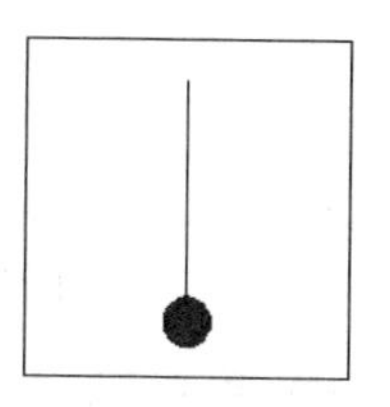

图 11-77　填充图形

（5）在命令行中输入“WBLOCK”命令，打开“写块”对话框，选择绘制的对象为定义对象，任选一点为定义基点，将其命名为“感温探测器”图块。

6）被动红外/微波双技术探测器

（1）单击“默认”选项卡“绘图”面板中的“直线”按钮，在图形空白区域绘制连续直线，如图 11-78 所示。

（2）单击“默认”选项卡“注释”面板中的“多行文字”按钮，在绘制的连续段内添加文字，如图 11-79 所示。

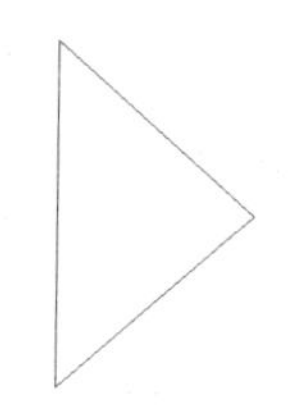

图 11-78　绘制连续直线

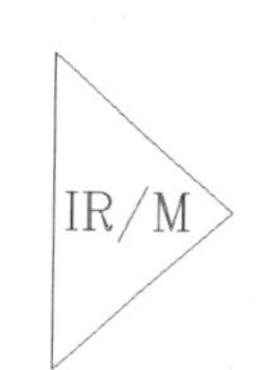

图 11-79　添加文字

（3）在命令行中输入“WBLOCK”命令，打开“写块”对话框，选择绘制的对象为定义对象，任选一点为定义基点，将其命名为“被动红外/微波双技术探测器”图块。

7）绘制可视对讲机

（1）单击“默认”选项卡“绘图”面板中的“矩形”按钮，在图形空白区域绘制一个 1130×510 的矩形，如图 11-80 所示。

（2）单击“默认”选项卡“绘图”面板中的“直线”按钮，在绘制的矩形内绘制连续直线，如图 11-81 所示。

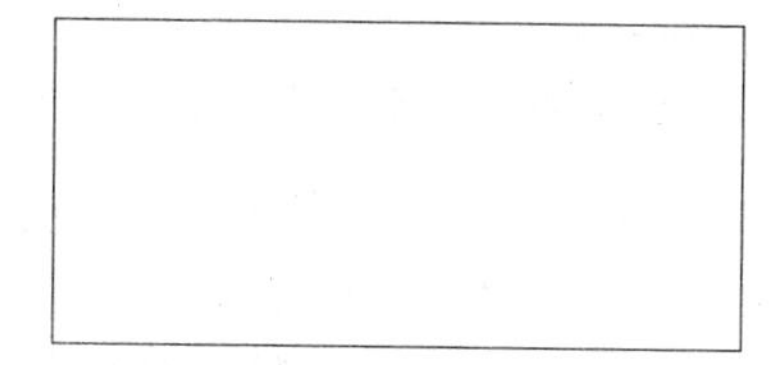

图 11-80　绘制矩形

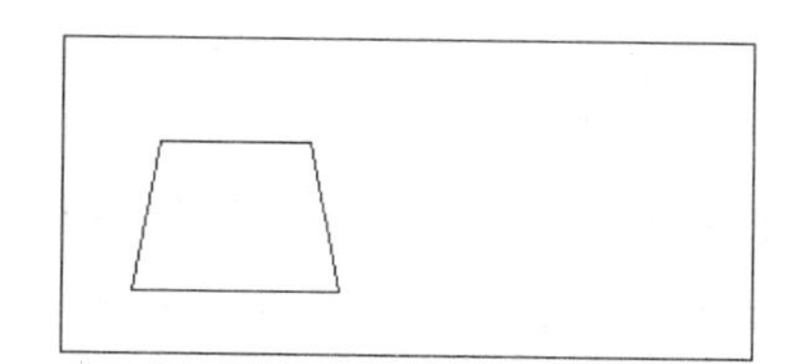

图 11-81　绘制连续直线

（3）单击“默认”选项卡“绘图”面板中的“直线”按钮和“圆弧”按钮，在图形适

Note

当位置绘制图形，如图 11-82 所示。

（4）单击“默认”选项卡“绘图”面板中的“矩形”按钮□，在图形右侧绘制一个 528×288 的矩形，如图 11-83 所示。

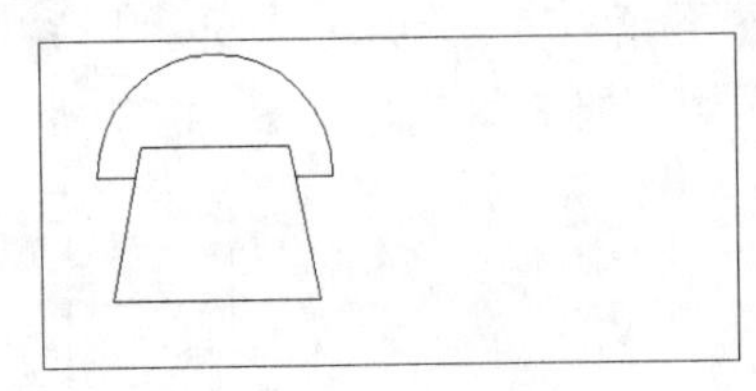

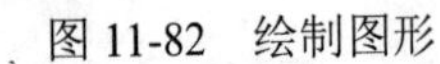

图 11-82　绘制图形

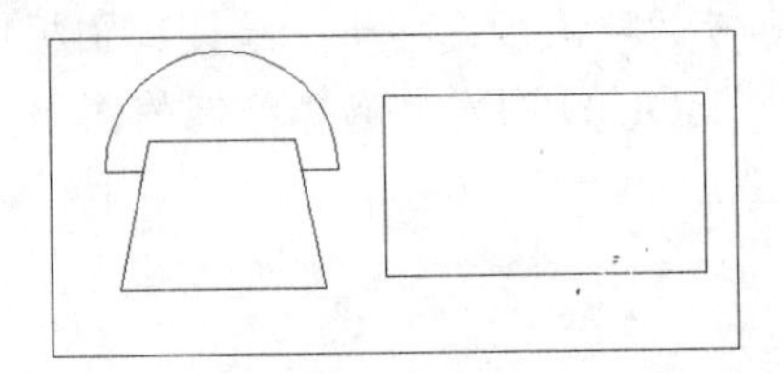

图 11-83　绘制矩形

（5）单击“默认”选项卡“修改”面板中的“偏移”按钮，选择绘制的矩形为偏移对象，向内进行偏移，偏移距离为 24，如图 11-84 所示。

（6）单击“默认”选项卡“修改”面板中的“圆角”按钮，选择绘制的内部矩形为圆角对象，对其进行圆角处理，圆角半径为 54，如图 11-85 所示。

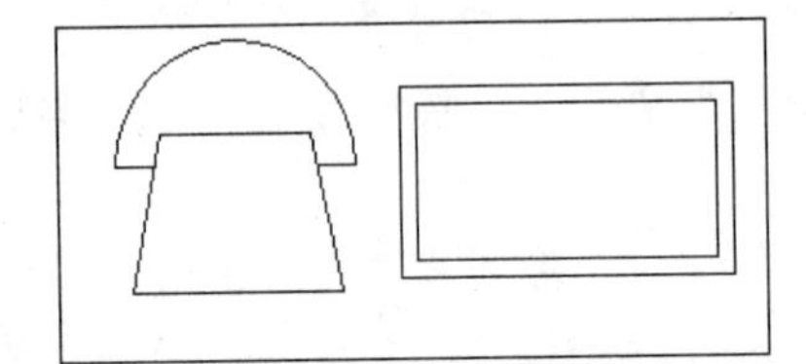

图 11-84　偏移矩形

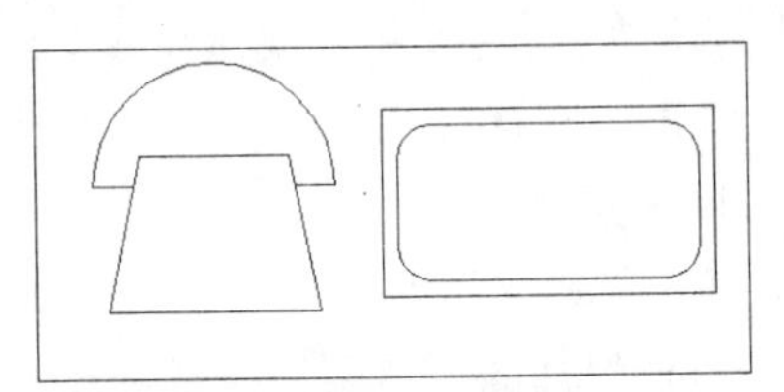

图 11-85　圆角处理

（7）在命令行中输入“WBLOCK”命令，打开“写块”对话框，选择绘制的对象为定义对象，任选一点为定义基点，将其命名为“可视对讲机”图块。

8）绘制访客对讲电控防盗门主机

（1）单击“默认”选项卡“绘图”面板中的“矩形”按钮□，在图形空白区域绘制一个 813×557 的矩形，如图 11-86 所示。

（2）单击“默认”选项卡“绘图”面板中的“直线”按钮，在图形内绘制一条竖直直线，如图 11-87 所示。

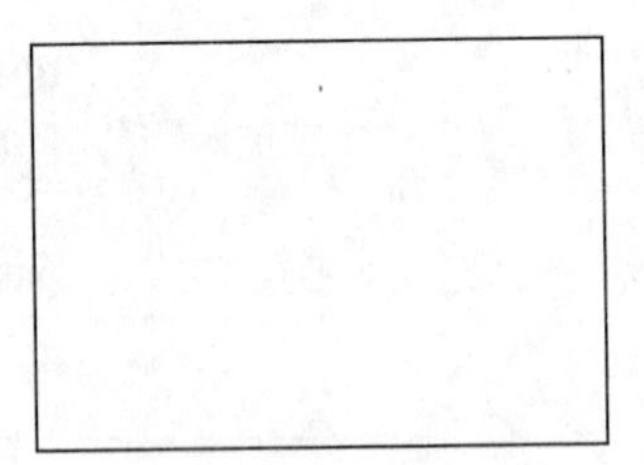

图 11-86　绘制矩形

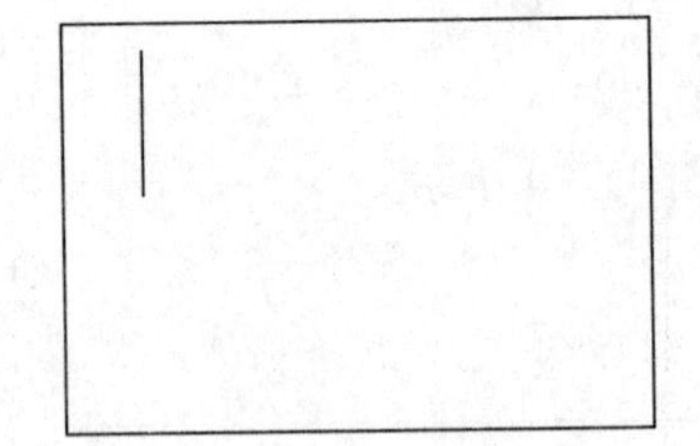

图 11-87　绘制竖直直线

（3）单击“默认”选项卡“修改”面板中的“偏移”按钮，选择绘制的竖直直线为偏移对象，向右进行偏移，偏移距离分别为 47、44、47、60、47，如图 11-88 所示。

（4）单击“默认”选项卡“修改”面板中的“复制”按钮，选择绘制的图形为复制对象，向下端进行复制，复制间距为 277，如图 11-89 所示。

（5）单击“默认”选项卡“绘图”面板中的“圆”按钮，在图形内右侧位置绘制一个半

径为57的圆，如图11-90所示。

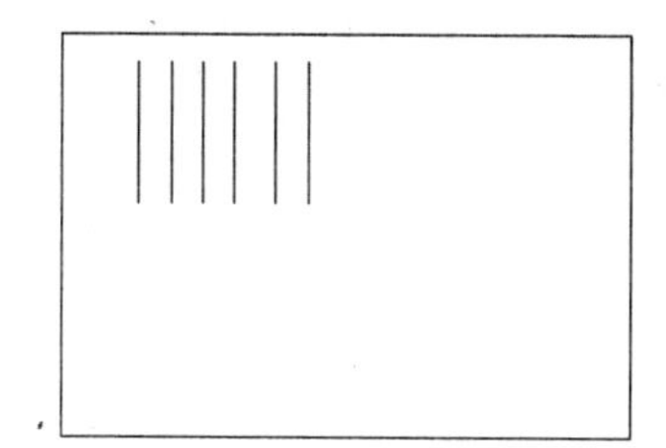

图11-88　偏移线段

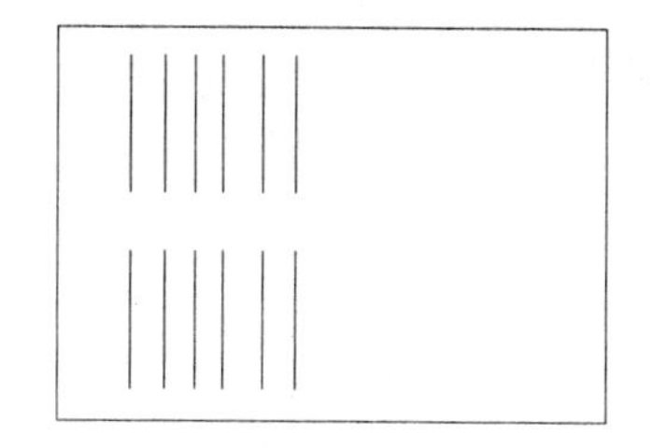

图11-89　复制线段

（6）在命令行中输入“WBLOCK”命令，打开“写块”对话框，选择绘制的对象为定义对象，任选一点为定义基点，将其命名为“访客对讲电控防盗门主机”图块。

9）绘制电控锁

使用上述方法完成电控锁的绘制，并将其定义为块，如图11-91所示。

10）绘制UPS电源

使用上述方法完成UPS电源的绘制，如图11-92所示。

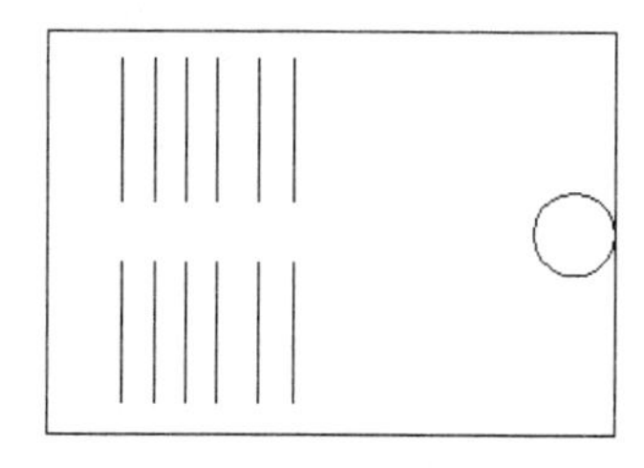

图11-90　绘制圆

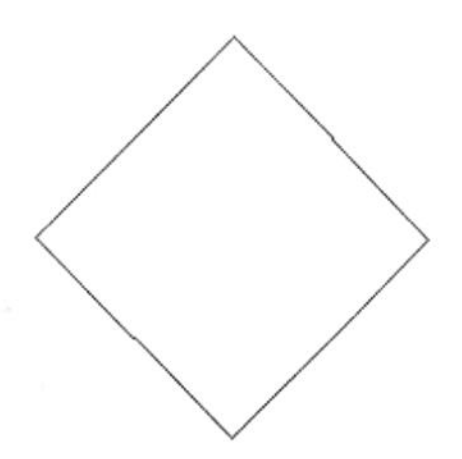

图11-91　绘制电控锁

图11-92　绘制UPS电源

2. 绘制监控系统图

（1）单击“默认”选项卡“绘图”面板中的“直线”按钮，将线型选为虚线，在图形适当位置绘制一条水平直线，如图11-93所示。

（2）单击“默认”选项卡“修改”面板中的“偏移”按钮，选择绘制的水平直线为偏移对象，向下进行偏移，偏移距离分别为2599、5183，如图11-94所示。

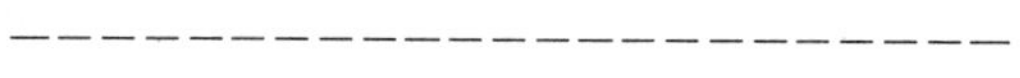

图11-93　绘制水平直线

图11-94　偏移线段

（3）单击“默认”选项卡“修改”面板中的“移动”按钮，选择前面绘制的图例为移动对象，将其放置到适当位置，如图11-95所示。

（4）单击“默认”选项卡“绘图”面板中的“多段线”按钮，指定起点宽度为20，端点宽度为20，绘制前面布置图例之间的连接线，如图11-96所示。

（5）单击“默认”选项卡“绘图”面板中的“多段线”按钮，在图形的适当位置绘制多

段线，如图 11-97 所示。

Note

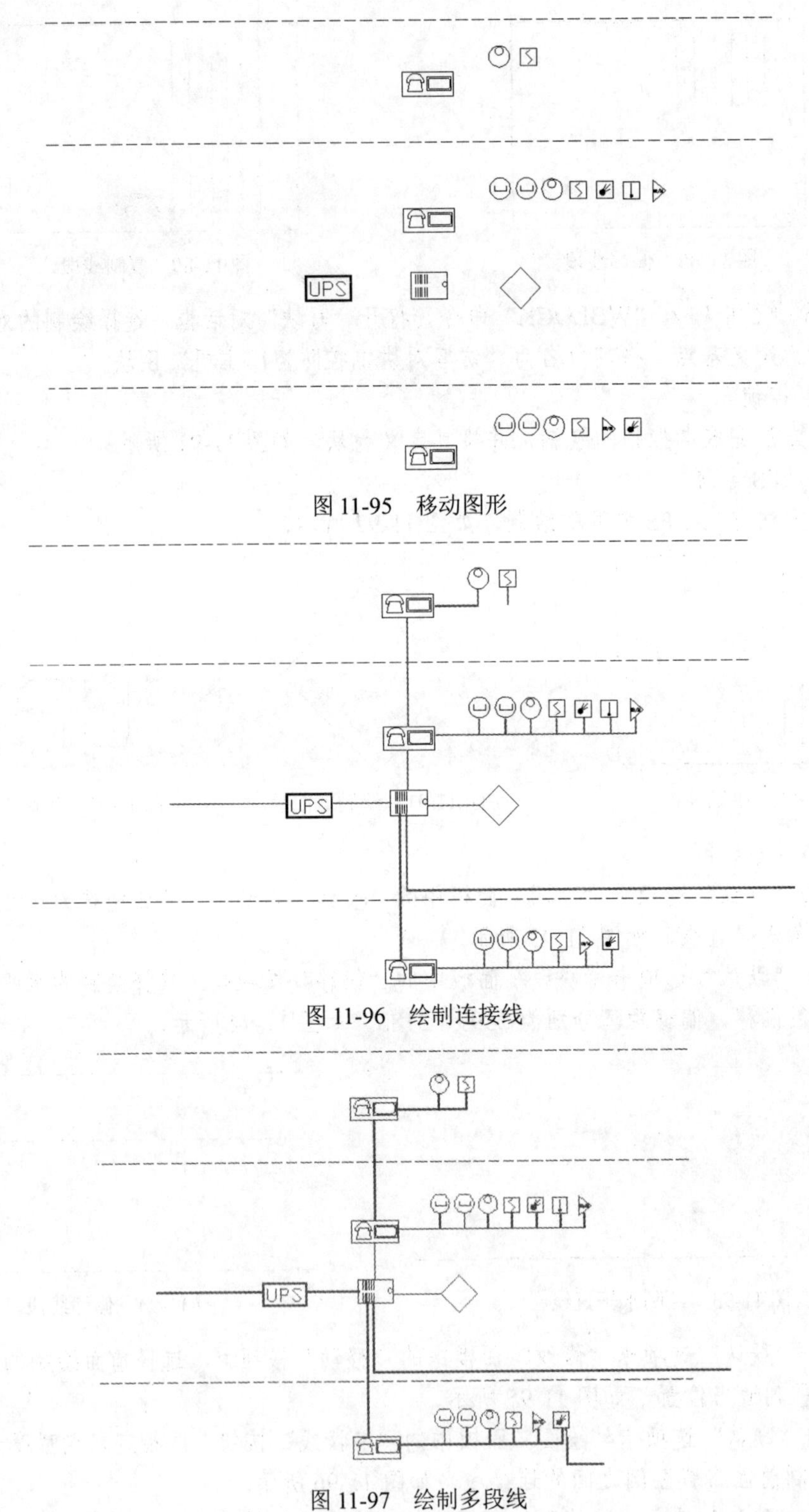

图 11-95　移动图形

图 11-96　绘制连接线

图 11-97　绘制多段线

（6）单击“默认”选项卡“绘图”面板中的“圆”按钮，在绘制的多段线端点处绘制一个半径为 261 的圆，如图 11-98 所示。

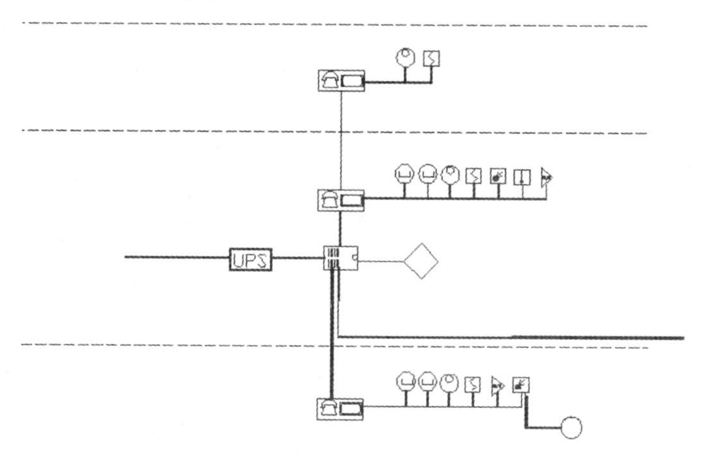

图 11-98　绘制圆

（7）单击“默认”选项卡“绘图”面板中的“直线”按钮，在图形适当位置绘制一段斜线，如图 11-99 所示。

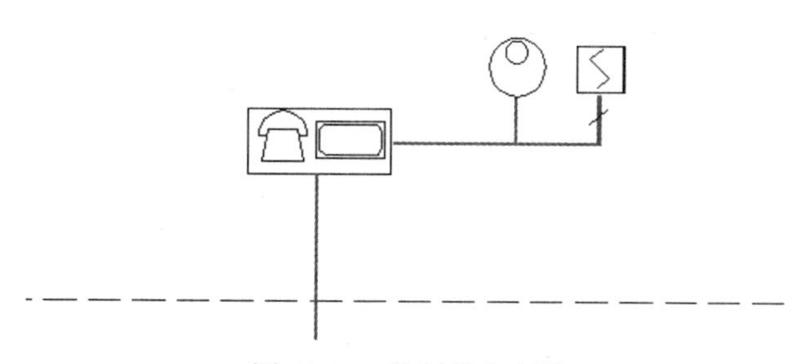

图 11-99　绘制斜向直线

（8）单击“默认”选项卡“绘图”面板中的“直线”按钮，选择绘制的斜向直线中点为直线起点，向右绘制一条水平直线，如图 11-100 所示。

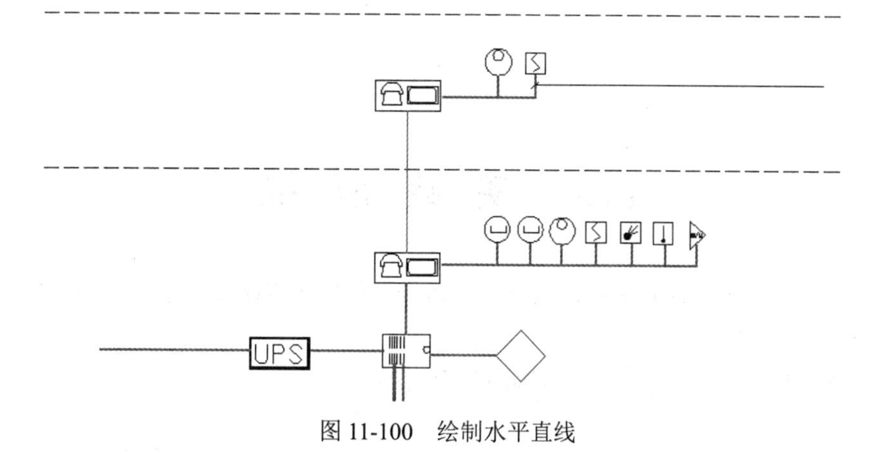

图 11-100　绘制水平直线

（9）单击“默认”选项卡“注释”面板中的“多行文字”按钮A，在绘制的水平直线上标注文字，如图11-101所示。

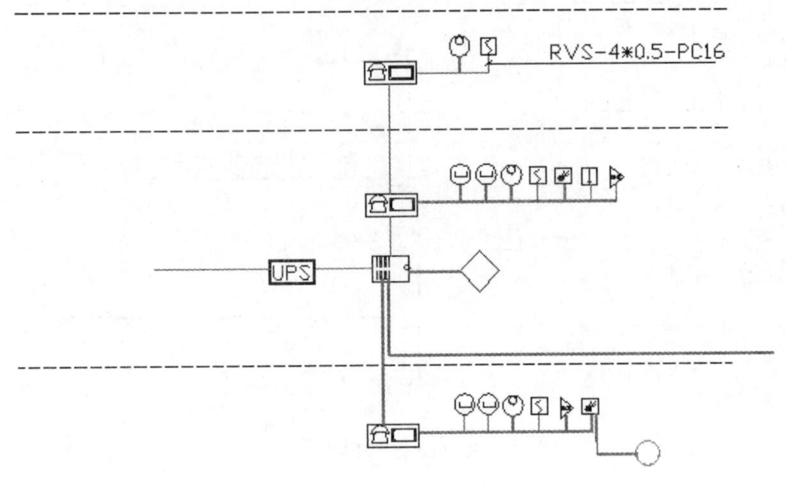

图11-101 添加文字

（10）使用上述方法完成剩余文字说明的添加，最终完成监控系统图的绘制，如图11-102所示。

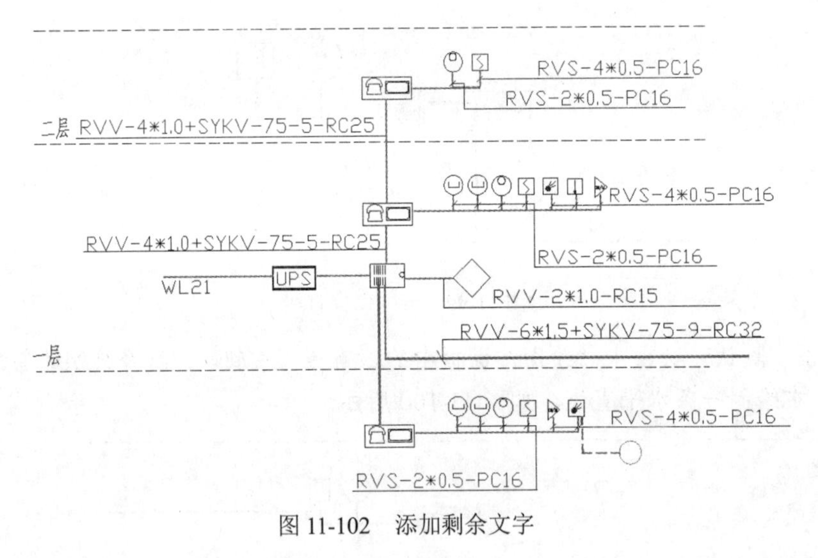

图11-102 添加剩余文字

11.4 实战演练

通过前面的学习，读者对本章知识也有了大体的了解，本节通过几个操作练习使读者进一步掌握本章知识要点。

【实战演练1】绘制弱电平面图（如图11-103所示）。

1. 目的要求

本实例主要要求读者通过练习进一步熟悉和掌握弱电平面图的绘制方法。通过本实例，可以

帮助读者学会完成弱电平面图绘制的全过程。

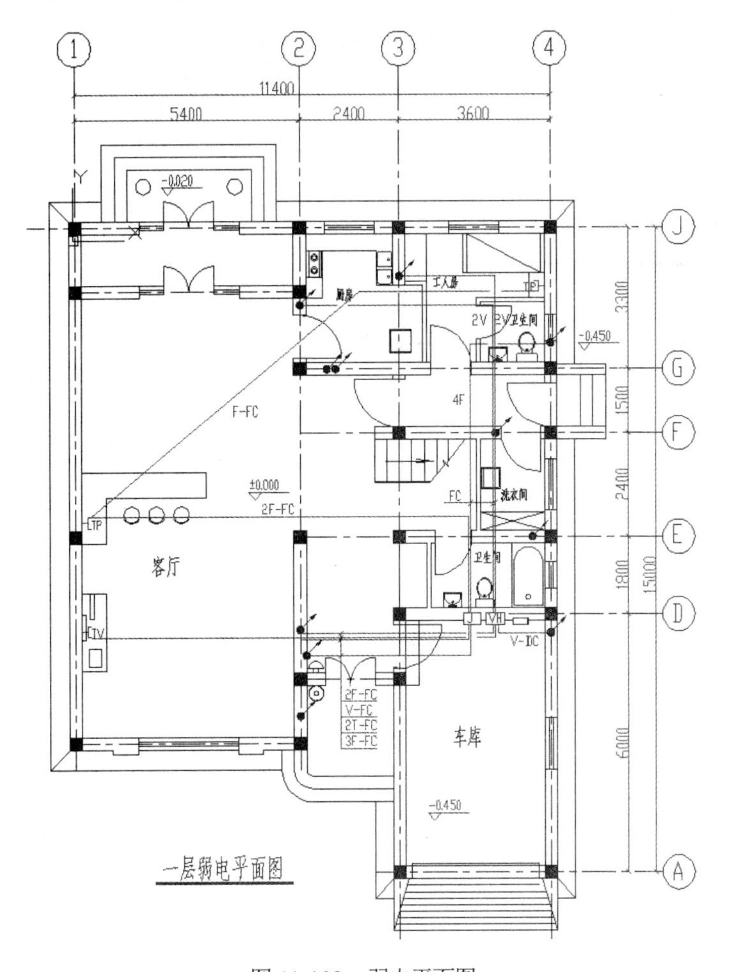

图 11-103 弱电平面图

2．操作提示

（1）绘制弱电设备。

（2）布置弱电设备。

（3）绘制线路。

（4）标注尺寸和文字。

【实战演练 2】 绘制有线电视系统图（如图 11-104 所示）。

1．目的要求

本实例主要要求读者通过练习进一步熟悉和掌握系统图的绘制方法。通过本实例，可以帮助读者学会完成有线电视系统图绘制的全过程。

2．操作提示

（1）绘制进户线。

（2）插入电气元件。

（3）标注文字。

Note

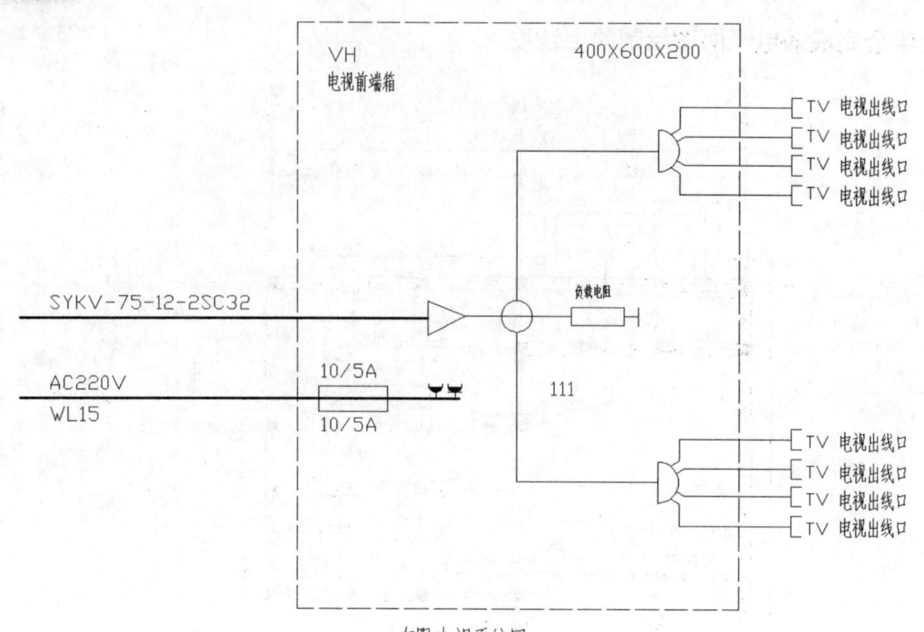

图 11-104　有线电视系统图

第12章

别墅建筑平面图

本章学习要点和目标任务：

☑ 照明平面图

☑ 电视电话平面图

☑ 接地防雷平面图

本章主要讲述的是别墅建筑平面图设计实例，包括照明平面图、电视电话平面图、接地防雷平面图的绘制过程。

12.1 照明平面图

Note

照明布置图设计的基本原则是在满足照明电力需求功能的前提下，要求线路尽量短，以节省成本；线缆集成尽量条理清晰，便于后期维修查找；布线尽量美观。

本节将介绍别墅照明平面图的绘制，包括地下室照明平面图、首层照明平面图和二层照明平面图。

12.1.1 地下室照明平面图的绘制

地下室照明平面图如图12-1所示，下面讲述其具体绘制方法。

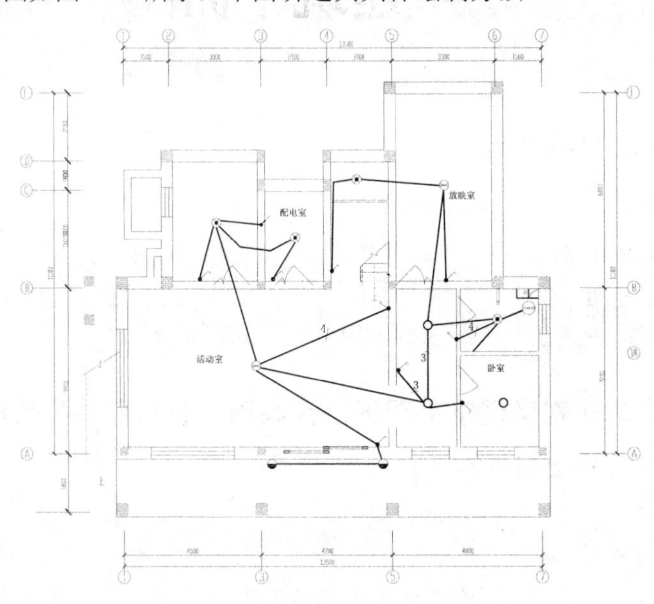

图12-1 地下室照明平面图

操作步骤如下：（：光盘\配套视频\动画演示\第12章\地下室照明平面图的绘制.avi）

单击快速访问工具栏中的“打开”按钮，打开“源文件\第12章\地下层平面图”文件，并在快速访问工具栏中选择“文件”→“另存为”命令，将其另存为“地下室照明平面图”，并结合所学命令对平面图进行调整，如图12-2所示。

1. 绘制图例

1）绘制配电箱

（1）单击“默认”选项卡“绘图”面板中的“矩形”按钮，在图形空白区域绘制一个720×352的矩形，如图12-3所示。

（2）单击“默认”选项卡“绘图”面板中的“图案填充”按钮，打开“图案填充创建”选项卡，选择ANSI31图案，设置填充比例为15，选择步骤（1）绘制的图形为填充区域，将其填充，如图12-4所示。

Note

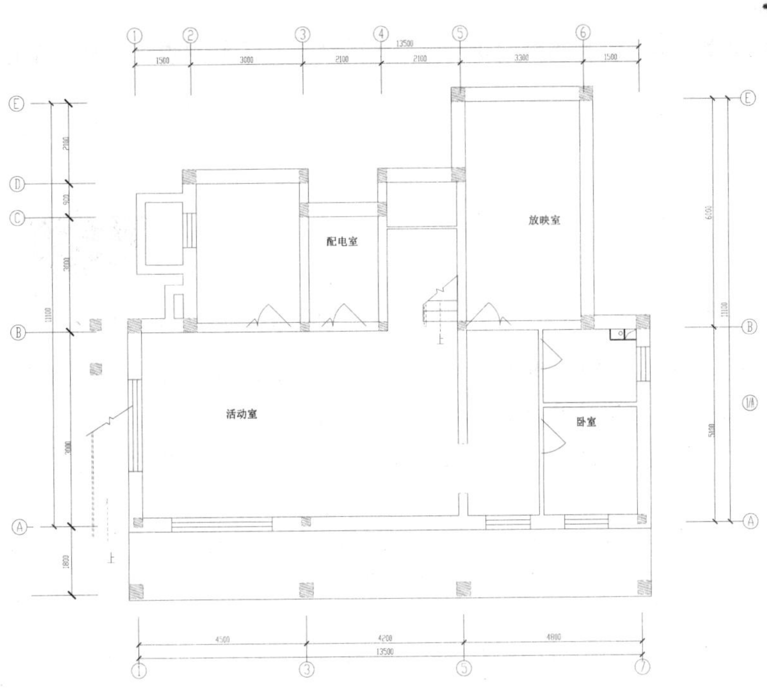

图 12-2　调整平面图

（3）在命令行中输入“WBLOCK”命令，打开“写块”对话框，如图 12-5 所示，选择绘制的图形为定义对象，任选一点为定义基点，定义“配电箱”图块。

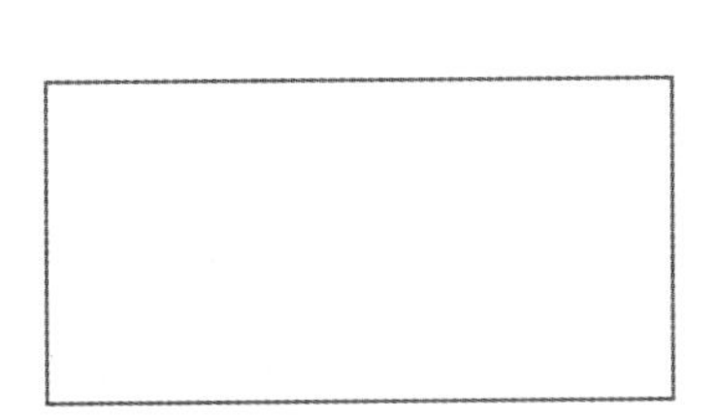

图 12-3　绘制矩形

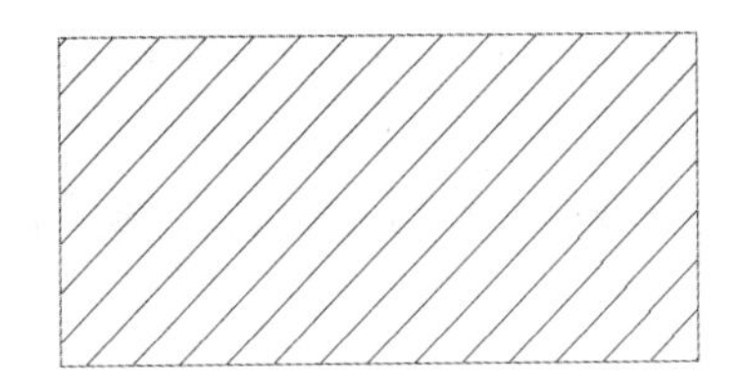

图 12-4　填充图形

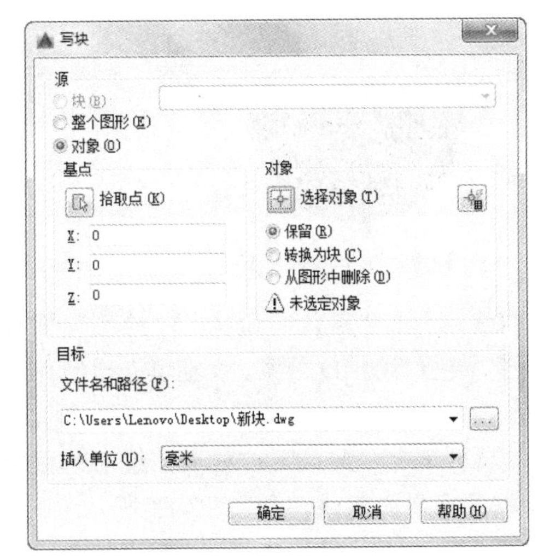

图 12-5　“写块”对话框

2）绘制圆球壁灯及浅半圆吸顶灯

（1）单击“默认”选项卡“绘图”面板中的“圆”按钮，在图形空白区域任选一点为圆心，绘制一个半径为 150 的圆，如图 12-6 所示。

（2）单击“默认”选项卡“绘图”面板中的“直线”按钮，通过圆的圆心绘制一条水平直线，如图 12-7 所示。

（3）单击“默认”选项卡“绘图”面板中的“图案填充”按钮，打开“图案填充创建”

选项卡，选择SOLID图案，设置填充比例为1，选择绘制的图形为填充区域，将其填充，如图12-8所示。

Note

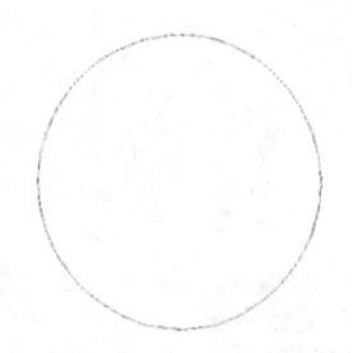

图12-6　绘制圆

图12-7　绘制水平直线

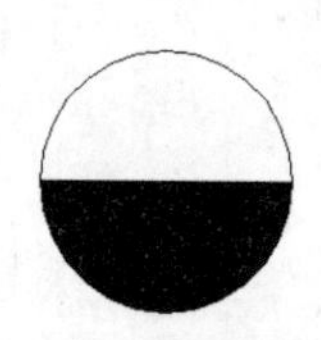

图12-8　填充图形

（4）在命令行中输入“WBLOCK”命令，打开“写块”对话框，选择绘制的图形为定义对象，任选一点为定义基点，将其定义为“圆球壁灯”图块。

（5）浅半圆吸顶灯的绘制方法与圆球壁灯的绘制方法基本相同，这里不再详细阐述，如图12-9所示。

（6）在命令行中输入“WBLOCK”命令，打开“写块”对话框，选择绘制的图形为定义对象，任选一点为定义基点，将其定义为“浅半圆吸顶灯”图块。

3）绘制防水防尘灯

（1）单击“默认”选项卡“绘图”面板中的“圆”按钮，在图形空白区域任选一点为圆心，绘制一个半径为150的圆，如图12-10所示。

（2）单击“默认”选项卡“修改”面板中的“偏移”按钮，选择绘制的圆为偏移对象，向内进行偏移，偏移距离为99，如图12-11所示。

图12-9　浅半圆吸顶灯

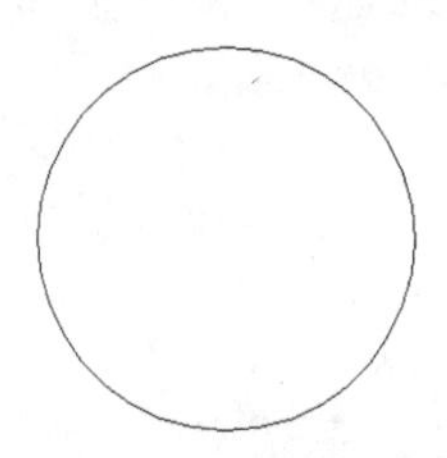

图12-10　绘制圆

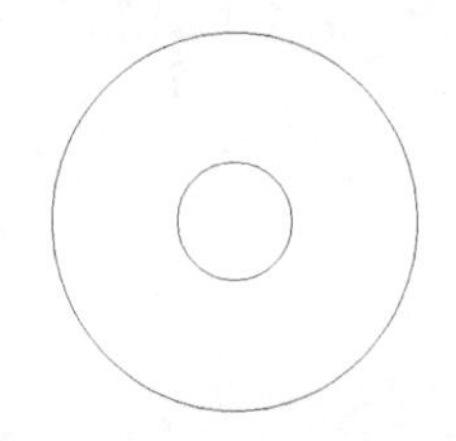

图12-11　偏移圆

（3）单击“默认”选项卡“绘图”面板中的“图案填充”按钮，打开“图案填充创建”选项卡，选择SOLID图案，设置填充比例为1，选择绘制的图形为填充区域，将其填充，如图12-12所示。

（4）单击“默认”选项卡“绘图”面板中的“直线”按钮，在填充的圆上选择直线的起点绘制几条斜向直线，如图12-13所示。

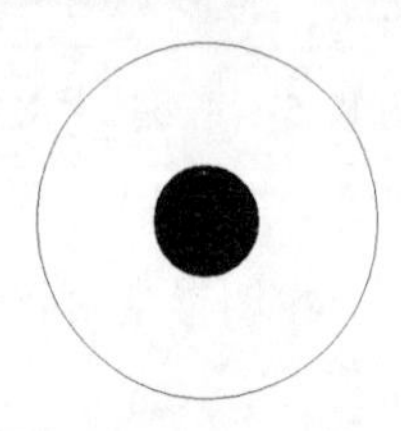

图12-12　填充圆

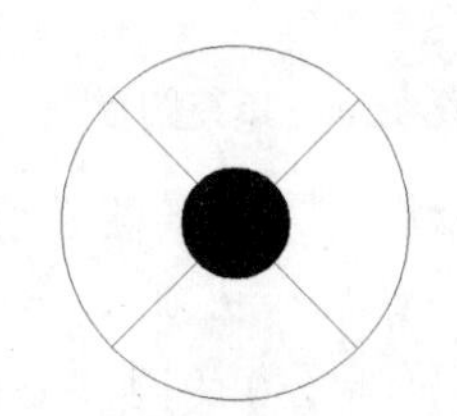

图12-13　绘制斜向直线

（5）在命令行中输入“WBLOCK”命令，打开“写块”对话框，选择绘制的图形为定义对象，任选一点为定义基点，将其定义为“防水防尘灯”图块。

Note

4）绘制花灯

（1）单击“默认”选项卡“绘图”面板中的“圆”按钮，在图形空白区域任选一点为圆心，绘制一个半径为 150 的圆，如图 12-14 所示。

（2）单击“默认”选项卡“绘图”面板中的“直线”按钮，通过圆的圆心绘制一条水平直线，如图 12-15 所示。

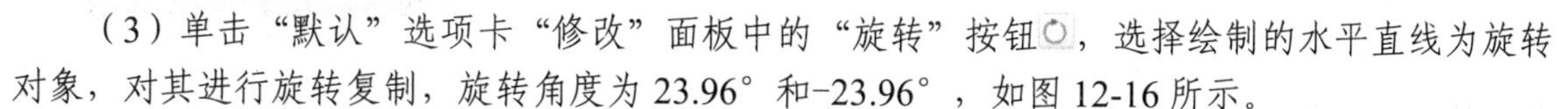

（3）单击“默认”选项卡“修改”面板中的“旋转”按钮，选择绘制的水平直线为旋转对象，对其进行旋转复制，旋转角度为 23.96° 和−23.96°，如图 12-16 所示。

（4）在命令行中输入“WBLOCK”命令，打开“写块”对话框，选择绘制的图形为定义对象，任选一点为定义基点，将其定义为“花灯”图块。

5）绘制排风扇

（1）单击“默认”选项卡“绘图”面板中的“圆”按钮，在图形空白区域任选一点为圆心，绘制一个半径为 206 的圆，如图 12-17 所示。

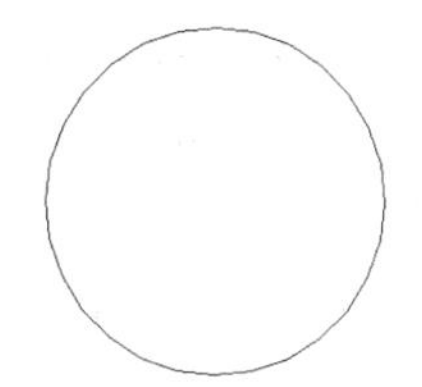

图 12-14　绘制圆

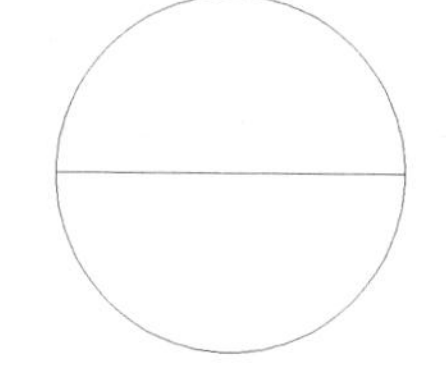

图 12-15　绘制水平直线

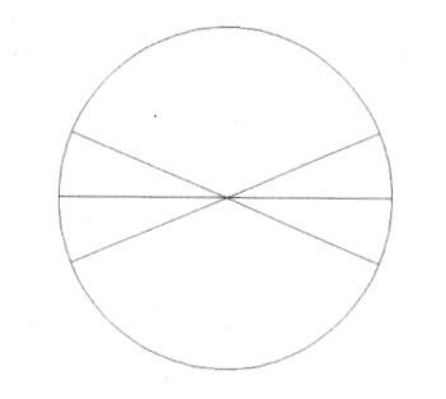

图 12-16　旋转复制线段

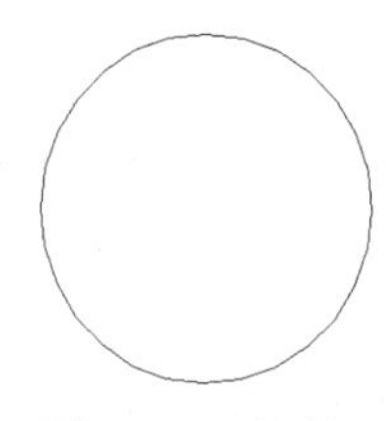

图 12-17　绘制圆

（2）单击“默认”选项卡“修改”面板中的“偏移”按钮，选择绘制的圆为偏移对象，向内进行偏移，偏移距离为 175，如图 12-18 所示。

（3）单击“默认”选项卡“绘图”面板中的“矩形”按钮，在步骤（1）绘制的图形内绘制一个 375×78 的矩形，如图 12-19 所示。

（4）单击“默认”选项卡“绘图”面板中的“直线”按钮，在绘制的矩形内绘制对角线，如图 12-20 所示。

（5）单击“默认”选项卡“修改”面板中的“修剪”按钮，对绘制的矩形和线段进行修剪，如图 12-21 所示。

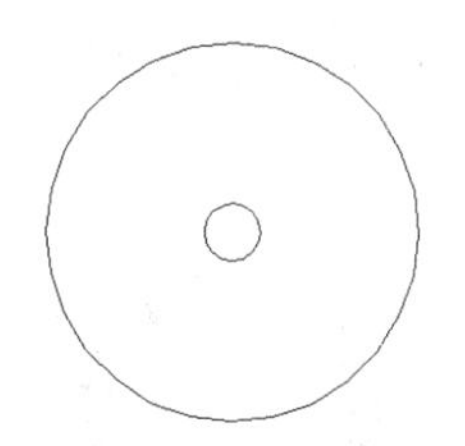

图 12-18　偏移圆

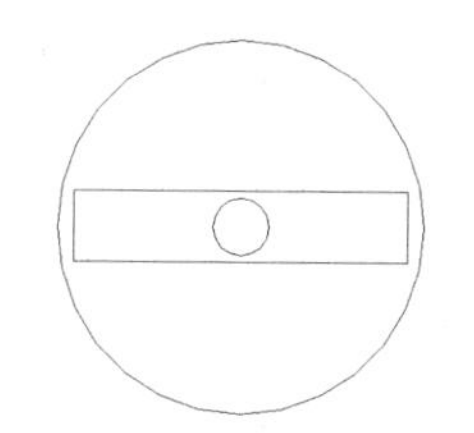

图 12-19　绘制矩形

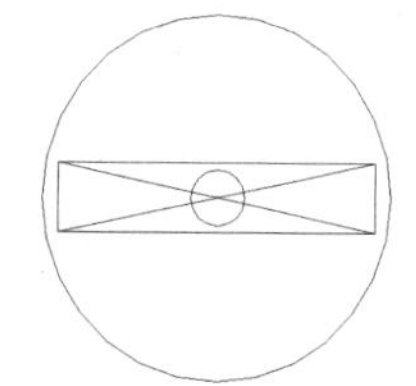

图 12-20　绘制对角线

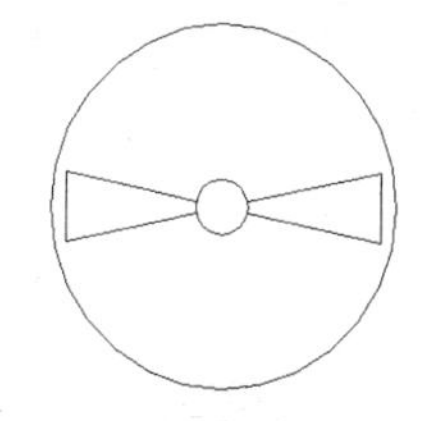

图 12-21　修剪图形

（6）在命令行中输入“WBLOCK”命令，打开“写块”对话框，选择绘制的图形为定义对象，任选一点为定义基点，将其定义为“排风扇”图块。

6）绘制防雾型镜前壁灯

（1）单击“默认”选项卡“绘图”面板中的“直线”按钮，在图形空白区域选一点为直线起点，绘制一条竖直直线，如图 12-22 所示。

（2）单击“默认”选项卡“修改”面板中的“偏移”按钮，选择绘制的竖直直线为偏移

Note

对象，将其向右偏移，偏移距离为 720，如图 12-23 所示。

（3）单击“默认”选项卡“绘图”面板中的“多段线”按钮，指定起点宽度为 42，端点宽度为 42，选择左侧竖直直线中点为多段线起点，向右绘制一条水平多段线，如图 12-24 所示。

图 12-22　绘制竖直直线　　图 12-23　偏移直线

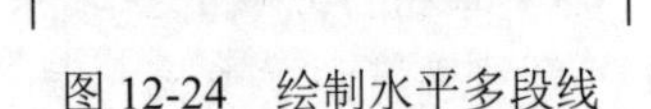

图 12-24　绘制水平多段线

（4）在命令行中输入“WBLOCK”命令，打开“写块”对话框，选择绘制的图形为定义对象，任选一点为定义基点，将其定义为“防雾型镜前壁灯”图块。

7）绘制单极安装开关

（1）单击“默认”选项卡“绘图”面板中的“圆”按钮，在图形空白区域绘制一个半径为 63 的圆，如图 12-25 所示。

（2）单击“默认”选项卡“绘图”面板中的“图案填充”按钮，打开“图案填充创建”选项卡，选择 SOLID 图案，设置填充比例为 1，选择绘制的图形为填充区域，将其填充，如图 12-26 所示。

（3）单击“默认”选项卡“绘图”面板中的“直线”按钮，在图形上绘制两段连续直线，如图 12-27 所示。

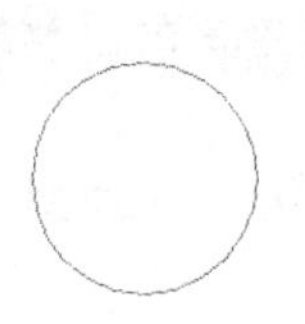

图 12-25　绘制圆

图 12-26　填充图形

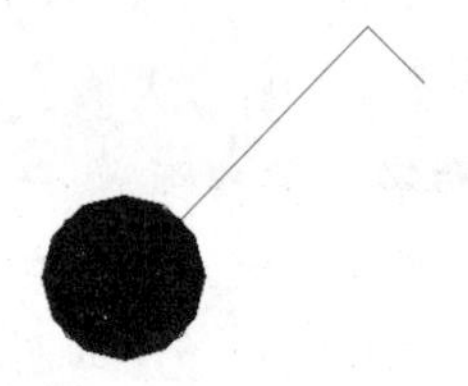

图 12-27　绘制连续直线

（4）在命令行中输入“WBLOCK”命令，打开“写块”对话框，选择绘制的图形为定义对象，任选一点为定义基点，将其定义为“单极安装开关”图块。

8）绘制其他图块

使用上述方法完成双极暗装开关三级暗装开关、四级暗装开关和节能灯的绘制，并分别定义为块，如图 12-28～图 12-31 所示。

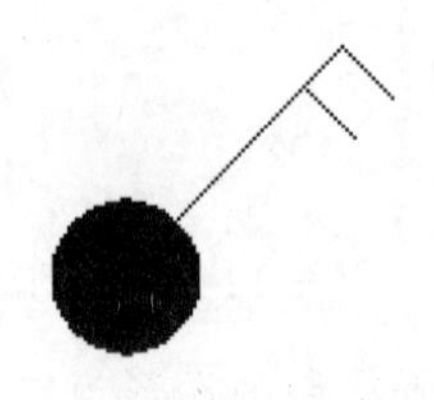

图 12-28　双极暗装开关

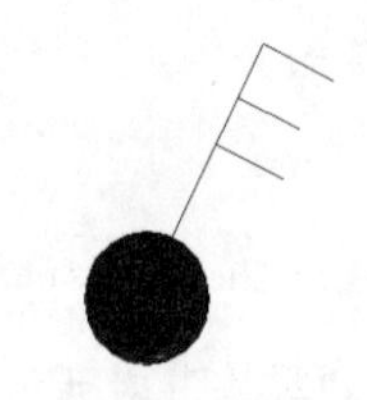

图 12-29　三级暗装开关

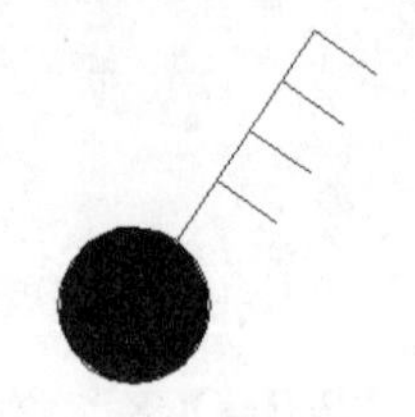

图 12-30　四级暗装开关

图 12-31　节能灯

2. 布置图例

（1）单击“默认”选项卡“块”面板中的“插入”按钮，弹出“插入”对话框。单击“浏览”按钮，弹出“选择图形文件”对话框，选择“源文件\图块\防水防尘灯”图块，单击“打开”按钮，回到“插入”对话框，单击“确定”按钮，完成“防水防尘灯”图块的插入，如图 12-32

所示。

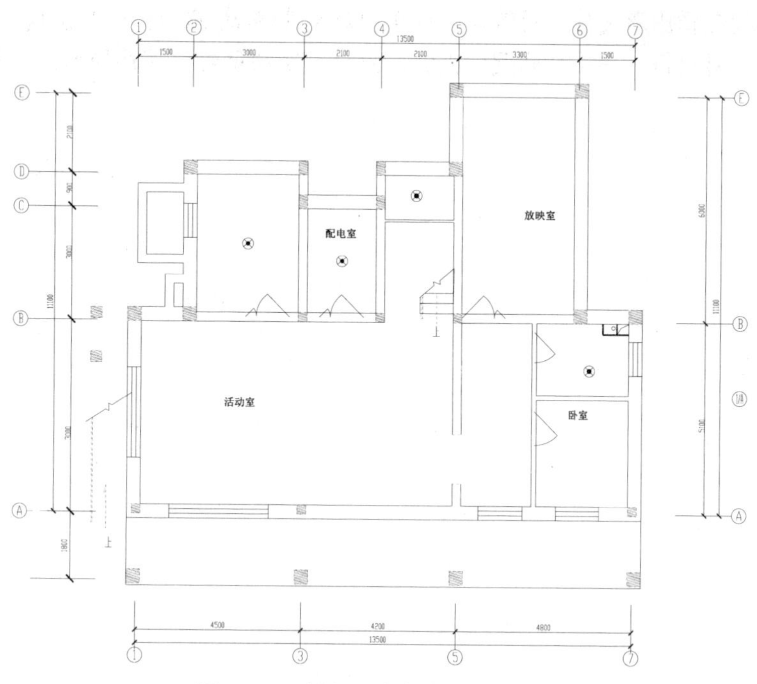

图 12-32 插入"防水防尘灯"图块

（2）单击"默认"选项卡"块"面板中的"插入"按钮，弹出"插入"对话框。单击"浏览"按钮，弹出"选择图形文件"对话框，选择"源文件\图块\花灯"图块，单击"打开"按钮，回到"插入"对话框，单击"确定"按钮，完成"花灯"图块的插入，如图 12-33 所示。

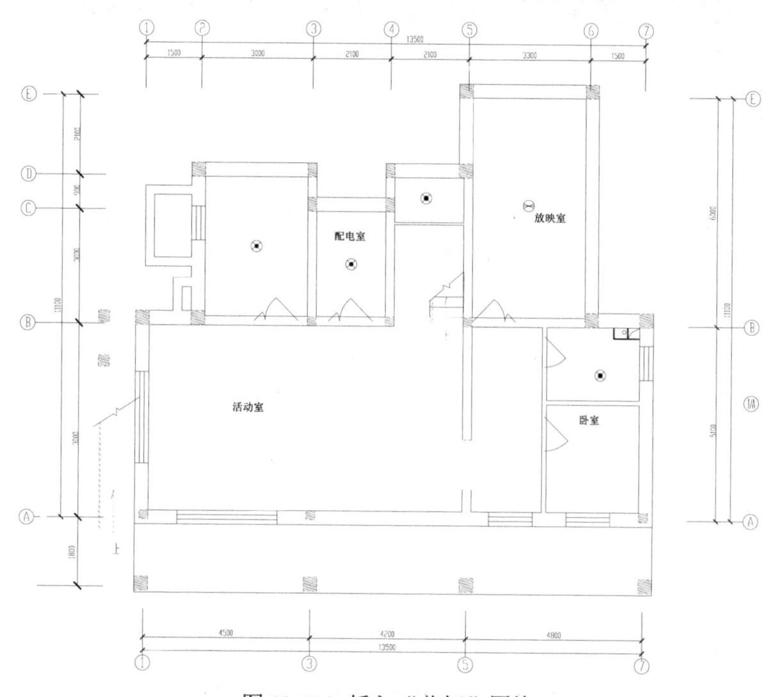

图 12-33 插入"花灯"图块

Note

（3）单击“默认”选项卡“块”面板中的“插入”按钮，弹出“插入”对话框。单击“浏览”按钮，弹出“选择图形文件”对话框，选择“源文件\图块\圆球壁灯”图块，单击“打开”按钮，回到“插入”对话框，单击“确定”按钮，完成“圆球壁灯”图块的插入，如图 12-34 所示。

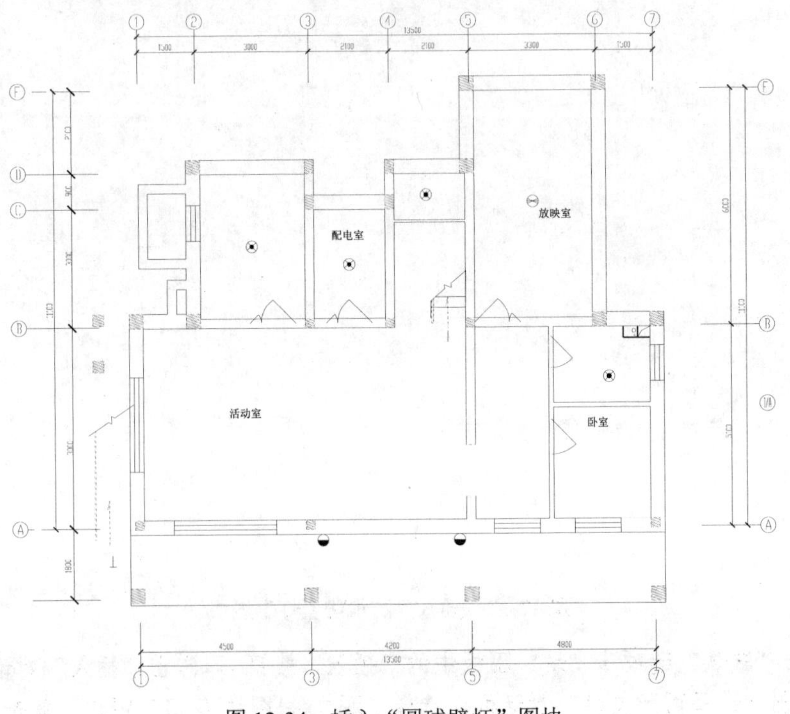

图 12-34　插入“圆球壁灯”图块

（4）使用上述方法完成剩余电气图例的插入及绘制，如图 12-35 所示。

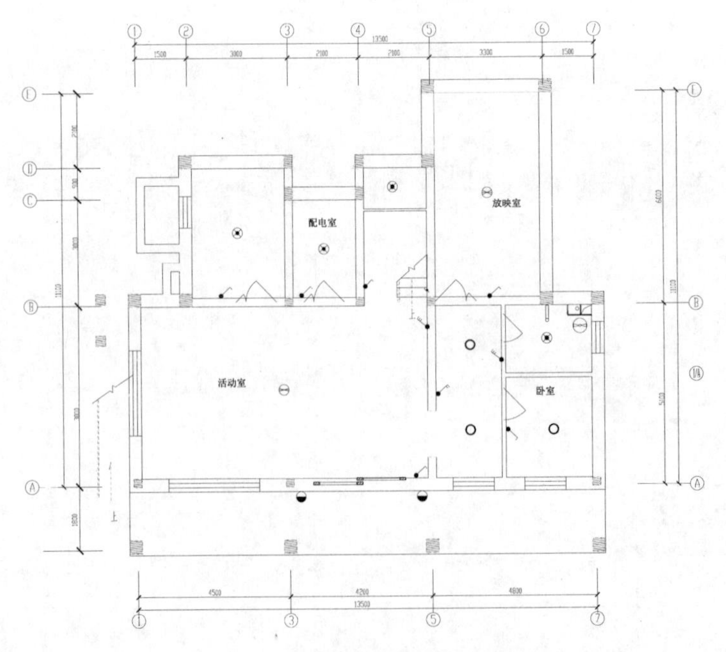

图 12-35　完成剩余电气图例的插入

（5）单击“默认”选项卡“绘图”面板中的“多段线”按钮，指定起点宽度为35，端点宽度为35，绘制连接线如图12-36所示。

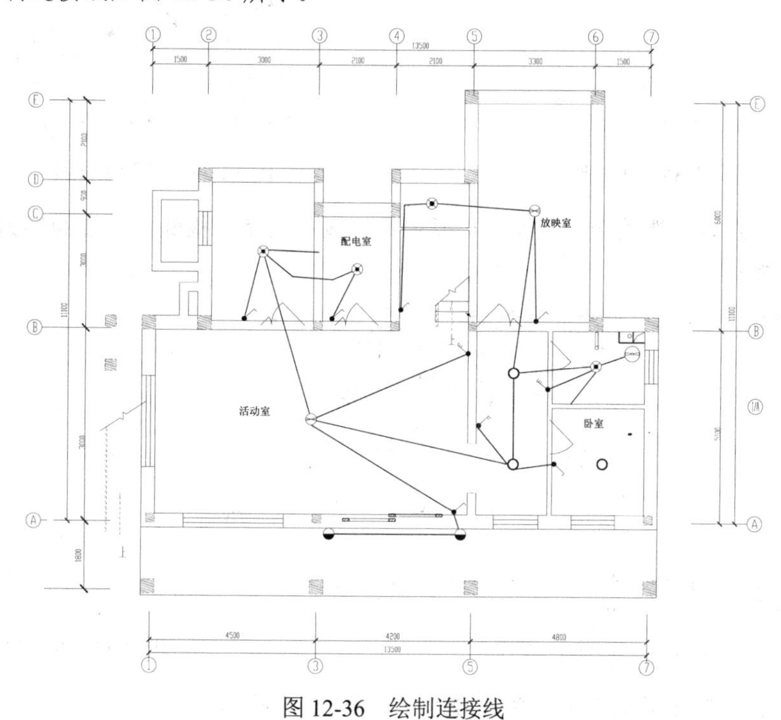

图12-36　绘制连接线

（6）单击“默认”选项卡“绘图”面板中的“圆”按钮，在图形适当位置绘制一个半径为43的圆，如图12-37所示。

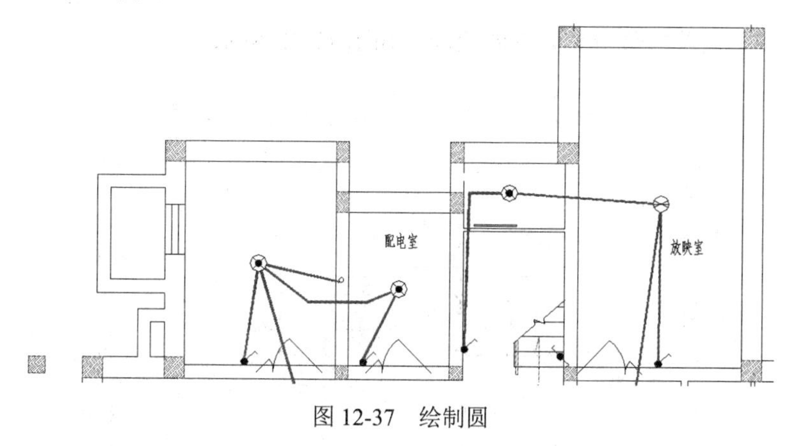

图12-37　绘制圆

（7）单击“默认”选项卡“绘图”面板中的“图案填充”按钮，打开“图案填充创建”选项卡，选择SOLID图案，选择绘制的图形为填充区域，将其填充，如图12-38所示。

（8）单击“默认”选项卡“绘图”面板中的“多段线”按钮，在填充的图形上绘制连续多段线，如图12-39所示。

（9）单击“默认”选项卡“绘图”面板中的“直线”按钮，在图形中的线路上绘制一条斜向直线，如图12-40所示。

Note

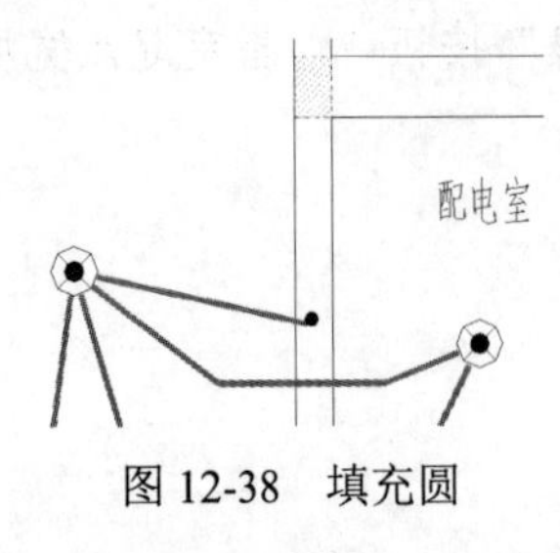

图 12-38　填充圆

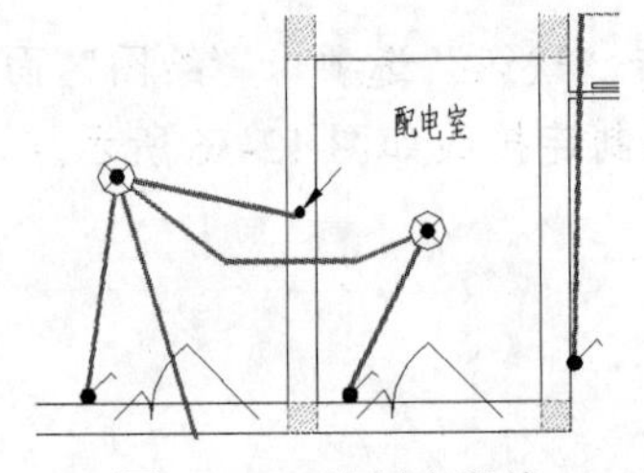

图 12-39　绘制多段线

（10）单击“默认”选项卡“注释”面板中的“多行文字”按钮A，在绘制的斜线上添加文字，如图 12-41 所示。

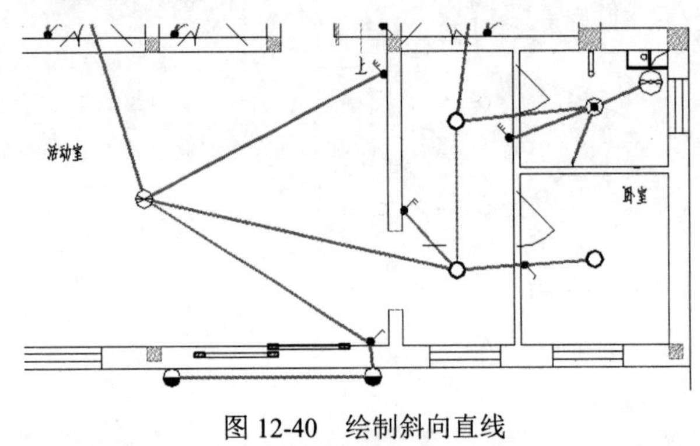

图 12-40　绘制斜向直线

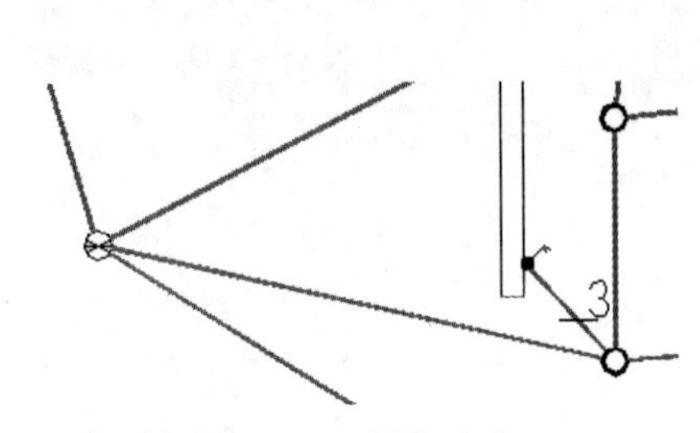

图 12-41　添加文字

（11）使用上述方法完成剩余文字的添加，如图 12-1 所示。

12.1.2　首层照明平面图的绘制

使用上述方法完成首层照明平面图的绘制，如图 12-42 所示。

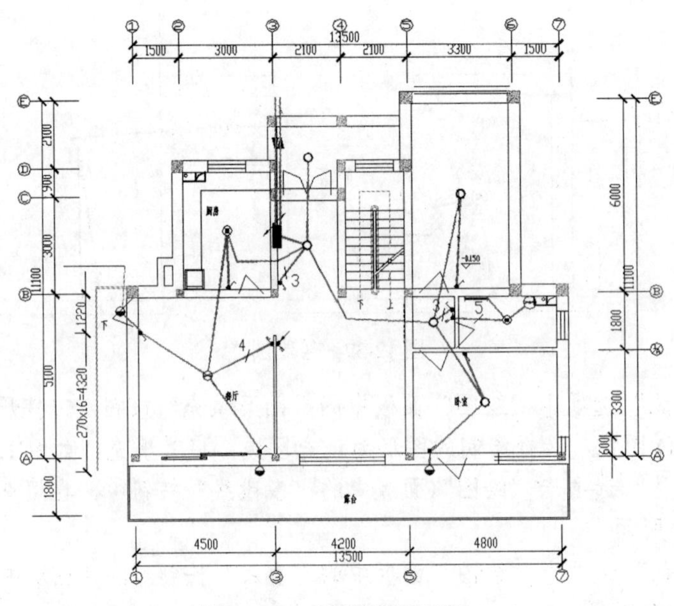

图 12-42　首层照明平面图

12.1.3　二层照明平面图的绘制

使用上述方法完成二层照明平面图的绘制，如图 12-43 所示。

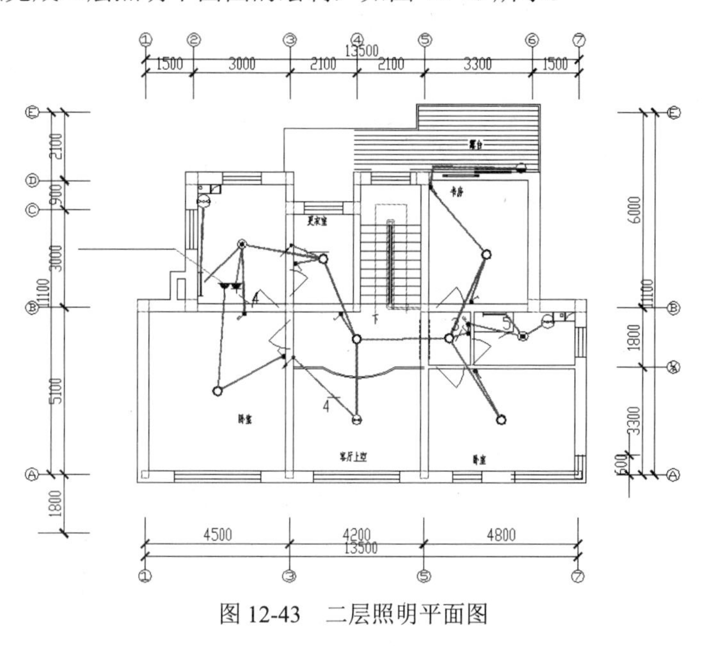

图 12-43　二层照明平面图

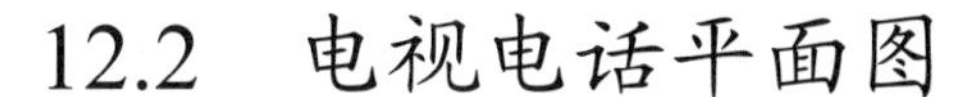

12.2　电视电话平面图

别墅电视电话平面图主要表达电视电话的安装布置位置。弱电布置基本原则是满足基本建筑单元的功能需要，在可能需要的地方尽量配置接口。

本节将介绍别墅电视电话平面图的绘制，包括地下室电视电话平面图、首层电视电话平面图和二层电视电话平面图。

12.2.1　地下室电视电话平面图的绘制

地下室电视电话平面图如图 12-44 所示，下面讲述其具体绘制方法。

操作步骤如下：（：光盘\配套视频\动画演示\第 12 章\地下室电视电话平面图的绘制.avi）

首先单击快速访问工具栏中的“打开”按钮，打开“源文件\第 12 章\地下层平面图”文件，并选择快速访问工具栏中的“文件”→“另存为”命令，将其另存为“地下室电视电话平面图”，并结合所学命令对平面图进行调整，如图 12-45 所示。

1. 绘制图例

1）绘制电话插座

（1）单击“默认”选项卡“绘图”面板中的“多段线”按钮，指定起点宽度为 0，端点宽度为 0，在图形空白区域绘制连续多段线，如图 12-46 所示。

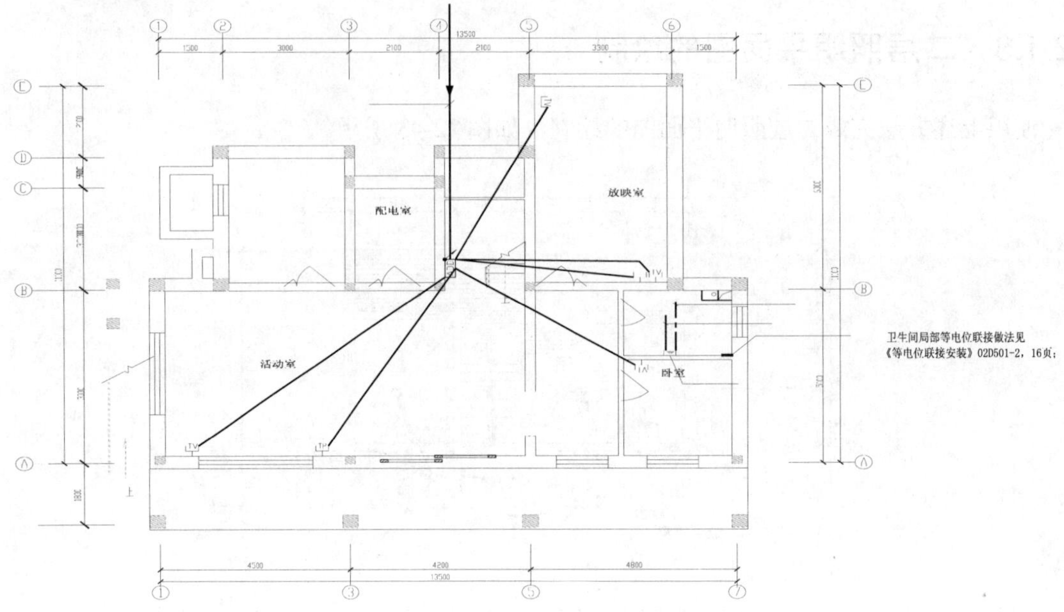

图 12-44　地下室电视电话平面图

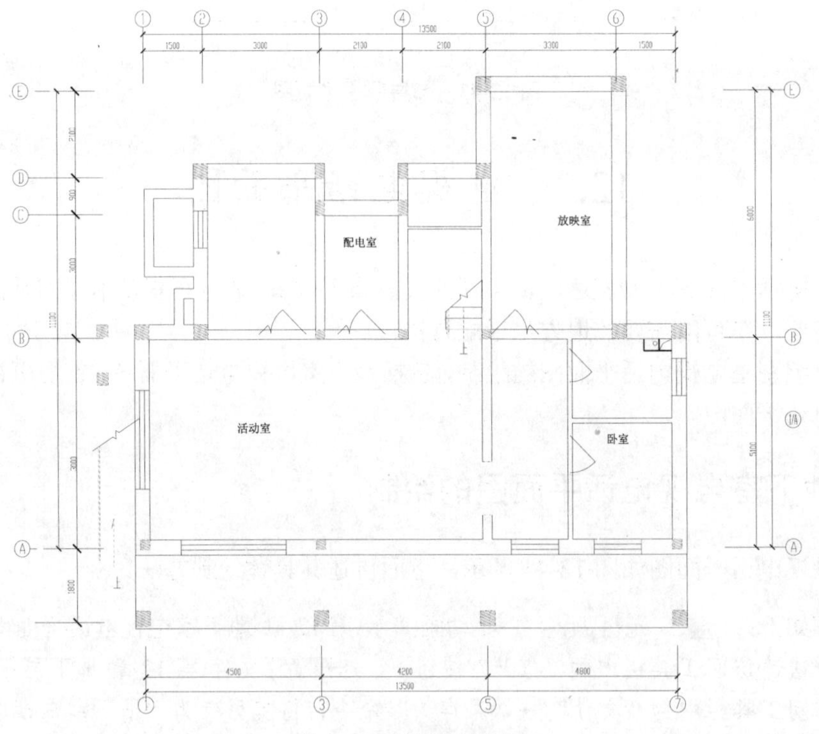

图 12-45　整理平面图

（2）单击“默认”选项卡“绘图”面板中的“直线”按钮，选择绘制的连续多段线底部的中点为起点，向下绘制一条竖直直线，如图 12-47 所示。

（3）单击“默认”选项卡“注释”面板中的“多行文字”按钮A，在绘制的连续线段上添加文字，如图 12-48 所示。

图 12-46 绘制连续多段线

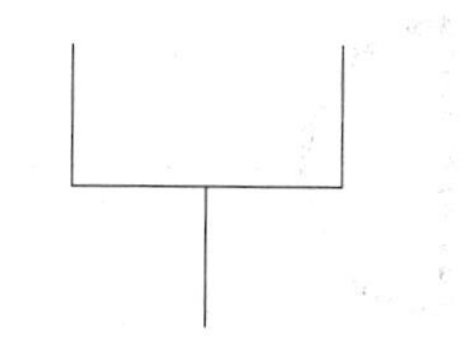

图 12-47 绘制竖直直线

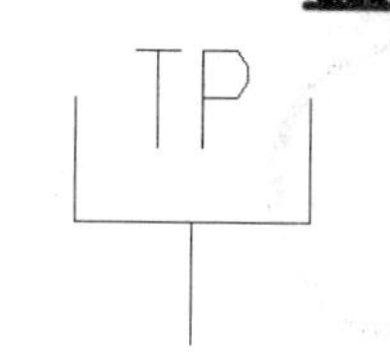

图 12-48 电话插座

Note

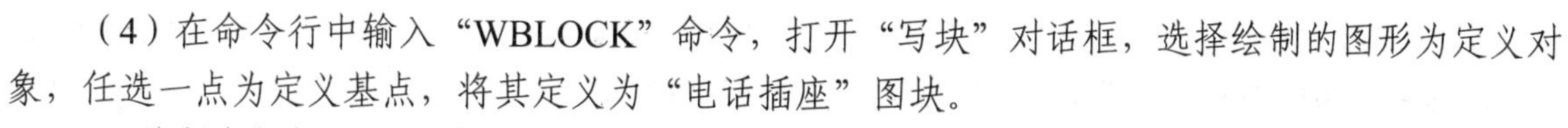

（4）在命令行中输入“WBLOCK”命令，打开“写块”对话框，选择绘制的图形为定义对象，任选一点为定义基点，将其定义为“电话插座”图块。

2）绘制电视插座和网络插座

电视插座和网络插座的绘制方法与电话插座的绘制方法基本相同，这里不再详细阐述，绘制完成后分别定义为块，如图 12-49 和图 12-50 所示。

3）绘制放大器

（1）单击“默认”选项卡“绘图”面板中的“矩形”按钮□，在图形空白区域绘制一个 355×474 的矩形，如图 12-51 所示。

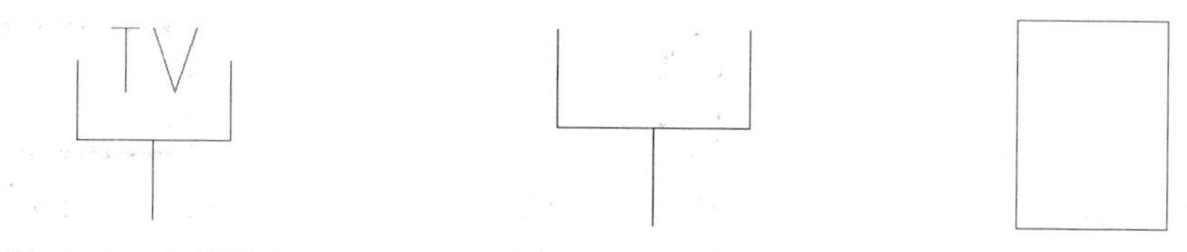

图 12-49 电视插座　　图 12-50 网络插座　　图 12-51 绘制矩形

（2）单击“默认”选项卡“绘图”面板中的“直线”按钮，在绘制的图形内绘制对角线，如图 12-52 所示。

（3）单击“默认”选项卡“修改”面板中的“修剪”按钮，选择绘制的矩形为修剪对象，对其进行修剪，如图 12-53 所示。

（4）单击“默认”选项卡“绘图”面板中的“直线”按钮，在图形上绘制两条水平直线，如图 12-54 所示。

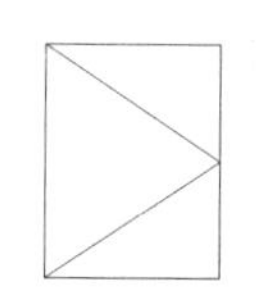

图 12-52 绘制对角线

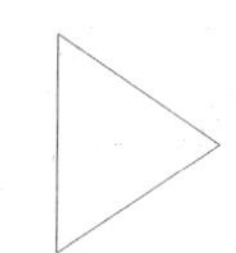

图 12-53 修剪图形

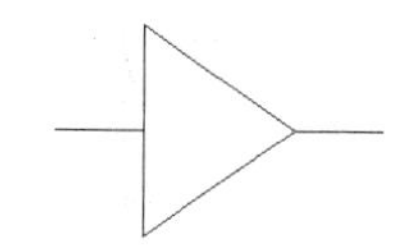

图 12-54 绘制水平直线

（5）在命令行中输入“WBLOCK”命令，打开“写块”对话框，选择绘制的图形为定义对象，任选一点为定义基点，将其定义为“放大器”图块。

4）绘制电视天线三分配器

（1）单击“默认”选项卡“绘图”面板中的“多段线”按钮，指定起点宽度为 10，端点宽度为 10，绘制连续多段线，如图 12-55 所示。

（2）单击“默认”选项卡“绘图”面板中的“直线”按钮，在绘制的图形上选一点为起点，绘制一条水平直线，如图 12-56 所示。

（3）单击“默认”选项卡“绘图”面板中的“直线”按钮，在绘制的图形左右两侧绘制两条斜向 15°的直线，如图 12-57 所示。

图 12-55　绘制连续多段线

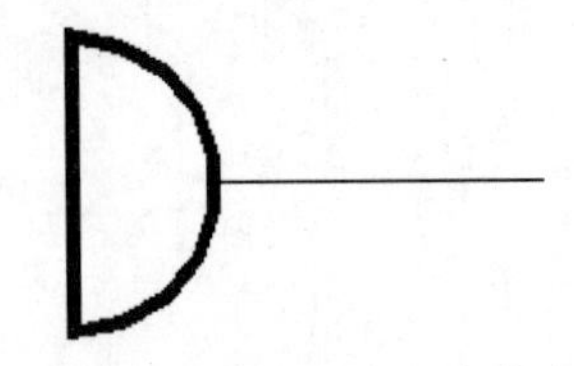

图 12-56　绘制水平直线

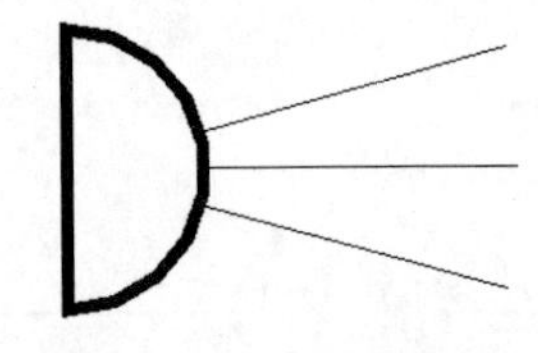

图 12-57　绘制斜向直线

（4）单击“默认”选项卡“绘图”面板中的“圆”按钮，在步骤（2）绘制的水平直线上选一点为圆的圆心绘制一个半径为 28 的圆，如图 12-58 所示。

（5）单击“默认”选项卡“修改”面板中的“复制”按钮，选择绘制的圆为复制对象，向上下进行复制，如图 12-59 所示。

（6）在命令行中输入“WBLOCK”命令，打开“写块”对话框，选择绘制的图形为定义对象，任选一点为定义基点，将其定义为“电视天线三分配器”图块。

5）绘制弱电接电箱

利用上述方法完成弱电接线箱的绘制，并定义为“弱电接电箱”图块，如图 12-60 所示。

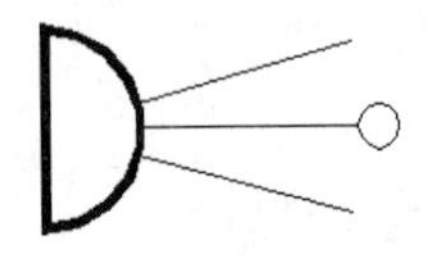

图 12-58　绘制圆

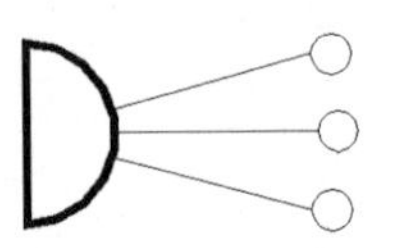

图 12-59　复制圆

图 12-60　完成弱电接线箱的绘制

2. 插入图例

（1）单击“默认”选项卡“块”面板中的“插入”按钮，弹出“插入”对话框，单击“浏览”按钮，弹出“选择图形文件”对话框，选择“源文件\图块\电话插座”图块，单击“打开”按钮，回到“插入”对话框，单击“确定”按钮，完成“电话插座”图块的插入，如图 12-61 所示。

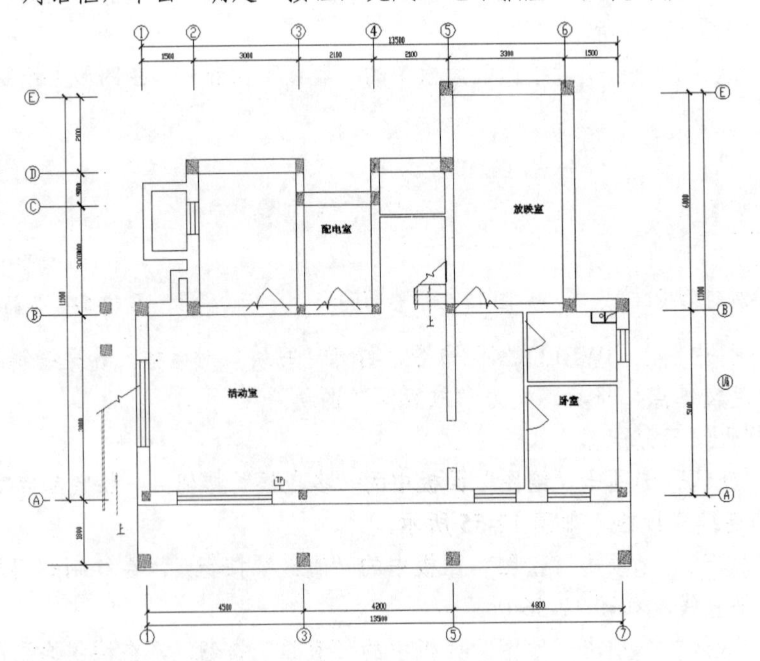

图 12-61　插入电话插座

（2）使用同样的方法，完成“电视插座”图块、“弱电接线箱”图块和“网络插座”图块的插入，如图 12-62～图 12-64 所示。

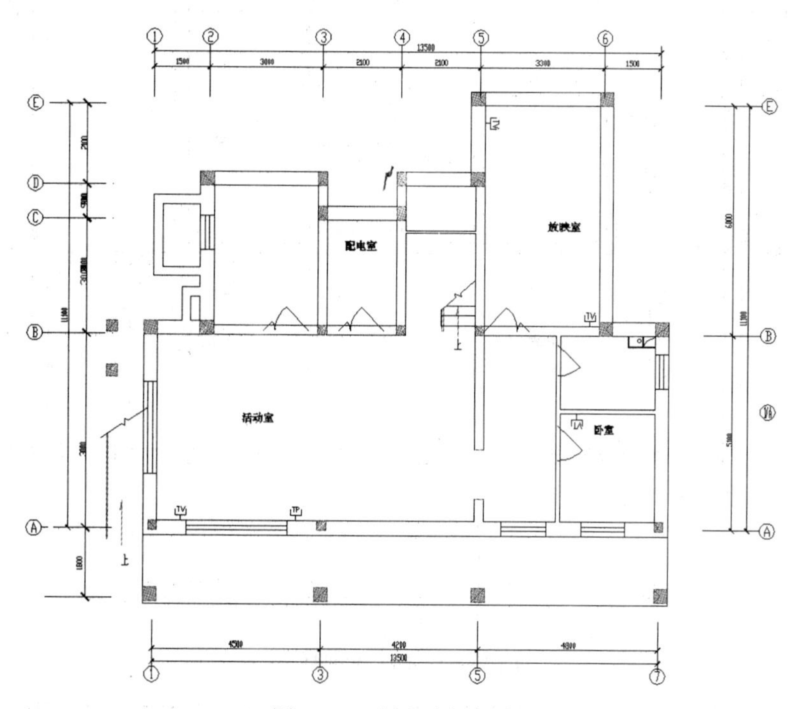

图 12-62　插入电视插座

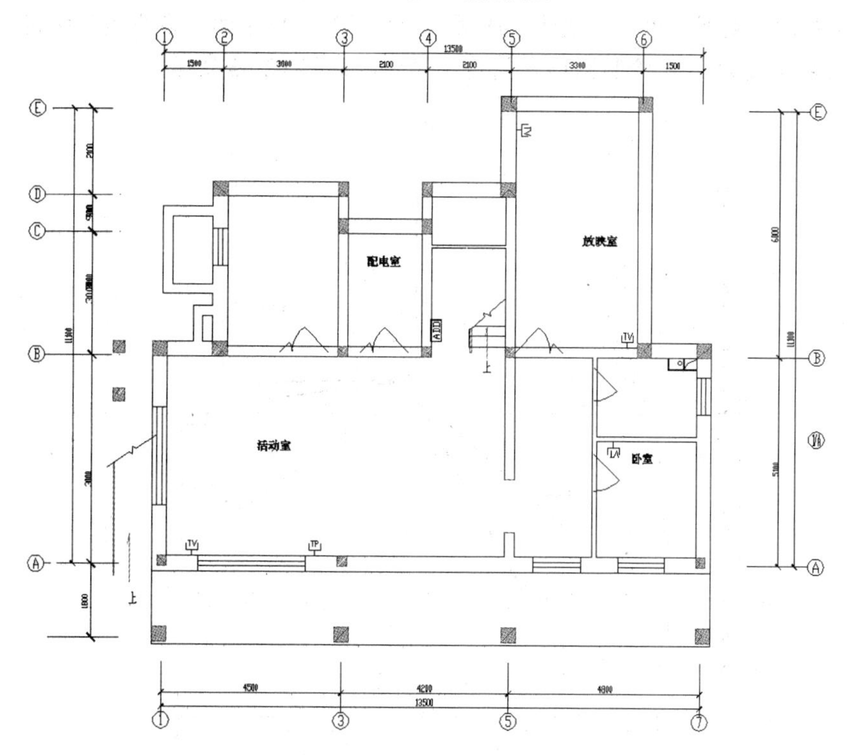

图 12-63　插入弱电接线箱

Note

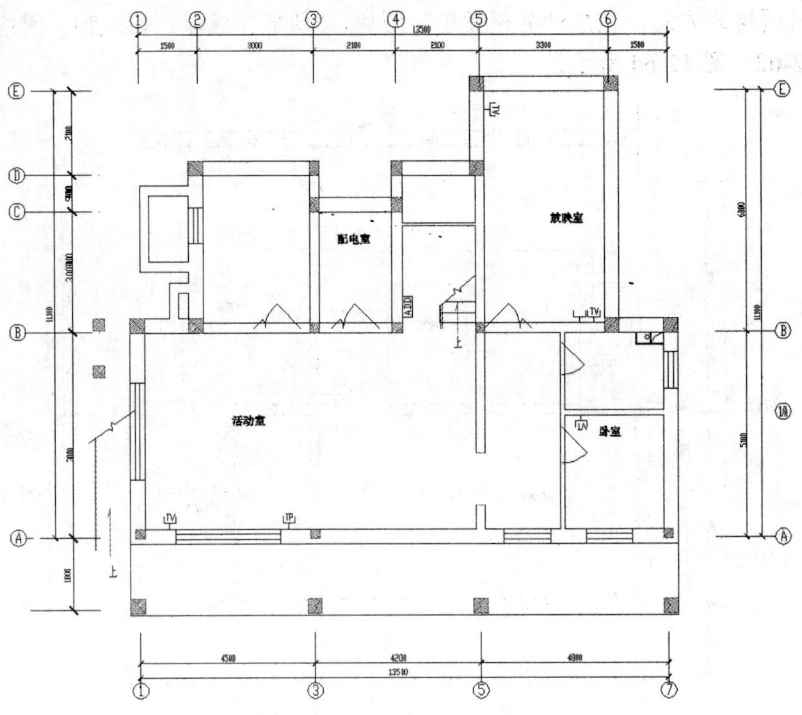

图 12-64　插入网络插座

（3）打开前面绘制的“地下室照明平面图”文件，选中部分图形，将其复制粘贴到本实例对应的位置处并进行整理。单击“默认”选项卡“绘图”面板中的“多段线”按钮，指定起点宽度为 35，端点宽度为 35，绘制图例之间的连接线，如图 12-65 所示。

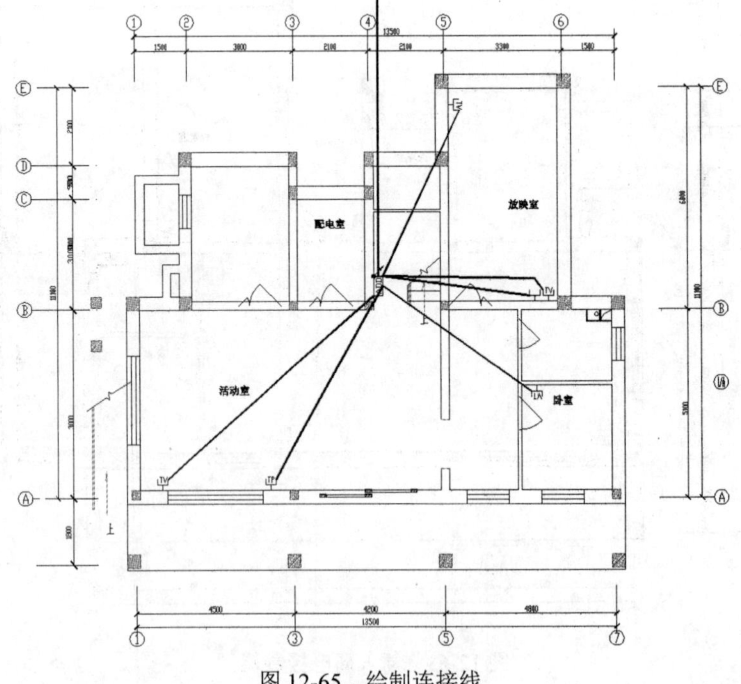

图 12-65　绘制连接线

（4）单击“默认”选项卡“绘图”面板中的“多段线”按钮，指定起点宽度为 180，端点宽度为 0，在绘制的线路连接线上绘制一个适当长度的箭头，如图 12-66 所示。

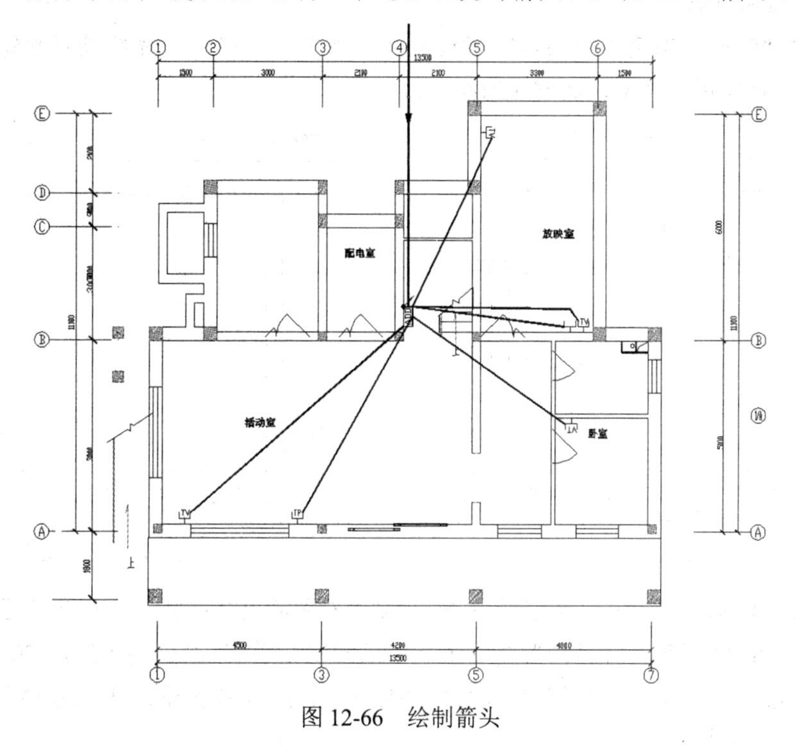

图 12-66　绘制箭头

（5）单击“默认”选项卡“绘图”面板中的“直线”按钮和“多段线”按钮，完成电视电话平面图剩余部分图形的绘制，如图 12-67 所示。

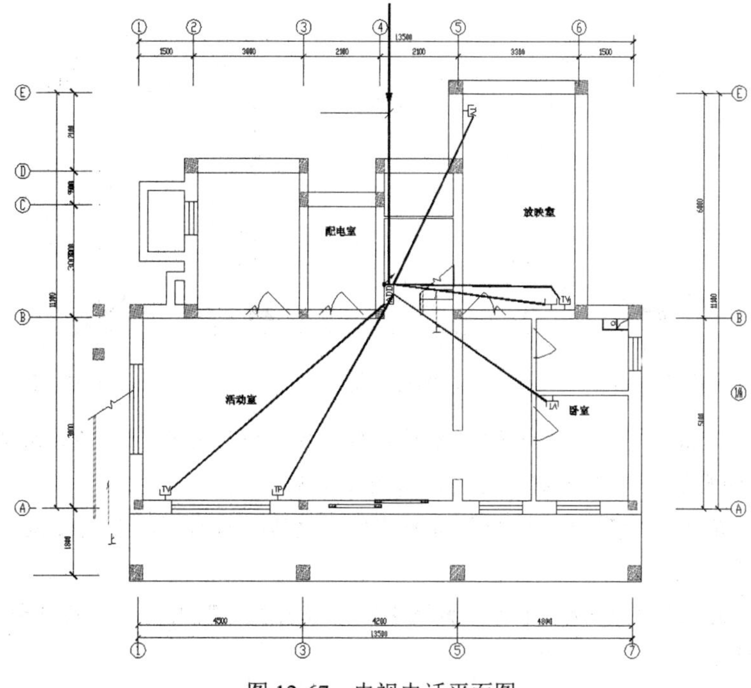

图 12-67　电视电话平面图

Note

（6）单击“默认”选项卡“绘图”面板中的“矩形”按钮，在图形适当位置绘制一个 270×80 的矩形，如图 12-68 所示。

（7）单击“默认”选项卡“修改”面板中的“修剪”按钮，选择绘制的矩形内的多余线段为修剪对象，对其进行修剪，如图 12-69 所示。

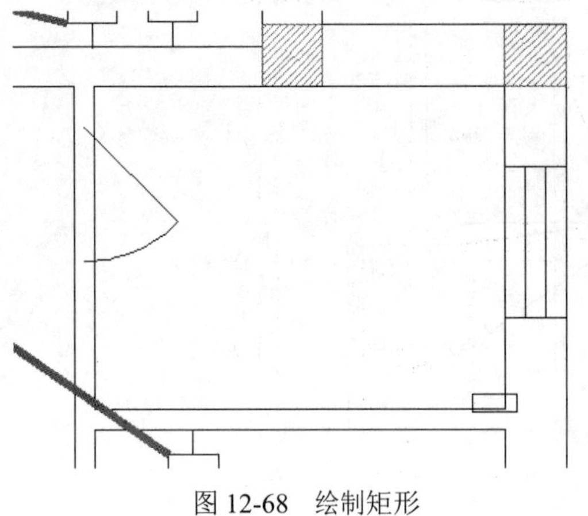

图 12-68　绘制矩形

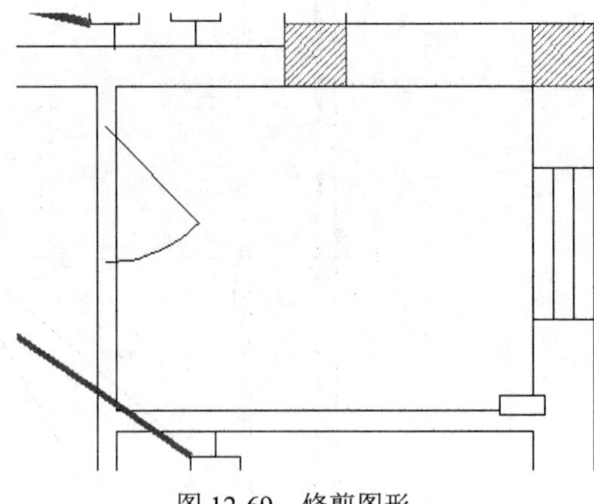

图 12-69　修剪图形

（8）单击“默认”选项卡“绘图”面板中的“图案填充”按钮，打开“图案填充创建”选项卡，选择 SOLID 图案，选择绘制的图形为填充区域，将其填充，如图 12-70 所示。

（9）单击“默认”选项卡“绘图”面板中的“矩形”按钮，在图形适当位置绘制一个 278×155 的矩形，如图 12-71 所示。

（10）单击“默认”选项卡“绘图”面板中的“直线”按钮，在绘制的矩形内绘制水平直线，如图 12-72 所示。

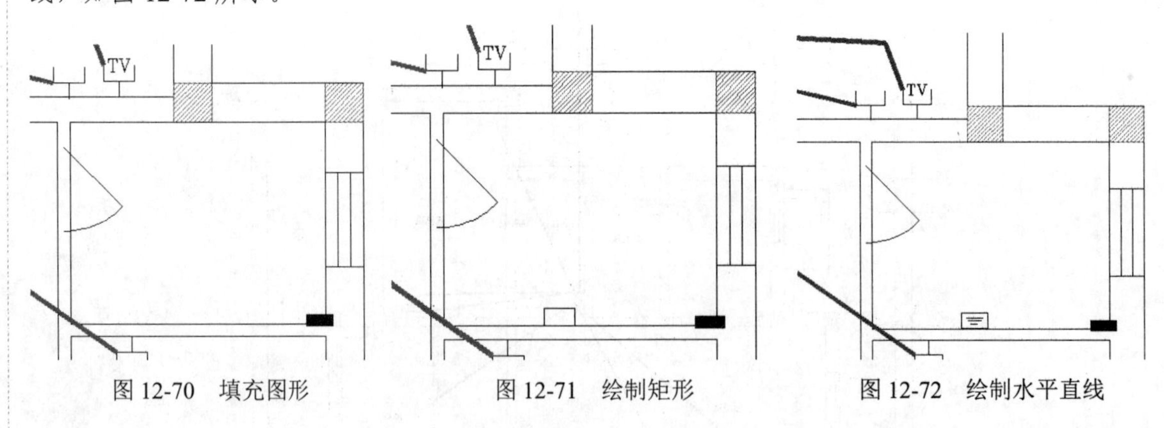

图 12-70　填充图形　　图 12-71　绘制矩形　　图 12-72　绘制水平直线

（11）单击“默认”选项卡“绘图”面板中的“多段线”按钮，指定起点宽度为 35，端点宽度为 35，在图形适当位置绘制多段线，如图 12-73 所示。

（12）单击“默认”选项卡“绘图”面板中的“直线”按钮，在图形适当位置绘制直线，如图 12-74 所示。

（13）单击“默认”选项卡“注释”面板中的“多行文字”按钮，在图形适当位置添加文字，如图 12-44 所示。

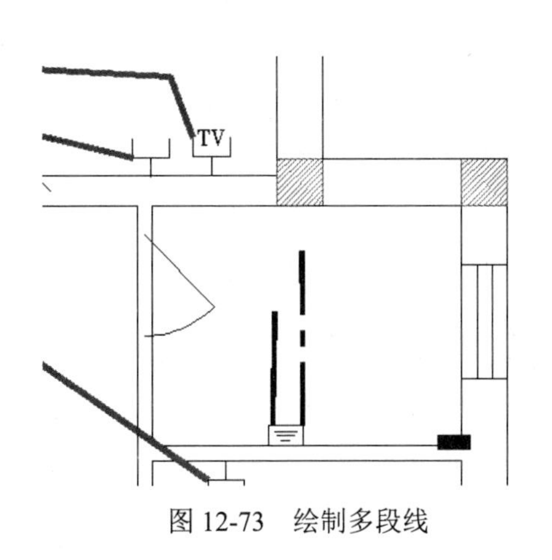

图 12-73 绘制多段线

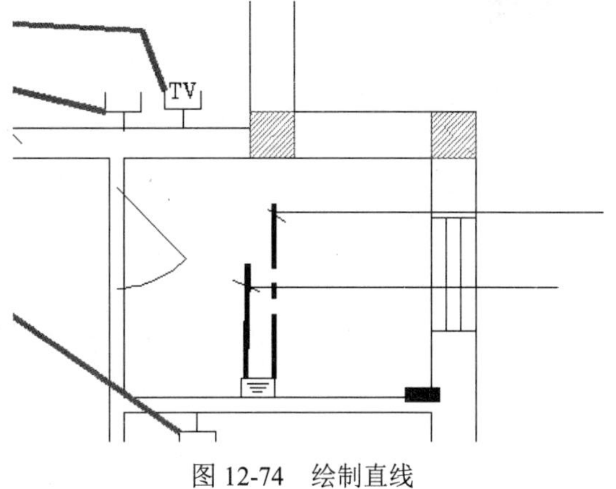

图 12-74 绘制直线

12.2.2 首层电视电话平面图的绘制

使用上述方法完成首层电视电话平面图的绘制，如图 12-75 所示。

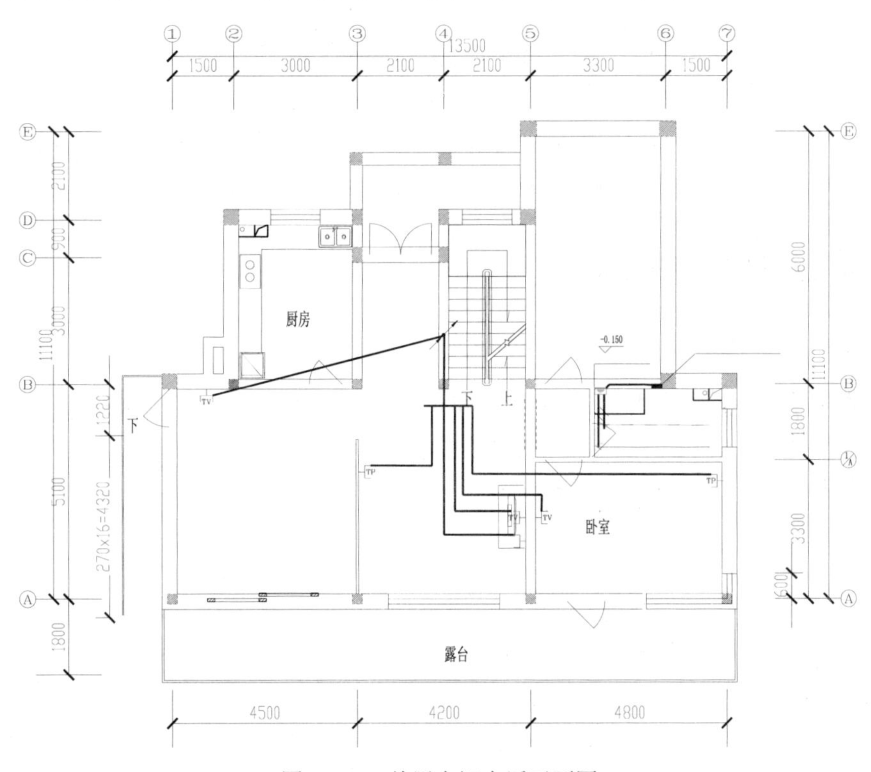

图 12-75 首层电视电话平面图

12.2.3 二层电视电话平面图的绘制

使用上述方法完成二层电视电话平面图的绘制，如图 12-76 所示。

Note

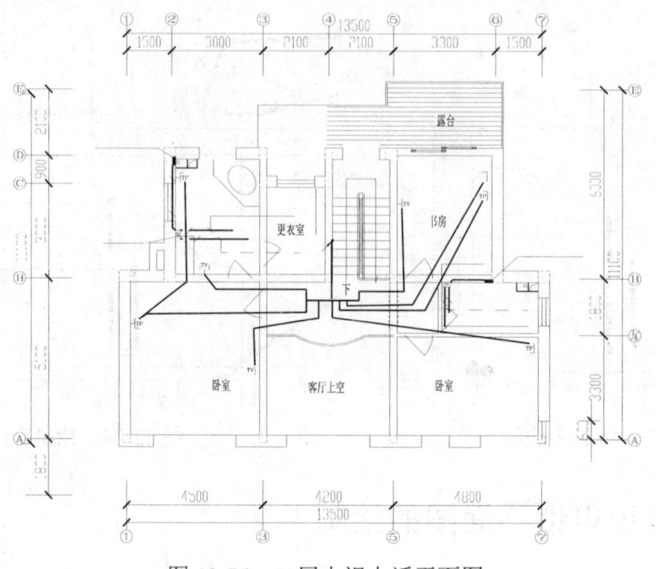

图 12-76　二层电视电话平面图

12.3　接地防雷平面图

接地防雷平面图属于建筑电气工程图中的一种，是建筑电气设计应该关注的重要部分。本节将介绍别墅接地防雷平面图的绘制，包括接地平面图和防雷平面图。

12.3.1　防雷平面图的绘制

防雷平面图如图 12-77 所示。下面讲述其具体绘制方法。

操作步骤如下：（：光盘\配套视频\动画演示\第 12 章\接地防雷平面图.avi）

（1）单击“默认”选项卡“绘图”面板中的“多段线”按钮，在图形适当位置绘制连续多段线，如图 12-78 所示。

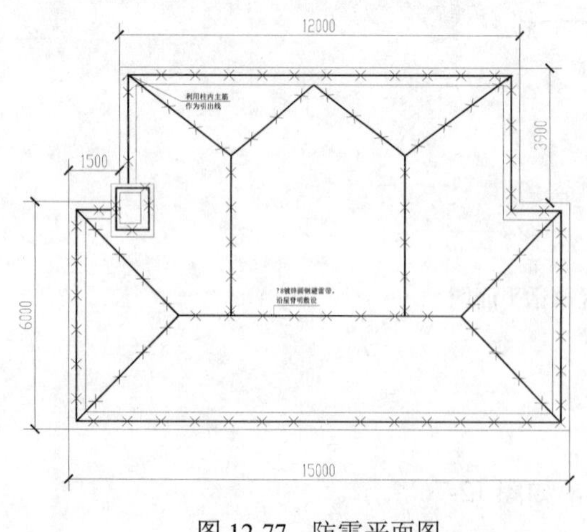

图 12-77　防雷平面图

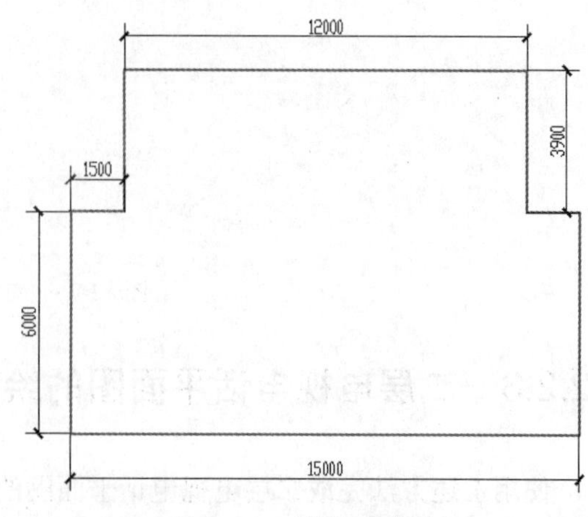

图 12-78　绘制多段线

（2）单击“默认”选项卡“修改”面板中的“偏移”按钮，选择绘制的多段线为偏移对象，向内偏移500，如图12-79所示。

（3）单击“默认”选项卡“绘图”面板中的“多段线”按钮，指定起点宽度为40，端点宽度为40，在偏移的两线段之间绘制连续多段线，如图12-80所示。

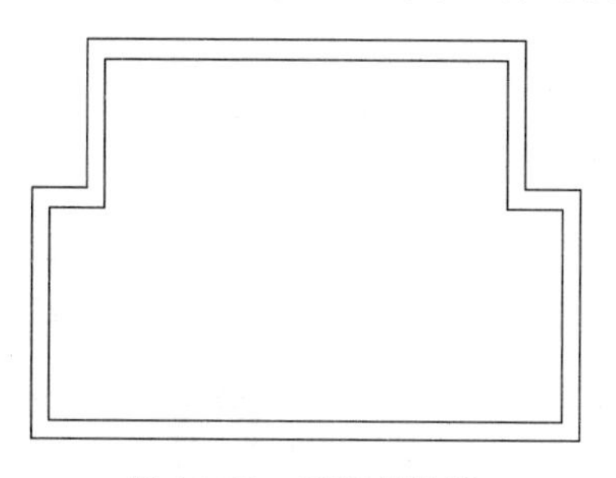

图12-79　偏移多段线

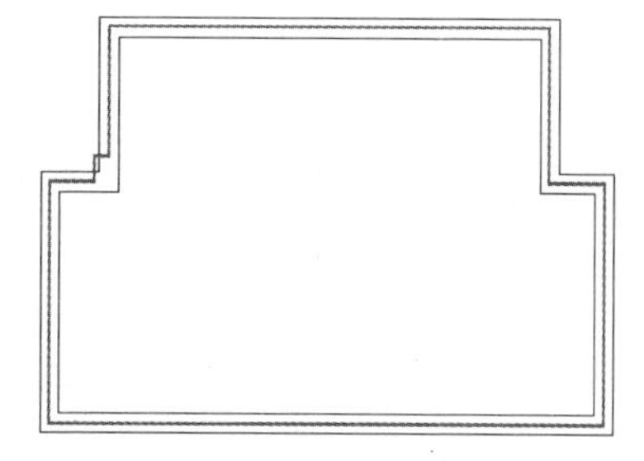

图12-80　绘制多段线

（4）单击“默认”选项卡“绘图”面板中的“矩形”按钮，在图形的适当位置绘制一个1270×1540的矩形，如图12-81所示。

（5）单击“默认”选项卡“修改”面板中的“修剪”按钮，选择绘制的矩形内的线段为修剪对象，对其进行修剪处理，如图12-82所示。

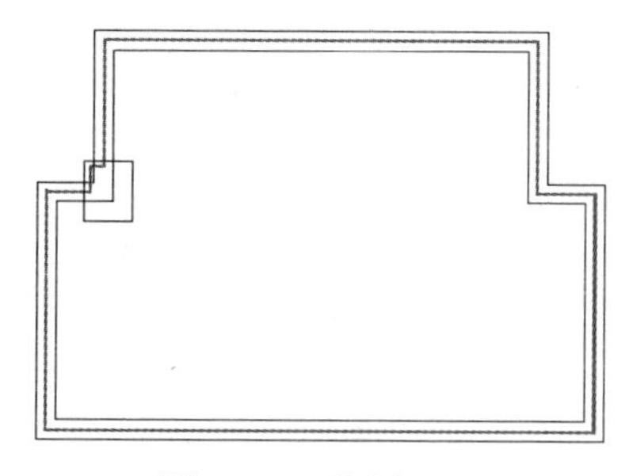

图12-81　绘制矩形

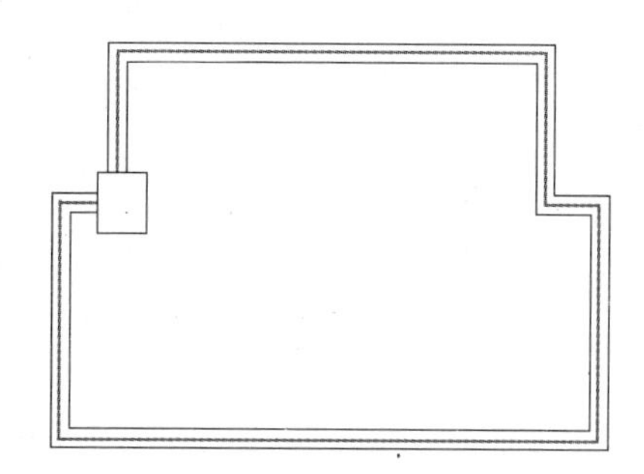

图12-82　修剪线段

（6）单击“默认”选项卡“绘图”面板中的“矩形”按钮，在绘制的矩形内绘制一个适当大小的矩形，如图12-83所示。

（7）单击“默认”选项卡“绘图”面板中的“多段线”按钮，指定起点宽度为40，端点宽度为40，在图形内绘制连续多段线，如图12-84所示。

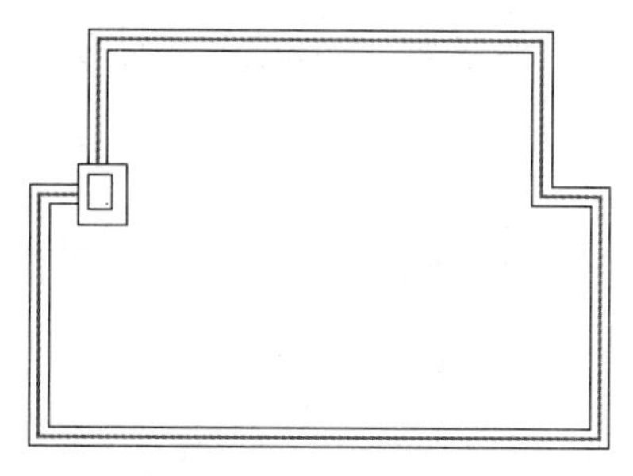

图12-83　绘制矩形

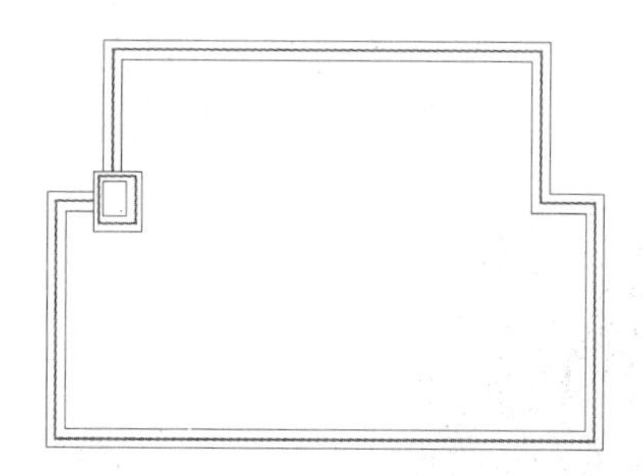

图12-84　绘制多段线

（8）单击“默认”选项卡“绘图”面板中的“多段线”按钮，指定起点宽度为40，端点

宽度为 40，在图形适当位置绘制连续多段线，如图 12-85 所示。

（9）单击"默认"选项卡"绘图"面板中的"直线"按钮，在图形适当位置绘制交叉线，如图 12-86 所示。

Note

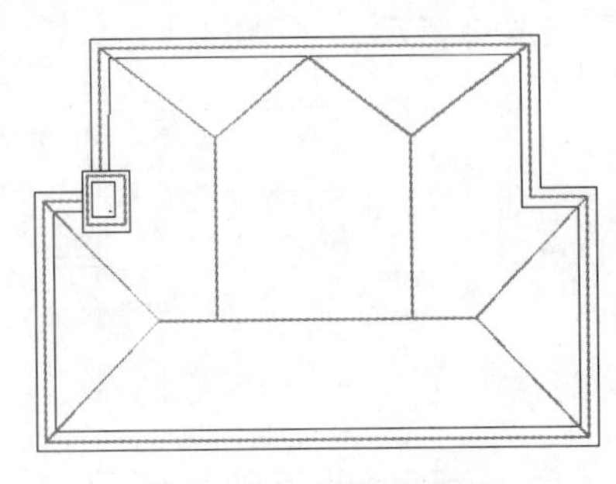

图 12-85 绘制多段线

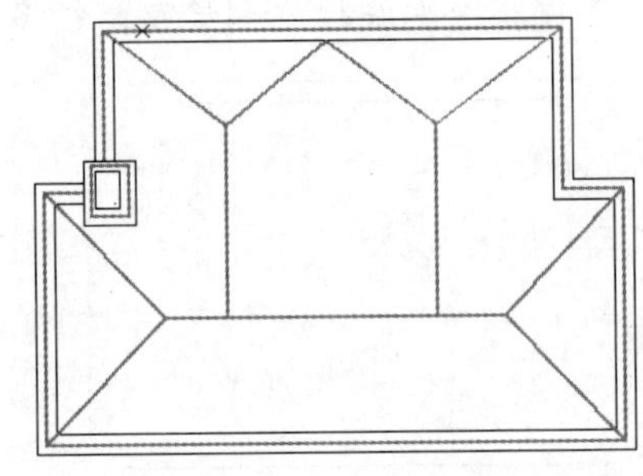

图 12-86 绘制交叉线

（10）单击"默认"选项卡"修改"面板中的"复制"按钮，选择绘制的交叉线为复制对象，对其进行连续复制，如图 12-87 所示。

（11）单击"默认"选项卡"绘图"面板中的"圆"按钮，在图形空白区域绘制一个半径为 21 的圆，如图 12-88 所示。

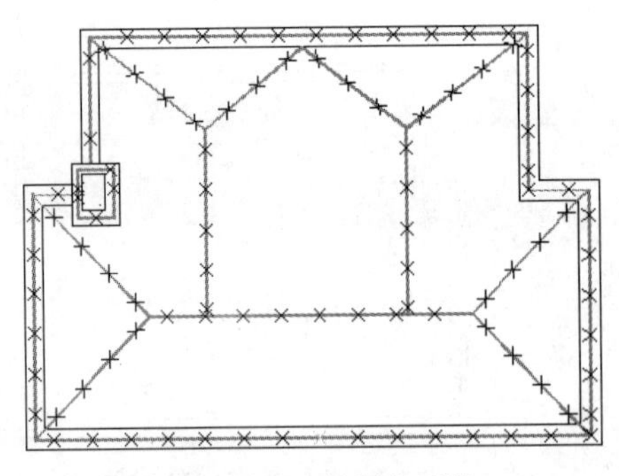

图 12-87 复制交叉线

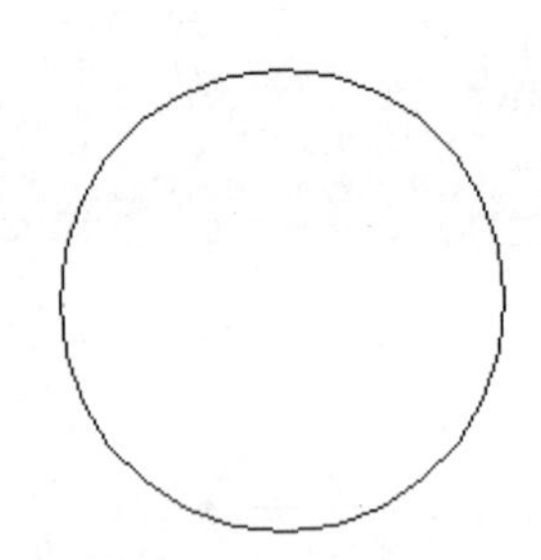

图 12-88 绘制圆

（12）单击"默认"选项卡"绘图"面板中的"图案填充"按钮，选择绘制的圆为填充区域，将其填充为黑色，如图 12-89 所示。

（13）单击"默认"选项卡"绘图"面板中的"多段线"按钮，以填充圆的圆心为多段线起点，绘制连续多段线，如图 12-90 所示。

（14）单击"默认"选项卡"修改"面板中的"移动"按钮，选择绘制的图形为移动对象，将其放置到适当位置，如图 12-91 所示。

图 12-89 填充图形

图 12-90 绘制多段线

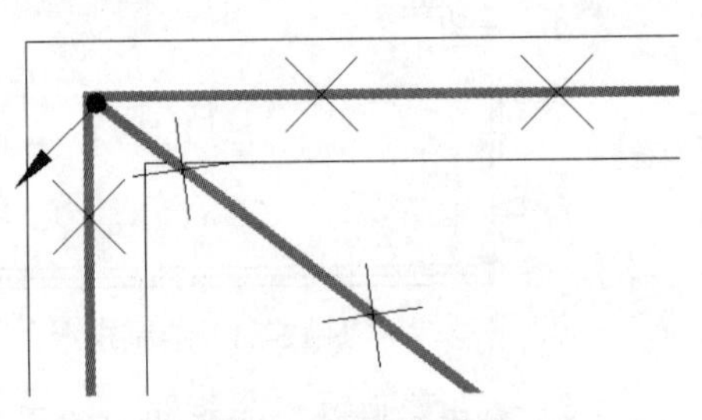

图 12-91 移动对象

（15）单击“默认”选项卡“修改”面板中的“复制”按钮，选择绘制的图形为复制对象，对其进行复制，如图 12-92 所示。

（16）单击“默认”选项卡“绘图”面板中的“直线”按钮，在图形适当位置绘制连续直线，如图 12-93 所示。

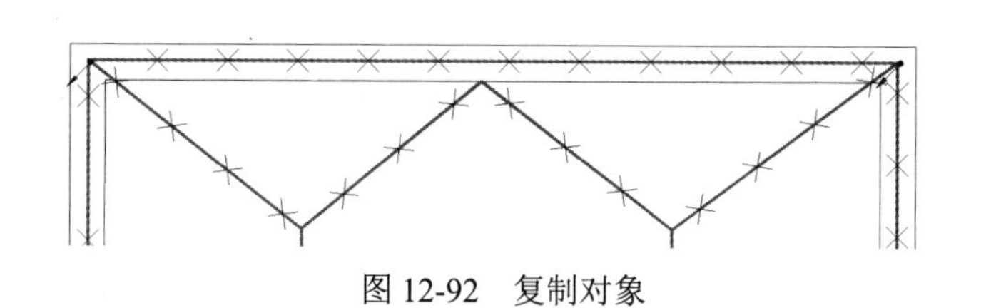

图 12-92　复制对象

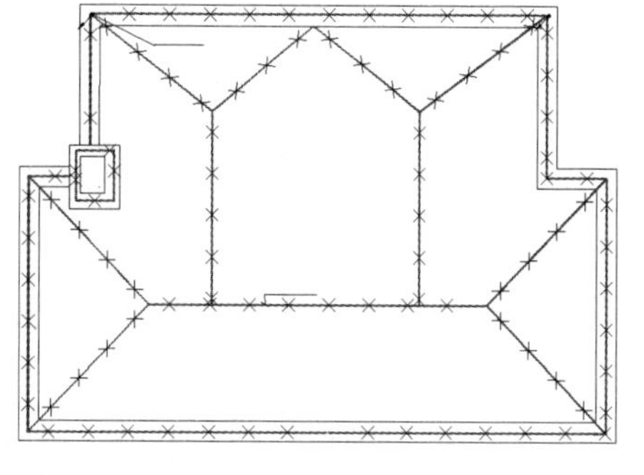

图 12-93　绘制直线

（17）单击“默认”选项卡“注释”面板中的“线性”按钮，为图形添加尺寸标注，如图 12-94 所示。

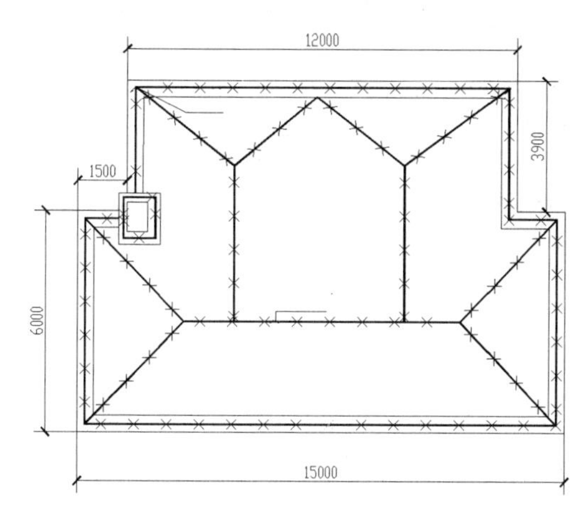

图 12-94　添加标注

（18）单击“默认”选项卡“注释”面板中的“多行文字”按钮，标注文字，结果如图 12-77 所示。

12.3.2　接地平面图的绘制

接地平面图如图 12-95 所示。下面讲述其具体绘制方法。

操作步骤如下：（：光盘\配套视频\动画演示\第 12 章\接地平面图的绘制.avi）

（1）单击快速访问工具栏中的“打开”按钮，打开“源文件\第 12 章\地下层平面图”文件，将其另存为“接地平面图”。结合所学知识对其进行修改，如图 12-96 所示。

（2）单击“默认”选项卡“绘图”面板中的“矩形”按钮和“图案填充”按钮，在图形内绘制图形并填充，如图 12-97 所示。

Note

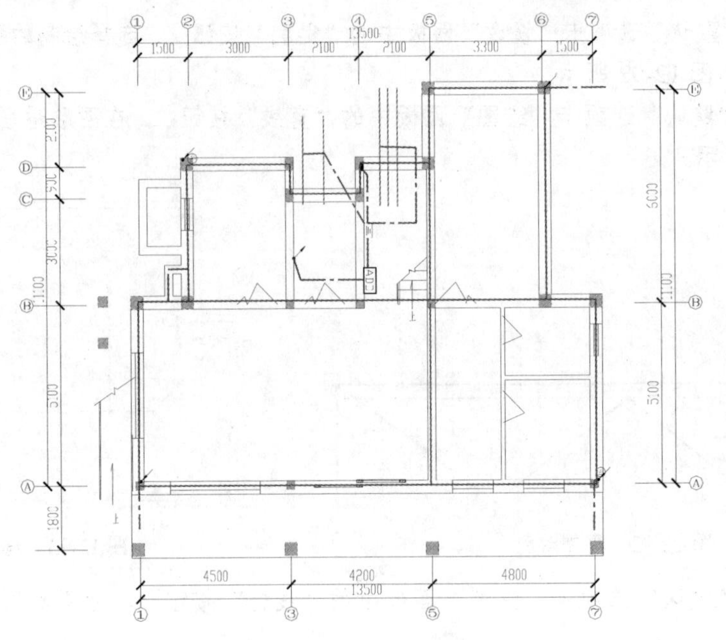

图 12-95　接地平面图

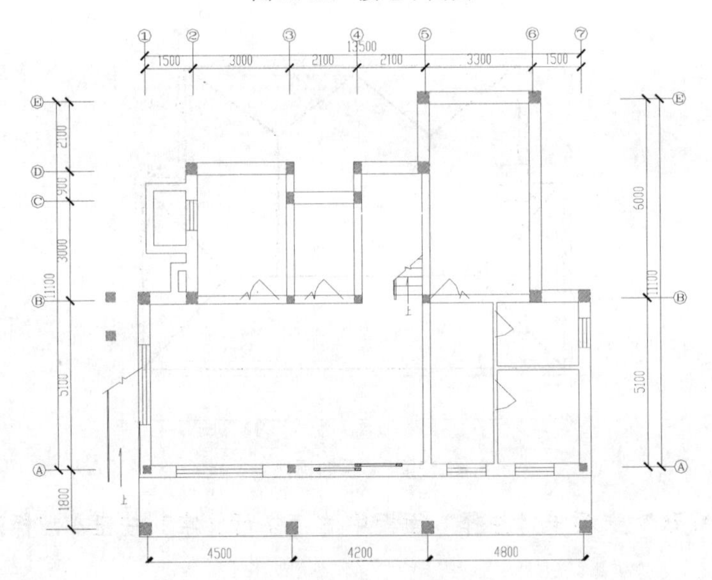

图 12-96　调整平面图

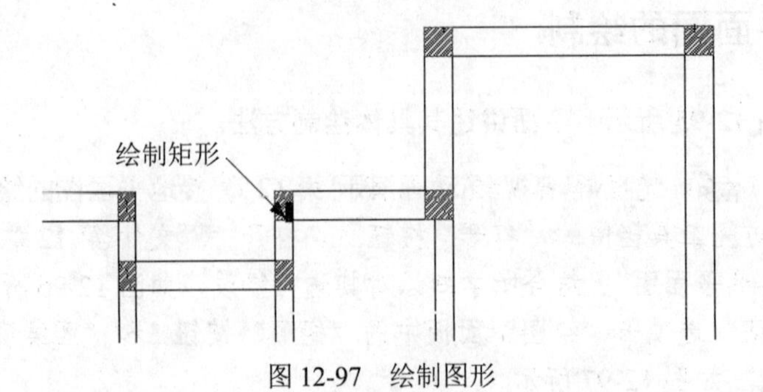

图 12-97　绘制图形

（3）单击“默认”选项卡“绘图”面板中的“圆”按钮，在图形的适当位置绘制一个圆，如图12-98所示。

（4）单击“默认”选项卡“绘图”面板中的“直线”按钮，在绘制的圆内绘制几条水平直线，完成变电符号的绘制，如图12-99所示。

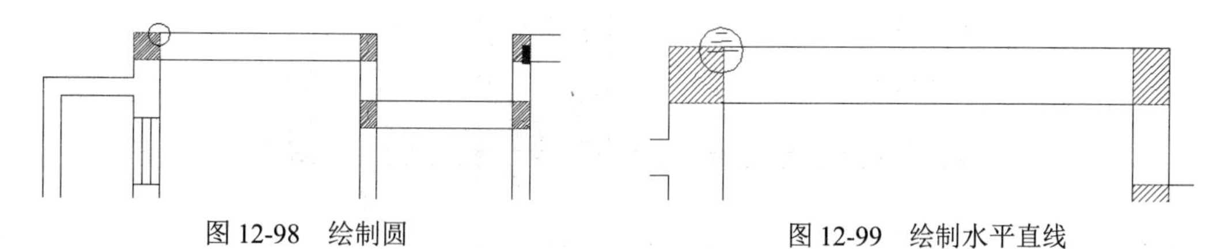

图12-98 绘制圆　　　图12-99 绘制水平直线

（5）单击“默认”选项卡“绘图”面板中的“直线”按钮，在图形的适当位置绘制一个适当大小的矩形，如图12-100所示。

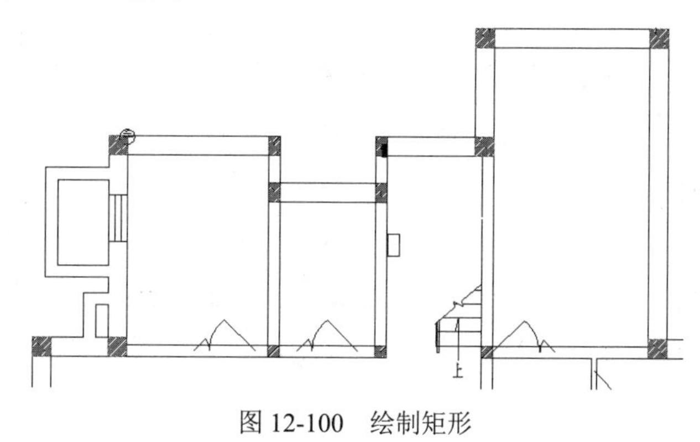

图12-100 绘制矩形

（6）单击“默认”选项卡“绘图”面板中的“直线”按钮，在绘制的矩形内绘制多条竖直直线，如图12-101所示。

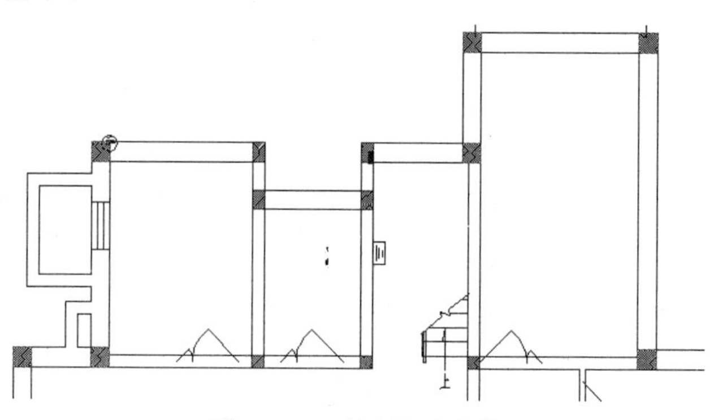

图12-101 绘制竖直直线

（7）单击“默认”选项卡“绘图”面板中的“多段线”按钮，指定起点宽度为22，端点宽度为22，在图形的适当位置绘制一个连续多段线，如图12-102所示。

（8）单击“默认”选项卡“注释”面板中的“多行文字”按钮A，在绘制的多段线内添加多行文字，如图12-103所示。

（9）使用上述方法完成剩余图形的绘制，如图12-104所示。

Note

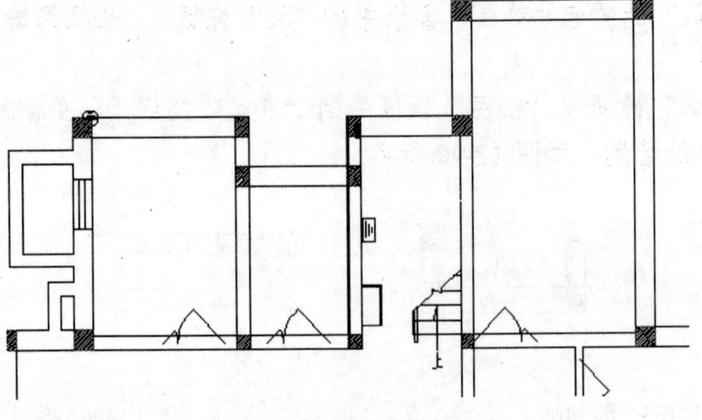

图 12-102　绘制多段线

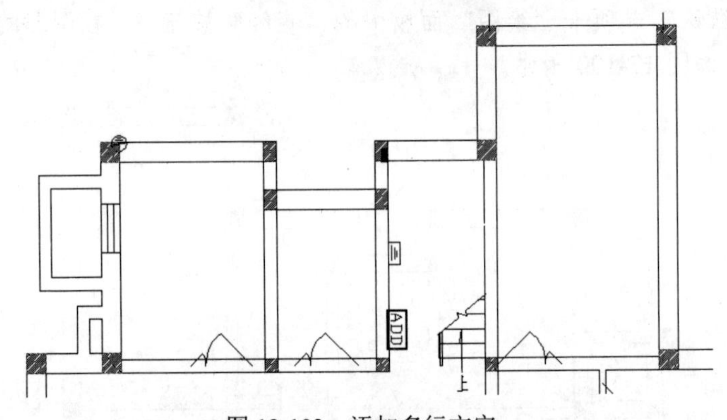

图 12-103　添加多行文字

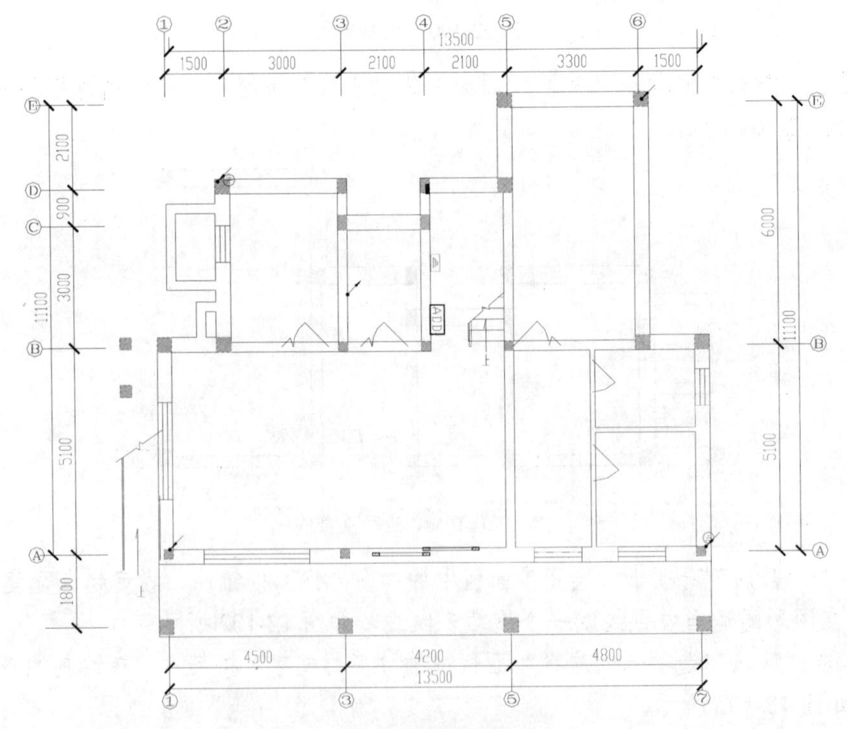

图 12-104　绘制剩余图形

（10）单击“默认”选项卡“绘图”面板中的“多段线”按钮，指定起点宽度为 40，端点宽度为 40，在图形的适当位置绘制连续多段线，如图 12-105 所示。

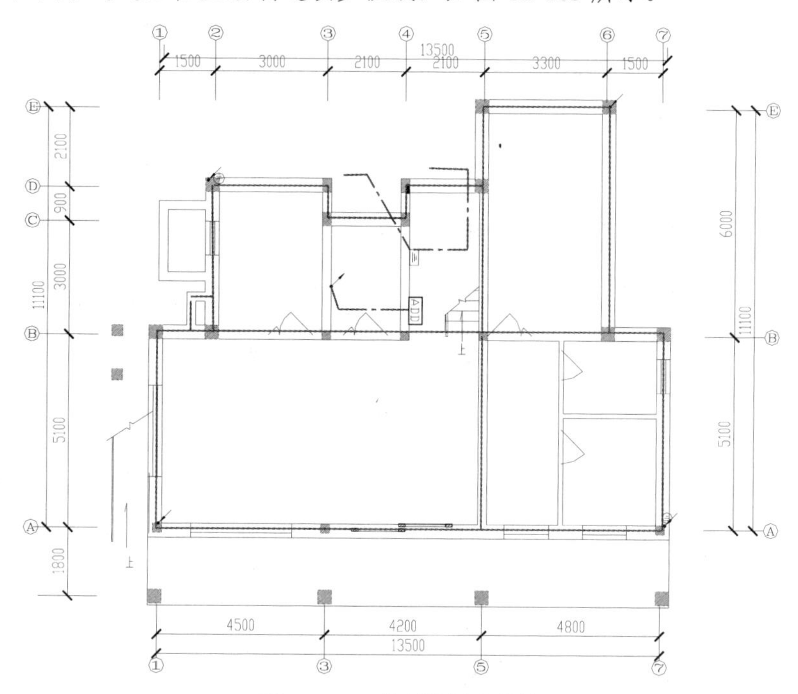

图 12-105 绘制连续多段线

（11）单击“默认”选项卡“绘图”面板中的“多段线”按钮，指定起点宽度为 20，端点宽度为 20，在图形适当位置绘制一条竖直直线，如图 12-106 所示。

（12）单击“默认”选项卡“修改”面板中的“复制”按钮，选择绘制的竖直多段线为复制对象，向右进行复制，如图 12-107 所示。

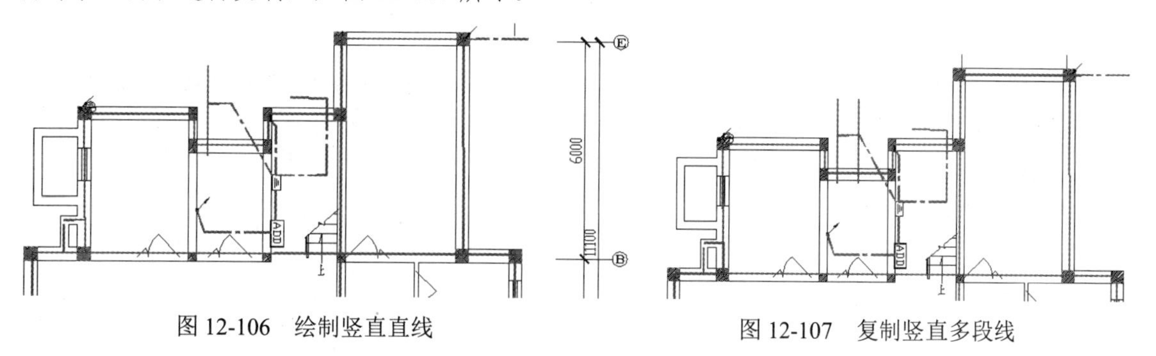

图 12-106 绘制竖直直线　　图 12-107 复制竖直多段线

（13）使用上述方法完成剩余相同图形的绘制，如图 12-95 所示。

12.4 实战演练

通过前面的学习，读者对本章知识也有了大体的了解，本节通过几个操作练习使读者进一步掌握本章知识要点。

Note

【实战演练 1】绘制别墅照明平面图（如图 12-108 所示）。

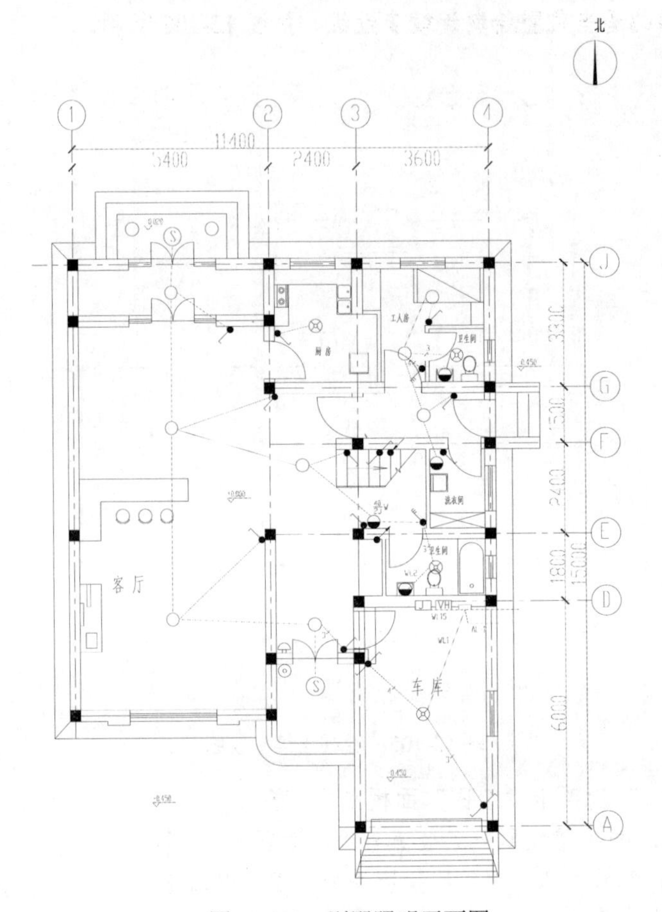

图 12-108　别墅照明平面图

1．目的要求

本实例主要要求读者通过练习进一步熟悉和掌握照明平面图的绘制方法。通过本实例，可以帮助读者学会完成别墅照明平面图绘制的全过程。

2．操作提示

（1）绘制电气元件。

（2）布置电气元件。

（3）绘制线路。

（4）标注尺寸和文字。

【实战演练 2】绘制屋顶防雷接地平面图（如图 12-109 所示）。

1．目的要求

本实例主要要求读者通过练习进一步熟悉和掌握防雷接地平面图的绘制方法。通过本实例，可以帮助读者学会完成屋顶防雷接地平面图绘制的全过程。

2．操作提示

（1）绘图前的准备。

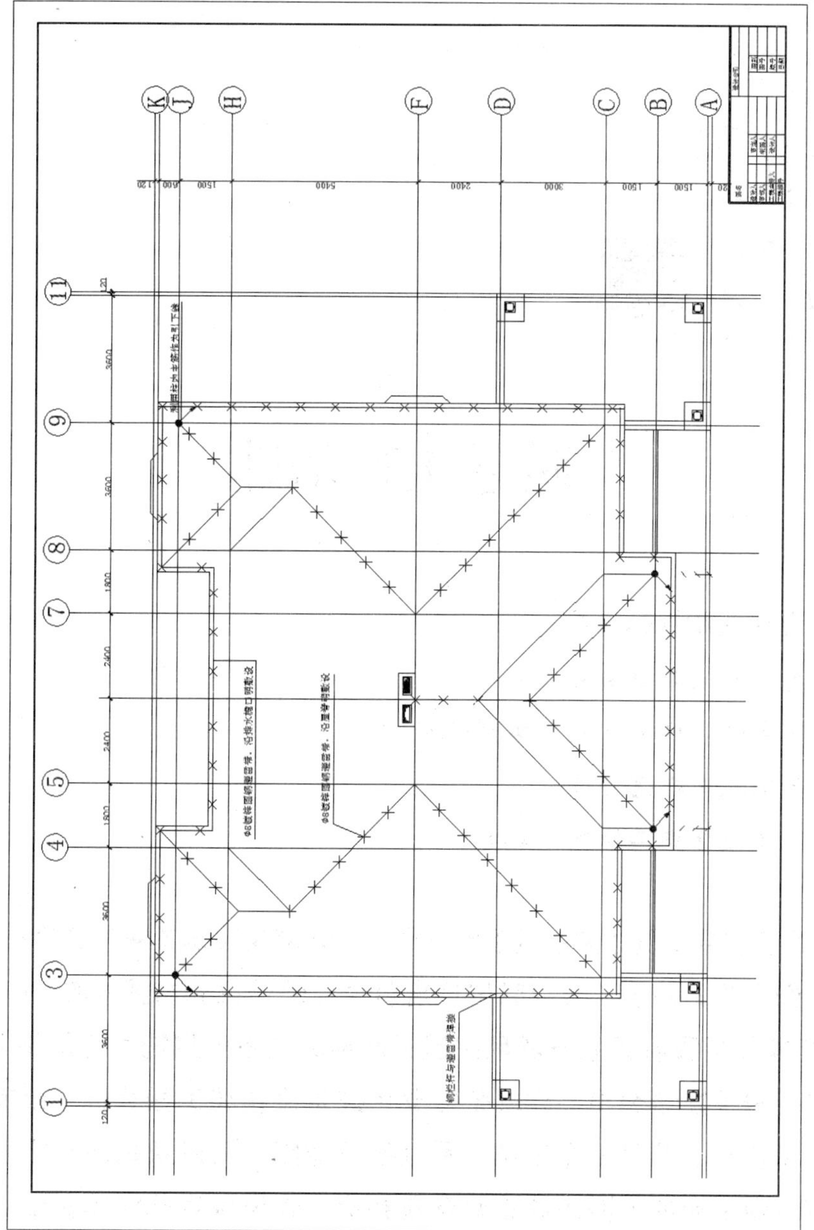

图 12-109　屋顶防雷接地平面图

（2）绘制轴线、轴号和墙体。

（3）绘制室外布置设置。

（4）绘制避雷设备。

（5）绘制引线。

（6）标注尺寸和文字。

第13章

暖通工程基础

本章学习要点和目标任务：

- ☑ 暖通空调施工图相关规定
- ☑ 暖通空调工程设计文件编制深度
- ☑ 职业法规及规范标准
- ☑ 建筑暖通空调工程制图规定

建筑暖通空调专业属于建筑设备专业之一，指建筑采暖工程及建筑通风空调工程。关于暖通空调专业的制图，目前我国已出台了《暖通空调制图标准》（GB/T 50114—2010），该标准使得采暖工程与通风空调工程两者制图做到统一规范要求，该设备专业制图统属于房屋建筑制图。同其他专业的建筑设备施工图类似，该专业施工图的基本组成主要包括设备平面布置图、系统图及详图，所涉及的表达内容较多。本章将首先介绍暖通空调施工图的基本概念及知识，作为该专业的工程设计制图人员应首先从专业的角度熟悉暖通空调制图的基本专业知识，为该专业CAD制图的学习作准备，学习时应注意体会该专业制图的表达特点及与其他专业制图的不同之处。

13.1 概 述

采暖工程是指在冬季寒冷地区创造适宜人们生产生活的温度环境，保证各生产设备正常运行，保证产品质量以符合室温要求的工程设施。采暖工程由三部分组成：热源（锅炉房、热电站、太阳能等）、输热系统（将热源输送到各用户的管线系统）和散热部分（各类规格的散热器）。采暖工程因热媒的不同可分为热水采暖、蒸汽采暖、地热采暖及太阳能采暖。采暖工程是热力源确定（采用热力公司热源还是自上热源）、管线设计施工、住户暖气片设计及安装的总称。

通风空调工程是把室内污浊或有害、受污染的气体排出室外，再将新鲜洁净或经循环处理的空气送入室内，使空气质量符合卫生标准及生产工艺标准的要求。通风空调工程根据其原理可分为自然通风与机械通风，机械通风又分为局部通风和全面通风。使室内空气的温度、湿度、清洁度均保持在一定范围内的全面通风则称为空气调节。空气调节是按人们的要求，把室内或某个场所的空气调节到所需的状态。调节的内容包括温度、湿度、气流，以及除尘和污染空气的排除等。

采暖通风工程施工图是建筑工程施工图的一部分，分为采暖工程图与通风工程图，主要包括平面图、系统图、原理图、剖面图、详图等。

13.1.1 施工图的组成

采暖和通风工程是一种建筑设备工程，它是为了保证人的健康和生活、工作场所的舒适，或者是为了满足生产上的需要而建设的。采暖和通风工程图是表达采暖和通风工程设施的结构形状、大小、材料及某些技术上的要求等的图纸，以供施工人员按图施工。

空调通风施工图包括以下内容。

1．设计依据

一般通风与空调工程设计是根据甲方提供的委托设计任务书及建筑专业提供的图样，并依照通风专业现行的国家颁发的有关规范、标准进行设计的。

2．设计范围

说明本工程设计的内容，包括集中冷冻站、热交换站设计；餐厅、展览厅、大会堂、多功能厅及办公室、会议室集中空调设计；地下汽车库及机电设备机房的通风设计；卫生间、垃圾间、厨房等的通风设计；防烟楼梯间、消防电梯等房间的防排烟设计等。

3．设计资料

根据建筑物所在的地区，说明设计计算时需要的室外计算参数、建筑物室内的计算参数，以及建设单位的要求和建筑的相关功能等。

如在北京地区夏季室外计算参数有：空调计算干球温度为 33.2℃；空调计算湿球温度为 26.4℃；空调计算日均温度为 29.2℃；通风计算干球温度为 28.6℃；平均风速为 1.9m/s，风向为 N；大气压力为 89.69kPa。

在北京地区冬季室外计算参数有：空调计算干球温度为-12.0℃；空调计算相对湿度为 413%；通风计算干球温度为-13.0℃；采暖计算干球温度为-9.0℃；平均风速为 2.8m/s，风向为 NNW；

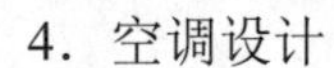

大气压力为102.9kPa。

同时还要说明建筑物内的空调房间室内设计参数，如室内要求的温度、相对湿度、新风量、换气次数、室内噪声标准等。

4．空调设计

说明空调系统的冷源和热源，本工程所选用的冷水机组和热交换站的位置。说明空调水系统设计；空调风系统设计；列出空调系统编号、风量、风压、服务对象、安装地点等详表。

5．通风设计

说明建筑物内设置的机械排风（兼排烟）系统、机械补风系统，列出通风系统编号、风量、风压、服务对象、安装地点等详表。

6．自控设计

说明本工程空调系统的自动调节，控制室温、温度的情况。

7．消声减振及环保

说明风管消声器或消声弯头设置，说明水泵、冷冻机组、空调机、风机作减振或隔振处理的情况。

8．防排烟设计

说明本工程加压送风系统和排烟系统的设置，列出防排烟系统的编号、风量、风压、服务对象、安装地点等详表。

采暖工程施工图所包含内容与空调通风过程类似，不再赘述。

13.1.2 施工设计说明

施工设计说明中应详细描述本工程对材料、设备型号、相关的施工方法与要求、相关条文的解释等，有如下几点。

（1）通风与空调工程风管材料。通风及空调系统一般采用钢板、玻璃钢或复合材料等。

（2）说明通风空调系统风管一般采用的保温材料及厚度，保温做法。

（3）风管施工质量要求。说明风管施工的质量要求。

（4）风管穿越机房、楼板、防火墙、沉降缝、变形缝等处的做法。

（5）空调水管管材、连接方式，冲洗、防腐、保温要求。

① 说明冷冻水管道、热水管道、蒸汽管道、蒸汽凝结水管道的管材、管道的连接方式。

② 空调水管道安装完毕后，应进行分段试压和整体试压。说明空调水系统的工作压力和试验压力值。

③ 说明水管道冲洗、防腐、保温要求及做法、质量要求等。

（6）空调机组、新风机组、热交换器、风机盘管等设备安装要求。需说明在通风空调工程施工中，要与土建专业密切配合，做好预埋件及楼板孔洞的预留工作。

（7）其他未说明部分可按《通风与空调工程施工质量验收规范》（GB50243—2002)、《机械设备安装工程施工及验收通用规范》（GB50231—2009）、《建筑设备施工安装通用图集》（91SB）等标准规范中的相关内容，以及国家标准或行业标准进行施工。

说明图中所注的平面尺寸通常以mm计，标高尺寸以m计。风管标高一般指管底标高，水管标高一般指管中心标高。

在标注管道标高时，为了便于管道安装，地下层管道的标高可标为相对于本层地面的标高（即为绝对标高）。

Note

13.1.3　设备材料明细表

应采用表单的形式将通风与空调系统中所涉及的零件与设备统一归类描述，便于施工单位识读图纸及安排设备采购。

13.1.4　平面图

（1）采暖平面图是表示采暖管线及其设备平面布置情况的图纸，应注明相关的定位尺寸、设备规格等。其表达内容如下。

① 采暖管线的干管、立管、支管的平面位置、走向、管线编号、安装方式等。

② 散热器的平面位置、规格、数量及安装方式等。

③ 采暖干管上的阀门、支架、补偿器等的平面位置。

④ 采暖系统设备，包括膨胀水箱、集气罐、疏水器的平面位置、规格及各设备的连接管线的平面布置。

⑤ 热媒入口及入口地沟情况，热媒来源、流向及室外热网的连接。

⑥ 与土建施工配合的相关要求。

（2）通风与空调施工平面图是表示通风与空调系统管道和设备在建筑物内的平面布置情况，并注明有相应的尺寸，如管线的定位、管线的规格等。其表达内容如下。

① 通风管道系统在房屋内的平面布置，以及各种配件，如异径管、弯管、三通管等在风管上的位置。

② 工艺设备如空调器、风机等的位置。

③ 进风口、送风口等的位置以及空气流动方向。

④ 设备和管道的定位尺寸。

注意：

平面图的图示方法和画法，可参见相关工程制图书籍（重点学习设备专业制图的绘图比例、房屋平面的表示、剖切位置及平面图的数量、风管画法、设备及附件画法、分段绘制、尺寸标注等）。

13.1.5　剖面图

剖面图是表示采暖、通风与空调系统管道和设备在建筑物高度上的布置情况，并注明有相应的尺寸，其表达内容与平面图相同。

剖面图中应标注建筑物地面和楼面的标高、通风空调设备和管道的位置尺寸和标高、风管的截面尺寸及出风口的大小。

13.1.6 系统图

Note

系统图是把整个采暖、通风与空调系统的管道、设备及附件采用单线图或双线图，用轴测投影方法形象地绘制出风管、部件及附属设备之间的相对位置空间关系的图，是用轴测投影法绘制的能反映系统全貌的立体图。其表达内容如下。

（1）整个风管系统，包括总管、干管、支管的空间布置和走向。

（2）各设备、部件等的位置和相互关系。

（3）各管段的断面尺寸和主要位置的标高。

13.1.7 详图

详图是表示通风与空调系统设备安装施工的局部具体构造和安装情况，并注明有相应的尺寸，主要包括加工制作和安装的节点图、大样图、标准图等。

13.2 暖通空调施工图相关规定

建筑暖通空调工程的CAD制图应遵循我国颁布的相关制图标准，其主要涉及《房屋建筑制图统一标准》（GB/T50001—2010）、《暖通空调制图标准》（GB/T50114—2010）等多项制图标准，其对制图中应用的图线、比例、管道代号、系统编号、管道标注、图例等均作了详细规定。

通风与空调施工图制图时表达方法与规定如下。

1．通风与空调平面图（剖面图）

通风与空调平面图是表示通风与空调系统管道和设备在建筑物内平面布置情况的图示，并注明有相应的尺寸。

在平面图中，建筑物轮廓线用粗实线绘制，通风空调系统的管道用粗实线绘制。

平面图中，通风空调系统的设置要用编号标出，如空调系统K-1、新风系统X-1、排风系统P-1等。

在平面图中的工艺和通风空调设备，如风机、送风口、回风口、风机盘管等均应分别标注或编号，要列入设备及主要的材料表，说明型号、规格、单位和数量。

另外，平面图中还应绘出以下内容。

（1）设备的轮廓线，应注明设备的尺寸。

（2）图中的通风空调系统的管道，应注明风管的截面尺寸、定位尺寸，通风空调系统的弯头、三通或四通、变径管等。

（3）绘出通风空调管道上的消声弯头、调节阀门、风管导流叶片、送风口、回风口等，并列出设备及主要材料表，说明型号、规格、单位、数量。

（4）风口旁标注箭头方向，表明风口的空气流动方向。

（5）在平面图中若通风管道比较复杂，在需要的部位应画出剖切线，利用剖切符号表明剖

切位置及剖切方向，把复杂的剖位在剖面图上表达清楚。

2．系统图（轴测图）

通风与空调系统管路纵横交错，在平面图和剖面图上难以表达管线的空间位置，而系统图则恰恰可以表达通风与空调系统中管道和设备在空间的立体走向，并附有相应的尺寸。

系统图能够将整个通风与空调系统的管道、设备及附件采用单线图或双线图，用轴测投影的方法形象地绘制出风管、部件及附属设备之间的相对位置的空间关系。

在系统图中，要标出通风与空调系统的设置编号，如空调系统 K-1、新风系统 X-1、排风系统 P-1、排烟系统 PY-2 等。

另外，在系统图中还应绘出以下几个方面的内容。

（1）绘出系统主要设备的轮廓，注明编号或标出设备的型号、规格等。

（2）绘出通风空调管道及附件，标注通风管断面尺寸和标高，绘出风口及空气流动方向。

阅读施工图时，应将各主要图样，如平面图、剖面图和系统图对照查看，一般是按照通风系统中空气的流向，从进口到出口依次进行，这样可弄清通风系统的全貌。再通过查阅有关的设备安装详图和管件制作详图，就能掌握整个通风工程的全部情况。

采暖施工图的表达方法和规定与通风与空调施工图类似，不再赘述。

13.3　暖通空调工程设计文件编制深度

暖通空调工程设计包括方案设计、初步设计、施工图设计，本节将分别介绍其文件的编制深度。

13.3.1　方案设计

采暖通风与空气调节设计说明如下。

（1）采暖通风与空气调节的设计方案要点。

（2）采暖、空气调节的室内设计参数及设计标准。

（3）冷、热负荷的估算数据。

（4）采暖热源的选择及其参数。

（5）空气调节的冷源、热源选择及其参数。

（6）采暖、空气调节的系统形式，简述控制方式。

（7）通风系统简述。

（8）防烟、排烟系统简述。

（9）方案设计新技术采用情况、节能环保措施和需要说明的其他问题。

13.3.2　初步设计

采暖通风与空气调节初步设计应有设计说明书，除小型、简单工程外，初步设计还应包括设计图纸、设备表及计算书。

1．设计说明

1）设计依据

（1）与本专业有关的批准文件和建设方要求。

（2）本工程采用的主要法规和标准。

（3）其他专业提供的本工程设计资料等。

2）设计范围

根据设计任务书和有关设计资料，说明本专业设计的内容和分工。

3）设计计算参数

（1）室外空气计算参数。

（2）室内空气设计参数。

注意：

温度、相对湿度采用基准值，如有设计精度要求，按±℃、%表示幅度。

4）采暖

（1）采暖热负荷。

（2）叙述热源状况、热媒参数、室外管线及系统补水与定压。

（3）采暖系统形式及管道敷设方式。

（4）采暖分户热计量及控制。

（5）采暖设备、散热器类型、管道材料及保温材料的选择。

5）空调

（1）空调冷、热负荷。

（2）空调系统冷源及冷媒选择，冷水、冷却水参数。

（3）空调系统热源供给方式及参数。

（4）空调风、水系统简述，必要的气流组织说明。

（5）监测与控制简述。

（6）空调系统的防火技术措施。

（7）管道的材料及保温材料的选择。

（8）主要设备的选择。

6）通风

（1）需要通风的房间或部位。

（2）通风系统的形式和换气次数。

（3）通风系统设备的选择和风量平衡。

（4）通风系统的防火技术措施。

7）防烟、排烟

（1）防烟及排烟简述。

（2）防烟楼梯间及其前室、消防电梯前室或合用前室以及封闭式避难层（间）的防烟设施和设备选择。

（3）中庭、内走道、地下室等，需要排烟房间的排烟设施和设备选择。

（4）防烟、排烟系统风量叙述，需要说明的控制程序。

8）需提请在设计审批时解决或确定的主要问题

2．设备表

列出主要设备的名称、型号、规格、数量等。

Note

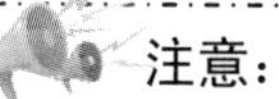

注意：

型号、规格栏应注明主要技术数据。

3．设计图纸

采暖通风与空气调节初步设计图纸一般包括图例、系统流程图、主要平面图。除较复杂的空调机房外，各种管道可绘单线图。

（1）系统流程图：应表示热力系统、制冷系统、空调水路系统、必要的空调风路系统、防排烟系统、排风、补风等系统的流程和上述系统的控制方式。

注意：

必要的空调风路系统是指有较严格的净化和温湿度要求的系统。当空调风路系统、防排烟系统、排风、补风等系统跨越楼层不多，且在平面图中可较完整地表示时，可只绘制平面图，不绘制系统流程图。

（2）采暖平面图：绘出散热器位置、采暖干管的入口、走向及系统编号。

（3）通风、空调和冷热源机房平面图：绘出设备位置、管道走向、风口位置、设备编号及连接设备机房的主要管道等，大型复杂工程还应注出大风管的主要标高和管径，管道交叉复杂处需绘局部剖面。

4．计算书（供内部使用）

对于采暖通风与空调工程的热负荷、冷负荷、风量、空调冷热水量、冷却水量、管径、主要风道尺寸及主要设备的选择，应进行初步计算。

13.3.3　施工图设计

对于采暖通风与空气调节工程，在施工图设计阶段，其专业设计文件应包括图纸目录、设计与施工说明、设备表、设计图纸、计算书。现分别说明如下。

1．图纸目录

先列新绘图纸，后列选用的标准图或重复利用图。

2．设计和施工说明

（1）设计说明：应介绍设计概况和暖通空调室内外设计参数；热源、冷源情况；热媒、冷媒参数；采暖热负荷、耗热量指标及系统总阻力；空调冷热负荷、冷热量指标，系统形式和控制方法，必要时，需说明系统的使用操作要点，例如空调系统季节转换、防排烟系统的风路转换等。

（2）施工说明：应说明设计中使用的材料和附件，系统工作压力和试压要求，施工安装要求及注意事项。采暖系统还应说明散热器型号。

（3）图例。

（4）当本专业的设计内容分别由两个或两个以上的单位承担设计时，应明确交接配合的设计分工范围。

Note

3．设备表

施工图阶段，型号、规格栏应注明详细的技术数据。

4．平面图

（1）绘出建筑轮廓、主要轴线号、轴线尺寸、室内外地面标高、房间名称。底层平面绘出指北针。

（2）采暖平面绘出散热器位置，注明片数或长度，采暖干管及立管位置、编号；管道的阀门、放气、泄水、固定支架、伸缩器、入口装置、减压装置、疏水器、管沟及检查入孔位置。注明干管管径及标高。

（3）二层以上的多层建筑，其建筑平面相同的，采暖平面二层至顶层可合用一张图纸，散热器数量应分层标注。

（4）通风、空调平面图用双线绘出风管，单线绘出空调冷热水、凝结水等管道。标注风管尺寸、标高及风口尺寸（圆形风管注管径，矩形风管注宽×高），水管管径及标高；各种设备及风口安装的定位尺寸和编号；消声器、调节阀、防火阀等各种部件位置及风管、风口的气流方向。

（5）当建筑装修未确定时，风管和水管可先画出单线走向示意图，注明房间送、回风量或风机盘管数量、规格。建筑装修确定后，应按规定要求绘制平面图。

5．通风、空调剖面图

（1）风管或管道与设备连接交叉复杂的部位，应绘制剖面图或局部剖面图。

（2）绘出风管、水管、风口、设备等与建筑梁、板、柱及地面的尺寸关系。

（3）注明风管、风口、水管等的尺寸和标高，气流方向及详图索引编号。

6．通风、空调、制冷机房平面图

（1）机房图应根据需要增大比例，绘出通风、空调、制冷设备（如冷水机组、新风机组、空调器、冷热水泵、冷却水泵、通风机、消声器、水箱等）的轮廓位置及编号，注明设备和基础距离墙或轴线的尺寸。

（2）绘出连接设备的风管、水管位置及走向，注明尺寸、管径、标高。

（3）标注机房内所有设备、管道附件（各种仪表、阀门、柔性短管、过滤器等）的位置。

7．通风、空调、制冷机房剖面图

（1）当其他图纸不能表达复杂管道的相对关系及竖向位置时，应绘制剖面图。

（2）剖面图应绘出对应于机房平面图的设备、设备基础、管道和附件的竖向位置、竖向尺寸和标高，标注连接设备的管道位置尺寸，注明设备和附件编号以及详图索引编号。

8．系统图、立管图

（1）分户热计量的户内采暖系统或小型采暖系统，当平面图不能表示清楚时应绘制透视图，比例宜与平面图一致，按 413° 或 30° 轴测投影绘制；多层、高层建筑的集中采暖系统，应绘制采暖立管图，并编号。上述图纸应注明管径、坡向、标高、散热器型号和数量。

（2）热力、制冷、空调冷热水系统及复杂的风系统应绘制系统流程图。系统流程图应绘出设备、阀门、控制仪表、配件，标注介质流向、管径及设备编号。流程图可不按比例绘制，但管

路分支应与平面图相符。

（3）空调的供热、供热分支水路采用竖向输送时，应绘制立管图并编号，注明管径、坡向、标高及空调器的型号。

（4）空调、制冷系统有监测与控制时，应有控制原理图，图中以图例绘出设备、传感器及控制元件位置，说明控制要求和必要的控制参数。

Note

9．详图

（1）采暖、通风、空调、制冷系统的各种设备及零部件施工安装，应注明采用的标准图、通用图的图名与图号。凡无现成图纸可选，且需要交代设计意图的，均需绘制详图。

（2）简单的详图，可就图引出，绘局部详图；制作详图或安装复杂的详图应单独绘制。

10．计算书（供内部使用）

（1）计算书内容视工程繁简程度按照国家有关规定、规范及本单位技术措施进行计算。

（2）采用计算机计算时，计算书应注明软件名称，附上相应的简图及输入数据。

（3）采暖工程计算应包括以下内容。

① 建筑围护结构耗热量计算。

② 散热器和采暖设备的选择计算。

③ 采暖系统的管径及水力计算。

④ 采暖系统构件或装置选择计算，如系统补水与定压装置、伸缩器、疏水器等。

（4）通风与防烟、排烟计算应包括以下内容。

① 通风量、局部排风量计算及排风装置的选择计算。

② 空气量平衡及热量平衡计算。

③ 通风系统的设备选型计算。

④ 风系统阻力计算。

⑤ 排烟量计算。

⑥ 防烟楼梯间及前室正压送风量计算。

⑦ 防排烟风机、风口的选择计算。

（5）空调、制冷工程计算应包括以下内容。

① 空调房间围护结构夏季、冬季的冷热负荷计算（冷负荷按逐时计算）。

② 空调房间人体、照明、设备的散热、散湿量及新风负荷计算。

③ 空调、制冷系统的冷水机组、冷热水泵、冷却水泵、冷却塔、水箱、水池、空调机组、消声器等设备的选型计算。

④ 必要的气流组织设计与计算。

⑤ 风系统阻力计算。

⑥ 空调冷热水、冷却水系统的水力计算。

13.4　职业法规及规范标准

作为该专业领域的设计制图人员，应熟悉该专业的常用规范标准，其原因在于我国的工程设计均以行业的规范或标准作为设计依据，从而保证了工程设计的质量安全，保证了工程设计有据

可查并规范统一。本节推荐了许多行业书籍供大家查询学习。

暖通空调工程设计人员必须熟悉相关行业国家法律法规及行业标准规范，应在设计过程中严格执行相关条文，保证工程设计的合理性，符合相关质量要求，满足有关节能耗能指标，特别是对于一些强制性条文，更应提高警惕严格遵守。职业工作中应注意以下几类法律法规。

（1）我国有关基本建设、建筑、房地产、城市规划、环保、安全及节能等方面的法律与法规。

（2）工程设计人员的职业道德与行为规范。

（3）我国有关动力设备及安全方面的标准与规范。

表 13-1 列出了暖通空调工程设计中的常用法律法规及标准规范目录，读者可自行查阅，便于工程设计之用。其包含了全国勘察设计注册公用设备（暖通空调）工程师复习推荐用法律、规程、规范。

表 13-1　规范标准

序　号	文件编号	文件名称
规范标准		
1	GB 50019—2003	采暖通风与空气调节设计规范
2	GB 50016—2006	建筑设计防火规范
3	GB 50045—1995（2005 年版）	高层民用建筑设计防火规范
4	GB 50067—1997	汽车库、修车库、停车场设计防火规范
5	GB 50096—2011	住宅设计规范
6	JGJ 26—2010	民用建筑节能设计标准
7	GB 50242—2002	建筑给水排水及采暖工程施工质量验收规范
8	GB 50243—2002	通风与空调工程施工质量验收规范
9	GB 50189—2005	公共建筑节能设计标准
10	GB 50176—1993	民用建筑热工设计规范
11	GB 50264—2013	工业设备及管道绝热工程设计规范
12	GB 50098—2009	人民防空工程设计防火规范
13	GB 50038—2005	人民防空地下室设计规范
14	GB 50073—2013	洁净厂房设计规范
15	JGJ 134—2010	夏热冬冷地区居住建筑节能设计标准
16	GBJ 87—1985	工业企业噪声控制设计规范
17	DB11/501-2007	大气污染物综合排放标准
18	GB 3095—2012	环境空气质量标准
19	GB 3096—2008	声环境质量标准
20	GB/T 14294—2008	组合式空调机组
21	JB/T 9066—1999	柜式风机盘管机组
22	GB/T 14294—2008	组合式空调机组
23	GB 18361—2001	溴化锂吸收式冷（温）水机组安全要求
24	GB/T 18362—2008	直燃型溴化锂吸收式冷（温）水机组
25	GB/T 18431—2001	蒸汽和热水型溴化锂吸收式冷水机组
26	GB/T 18430.1—2007	蒸汽压缩循环冷水（热泵）机组 工业或商业用及类似用途的冷水（热泵）机组

续表

序　号	文件编号	文件名称
		规范标准
27	GB/T 18430.2—2008	蒸汽压缩循环冷水（热泵）机组 户用及类似用途的冷水（热泵）机组
28	JB/T 9054—2000	离心式除尘器
29	JB/T 8533—2010	回转反吹类袋式除尘器
30	JB/T 8532—2008	脉冲喷吹类袋式除尘器
31	JB/T 8534—2010	内滤分室反吹类袋式除尘器
32	GB 50084—2001（2005 年版）	自动喷水灭火系统设计规范
33	GB 50015—2003（2009 年版）	建筑给水排水设计规范
34	GB 50041—2008	锅炉房设计规范
35	GJJ 34—2010	城镇热管网设计规范
36	JGJ 129—2012	既有采暖居住建筑节能改造技术标准
37	GB 13271—2001	锅炉大气污染物排放标准
38	GB 12348—2008	工业企业厂界环境噪声排放标准
39	GB 50072—2010	冷库设计规范
40	GB 50028—2006	城镇燃气设计规范
41	GBZ 1—2010	工业企业设计卫生标准
42	GBZ 2.1—2007	工作场所有害因素职业接触限值 第 1 部分：化学有害因素
43	GBZ 2.1—2007	工作场所有害因素职业接触限值 第 2 部分：物理因素
	设计手册	
1	陆跃庆．实用供热空调设计手册．北京：中国建筑工业出版社，1993	
2	孙一坚．简明通风设计手册．北京：中国建筑工业出版社，1998	
3	电子工业部第十设计研究院．空气调节设计手册．第 2 版．北京：中国建筑工业出版社，19913	
4	核工业第二研究设计院．给水排水设计手册（第 2 册）：建筑给排水．第 2 版．北京：中国建筑工业出版社，2001	

13.5 建筑暖通空调工程制图规定

建筑暖通空调工程的 CAD 制图应遵循我国颁布的相关制图标准，其主要涉及《房屋建筑制图统一标准》（GB/T50001—2010）、《暖通空调制图标准》（GB/T50114—2010）等多项制图标准，还有一些大型建筑设计单位内部的相关标准，读者可自行查阅，获得详细的相关条文解释，也可查阅相关建筑设备工程制图方面的教材或辅助读物进行参考学习。本节主要以 AutoCAD 2016 应用软件为背景，针对建筑暖通空调工程制图的各项基本规定，说明了其在 AutoCAD 2016 中的制图操作过程，详细介绍了 AutoCAD 在建筑暖通空调工程制图方面的一些知识及技巧，作为应用软件用户对其的熟练掌握还需要在吸收书本所讲知识后，能够从实际软件应用出发多加练习，熟能生巧，融会贯通。

13.5.1 比例

我国所执行的两本相关制图标准即《房屋建筑制图统一标准》（GB/T50001—2010）和《暖

通空调制图标准》（GB/T50114—2010），对建筑制图的比例、暖通空调工程制图的比例作了详细的说明，比例大小的选择关系到图样表达的清晰程度及图纸的通用性。

Note

暖通空调专业的图纸种类繁多，包括平面图、系统图、轴测图、剖面图、详图等。在不同的专业设计阶段，图纸要求表达的内容及深度是不同的，工程的规模大小、工程的性质等都关系到比例的选择。暖通空调工程制图中的常见比例如表 13-2 所示。

表 13-2　各类图纸的制图比例

名　称	比　例
总平面图	1:1300、1:10000
总图中管道断面图	1:130、1:100、1:200
平面图与剖面图	1:20、1:130、1:100
详图	2:1、1:1、1:13、1:10、1:20、1:130

其中，建筑暖通空调平面图及轴测图宜与建筑专业图纸比例一致，以便于识图。

13.5.2　线型

建筑制图中的各种建筑、设备等多数图样是通过不同式样的线条来表示的，线条本身即作为一种特征标记，即用线条的形式来传递相应的表达信息，不同的线条代表着不同的含义，通过对线条样式的调整设置，包括线型及线宽等的设置，以及诸如填充图案样式等的灵活运用，可以使图样表达更清晰、信息表达更明确、制图更快捷。

线条表达是制图的基础，《房屋建筑制图统一标准》《暖通空调制图标准》中对线条作了详细的解释，建筑暖通空调工程制图方面的线条规定如表 13-3 所示，应严格执行。

表 13-3　线型的一些表达规则

名　称	线　宽	表达用途
粗实线	b	（1）采暖供水、供汽干管及立管 （2）风管及部件轮廓线 （3）系统图中的管线 （4）设备、部件编号的索引标志线 （5）非标准部件的轮廓线
粗虚线		（1）采暖回水管、凝结水管 （2）平、剖面图中非金属风道的内表面轮廓线
中粗实线	0.13b	（1）散热器及其连接支管线 （2）采暖、通风、空气调节设备的轮廓线 （3）风管的法兰盘线
中粗虚线		风管被遮挡部分的轮廓线
细实线	0.313b	（1）平、剖面图中土建轮廓线 （2）尺寸线、尺寸界线 （3）材料图例线、引出线、标高符号等
细虚线		（1）原有风管轮廓线 （2）采暖地沟 （3）工艺设备被遮挡部分的轮廓线

续表

名　称	线　宽	表达用途
细点划线	0.313*b*	（1）设备中心线、轴心线 （2）风管及部件中心线 （3）定位轴线
细双点划线		工艺设备外轮廓线
折断线		不需要画全的断开线
波浪线		（1）不需要画的断开界线 （2）构造层次的断开界线

图线宽度 b 的选择，主要考虑到图纸的类别、比例、表达内容与复杂程度，暖通空调专业的图纸中的基础线宽，一般取 1.0 mm 及 0.7 mm 两种。

对于线型的设置，制图时应注意的细节，可参考有关制图标准及教科书。关键是图样的表达清晰，即图线不得与文字、数字、符号等重叠、混淆，不可避免时，应首先保证文字等信息的清晰；同一张图纸中，相同比例的图样，应选用相同的线宽组等。

第14章 别墅水暖设计工程图

本章学习要点和目标任务：

- ☑ 空调设计总说明
- ☑ 给排水图例绘制
- ☑ 空调水系统图
- ☑ 风机盘管连接示意图
- ☑ 首层空调平面图
- ☑ 地下室空调平面图
- ☑ 二层空调平面图
- ☑ 给水排水平面图
- ☑ 给排水系统图

本章将以别墅水暖设计工程图为例，详细讲述水暖工程图的绘制过程。在讲述过程中，将逐步带领读者完成空调水系统图、风机盘管连接示意图、空调平面图、给排水平面图和给排水系统图的绘制，并讲述关于水暖工程图设计的相关知识和技巧。本章包括水暖工程图绘制的知识要点、图例的绘制、管线的绘制及尺寸和文字标注等内容。

14.1　空调设计总说明

1．设计依据

（1）《采暖通风与空气调节设计规范》（GB 50019—2003）。

（2）《建筑设计防火规范》（GB 50016—2006）。

（3）甲方提供的外部条件及要求。

（4）建筑及其他专业提供的施工图资料。

2．室内外设计参数

1）室外计算参数

（1）夏季。

空调计算干球温度：33.2℃。

空调计算湿球温度：215.4℃。

空调计算日均温度：28.6℃。

（2）冬季。

空调计算干球温度：-12.0℃。

采暖计算干球温度：-9.0℃。

2）室内设计参数

室内设计参数如表 14-1 所示。

表 14-1　室内设计参数

房间名称	夏季		冬季		备注
	温度/℃	相对湿度/（%）	温度/℃	相对湿度/（%）	
卧室	26		20		
客厅	26		20		
活动室	26		20		
卫生间（带洗浴）			25		

3．空调与供暖

（1）本建筑采用风冷空调机组提供回水温度 7℃～12℃的冷水供夏季使用，冬季采用燃气壁挂炉供暖，其供回水温度为 50℃～60℃。室内的冷、热负荷由风机盘管负担。

（2）空调冷负荷 30kW，供暖热负荷 33kW。

（3）风机盘管采用暗式吊装，由带三速开关的温度控制器控制其开启。

（4）空调水系统：系统干管及户内系统均采用双管异程式系统。

（5）空调冷热水管采用焊接钢管，冷凝水管采用热镀锌钢管。

（6）管道支架的最大跨距（公称直径）：DN20～DN25，DN32～DN50，D57X3.5。

（7）空调水管保温：冷热水供回水管及阀门均用耐高温的橡塑进行保温，燃烧级别为难燃，保温厚度为 30mm，冷凝水管为 15mm；冷热水管道穿越墙体和楼板时，保温层不能间断。

（8）防腐：暗装管道除锈后涂防锈漆两道；明装管道除锈后涂防锈漆两道，涂面漆两道。

（9）管道水压试验和冲洗：空调水系统最大工作压力为 0.4MPa，冷热水管道安装完毕后，应进行水压试验，系统试验压力为 0.6MPa，在 10 分钟内压降不大于 0.02MPa，降至工作压力，不渗不漏为合格；冷凝水管道应进行充水试验，以不渗不漏为合格。施压合格后，应对系统反复冲洗，冲洗时先除去过滤器的滤网，冲洗结束后再重新装好，管路系统冲洗时，水流不得经过设备。

（10）水系统的最低点应配置泄水丝堵，最高处安装 E121 型自动排气阀。

（11）本设计预留了地板辐射采暖的主干管，地板辐射采暖由专业厂家设计施工。

4．除尘

设计采用中央真空吸尘系统主机一套，主机设于车库，每层均设一吸尘口。

5．其他

（1）管道标高相对于地面±0.000，以 m 计（指地面到管径中心）。

（2）其他未说明的按《通风与空调工程施工质量验收规范》（GB 50243—2002）、《建筑给水排水及采暖工程施工质量验收规范》（GB 50242—2002）执行，注意与其他工种密切配合，事先进行必要的预留或预埋。

14.2 给排水图例绘制

下面讲述一些简单给排水图例的绘制方法。

操作步骤如下：（光盘\配套视频\动画演示\第 14 章\给排水图例绘制.avi）

1．平衡阀、闸阀、截止阀的绘制

（1）单击“默认”选项卡“绘图”面板中的“矩形”按钮，在图形空白区域绘制一个适当大小的矩形，如图 14-1 所示。

（2）单击“默认”选项卡“绘图”面板中的“直线”按钮，在绘制的矩形内绘制对角线，如图 14-2 所示。

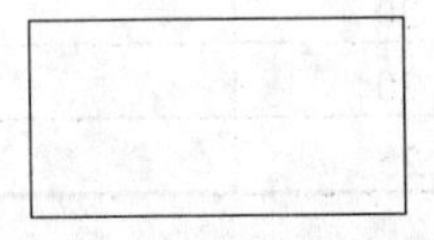

图 14-1　绘制矩形

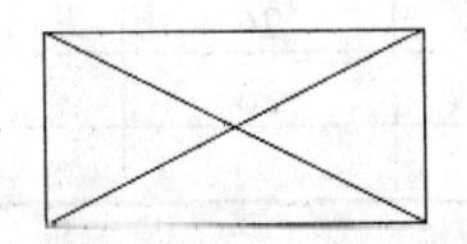

图 14-2　绘制对角线

（3）单击“默认”选项卡“修改”面板中的“修剪”按钮，对绘制的矩形进行修剪处理，如图 14-3 所示。

（4）单击“默认”选项卡“绘图”面板中的“直线”按钮，在绘制的图形底部适当位置绘制一条竖直直线，如图 14-4 所示。

（5）单击“默认”选项卡“修改”面板中的“镜像”按钮，选择绘制的竖直直线为镜像对象，向右进行镜像，完成平衡阀的绘制，如图 14-5 所示。

图 14-3　修剪图形

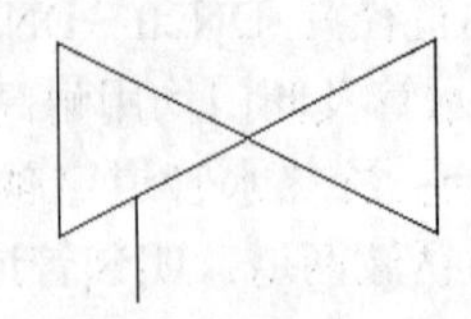

图 14-4　绘制竖直直线

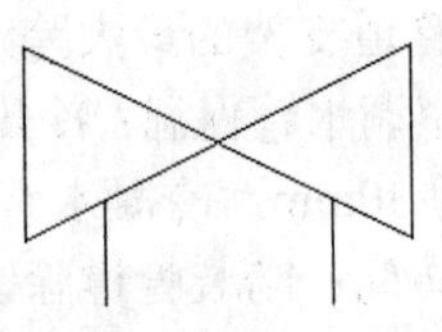

图 14-5　镜像直线

（6）使用上述方法完成闸阀的绘制，如图 14-6 所示。

（7）使用上述方法完成截止阀的绘制，如图 14-7 所示。

Note

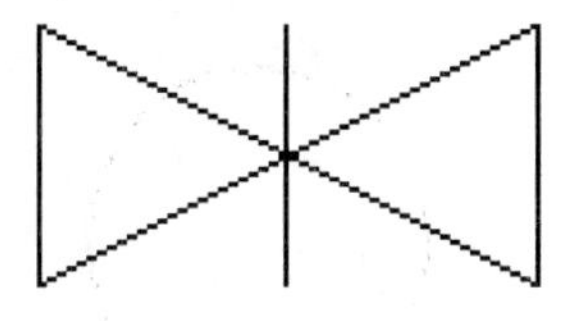

图 14-6　绘制闸阀

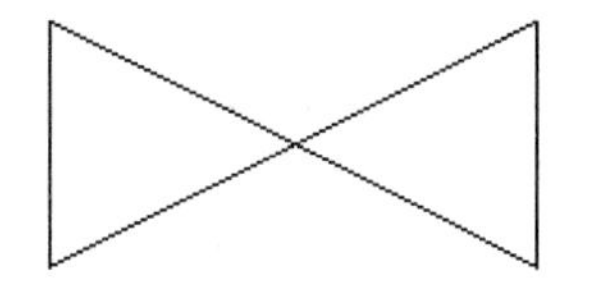

图 14-7　截止阀

2. 绘制自动排气阀

（1）单击“默认”选项卡“绘图”面板中的“矩形”按钮，在图形适当位置绘制一个适当大小的矩形，如图 14-8 所示。

（2）单击“默认”选项卡“修改”面板中的“分解”按钮，选择绘制的矩形为分解对象，按 Enter 键确认进行分解。

（3）单击“默认”选项卡“修改”面板中的“删除”按钮，选择分解的矩形下面水平边为删除对象，对其进行删除，如图 14-9 所示。

（4）单击“默认”选项卡“绘图”面板中的“圆弧”按钮，选择绘制的图形左侧竖直边下端点为圆弧起点，右侧竖直边下端点为圆弧端点绘制一段半径适当的圆弧，如图 14-10 所示。

图 14-8　绘制矩形

图 14-9　删除线段

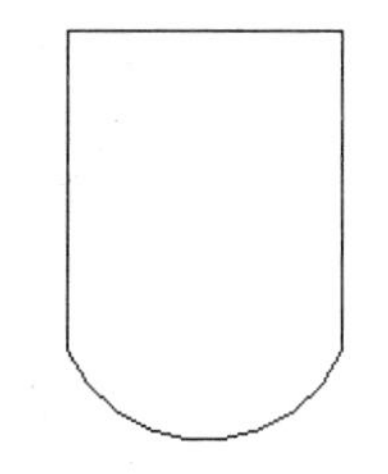

图 14-10　绘制圆弧

（5）单击“默认”选项卡“绘图”面板中的“直线”按钮，在绘制的图形上方选取一点为直线起点，向下绘制一条竖直直线，如图 14-11 所示。

（6）单击“默认”选项卡“修改”面板中的“修剪”按钮，对绘制的竖直直线进行修剪处理，完成自动排气阀的绘制，如图 14-12 所示。

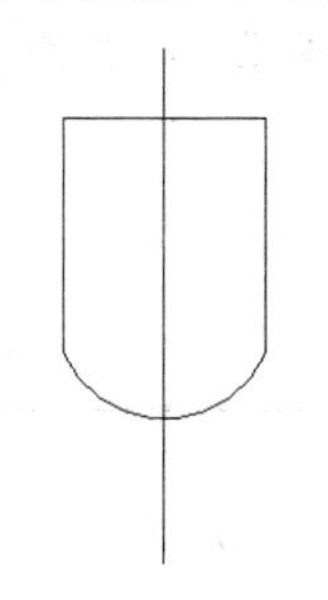

图 14-11　绘制竖直直线

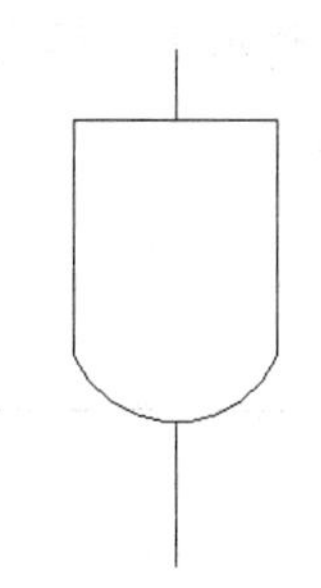

图 14-12　修剪线段

3. 绘制三通电动水阀

（1）单击“默认”选项卡“绘图”面板中的“圆”按钮，在图形空白位置任选一点为圆心，绘制一个半径适当的圆，如图 14-13 所示。

Note

（2）单击“默认”选项卡“绘图”面板中的“直线”按钮，在绘制的圆上选择一点为直线起点，向下绘制一条竖直直线，如图14-14所示。

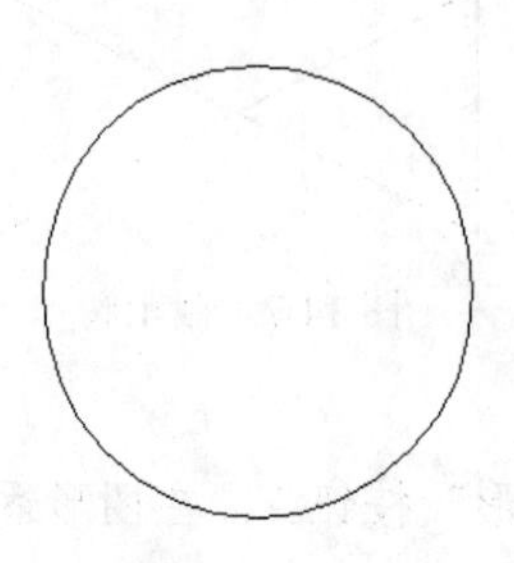

图14-13　绘制圆

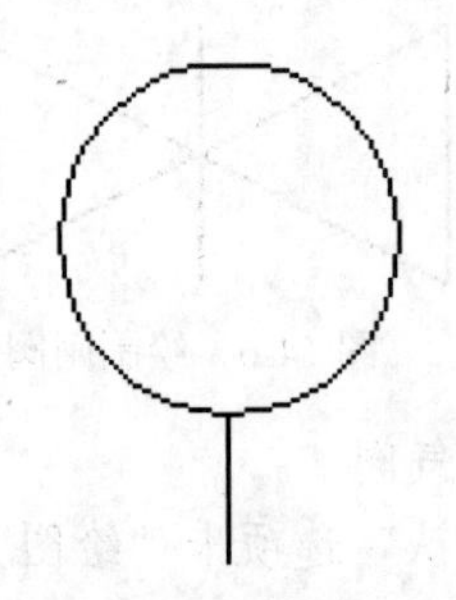

图14-14　绘制竖直直线

（3）单击“默认”选项卡“绘图”面板中的“多边形”按钮，在图形的适当位置绘制一个适当的三角形，如图14-15所示。

（4）单击“默认”选项卡“修改”面板中的“旋转”按钮，选择绘制的三角形为旋转对象，对其进行旋转复制，如图14-16所示。

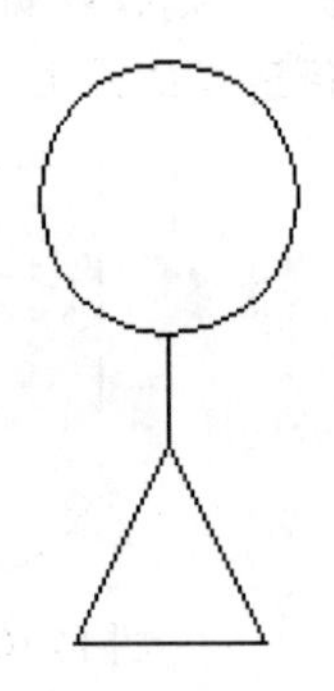

图14-15　绘制三角形

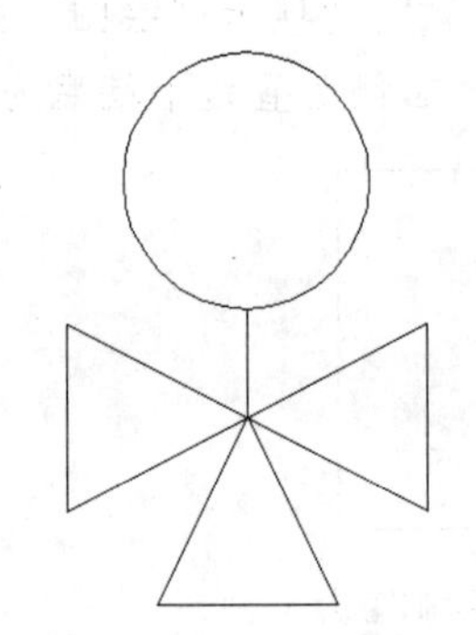

图14-16　旋转复制图形

4. 绘制过滤器

（1）单击“默认”选项卡“绘图”面板中的“直线”按钮，在图形适当位置选择一点为直线起点，绘制一条水平直线，如图14-17所示。

（2）单击“默认”选项卡“绘图”面板中的“直线”按钮，在图形左侧位置绘制一条竖直直线，如图14-18所示。

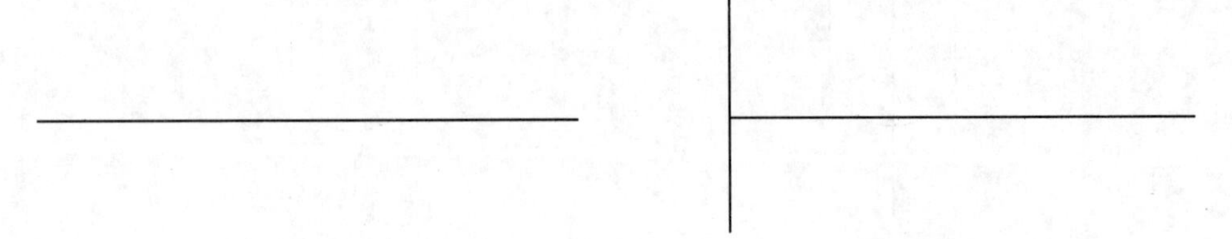

图14-17　绘制水平直线

图14-18　绘制竖直直线

（3）单击“默认”选项卡“修改”面板中的“复制”按钮，选择绘制的竖直直线为复制对象，向右进行复制，如图14-19所示。

（4）使用上述方法绘制剩余相同图形，并完成过滤器的绘制，如图14-20所示。

图 14-19　复制直线

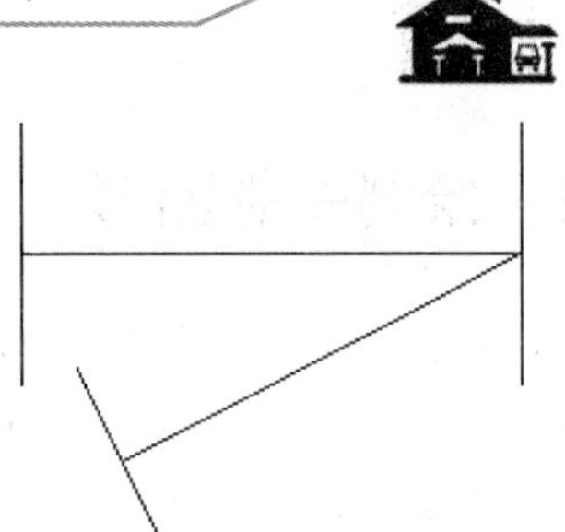

图 14-20　绘制过滤器

14.3　空调水系统图

系统图一般表示某系统整体结构和各个单元连接关系的网络图。建筑系统图一般使用轴测画法，主要目的是表达出一种空间的相对位置关系。本例所绘制的空调水系统图则表达了整个别墅各个房间所安装的空调热交换的水循环及冷凝水流出的线路系统图。本例采用中央空调，所以整个中央空调的水循环及相应的地板辐射采暖系统的水循环形成一个封闭循环的整体，整个系统采用干线分支系统，各个空调单元和地板辐射采暖单元保持相对独立，避免出现相互干涉的情况。本节主要讲述空调水系统图的绘制，如图 14-21 所示。

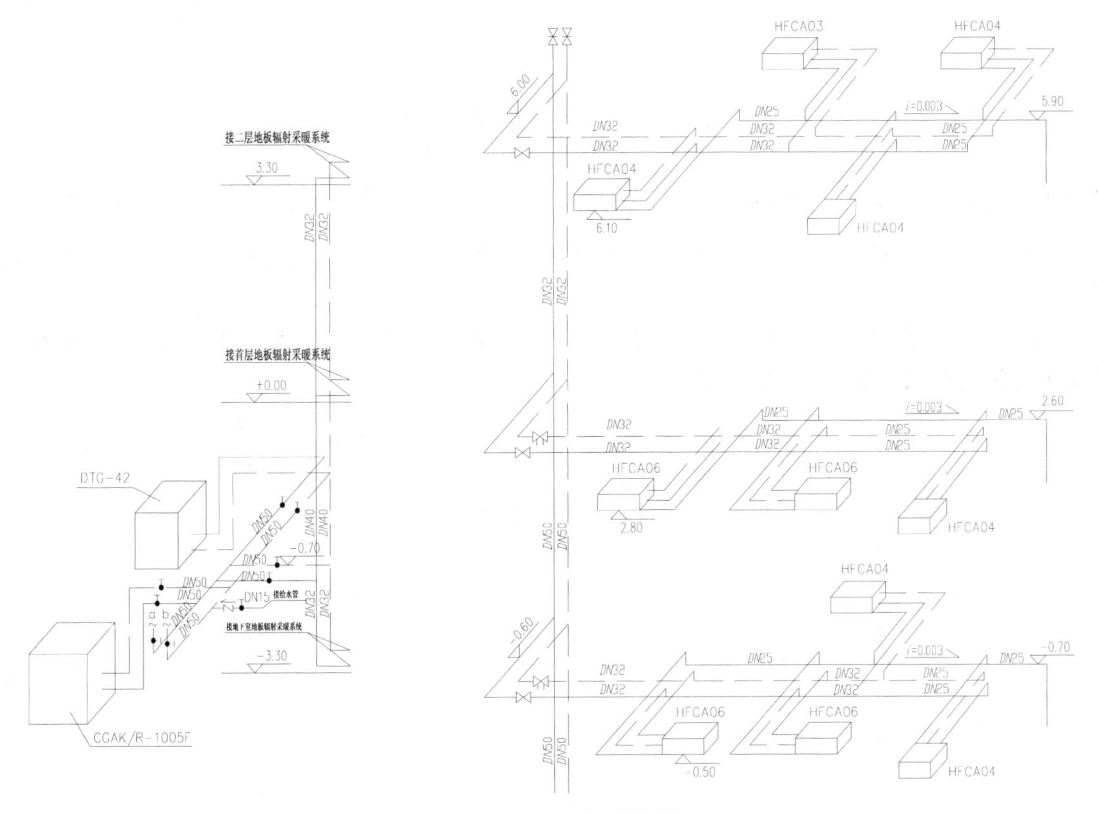

图 14-21　空调水系统图

操作步骤如下：（光盘\配套视频\动画演示\第 14 章\空调水系统图.avi）

Note

14.3.1 绘制基础图形

（1）单击“默认”选项卡“绘图”面板中的“直线”按钮，在图形空白区域选取一点为直线起点，向下绘制一条竖直直线，如图14-22所示。

（2）单击“默认”选项卡“修改”面板中的“偏移”按钮，选择绘制的竖直直线为偏移对象，向右进行偏移，并将其线型修改为DASHED，如图14-23所示。

（3）单击“默认”选项卡“绘图”面板中的“直线”按钮，在图形右侧选取一点为直线起点，绘制连续直线，如图14-24所示。

（4）单击“默认”选项卡“绘图”面板中的“直线”按钮，在绘制的连续直线上选取直线起点，向下绘制3段相等的竖直直线，如图14-25所示。

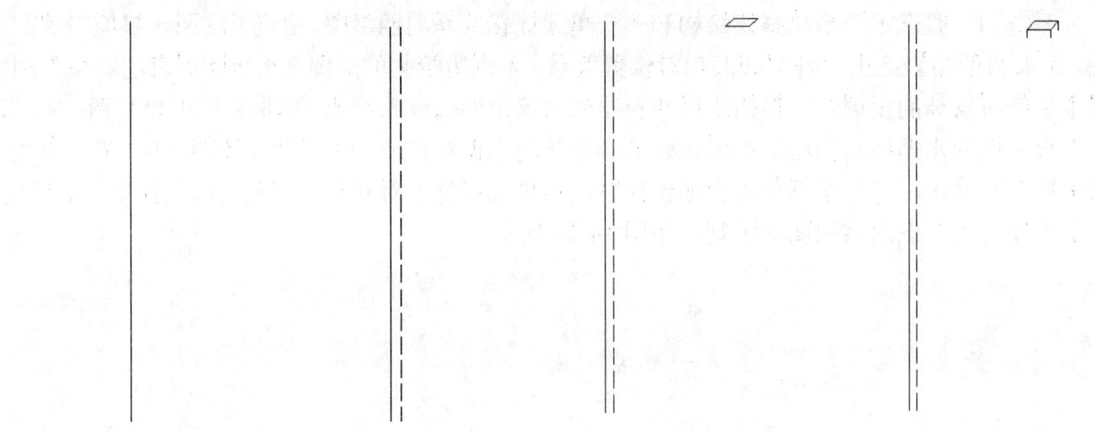

图14-22　绘制竖直直线　　图14-23　偏移线段　　图14-24　绘制连续直线　　图14-25　绘制竖直直线

（5）单击“默认”选项卡“绘图”面板中的“直线”按钮，连接绘制的直线，如图14-26所示。

（6）单击“默认”选项卡“修改”面板中的“复制”按钮，选择绘制的图形为复制对象，对其进行连续复制，如图14-27所示。

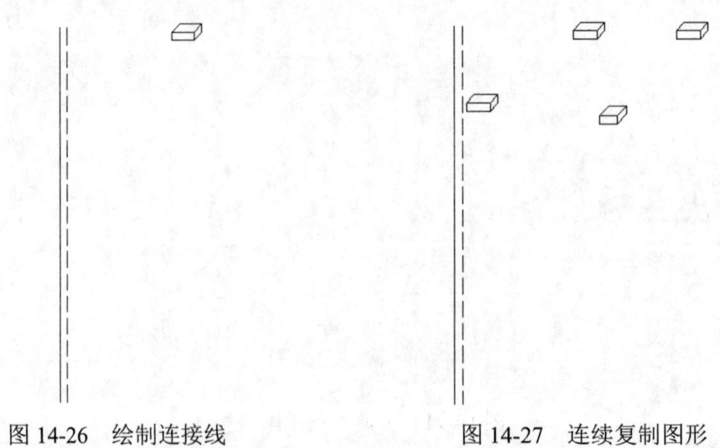

图14-26　绘制连接线　　图14-27　连续复制图形

（7）单击“默认”选项卡“绘图”面板中的“直线”按钮，连接复制的图形，如图14-28

所示。

（8）使用上述方法继续绘制剩余图形之间的连接线，如图 14-29 所示。

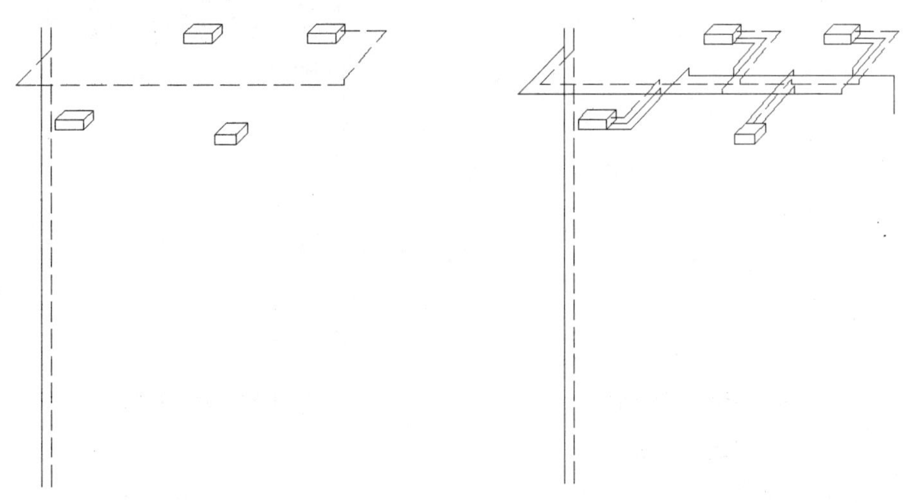

图 14-28　绘制连接线　　　　图 14-29　绘制剩余的连接线

（9）单击“默认”选项卡“修改”面板中的“移动”按钮和“旋转”按钮，选择 14.2 节绘制的闸阀图形为操作对象，将其放置到适当位置，如图 14-30 所示。

（10）单击“默认”选项卡“修改”面板中的“复制”按钮，选择放置的闸阀图形为复制对象，对其进行复制，如图 14-31 所示。

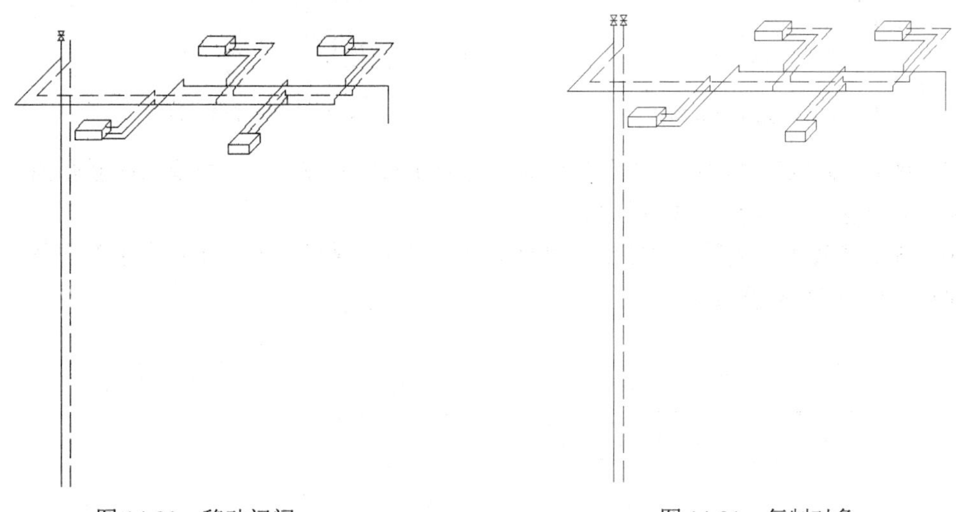

图 14-30　移动闸阀　　　　图 14-31　复制对象

（11）单击“默认”选项卡“修改”面板中的“移动”按钮，选择前面绘制的截止阀图形为移动对象，将其放置到适当位置，如图 14-32 所示。

（12）单击“默认”选项卡“修改”面板中的“修剪”按钮，选择放置截止阀图形之间的线段为修剪对象，对其进行修剪处理，如图 14-33 所示。

（13）使用上述方法完成下部相同图形的绘制，如图 14-34 所示。

（14）单击“默认”选项卡“绘图”面板中的“圆弧”按钮，在绘制图形的底部绘制连续

圆弧，如图 14-35 所示。

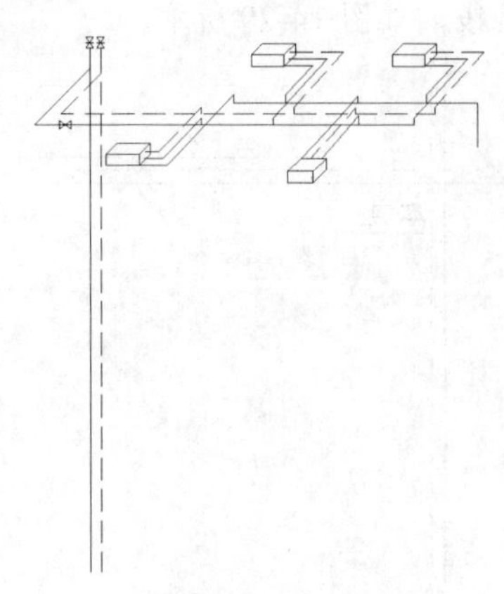

图 14-32　放置图形

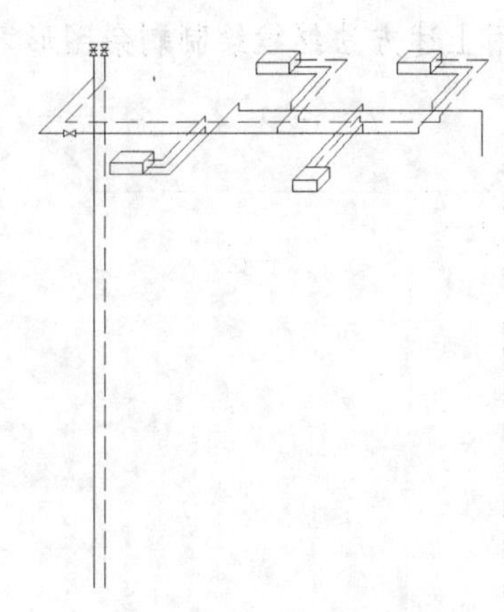

图 14-33　修剪线段

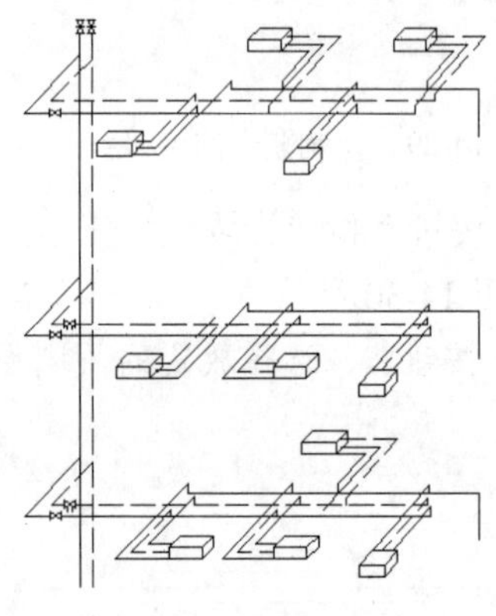

图 14-34　绘制相同图形

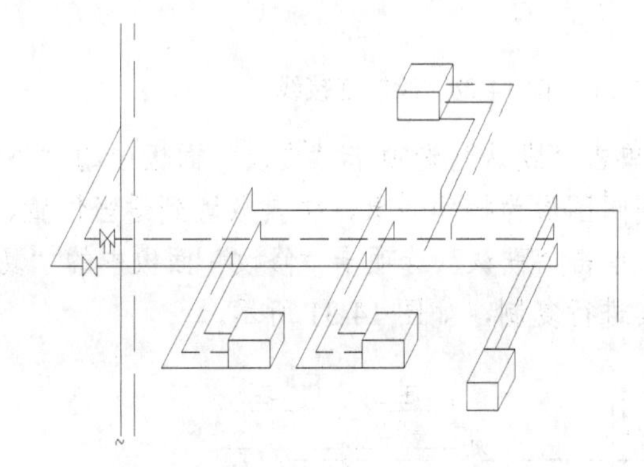

图 14-35　绘制连续圆弧

（15）单击“默认”选项卡“修改”面板中的“复制”按钮，选择绘制的圆弧图形为复制对象，向右进行复制，如图 14-36 所示。

（16）单击“默认”选项卡“绘图”面板中的“直线”按钮和“多行文字”按钮，为图形添加标高，如图 14-37 所示。

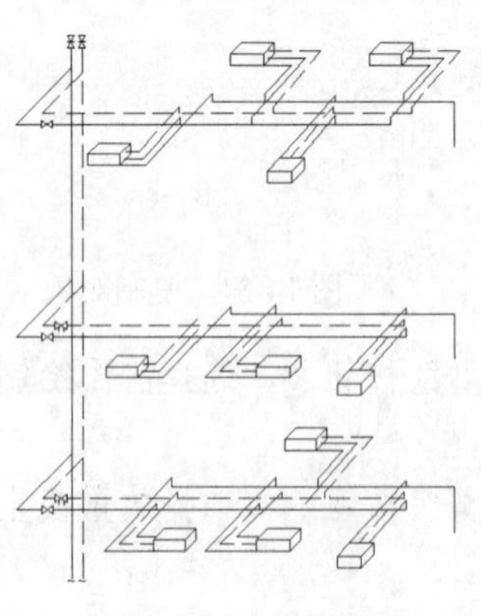

图 14-36　复制图形

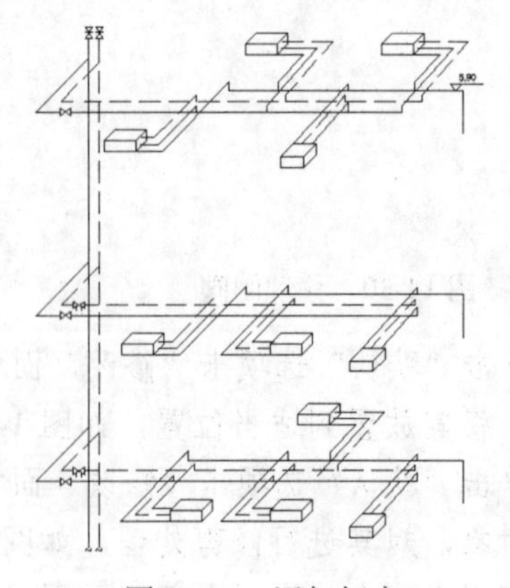

图 14-37　添加标高

（17）使用上述方法完成剩余标高的添加，如图 14-38 所示。

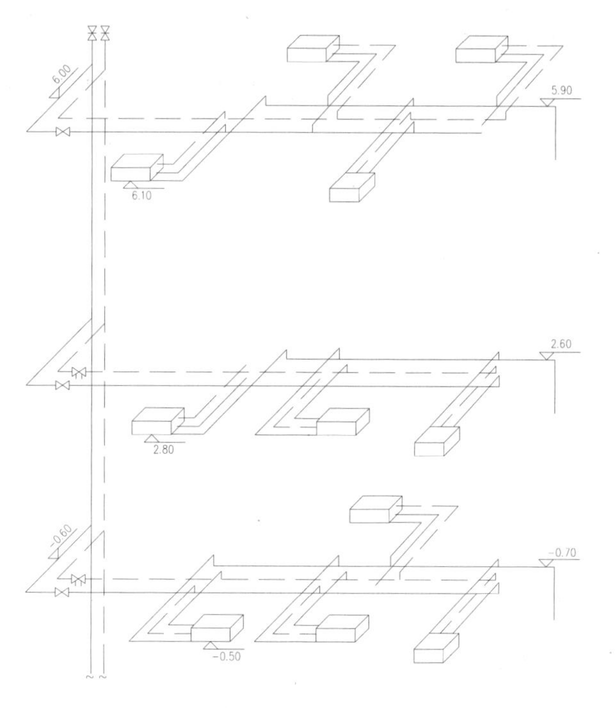

图 14-38　绘制标高

（18）单击“默认”选项卡“绘图”面板中的“直线”按钮，在图形适当位置绘制连续直线，如图 14-39 所示。

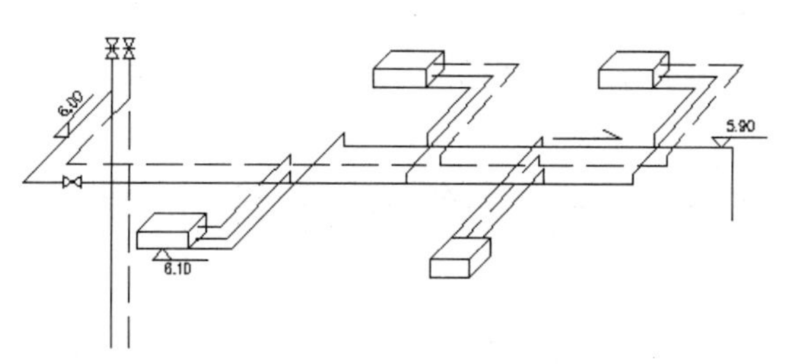

图 14-39　绘制连续直线

14.3.2　添加文字

（1）单击“默认”选项卡“注释”面板中的“多行文字”按钮，在 14.3.1 节最后一步绘制的连续直线上添加文字，如图 14-40 所示。

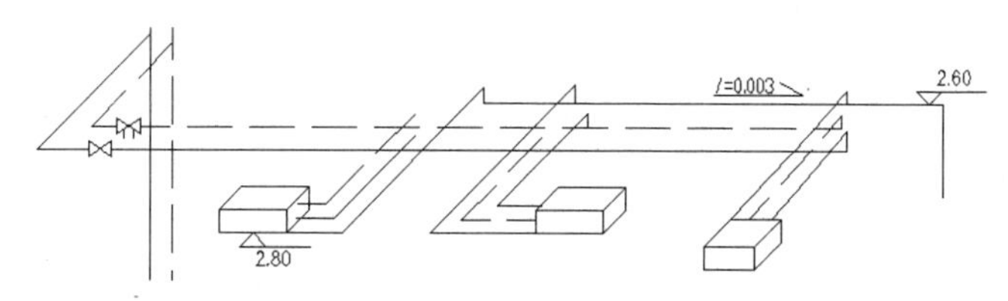

图 14-40　添加文字

（2）单击“默认”选项卡“修改”面板中的“复制”按钮，选择添加的文字为复制对象，

对其进行连续复制，如图 14-41 所示。

（3）单击“默认”选项卡“注释”面板中的“多行文字”按钮A，为图形添加其他文字说明，如图 14-42 所示。

Note

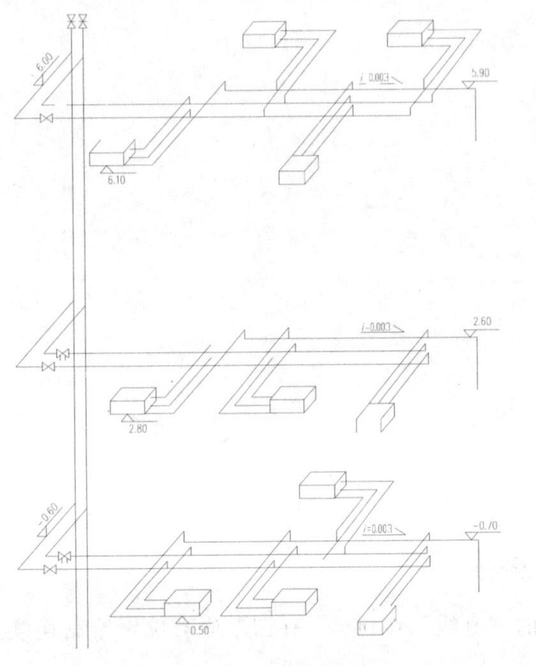

图 14-41　复制图形

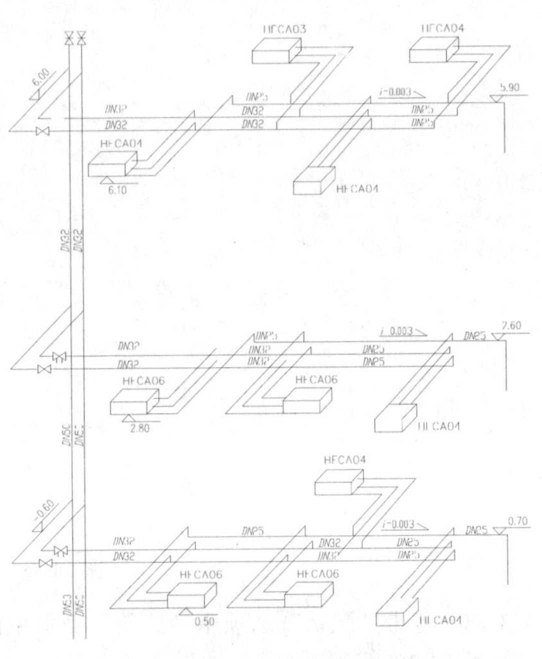

图 14-42　添加文字说明

（4）使用上述方法完成空调水系统图的剩余部分图形的绘制，如图 14-21 所示。

14.4　风机盘管连接示意图

风机盘管连接示意图是表达单个风机盘管连接的局部详图。本节主要讲述风机盘管连接示意图的绘制，如图 14-43 所示。

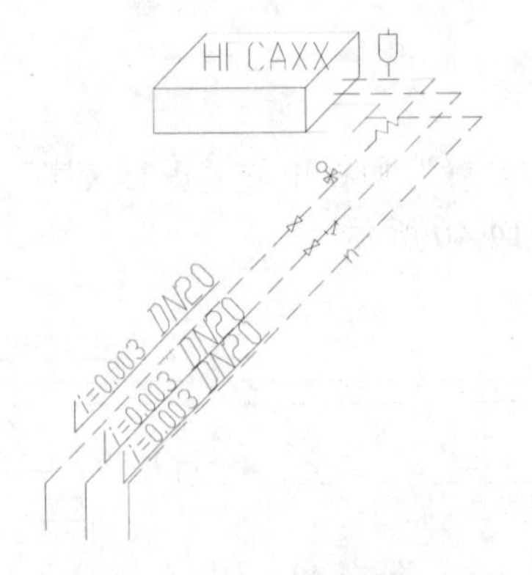

图 14-43　风机盘管连接示意图

操作步骤如下：（：光盘\配套视频\动画演示\第 14 章\风机盘管连接示意图.avi）

14.4.1　绘制基础图形

（1）单击“默认”选项卡“绘图”面板中的“直线”按钮，在图形空白区域绘制连续直线，如图 14-44 所示。

（2）单击“默认”选项卡“绘图”面板中的“直线”按钮，在图形底部绘制连续直线，如图 14-45 所示。

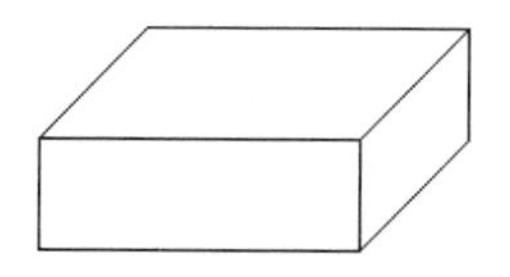

图 14-44　绘制连续直线

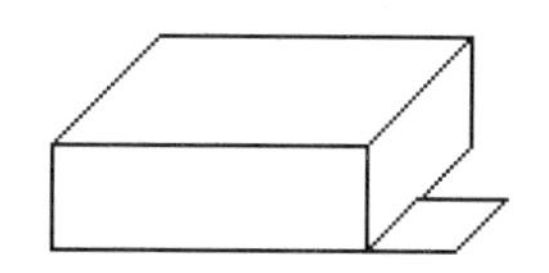

图 14-45　绘制连续直线

（3）单击“默认”选项卡“绘图”面板中的“直线”按钮，在图形上选取一点为直线起点，绘制连续线段，如图 14-46 所示。

（4）单击“默认”选项卡“绘图”面板中的“直线”按钮，在图形适当位置绘制连续线段，如图 14-47 所示。

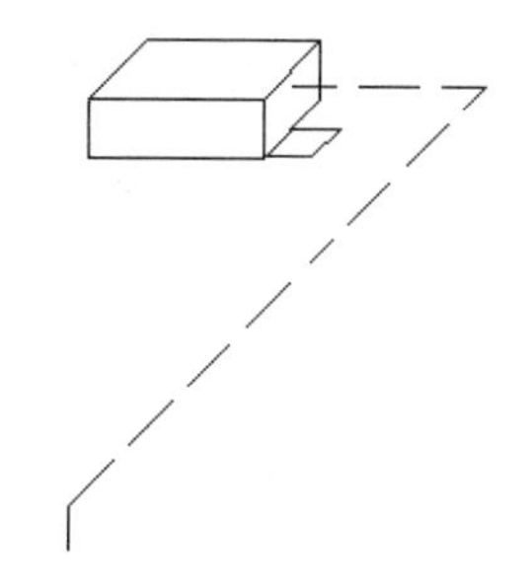

图 14-46　绘制连续线段

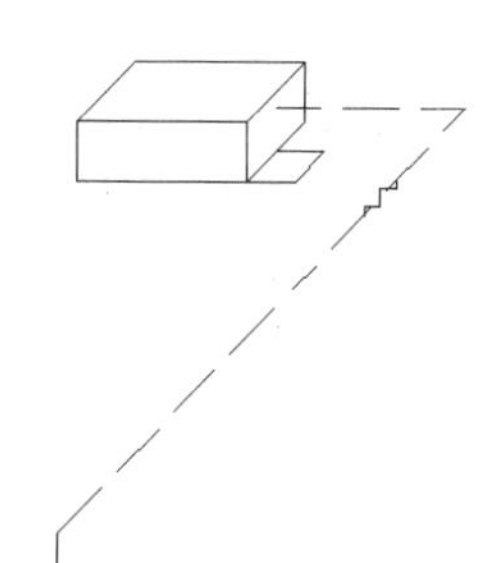

图 14-47　绘制连续线段

（5）单击“默认”选项卡“修改”面板中的“修剪”按钮，选择绘制的连续线段间的多余部分为修剪对象，对其进行修剪处理，如图 14-48 所示。

（6）打开 14.2 节中绘制的自动排气阀，按 Ctrl+C 快捷键进行复制，返回到本实例中按 Ctrl+V 快捷键进行粘贴，并将其移动放置到图形的适当位置，如图 14-49 所示。

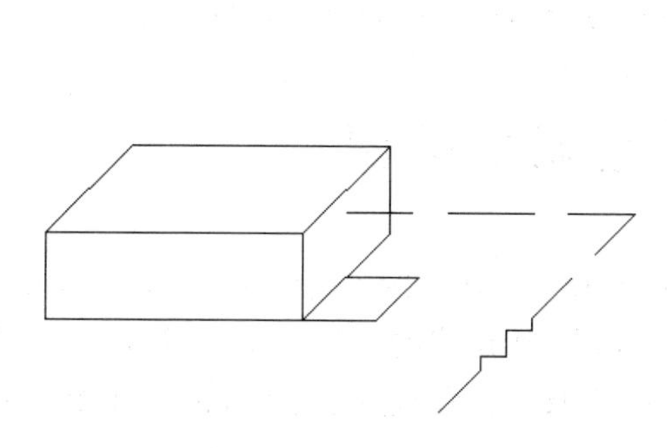

图 14-48　修剪线段

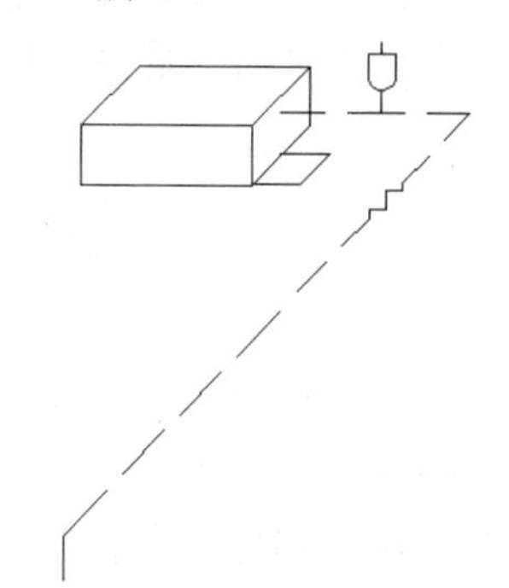

图 14-49　移动图形

（7）同理，选择前面绘制的三通电动水阀，将其放置到图形的适当位置，如图 14-50 所示。

（8）单击“默认”选项卡“修改”面板中的“修剪”按钮，选择移动放置的三通电动水阀内的多余线段为修剪对象，对其进行修剪处理，如图 14-51 所示。

Note

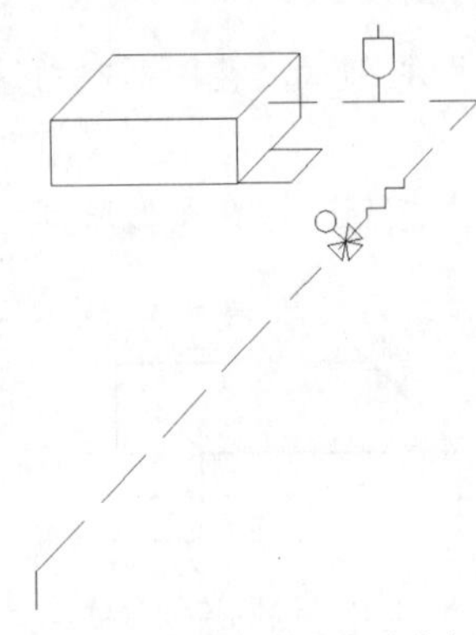

图 14-50　移动三通电动水阀

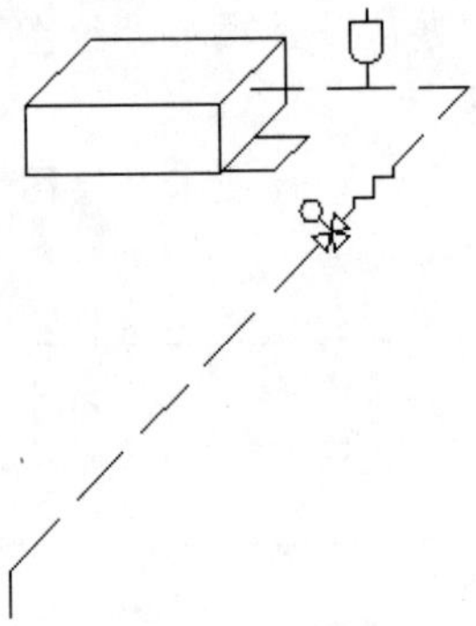

图 14-51　修剪线段

（9）同理，选择前面绘制的截止阀，将其放置到图形的适当位置，如图 14-52 所示。

（10）使用上述方法完成剩余部分图形的绘制，如图 14-53 所示。

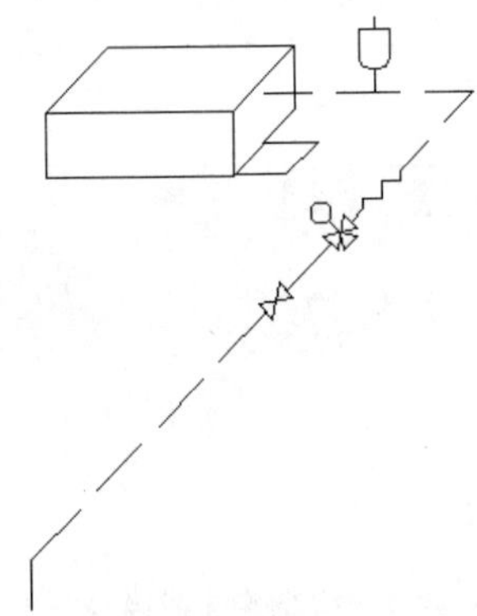

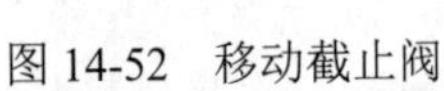

图 14-52　移动截止阀

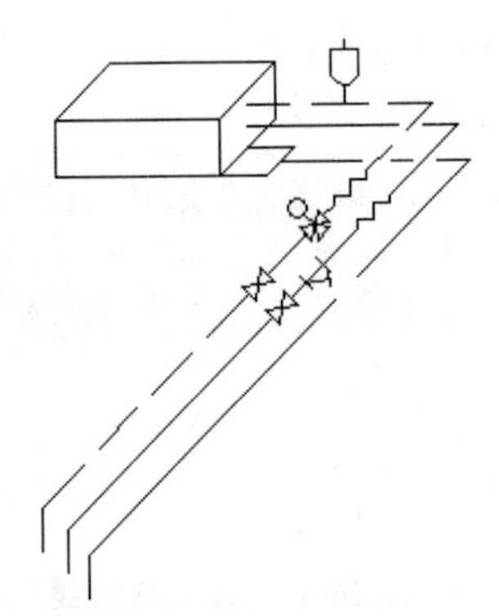

图 14-53　绘制剩余部分

14.4.2　添加文字

单击“绘图”工具栏中的“直线”按钮和“多行文字”按钮，为绘制完成的风机盘管连接示意图添加文字说明，最终完成风机盘管连接示意图的绘制，如图 14-43 所示。

14.5　首层空调平面图

首层空调平面图表达了首层风机口的布置情况和水循环详图管线的布置情况。本层在餐厅、客厅、客人卧室布置 3 个出风口，主循环水管线接到位于厨房的立管干线上，冷凝水管线接到客人卧室卫生间的地漏处。为了防止灰尘进入室内，在楼道口还设置了吸尘系统。本节主要讲述首层空调平面图的绘制过程，如图 14-54 所示。

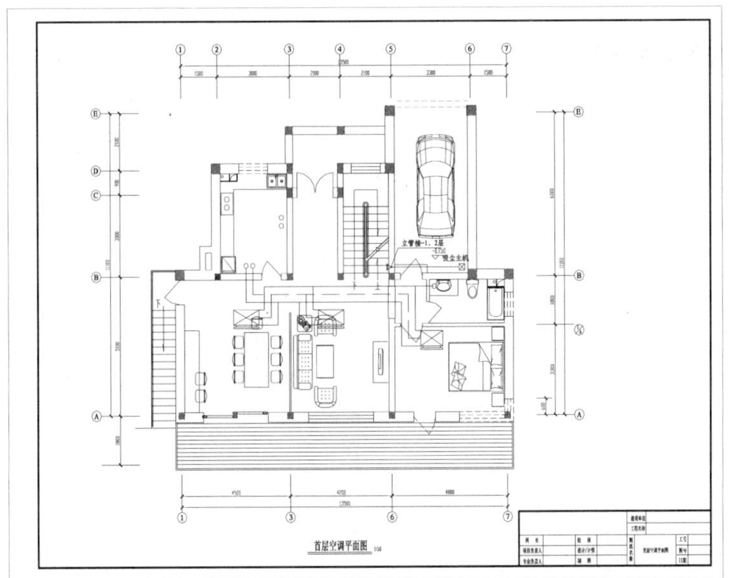

图 14-54　首层空调平面图

操作步骤如下：（📹：光盘\配套视频\动画演示\第 14 章\首层空调平面图.avi）

14.5.1　整理平面图

（1）单击快速访问工具栏中的“打开”按钮，打开“源文件\第 14 章\首层装饰平面图”文件，将其另存为“首层空调平面图”。

（2）单击“默认”选项卡“修改”面板中的“删除”按钮，删除不需要的图形，并结合所学命令对打开的平面图形进行修改，如图 14-55 所示。

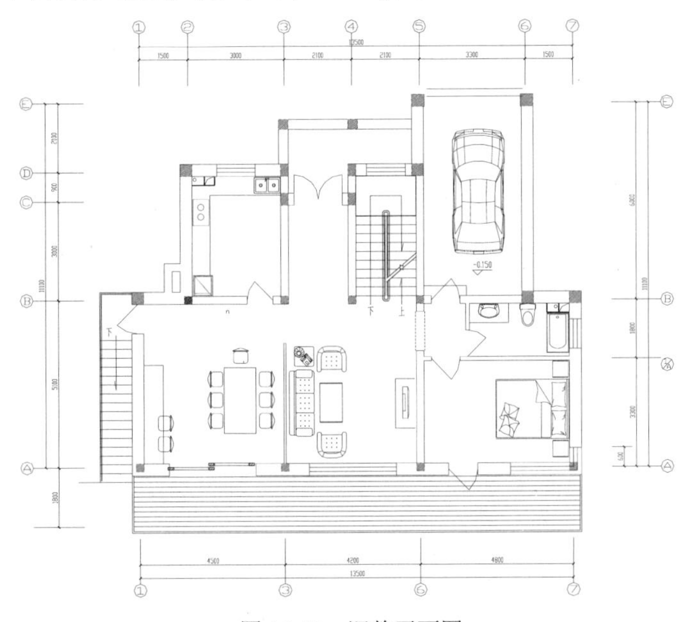

图 14-55　调整平面图

Note

14.5.2 布置给水图例

（1）单击“默认”选项卡“绘图”面板中的“圆”按钮，在厨房内任选一点为圆心，绘制一个半径为 93 的热水管，如图 14-56 所示。

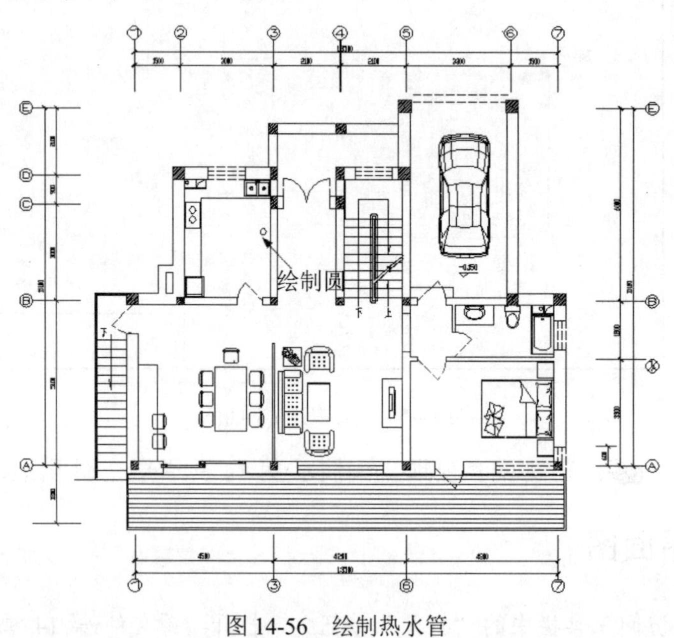

图 14-56 绘制热水管

（2）单击“默认”选项卡“修改”面板中的“复制”按钮，选择绘制的热水管为复制对象，向下进行复制，复制间距为 305，如图 14-57 所示。

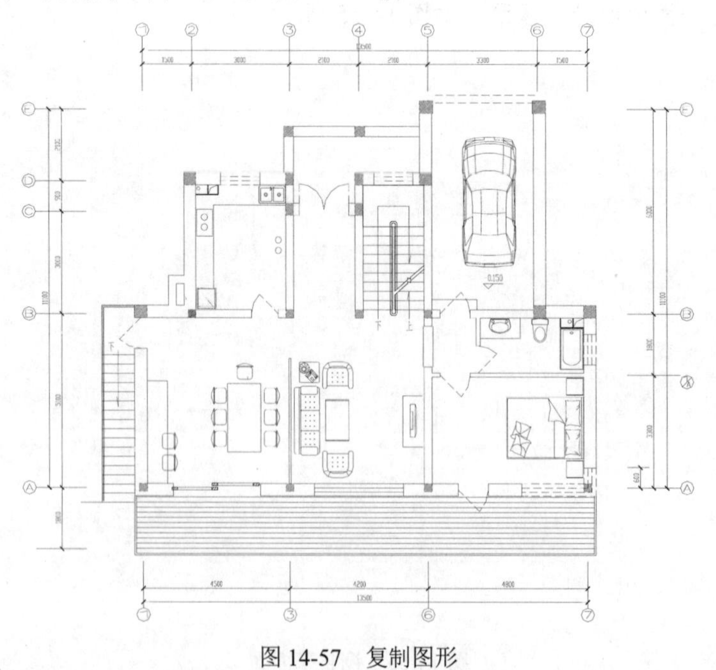

图 14-57 复制图形

（3）使用上述方法完成图形中剩余立管的绘制，如图 14-58 所示。

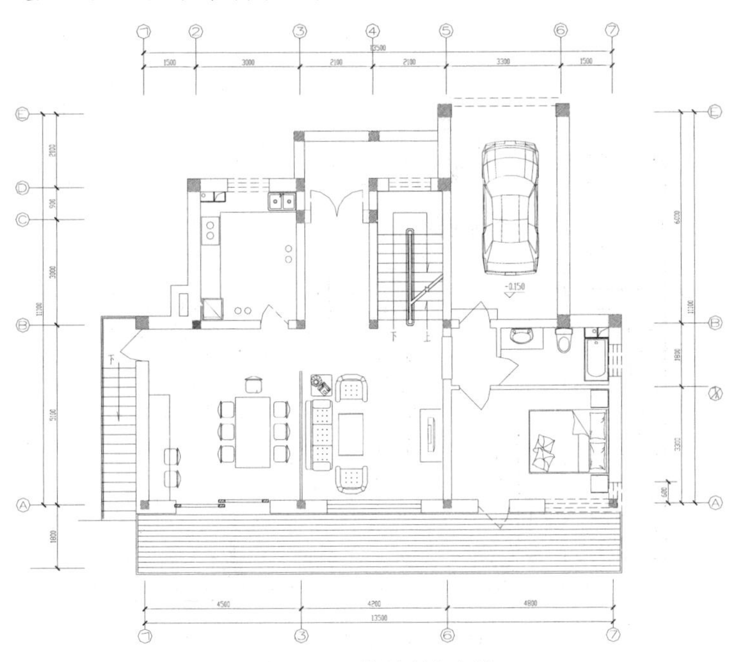

图 14-58　绘制剩余立管

（4）单击“默认”选项卡“绘图”面板中的“矩形”按钮□，在图形适当位置绘制一个 1064×566 的矩形，如图 14-59 所示。

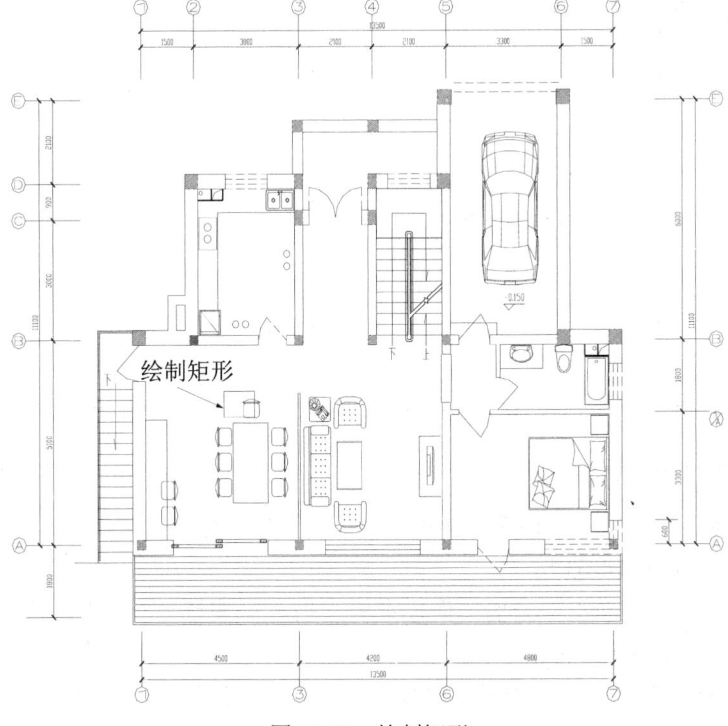

图 14-59　绘制矩形

Note

（5）单击“默认”选项卡“绘图”面板中的“直线”按钮，在绘制的矩形内绘制对角线，如图 14-60 所示。

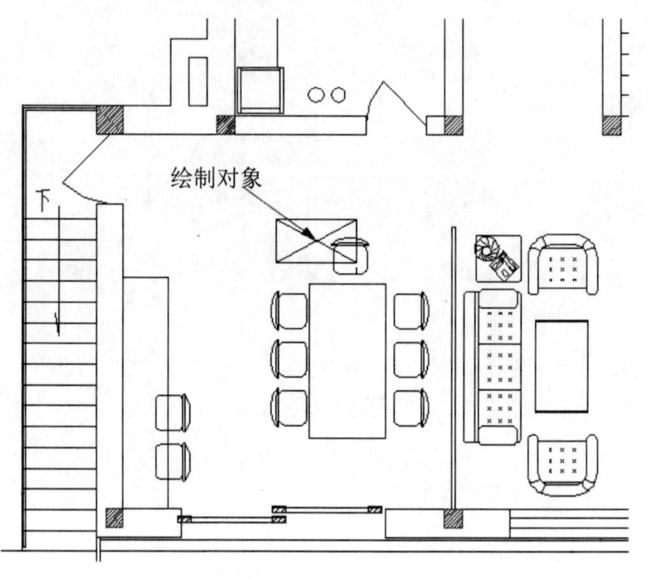

图 14-60　绘制对角线

（6）单击“默认”选项卡“绘图”面板中的“矩形”按钮，在绘制的矩形下端绘制一个 1064×62 的矩形，如图 14-61 所示。

（7）单击“默认”选项卡“绘图”面板中的“直线”按钮，绘制竖直连接线连接绘制的两个矩形，如图 14-62 所示。

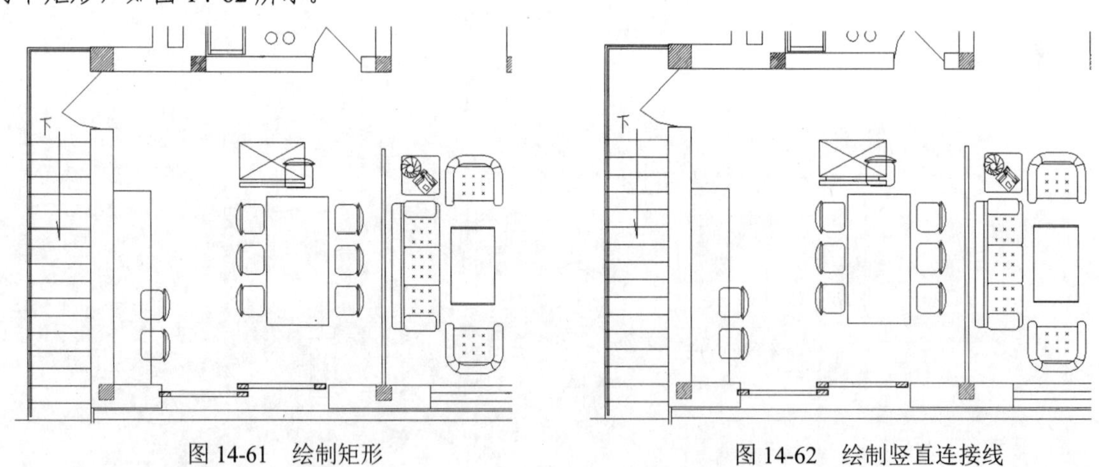

图 14-61　绘制矩形　　　　图 14-62　绘制竖直连接线

（8）单击“默认”选项卡“修改”面板中的“复制”按钮，选择绘制的图形为复制对象，对其进行连续复制，如图 14-63 所示。

（9）单击“默认”选项卡“绘图”面板中的“矩形”按钮，在图形的适当位置绘制一个 22×238 的矩形，如图 14-64 所示。

（10）单击“默认”选项卡“绘图”面板中的“直线”按钮，在绘制的矩形上绘制两条斜向直线，如图 14-65 所示。

Note

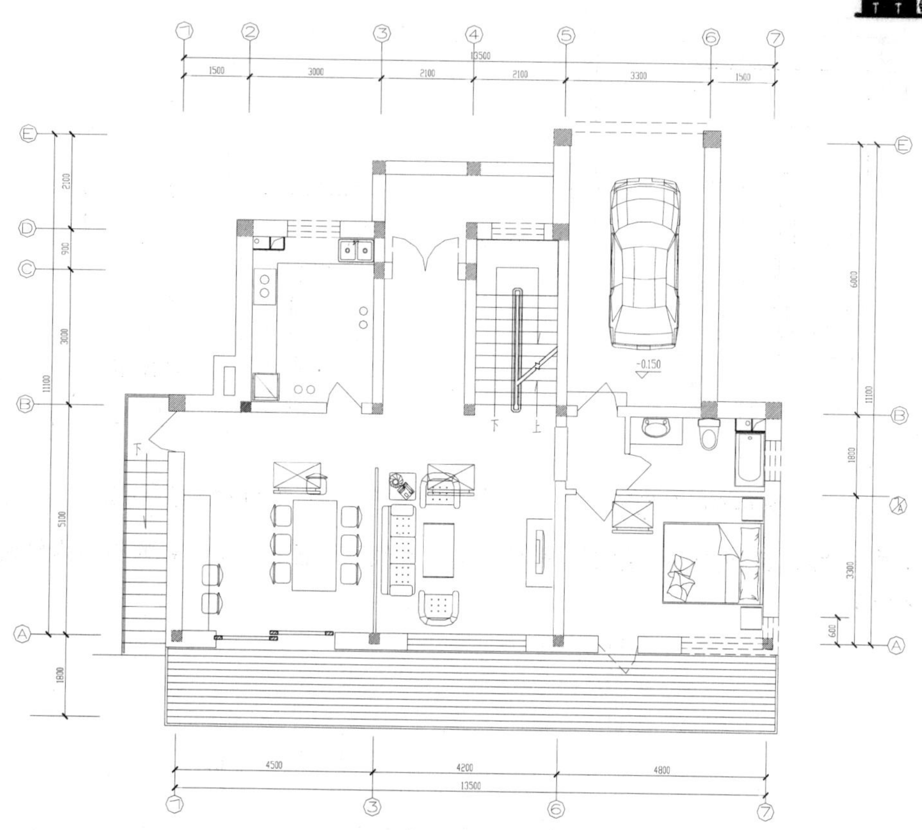

图 14-63 复制图形

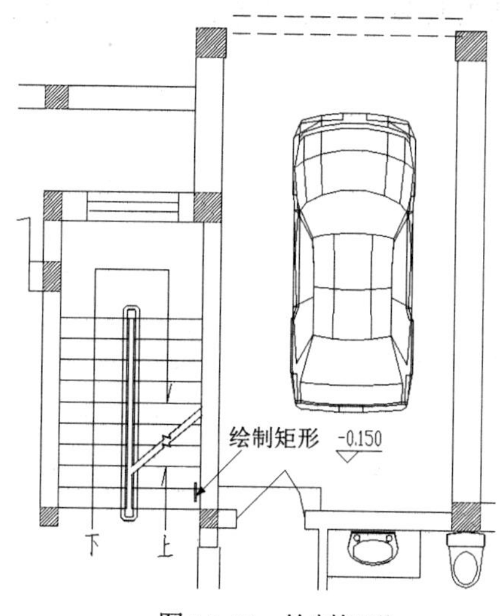

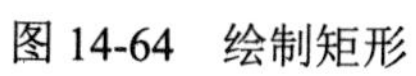

图 14-64 绘制矩形

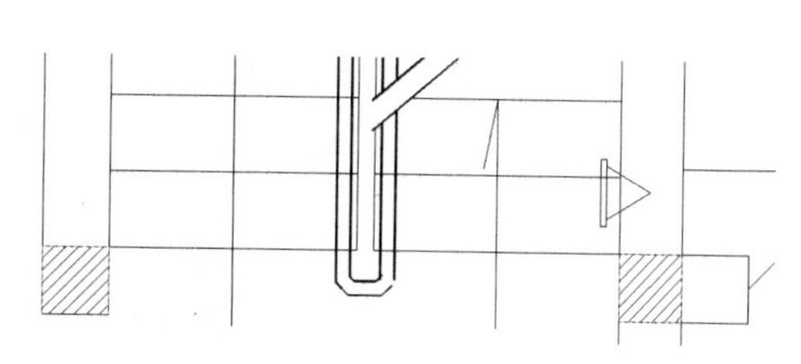

图 14-65 绘制斜向直线

（11）单击“默认”选项卡“绘图”面板中的“圆”按钮，在绘制的斜向直线上端绘制一个半径适当的圆，如图 14-66 所示。

（12）单击“默认”选项卡“绘图”面板中的“矩形”按钮，在绘制的图形右侧绘制一个 240×233 的矩形，如图 14-67 所示。

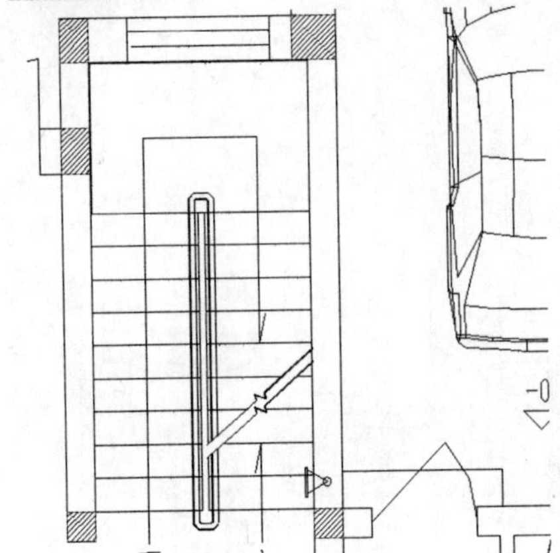

图 14-66　绘制圆

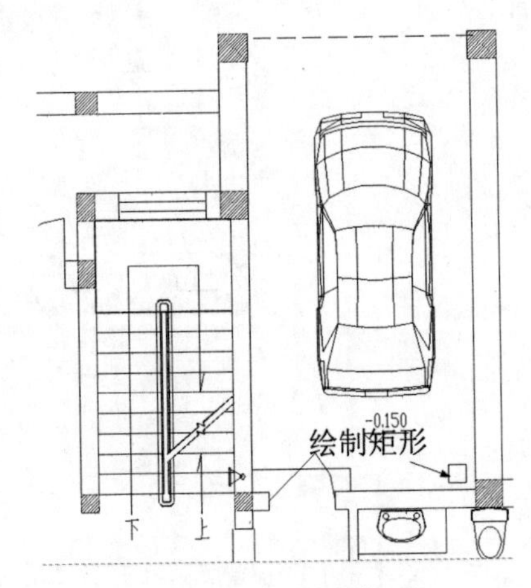

图 14-67　绘制矩形

（13）单击“默认”选项卡“绘图”面板中的“直线”按钮，在绘制的矩形内绘制对角线，如图 14-68 所示。

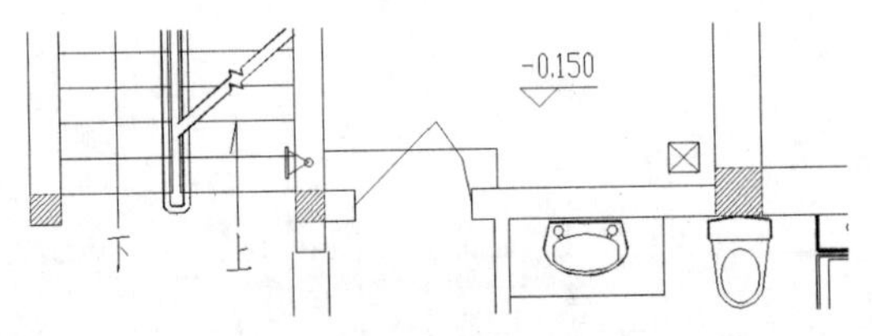

图 14-68　绘制对角线

（14）单击“默认”选项卡“绘图”面板中的“直线”按钮，绘制连续直线连接前面绘制的各图形，如图 14-69 所示。

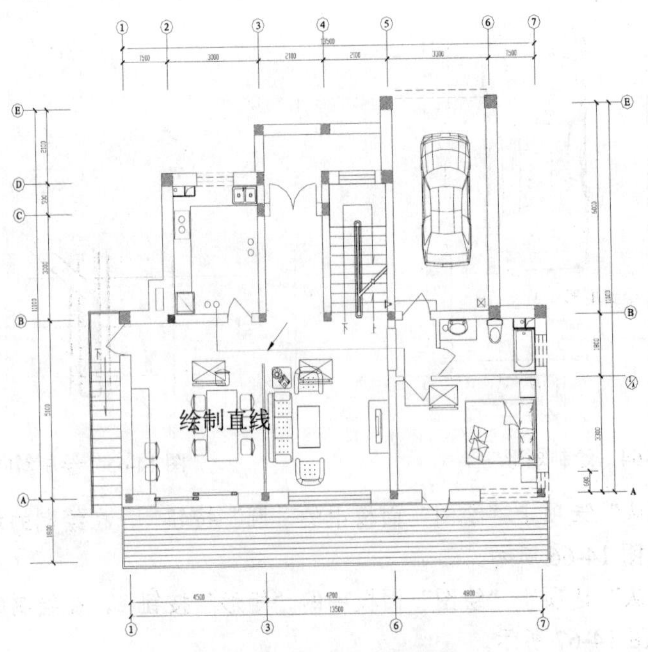

图 14-69　绘制连续直线

（15）单击“默认”选项卡“绘图”面板中的“直线”按钮，在绘制的连续直线下方继续绘制连续直线，如图14-70所示。

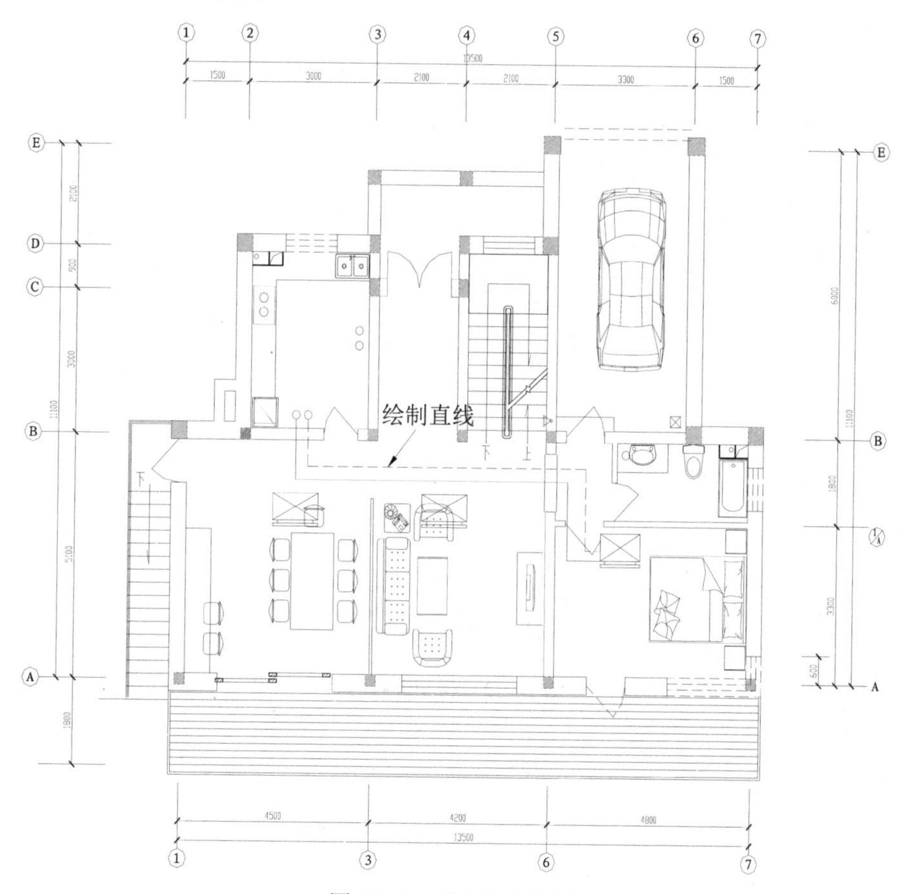

图14-70　绘制连续直线

（16）单击“默认”选项卡“绘图”面板中的“圆”按钮，在图形的适当位置绘制一个半径适当的圆，如图14-71所示。

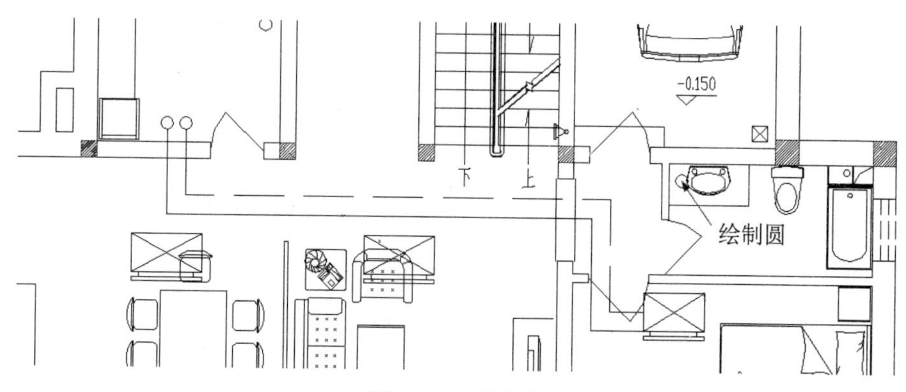

图14-71　绘制圆

（17）使用上述方法完成剩余相同连接线的绘制，如图14-72所示。

（18）单击“默认”选项卡“绘图”面板中的“直线”按钮，连接前面布置的吸尘口及吸

Note

尘主机，最终完成首层空调平面图，如图 14-73 所示。

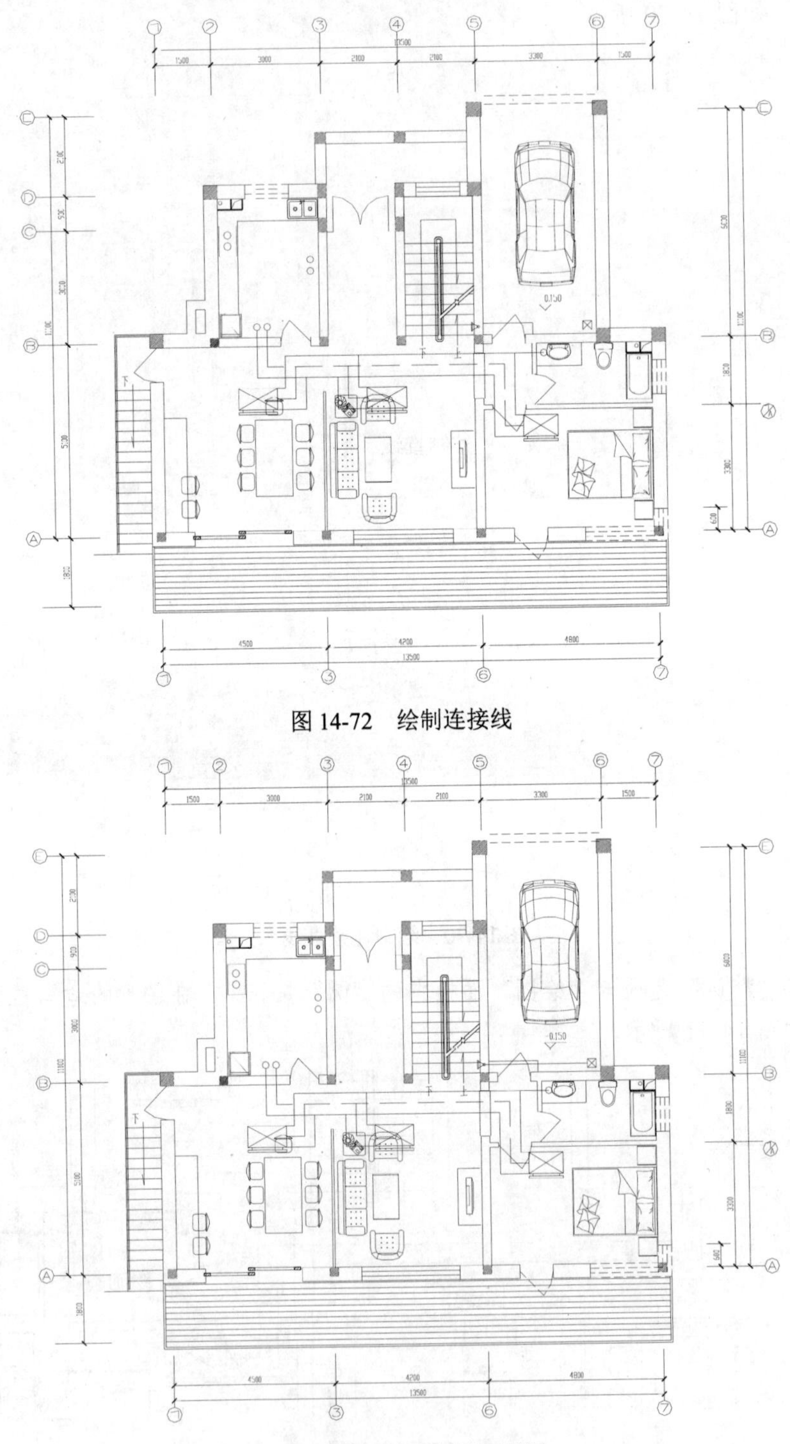

图 14-72　绘制连接线

图 14-73　首层空调平面图

（19）单击“默认”选项卡“注释”面板中的“多行文字”按钮A和“直线”按钮，为绘制完成的首层空调平面图添加文字说明，如图 14-74 所示。

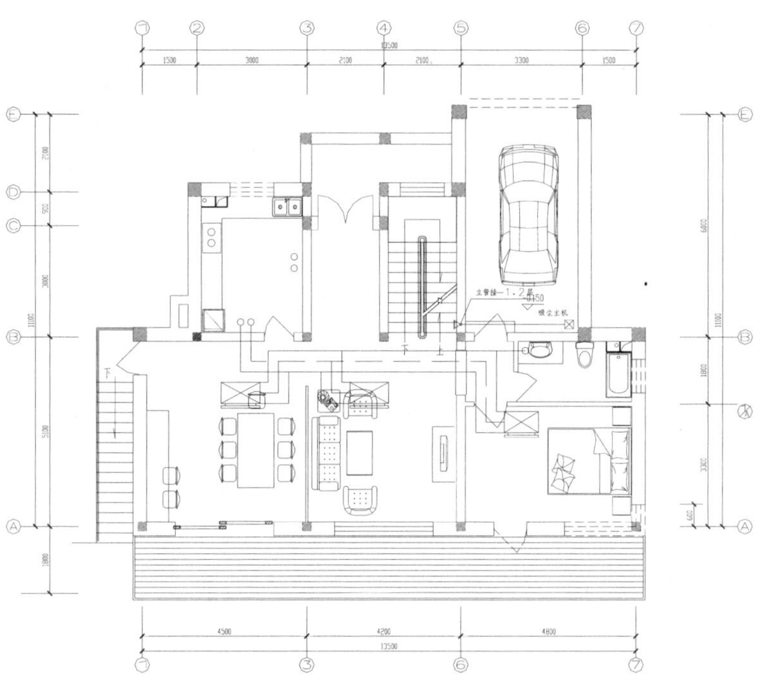

图 14-74 添加文字说明

（20）单击“默认”选项卡“块”面板中的“插入”按钮，弹出“插入”对话框，如图 14-75 所示。单击“浏览”按钮，弹出“选择图形文件”对话框，选择“源文件\图库\A2 图框”图块，将其放置到图形适当位置，结合所学知识为绘制的图形添加图形名称，最终完成首层空调平面图，如图 14-54 所示。

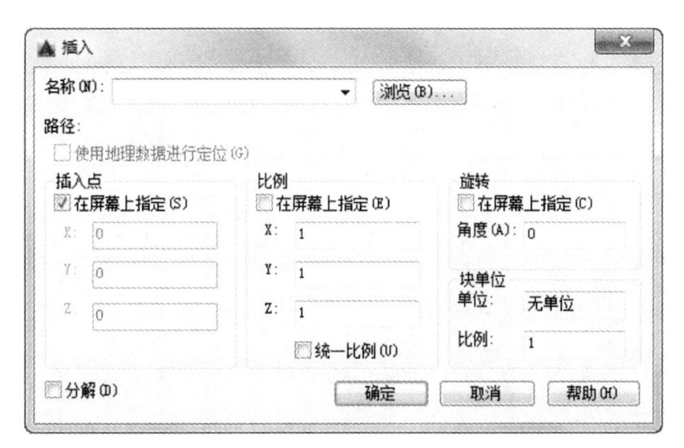

图 14-75 “插入”对话框

14.6 地下室空调平面图

地下室空调平面图和首层空调平面图类似，所不同的是，地下层设置有热交换终端（集水坑、锅炉和冷却塔），设计时要注意这些热交换终端与管线之间的相连关系。利用前面所学知识完成地下室空调平面图的绘制，如图 14-76 所示。

Note

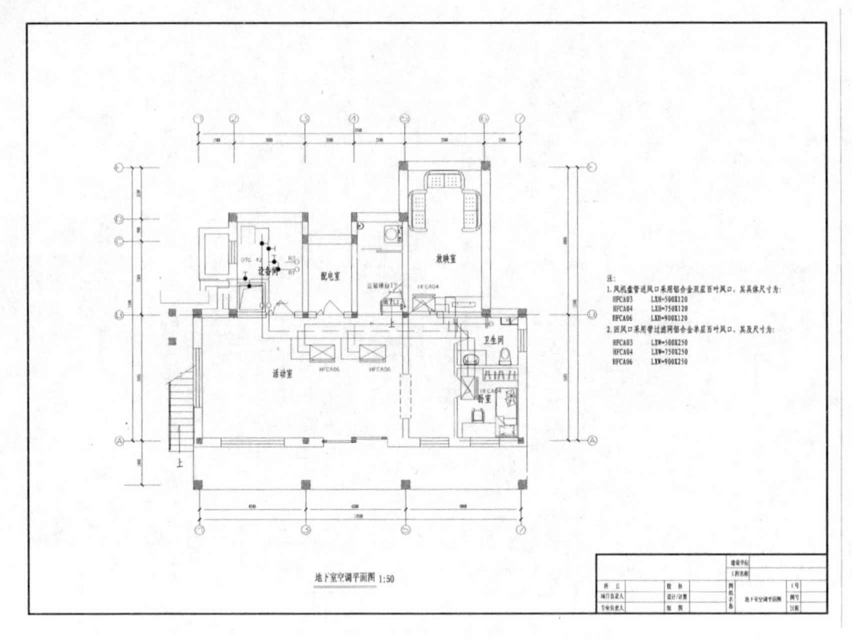

图 14-76　地下室空调平面图

14.7　二层空调平面图

二层空调平面图和首层空调平面图类似，利用前面所学知识完成二层空调平面图的绘制，如图 14-77 所示。

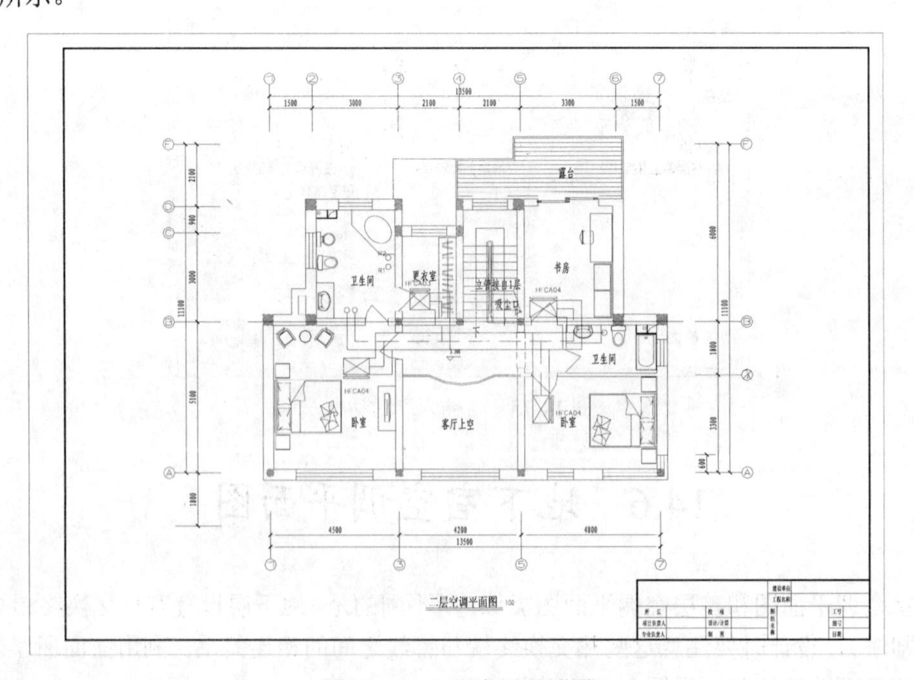

图 14-77　二层空调平面图

Note

14.8　给水排水平面图

给水排水系统包括冷水给水系统、热水给水系统、排水系统。在平面图中，卫生间、厨房及热交换终端等处，需要绘制相关的管线及附属设备。利用前面所学知识完成别墅各层给水排水平面图的绘制，如图 14-78～图 14-80 所示。

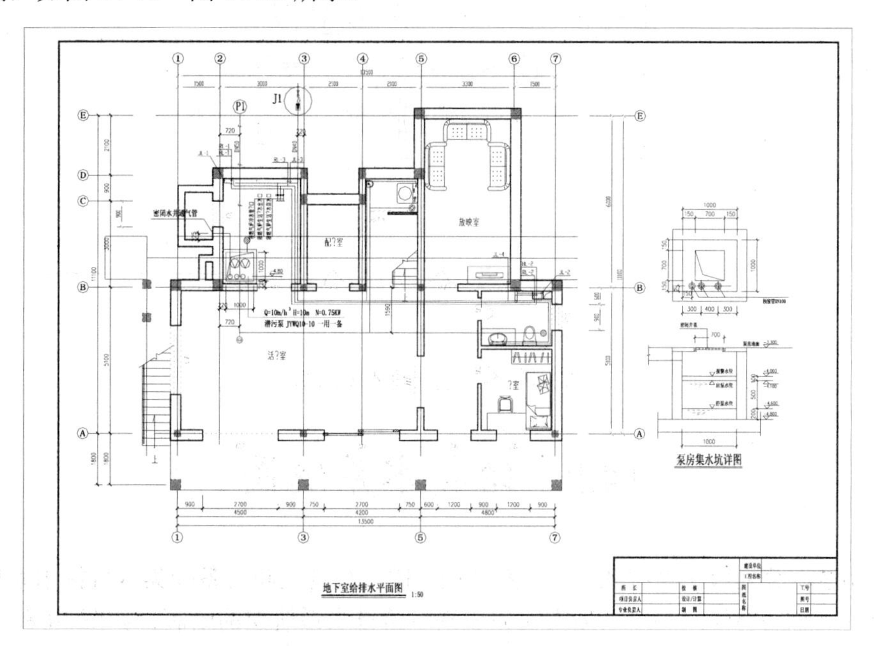

图 14-78　地下层给水排水平面图

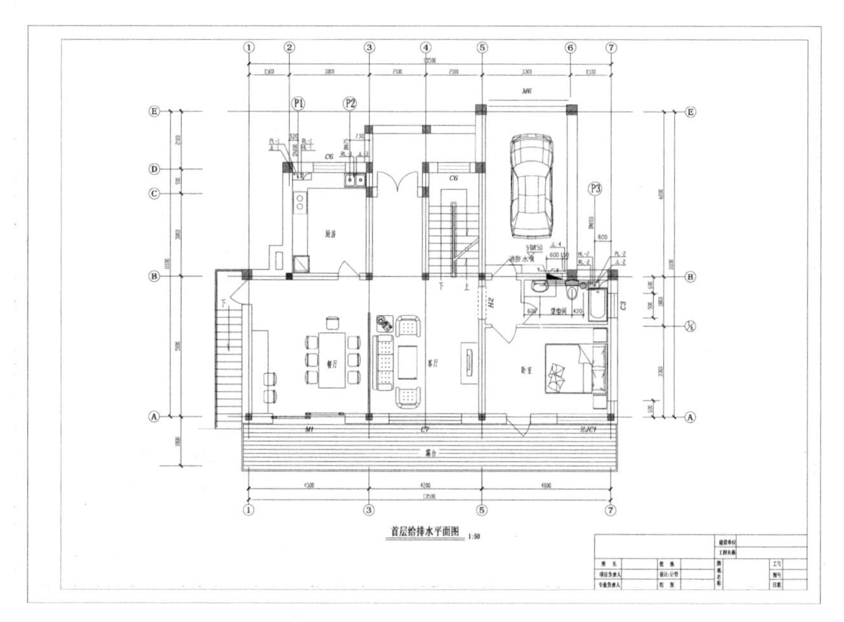

图 14-79　首层给排水平面图

Note

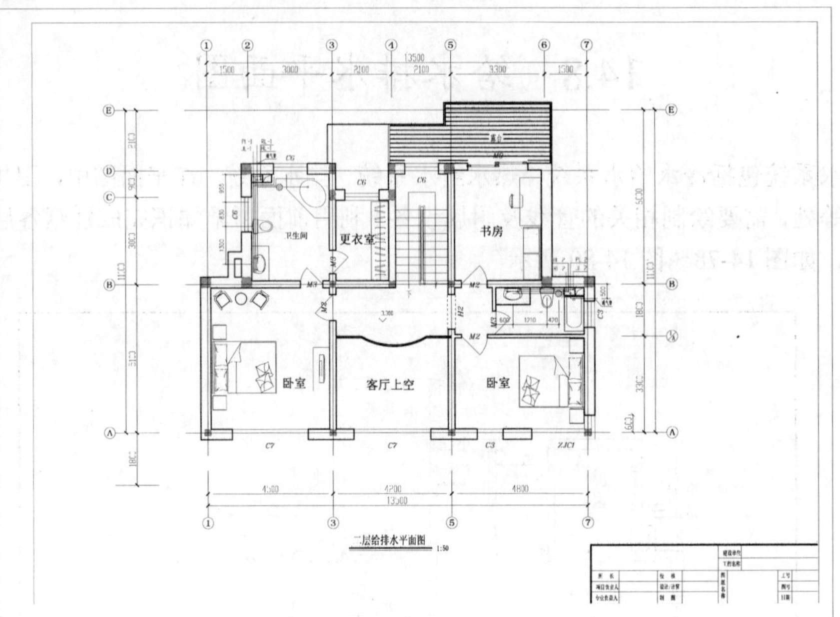

图 14-80　二层给排水平面图

14.9　给排水系统图

给排水系统图分为冷水系统图、热水系统图、排水系统图和设备间集水坑排水系统图，绘制方法与空调水系统图类似。利用上述方法完成别墅给排水系统图的绘制，如图 14-81 所示。

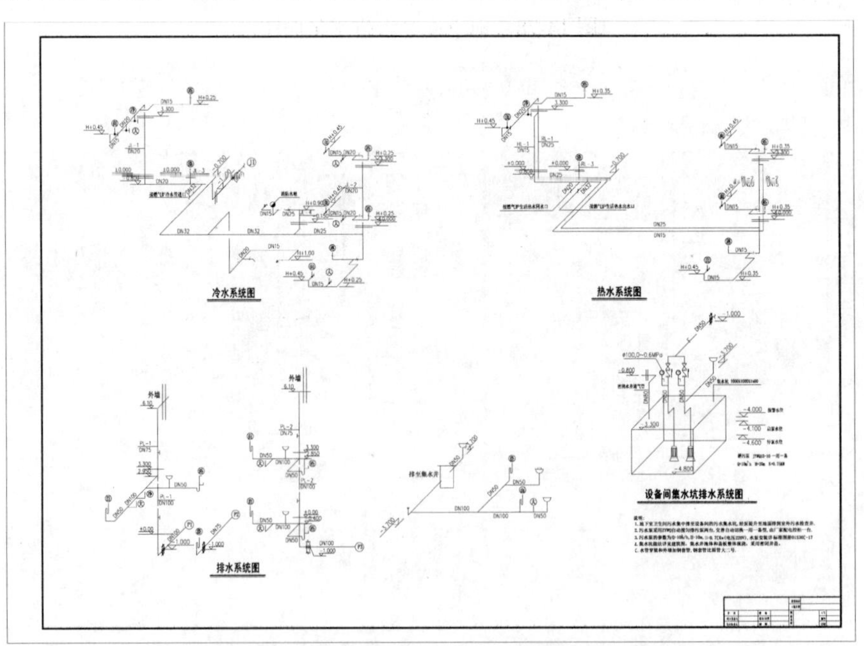

图 14-81　给排水系统图

14.10 实 战 演 练

通过前面的学习，读者对本章知识也有了大体的了解，本节通过一个操作练习使读者进一步掌握本章知识要点。

【实战演练】绘制户型采暖系统图（如图 14-82 所示）。

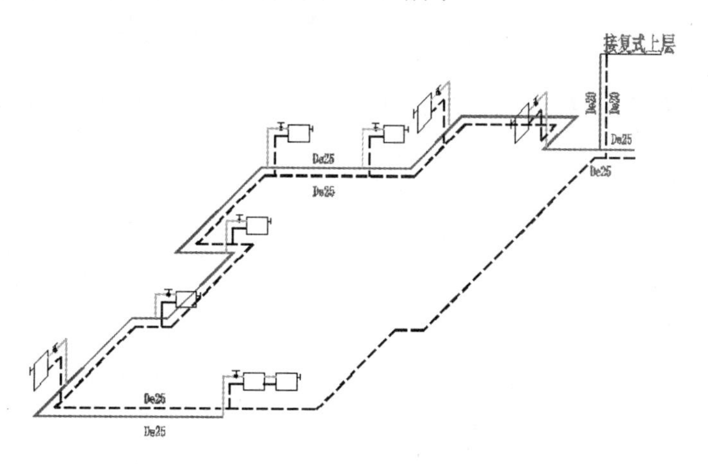

图 14-82 户型采暖系统图

1．目的要求

本实例主要要求读者通过练习进一步熟悉和掌握采暖系统图的绘制方法。通过本实例，可以帮助读者学会完成户型采暖系统图绘制的全过程。

2．操作提示

（1）绘制采暖管线。

（2）绘制回水管线。

（3）布置设备。

（4）管道标注。

▶▶第4篇

居民楼水暖电设计

本篇主要结合某居民楼建筑水暖设计实例讲解使用AutoCAD 2016进行建筑水暖设计的操作步骤、方法技巧等，包括给水排水平面图、采暖平面图等知识。

- 居民楼电气平面图
- 居民楼辅助电气平面图
- 居民楼电气系统图
- 某居民楼采暖平面图
- 某居民楼给水排水平面图

居民楼电气平面图

本章学习要点和目标任务：

☑ 居民楼电气设计说明

☑ 居民楼电气照明平面图

建筑电气平面图是建筑设计单位提供给施工单位、使用单位予以其从事电气设备、安装和电气设备维护管理的电气图，是电气施工图中的最重要图样之一。电气平面工程图表达的对象是照明设备及其供电线路。

本章将以某居民楼标准层电气平面图为例，详细讲述电气平面图的绘制过程。在讲述过程中，将逐步带领读者完成电气平面图的绘制，并讲述关于电气照明平面图的相关知识和技巧。本章包括电气照明平面图绘制、灯具的绘制、文字标注等内容。

15.1　居民楼电气设计说明

本篇将围绕某六层砖混住宅电气工程图设计为核心展开讲述。下面将对电气工程图设计的有关说明进行简要介绍。

15.1.1　设计依据

（1）建筑概况。本工程为绿荫水岸名家 5 号多层住宅楼工程，地下一层为储藏室，地上 6 层为住宅。总建筑面积为 3972.3m^2，建筑主体高度为 20.85m，预制楼板局部为现浇楼板。

（2）建筑、结构等专业提供的其他设计资料。

（3）建设单位提供的设计任务书及相关设计说明。

（4）中华人民共和国现行主要规程及设计标准。

（5）中华人民共和国现行主要规范。

①《民用建筑电气设计规范》（JGJ16—2008）。

②《建筑设计防火规范》（GB50016—2014）。

③《住宅设计规范》（GB50096—2011）。

④《住宅建筑规范》（GB50368—2005）。

⑤《建筑物防雷设计规范》（GB50057—2010）。

15.1.2　设计范围

（1）主要设计内容包括供配电系统、建筑物防雷和接地系统、电话系统、有线电视系统、宽带网系统、可视门铃系统等。

（2）多功能可视门铃系统应该根据甲方选定的产品要求进行穿线，系统的安装和调试由专业公司负责。

（3）有线电视、电话和宽带网等信号来源应由甲方与当地主管部门协商解决。

15.1.3　供配电系统

（1）本建筑为普通多层建筑，其用电均为三级负荷。

（2）楼内电气负荷为三级负荷：安装容量 234.0kW；计算容量 140.4kW。

（3）楼内低压电源均为室外变配电所采用的三相四线铜芯铠装绝缘体电缆埋地，系统采用 TN-C-S 制，放射式供电，电源进楼处采用一 40×4 镀锌扁钢重复接地。

（4）在各单元一层集中设置电表箱进行统一计量和抄收。

（5）根据工程具体情况及甲方要求，用电指标为每户单相住宅 6kW/8kW。

（6）照明插座和空调插座采用不同的回路供电，普通插座回路均设漏电保护装置。

Note

15.1.4 线路敷设及设备安装

（1）线路敷设：室外强弱干线采用铠装绝缘电缆直接埋地敷设，进楼后穿墙壁电线管暗敷设，埋深为室外地坪下 0.8m，所有直线均穿厚墙壁电线管或阻燃硬质 PVC 管沿墙、楼板或屋顶保温层暗敷设。

（2）设备安装：除平面图中特殊注明外，设备均为靠墙、靠门框或居中均匀布置，其安装方式及安装高度均参见“主要电气设备图例表”，若位置与其他设备或管道位置发生冲突，可在取得设计人员认可后根据现场实际情况做相应调整。

（3）电气平面图中，除图中已经注明的外，灯具回路为 2 根线，插座回路均为 3 根线，穿管规格分别为：其中 BV—2.5 线路 2～3 根 PVC16，4～5 根 PVC20。

（4）图中所有配电箱尺寸应与成套厂配合后确定，嵌墙安装箱据此确定其留洞大小。

15.1.5 建筑物防雷和接地系统及安全设施

（1）根据《建筑物防雷设计规范》（GB50057－2010），本建筑应属于第三类防雷建筑物，采用屋面避雷网、防雷引下线和自然接地网组成建筑物防雷和接地系统。

（2）本楼防雷装置采用屋脊、屋檐避雷带和屋面暗敷避雷线形成避雷网，其避雷带采用ϕ10 镀锌圆钢，支高 0.15m，支持卡子间距 1.0m 固定（转角处 0.5m）；其他突出屋面的金属构件均应与屋面避雷网做可靠的电气连接。

（3）本楼防雷引下线利用结构柱四根上下焊通的ϕ10 以上的主筋充当，上下分别与屋面避雷网和接地网做可靠的电气连接，建筑物四角和其他适当位置引下线，在室外地面上 0.8 m 处设置接地电阻测试卡子。

（4）接地系统为建筑物地圈梁内两层钢筋中各两根主筋相互形成地网。

（5）在室外部分的接地装置相互焊接处均应刷沥青防腐。

（6）本楼采用强弱电联合接地系统，接地电阻应不小于 1Ω，若实测结果不满足要求，应在建筑物外增设人工接地极或采取其他降阻措施。

（7）配电箱外壳等正常情况下不带电的金属构件均应与防雷接地系统做可靠的电气连接。

（8）本楼应作总等电位联结，总等电位板由紫铜板制成，应将建筑物内保护干线、设备进线总管及进出建筑物的其他金属管道进行等电位联结，总等电位联结线采用 BV-25、PVC32，总等电位联结均采用等电位卡子，禁止在金属管道上焊接。

（9）卫生间作局部等电位联结，采用一 25×4 热镀锌扁钢引至局部等电位箱（LEB）。局部等电位箱底边距地 0.3m 嵌墙安装，将卫生间内所有金属管道和金属构件联结。具体做法参见《等电位联结安装》（02D501—2）。

15.1.6 电话系统、有线电视、网络系统

（1）每户按两对电话系统考虑，在客厅、卧室等处设置插座，由一层电话分线箱引两对电话线至住户集中布线箱，由住户集中布线箱引至每个电话插座。

（2）在客厅、主卧设置电视插座，电视采用分配器一分支器系统。图像清晰度不低于 4 级。

（3）在一层楼梯间设置网络交换机，每户在书房设置一个网络插座。

（4）室内电话线采用 RVS-2×0.5，电视线采用 SYWV-75-5，网线采用超五类非屏蔽双绞线。所有弱电分支线路均穿硬质 PVC 管沿墙或楼板暗敷。

Note

15.1.7　可视门铃系统

（1）本工程采用总线制多功能可视门铃系统，各单元主机可通过电缆相互联成一个系统，并将信号接入小区管理中心。

（2）每户在住户门厅附近挂墙设置户内分机。

（3）每户住宅内的燃气泄露报警、门磁报警、窗磁报警、紧急报警按键等信号均引入对讲分机，再由对讲分机引出，通过总线引至小区管理中心。

15.1.8　其他内容

图中有关做法及未尽事宜均应参照《国家建筑标准设计——电气部分》和国家其他规程规范执行，有关人员应密切合作、避免漏埋或漏焊。

15.2　居民楼电气照明平面图

照明平面图应清楚地表示灯具、开关、插座、线路的具体位置和安装方法，但对同一方向、同一档次的导线只用一根线表示。

照明控制接线图包括原理接线图和安装接线图。原理接线图比较清楚地表明了开关、灯具的连接与控制关系，但不具体表示照明设备与线路的实际位置。在照明平面图上表示的照明设备连接关系图是安装接线图。灯具和插座都是与电源进线的两端并联，相线必须经过开关后再进入灯座。零线直接接到灯座，保护接地线与灯具的金属外壳相连接。这种连接法耗用导线多，但接线可靠，是目前工程广泛应用的安装接线方法，如线管配线、塑料护套配线等。当灯具和开关的位置改变、进线方向改变时，都会使用导线根数变化。所以，要真正看懂照明平面图，就必须了解导线数的变化规律，掌握照明线路设计的基本知识。

15.2.1　电气照明平面图概述

1．电气照明平面图表示的主要内容

电气照明平面图表示的主要内容包括以下几个方面。

（1）照明配电箱的型号、数量、安装位置、安装标高，配电箱的电气系统。

（2）照明线路的配线方法、敷设位置、线路的走向，导线的型号、规格及根数，导线的连接方法。

（3）灯具的类型、功率、安装位置、安装方式及安装标高。

（4）开关的类型、安装位置、离地高度、控制方式。

（5）插座及其他电器的类型、容量、安装位置、安装高度等。

2. 图形符号及文字符号的应用

Note

电气照明施工平面图是简图，它采用图形符号和文字符号来描述图中的各项内容。电气照明线路、相关电气设备的图形符号及其相关标注的文字符号所表示的意义，将于后续文字中做相关介绍。

3. 照明的线路及设备位置的确定方法

照明线路及其设备一般采用图形符号和标注文字相结合的方式来表示，在电气照明施工平面图中不表示线路及设备本身的尺寸、形状，但必须确定其敷设和安装的位置。其平面位置是根据建筑平面图的定位轴线和某些构筑物的平面位置来确定照明线路和设备布置的位置，而垂直位置即安装高度，一般采用标高、文字符号等方式来表示。

4. 电气照明平面图的绘制步骤

电气照明平面图的绘制步骤如下。

（1）画房屋平面（外墙、房间、楼梯等）。

（2）电气工程CAD制图中，对于新建结构往往会由建筑专业提供建筑施工图，对于改建、改造建筑则需要新绘制其建筑施工图。

（3）画配电箱、开关及电气设备。

（4）画各种灯具、插座、吊扇等。

（5）画进户线及各电气设备、开关、灯具、灯具间的连接线。

（6）对线路、设备等附加文字标注。

（7）附加必要的文字说明。

15.2.2 设置图层、颜色、线型及线宽

根据《房屋建筑CAD制图统一规则》，电气工程的图层代号如表15-1所示。

表15-1 电气工程照明图层名称代号

	中文名称	英文名称	中文说明	英文说明
照明的图层	电气-照明	E-LITE	照明	Lighting
	电气-照明-特殊	E-LITE-SPCL	特殊照明	Special lighting
	电气-照明-应急	E-LITE-EMER	应急照明	Emergency lighting
	电气-照明-出口	E-LITE-EXIT	出口照明	Exit lighting
	电气-照明-顶灯	E-LITE-CLHG	吸顶灯	Ceiling-mounted lighting
	电气-照明-壁灯	E-LITE-WALL	壁灯	Wall-mounted lighting
	电气-照明-楼层	E-LITE-FLOR	楼层照明（灯具）	Floor-mounted lighting
	电气-照明-简图	E-LITE-OTLN	背景照明简图	Lighting outline for background(optional)
	电气-照明-室内	E-LITE-ROOF	室内照明	Roof lighting
	电气-照明-户外	E-LITE-SITE	户外照明	Site lighting
	电气-照明-开关	E-LITE-SWCH	照明开关	Lighting switches
	电气-照明-线路	E-LITE-CIRC	照明线路	Lighting circuits

续表

	中文名称	英文名称	中文说明	英文说明
照明的图层	电气-照明-编号	E-LITE-NUMB	照明回路编号	Luminaries identification and texts
	电气-照明-线盒	E-LITE-JBOX	接线盒	Junction box
电源的图层	电气-电源	E-POWER	电源	Power
	电气-电源-墙座	E-POWER	电源	Power
	电气-电源-顶棚	E-POWER-WALL	墙上电源与插座	Power wall outlets and receptacles
	电气-电源-电盘	E-POWER-CLNG	顶棚电源插座与装置	Power ceiling receptacles and devices
	电气-电源-设备	E-POWER-PANL	配电盒	Power panels
电源的图层	电气-电源-电柜	E-POWER-EQPM	电源设备	Power equipment
	电气-电源-线号	E-POWER-SWBD	配电柜	Power switchboard
	电气-电源-电路	E-POWER-NUMB	电路编号	Power circuit numbers
	电气-电源-暗管	E-POWER-CIRC	电路	Power circuits
	电气-电源-总线	E-POWER-URAC	暗管	Underfloor raceways
	电气-电源-户外	E-POWER-BUSW	总线	Busways
	电气-电源-户内	E-POWER-SITE	户外电源	Site power
	电气-电源-简图	E-POWER-ROOF	户内电源	Roof power
	电气-电源-线盒	E-POWER-OTLN	电源简图	Power outline for background
	电气-电源-接线盒	E-POWER-JBOX	电源接线盒	Junction box

本节讲述居民楼电气照明平面图的绘制，如图15-1所示。

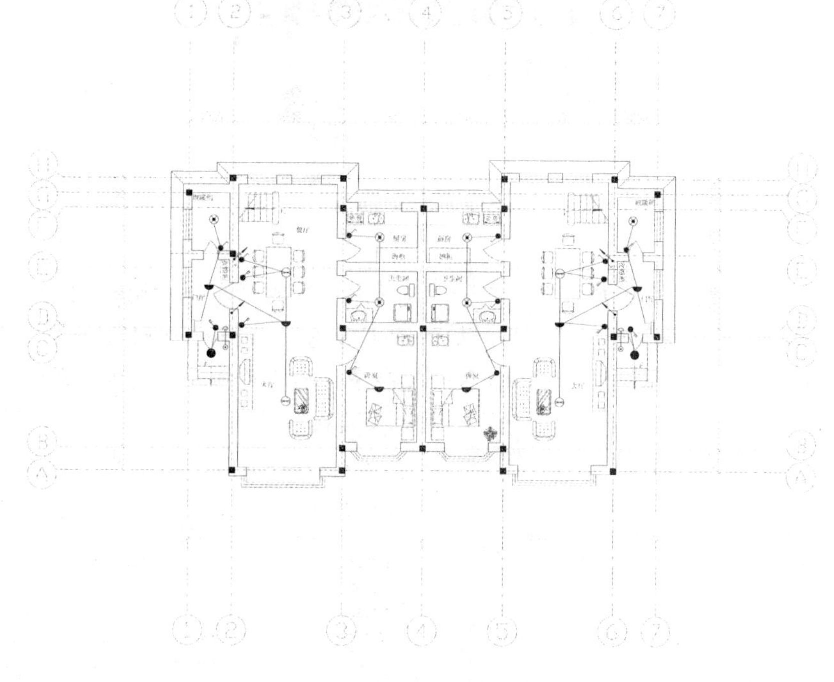

图15-1　居民楼电气照明平面图

操作步骤如下：（：光盘\配套视频\动画演示\第15章\居民楼电气照明平面图.avi）

（1）单击“默认”选项卡“图层”面板中的“图层特性”按钮，打开“图层特性管理器”

Note

选项板，如图 15-2 所示。单击“新建图层”按钮，将新建图层名修改为“轴线”。

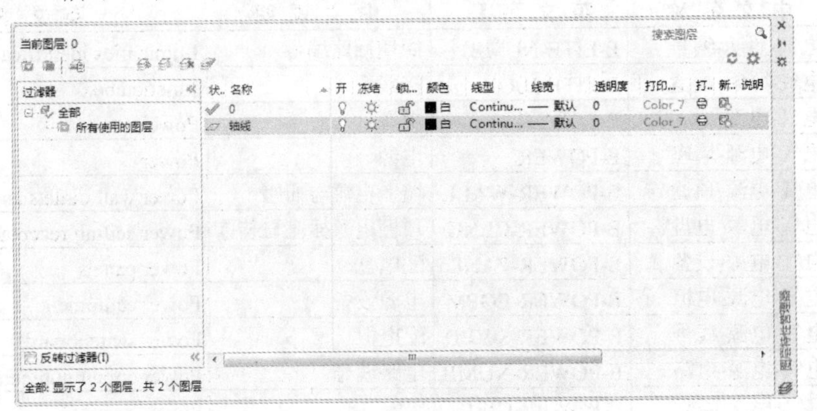

图 15-2　“图层特性管理器”选项板

（2）单击“轴线”图层的图层颜色，打开“选择颜色”对话框，如图 15-3 所示，选择红色为“轴线”图层颜色，单击“确定”按钮。

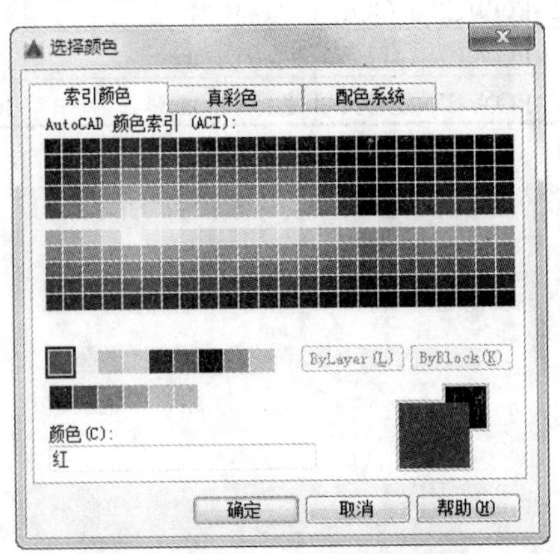

图 15-3　“选择颜色”对话框

（3）单击“轴线”图层的图层线型，打开“选择线型”对话框，如图 15-4 所示，单击“加载”按钮，打开“加载或重载线型”对话框，如图 15-5 所示，选择 CENTER 线型，单击“确定”按钮。返回到“选择线型”对话框，选择 CENTER 线型，单击“确定”按钮，完成线型的设置。

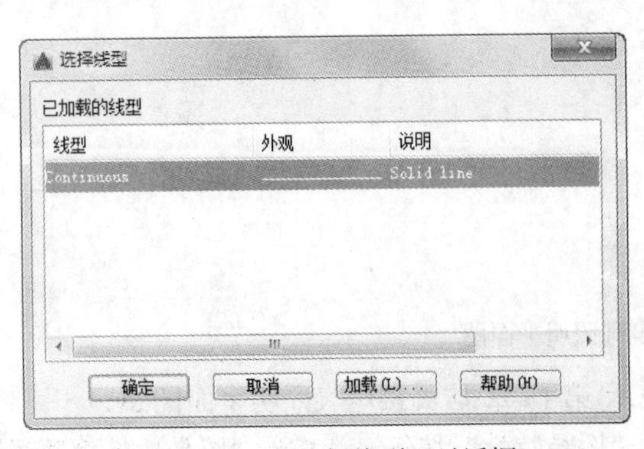

图 15-4　“选择线型”对话框

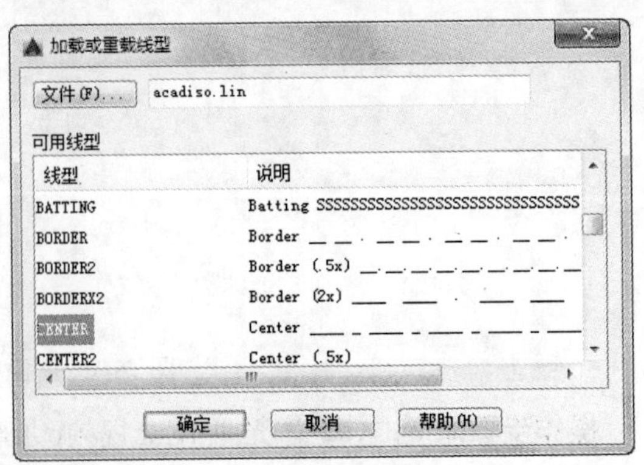

图 15-5　“加载或重载线型”对话框

Note

（4）使用相同的方法创建其他图层，如图 15-6 所示。

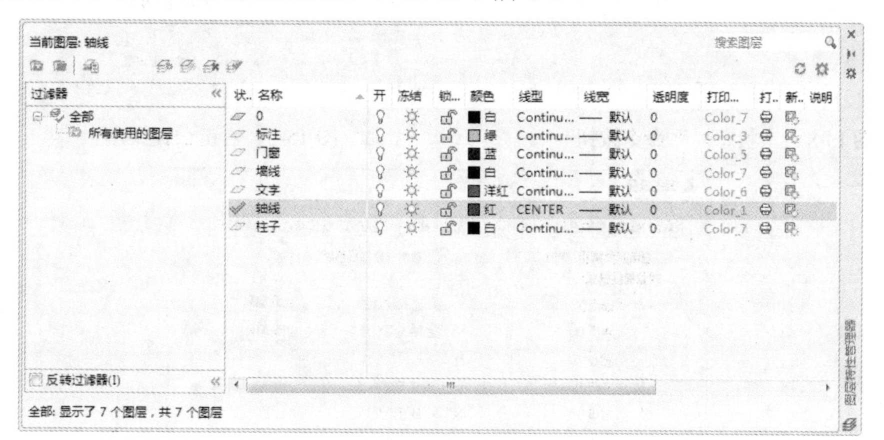

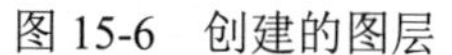

图 15-6　创建的图层

15.2.3　绘制轴线

（1）单击“默认”选项卡“绘图”面板中的“直线”按钮，绘制长度为 30000mm 的水平轴线和长度为 23000mm 的垂直轴线，如图 15-7 所示。

图 15-7　绘制轴线

说明：

使用“直线”命令时，若为正交直线，可按下“正交”按钮，根据正交方向提示，直接输入下一点的距离即可，而不需要输入“@”符号；若为斜线，则可右击“极轴”按钮，在弹出窗口中可设置斜线的捕捉角度，此时，图形即进入了自动捕捉所需角度的状态，其可大大提高制图时输入直线长度的效率，如图 15-8 所示。

同时，右击“对象捕捉”开关按钮，在打开的快捷菜单中选择“对象捕捉设置”命令，如图 15-9 所示，打开“草图设置”对话框，如图 15-10 所示，进行对象捕捉设置后，绘图时只需按下“对象捕捉”按钮，程序会自动进行某些点的捕捉，如端点、中点、切点等，“捕捉对象”功能的应用可以极大地提高制图速度。使用对象捕捉可指定对象上的精确位置，例如，使用对象捕捉可以绘制到圆心或多段线中点的直线。

若某命令提示输入某一点（如起始点、中心点或基准点等），都可以指定对象捕捉。默认情况下，当光标移到对象的对象捕捉位置时，将显示标记和工具栏提示。此功能称为 AutoSnap（自动捕捉），其提供了视觉提示，指示哪些对象捕捉正在使用。

Note

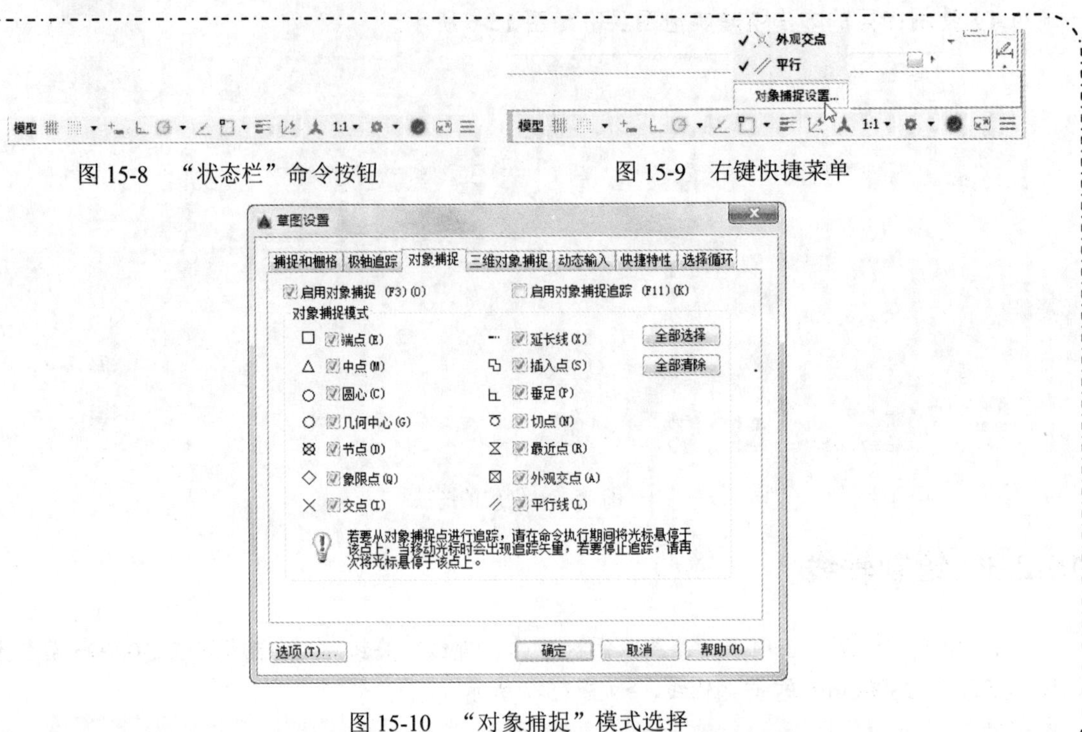

图 15-8 “状态栏”命令按钮

图 15-9 右键快捷菜单

图 15-10 “对象捕捉”模式选择

（2）单击“默认”选项卡“修改”面板中的“偏移”按钮，将竖直轴线向右偏移 1800mm。

① 在命令行提示“指定偏移距离或[通过(T)/删除(E)/图层(L)] <通过>:”后输入“1800”。

② 在命令行提示“选择要偏移的对象，或[退出(E)/放弃(U)] <退出>:”后选择竖直轴线。

③ 在命令行提示“指定要偏移的那一侧上的点，或[退出(E)/多个(M)/放弃(U)] <退出>:”后向右指定一点。

④ 在命令行提示“选择要偏移的对象，或[退出(E)/放弃(U)] <退出>:”后按 Enter 键。

重复“偏移”命令，将竖直轴线向右偏移，偏移距离分别为 4500mm、3300mm、3300mm、4500mm、1800mm。将水平轴线向上偏移，偏移距离分别为 900mm、4500mm、300mm、2400mm、560mm、1840mm、600mm、600mm，结果如图 15-11 所示。

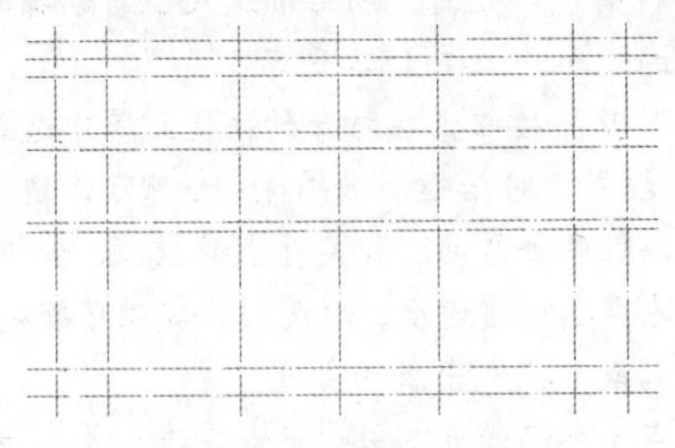

图 15-11 绘制轴线

（3）绘制轴号。

① 单击“默认”选项卡“绘图”面板中的“圆”按钮，绘制一个圆。

Note

说明：

处理字样重叠的问题，也可以在标注样式中进行相关设置，这样计算机会自动处理，但处理效果有时不太理想，也可以单击“标注”工具栏中的“编辑标注文字”按钮来调整文字位置，读者可以试一试。

有用户在将 AutoCAD 中的图形粘贴或插入到 Word 或其他软件中时，发现圆变成了正多边形，即图样变形了，此时，只需使用 VIEWRES 命令，将其设置得大一些，即可改变图形质量。命令行提示如下：

```
命令: VIEWRES↙
是否需要快速缩放？[是(Y)/否(N)] <Y>:↙
输入圆的缩放百分比 (1-20000) <1000>: 5000↙
正在重生成模型。
```

VIEWRES 命令使用短矢量控制圆、圆弧、椭圆和样条曲线的外观。矢量数目越大，圆或圆弧的外观越平滑。例如，如果创建了一个很小的圆然后将其放大，它可能显示为一个多边形。使用 VIEWRES 命令增大缩放百分比并重生成图形，可以更新圆的外观并使其平滑。减小缩放百分比会有相反的效果。

上述操作也可通过在菜单栏中选择“工具”→“选项”命令，在打开对话框的“显示”选项卡的“显示精度”选项组中进行设置，如图 15-12 所示。

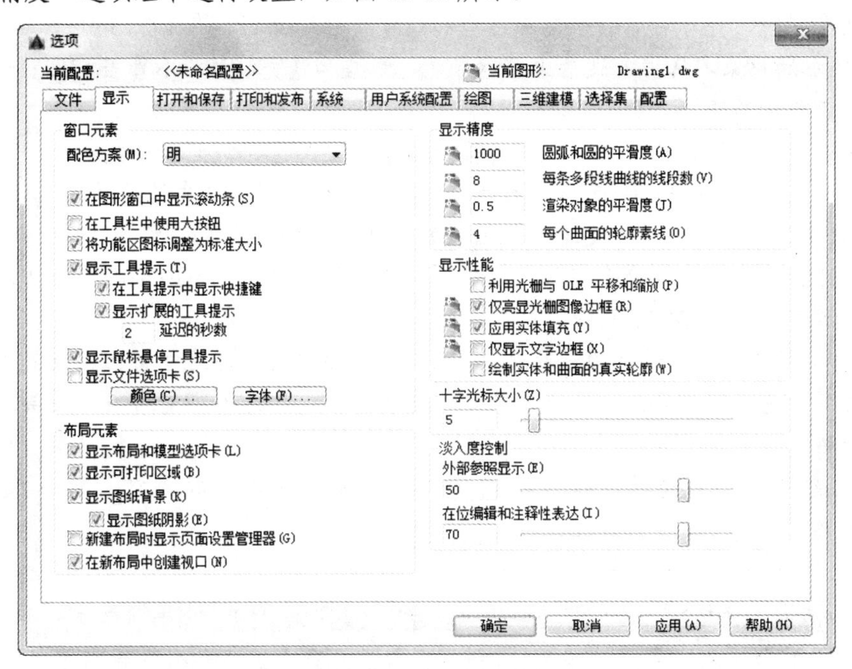

图 15-12　设置显示精度

② 在菜单栏中选择“绘图”→“块”→“定义属性”命令，打开“属性定义”对话框，如图 15-13 所示，单击“确定”按钮，在圆心位置写入一个块的属性值。设置完成后的效果如图 15-14

所示。

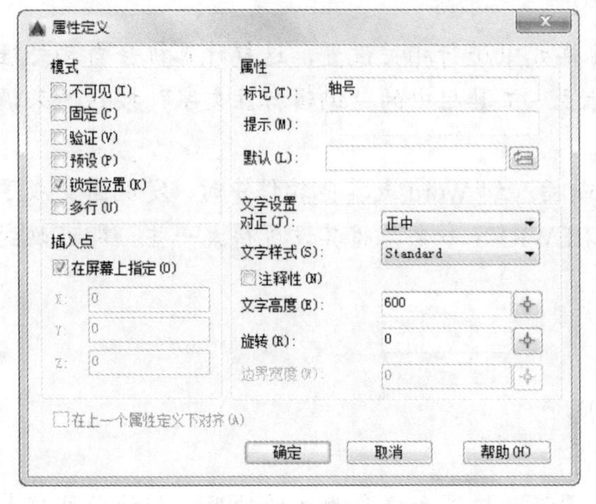

图 15-13　块属性定义

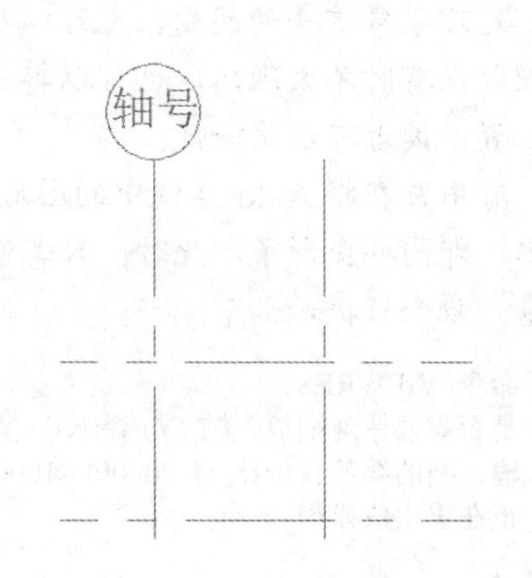

图 15-14　在圆心位置写入属性值

说明：

插入块中的对象可以保留原特性，可以继承所插入图层的特性，或继承图形中的当前特性设置。

插入块时，块中对象的颜色、线型和线宽通常保留其原设置而忽略图形中的当前设置。但是，可以创建其对象继承当前颜色、线型和线宽设置的块。这些对象具有浮动特性。

插入块参照时，对于对象的颜色、线型和线宽特性的处理，有如下 3 种选择。

（1）块中的对象不从当前设置中继承颜色、线型和线宽特性。不管当前设置如何，块中对象的特性都不会改变。

对于此选择，建议分别为块定义中的每个对象设置颜色、线型和线宽特性，而不要在创建这些对象时使用 BYBLOCK 或 BYLAYER 作为颜色、线型和线宽的设置。

（2）块中的对象仅继承指定给当前图层的颜色、线型和线宽特性。

对于此选择，在创建要包含在块定义中的对象之前，请将当前图层设置为 0，将当前颜色、线型和线宽设置为 BYLAYER。

（3）对象继承已明确设置的当前颜色、线型和线宽特性，即这些特性已设置成取代指定给当前图层的颜色、线型和线宽。如果未进行明确设置，则继承指定给当前图层的颜色、线型和线宽特性。

对于此选择，在创建要包含在块定义中的对象之前，请将当前颜色或线型设置为 BYBLOCK。

③ 单击“默认”选项卡“块”面板中的“创建”按钮，打开“块定义”对话框，如图 15-15 所示。在“名称”文本框中输入“轴号”，指定圆心为基点；选择整个圆和刚才的“轴号”标记为对象，单击“确定”按钮，打开如图 15-16 所示的“编辑属性”对话框，输入“轴号”为 1，单击“确定”按钮，轴号效果图如图 15-17 所示。

④ 使用上述方法绘制出所有轴号，如图 15-18 所示。

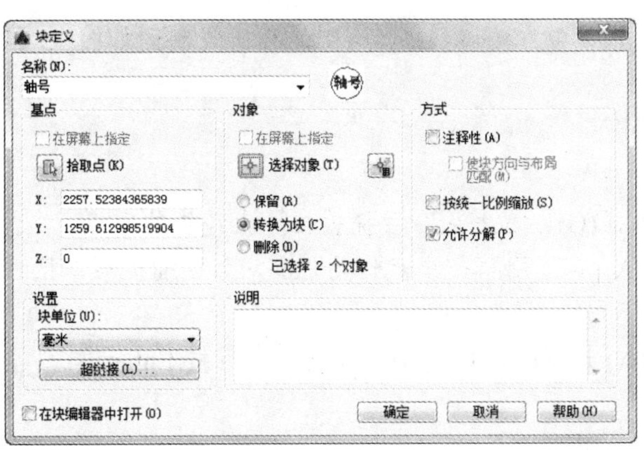

图 15-15　创建块

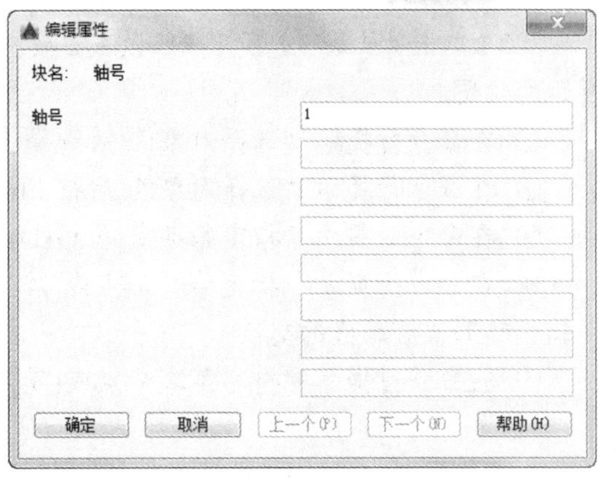

图 15-16　“编辑属性”对话框

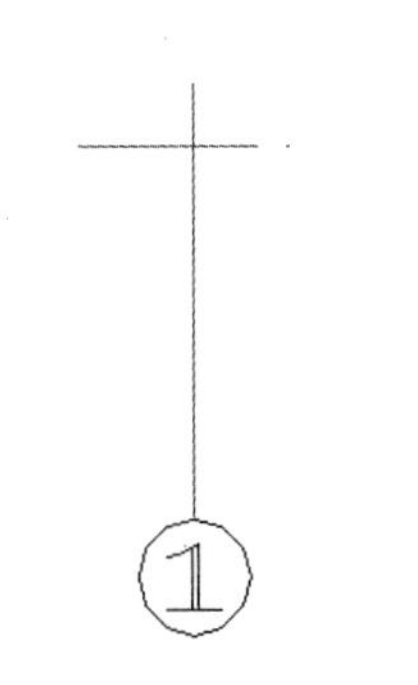

图 15-17　输入轴号

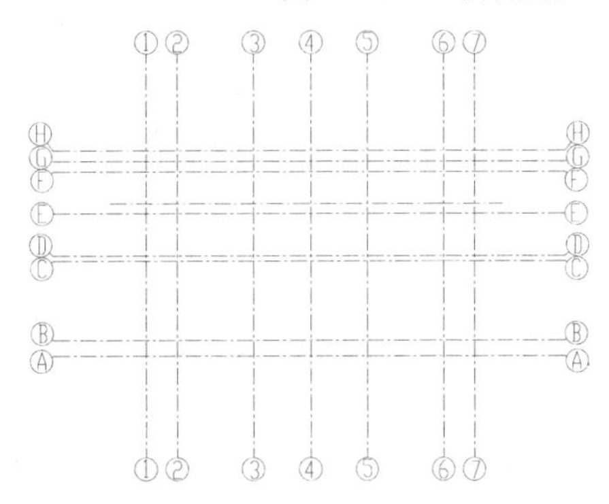

图 15-18　标注轴号

说明：

修改轴圈内的文字时，只需双击文字（命令：DDEDIT），即弹出闪烁的文字编辑符（同 Word），此模式下用户即可输入新的文字。

15.2.4　绘制柱子

（1）将“柱子”图层设置为当前图层。单击“默认”选项卡“绘图”面板中的“矩形”按钮，在空白处绘制 240mm×240mm 的矩形，结果如图 15-19 所示。

（2）单击“默认”选项卡“绘图”面板中的“图案填充”按钮，打开 “图案填充创建”选项卡，选择 SOLID 图例，对柱子进行填充，结果如图 15-20 所示。

图 15-19　绘制矩形

图 15-20　柱子

Note

（3）单击“默认”选项卡“修改”面板中的“复制”按钮，将绘制的柱子复制到如图 15-21 所示的位置。

① 在命令行提示“选择对象:”后选择柱子。

② 在命令行提示“选择对象:”后按 Enter 键。

③ 在命令行提示“指定基点或[位移(D)/模式(O)] <位移>:”后捕捉柱子上边线的中点。

④ 在命令行提示“指定第二个点或[阵列(A)] <使用第一个点作为位移>:”后捕捉第二根水平轴线和偏移后轴线的交点。

⑤ 在命令行提示“指定第二个点或[阵列(A)/退出(E)/放弃(U)] <退出>:”后按 Enter 键。

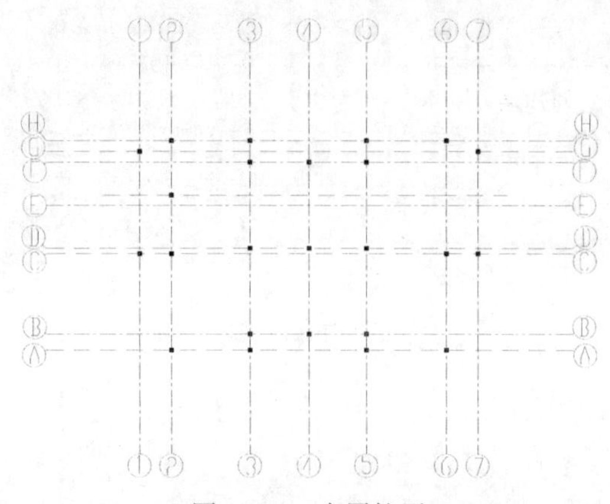

图 15-21　布置柱子

注意：

AutoCAD 提供点（ID）、距离（Distance）、面积（area）的查询，给图形的分析带来了很大的方便。用户可以及时查询相关信息进行修改。用户可在菜单栏中选择“工具”→“查询”→“距离”命令等来执行上述查询。

15.2.5　绘制墙线、门窗、洞口

1. 绘制建筑墙体

（1）将“墙线”图层设置为当前图层。在菜单栏中选择“格式”→“多线样式”命令，打开如图 15-22 所示的“多线样式”对话框，单击“新建”按钮，打开如图 15-23 所示的“创建新的多线样式”对话框，输入“新样式”名为“360”，单击“继续”按钮，弹出如图 15-24 所示的“新建多线样式：360”对话框，在“偏移”文本框中输入“240”和“-120”，单击“确定”按钮，返回到“多线样式”对话框。

（2）在菜单栏中选择“绘图”→“多线”命令，绘制接待室大厅两侧墙体。

① 在命令行提示“指定起点或 [对正(J)/比例(S)/样式(ST)]:”后输入“S”。

② 在命令行提示“输入多线比例 <20.00>:”后输入“1”。

③ 在命令行提示“指定起点或[对正(J)/比例(S)/样式(ST)]:”后输入“J”。

④ 在命令行提示“输入对正类型[上(T)/无(Z)/下(B)] <无>:”后输入“Z”。

Note

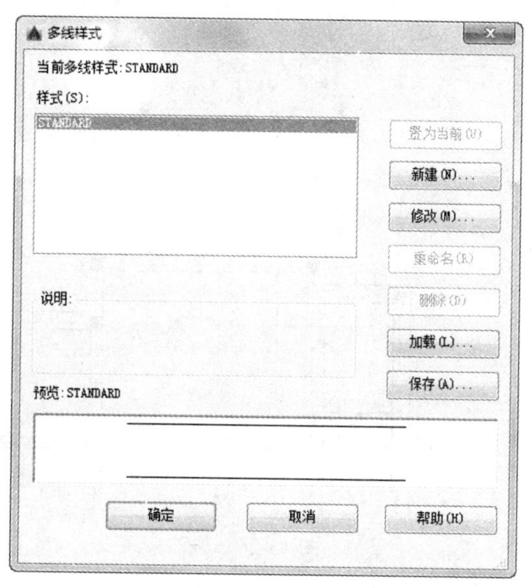

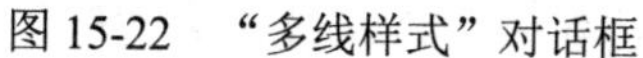

图 15-22　“多线样式”对话框

图 15-23　“创建新的多线样式”对话框

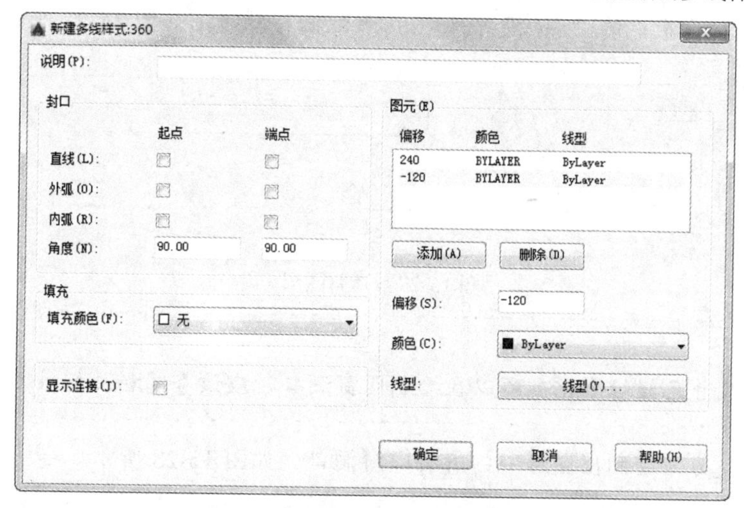

图 15-24　“新建多线样式：360”对话框

⑤ 在命令行提示“指定起点或[对正(J)/比例(S)/样式(ST)]:”后指定轴线间的相交点。

⑥ 在命令行提示“指定下一点:”后沿轴线绘制墙线。

⑦ 在命令行提示“指定下一点或[放弃(U)]:”后继续绘制墙线。

⑧ 在命令行提示“指定下一点或[闭合(C)/放弃(U)]:”后继续绘制墙线。

⑨ 在命令行提示“指定下一点或[闭合(C)/放弃(U)]:”后按 Enter 键。

（3）在菜单栏中选择“修改”→“对象”→“多线”命令，对绘制的墙体进行修剪，结果如图 15-25 所示。

2. 绘制洞口

（1）将“门窗”图层设置为当前图层。单击“默认”选项卡“修改”面板中的“分解”按钮，将墙线进行分解。单击“默认”选项卡“修改”面板中的“偏移”按钮，选取中间的轴线 2 向右依次偏移 600mm、1200mm，如图 15-26 所示。

Note

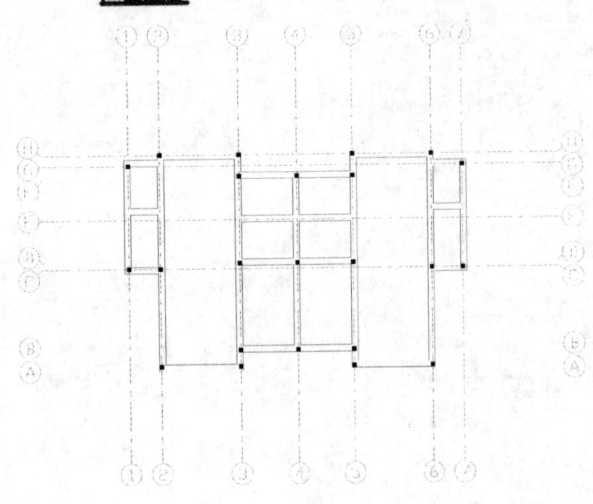

图 15-25 绘制墙体

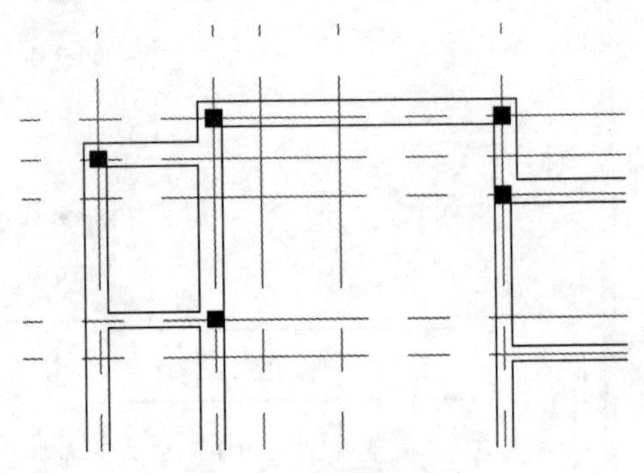

图 15-26 偏移轴线

（2）单击“默认”选项卡“修改”面板中的“修剪”按钮，修剪掉多余图形。单击“默认”选项卡“修改”面板中的“删除”按钮，删除偏移轴线，如图 15-27 所示。

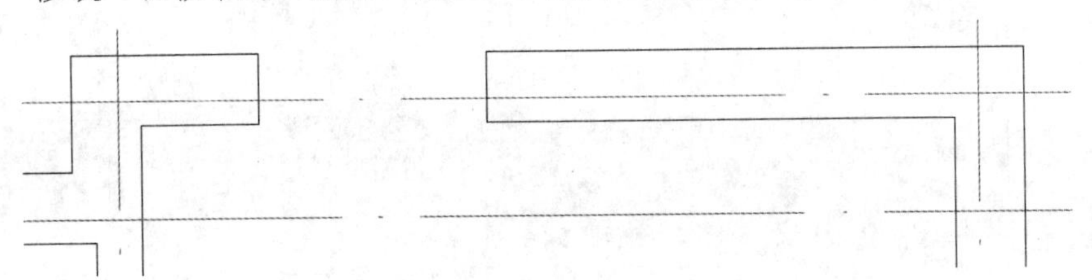

图 15-27 修剪图形

> **注意：**
> 有些门窗的尺寸已经标准化，所以在绘制门窗洞口时应该查阅相关标准，给予合适尺寸。

（3）使用上述方法绘制出图形中的所有门窗洞口，如图 15-28 所示。

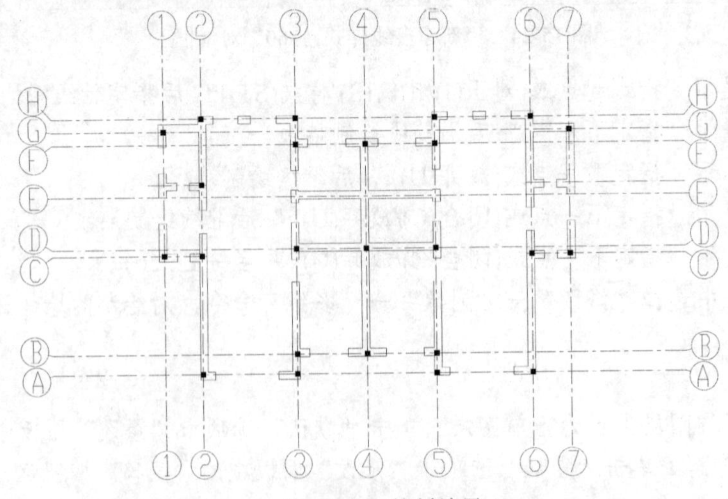

图 15-28 绘制结果

说明：

在使用“修剪”命令时，通常在选择修剪对象时，是逐个单击选择，有时显得效率不高。要比较快地实现修剪的过程，可以这样操作：执行“修剪”命令（TR 或 TRIM），在命令行提示“选择修剪对象”时不选择对象，继续按 Enter 键或按空格键，系统默认选择全部对象。这样做可以很快地完成修剪过程，没使用过的读者不妨一试。

Note

3. 绘制窗线

（1）将“门窗”图层设置为当前图层，单击“默认”选项卡“绘图”面板中的“直线”按钮，绘制一段直线，如图 15-29 所示。

（2）单击“默认”选项卡“修改”面板中的“偏移”按钮，选择绘制的直线向下偏移，偏移距离分别为 120mm、120mm、120mm，如图 15-30 所示。

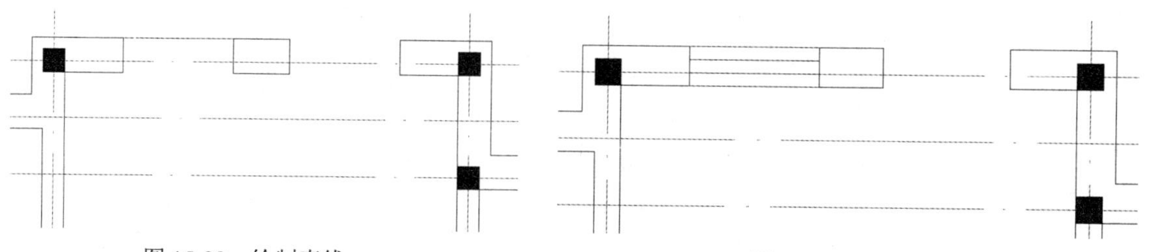

图 15-29　绘制直线　　　　图 15-30　偏移直线

（3）使用上述方法绘制剩余窗线，如图 15-31 所示。

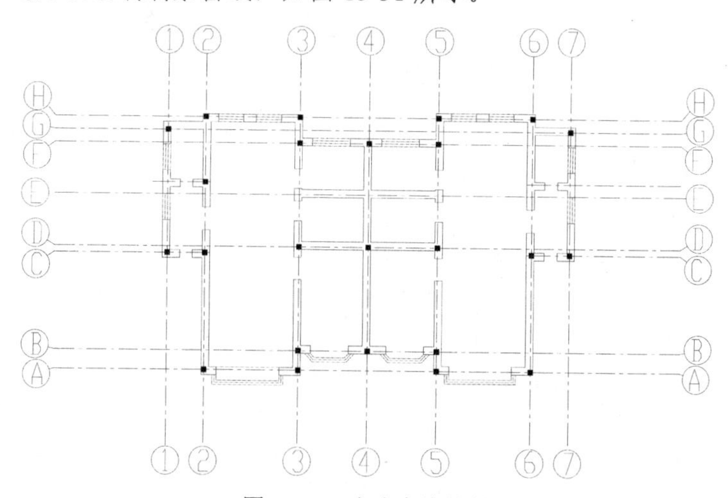

图 15-31　完成窗线绘制

（4）单击“默认”选项卡“绘图”面板中的“圆弧”按钮和“直线”按钮，绘制门图形，如图 15-32 所示。

（5）单击“默认”选项卡“块”面板中的“创建”按钮，打开“块定义”对话框，在“名称”文本框中输入“单扇门”，单击“拾取点”按钮，选择“单扇门”的任意一点为基点，单击“选择对象”按钮，选择全部对象，如图 15-33 所示，然后单击“确定”按钮，完成图块的创建。

（6）单击“绘图”工具栏中的“插入块”按钮，打开“插入”对话框，如图 15-34 所示。

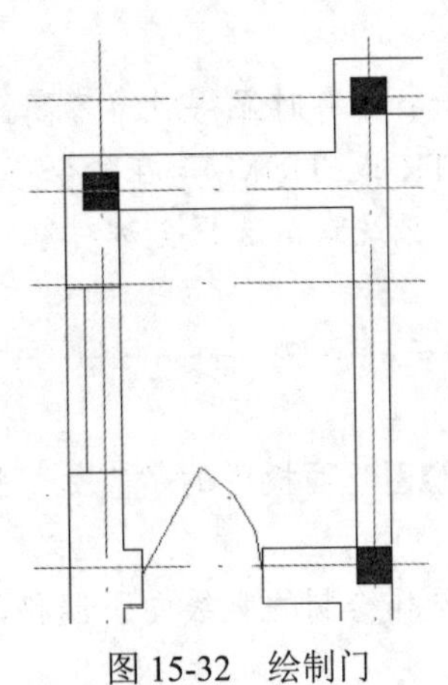

图 15-32　绘制门

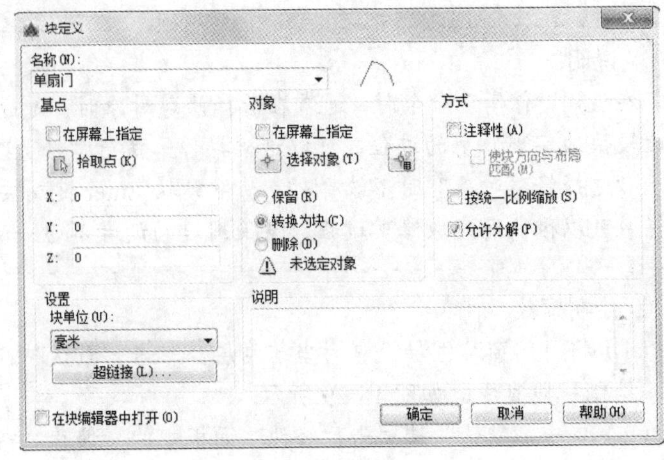

图 15-33　定义“单扇门”图块

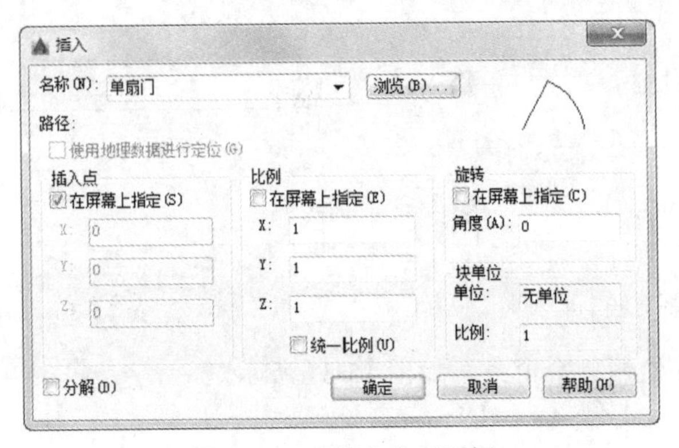

图 15-34　“插入”对话框

（7）在“名称”下拉列表框中选择“单扇门”，指定任意一点为插入点，在平面图中插入所有单扇门图形，结果如图 15-35 所示。

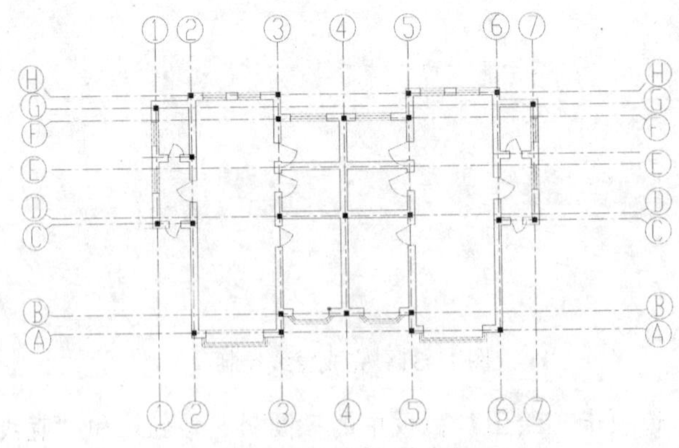

图 15-35　插入单扇门

（8）单击“默认”选项卡“绘图”面板中的“矩形”按钮□，绘制一个 420mm×1575mm 的矩形，如图 15-36 所示。

（9）单击“默认”选项卡“绘图”面板中的“直线”按钮⁄，在矩形内绘制一条直线，如图 15-37 所示。

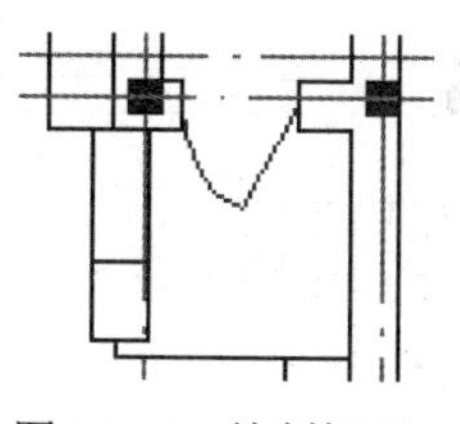

图 15-36　绘制矩形

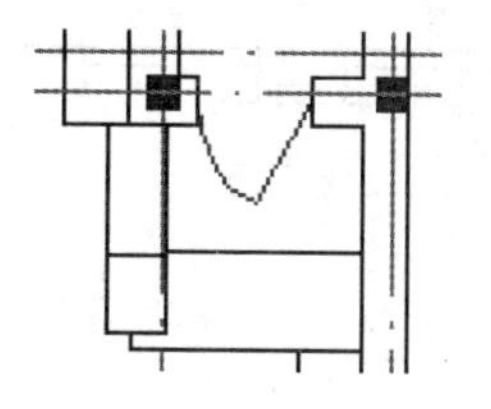

图 15-37　绘制一条直线

（10）单击“默认”选项卡“修改”面板中的“偏移”按钮，向下偏移直线，偏移距离为250mm，偏移3次；单击“默认”选项卡“修改”面板中的“镜像”按钮，选择台阶向右镜像，如图15-38所示。

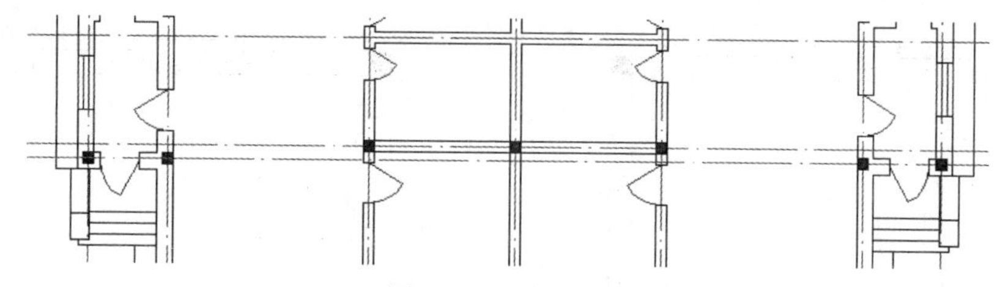

图 15-38　镜像图形

（11）单击“默认”选项卡“绘图”面板中的“直线”按钮，在图形内绘制长度为1640mm的直线，如图15-39所示。

（12）单击“默认”选项卡“修改”面板中的“偏移”按钮，将直线向上偏移1500mm，如图15-40所示。

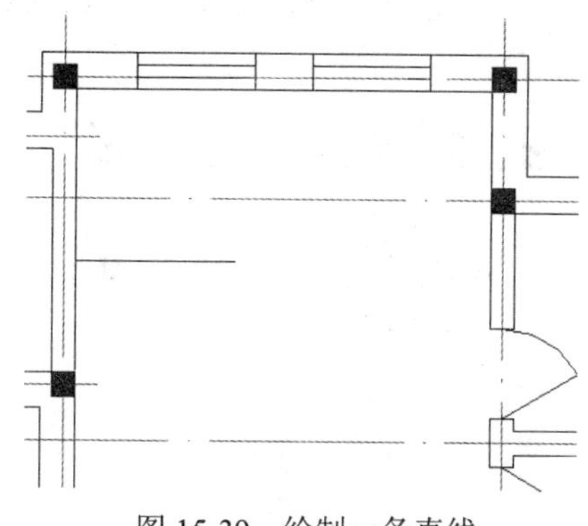

图 15-39　绘制一条直线

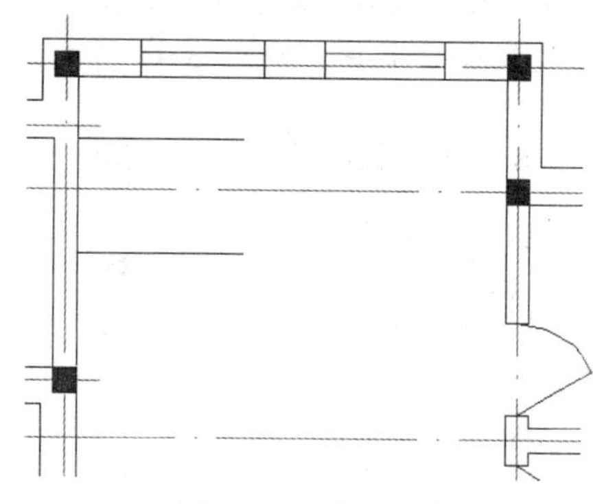

图 15-40　偏移直线

（13）单击“默认”选项卡“绘图”面板中的“直线”按钮，连接两条水平直线，如图15-41所示。

（14）单击“默认”选项卡“修改”面板中的“偏移”按钮，将绘制的竖直直线连续向左偏移，偏移距离为250mm，如图15-42所示。

（15）单击“默认”选项卡“修改”面板中的“圆角”按钮，对图形进行倒圆角，圆角距离为125 mm，如图15-43所示。

（16）使用前面所学知识绘制楼梯折弯线，如图15-44所示。

（17）单击“默认”选项卡“修改”面板中的“修剪”按钮，将绘制的图形进行修剪，如图15-45所示。

Note

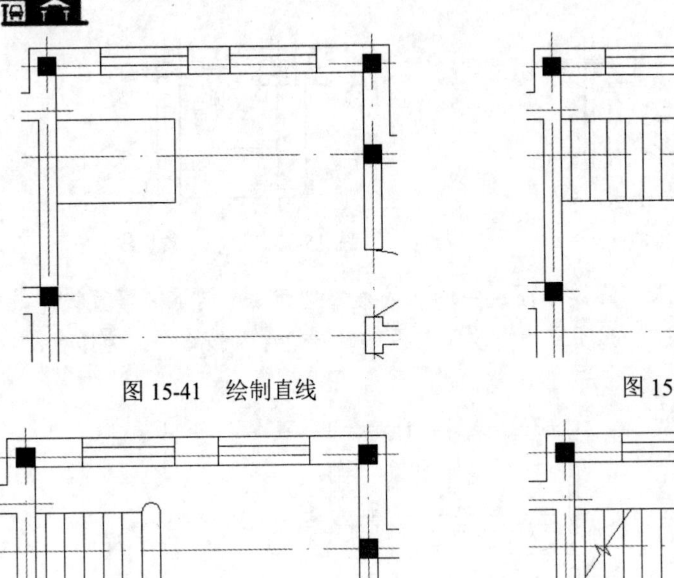

图 15-41　绘制直线

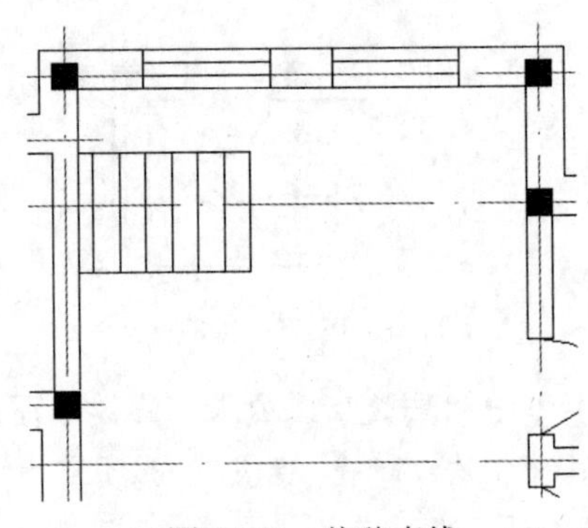

图 15-42　偏移直线

图 15-43　倒圆角处理

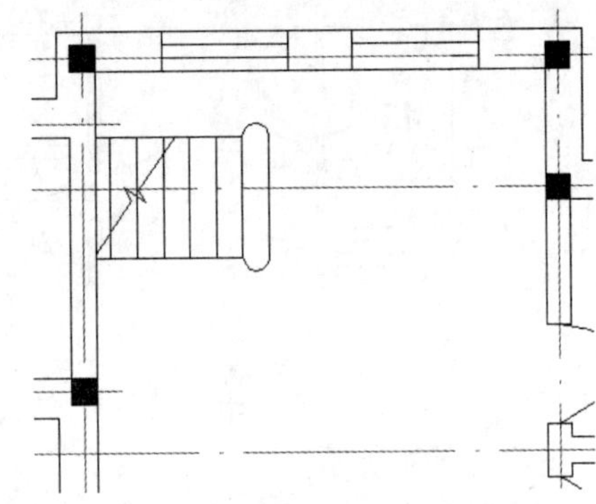

图 15-44　绘制楼梯折弯线

（18）单击“默认”选项卡“绘图”面板中的“多段线”按钮，指定其起点宽度及端点宽度后绘制楼梯指引箭头，如图 15-46 所示。

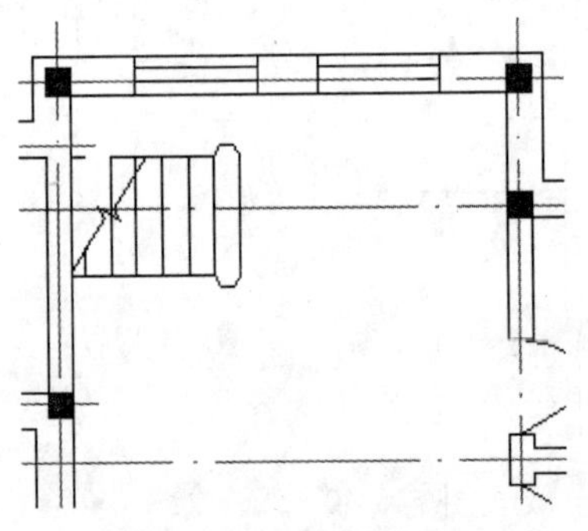

图 15-45　修剪图形

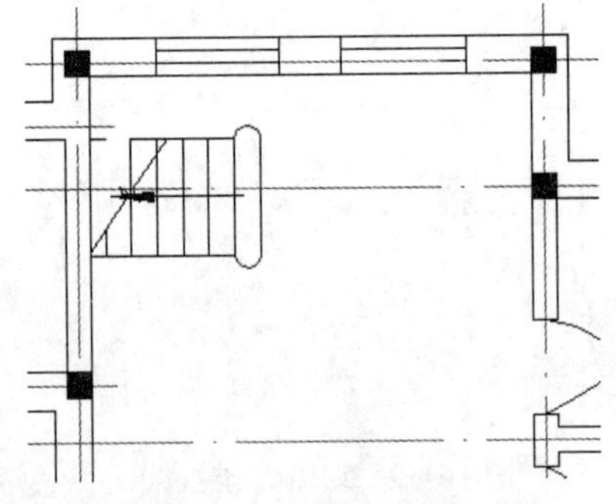

图 15-46　绘制楼梯指引箭头

（19）单击“默认”选项卡“修改”面板中的“镜像”按钮，将绘制好的楼梯进行镜像，如图 15-47 所示。

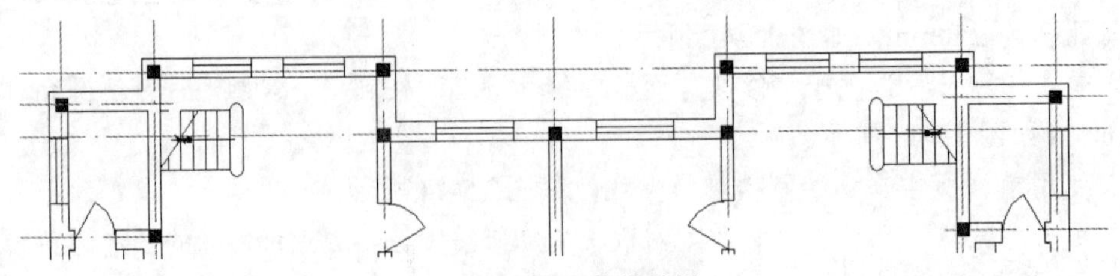

图 15-47　镜像楼梯

Note

（20）将“家具”图层设置为当前图层，单击“默认”选项卡“块”面板中的“插入”按钮，插入“源文件\图库\餐椅”图块，结果如图 15-48 所示。

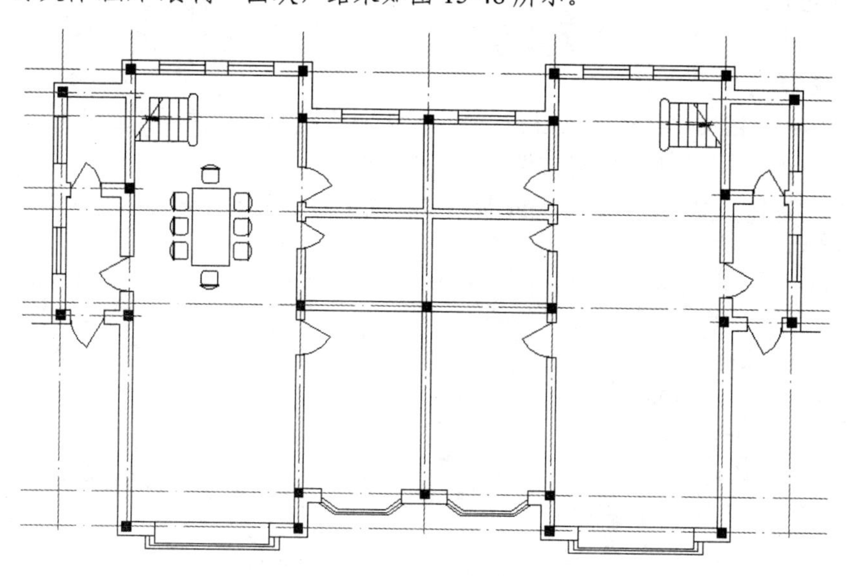

图 15-48　插入图块

（21）继续调用上述方法，插入所有图块，单击“默认”选项卡“修改”面板中的“偏移”按钮，选取外墙线向外偏移 500mm；单击“默认”选项卡“修改”面板中的“修剪”按钮，修剪掉多余线段，然后单击“默认”选项卡“绘图”面板中的“直线”按钮，绘制剩余线段，完成图形剩余部分，如图 15-49 所示。

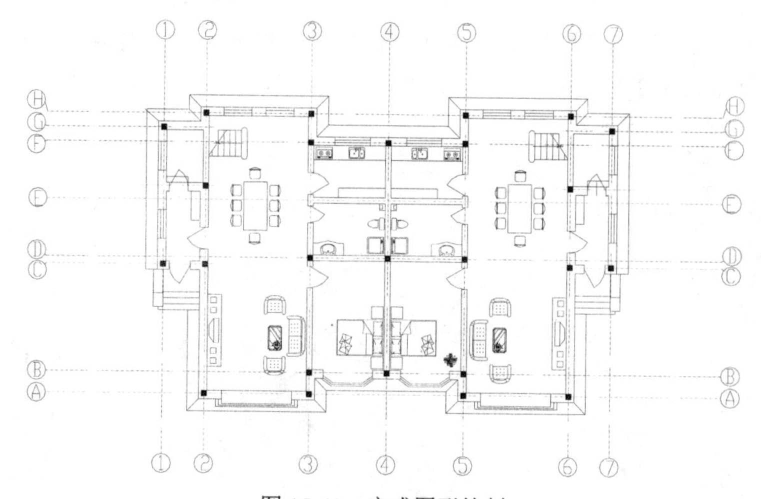

图 15-49　完成图形绘制

注意：

本例图形为两边对称图形，所以也可以先绘制左边图形，然后利用镜像命令得到右边图形。

建筑制图时，常会应用到一些标准图块，如卫具、桌椅等，此时用户可以从 AutoCAD 设计中心直接调用一些建筑图块。

Note

15.2.6 标注尺寸

1. 设置标注样式

（1）将“标注”图层设置为当前图层。单击“默认”选项卡“注释”面板中的“标注样式”按钮，打开“标注样式管理器”对话框，如图15-50所示。

（2）单击“新建”按钮，打开“创建新标注样式”对话框，设置“新样式名”为“建筑平面图”，如图15-51所示。

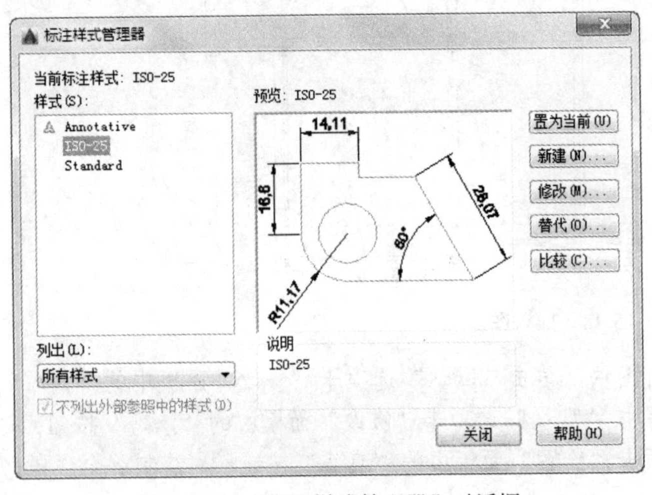

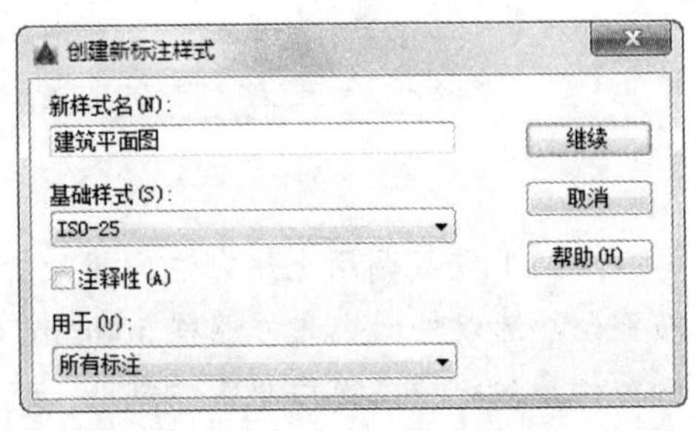

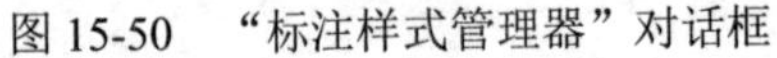

图15-50　“标注样式管理器”对话框　　图15-51　“创建新标注样式”对话框

（3）单击“继续”按钮，打开“新建标注样式：建筑平面图”对话框，各个选项卡的参数设置如图15-52所示。设置完参数后，单击“确定”按钮，返回到“标注样式管理器”对话框，将“建筑平面图”样式置为当前。

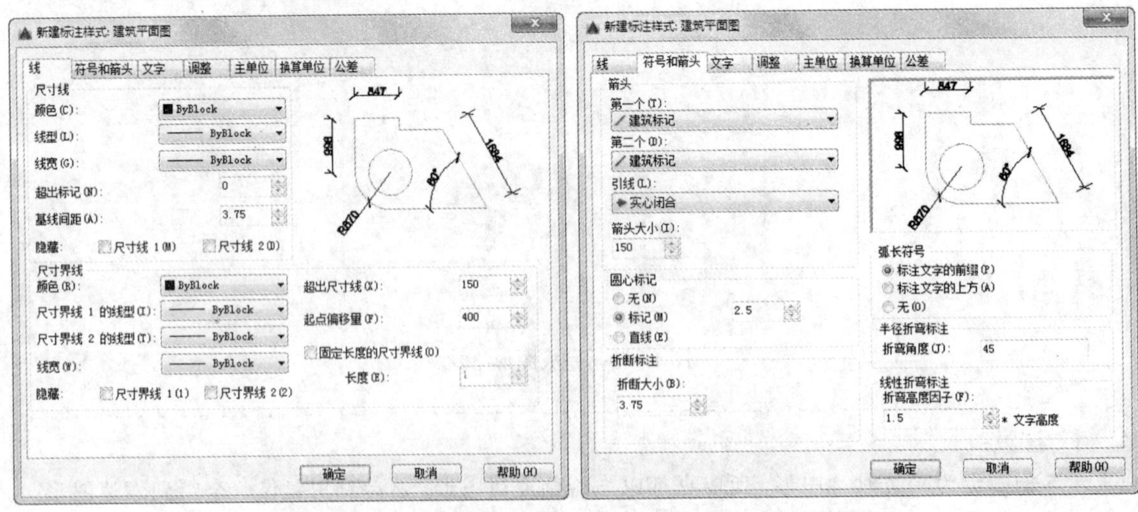

图15-52　“新建标注样式：建筑平面图”对话框参数设置

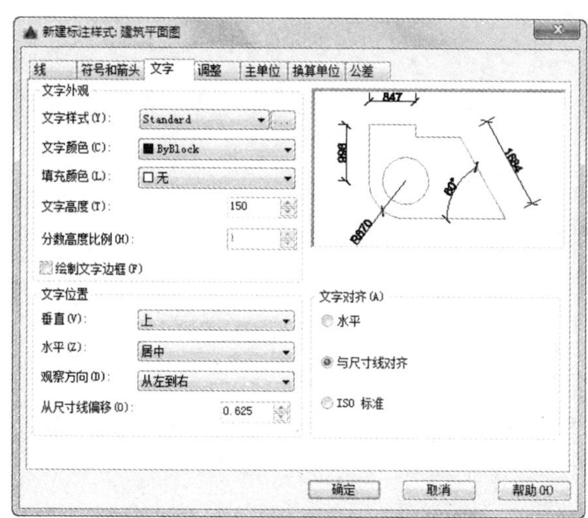

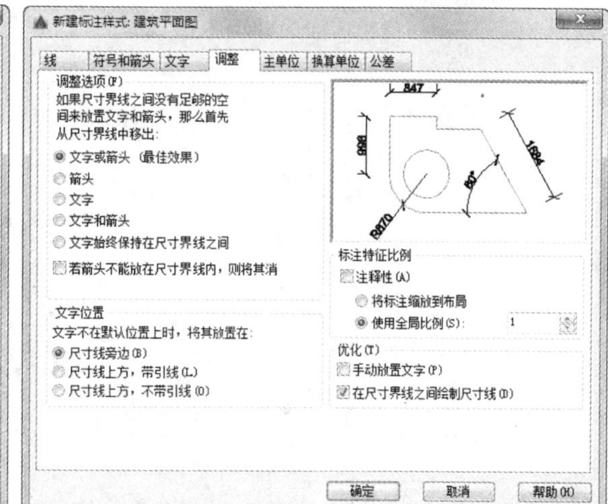

Note

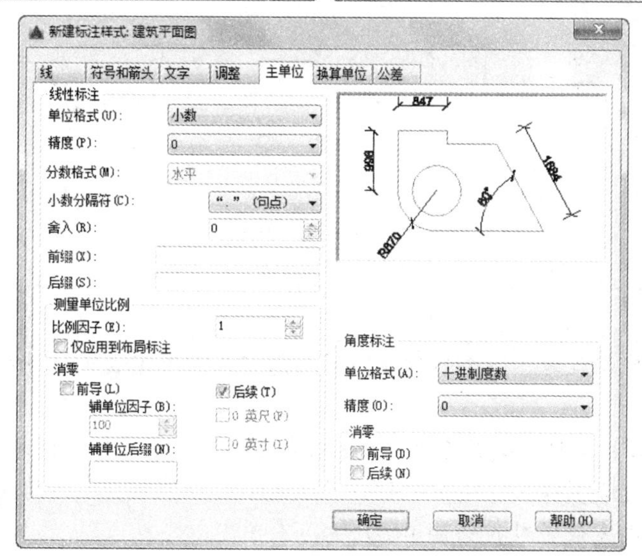

图 15-52　“新建标注样式：建筑平面图”对话框参数设置（续）

2. 标注图形

单击“默认”选项卡“注释”面板中的“线性”按钮和“连续”按钮，标注尺寸，如图 15-53 所示。

注意：

（1）如果改变现有文字样式的方向或字体文件，当图形重生成时所有具有该样式的文字对象都将使用新值。

（2）在 AutoCAD 提供的 TrueType 字体中，大写字母可能不能正确反映指定的文字高度。只有在“字体名”中指定 SHX 文件，才能使用“大字体”。只有 SHX 文件可以创建“大字体”。

（3）读者应掌握字体文件的加载方法，以及对乱码现象的解决途径。

Note

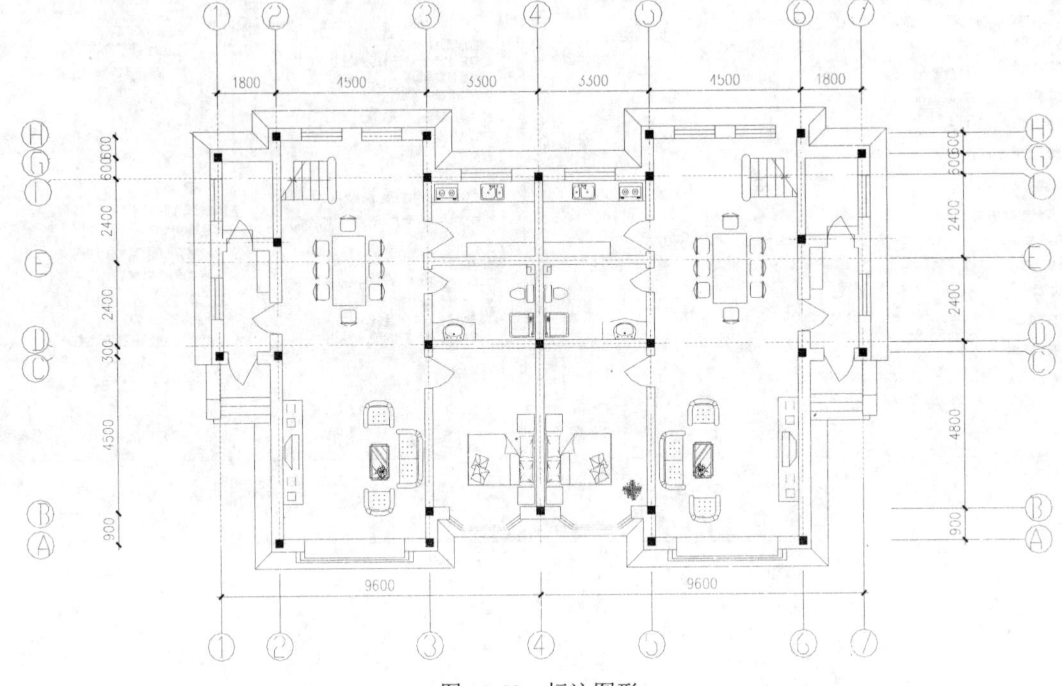

图 15-53 标注图形

> **说明：**
>
> 图样尺寸及文字标注时，一个好的制图习惯是首先设置完成文字样式，即先准备好写字的字体。
>
> 可利用 DWT 模板文件创建某专业 CAD 制图的统一文字及标注样式，方便下次制图时直接调用，而不必重复设置样式。用户也可以从 CAD 设计中心查找所需的标注样式，直接导入新建的图纸中，即完成了对齐的调用。

> **说明：**
>
> 连续标注与线性标注的区别：连续标注只需在第一次标注时指定标注的起点，下次标注将自动以上次标注的末点作为起点，因此连续标注时只需连续指定标注的末点。而线性标注需要每标注一次都要指定标注的起点及末点，其相对于连续标注效率较低。连续标注常用于建筑轴网的尺寸标注，一般连续标注前都先采用线性标注进行定位。

15.2.7 绘制照明电气元件

前述的设计说明提到图例中应画出各图例符号及其表征的电气元件名称，此处将对图例符号的绘制作简要介绍。将图层定义为“电气-照明”，设置好颜色，线型为中粗实线，设置好线宽，此处取 0.35mm。

注意：

在建筑平面图的相应位置，电气设备布置应满足生产生活功能、使用合理及施工方便等要求，按国家标准图形符号画出全部的配电箱、灯具、开关、插座等电气配件。在配电箱旁应标出其编号及型号，必要时还应标注其进线。在照明灯具旁应用文字符号标出灯具的数量、型号、灯泡功率、安装高度、安装方式等。相关的电气标准中均提供了诸多电气元件的标准图例，读者应多学习，熟练掌握各电气元件的图例特征。

1. 绘制单相二、三孔插座

（1）新建“电气-照明”图层并将其设置为当前图层。单击“默认”选项卡“绘图”面板中的“圆弧”按钮，绘制一段圆弧，如图15-54所示。

（2）单击“默认”选项卡“绘图”面板中的“直线”按钮，在圆弧内绘制一条直线，如图15-55所示。

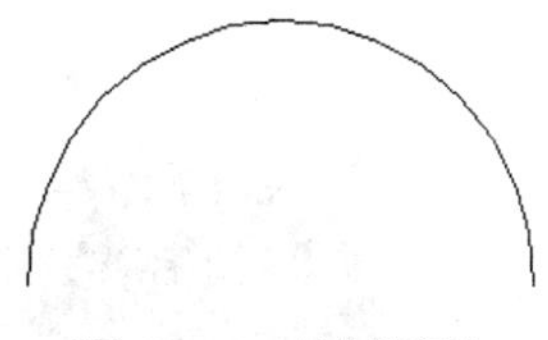

图15-54 绘制圆弧

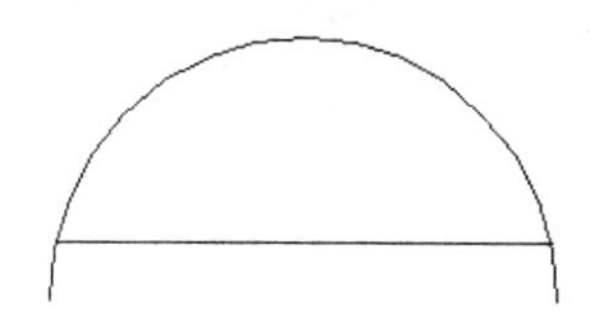

图15-55 绘制直线

（3）单击“默认”选项卡“绘图”面板中的“图案填充”按钮，填充圆弧，如图15-56所示。

（4）单击“默认”选项卡“绘图”面板中的“直线”按钮，在圆弧上方绘制一段水平直线和一竖直直线，如图15-57所示。

（5）三孔插座的绘制方法同上所述。

2. 绘制三联翘板开关

（1）单击“默认”选项卡“绘图”面板中的“圆”按钮，绘制一个圆，如图15-58所示。

图15-56 填充图形

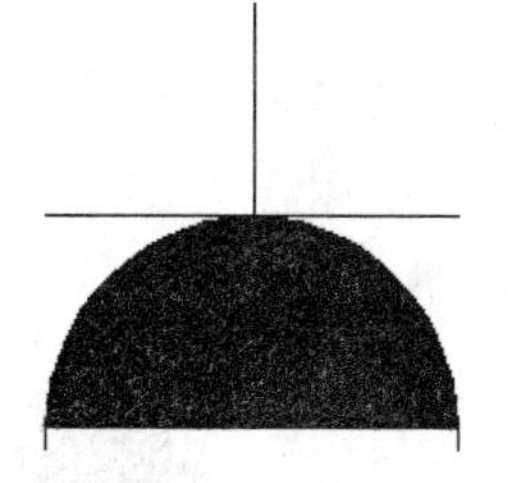

图15-57 绘制直线

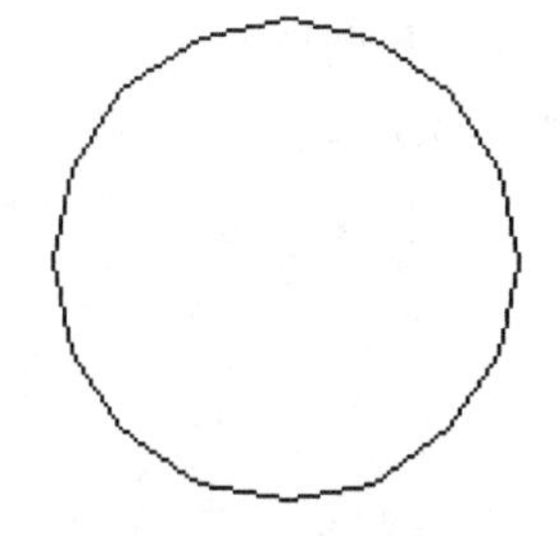

图15-58 绘制圆

（2）单击“默认”选项卡“绘图”面板中的“图案填充”按钮，填充圆图形，如图15-59所示。

（3）单击“默认”选项卡“绘图”面板中的“直线”按钮，在圆上方绘制一条斜向直线，如图15-60所示。

（4）单击“默认”选项卡“绘图”面板中的“直线”按钮，绘制几段水平直线，如图15-61

Note

所示。

图 15-59　填充圆

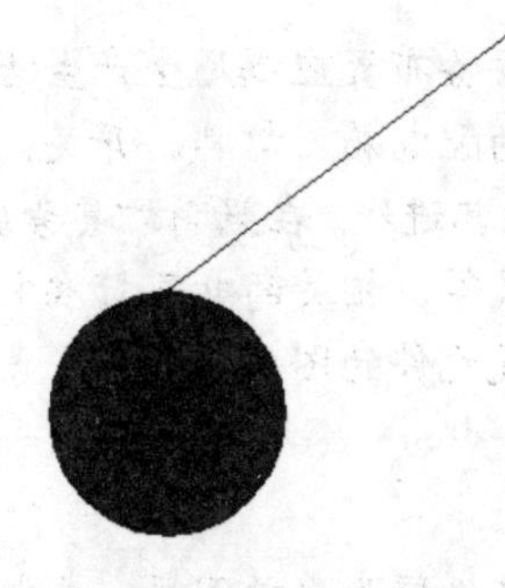

图 15-60　绘制直线

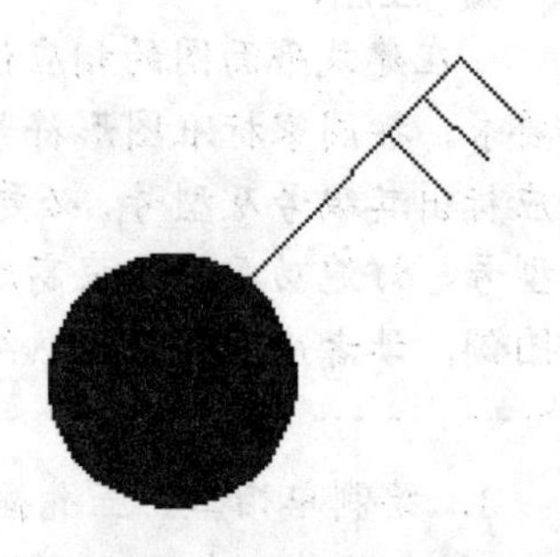

图 15-61　绘制直线

3. 绘制单联双控翘板开关

（1）单击“默认”选项卡“绘图”面板中的“圆”按钮，绘制一个圆，如图 15-62 所示。

（2）单击“默认”选项卡“绘图”面板中的“图案填充”按钮，将圆填充，如图 15-63 所示。

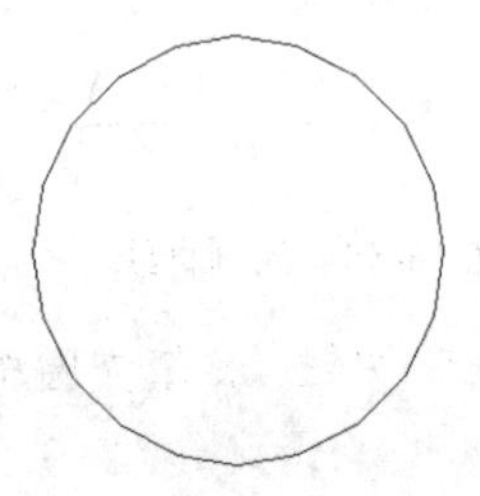

图 15-62　绘制圆

图 15-63　填充圆

（3）单击“默认”选项卡“绘图”面板中的“直线”按钮，绘制一段斜向竖直直线和一条水平直线，如图 15-64 所示。

（4）单击“默认”选项卡“修改”面板中的“镜像”按钮，镜像绘制的直线，如图 15-65 所示。

4. 绘制环形荧光灯

（1）单击“默认”选项卡“绘图”面板中的“圆”按钮，绘制一个圆，如图 15-66 所示。

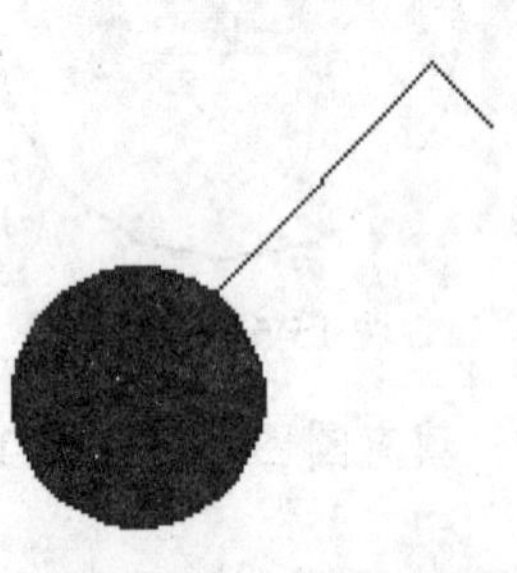

图 15-64　绘制直线

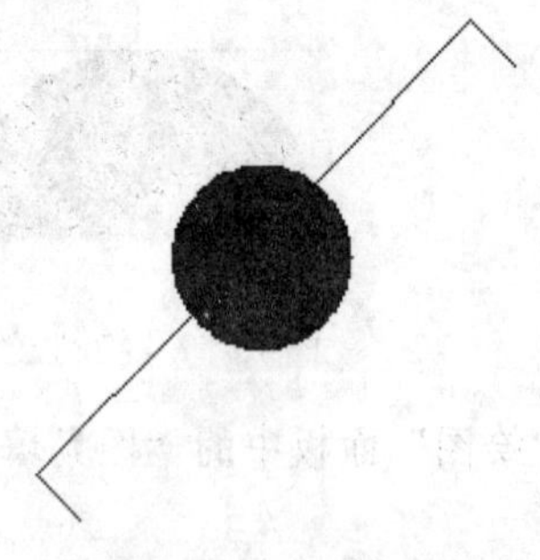

图 15-65　镜像直线

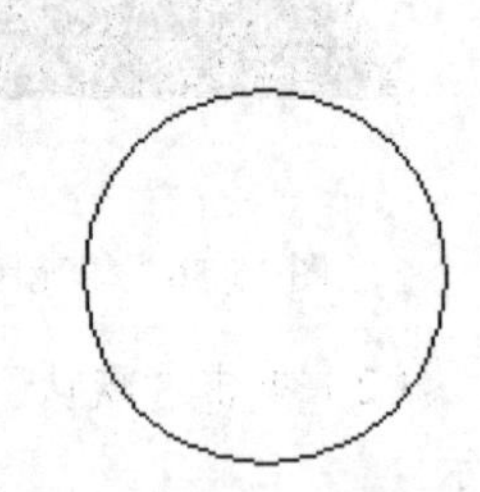

图 15-66　绘制圆

（2）单击“默认”选项卡“绘图”面板中的“直线”按钮，在圆内绘制一条直线，如图 15-67 所示。

（3）单击“默认”选项卡“修改”面板中的“修剪”按钮，修剪圆，如图 15-68 所示。

（4）单击“默认”选项卡“绘图”面板中的“图案填充”按钮，填充圆，如图 15-69 所示。

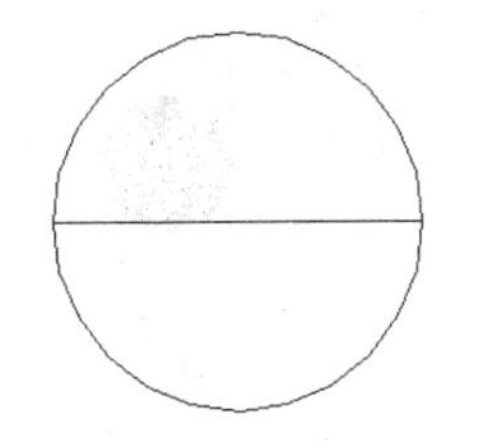

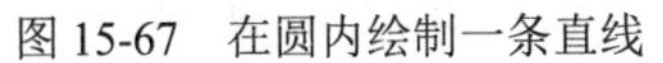
图 15-67 在圆内绘制一条直线

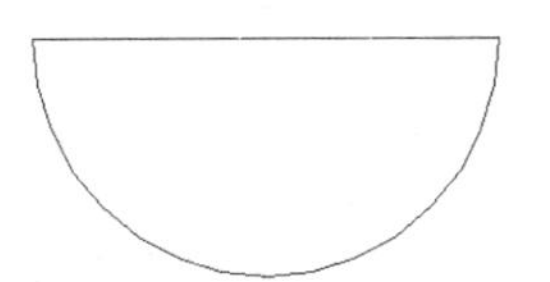

图 15-68 修剪图形

图 15-69 填充圆

5. 绘制花吊灯

（1）单击“默认”选项卡“绘图”面板中的“圆”按钮，绘制一个圆，如图 15-70 所示。

（2）单击“默认”选项卡“绘图”面板中的“直线”按钮，在圆内中心处绘制一条直线，如图 15-71 所示。

（3）单击“默认”选项卡“修改”面板中的“旋转”按钮，选择绘制的直线进行旋转复制，角度为 15° 和−15° ，如图 15-72 所示。

图 15-70 绘制圆

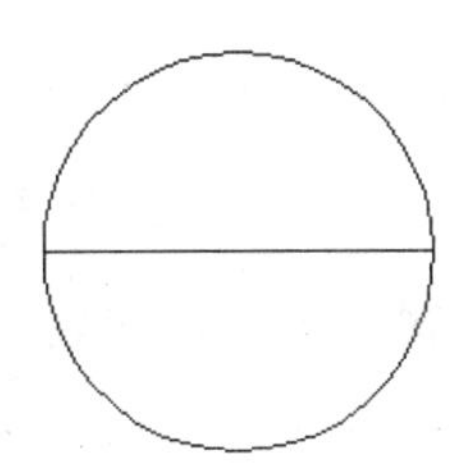

图 15-71 绘制圆

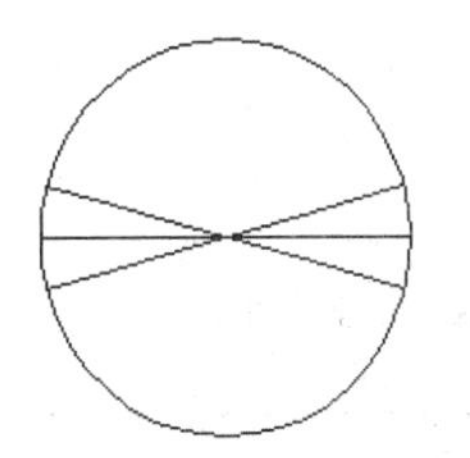

图 15-72 旋转直线

6. 绘制防水、防尘灯

（1）单击“默认”选项卡“绘图”面板中的“圆”按钮，绘制一个圆，如图 15-73 所示。

（2）单击“默认”选项卡“修改”面板中的“偏移”按钮，将圆向内偏移，如图 15-74 所示。

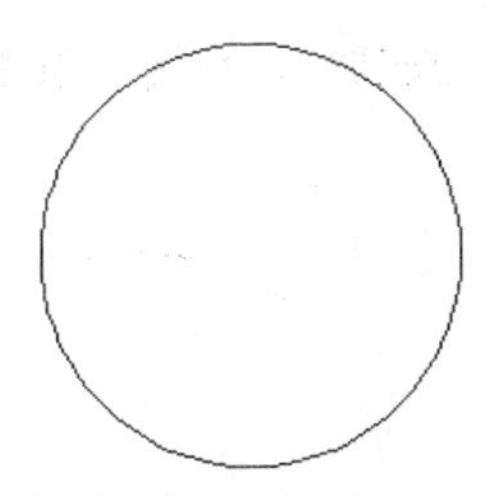

图 15-73 绘制圆

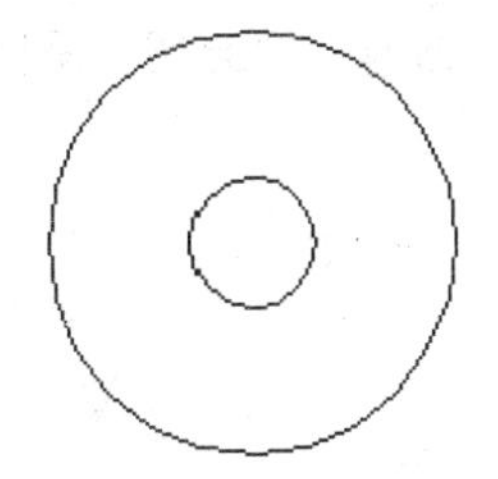

图 15-74 偏移圆

（3）单击“默认”选项卡“绘图”面板中的“直线”按钮，在圆内绘制交叉直线，如图 15-75 所示。

（4）单击“默认”选项卡“修改”面板中的“修剪”按钮，修剪圆内直线，如图 15-76 所示。

（5）单击“默认”选项卡“绘图”面板中的“图案填充”按钮，将偏移的小圆进行填充，

如图 15-77 所示。

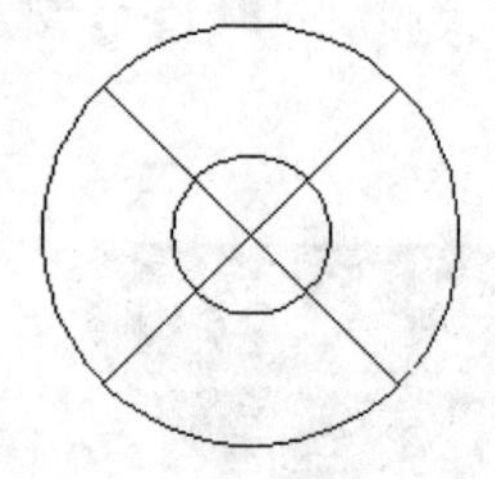

图 15-75　绘制直线

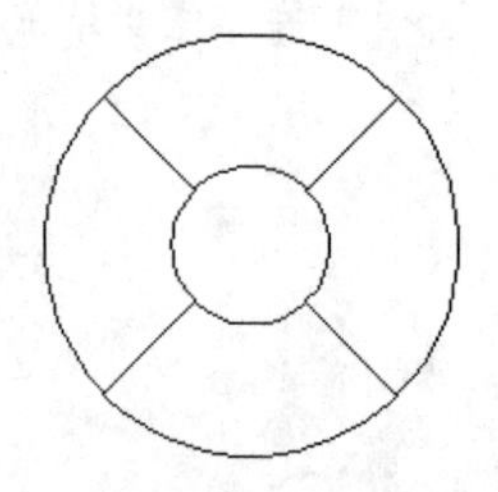

图 15-76　修剪直线

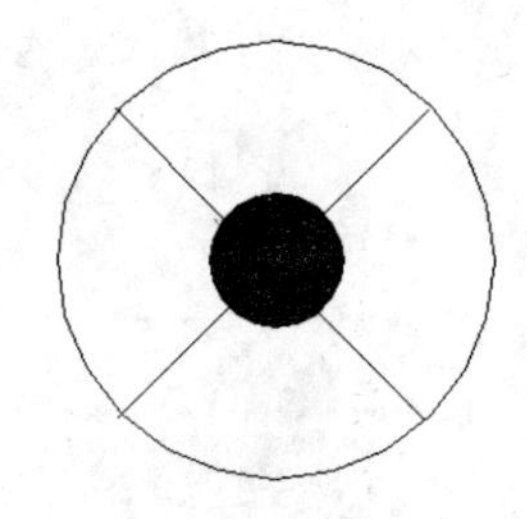

图 15-77　填充圆

7. 绘制门铃

（1）单击“默认”选项卡“绘图”面板中的“圆”按钮，绘制一个圆，如图 15-78 所示。

（2）单击“默认”选项卡“绘图”面板中的“直线”按钮，在圆内绘制一条直线，如图 15-79 所示。

（3）单击“默认”选项卡“修改”面板中的“修剪”按钮，修剪圆图形，如图 15-80 所示。

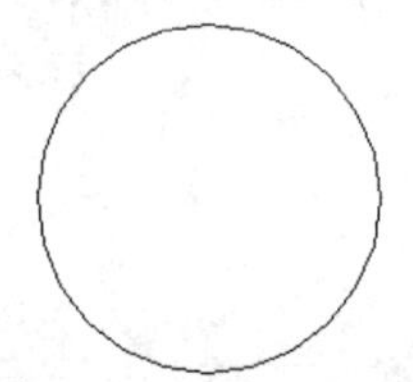

图 15-78　绘制一个圆

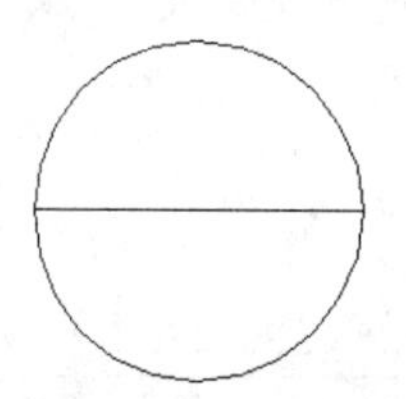

图 15-79　绘制直线

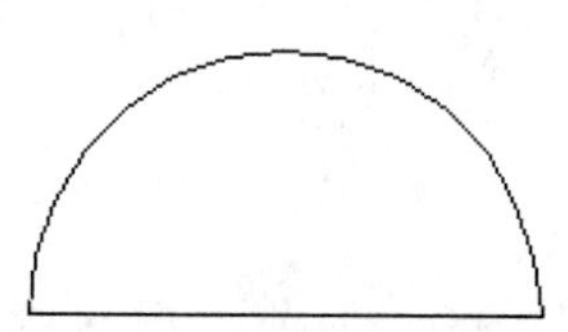

图 15-80　修剪圆

注意：

以上用的各 AutoCAD 基本命令虽是基本操作，但若能灵活运用，掌握其诸多使用技巧，在实际 AutoCAD 制图时可以达到事半功倍的效果。

（4）单击“默认”选项卡“绘图”面板中的“直线”按钮，绘制两条竖直直线，如图 15-81 所示。

（5）单击“默认”选项卡“绘图”面板中的“直线”按钮，绘制一条水平直线，如图 15-82 所示。

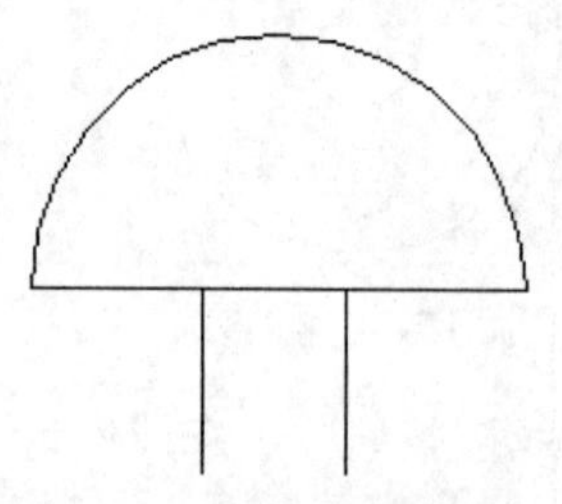

图 15-81　绘制两条竖直直线

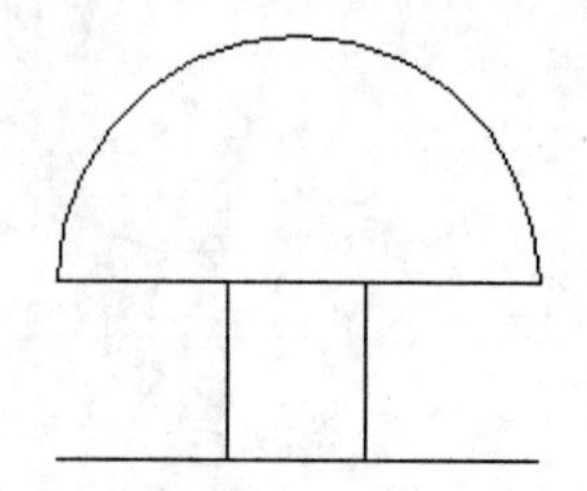

图 15-82　绘制水平直线

（6）单击“默认”选项卡“修改”面板中的“复制”按钮，选择需要的图例复制到图形中，如图 15-83 所示。其他图例可在“源文件\图库”中调用。

Note

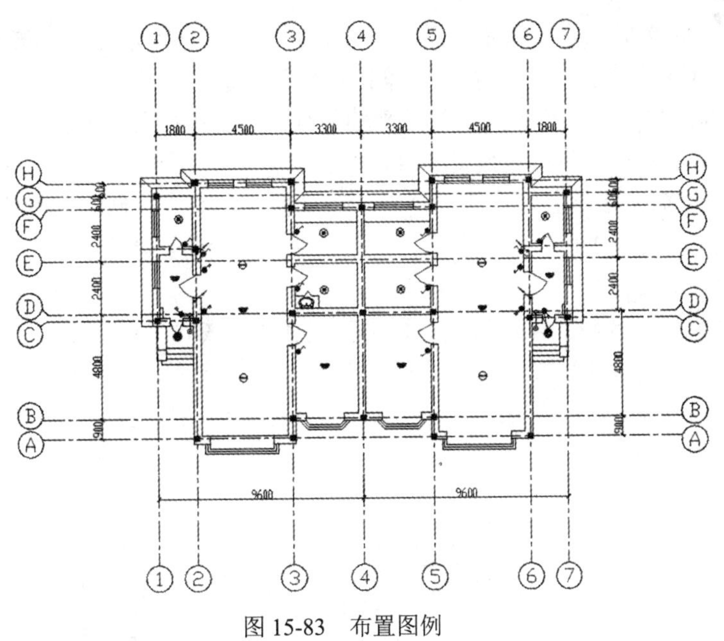

图 15-83　布置图例

15.2.8　绘制线路

在图纸上绘制完各种电气设备符号后，就可以绘制线路了（将各电气元件通过导线合理地连接起来）。

（1）新建“线路”图层并将其设置为当前图层。

（2）在绘制线路前应按室内配线的敷线方式，规划出较为理想的线路布局。绘制线路时，应用中粗实线绘制干线、支线的位置及走向，连接好配电箱至各灯具、插座及所有用电设备和器具的导线以构成回路，并将开关至灯具的导线一并绘出。当灯具采用开关集中控制时，连接开关的线路应绘制在最近且较为合理的灯具位置处。最后，在单线条上画出细斜面，用来表示线路的导线根数，并在线路的上侧和下侧用文字符号标注出干线及支线编号、导线型号及根数、截面、敷设部位和敷设方式等。当导线采用穿管敷设时，还要标明穿管的品种和管径。

（3）导线绘制可以采用“多段线”命令或“直线”命令。采用“多段线”命令时，注意设置线宽。多段线是作为单个对象创建的相互连接的序列线段，可以创建直线段、弧线段或两者的组合线段。故编辑多段线时，多段线是一个整体，而不是各线段。

（4）线路的布置涉及线路走向，故 CAD 绘制时宜按下状态栏中的“对象捕捉”按钮，并按下“正交”按钮，以便于绘制直线，如图 15-84 所示。

模型　1:1

图 15-84　对象捕捉与追踪

注意：

复制时，电气元件的平面定位可利用辅助线的方式进行，复制完成后再将辅助线删除。同时，在使用复制命令时一定要注意选择合适的基点，即基准点，以方便电气图例的准确定位。

在复制相同的图例时，也可以把该图例定义为块，使用插入命令插入该图块。

（5）右击“对象捕捉”按钮，打开“草图设置”对话框，选中“对象捕捉”复选框，单击右侧的“全部选择”按钮即可选中所有的对象捕捉模式。当线路复杂时，为避免自动捕捉干扰制图，用户仅勾选其中的几项即可。捕捉开启的快捷键为 F9。

Note

（6）线路的连接应遵循电气元件的控制原理，如一个开关控制一只灯的线路连接方式与一个开关控制两只灯的线路连接方式是不同的，读者在电气专业课学习时，应掌握电气制图的相关电气知识或理论。

（7）单击“默认”选项卡“绘图”面板中的“直线”按钮，连接各电气设备，如图 15-85 所示。

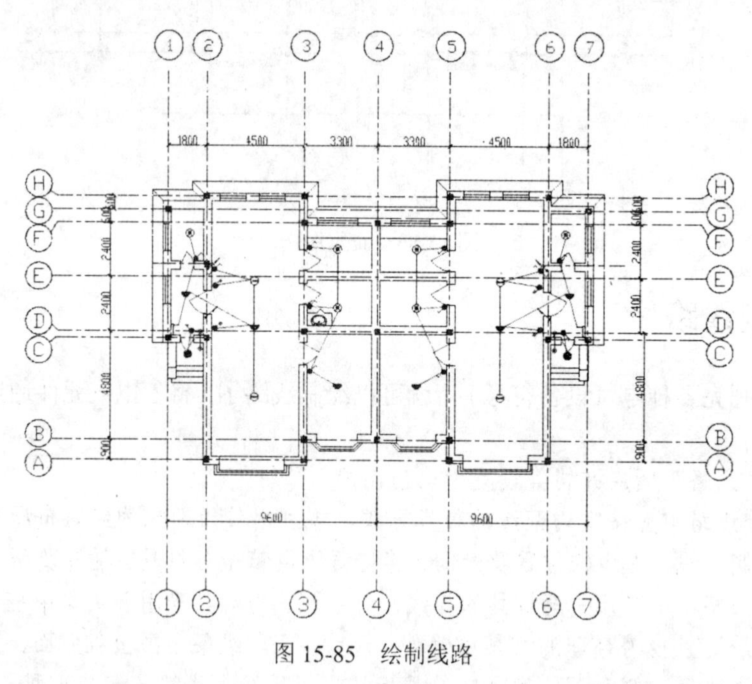

图 15-85　绘制线路

注意：

用户注意标注样式设置字高时的数值，以及在制图中设置标注样式时，其中的几个“比例”的具体效果，如“调整”项的“标注特征比例”中的“使用全局比例”，了解并掌握其使用技巧。

当同一幅图纸中出现不同比例的图样时，如平面图为 1:100，节点详图为 1:20，此时用户应设置不同的标注样式，特别应注意调整测量因子。

注意：

当线路用途明确时，可以不标注线路的用途。

（8）打开关闭的图层，并将“文字”图层设置为当前图层，单击“默认”选项卡“注释”面板中的“多行文字”按钮A，为图形添加文字说明，如图 15-1 所示。

说明：

用户应灵活使用动态输入功能。动态输入功能在光标附近提供了一个命令界面，以帮助用户专注于绘图区域，启用动态输入时，工具栏提示将在光标附近显示信息，该信息会随着光标移动而动态更新。当某条命令为活动时，工具栏提示将为用户提供输入位置。

单击状态栏中的“动态输入”按钮或按 F12 键，可打开和关闭动态输入功能。动态输入功能有 3 个组件：“指针输入”、“标注输入”和“动态提示”。在“动态输入”按钮上单击鼠标右键，在弹出的快捷菜单中选择“设置”命令，打开“草图设置”对话框，在“动态输入”选项卡中选中相关选项，可以控制启用“动态输入”对每个组件所显示的内容。

（9）线路文字标注。动力及照明线路在平面图上均用图形表示，而且只要走向相同，无论导线根数的多少，都可用一条图线（单线法），同时在图线上打上短斜线或标以数字，用以说明导线的根数，另外，在图线旁标注必要的文字符号，用以说明线路的用途、导线型号、规格、根数以及线路的敷设方式和敷设部位等，这种标注方式习惯称为直接标注。

其标注基本格式单位为：

$$a-(b-c)e-f$$

其中：a——线路编号或线路用途的符号；

b——导线符号；

c——导线根数；

d——导线截面，单位为 mm；

e——保护管直径，单位为 mm；

f——线路敷设方式和部位。

注意：

为什么有时无法修改文字的高度？

当定义文字样式时，使用的字体高度值不为 0，用 DETEXT 命令输入文本时将不提示输入高度，而直接采用已定义的文字样式中的字体高度，这样输出的文本高度是不可更改的。包括使用该字体进行的标注样式也是不可更改的。

注意：

电气工程制图可能涉及诸多特殊符号，特殊符号的输入在单行文本输入状态下与多行文字输入状态下有很大不同的，另外对于字体文件的选择也特别重要。多行文字输入状态下插入符号或特殊字符的步骤如下。

（1）双击多行文字对象，打开“文字格式”编辑器。

（2）在展开的工具栏中单击“符号”按钮。

按照上述方法绘制本例其二层照明平面图，如图 15-86 所示。

Note

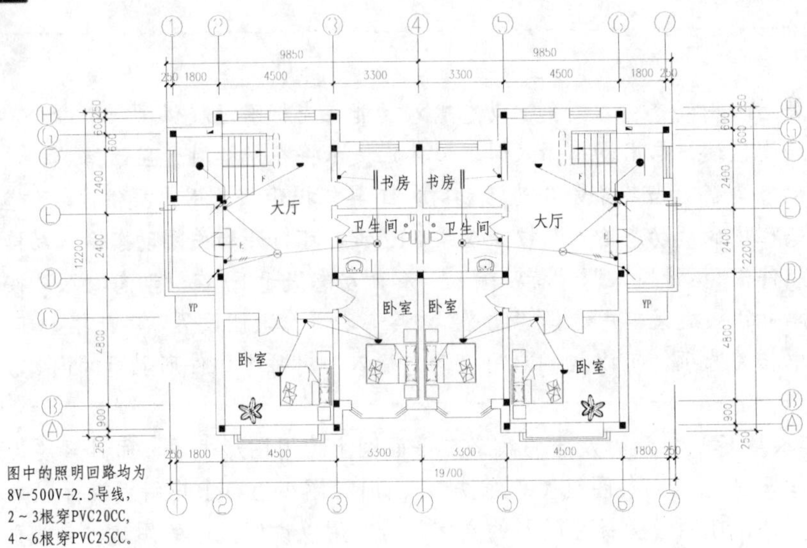

图中的照明回路均为
8V-500V-2.5导线,
2～3根穿PVC20CC,
4～6根穿PVC25CC。
大厅
书房
卫生间
卧室
9850
19700

图 15-86　二层照明平面图

15.3　实战演练

通过前面的学习，读者对本章知识也有了大体的了解，本节通过一个操作练习使读者进一步掌握本章知识要点。

【实战演练】绘制住宅楼照明平面图（如图 15-87 所示）。

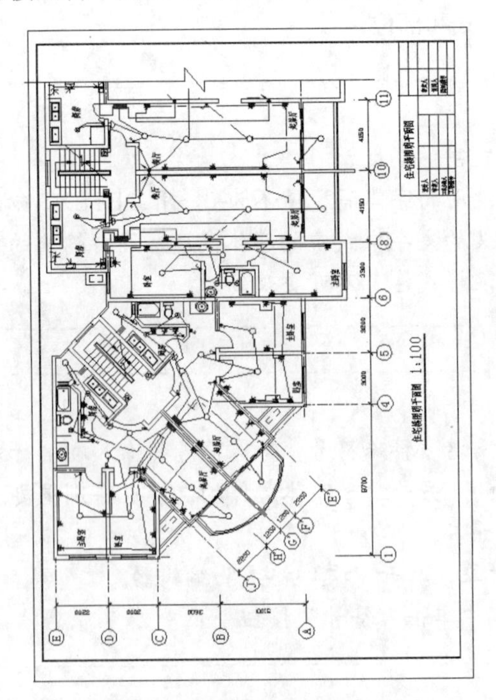

图 15-87　住宅楼照明平面图

1．目的要求

本实例主要要求读者通过练习进一步熟悉和掌握照明平面图的绘制方法。通过本实例，可以帮助读者学会完成住宅楼照明平面图绘制的全过程。

2．操作提示

（1）绘图前的准备。

（2）绘制轴线和墙体。

（3）布置室内设施。

（4）标注尺寸和文字。

（5）绘制灯具、配电箱、插座和开关。

（6）连接图块。

（7）绘制图签。

Note

第16章

居民楼辅助电气平面图

本章学习要点和目标任务：

☑ 插座及等电位平面图

☑ 接地及等电位平面图

☑ 首层电话、有线电视及电视监控平面图

除了前面讲述的照明电气平面图外，居民楼的电气平面图还包括插座及等电位平面图、接地及等电位平面图和首层电话、有线电视及电视监控平面图等。

本章将以这些电气平面图设计实例为背景，重点介绍电气平面图的 AutoCAD 制图全过程，由浅及深，从制图理论至相关电气专业知识，尽可能全面详细地描述该工程的制图流程。

Note

16.1　插座及等电位平面图

一般建筑电气工程照明平面图应表达出插座等（非照明电气）电气设备，但有时可能因工程庞大，电气化设备布置复杂，为求建筑照明平面图表达清晰，可将插座等一些电气设备归类，单独绘制（根据图纸深度，分类分层次），以求清晰表达。

16.1.1　设计说明

插座平面图主要表达的内容包括插座的平面布置、线路、插座的文字标注（种类、型号等）、管线等。

插座平面图的一般绘制步骤（基本同照明平面图的绘制）如下。

（1）画房屋平面（外墙、门窗、房间、楼梯等）。电气工程 CAD 制图中，对于新建结构往往会由建筑专业提供建筑图，对于改建改造建筑则需将进行建筑图绘制。

（2）画配电箱、开关及电力设备。

（3）画各种插座等。

（4）画进户线及各电气设备的连接线。

（5）对线路、设备等附加文字标注。

（6）附加必要的文字说明。

16.1.2　绘图步骤

本节讲述插座及等电位平面图的绘制过程，结果如图 16-1 所示。

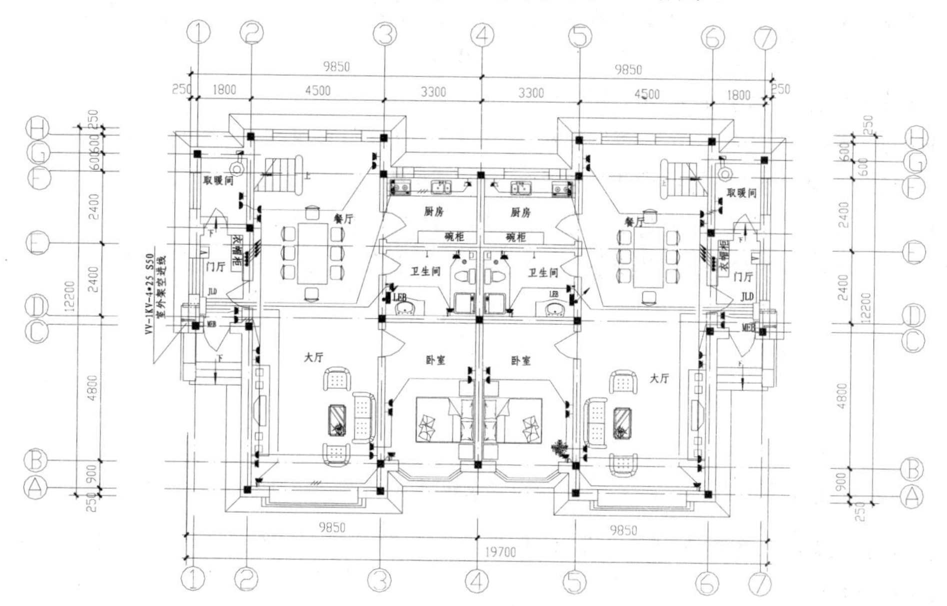

图 16-1　插座及等电位平面图

操作步骤如下：（📹：光盘\配套视频\动画演示\第 16 章\插座及等电位平面图.avi）

1. 打开文件

单击快速访问工具栏中的“打开”按钮，打开“源文件\第 16 章\首层平面图”文件，将其另存为“插座及等电位平面图”，如图 16-2 所示。

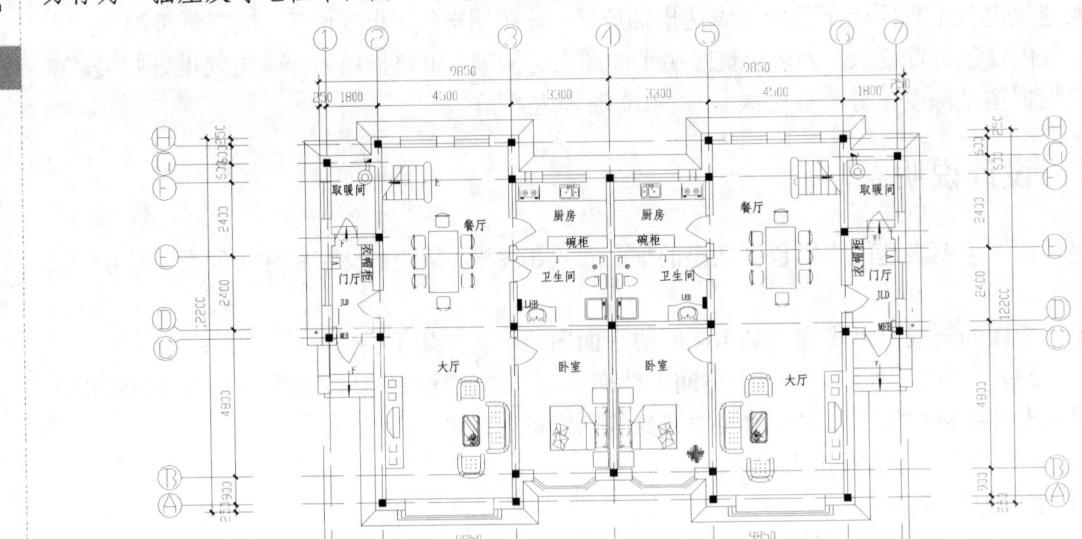

图 16-2　首层平面图

2. 插座与开关图例绘制

插座与开关都是照明电气系统中的常用设备。插座分为单相与三相，按其安装方式分为明装与暗装。若不加说明，明装式一律距地面 1.8m，暗装式一律距地面 0.3m。开关分扳把开关、按钮开关、拉线开关。扳把开关分单连和多连，若不加说明，安装高度一律距地 1.4m，拉线开关分普通式和防水式，安装高度或距地 3m 或距顶 0.3m。

下面以洗衣机三孔插座的绘制为例进行介绍。

（1）单击“默认”选项卡“绘图”面板中的“圆”按钮，绘制一个半径为 165mm 的圆（制图比例为 1:100，A4 图纸上实际尺寸为 1.25mm），如图 16-3 所示。

（2）单击“默认”选项卡“修改”面板中的“修剪”按钮，剪去下半圆，如图 16-4 所示。

（3）单击“默认”选项卡“绘图”面板中的“直线”按钮，在圆内绘制一条直线，如图 16-5 所示。

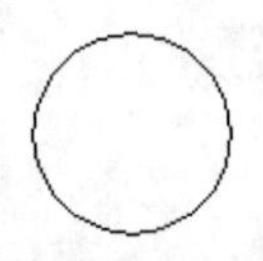

图 16-3　绘制圆

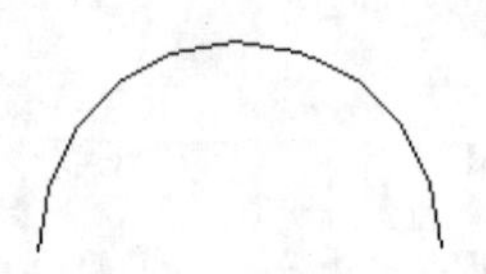

图 16-4　修剪圆

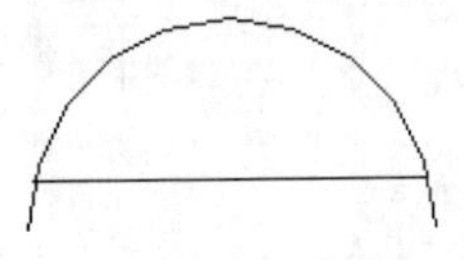

图 16-5　绘制一条直线

（4）单击“默认”选项卡“绘图”面板中的“图案填充”按钮，选择 SOLID 图案填充半圆，如图 16-6 所示。

（5）单击“默认”选项卡“绘图”面板中的“直线”按钮，在半圆上方绘制一条水平直

线和一条竖直直线，如图 16-7 所示。

（6）单击“默认”选项卡“注释”面板中的“多行文字”按钮A，标注文字，如图 16-8 所示。

图 16-6　填充图形

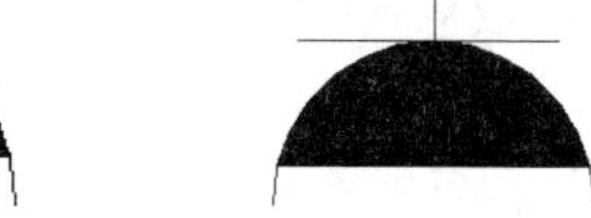

图 16-7　绘制直线

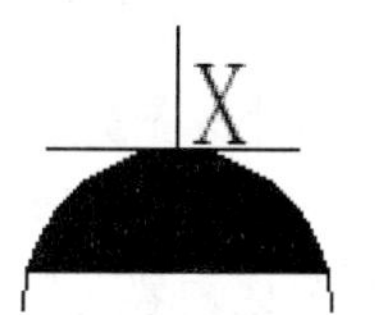

图 16-8　标注文字

其他类型开关绘制方法基本相同，如图 16-9 所示。

序号	图例	名称	规格及型号	单位	数量	备注
1	X	洗衣机三孔插座	220V、10A	个		距离1.4m暗装
2	W	卫生间二、三孔插座	220V、10A密闭防水型	个		距离1.4m暗装
3	R	电热三孔插座	220V、150A密闭防水型	个		距离1.4m暗装
4		厨房二三孔插座	220V、10A密闭防水型	个		距离1.4m暗装
5	K	空调插座	220V、15A	个		距离1.4m暗装

图 16-9　各种插座图例

注意：

在建筑平面图的相应位置，电气设备布置应满足生产生活功能、使用合理及施工方便，按国家标准图形符号画出全部的配电箱、灯具、开关、插座等电气配件。在配电箱旁应标出其编号及型号，必要时还应标注其进线。在照明灯具旁应用文字符号标出灯具的数量、型号、灯泡功率、安装高度、安装方式等。相关的电气标准中均提供了诸多电气元件的标准图例，读者应多学习，熟练掌握各电气元件的图例特征。

还可以灵活利用 CAD 设计中心，其库中预制了许多各专业的标准设计单元，这些设计中对标注样式、表格样式、布局、块、图层、外部参照、文字样式、线型等都作了专业的标准绘制，用户使用这些时，可通过设计中心来直接调用，快捷键为 Ctrl+2。

注意：

重复利用和共享图形内容是有效管理 AutoCAD 电子制图的基础。使用 AutoCAD 设计中心可以管理块参照、外部参照、光栅图像及来自其他源文件或应用程序的内容。不仅如此，如果同时打开多个图形，还可以在图形之间复制和粘贴内容（如图层定义）来简化绘图过程。

3. 绘制局部等单位端子箱

（1）单击“默认”选项卡“绘图”面板中的“矩形”按钮□，绘制一个矩形，如图 16-10 所示。

（2）单击“默认”选项卡“绘图”面板中的“图案填充”按钮▨，填充矩形，如图 16-11 所示。

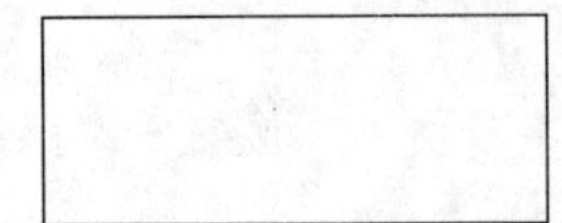

图 16-10　绘制一个矩　　　　图 16-11　填充一个矩形

Note

在内容区域中，通过拖动、双击或单击鼠标右键并选择“插入为块”、“附着为外部参照”或“复制”命令，可以在图形中插入块、填充图案或附着外部参照。可以通过拖动或单击鼠标右键向图形中添加其他内容（例如图层、标注样式和布局）。可以从设计中心将块和填充图案拖动到工具选项板中，如图 16-12 所示。

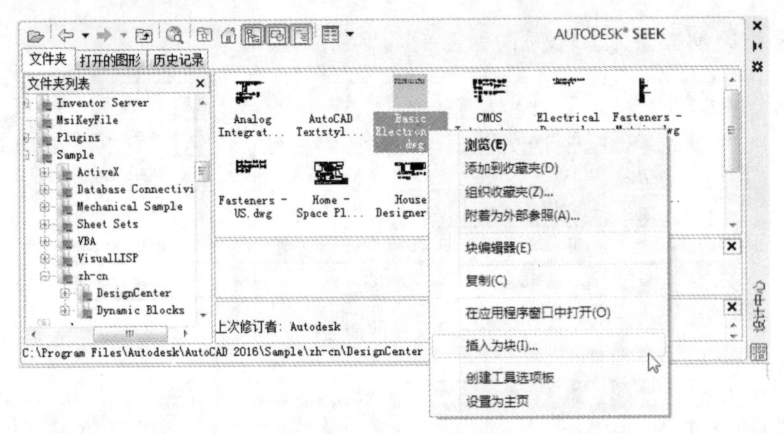

图 16-12　设计中心模块

4. 图形符号的平面定位布置

（1）新建“电源-照明（插座）”图层，并将其设置为当前图层。

（2）通过“复制”等基本命令，按设计意图，将插座、配电箱等一一对应复制到相应位置，插座的定位与房间的使用要求有关，配电箱、插座等贴着门洞的墙壁设置，如图 16-13 所示。

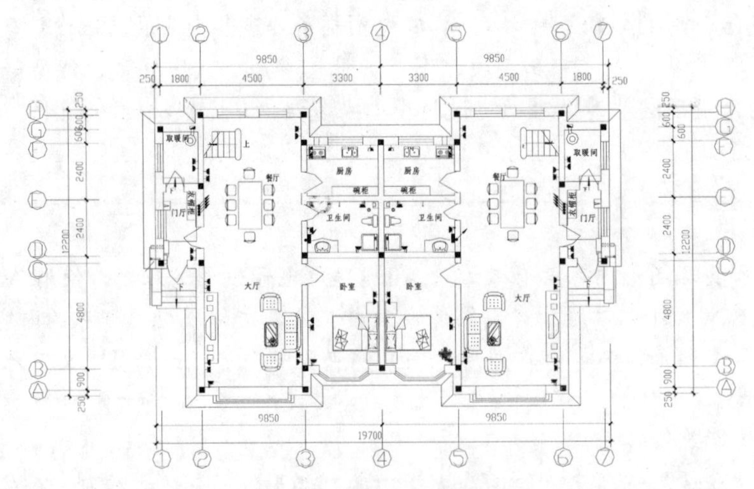

图 16-13　首层插座布置

5. 绘制线路

在图纸上绘制完配电箱和各种电气设备符号后，就可以绘制线路了，线路的连接应该符合电

Note

气工程原理并充分考虑设计意图。在绘制线路前应按室内配线的敷线方式，规划出较为理想的线路布局。绘制线路时应用中粗实线绘制干线、支线的位置及走向，连接好配电箱至各灯具、插座及所有用电设备和器具的导线构成回路，并将开关至灯具的连线一并绘出。在单线条上画出细斜面用来表示线路的导线根数，并在线路的上侧或下侧，用文字符号标注出干线及支线编号、导线型号及根数、截面、敷设部位和敷设方式等。当导线采用穿管敷设时，还要标明穿管的品种和管径。

线路绘制完成，如图 16-14 所示。读者可识读该图的线路控制关系。

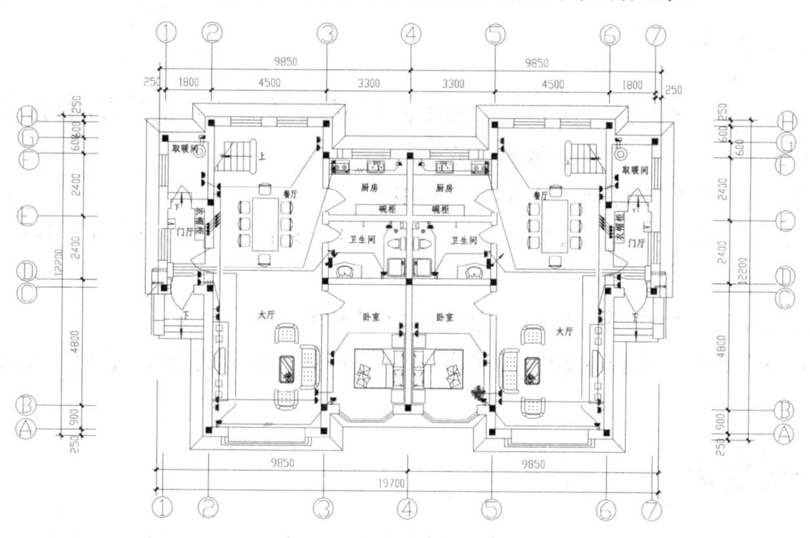

图 16-14　首层插座线路布置图

6. 标注、附加说明

（1）将当前图层设置为“标注”图层。

（2）文字标注的代码符号前面已经讲述，读者自行学习。尺寸标注前面也已经讲述，用户应熟悉标注样式设置的各环节。标注完成后的首层插座平面图如图 16-1 所示。

按照上述方法绘制本例其二层插座平面图，如图 16-15 所示。

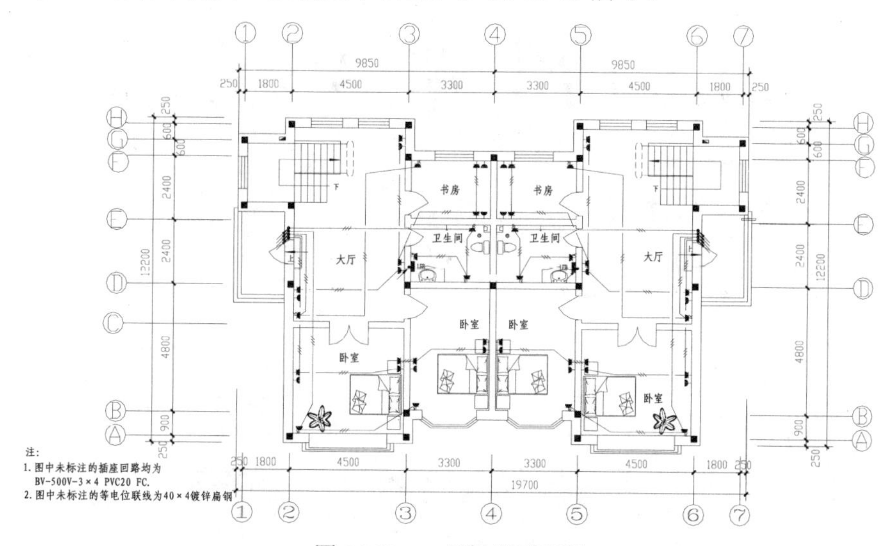

图 16-15　二层插座平面图

16.2 接地及等电位平面图

建筑物的金属构件及引进、引出金属管路应与总电位接地系统可靠连接。两个总等电位端子箱之间采用镀锌扁钢连接。

16.2.1 设计说明

（1）本工程在建筑物外南侧 6m 土壤电阻率较小处设置人工接地装置，接地装置埋深 1.0m。

（2）接地装置采用圆钢作为接地极和接地线。

（3）接地装置需做防腐处理，之间采用焊接。

（4）重复接地、保护接地、设备接地共用同一接地装置。接地电阻小于 1Ω。需实测，不足补打接地极。

（5）本工程在每一电源进户处设一总等电位端子箱。

（6）卫生间内设等电位端子箱，做局部等电位连接。局部等电位端子箱与总等电位端子箱采用镀锌扁钢连接。

16.2.2 接地装置

接地装置包括接地体和接地线两部分，下面讲述接地及等电位平面图的绘制过程，如图 16-16 所示。

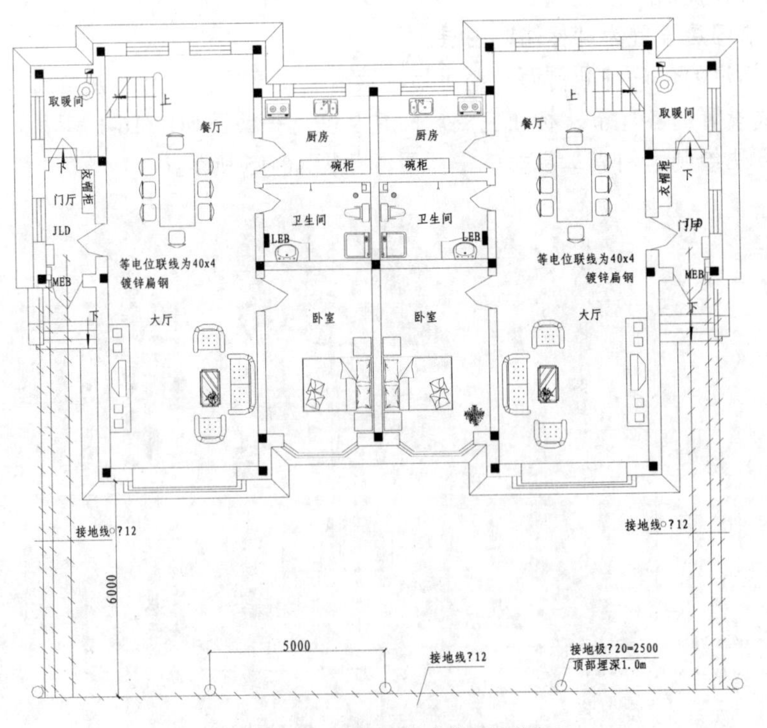

图 16-16 接地及等电位平面图

操作步骤如下：（：光盘\配套视频\动画演示\第 16 章\接地及等电位平面图.avi）

1. 接地体

埋入地中并直接与大地接触的金属导体称为接地体，其可以把电流导入大地。自然接地体是指兼作接地体用的埋于地下的金属物体，在建筑物中，可选用钢筋混凝土基础内的钢筋作为自然接地体。为达到接地的目的，人为地埋入地中的金属件，如钢管、角管、圆钢等称为人工接地体。作接地体用的直接与大地接触的各种金属构件、金属井管、钢筋混凝土建筑物的基础、金属管道和设备等都称为自然接地体，其分为垂直埋设和水平埋设两种。在使用自然、人工两种接地体时，应设测试点和断接卡，便于分开测量两种接地体。

Note

2. 接地线

电力设备或线杆等的接地螺栓与接地体或零线连接用的金属导体，称为接地线。接地线应尽量采用钢质材料，如建筑物的金属结构，如结构内的钢筋、钢构件等；生产用的金属构件，如吊车轨道、配线钢管、电缆的金属外皮、金属管道等，但应保证上述材料有良好的电气通路。有时接地线应连接多台设备，而被分为两段，与接地体直接连接的称为接地母线，与设备连接的一段称为接地线。

（1）单击快速访问工具栏中的“打开”按钮，打开“源文件\第 16 章\首层平面图”文件，将其另存为“接地及等电位平面图”，如图 16-17 所示。

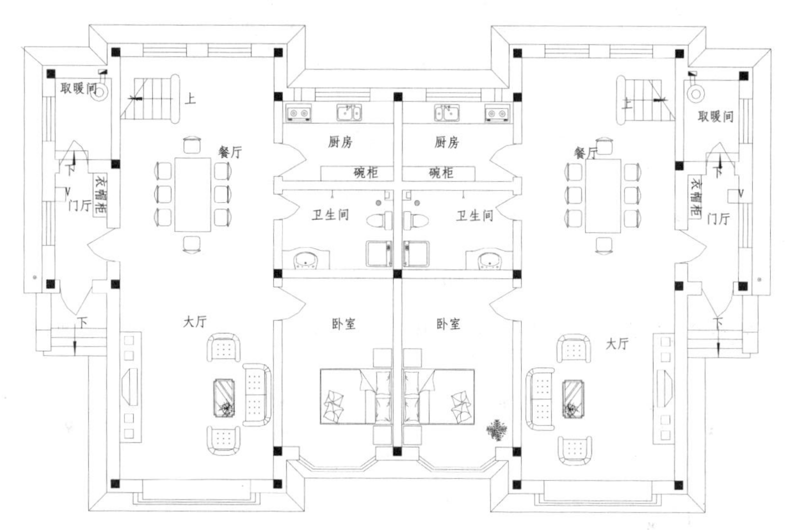

图 16-17　首层平面图

（2）单击“默认”选项卡“绘图”面板中的“矩形”按钮，绘制一个 375mm × 150mm 的矩形，如图 16-18 所示。

（3）单击“默认”选项卡“绘图”面板中的“图案填充”按钮，将矩形填充为黑色，完成局部等电位电子箱的绘制，如图 16-19 所示。

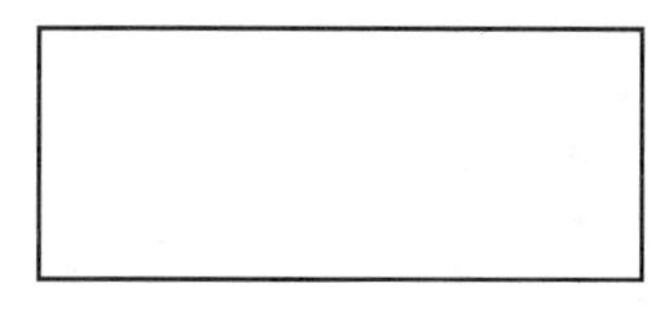

图 16-18　绘制矩形

图 16-19　填充矩形

（4）剩余图例的绘制方法与局部等电位电子箱的绘制方法基本相同，这里不再阐述，如图16-20和图16-21所示。

Note

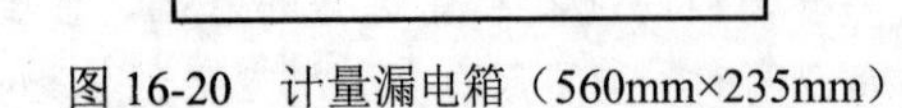

图16-20　计量漏电箱（560mm×235mm）

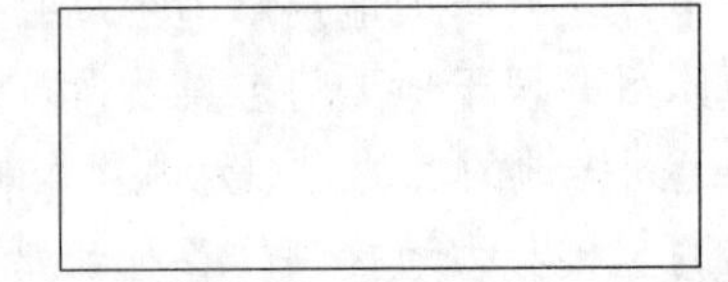

图16-21　总等电位端子箱（375mm×150mm）

（5）单击“默认”选项卡“修改”面板中的“移动”按钮，选择绘制的图例，将其移动到图形的指定位置，如图16-22所示。

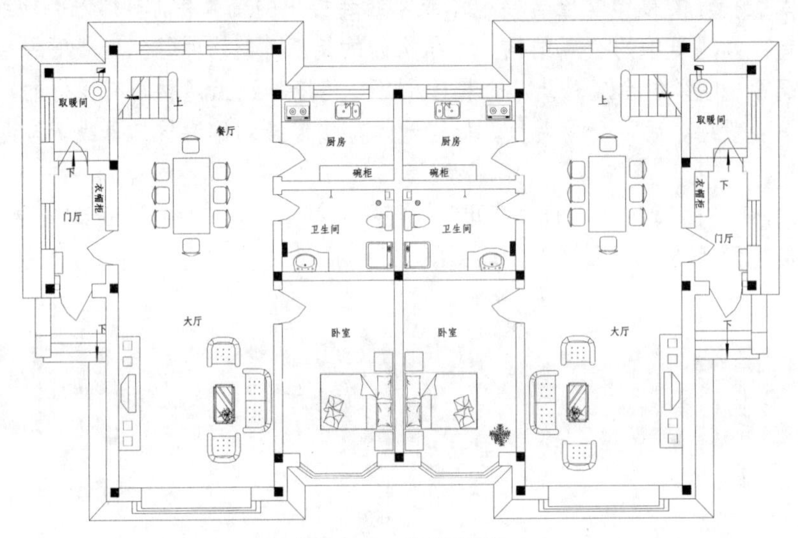

图16-22　布置图例

（6）单击“默认”选项卡“绘图”面板中的“直线”按钮，连接图例，如图16-23所示。

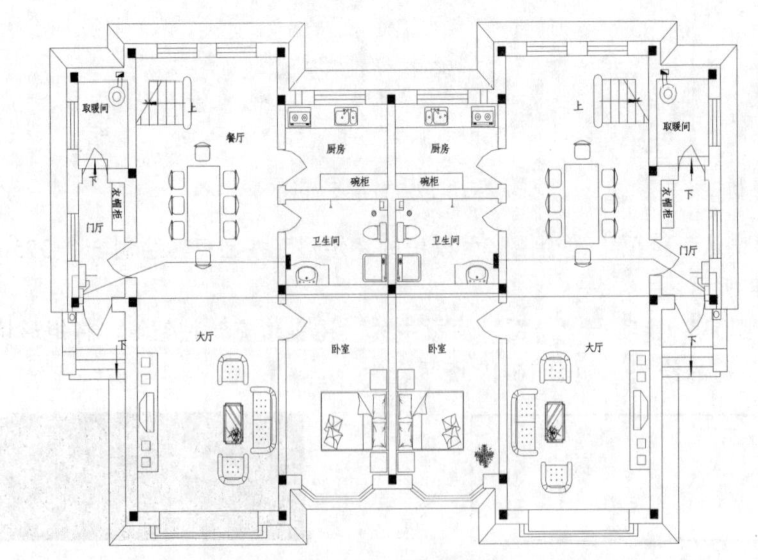

图16-23　绘制线路

（7）将绘制的线路对应的图层关闭，单击“默认”选项卡“绘图”面板中的“直线”按钮和“圆”按钮，绘制接地线，如图 16-24 所示。

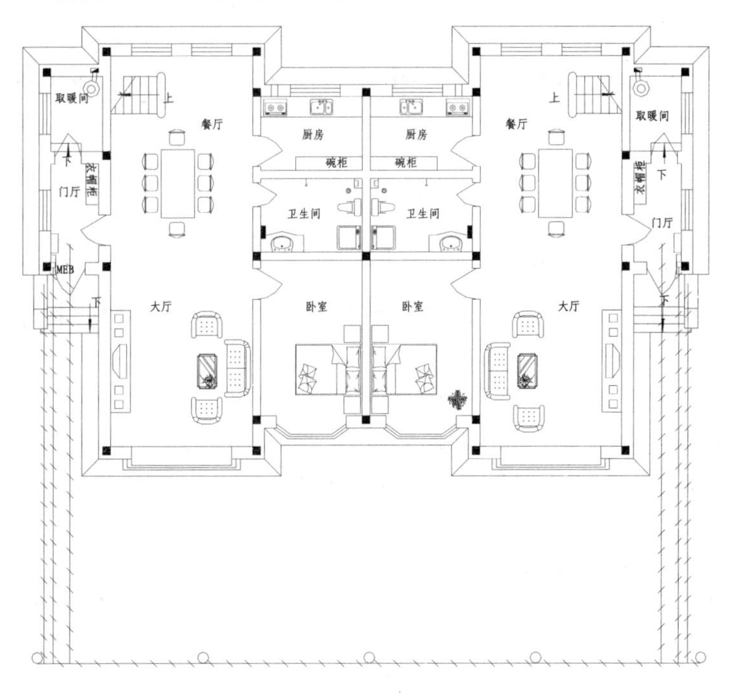

图 16-24　绘制接地线

（8）单击“默认”选项卡“注释”面板中的“线性”按钮，标注细节尺寸，如图 16-25 所示。

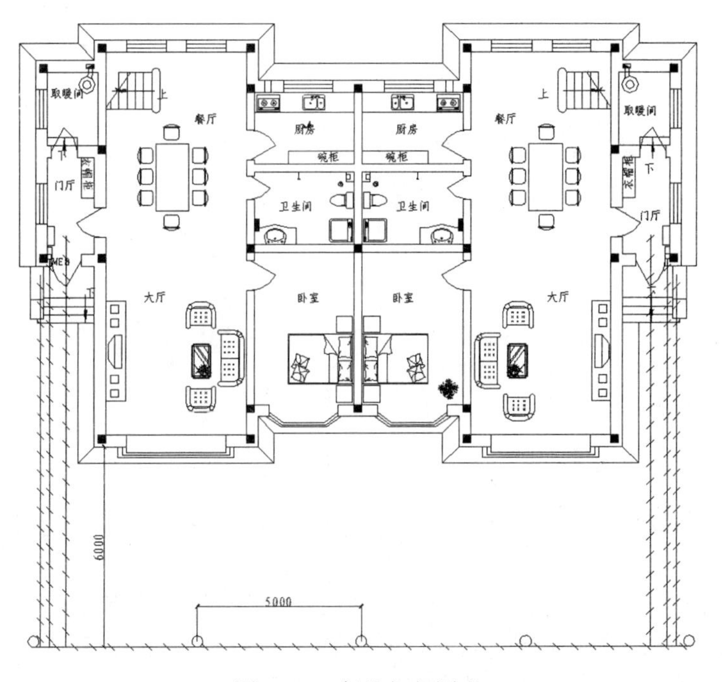

图 16-25　标注细部图形

（9）单击“默认”选项卡“注释”面板中的“多行文字”按钮A，为接地及等电位平面图标注必要的文字，如图16-16所示。

Note

16.3 首层电话、有线电视及电视监控平面图

监控主机设备包括监视器和摄像机。由摄像机到监视器预留PVC40塑料管，用于传输线路敷设，钢管沿墙暗敷。

（1）电话电缆由室外网架空进户。

（2）电话进户线采用HYV型电缆穿钢管沿墙暗敷设引入电话分线箱，支线采用RVS-2×0.5穿阻燃塑料管沿地面、墙、顶板暗敷设。

（3）有线电视主干线采用SYKV-75-16型穿钢管架空进户。进户线沿墙暗敷设进入有线电视前端箱，支线采用SKYV-75-5型电缆穿阻燃塑料管沿地面、墙、顶板暗敷设。

（4）电视监控系统采用单头单尾系统。在室外的墙上安装摄像机，安装高度室外距地面4.0m，在客厅内设置监控主机。

（5）弱电系统安装调试由专业厂家负责。

绘制结果如图16-26所示。

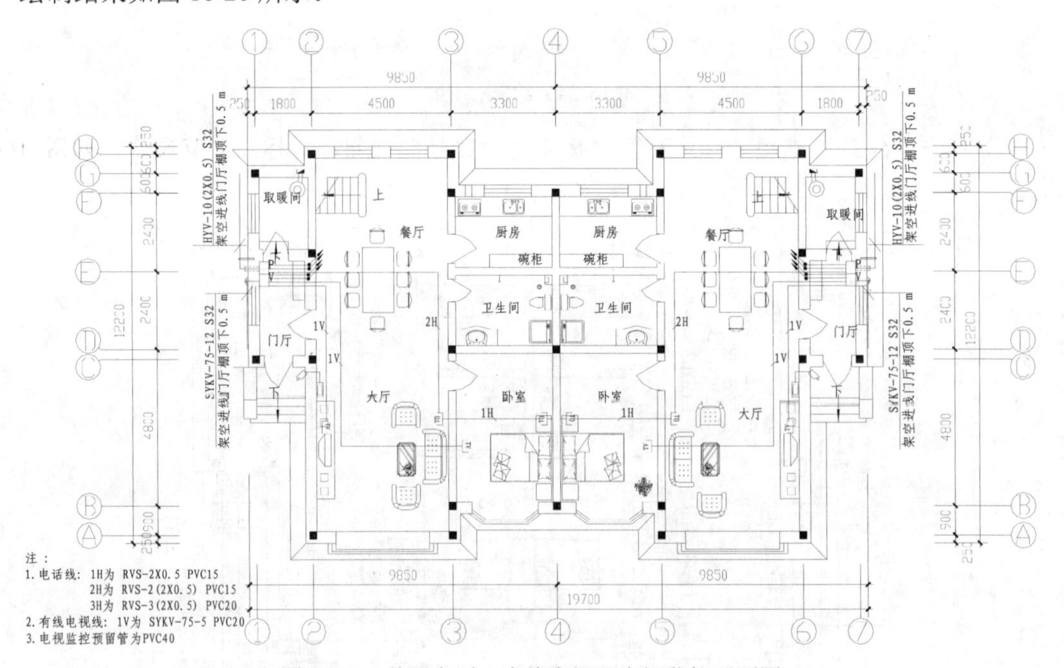

图16-26 首层电话、有线电视及电视监控平面图

操作步骤如下：（：光盘\配套视频\动画演示\第16章\首层电话、有线电视及电视监控平面图.avi）

（1）单击快速访问工具栏中的“打开”按钮，打开”源文件\第16章\首层平面图”文件，将其另存为“首层电话、有线电视及电视监控平面图”，如图16-27所示。

（2）利用前面章节中所学的知识绘制图例，如图16-28所示。

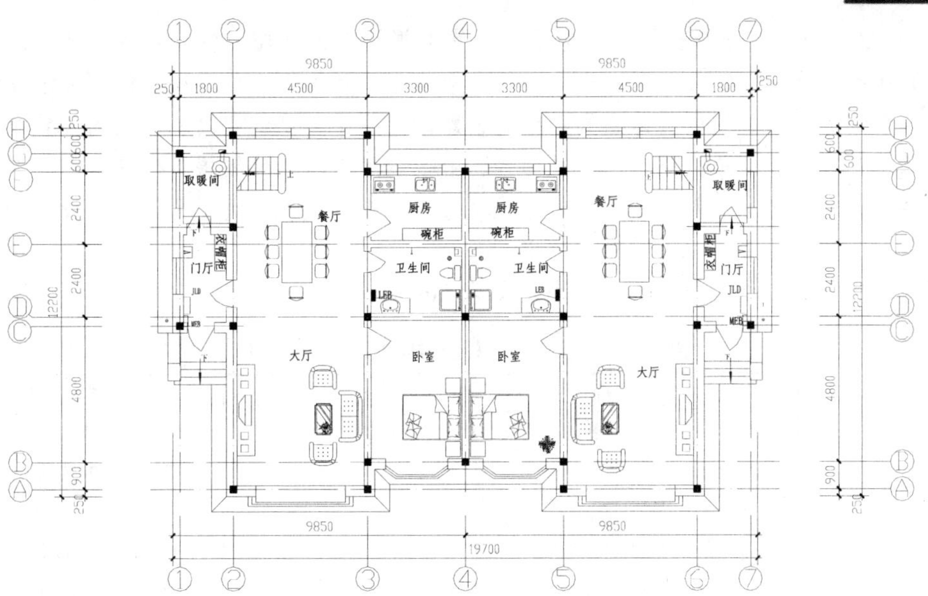

图 16-27　首层平面图

1	TD		电话端口		个		距地0.5 m暗装
2	TC		宽带端口		个		距地0.5 m暗装
3	TV		有线电视端口		个		距地0.5 m暗装
4			监控摄像机	室外球型摄像机	个		距室外地面4.0 m安装
5			电视监控主机	包括监视器和24小时录像机	个		室内台上安装

图 16-28　绘制图例

（3）单击“默认”选项卡“修改”面板中的“移动”按钮和“复制”按钮，将图例复制到首层平面图，如图 16-29 所示。

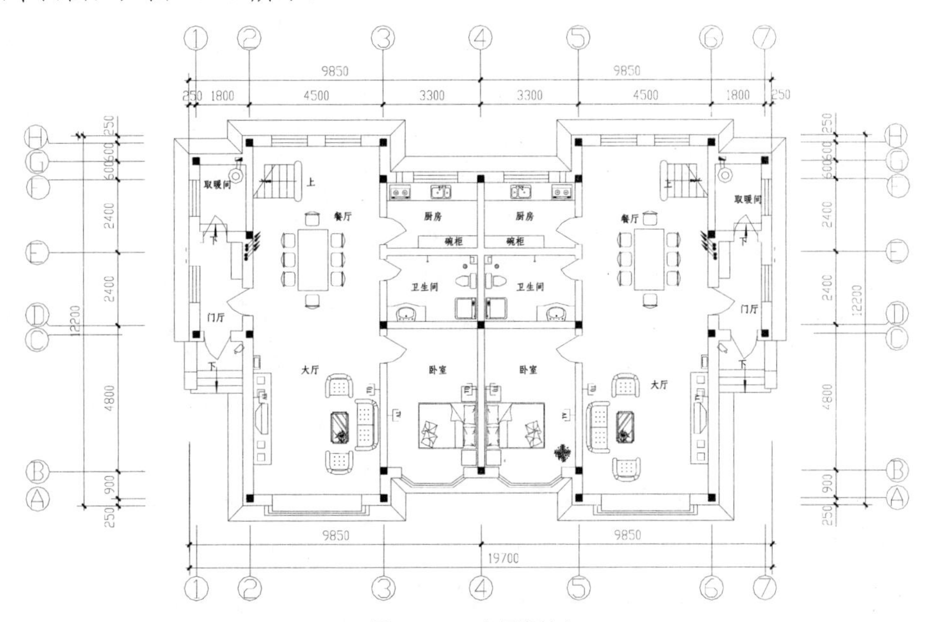

图 16-29　布置图例

（4）绘制线路。在图纸上绘制完电话、有线电视及电视监控设备符号后，就可以绘制线路了，线路的连接应该符合电气弱电工程原理并充分考虑设计意图。在绘制线路前应按室内配线的敷线方式，规划出较为理想的线路布局。绘制线路时应用中粗实线，绘制导线的位置及走向，连接好电话及有线电视，在单线条上画出细斜面，用来表示线路的导线根数，并在线路的上侧或下侧，用文字符号标注出干线及支线编号、导线型号及根数、截面、敷设部位和敷设方式等。当导线采用穿管敷设时，还要标明穿管的品种和管径。

导线穿管方式及导线敷设方式的表示，如表 16-1 所示。

表 16-1　导线穿管以及导线敷设方式的表示

	名　称		名　称
导线穿管的表示	SC——焊接钢管	导线敷设方式的表示	DE——直埋
	MT——电线管		TC——电缆沟
	PC——PVC 塑料硬管		BC——暗敷在梁内
	FPC——阻燃塑料硬管		CLC——暗敷在柱内
	CT——桥架		WC——暗敷在墙内
	M——钢索		CE——暗敷在天棚顶内
	CP——金属软管		CC——暗敷在天棚顶内
	PR——塑料线槽		SCE——吊顶内敷设
	RC——镀锌钢管		F——地板及地坪下
			SR——沿钢索
			BE——沿屋架、梁
			WE——沿墙明敷

线路绘制完成，如图 16-30 所示。读者可识读该图的线路控制关系。

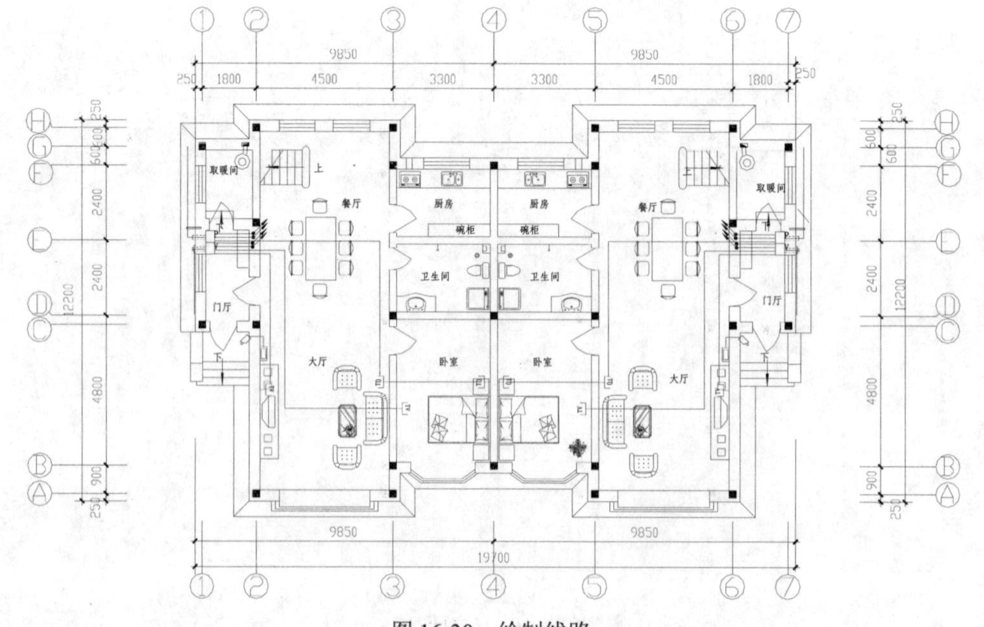

图 16-30　绘制线路

注意：

当线路用途明确时，可以不标注线路的用途。

标注的相关符号所代表的含义如表 16-2～表 16-4 所示。

表 16-2　标注线路用文字符号

序　　号	中文名称	英文名称	常用文字符号		
			单字母	双字母	三字母
1	控制线路	Control line	W	WC	
2	直流线路	Direct current line		WD	
3	应急照明线路	Emergency lighting ine		WE	WEL
4	电话线路	Telephone line		WF	
5	照明线路	Illuminating ine		WL	
6	电力设备	Power line		WP	
7	声道（广播）线路	Sound gate line		WS	
8	电视线路	TV.line		WV	
9	插座线路	Socket line		WX	

表 16-3　线路敷设方式文字符号

序　　号	中文名称	英文名称	旧符号	新符号
1	暗敷	Concealed	A	C
2	明敷	Exposed	M	E
3	铝皮线卡	Aluminum clip	QD	AL
4	电缆桥架	Cable tray		CT
5	金属软管	Flexible metalic conduit		F
6	水煤气管	Gas tube	G	G
7	瓷绝缘子	Porcelain insulator	CP	K
8	钢索敷设	Supported by messenger wire	S	MR
9	金属线槽	Metallic raceway		MR
10	电线管	Electrial metallic tubing	DG	T
11	塑料管	Plastic conduit	SG	P
12	塑料线卡	Plastic clip	VJ	PL
13	塑料线槽	Plastic raceway		PR
14	钢管	Steel conduit	GG	S

表 16-4　线路敷设部位文字符号

序　　号	中文名称	英文名称	旧符号	新符号
1	梁	Beam	L	B
2	顶棚	Ceiling	P	CE
3	柱	Column	Z	C

Note

续表

序　号	中文名称	英文名称	旧符号	新符号
4	地面（楼板）	Floor	D	F
5	构架	Rack		R
6	吊顶	Suspended ceiling		SC
7	墙	Wall	Q	W

提示：

弱电布线注意事项如下：

（1）为避免干扰，弱电线和强电线应保持一定距离，国家标准规定，电源线及插座与电视线及插座的水平间距不应小于50cm。

（2）充分考虑潜在需求，预留插口。

（3）为方便日后检查维修，尽量把家中的电话、网络等控制集中在一个方便检查的位置，从该位置再分到各个房间。

（5）单击“默认”选项卡“注释”面板中的“多行文字”按钮A，为线路添加文字说明，完成首层电话、有限电视及电视监控平面图的绘制，如图16-26所示。

按照上述方法绘制本例其二层电话、有线电视及电视监控平面图，如图16-31所示。

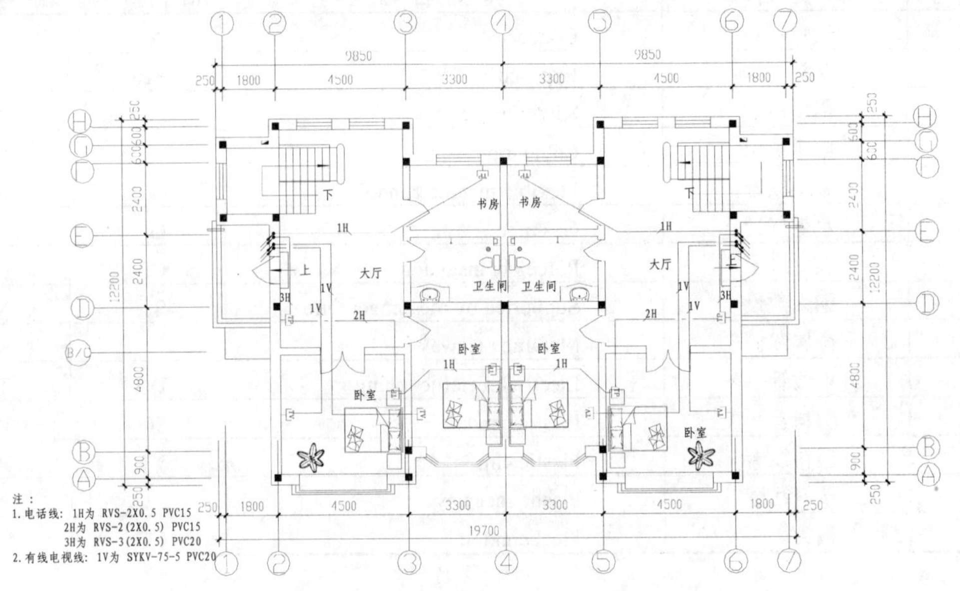

图16-31　二层电话、有线电视及电视监控平面图

16.4 实战演练

通过前面的学习，读者对本章知识也有了大体的了解，本节通过下面的操作练习使读者进一

Note

步掌握本章知识要点。

【实战演练】绘制教学楼空调平面图（如图 16-32 所示）。

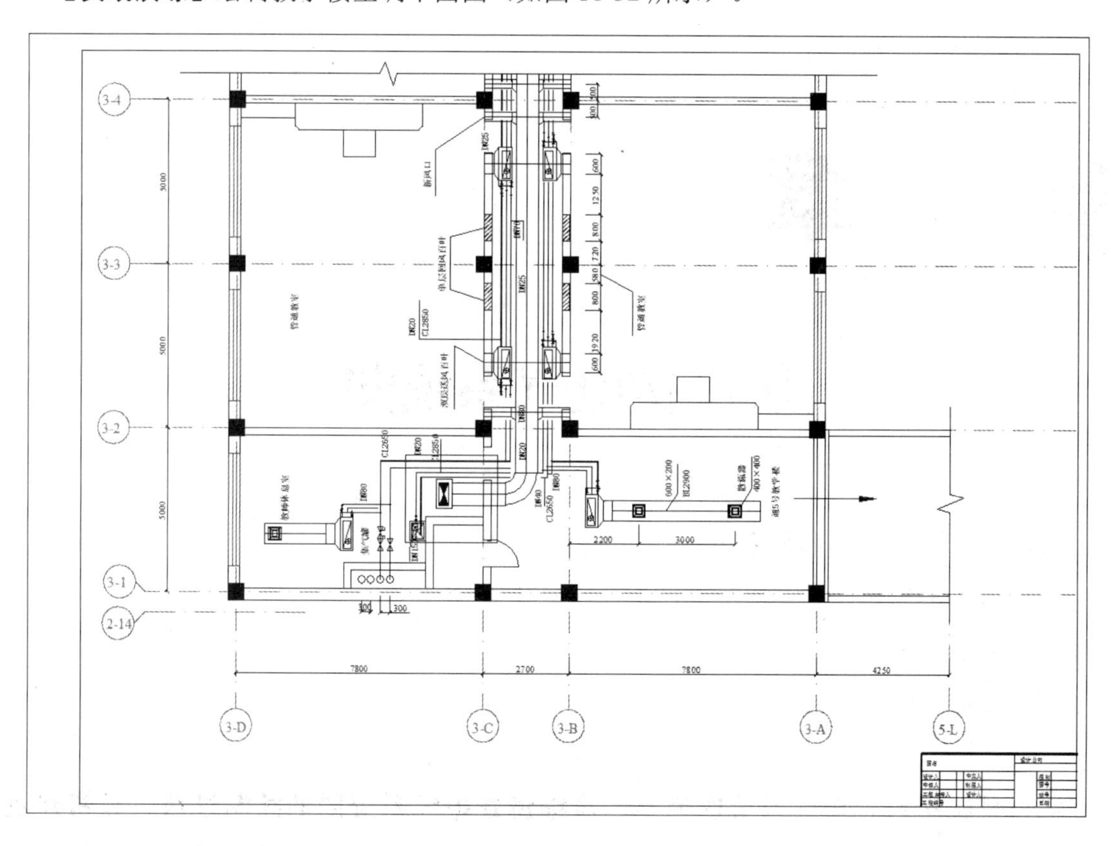

图 16-32　教学楼空调平面图

1．目的要求

本实例主要要求读者通过练习进一步熟悉和掌握辅助电气平面图的绘制方法。通过本实例，可以帮助读者学会完成教学楼空调平面图绘制的全过程。

2．操作提示

（1）绘图前的准备。

（2）绘制墙线、门窗、讲台和电梯井。

（3）绘制空调和空调设备。

（4）标注尺寸和文字。

第17章

居民楼电气系统图

本章学习要点和目标任务：

☑ 配电系统图

☑ 电话系统图

☑ 有线电视系统图

本章将以居民楼电气系统图为例，详细讲述电气系统图的绘制过程。在讲述过程中将逐步带领读者完成电气系统图的绘制，并讲述关于电气系统图的相关知识和技巧。

Note

17.1　配电系统图

本节讲述居民楼配电系统图的绘制，如图 17-1 所示。

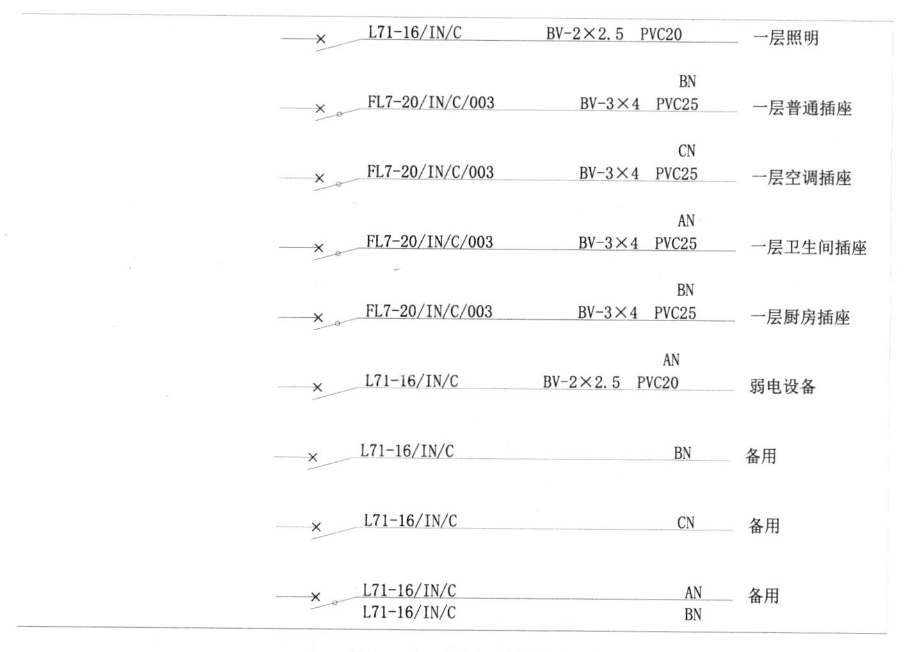

图 17-1　配电系统图

操作步骤如下：（：光盘\配套视频\动画演示\第 17 章\配电系统图.avi）

（1）单击“默认”选项卡“绘图”面板中的“矩形”按钮，绘制一个 1700mm × 750mm 的矩形，如图 17-2 所示。

（2）单击“默认”选项卡“修改”面板中的“分解”按钮，将绘制的矩形进行分解。单击“默认”选项卡“修改”面板中的“偏移”按钮，将矩形左侧竖直边线向内偏移，偏移距离为 200mm，如图 17-3 所示。

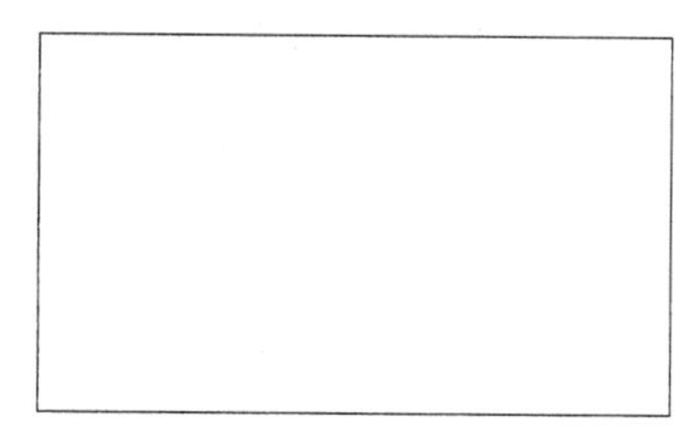

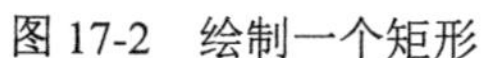

图 17-2　绘制一个矩形

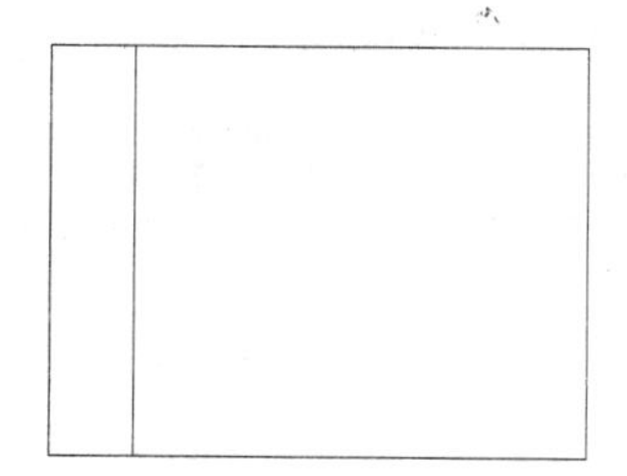

图 17-3　偏移直线

（3）单击“默认”选项卡“绘图”面板中的“直线”按钮，在矩形中间区域绘制一条直线，如图 17-4 所示。

（4）在菜单栏中选择“绘图”→“点”→“定数等分”命令，选取绘制的直线，将其定数等分成 8 份。

（5）绘制回路。

① 单击“默认”选项卡“绘图”面板中的“直线”按钮，从线段的端点绘制直线段，长度为50mm，如图17-5所示。

Note

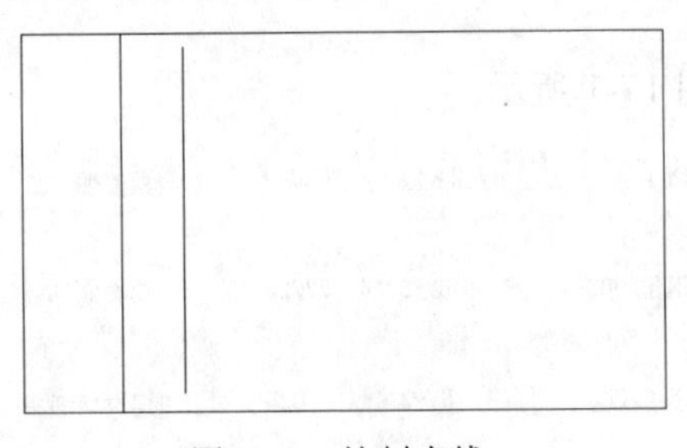

图17-4　绘制直线

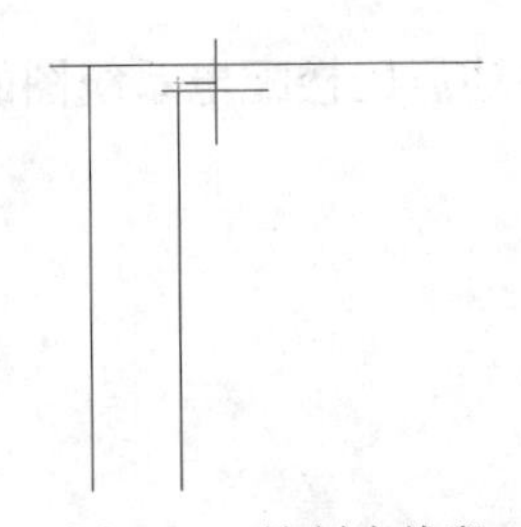

图17-5　绘制直线段

② 在不按鼠标的情况下向右拉伸追踪线，在命令行中输入“500”，中间间距为50个单位，单击鼠标左键在此确定点1，如图17-6所示。

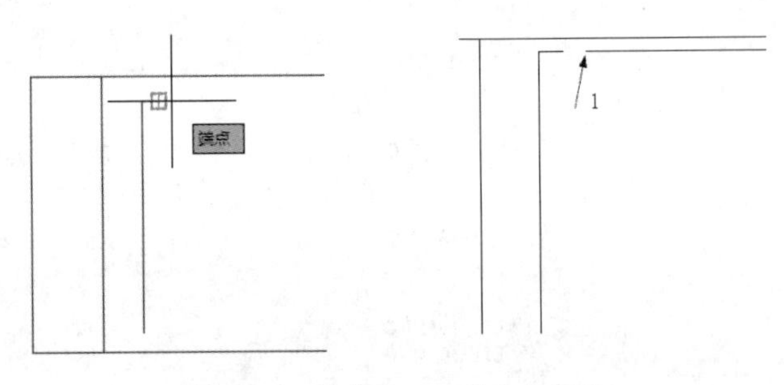

图17-6　长度为500单位的线段

③ 设置15°捕捉。在“草图设置”对话框中选中“启用极轴追踪”复选框，在“增量角”下拉列表框中选择15，如图17-7所示。单击“确定”按钮退出对话框。

④ 单击“默认”选项卡“绘图”面板中的“直线”按钮，取点1为起点，在195°追踪线上向左移动鼠标直至195°追踪线与竖向追踪线出现交点，选择此交点为线段的终点，如图17-8所示。

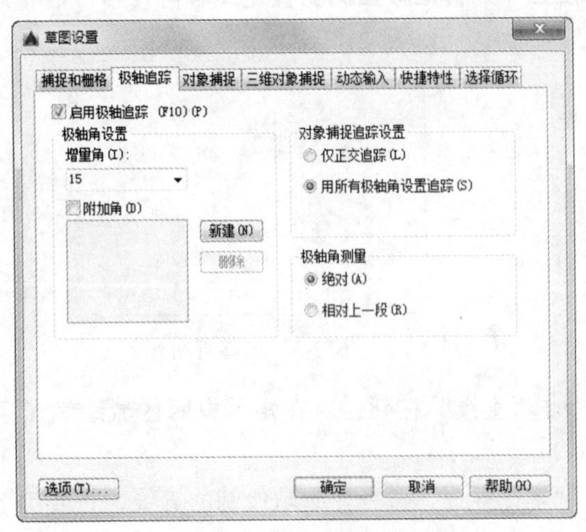

图17-7　设置角度捕捉

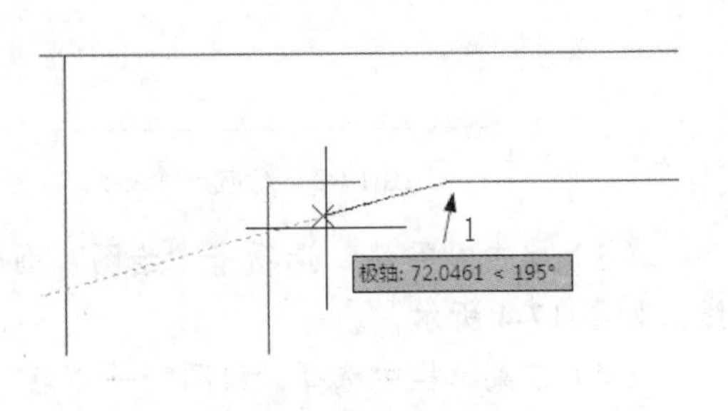

图17-8　绘制斜线段

(6) 单击“默认”选项卡“绘图”面板中的“矩形”按钮□，在绘图区域内绘制一个正方形，如图 17-9 所示。

(7) 单击“默认”选项卡“绘图”面板中的“多段线”按钮，绘制正方形的对角线，设置线宽为 0.5 个单位，如图 17-10 所示。删除外围正方形，得到如图 17-11 所示的图形。

图 17-9　绘制正方形

图 17-10　绘制对角线

图 17-11　删除正方形

(8) 选取交叉线段的交点，将其移动到指定位置，如图 17-12 所示。

(9) 单击“默认”选项卡“注释”面板中的“多行文字”按钮A，在回路中标识出文字，如图 17-13 所示。

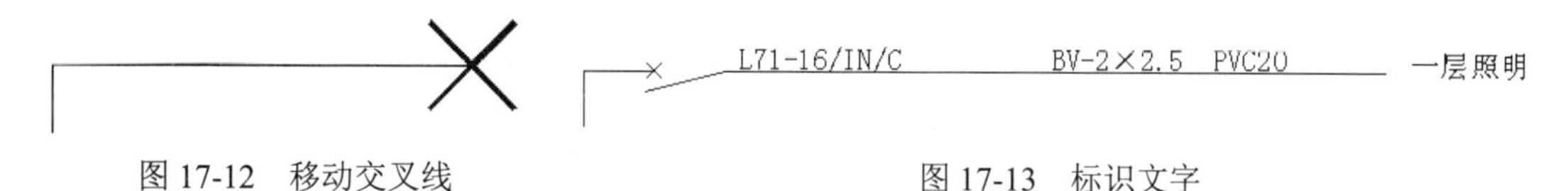

图 17-12　移动交叉线

图 17-13　标识文字

(10) 选取上面绘制的回路及文字，点取左端点为复制基点，依次复制到各个节点上，如图 17-14 所示。

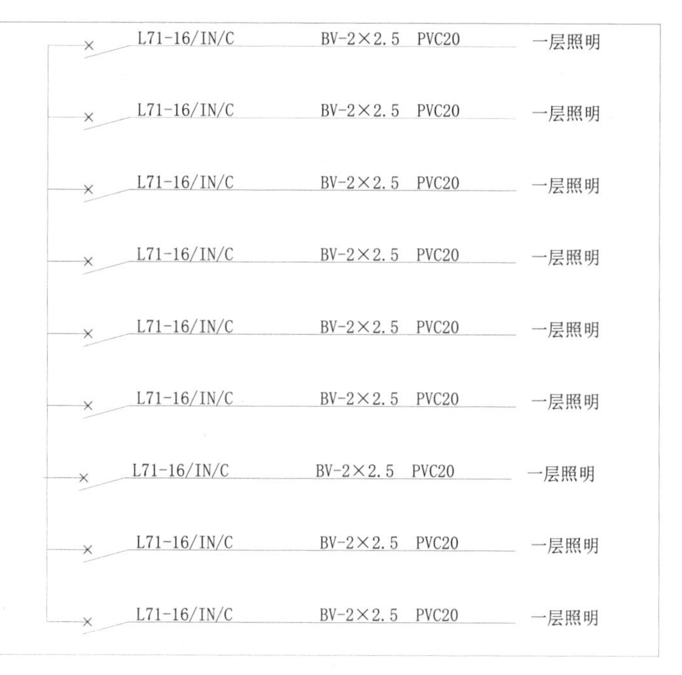

图 17-14　复制其他回路

(11) 修改相关文字，如图 17-15 所示。

(12) 对于端部连接插座的回路，还必须配置漏电断路器，单击“默认”选项卡“绘图”面

Note

板中的“椭圆”按钮，绘制一个椭圆，如图 17-16 所示。

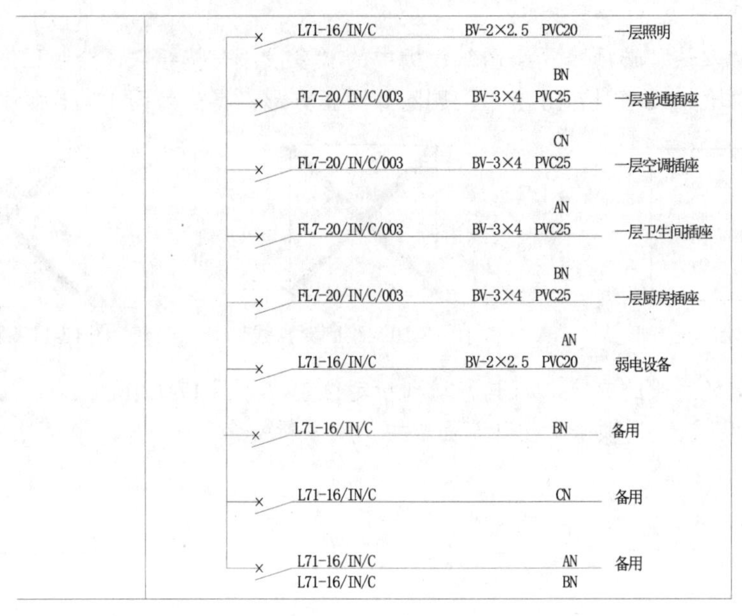

图 17-15　修改文字

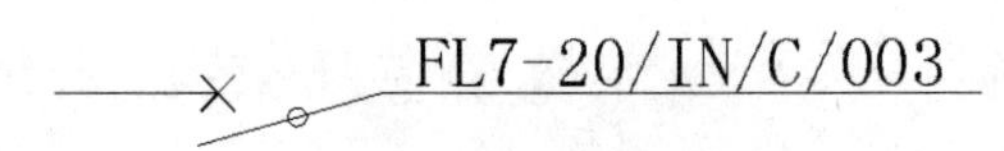

图 17-16　绘制椭圆

（13）单击“默认”选项卡“修改”面板中的“复制”按钮，选取绘制的椭圆进行复制，如图 17-17 所示。

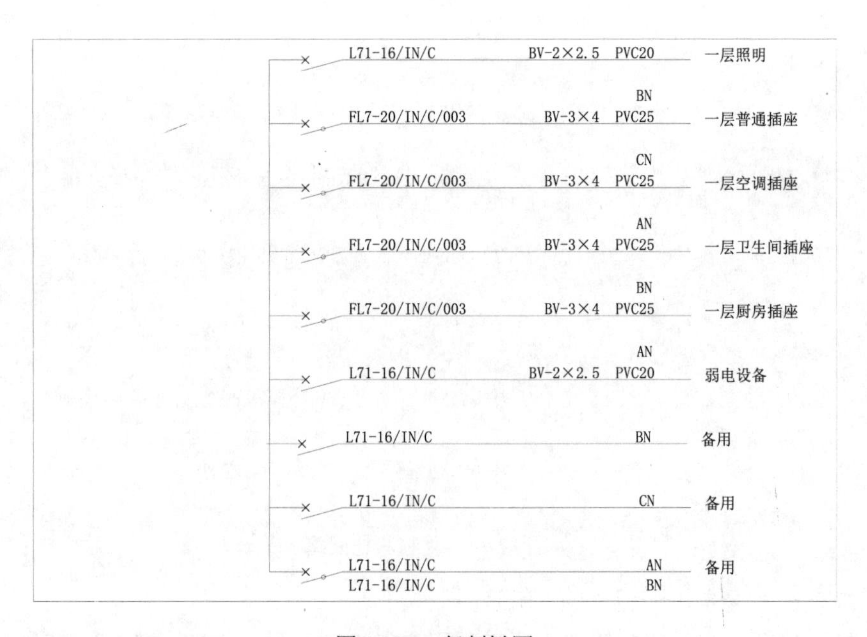

图 17-17　复制椭圆

（14）利用所学知识绘制剩余图形，如图 17-18 所示。

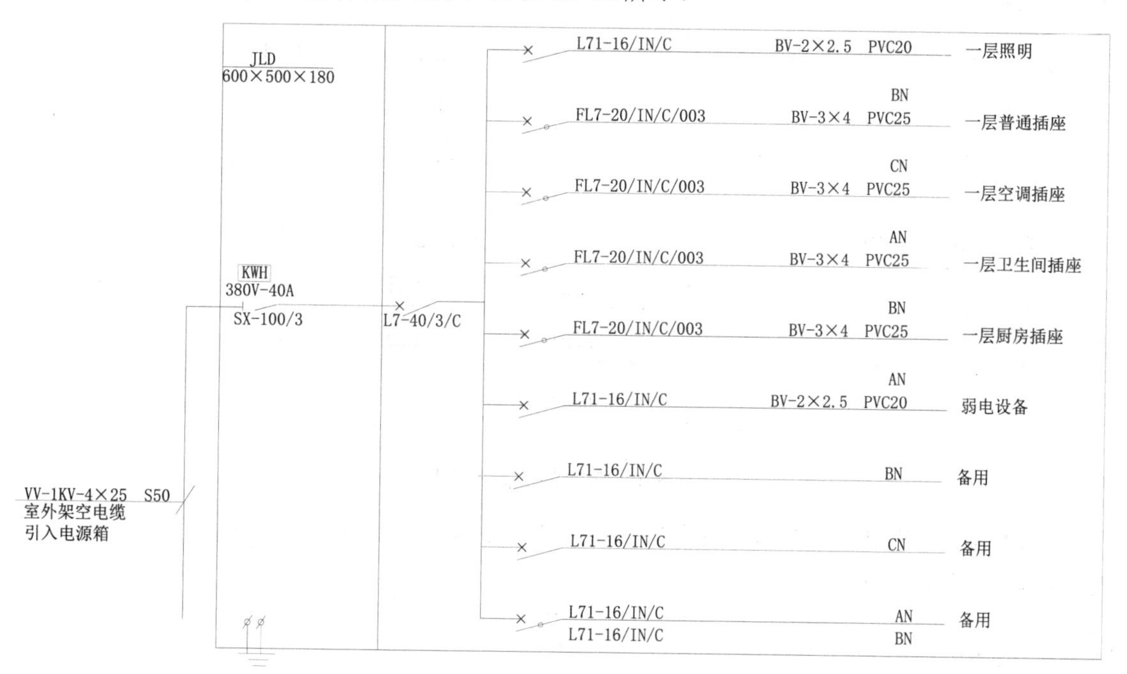

图 17-18 配电系统图

17.2 电话系统图

本节讲述居民楼电话系统图的绘制，如图 17-19 所示。

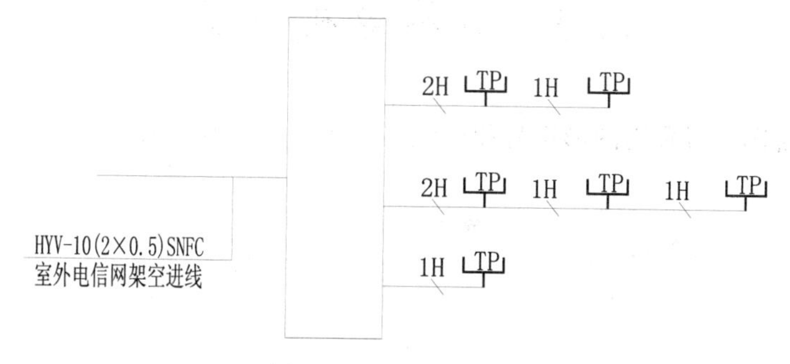

图 17-19 电话系统图

操作步骤如下：（：光盘\配套视频\动画演示\第 17 章\电话系统图.avi）

（1）单击“默认”选项卡“绘图”面板中的“矩形”按钮，绘制一个矩形，如图 17-20 所示。

（2）单击“默认”选项卡“块”面板中的“插入”按钮，将“源文件\图库\电话端口”图块插入到图中，如图 17-21 所示。

（3）单击“默认”选项卡“绘图”面板中的“直线”按钮，绘制室外电信网架空进线，

如图 17-22 所示。

Note

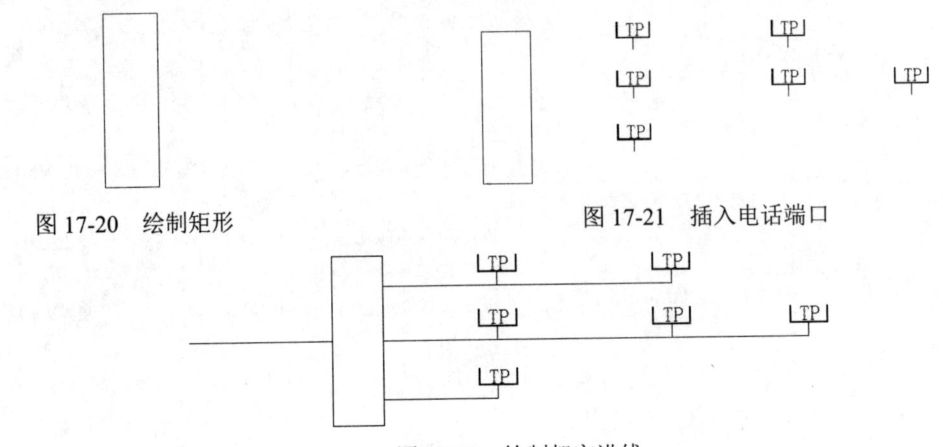

图 17-20　绘制矩形

图 17-21　插入电话端口

图 17-22　绘制架空进线

（4）单击“默认”选项卡“注释”面板中的“多行文字”按钮A，为电话系统图添加文字说明，如图 17-19 所示。

提示：

多数情况下，同一幅图中的文字可能是同一种字体，但文字高度是不统一的，如标注的文字、标题文字、说明文字等文字高度是不一致的，若在文字样式中文字高度默认为 0，则每次用该样式输入文字时，系统都将提示输入文字高度。输入大于 0.0 的高度值则为该样式的字体设置了固定的文字高度，使用该字体时，其文字高度是不允许改变的。

17.3　有线电视系统图

有线电视系统图一般采用图形符号和标注文字相结合的方式来表示，如图 17-23 所示。

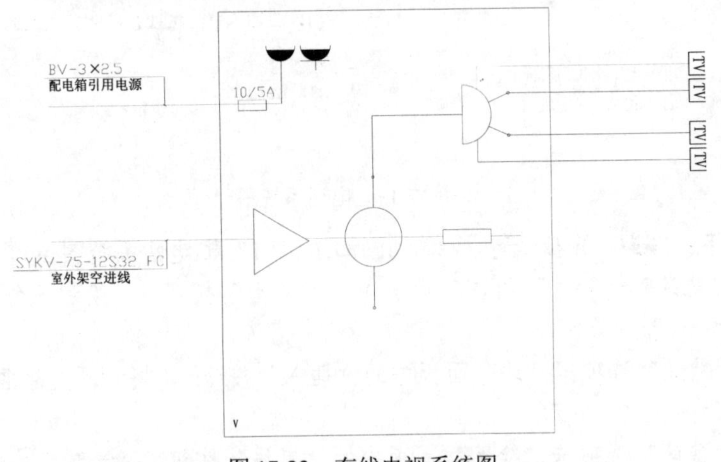

图 17-23　有线电视系统图

操作步骤如下：（：光盘\配套视频\动画演示\第 17 章\有线电视系统图.avi）

（1）单击“默认”选项卡“绘图”面板中的“矩形”按钮，绘制一个矩形，如图 17-24 所示。

（2）单击“默认”选项卡“绘图”面板中的“矩形”按钮，在绘制的矩形内绘制一个小的矩形，如图 17-25 所示。

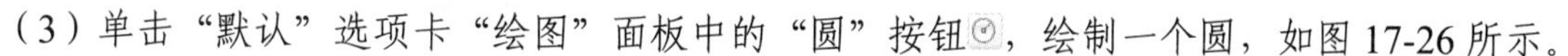

（3）单击“默认”选项卡“绘图”面板中的“圆”按钮，绘制一个圆，如图 17-26 所示。

图 17-24　绘制矩形

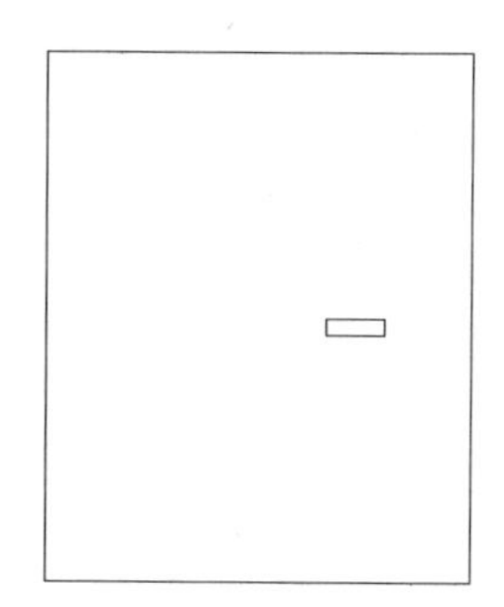

图 17-25　绘制小矩形

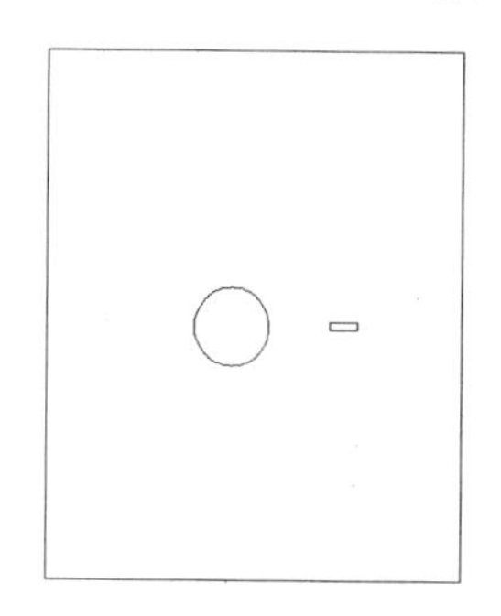

图 17-26　绘制圆

（4）单击“默认”选项卡“绘图”面板中的“多边形”按钮，绘制一个三角形，如图 17-27 所示。

（5）单击“默认”选项卡“绘图”面板中的“圆”按钮，绘制一个圆，如图 17-28 所示。

（6）单击“默认”选项卡“绘图”面板中的“直线”按钮，在绘制的圆内绘制一条垂直直线，如图 17-29 所示。

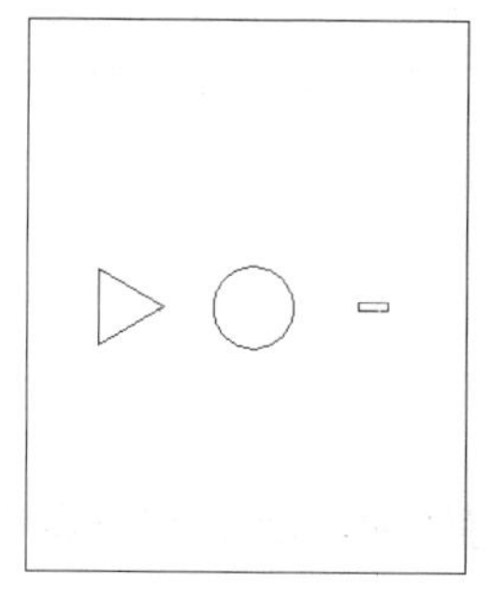

图 17-27　绘制三角形

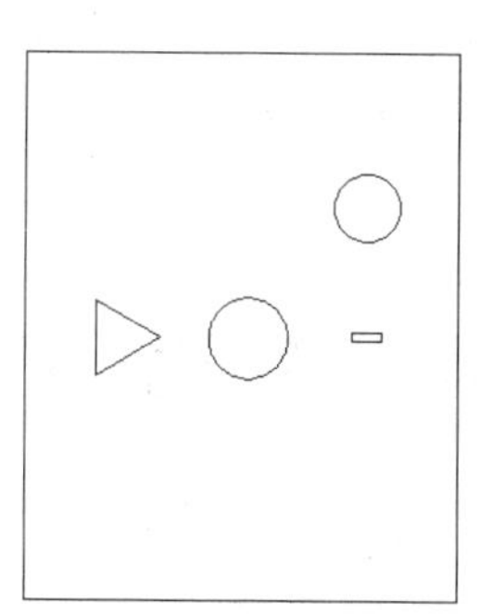

图 17-28　绘制圆

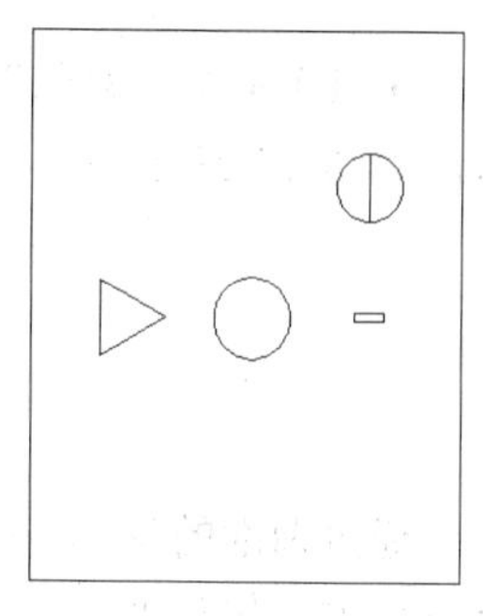

图 17-29　绘制垂直直线

（7）单击“默认”选项卡“修改”面板中的“修剪”按钮，将圆的左半部分修剪掉，如图 17-30 所示。

（8）单击“默认”选项卡“块”面板中的“插入”按钮，选择“单相二三孔插座”及“TV”图块，单击“默认”选项卡“修改”面板中的“复制”按钮，复制图形到有线电视系统图内，如图 17-31 所示。

（9）单击“默认”选项卡“绘图”面板中的“直线”按钮，绘制室内进户线，如图 17-32 所示。

（10）单击“默认”选项卡“绘图”面板中的“圆”按钮，在进户线上绘制小圆，如图 17-33 所示。

Note

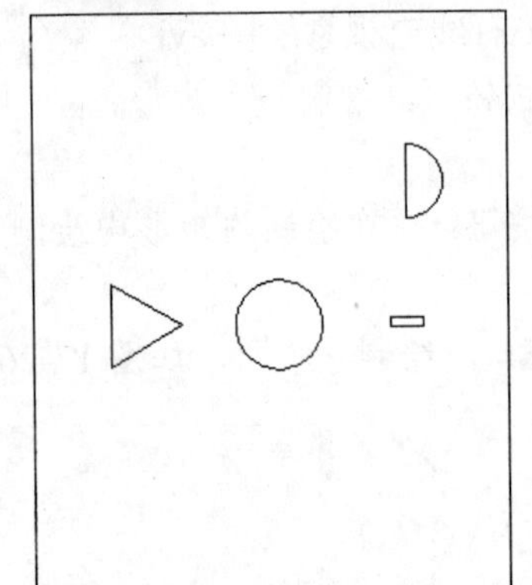

图 17-30　修剪圆图形

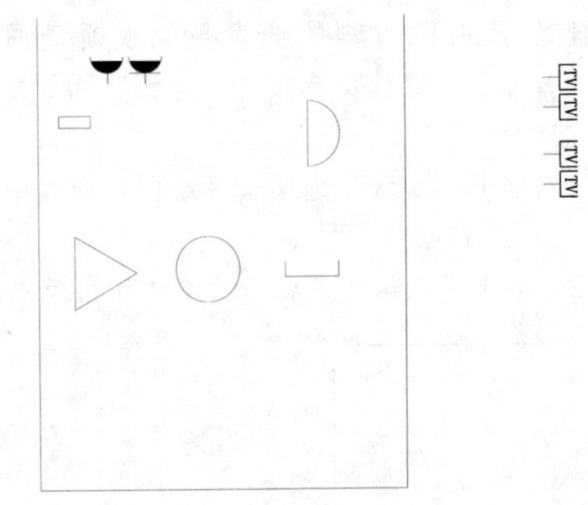

图 17-31　复制图例

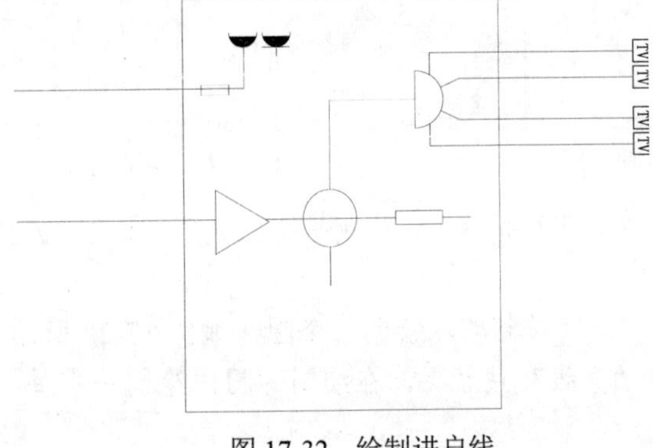

图 17-32　绘制进户线

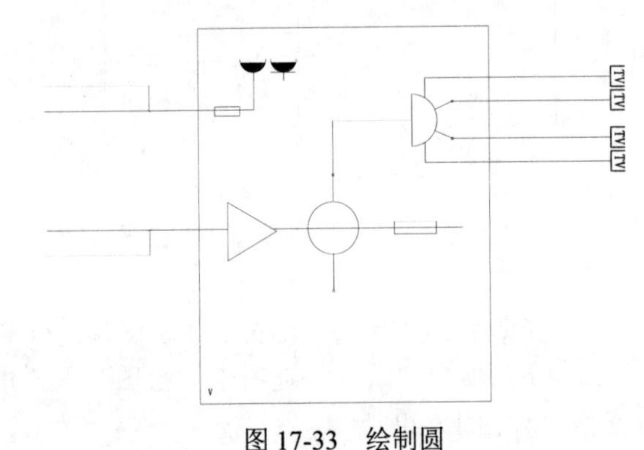

图 17-33　绘制圆

（11）单击“默认”选项卡“注释”面板中的“多行文字”按钮A，为有线电视添加文字说明，如图 17-23 所示。

17.4　实 战 演 练

通过前面的学习，读者对本章知识也有了大体的了解，本节通过下面的操作练习使读者进一步掌握本章知识要点。

【实战演练】绘制餐厅消防报警系统图和电视、电话系统图（如图 17-34 所示）。

1. 目的要求

本实例主要要求读者通过练习进一步熟悉和掌握电气系统图的绘制方法。通过本实例，可以帮助读者学会完成餐厅消防报警系统图和电视、电话系统图绘制的全过程。

2. 操作提示

（1）绘图前的准备。

（2）绘制电话系统图。

（3）绘制电视系统图。

（4）绘制火灾报警及消防联动控制系统图。

（5）标注文字。

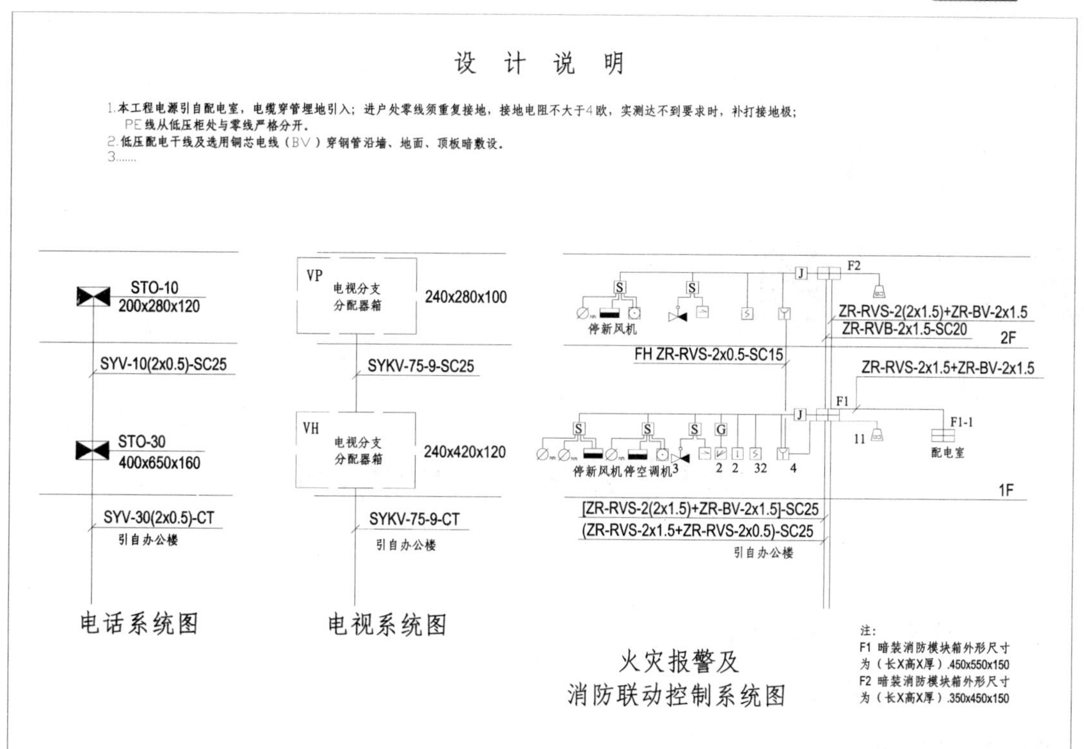

图 17-34　餐厅消防报警系统图和电视、电话系统图

第18章

某居民楼采暖平面图

本章学习要点和目标任务：

- ☑ 采暖平面概述
- ☑ 设计说明
- ☑ 建筑平面图绘制
- ☑ 采暖平面图绘制

采暖平面图是室内采暖施工图中的基本图样，表示室内采暖管网和散热设备的平面布置及相互连接关系。视水平主管敷设位置的不同及工程的复杂程度，采暖施工图应分楼层绘制或进行局部详图绘制。本章将介绍某居民楼采暖平面图的具体绘制过程，进一步巩固前面所学知识。

18.1　采暖平面图概述

1．采暖平面图表达的主要内容

室内采暖平面图主要表示采暖管道及设备在建筑平面中的布置，体现了采暖设备与建筑之间的平面位置关系，表达的主要内容如下。

（1）室内采暖管网的布置，包括总管、干管、立管、支管的平面位置及其走向与空间的连接关系。

（2）散热器的平面布置、规格、数量和安装方式及其与通道的连接方式。

（3）采暖辅助设备（膨胀水箱、集气罐、疏水器等）、管道附件（阀门等）、固定支架的平面位置及型号、规格。

（4）采暖管网中各管段的管径、坡度、标高等的标注，以及相关管道的编号。

（5）热媒入（出）口及地沟（包括过门管沟）入（出）口的平面位置、走向及尺寸。

2．图例符号及文字符号的应用

采暖施工图的绘制涉及很多设备图例及一些设备的简化表达方式，如供热管道、回水管道、阀门、散热器等。关于这些图形符号及标注的文字符号的表征意义，后续文字将顺带介绍。

3．建筑室内采暖平面图的绘制步骤

（1）建筑平面图。

（2）管道及设备在建筑平面图中的位置。

（3）散热器及附属设备在建筑平面图中的位置。

（4）标注（设备规格、管径、标高、管道编号等）。

（5）附加必要的文字说明（设计说明及附注）。

18.2　设 计 说 明

工程验收应按照《建筑给水排水及采暖工程施工质量验收规范》（GB50242—2002）执行。

1．设计依据

（1）《民用建筑供暖通风与空气调节设计规范》（GB50736—2012）。

（2）《住宅设计规范》（GB50096—2011）。

（3）甲方提出的具体要求。

（4）建筑专业人员提供的平、立、剖面图。

2．设计范围

热水供暖系统。

3．采暖系统设计说明

（1）本图尺寸单位除标高以 m 计外其余均以 mm 计。管道标高指管道中心标高。

（2）本工程采暖热媒为 85℃～60℃热水，单元采暖系统采用下供下回双管同程式系统，户内采暖系统采用下分双管式系统，实行分户热计量控制。楼梯间每户供回水处设置热计量表箱（内

设锁闭阀、水过滤器、热量表)。采暖室外计算温度为-5℃。室内计算温度：客厅及卧室为 18℃；卫生间为 25℃。设计热负荷总计为 220kW，设计热负荷指标为 46W/m^2。

(3) 管材：明装部分采用热镀锌钢管，连接方式为丝扣连接；暗装部分采用 De25 无规共聚聚丙烯(PP-R)管，中间不得有接口，直接埋设于 50 厚结构层内；散热器采用铸铁 760 型(内腔无砂)，底距地 50(卫生间在浴盆位置不够时，底距地 1200)，壁装；管道穿墙及楼板时加套管，套管伸出楼板 20mm，其余与墙平齐。

Note

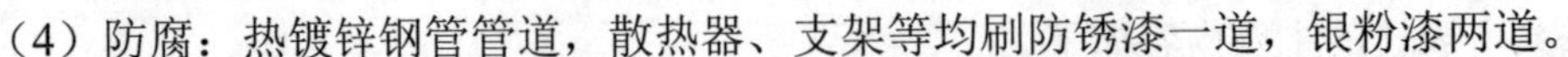

(4) 防腐：热镀锌钢管管道，散热器、支架等均刷防锈漆一道，银粉漆两道。

(5) 保温：室外地下、楼梯间敷设管道采用 40mm 厚聚氨酯保温，外加 5mm 玻璃钢做保护层。

(6) 系统试验压力为 0.6MPa。

(7) 管网标高须同外网协调一致。

(8) 室内敷设支管安装试压完毕后，应弹红线标记，以防止住户装修时损坏。

4. 资料及其他

中国建筑工业出版社出版的《实用供热空调设计手册》。

18.3 建筑平面图绘制

建筑平面图是建筑水暖电设计的基础。本章将以某城市六层普通住宅平面图设计为例讲述建筑平面图设计的基本思路和方法，为后面的建筑采暖平面图设计做必要的准备。绘制结果如图 18-1 所示。

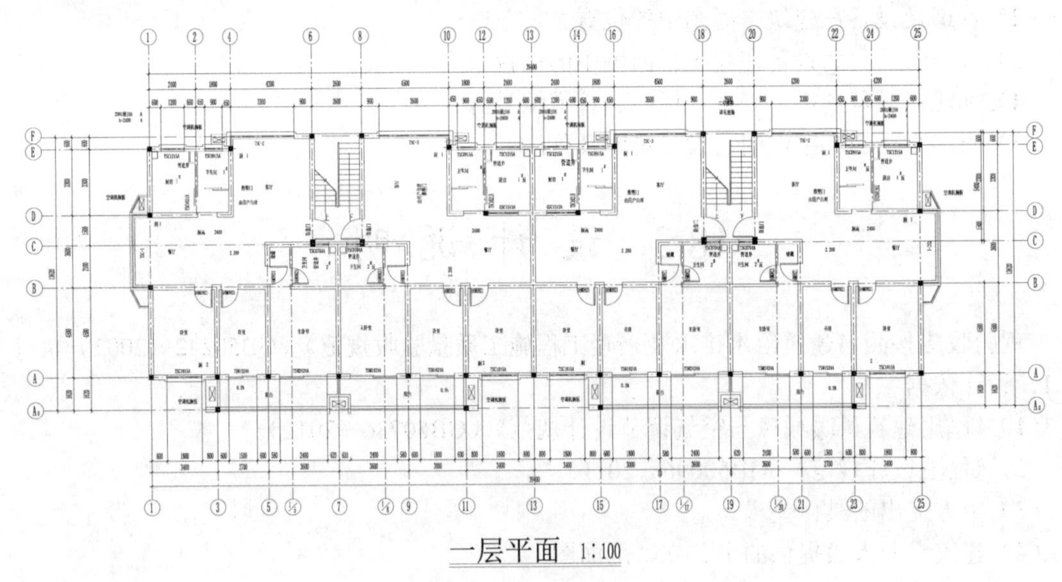

图 18-1 建筑平面图

操作步骤如下：(光盘\配套视频\动画演示\第 18 章\建筑平面图绘制.avi)

18.3.1 设置绘图区域

理论上讲，AutoCAD 的绘图空间无限大，为了规范绘图，使图形紧凑，绘图时要设定绘图

Note

区域。可以通过以下两种方法设定绘图区域。

（1）可以绘制一个已知大小的矩形，将所有的图形绘制在这个矩形的区域范围内。

（2）在菜单栏中选择“格式”→“图形界限”命令或在命令行中输入“LIMITS”命令来设定绘图区大小。

① 在命令行提示“指定左下角点或 [开(ON)/关(OFF)] <0.0000，0.0000>:”后输入“0,0”。

② 在命令行提示“指定右上角点 <420.0000，297.0000>:”后输入“42000,29700”。

这样，绘图区域就设置好了。

18.3.2　设置图层、颜色、线型及线宽

绘图时应考虑图样划分为哪些图层以及按什么样的标准划分。图层设置合理会使图形信息更加清晰有序。

（1）单击“默认”选项卡“图层”面板中的“图层特性”按钮，打开“图层特性管理器”选项板，如图 18-2 所示。单击“新建图层”按钮，将新建图层名修改为“轴线”。

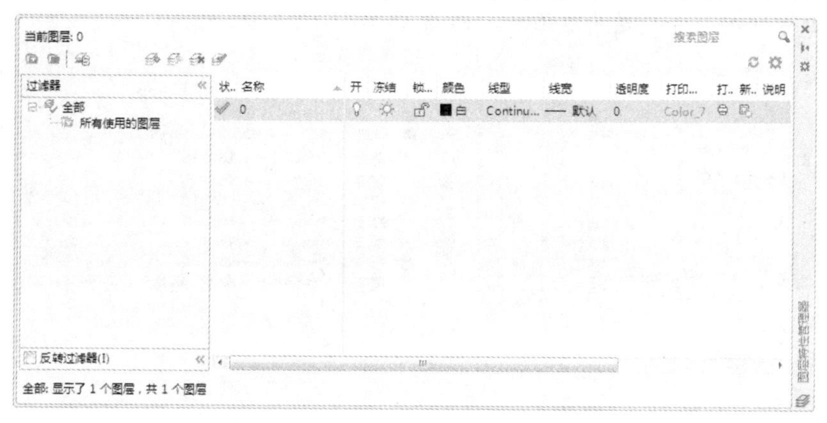

图 18-2　“图层特性管理器”选项板

（2）单击“轴线”图层的图层颜色，打开“选择颜色”对话框，如图 18-3 所示，选择红色为“轴线”图层颜色，单击“确定”按钮。

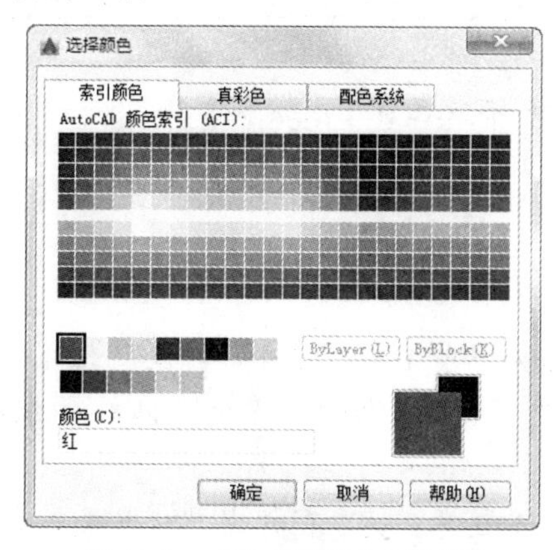

图 18-3　“选择颜色”对话框

Note

（3）单击“轴线”图层的图层线型，打开“选择线型”对话框，如图 18-4 所示，单击“加载”按钮，打开“加载或重载线型”对话框，如图 18-5 所示，选择 CENTER 线型，单击“确定”按钮，完成线型的设置。

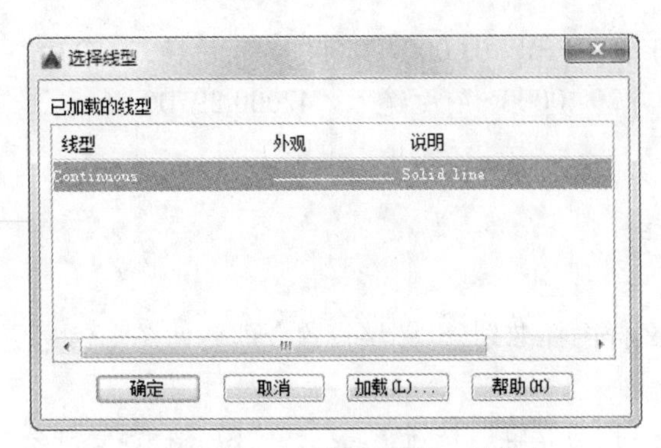

图 18-4 “选择线型”对话框

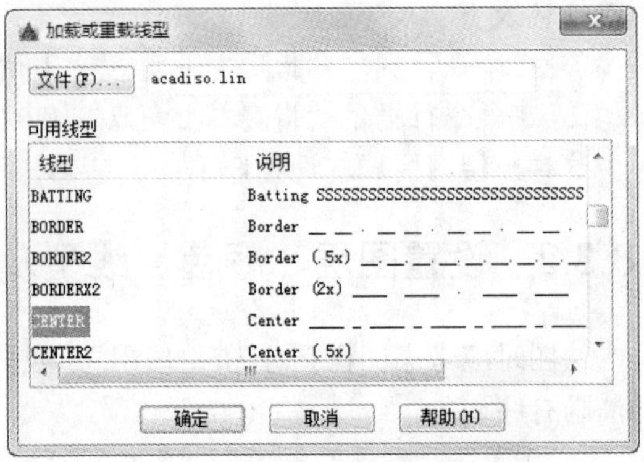

图 18-5 “加载或重载线型”对话框

（4）使用同样的方法创建其他图层，如图 18-6 所示。

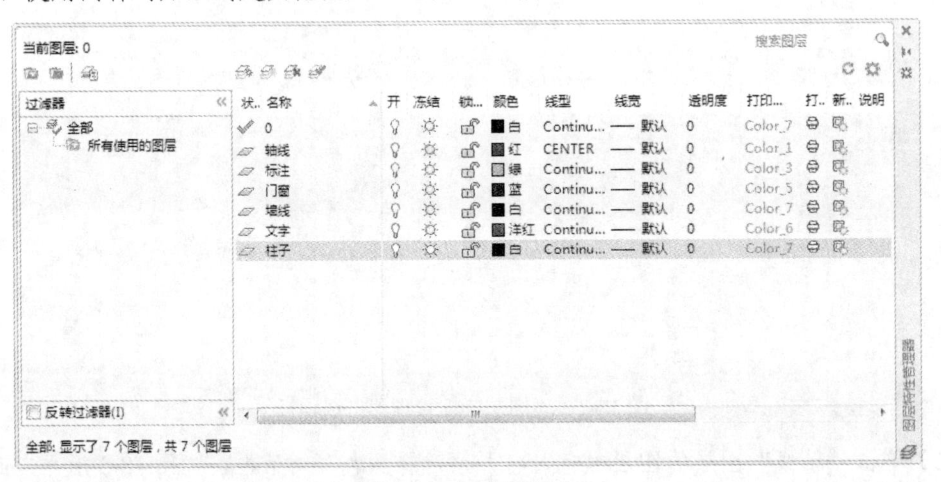

图 18-6 创建的图层

注意：

0 图层不进行任何设置，也不应在 0 图层绘制图样。

18.3.3 绘制轴线

（1）将“轴线”图层设置为当前图层。单击“默认”选项卡“绘图”面板中的“直线”按钮，在状态栏中单击“正交”按钮，绘制长度为 50400 的水平轴线和长度为 22700 的竖直轴线。

（2）选中绘制的直线，单击鼠标右键，在弹出的快捷菜单中选择“特性”命令，如图 18-7 所示，在打开的“特性”选项板中修改“线型比例”为 30，如图 18-8 所示。绘制轴线结果如图 18-9 所示。

（3）单击“默认”选项卡“修改”面板中的“偏移”按钮，将竖直轴线向右偏移2400。

① 在命令行提示“指定偏移距离或[通过(T)/删除(E)/图层(L)]<通过>:”后输入“2400”。

② 在命令行提示“选择要偏移的对象，或[退出(E)/放弃(U)]<退出>:”后选择竖直直线。

③ 在命令行提示“指定要偏移的那一侧上的点，或[退出(E)/多个(M)/放弃(U)] <退出>:”后向右指定一点。

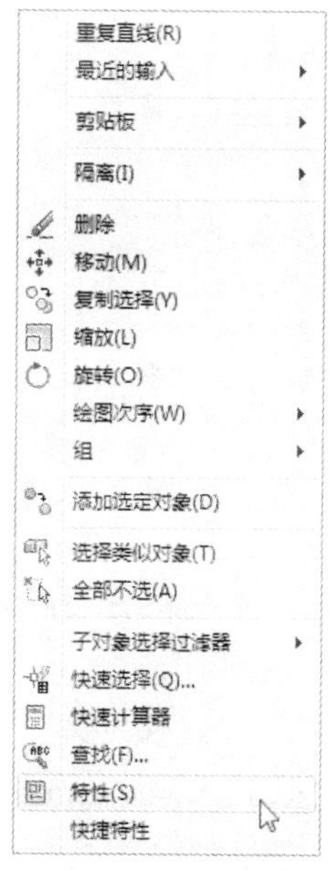

图18-7　右键快捷菜单

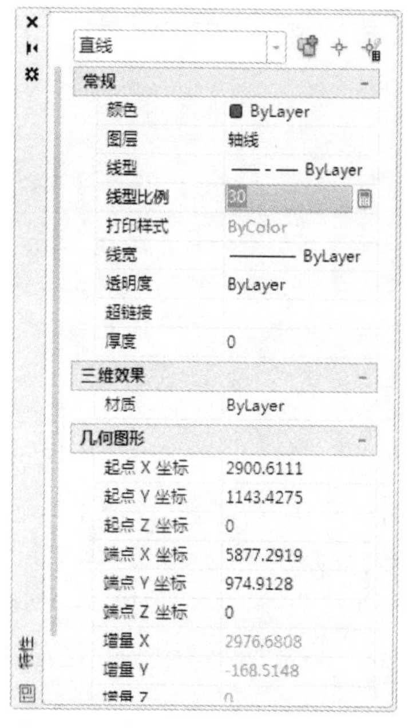

图18-8　“特性”选项板

④ 在命令行提示“选择要偏移的对象，或[退出(E)/放弃(U)] <退出>:”后按Enter键。

（4）重复“偏移”命令，将竖直轴线向右偏移，偏移距离分别为1000、800、1900、1200、1100、1300、1300、1100、1200、2200、800、1000、2400，将水平轴线向上偏移，偏移距离分别为1500、4500、2100、1500、3300、600，结果如图18-10所示。

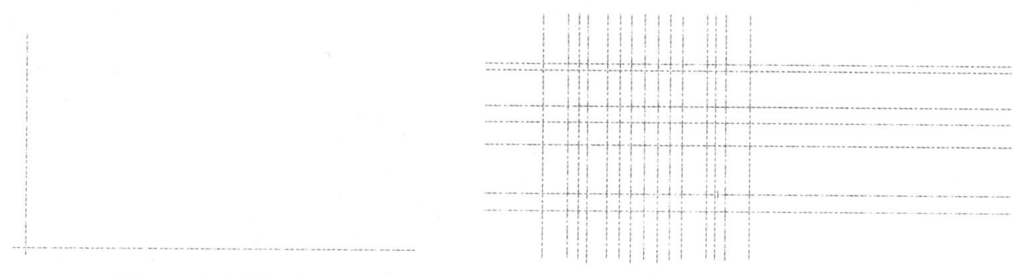

图18-9　绘制轴线　　　　图18-10　添加轴网

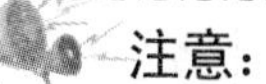

注意：

本例为对称图形，可先绘制左边轴线，然后使用“镜像”命令得到右侧图形。

（5）单击“默认”选项卡“修改”面板中的“镜像”按钮，将绘制的轴镜像，结果如

图 18-11 所示。

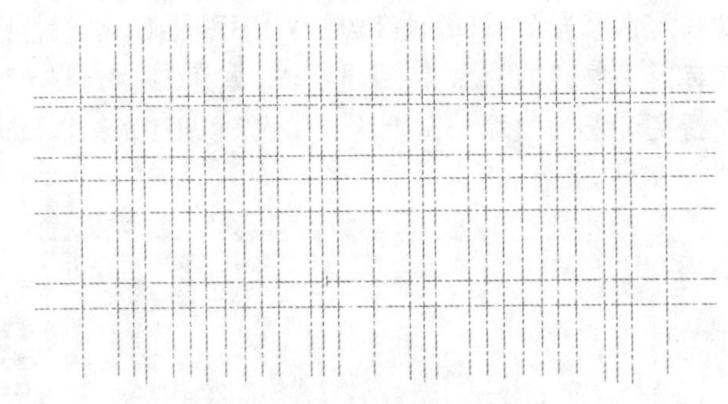

图 18-11　镜像轴线

Note

说明：

镜像对创建对称的图样非常有用，其可以快速地绘制半个对象，然后将其镜像而不用绘制整个对象。

（6）绘制轴号。

① 单击“默认”选项卡“绘图”面板中的“圆”按钮，绘制一个半径为 500 的圆，圆心在轴线的端点，如图 18-12 所示。

② 在菜单栏中选择“绘图”→“块”→“定义属性”命令，打开“属性定义”对话框，如图 18-13 所示，单击“确定”按钮，在圆心位置写入一个块的属性值。设置完成后的效果如图 18-14 所示。

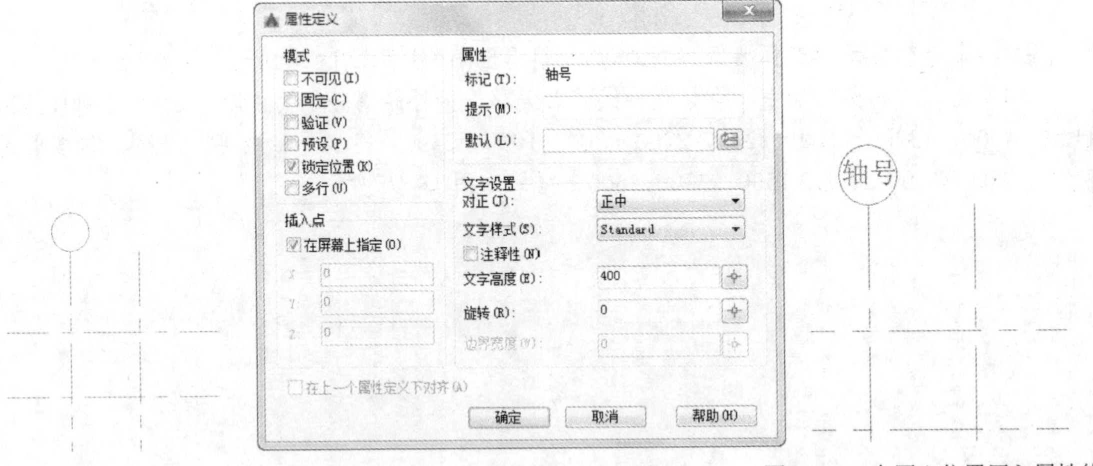

图 18-12　绘制圆　　图 18-13　“属性定义”对话框　　图 18-14　在圆心位置写入属性值

③ 单击“默认”选项卡“块”面板中的“创建”按钮，打开“块定义”对话框，如图 18-15 所示。在“名称”文本框中输入“轴号”，指定圆心为基点；选择整个圆和刚才的“轴号”标记为对象，单击“确定”按钮，打开如图 18-16 所示的“编辑属性”对话框，设置“轴号”为“1”，单击“确定”按钮，轴号效果如图 18-17 所示。

④ 使用上述方法绘制出所有轴号，如图 18-18 所示。

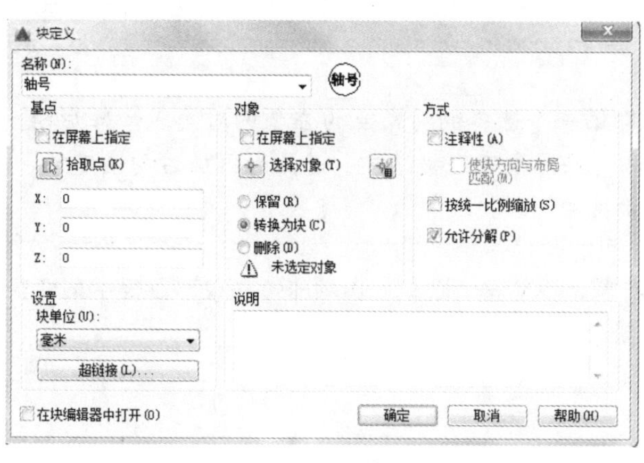

图 18-15　“块定义”对话框

图 18-16　“编辑属性”对话框

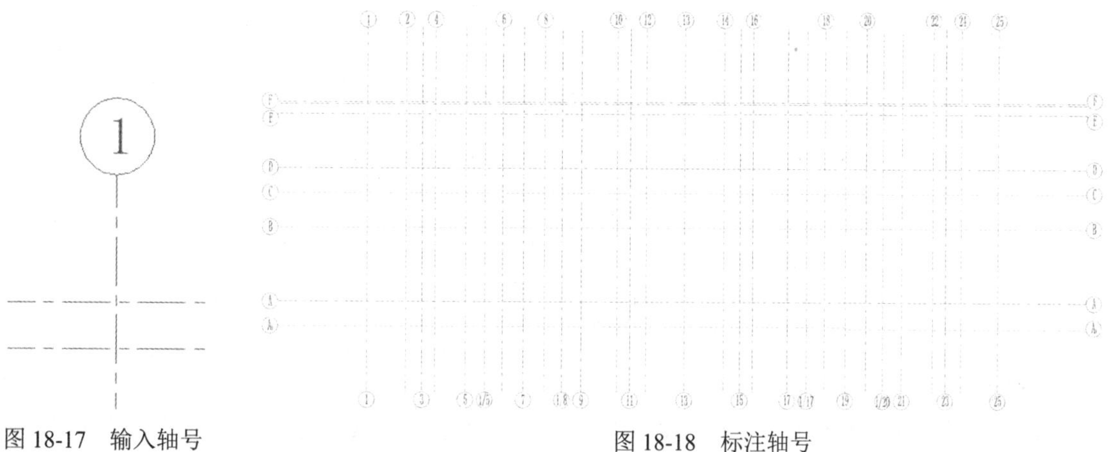

图 18-17　输入轴号

图 18-18　标注轴号

18.3.4　绘制柱子

（1）将“柱子”图层设置为当前图层。单击“默认”选项卡“绘图”面板中的“矩形”按钮□，在空白处绘制 200×200 的矩形，结果如图 18-19 所示。

（2）单击“默认”选项卡“绘图”面板中的“图案填充”按钮，打开“图案填充创建”选项卡，选择 SOLID 图例，拾取绘制的矩形，对柱子进行填充，结果如图 18-20 所示。

图 18-19　绘制矩形

图 18-20　柱子

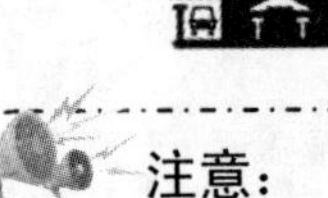

注意：

选择对象时，若矩形框从左向右定义，即第一个选择的对角点为左侧的对角点，矩形框内部的对象被选中，框外部及与矩形框边界相交的对象不会被选中。若矩形框从右向左定义，矩形框内部及与矩形框边界相交的对象都会被选中。

（3）使用上述方法完成 240×360 柱子的绘制，并单击“默认”选项卡“修改”面板中的“复制”按钮，将绘制的柱子复制到如图 18-21 所示的位置。

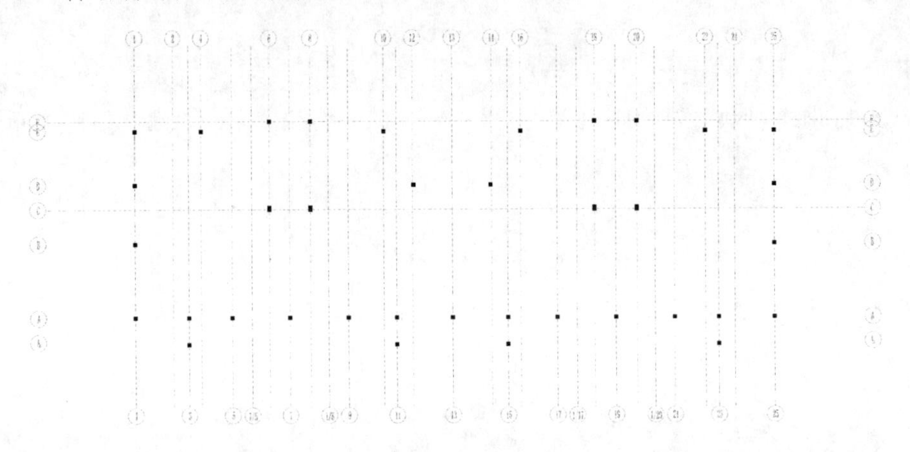

图 18-21 布置柱子

说明：

正确选择“复制”的基点，对于图形定位是非常重要的。第二点的选择定位，用户可打开捕捉及极轴状态开关，使用自动捕捉有关点自动定位。节点是在 AutoCAD 中用来做定位、标注及移动、复制等复杂操作的关键点，节点有效捕捉很关键。

在实际应用中会发现，有时当我们选择稍微复杂一点的图形时，图形中不出现节点，给图形操作带来了一些麻烦。解决这个问题有个小窍门：当选择的图形不出现节点时，按 Ctrl+C 键，节点就会在选择的图形中显示出来。

18.3.5 绘制墙线、门窗洞口

1. 绘制建筑墙体

（1）将“墙线”图层设置为当前图层。在菜单栏中选择“格式”→“多线样式”命令，打开如图 18-22 所示的“多线样式”对话框，单击“新建”按钮，打开如图 18-23 所示的“创建新的多线样式”对话框，输入“新样式”名为“200”，单击“继续”按钮，弹出如图 18-24 所示的“新建多线样式：200”对话框，在“偏移”文本框中输入“100”和“-100”，单击“确定”按钮，返回到“多线样式”对话框。

（2）在菜单栏中选择“绘图”→“多线”命令，绘制接待室大厅两侧墙体。

① 在命令行提示“指定起点或[对正(J)/比例(S)/样式(ST)]:”后输入“S”。

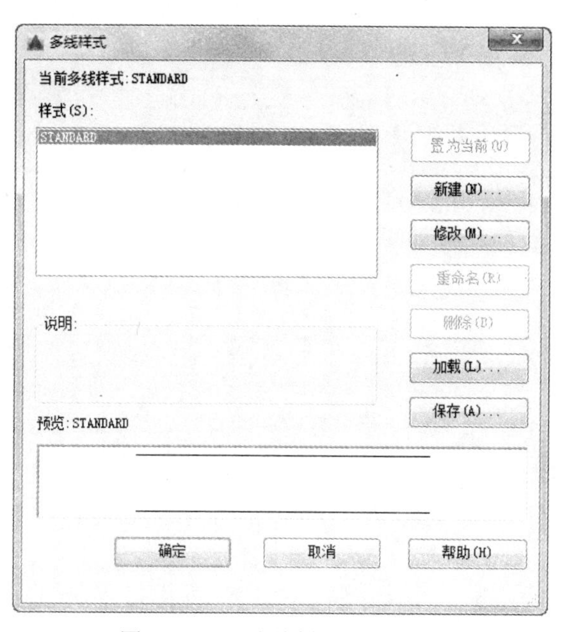

图 18-22 “多线样式”对话框

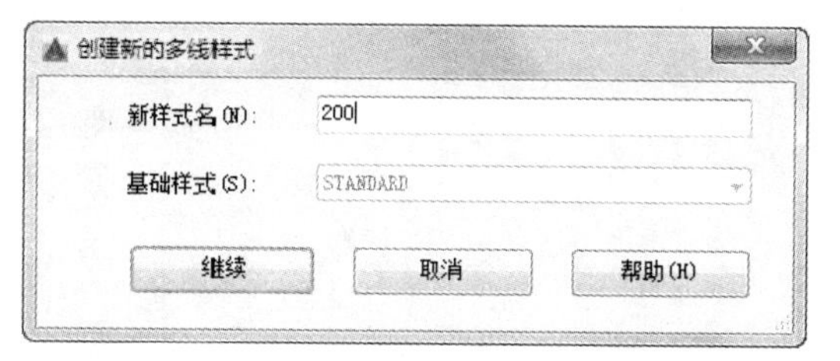

图 18-23 “创建新的多线样式”对话框

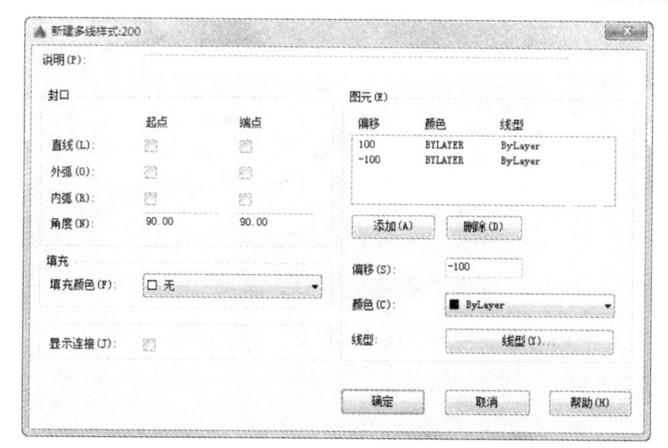

图 18-24 “新建多线样式：200”对话框

② 在命令行提示“输入多线比例<20.00>:”后输入“1”。

③ 在命令行提示“指定起点或[对正(J)/比例(S)/样式(ST)]:”后输入“J”。

④ 在命令行提示“输入对正类型[上(T)/无(Z)/下(B)] <无>:”后输入“Z”。

⑤ 在命令行提示“指定起点或[对正(J)/比例(S)/样式(ST)]:”后指定轴线间的相交点。

⑥ 在命令行提示“指定下一点:”后沿轴线绘制墙线。

⑦ 在命令行提示“指定下一点或[放弃(U)]:”后继续绘制墙线。

⑧ 在命令行提示“指定下一点或[闭合(C)/放弃(U)]:”后继续绘制墙线。

⑨ 在命令行提示“指定下一点或[闭合(C)/放弃(U)]:”后按 Enter 键。

结果如图 18-25 所示。

（3）在菜单栏中选择“格式”→“多线样式”命令，打开“多线样式”对话框，新建如图 18-26 所示的“新建多线样式：120”对话框，在“偏移”文本框中输入“60”和“-60”，单击“确定”按钮，返回到“多线样式”对话框。

Note

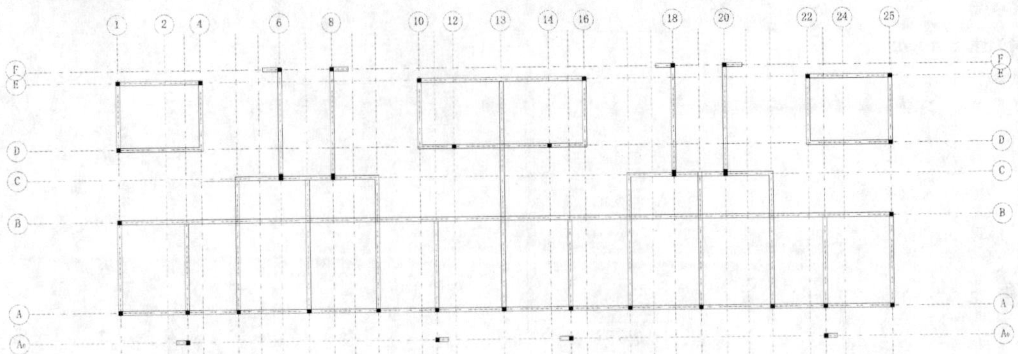

图 18-25　绘制墙体

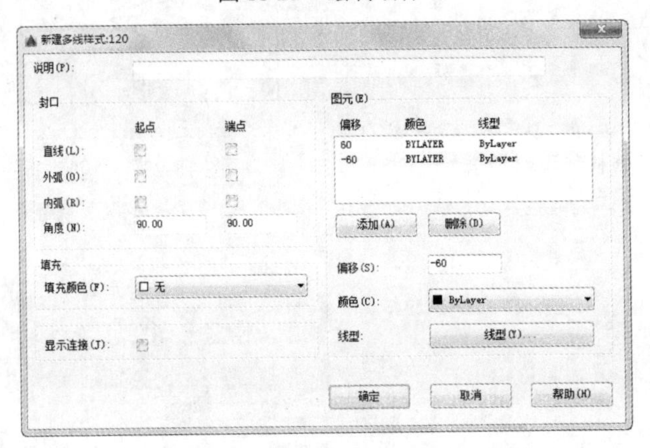

图 18-26　“新建多线样式：120”对话框

（4）在菜单栏中选择“绘图”→“多线”命令，绘制六层住宅一层平面图的内墙。使用上述方法绘制所有剩余墙体，如图 18-27 所示。

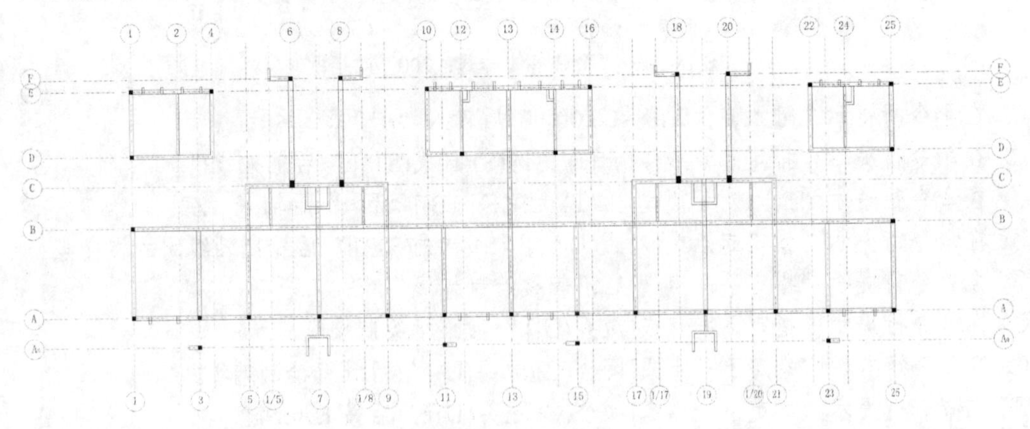

图 18-27　绘制剩余墙体

（5）在菜单栏中选择“修改”→“对象”→“多线”命令，打开“多线编辑工具”对话框，如图 18-28 所示。

（6）对墙体进行多线编辑，如图 18-29 所示。

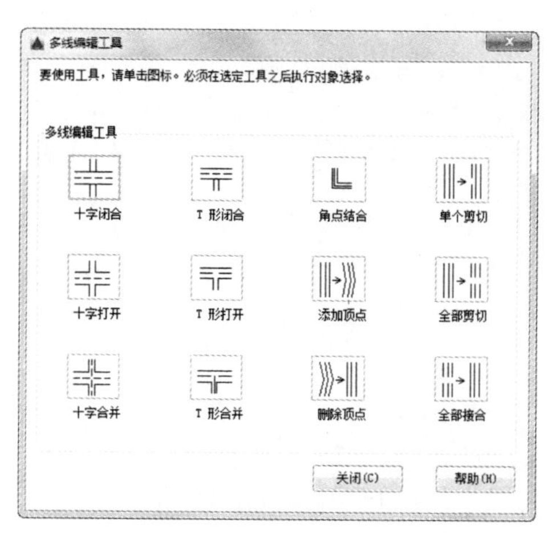

图 18-28　“多线编辑工具”对话框

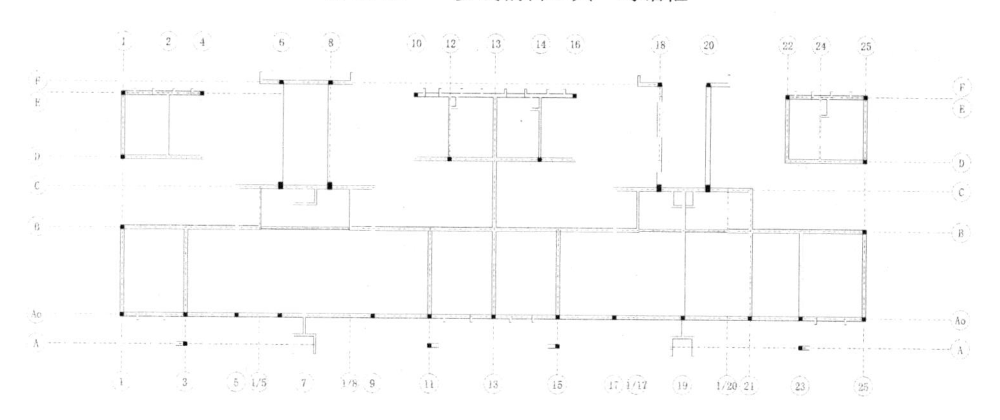

图 18-29　编辑墙体

2．绘制洞口

（1）将“门窗”图层设置为当前图层。单击“默认”选项卡“修改”面板中的“分解”按钮，将墙线进行分解。单击“默认”选项卡“修改”面板中的“偏移”按钮，选取轴线 1 向右依次偏移 620、1200，如图 18-30 所示。

（2）单击“默认”选项卡“修改”面板中的“修剪”按钮，修剪掉多余图形。单击“默认”选项卡“修改”面板中的“删除”按钮，删除偏移轴线，如图 18-31 所示。

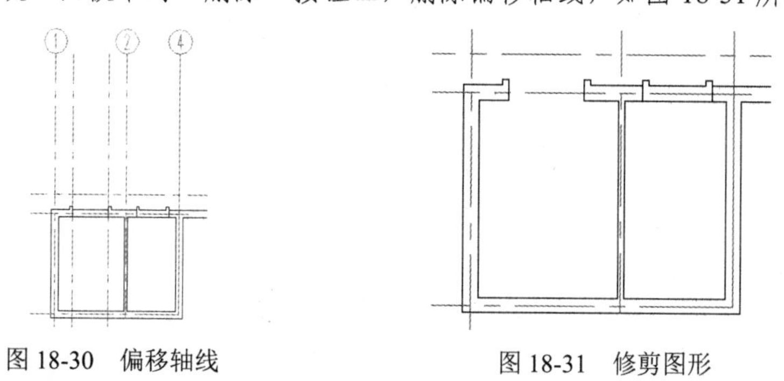

图 18-30　偏移轴线　　　图 18-31　修剪图形

（3）使用上述方法绘制出图形中的所有门窗洞口，如图 18-32 所示。

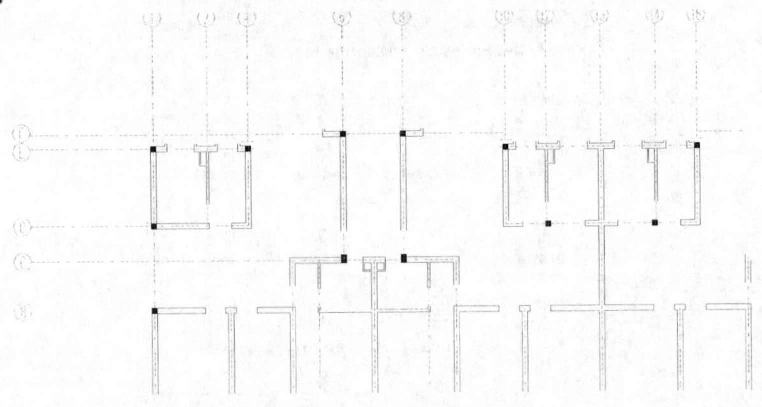

图 18-32　绘制门窗洞口

3. 绘制窗线

（1）单击“默认”选项卡“绘图”面板中的“直线”按钮，绘制一段直线，如图 18-33 所示。

（2）单击“默认”选项卡“修改”面板中的“偏移”按钮，选择绘制的直线向下偏移，偏移距离分别为 190、60、90，如图 18-34 所示。

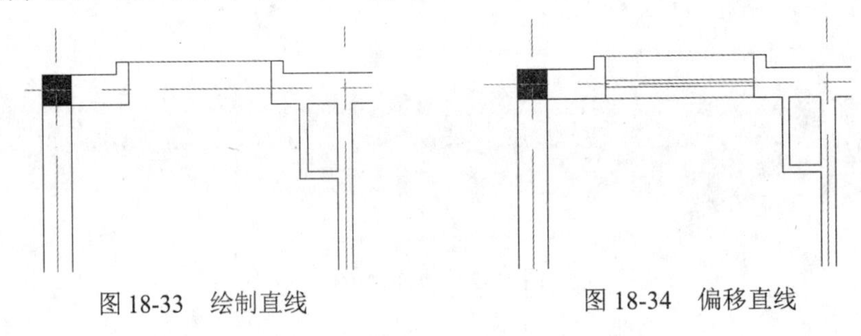

图 18-33　绘制直线　　图 18-34　偏移直线

（3）使用上述方法绘制相同的剩余窗线，如图 18-35 所示。

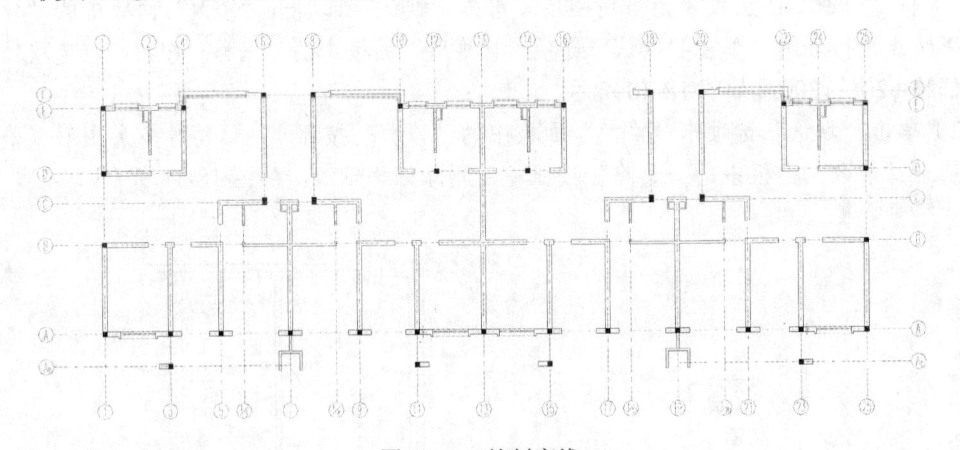

图 18-35　绘制窗线

4. 其他窗线

（1）单击“默认”选项卡“绘图”面板中的“直线”按钮，绘制一条直线，如图 18-36 所示。

（2）单击“默认”选项卡“修改”面板中的“偏移”按钮，选取绘制的直线向下依次偏移90、60、90，结果如图18-37所示。

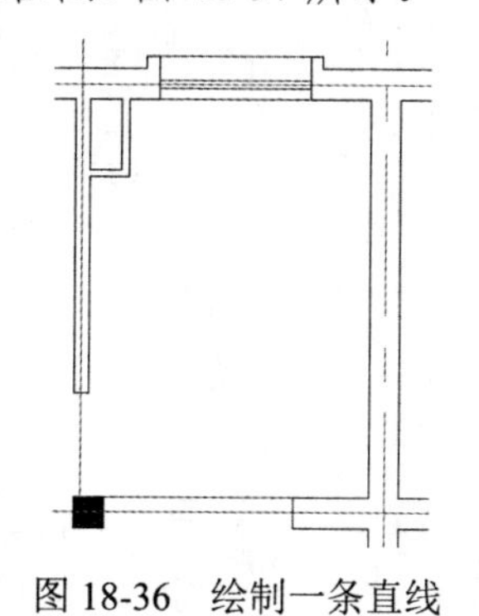

图18-36　绘制一条直线

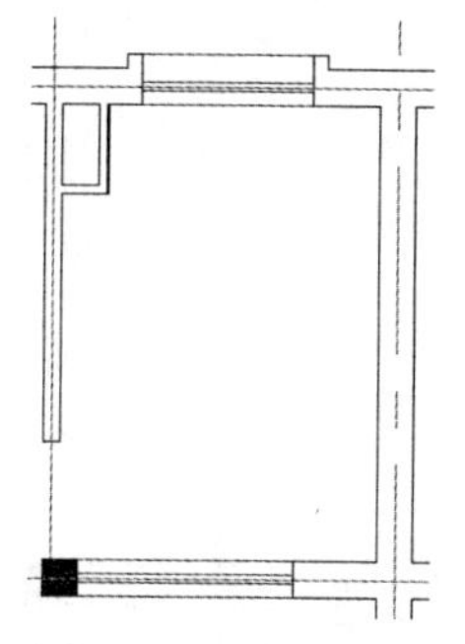

图18-37　偏移直线

（3）使用上述方法完成图形中所有窗线的绘制，如图18-38所示。

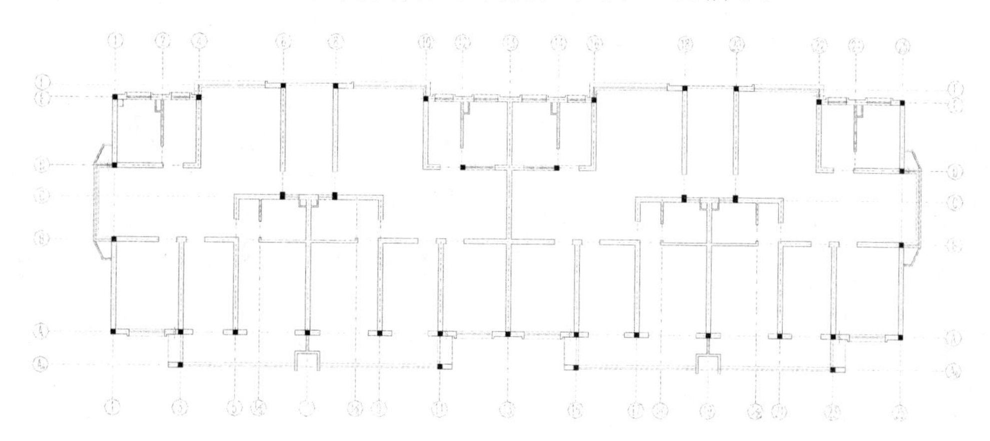

图18-38　绘制窗线

5. 绘制门

（1）单击“默认”选项卡“绘图”面板中的“矩形”按钮，绘制一个900×50的矩形，如图18-39所示。

（2）单击“默认”选项卡“绘图”面板中的“圆弧”按钮，绘制一段弧线，如图18-40所示。

说明：

绘制圆弧时，注意指定合适的端点或圆心，指定端点的时针方向即为绘制圆弧的方向。例如要绘制图18-40所示的下半圆弧，则起始端点应在左侧，终止端点应在右侧，此时端点的时针方向为逆时针，即得到相应的逆时针圆弧。

（3）单击“默认”选项卡“块”面板中的“创建”按钮，打开“块定义”对话框，在“名称”文本框中输入“单扇门”，单击“拾取点”按钮，选择“单扇门”的任意一点为基点，单击“选择对象”按钮，选择全部对象，结果如图18-41所示，然后单击“确定”按钮，完成图块的创建。

Note

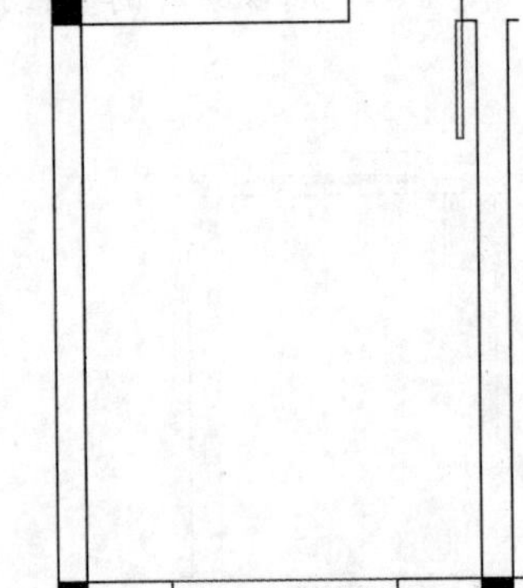
图 18-39　绘制矩形

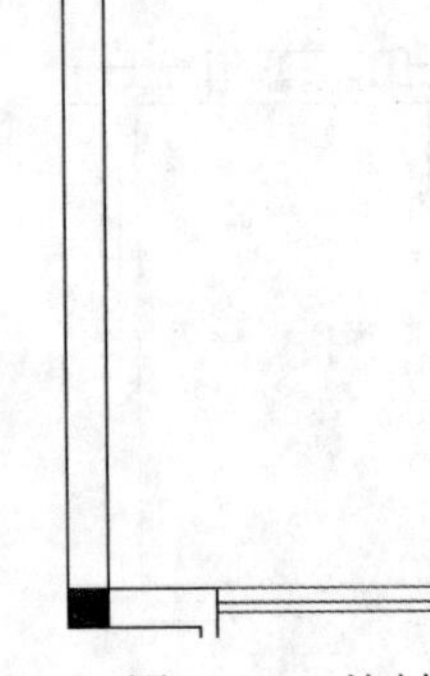
图 18-40　绘制一段圆弧

（4）单击“默认”选项卡“块”面板中的“插入”按钮，打开“插入”对话框，如图 18-42 所示。

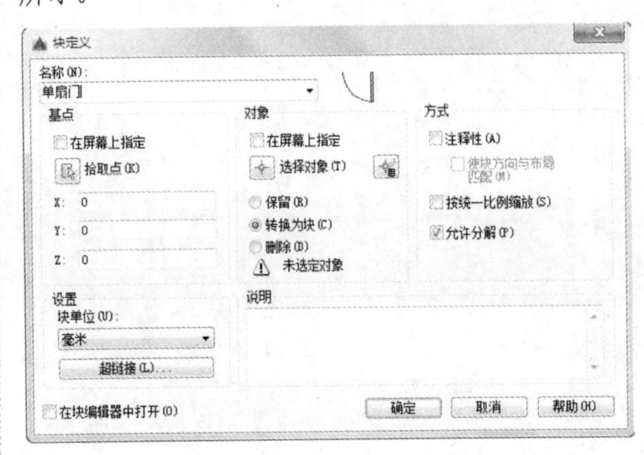

图 18-41　“块定义”对话框

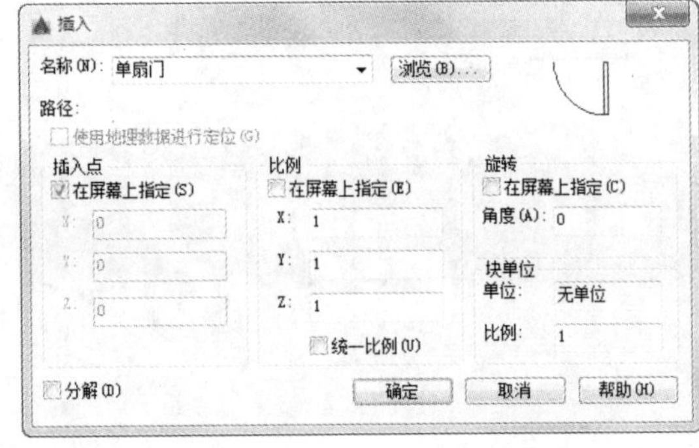

图 18-42　“插入”对话框

（5）在“名称”下拉列表框中选择“单扇门”，指定任意一点为插入点，在平面图中插入所有单扇门图形，结果如图 18-43 所示。

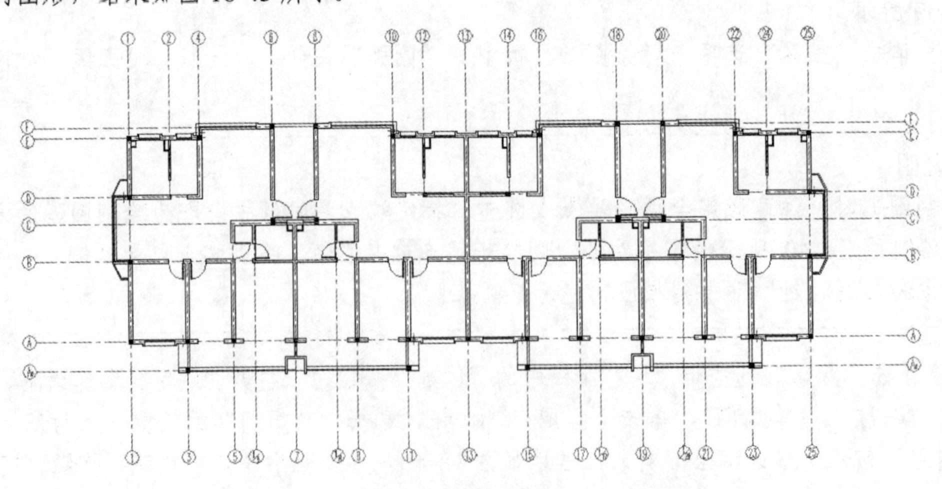
图 18-43　插入单扇门

6. 绘制推拉门

（1）单击“默认”选项卡“绘图”面板中的“矩形”按钮，绘制一个780×60的矩形，如图18-44所示。

（2）单击“默认”选项卡“修改”面板中的“复制”按钮，将绘制的矩形向下复制，并移动到指定位置，如图18-45所示。

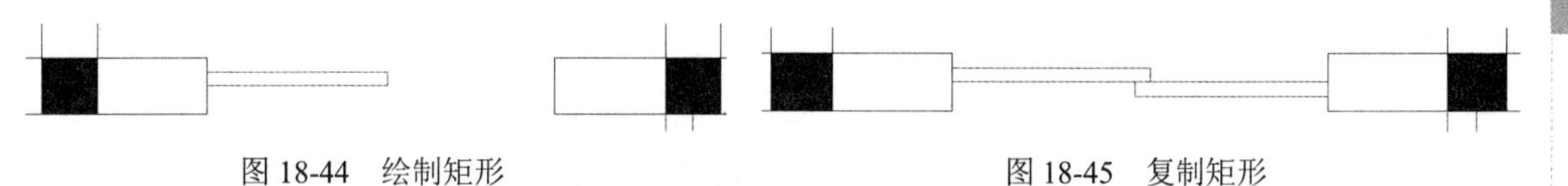

图18-44 绘制矩形　　　　图18-45 复制矩形

（3）单击“默认”选项卡“绘图”面板中的“直线”按钮，绘制一条直线，如图18-46所示。

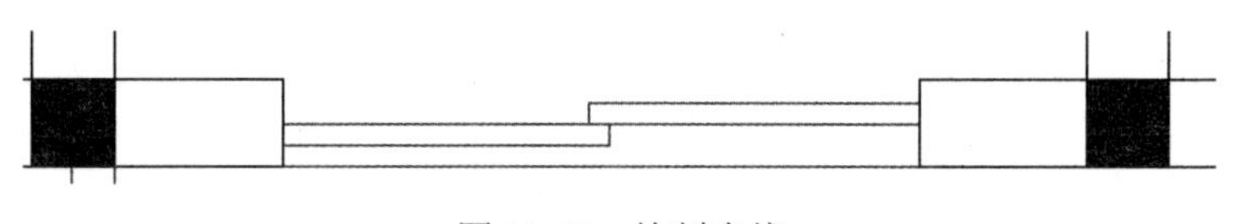

图18-46 绘制直线

说明：

AutoCAD提供了强大的夹点编辑功能，该功能集成了复制、旋转、镜像、拉伸、拉长、缩放等多种编辑功能，具体操作方法是：直接选中要编辑的对象，这些对象显示蓝色的编辑夹点，在其中一个夹点上再次单击鼠标选中此夹点，这时在命令行提示下进入编辑模式，可以按空格键来选择需要的编辑模式。

（4）使用上述方法绘制图形中所有的双扇推拉门及单扇推拉门，如图18-47所示。

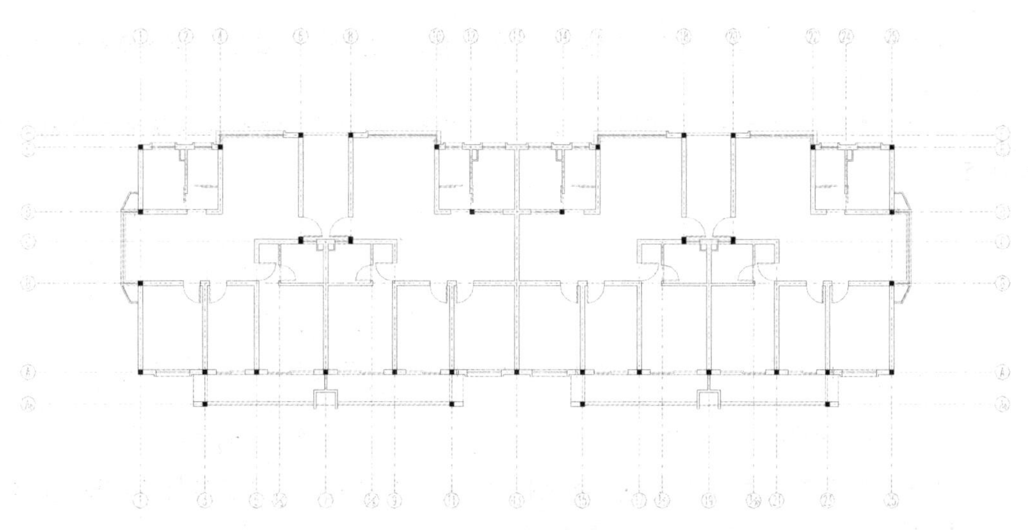

图18-47 绘制所有推拉门

（5）单击“默认”选项卡“绘图”面板中的“直线”按钮，在图中绘制一段长度为800

Note

的直线，再绘制一条长度为500的竖直直线，如图18-48所示。

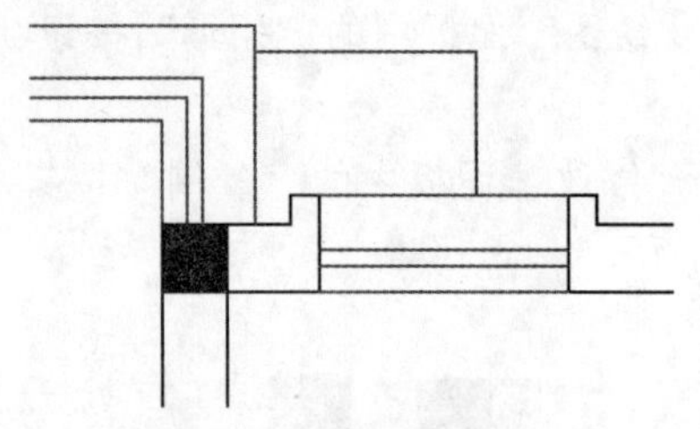

图18-48 绘制空调机隔板

（6）使用相同方法绘制出图形中所有空调机隔板，如图18-49所示。

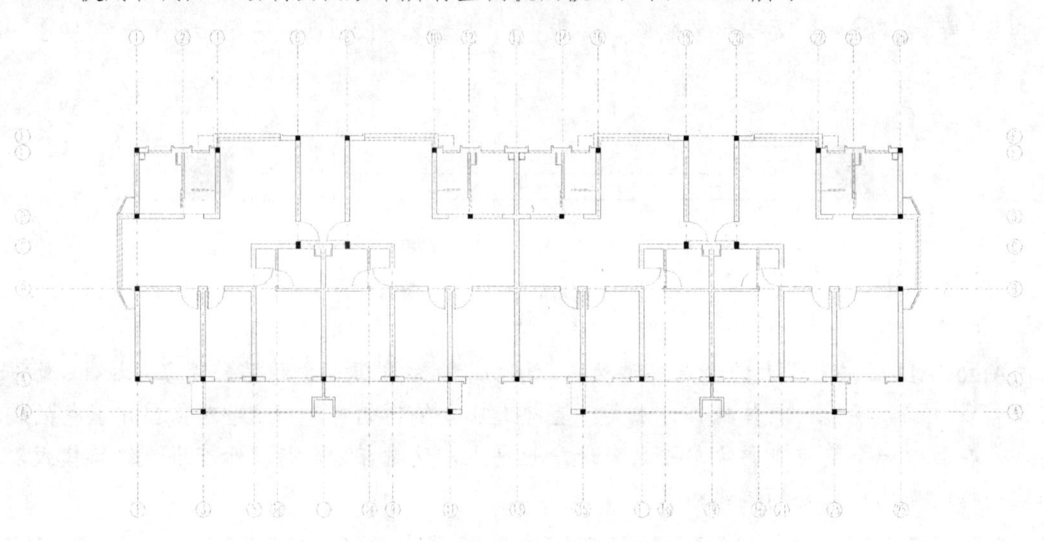

图18-49 绘制所有空调机隔板

7. 绘制空调

（1）单击“默认”选项卡“绘图”面板中的“矩形”按钮□，绘制一个600×250的矩形，如图18-50所示。

（2）单击“默认”选项卡“绘图”面板中的“直线”按钮⁄，在绘制的矩形内绘制对角线，如图18-51所示。

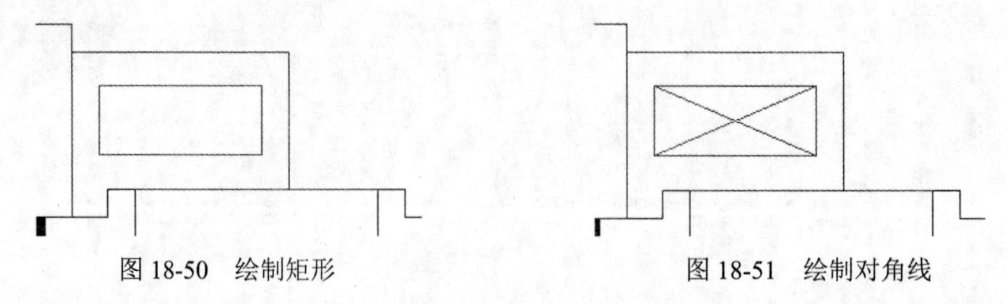

图18-50 绘制矩形　　图18-51 绘制对角线

（3）单击“默认”选项卡“修改”面板中的“复制”按钮，选择绘制的空调进行复制，结果如图18-52所示。

（4）单击“默认”选项卡“绘图”面板中的“矩形”按钮□，绘制一个3270×200的矩形，如图18-53所示。

Note

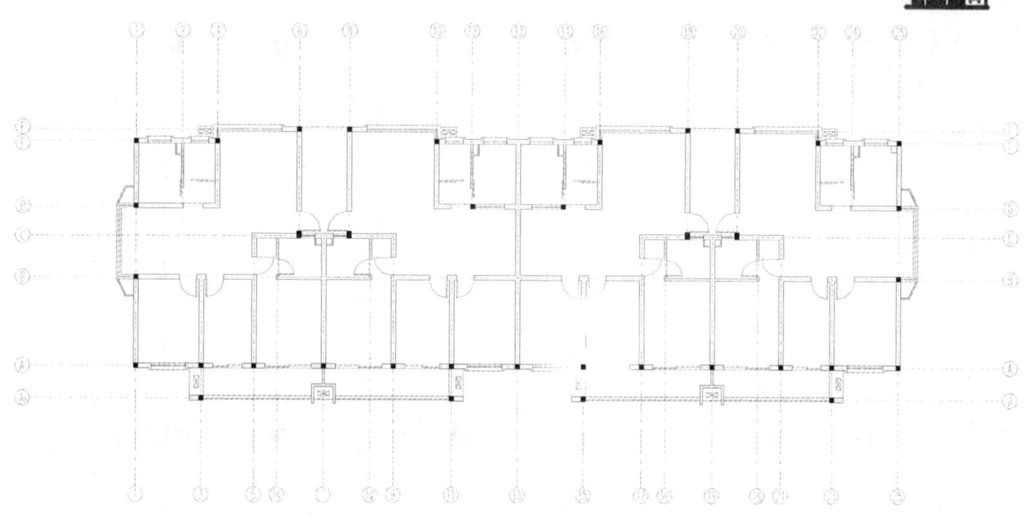

图 18-52　复制空调

（5）单击“默认”选项卡“修改”面板中的“偏移”按钮，选取绘制的矩形向内偏移 50，如图 18-54 所示。

（6）单击“默认”选项卡“绘图”面板中的“直线”按钮，选取矩形中点为起点绘制一条水平直线，如图 18-55 所示。

（7）单击“默认”选项卡“修改”面板中的“偏移”按钮，选取绘制的直线分别向上向下连续偏移，偏移距离为 260，如图 18-56 所示。

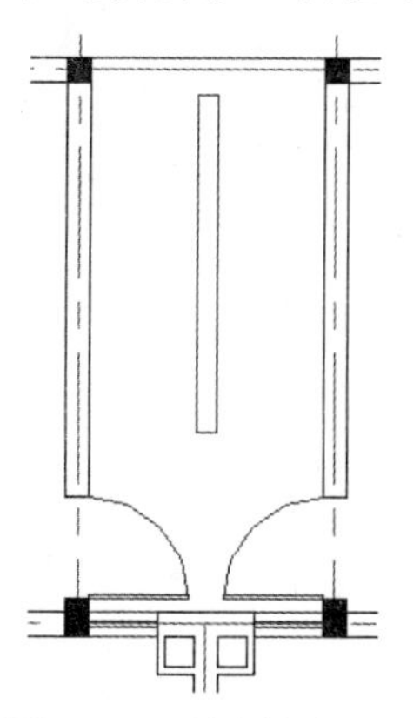

图 18-53　绘制新矩形

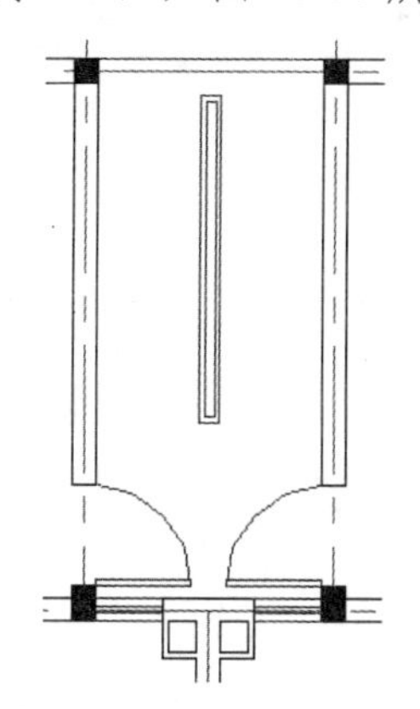

图 18-54　偏移新矩形

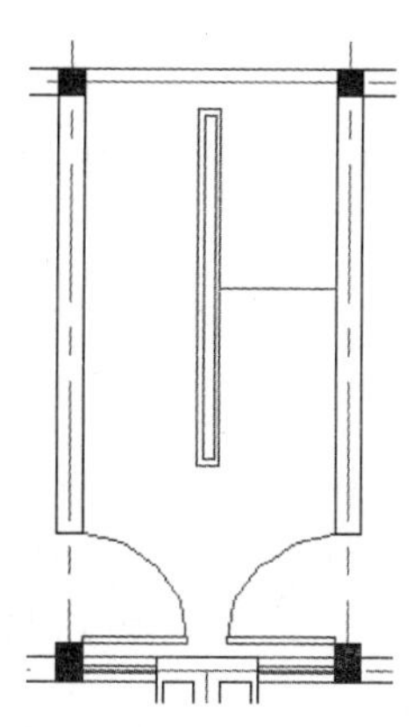

图 18-55　绘制直线

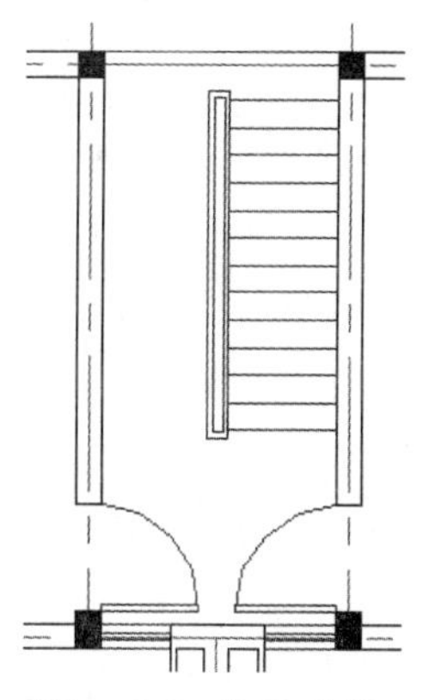

图 18-56　偏移直线

（8）单击“默认”选项卡“修改”面板中的“镜像”按钮，镜像偏移的直线，如图 18-57 所示。

（9）单击“默认”选项卡“绘图”面板中的“直线”按钮和“修改”面板中的“修剪”按钮，绘制楼梯折弯线，如图 18-58 所示。

（10）单击“默认”选项卡“修改”面板中的“偏移”按钮，将绘制的线段向内偏移 30，如图 18-59 所示。

（11）单击“默认”选项卡“修改”面板中的“修剪”按钮，修剪楼梯图形，如图 18-60 所示。

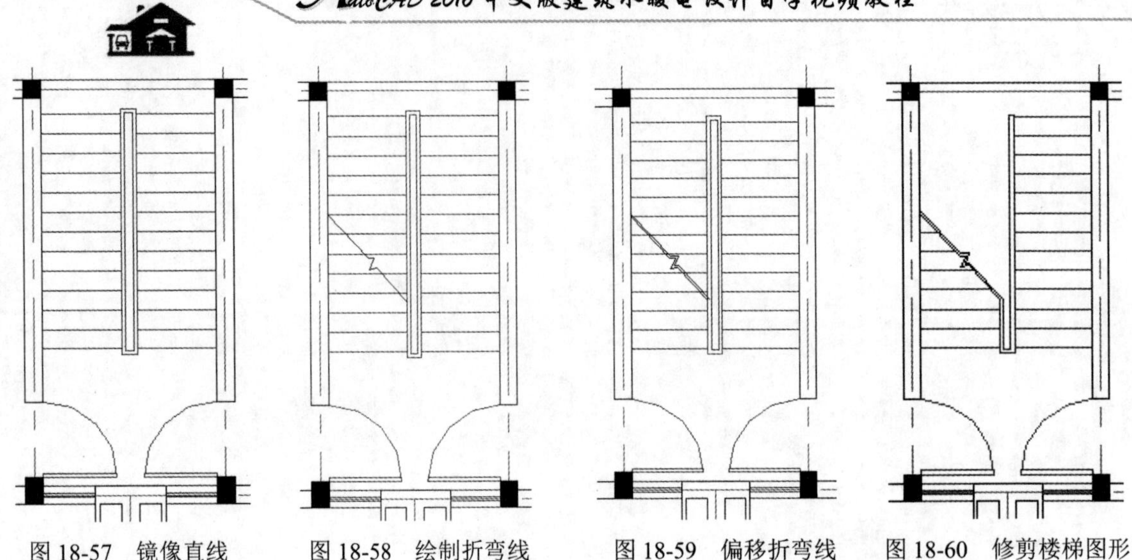

图 18-57 镜像直线　　图 18-58 绘制折弯线　　图 18-59 偏移折弯线　　图 18-60 修剪楼梯图形

（12）单击“默认”选项卡“修改”面板中的“复制”按钮，复制绘制好的楼梯到指定位置，如图 18-61 所示。

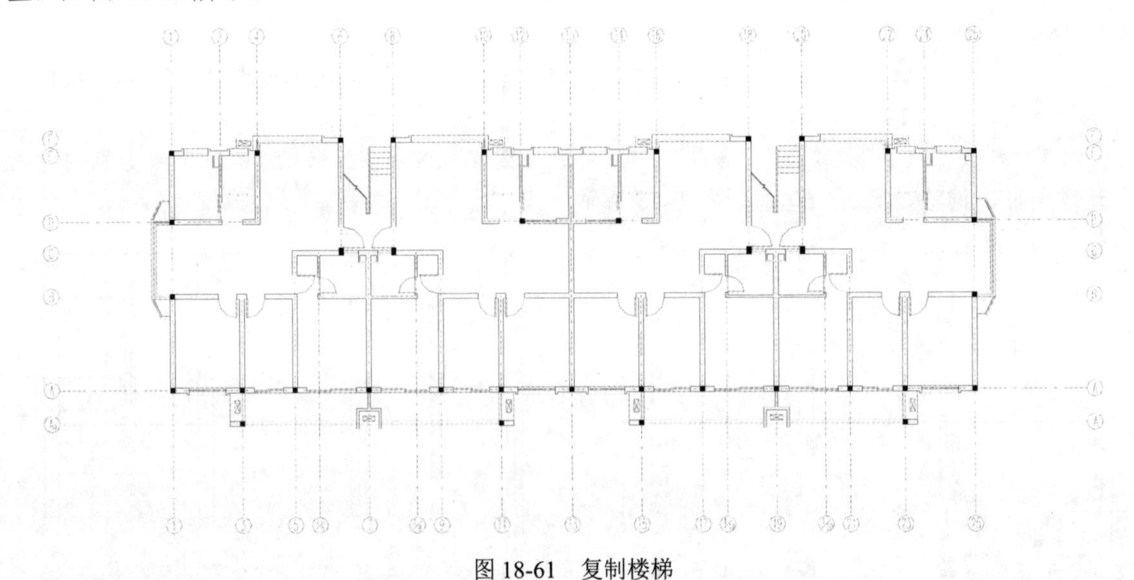

图 18-61 复制楼梯

18.3.6 标注尺寸

1. 设置标注样式

（1）将“标注”图层设置为当前图层。单击“默认”选项卡“注释”面板中的“标注样式”按钮，打开“标注样式管理器”对话框，如图 18-62 所示。

（2）单击“新建”按钮，打开“创建新标注样式”对话框，设置“新样式名”为“建筑”，如图 18-63 所示。

（3）单击“继续”按钮，打开“新建标注样式：建筑”对话框，设置参数如图 18-64 所示。设置完参数后，单击“确定”按钮，返回“标注样式管理器”对话框，将“建筑”样式置为当前。

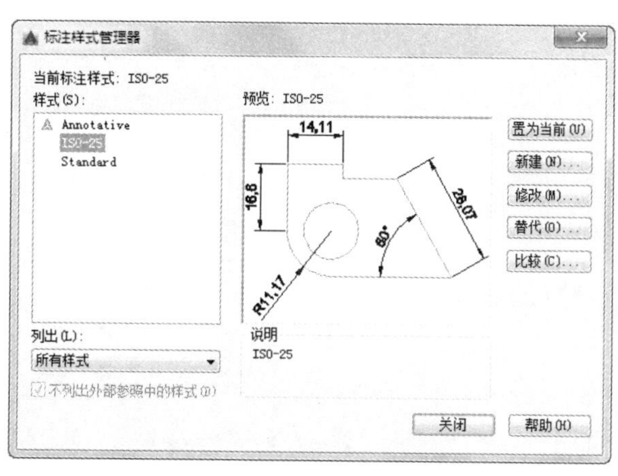

图 18-62　“标注样式管理器”对话框

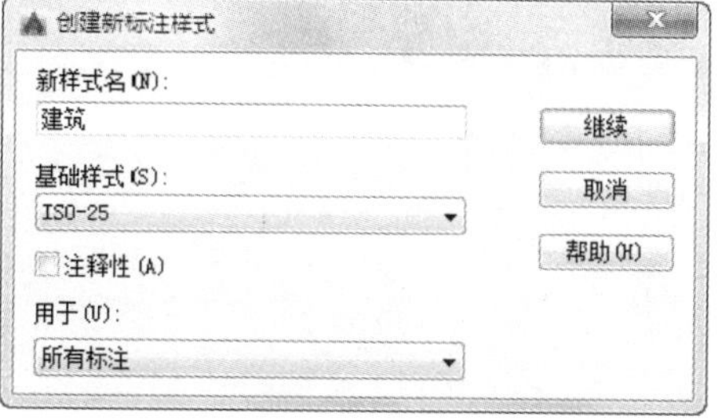

图 18-63　“创建新标注样式”对话框

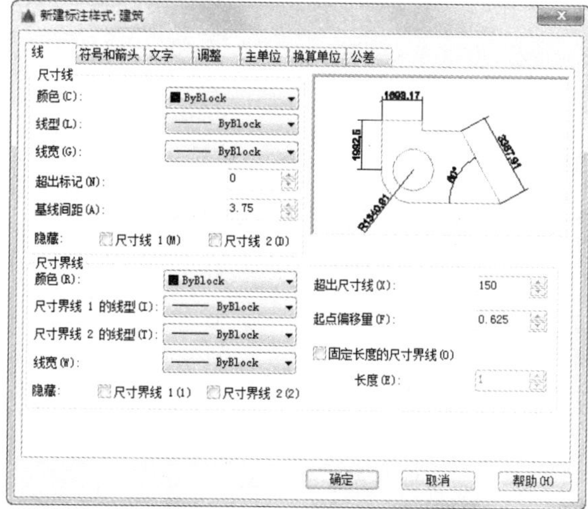

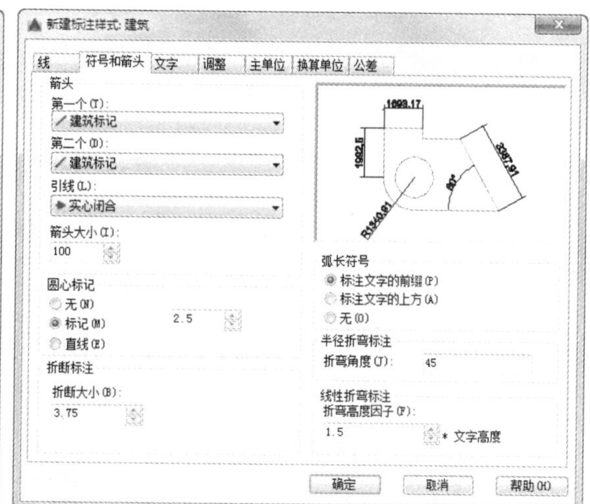

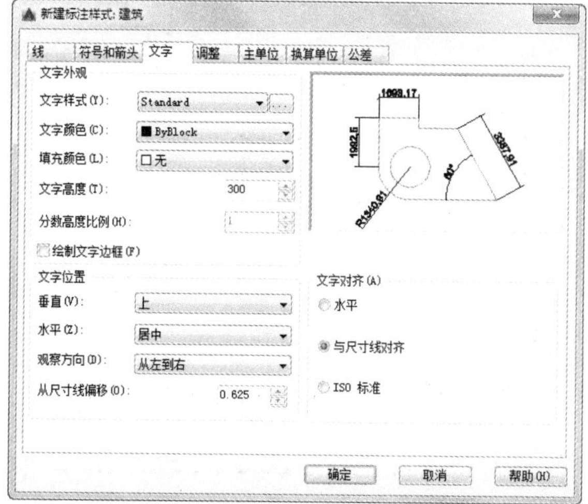

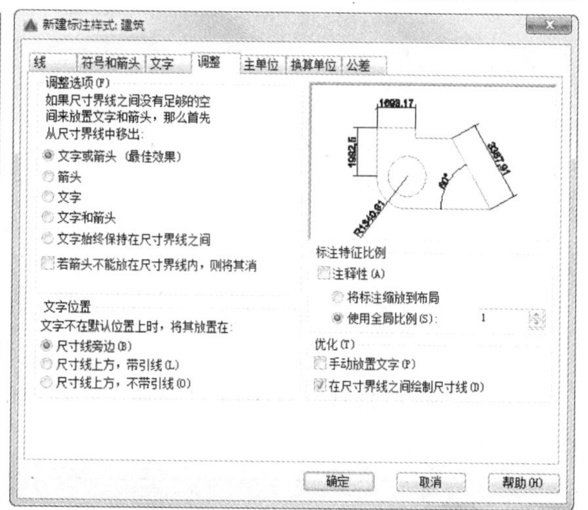

图 18-64　“新建标注样式：建筑”对话框

2. 标注图形

（1）单击“默认”选项卡“注释”面板中的“线性”按钮和“连续”按钮，标注第一

Note

道尺寸，如图 18-65 所示。

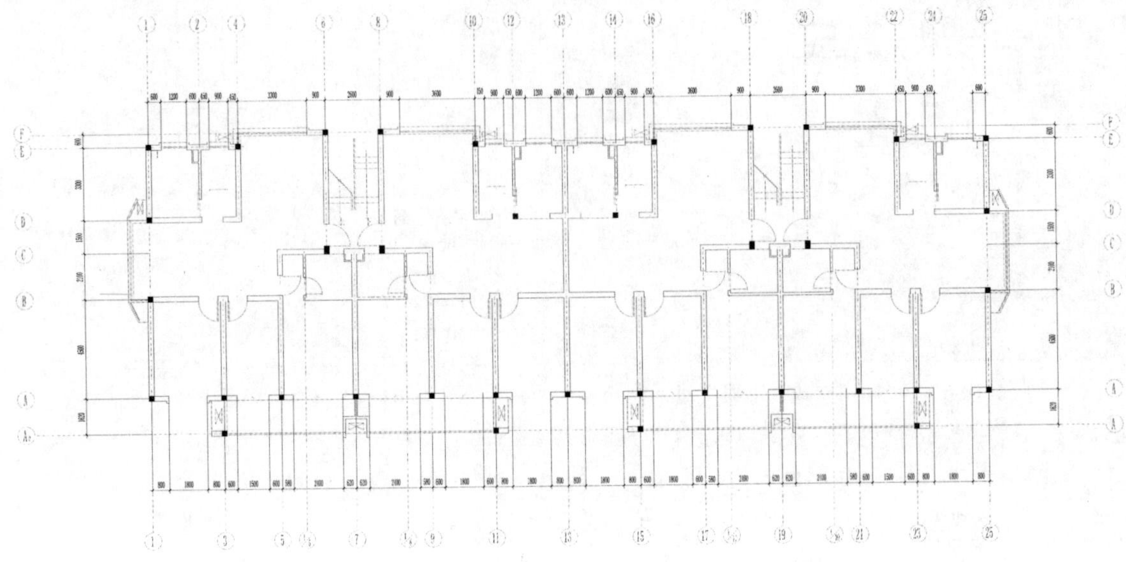

图 18-65　标注第一道尺寸

（2）单击“默认”选项卡“注释”面板中的“线性”按钮⊢，标注总尺寸，如图 18-66 所示。

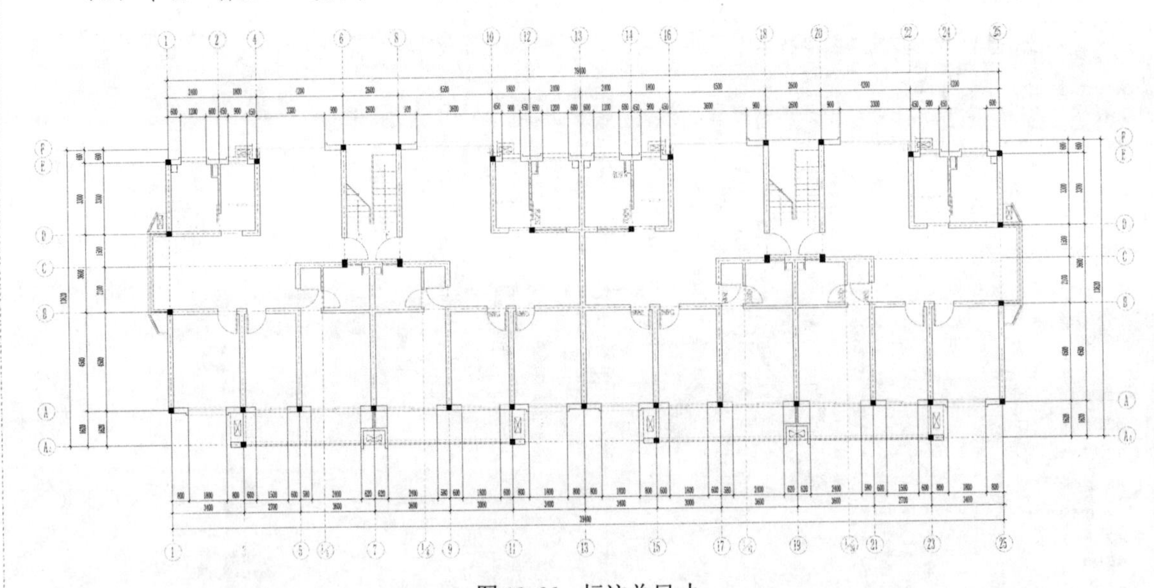

图 18-66　标注总尺寸

（3）单击“默认”选项卡“注释”面板中的“多行文字”按钮A，为图形添加文字说明，如图 18-1 所示。

说明：

处理字样重叠的问题时，可以在标注样式中进行相关设置，这样计算机会自动处理，但处理效果有时不太理想，也可以单击“标注”工具栏中的“编辑标注文字”按钮来调整文字位置，大家可以试一试。

当 AutoCAD 文件打开时，若出现字体乱码“?”符号，用户可采用安装相应字体或进行字体替换的方式来解决。

Note

六层住宅其他层的绘制与上述方法相同，如图 18-67～图 18-72 所示，这里不再详细阐述。

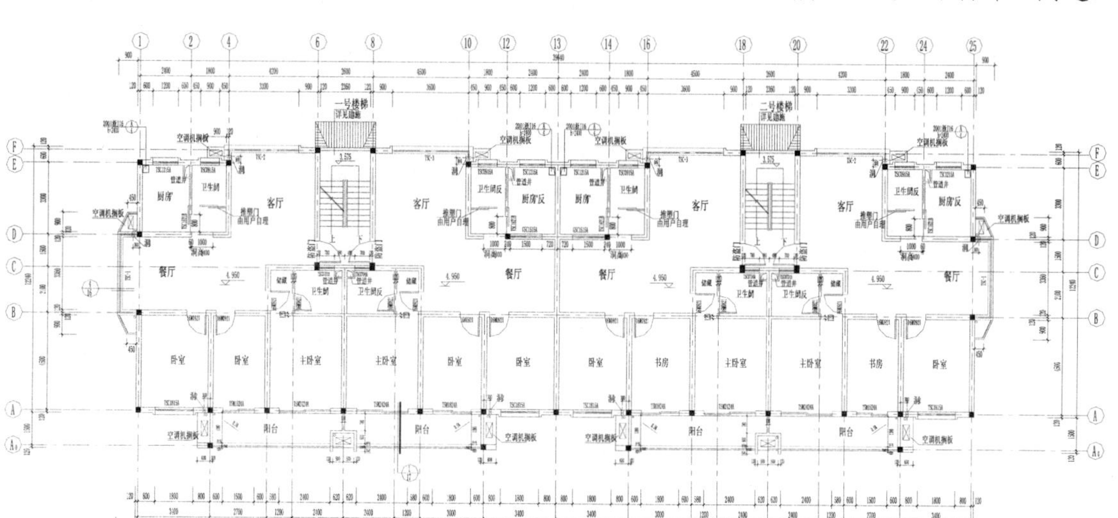

二层平面 1:100

图 18-67　六层住宅二层平面图

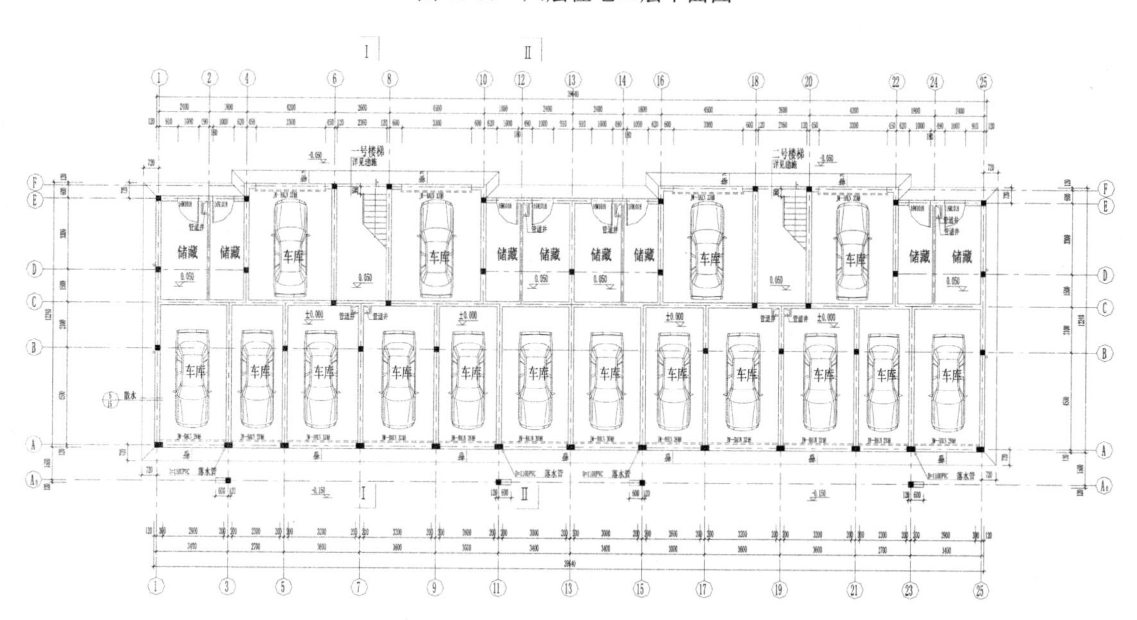

架空层平面 1:100

图 18-68　六层住宅架空层平面图

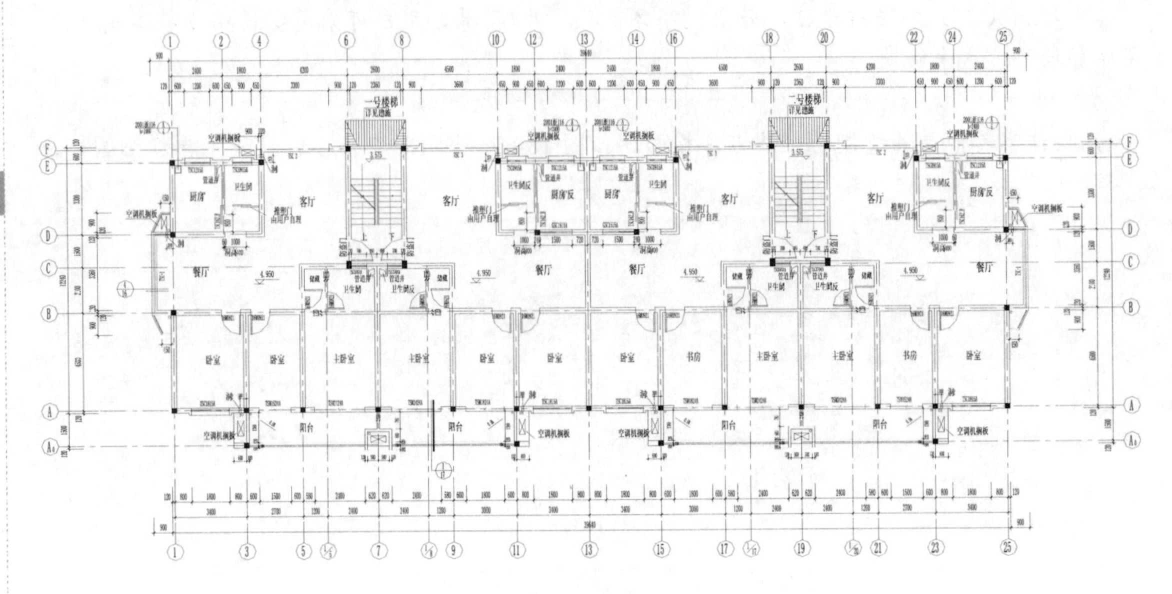

图 18-69 六层住宅屋顶层平面图

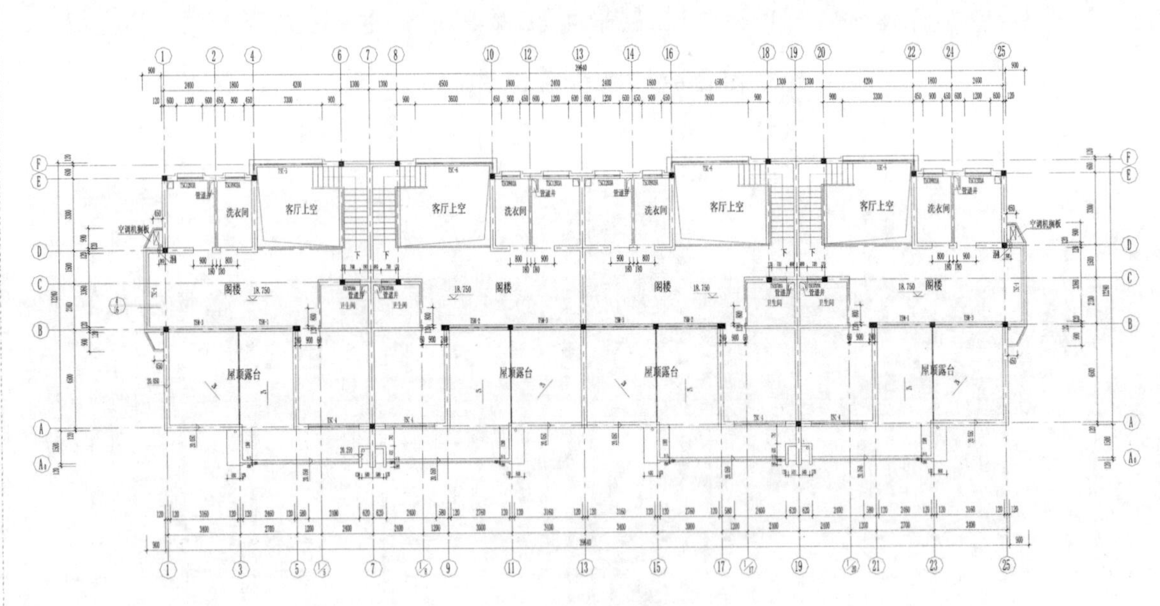

图 18-70 六层住宅阁楼层平面图

Note

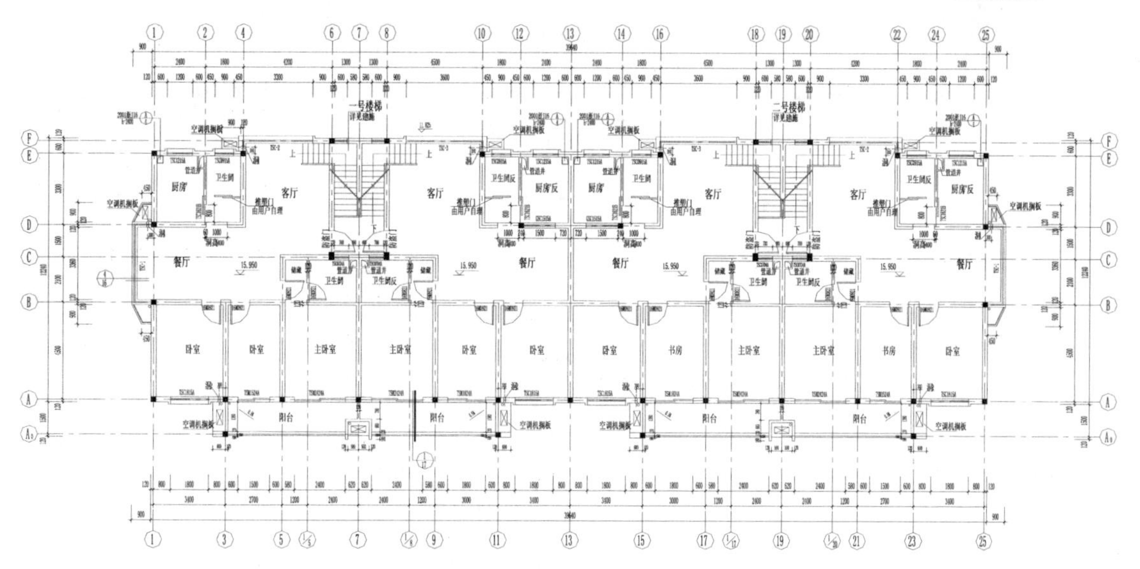

六层平面 1:100

图 18-71　六层住宅六层平面图

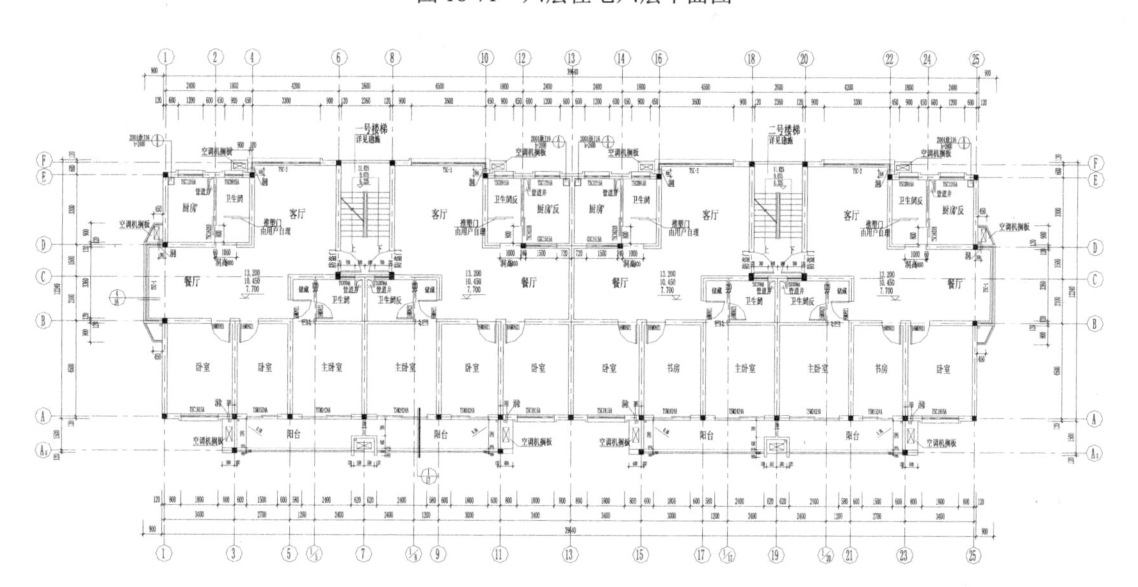

标准层平面 1:100

图 18-72　六层住宅标准层平面图

18.4　采暖平面图绘制

绘制完建筑平面图后，可以在此基础上进行采暖平面图绘制，如图 18-73 所示。

Note

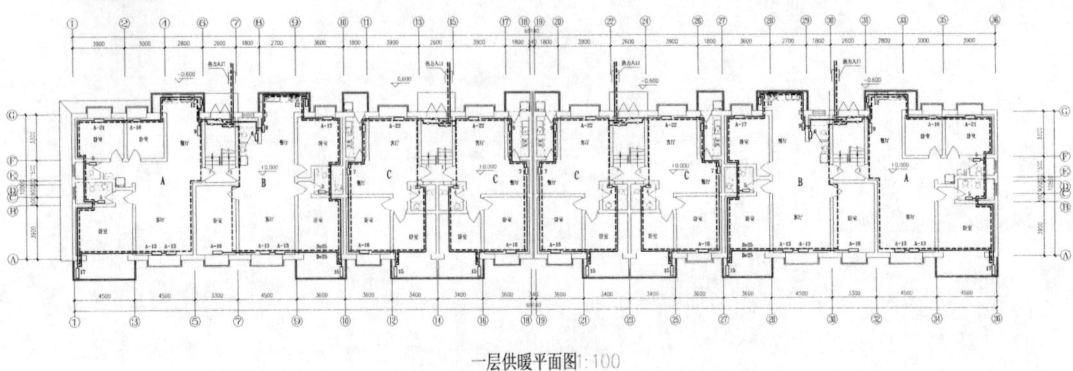

图 18-73　采暖平面图

操作步骤如下：（📹：光盘\配套视频\动画演示\第 18 章\采暖平面图绘制.avi）

18.4.1　绘图准备

单击快速访问工具栏中的“打开”命令，打开“源文件\第 18 章\一层供暖平面图”文件，并将其另存为“采暖平面图”，如图 18-74 所示。

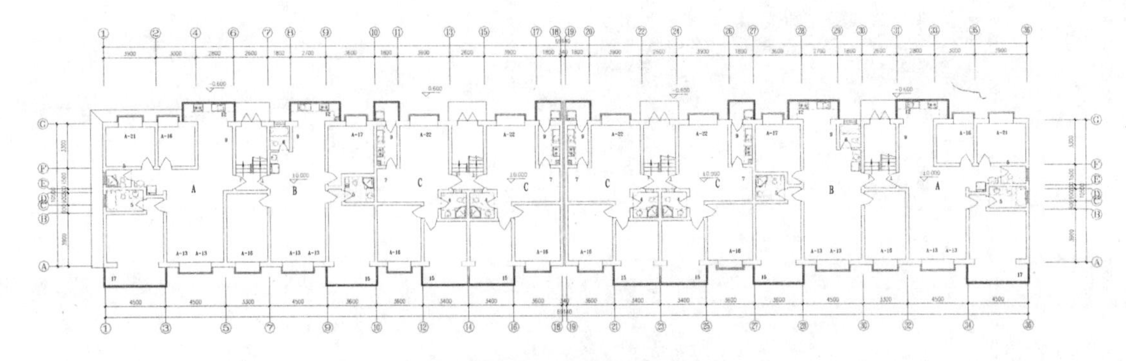

图 18-74　一层供暖平面图

说明：

空格键的灵活运用：默认情况下按空格键表示重复 AutoCAD 的上一个命令，故用户在连续采用同一个命令操作时，只需连续按空格键即可，而无须费时费力地连续选择同一命令。

18.4.2　采暖设备图例

1. 绘制截止阀

（1）单击“默认”选项卡“绘图”面板中的“矩形”按钮□，绘制一个矩形，如图 18-75 所示。

（2）单击“默认”选项卡“绘图”面板中的“直线”按钮，在矩形内绘制对角线，如图 18-76 所示。

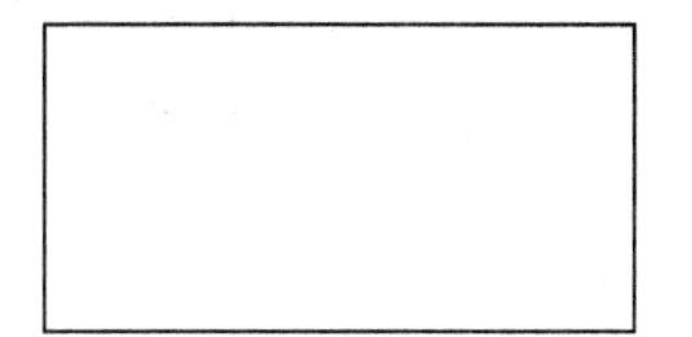

图 18-75　绘制矩形

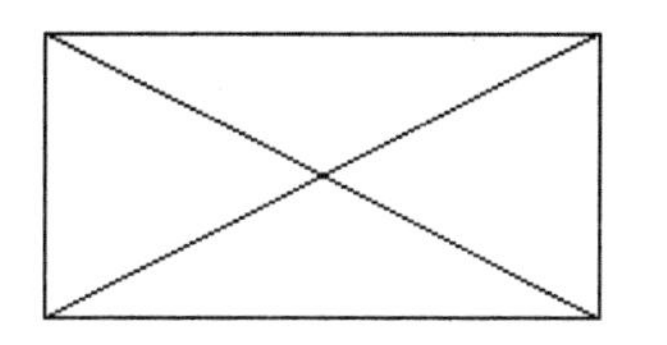

图 18-76　绘制对角线

说明：

对于非正交 90°轴线，可使用“旋转”命令将正交直线按角度旋转，调整为弧形斜交轴网，也可使用“构造线”命令绘制定向斜线。

（3）单击“默认”选项卡“修改”面板中的“修剪”按钮，对图形进行修剪，如图 18-77 所示。

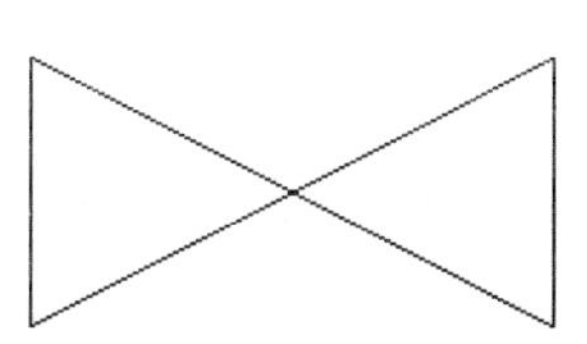

图 18-77　修剪图形

说明：

在使用“修剪”命令时，通常在选择修剪对象时，是逐个点击选择的，这样效率不高。要比较快地实现修剪的过程，可以这样操作：执行“修剪”命令（TR 或 TRIM），在命令行提示“选择修剪对象”时不选择对象，继续按 Enter 键或空格键，系统默认选择全部对象。这样做可以很快地完成修剪的过程，大家不妨一试。

2. 绘制闸阀及锁闭阀

闸阀和锁闭阀的绘制方法与截止阀的绘制方法基本相同，这里不再阐述，如图 18-78 所示。

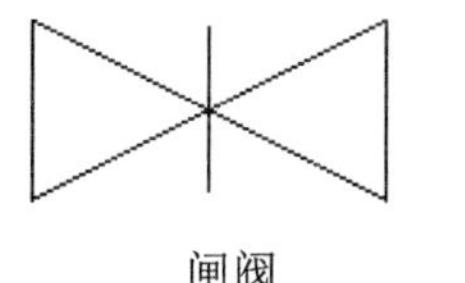

闸阀

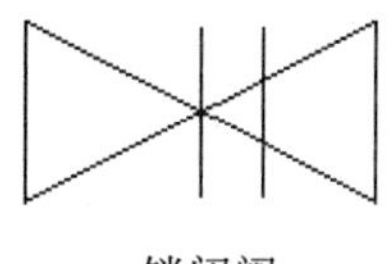

锁闭阀

图 18-78　绘制闸阀和锁闭阀

3. 绘制散热器

（1）单击“默认”选项卡“绘图”面板中的“矩形”按钮，绘制一个矩形。单击“默认”选项卡“绘图”面板中的“直线”按钮，绘制一条水平直线和一条垂直直线，如图 18-79 所示。

（2）单击“默认”选项卡“注释”面板中的“多行文字”按钮，在图形上方标注文字，如

图 18-80 所示。

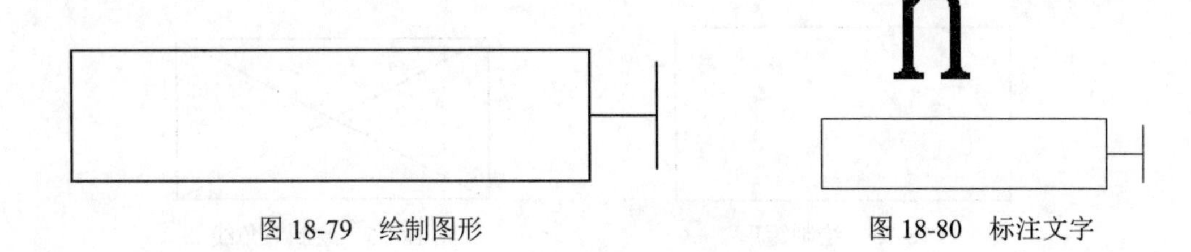

图 18-79 绘制图形　　图 18-80 标注文字

说明：

特性匹配功能：

使用“特性匹配”（matchprop）功能，可以将一个对象的某些或所有特性复制到其他对象，执行路径为“修改”→“特性匹配”。

可以复制的特性类型包括（但不仅限于）颜色、图层、线型、线型比例、线宽、打印样式和三维厚度。

4. 绘制自动排气阀

（1）单击“默认”选项卡“绘图”面板中的“矩形”按钮，绘制一个矩形，单击“绘图”工具栏中的“圆”按钮，选取矩形短边中点为圆点，以短边为直径，绘制一个圆，如图 18-81 所示。

（2）单击“默认”选项卡“修改”面板中的“分解”按钮，分解图形。单击“修改”工具栏中的“修剪”按钮，对图形进行修剪，如图 18-82 所示。

（3）单击“默认”选项卡“绘图”面板中的“直线”按钮，绘制两条竖直直线，如图 18-83 所示。

图 18-81 绘制圆　　图 18-82 修剪图形　　图 18-83 绘制竖直直线

5. 绘制过滤器

（1）单击“默认”选项卡“绘图”面板中的“矩形”按钮，绘制一个矩形，如图 18-84 所示。

（2）单击“默认”选项卡“绘图”面板中的“直线”按钮，绘制直线，如图 18-85 所示。

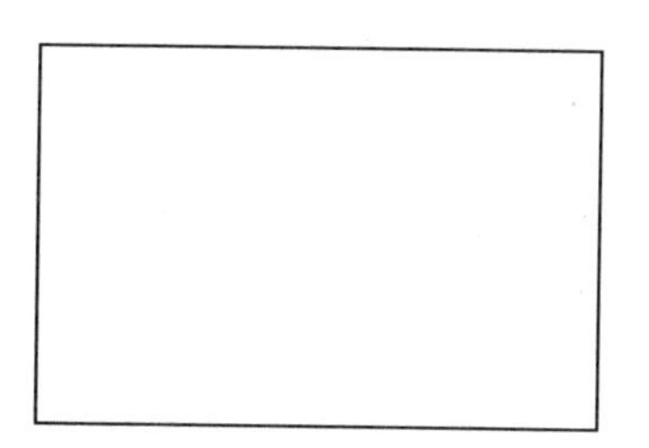

图 18-84 绘制矩形

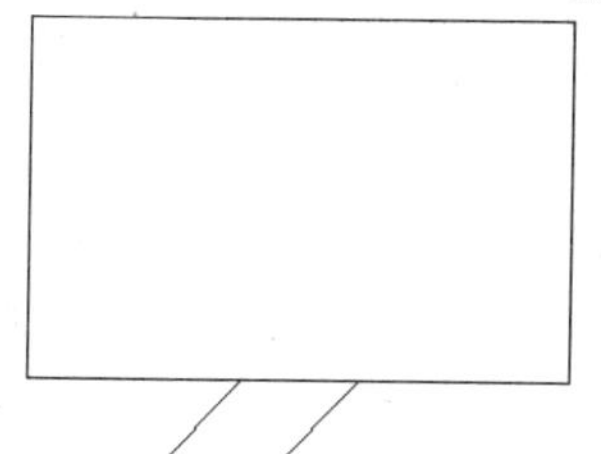

图 18-85 绘制连续直线

说明：

绘图时，可以使用新的对象捕捉修饰符来查找任意两点之间的中点。例如，在绘制直线时，可以按住Shift键并单击鼠标右键来显示“对象捕捉”快捷菜单，如图18-86所示。选择“两点之间的中点”命令之后，在图形中指定两点。该直线将以这两点之间的中点为起点。

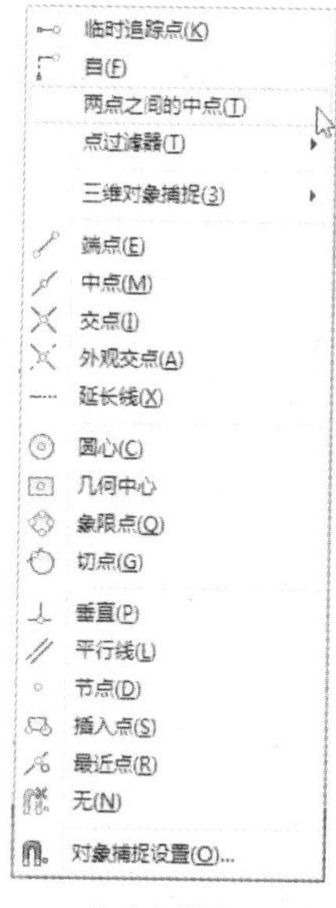

图 18-86 “对象捕捉”快捷菜单

（3）单击“默认”选项卡“修改”面板中的“分解”按钮，分解矩形。单击“默认”选项卡“修改”面板中的“修剪”按钮，修剪图形，如图18-87所示。

6. 绘制热表

（1）单击“默认”选项卡“绘图”面板中的“矩形”按钮，绘制一个矩形。单击“绘图”工具栏中的“直线”按钮，在矩形内绘制一段斜向直线，如图18-88所示。

（2）单击“默认”选项卡“绘图”面板中的“图案填充”按钮，填充三角形，如图18-89所示。

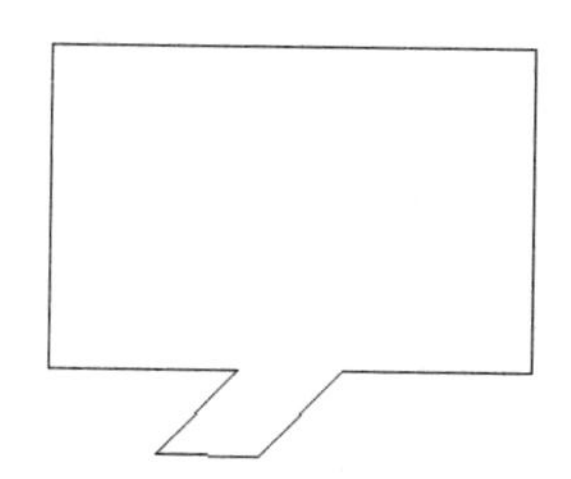

图 18-87 修剪图形

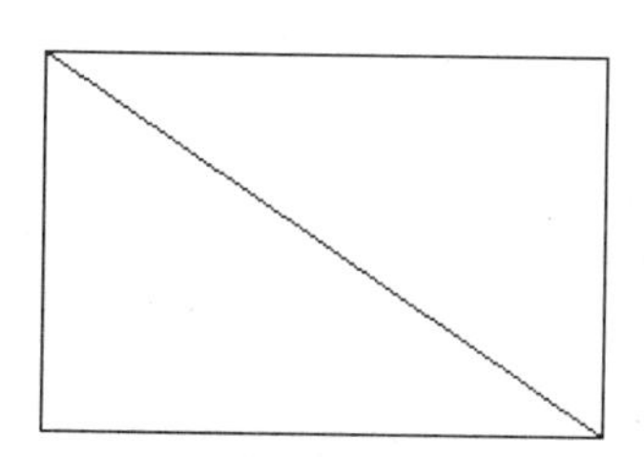

图 18-88 绘制矩形和斜向直线

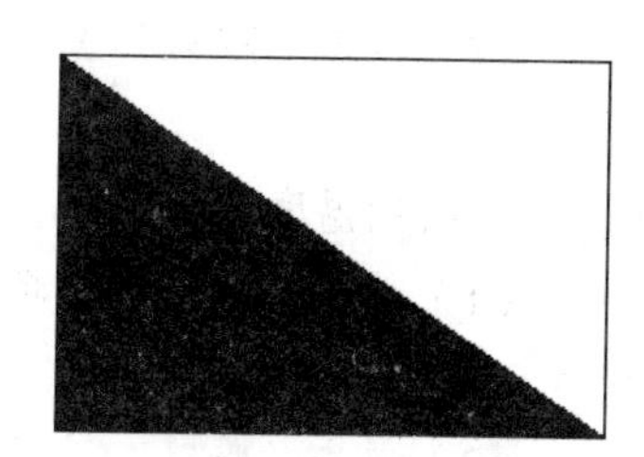

图 18-89 填充三角形

Note

说明：

AutoCAD 中鼠标各键的功能如下。

（1）左键：选择功能键（选像素、选点、选功能）。

（2）右键：绘图区——快捷菜单或 Enter 功能。

（3）中间滚轮：

① 旋转轮子向前或向后，实时缩放、拉近、拉远。

② 压轮子不放并拖曳，实时平移。

③ 双击 ZOOM 缩放。

7. 绘制散热器恒温控制阀

（1）单击“默认”选项卡“绘图”面板中的“直线”按钮，绘制一条水平直线和一条竖直直线，如图 18-90 所示。

（2）单击“默认”选项卡“绘图”面板中的“圆”按钮，绘制一个圆，如图 18-91 所示。

（3）单击“默认”选项卡“绘图”面板中的“图案填充”按钮，将圆填充，如图 18-92 所示。

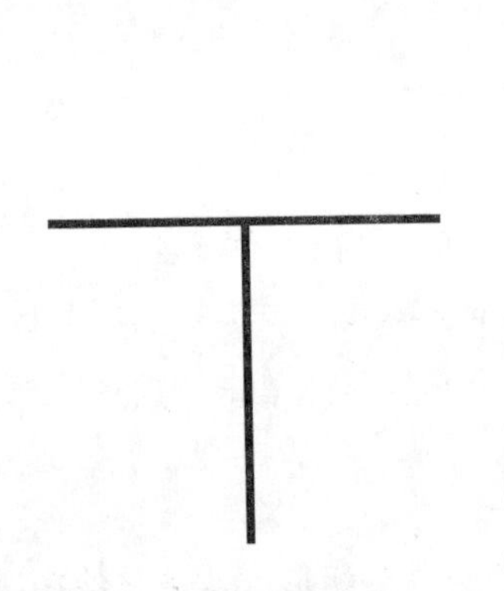
图 18-90　绘制直线

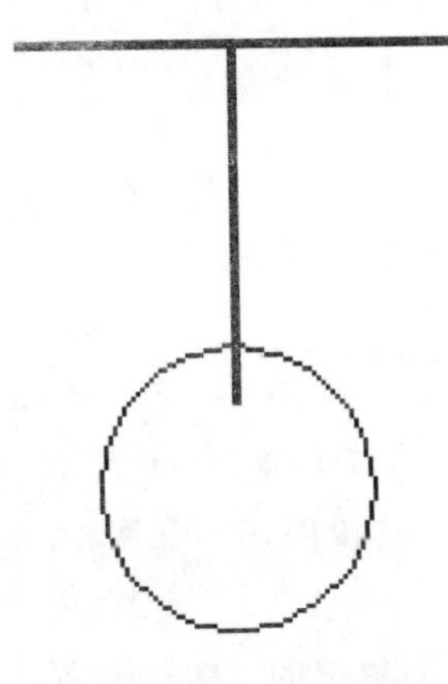
图 18-91　绘制一个圆

图 18-92　填充圆

8. 绘制压力表

（1）单击“默认”选项卡“绘图”面板中的“圆”按钮，绘制一个圆，如图 18-93 所示。

（2）单击“默认”选项卡“绘图”面板中的“直线”按钮，绘制几条直线，如图 18-94 所示。

9. 绘制温度计

（1）单击“默认”选项卡“绘图”面板中的“矩形”按钮，绘制一个矩形，如图 18-95 所示。

（2）单击“默认”选项卡“绘图”面板中的“直线”按钮，绘制一条直线，如图 18-96 所示。

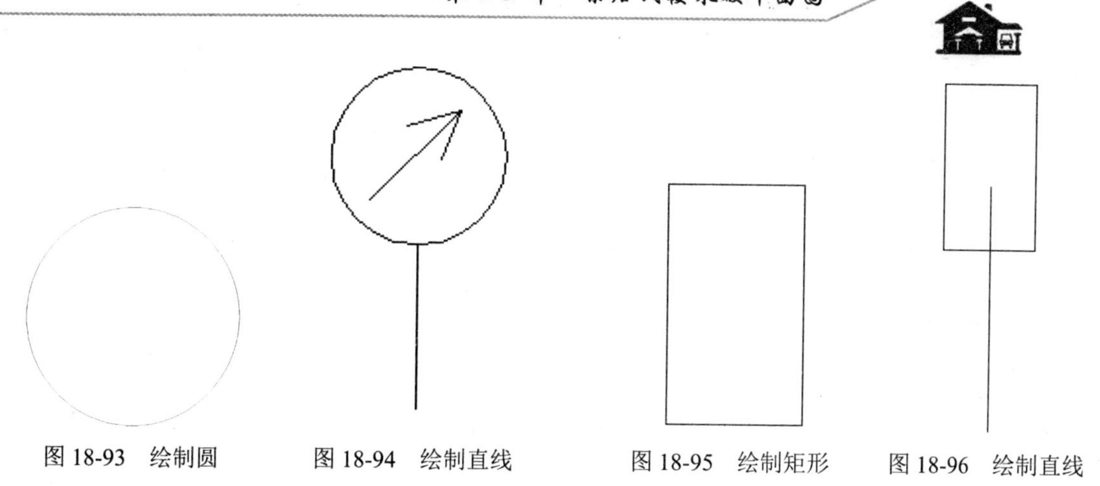

图 18-93　绘制圆　　图 18-94　绘制直线　　图 18-95　绘制矩形　　图 18-96　绘制直线

18.4.3　绘制热水给水管线

单击“默认”选项卡“修改”面板中的“复制”按钮，将绘制好的图例，按供暖工程设计布置的需要一一对应复制到相应位置，注意复制时选择合适的“基点”。当供暖图例为对称设置时，还可以单击“默认”选项卡“修改”面板中的“镜像”按钮，镜像图形，提高制图效率。没有绘制的图例可以运用所学知识自行绘制，图例布置如图 18-97 所示。

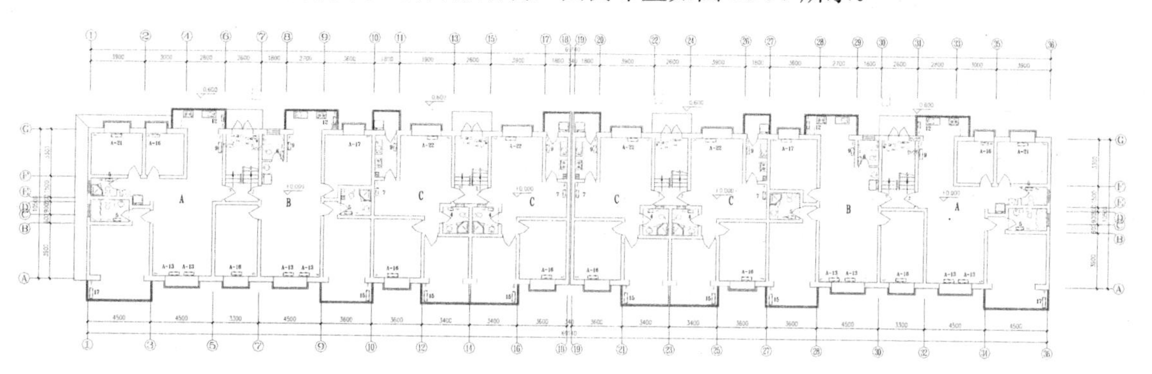

图 18-97　图例布置

说明：

可以将各种基本建筑单元制作成图块，然后插入当前图形，这样有利于提高绘图效率，同时也加强了绘图的规范性和准确性。

绘制管线线路前应注意其安装走向及方式，一般可顺时针绘制，以立管（或入口）为起始点。绘制热水给水管线采用粗实线，并采用单线表示法。以管线连接各采暖设备表达其连接关系。

工程中采用不同供回水干管的设计，直接采用立管将散热器连接起来。

热水回水管线的绘制仍同前所述，一般采用直线或多段线命令，绘制时需要捕捉端点，同时适当绘制一些辅助线。

对于管材，明装部分采用热镀锌钢管，连接方式为丝扣连接，如图 18-98 所示。

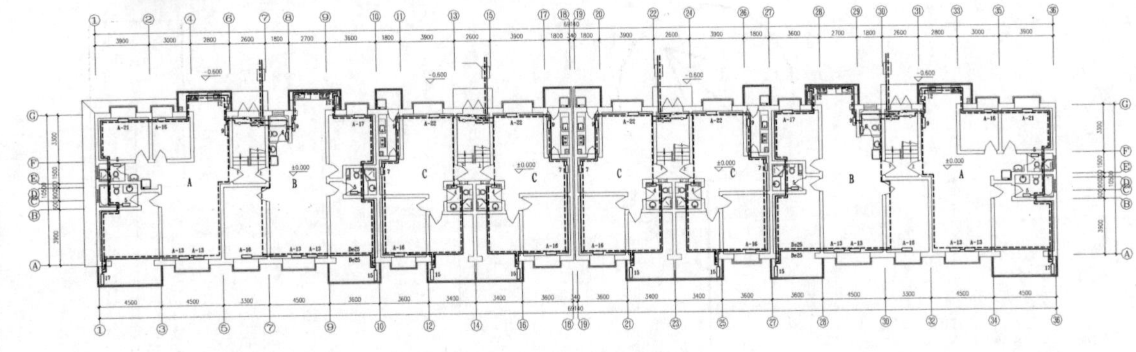

图 18-98　管线布置

18.4.4　文字标注及相关必要的说明

单击“默认”选项卡“注释”面板中的“多行文字”按钮A，为图形添加文字说明，结果如图 18-74 所示。

注意：

字体大多采用 CAD 制图中的大字体样式，作为同一套图纸，尽量保持字体风格统一。

注意：

图元删除有 3 种方法：

（1）BRASE：AutoCAD“修改”工具栏提供的“删除”按钮。

（2）Delete 键：位于操作键盘上的 Delete 键，删除方式同“删除”按钮。

（3）Ctrl+X 快捷键：Windows 通用的快捷命令，直接将图元剪切删除。

说明：

AutoCAD 系统默认的自动保存时间为 120 分钟。将系统变量 SAVETIME 设成一个较小的值，如 10 分钟，则系统每隔 10 分钟自动保存一次，这样可以避免由于误操作或机器故障导致图形文件数据丢失。

同时，文件保存时，注意选择 AutoCAD 的保存版本，对于不同版本的 AutoCAD，一般高版本兼容低版本，而低版本则不一定支持高版本。否则可能会由于版本不对，导致文件无法正常打开。

按照上述方法绘制本例其他层供暖平面图，如图 18-99～图 18-101 所示。

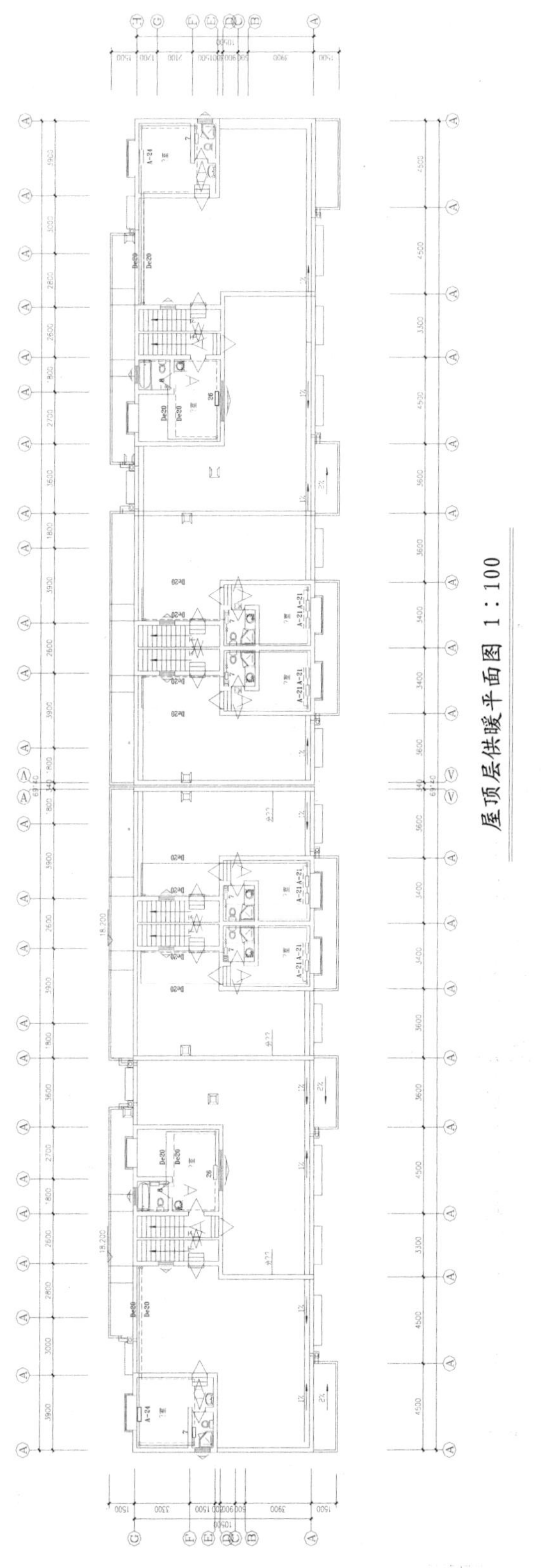

图 18-99　屋顶层供暖平面图

Note

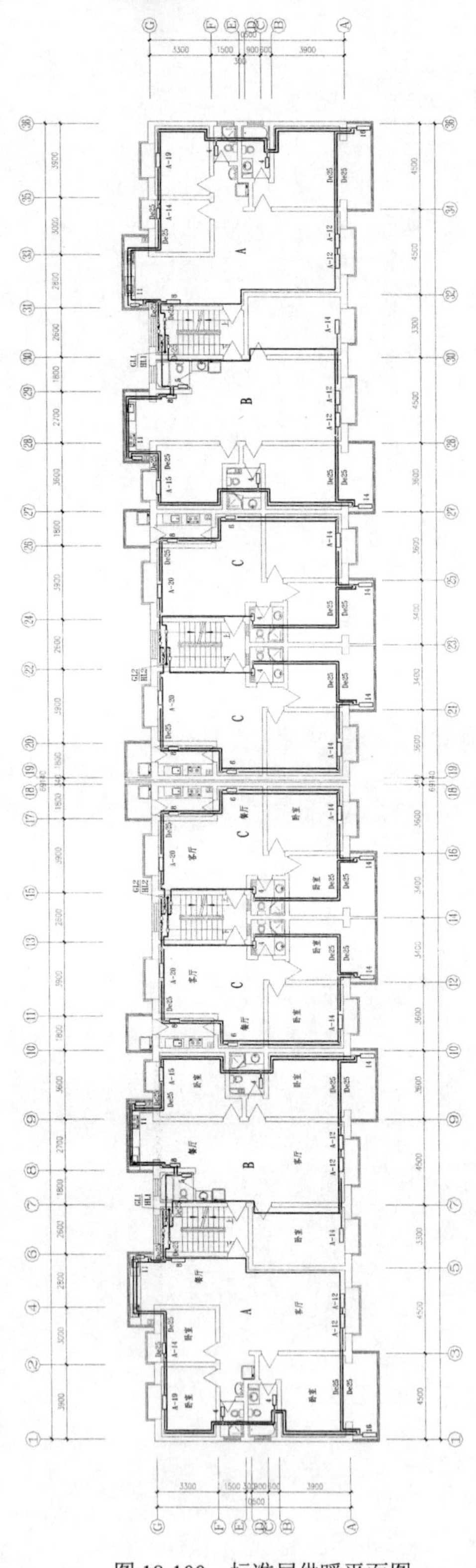

图 18-100　标准层供暖平面图

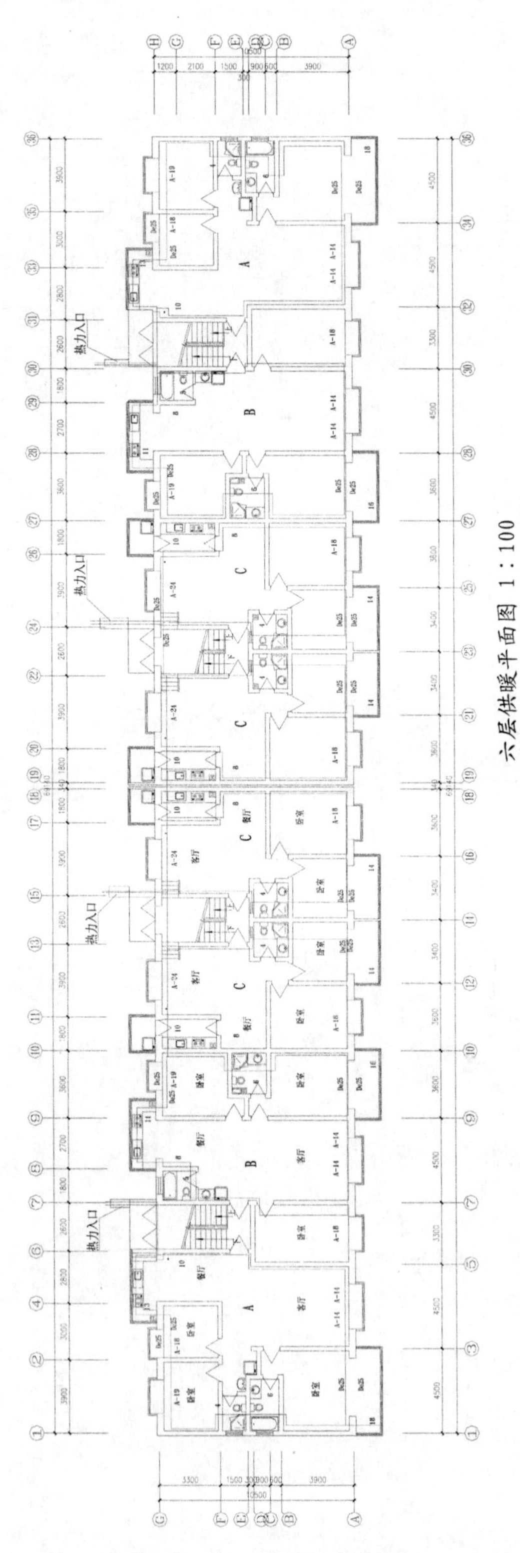

图 18-101　六层供暖平面图

Note

18.5　实 战 演 练

通过前面的学习，读者对本章知识已有了大体的了解，本节通过一个操作练习使读者进一步掌握本章知识要点。

【实战演练】绘制一层采暖平面图（如图 18-102 所示）。

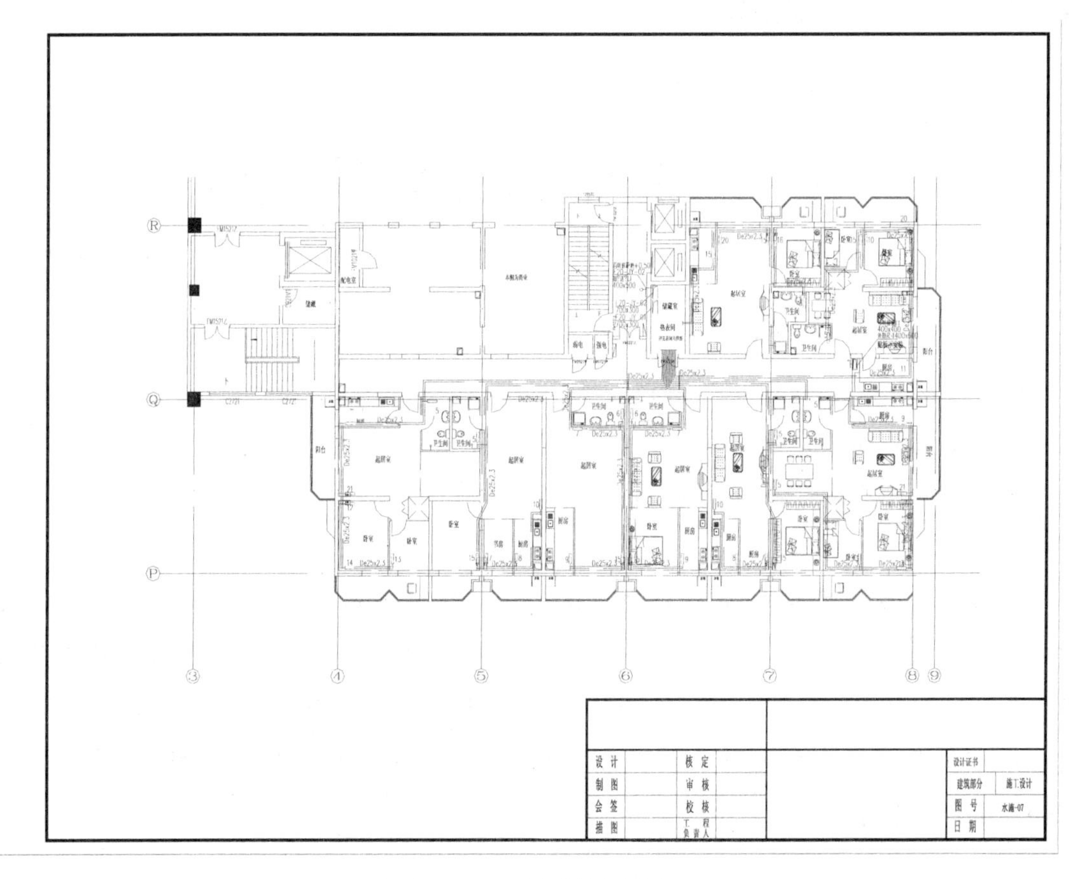

图 18-102　一层采暖平面图

1．目的要求

本实例主要要求读者通过练习进一步熟悉和掌握采暖平面图的绘制方法。通过本实例，可以帮助读者学会完成一层采暖平面图绘制的全过程。

2．操作提示

（1）绘图前的准备。

（2）绘制暖通设备及管道。

（3）绘制电视系统图。

（4）添加文字说明。

（5）插入图签。

第19章

某居民楼给水排水平面图

本章学习要点和目标任务：

- ☑ 工程概括
- ☑ 室内平面图绘制
- ☑ 室内给水排水平面图绘制

本章将结合建筑给水排水工程专业知识，介绍建筑给水排水工程施工图的相关制图知识，及其在 AutoCAD 中实现的基本操作方法及技巧，叙述工程制图中各种绘图手法在 AutoCAD 中的具体操作步骤及注意事项，以引导读者正确设计和绘制建筑给水排水工程图。本章还将介绍某居民楼给水排水平面图的具体绘制过程，进一步巩固前面所学知识。

19.1 工程概括

给水排水施工图是建筑工程图的组成部分，按其内容和作用不同，分为室内给水排水施工图和室外给水排水施工图。

19.1.1 设计说明

本工程为专家公寓 7 号住宅楼给水排水工程。设计供水压力为 0.3MPa，住宅以 160 人计，最高日用水量为 $40m^3$，最大小时用水量为 $3.75m^3/h$。

19.1.2 设计依据

（1）《建筑给水排水设计规范》（GB50015—2003（2009 年版））。
（2）《室外排水设计规范》（GB50014—2006（2014 年版））。
（3）《室外给水设计规范》（GB50013—2006）。
（4）《建筑排水用硬聚氯乙烯螺旋管管道工程设计、施工及验收规程》（CECS 94:97）。
（5）《建筑给水聚丙烯管道（PP-R）工程技术规程》（DBJ/CT 501—2002）。
（6）《给水排水工程设计技术措施》（2003 年版）。

19.1.3 设计单位

本工程标高以 m 计，以首层室内坪为±0.000，其他以 mm 计；本设计给水管标高以管中心计，排水管标高以管内底计，系统图中 H 为洁具、阀门、水嘴所在楼层标高。

19.1.4 管材选用

（1）给水管：单元进户管、楼内立管、分户给水管皆采用铝塑 PP-R 冷水管，1.0MPa，热熔连接。

（2）热水管：采用铝塑 PP-R 热水管，1.0MPa，标准工作温度 82℃，敷设于垫层内的热水管不应有接头，并采用 5mm 厚橡塑保温，其他明设部分热熔连接。

（3）排水管：立管采用 UPVC 螺旋排水管；室内支管及埋地干管采用普通 UPVC 管，皆为白色，承插胶粘连接。

19.1.5 敷设连接

铝塑 PP-R 冷水管敷设在地面采暖构造层内，有分支时热熔连接，无分支时不应有接头，弯曲半径 R≥5d（d 为管道直径），其他部分热熔连接，铝塑 PP-R 与室外镀锌管连接采用专用管件。

19.1.6 设备选用（须采用节能型）

（1）台式洗面器选用 98S19-24-25#，安装参考 98S19-41，洗脸盆选用 98S19-23-15 柱式，

安装参考 98S19-29。

（2）洗涤盆以市场成品双格不锈钢洗池绘制，安装参考 98S19-48，管道明设。

（3）坐便器选用 98S19-88-3#，浴盆选用 98S19-69-19-1#，安装参考 98S19-619-73。

（4）水表选用旋翼式，DN20，阀门皆选用铜球阀。

（5）地漏选用 DN50，安装参考 98S19-154，清扫口安装参考 98S19-153，立管检查口距本层地面 1.0m。

（6）所有设备甲方可自行选定，楼板预留洞以选定设备为准，进行适当调整。

（7）室内给水管道穿楼板、墙体时均设钢制套管，比管道大两号，穿墙时两端与饰面平，穿楼板时下端同楼板平，上端高出楼板 40mm。

（8）下房层内明设的给水排水管道采用超细玻璃棉保温，厚度 30mm，外缠铝箔纸。

19.1.7 参照规范

（1）排水立管必须设伸缩节，做法参见 98S19-158。

（2）给水管道试压，参见《建筑给水排水及采暖工程施工质量验收规范》（GB 50242—2002）和《建筑给水聚丙烯管道（PP-R）工程技术规程》（DBJ/CT 501—2002）。

（3）其他未说明处以《建筑给水排水及采暖工程施工质量验收规范》（GB 50242—2002）执行。

（4）本工程选用图集：98S（给排水图集），98N（采暖图集）。

19.2 室内平面图绘制

本节绘制居民楼平面图，首先绘制轴线，再绘制墙体、门窗及洞口，最后对图形进行标注，如图 19-1 所示。

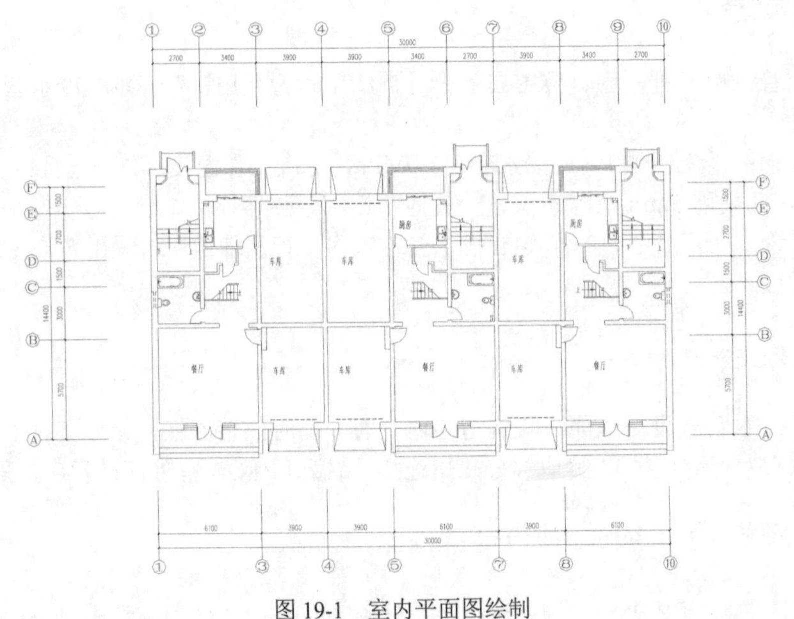

图 19-1 室内平面图绘制

操作步骤如下：（：光盘\配套视频\动画演示\第 19 章\室内平面图绘制.avi）

AutoCAD 室内给水平面图绘制基本按设置图幅、设置单位及精度、建立若干图层、设置对象样式的顺序依次展开。下面进行简要介绍。

1. 图纸与图框

采用 A1 图纸，幅面尺寸 b×l×c×a =594mm×841mm×10mm×25mm，b、l、c、a 这 4 个参数在图纸上所代表部位尺寸如表 19-1 所示。

表 19-1　图幅标准　（单位：mm）

尺 寸 代 号	图幅代号				
	A0	A1	A2	A3	A4
b×*l*	841×1189	594×841	420×594	297×420	210×297
c	10			5	
a	25				

按 1:1 比例原尺寸绘制图框，图纸矩形尺寸为 594mm×841mm，图框矩形，在扣除图纸的边宽及装订侧边宽后，其尺寸为 574mm×806mm。

（1）新建“图框”图层，并将其设置为当前图层，线型设置为粗实线，线宽 b=0.7mm。

（2）单击“默认”选项卡“绘图”面板中的“矩形”按钮，绘制图框。

① 在命令行提示“指定第一个角点或[倒角(C)/标高(E)/圆角(F)/厚度(T)/宽度(W)]:”后在图中任意指定一点。

② 在命令行提示“指定另一个角点或[面积(A)/尺寸(D)/旋转(R)]:”后输入“D”。

③ 在命令行提示“指定矩形的长度<10.0000>:”后输入“841”。

④ 在命令行提示“指定矩形的宽度<10.0000>:”后输入“594”。

⑤ 在命令行提示“指定另一个角点或 [面积(A)/尺寸(D)/旋转(R)]:”后向右指定一点。

同理，绘制长为 806mm、宽为 574mm 的矩形，结果如图 19-2 所示。

图 19-2　图框

（3）单击“默认”选项卡“修改”面板中的“移动”按钮，调整图框内框与外框间的边宽及装订侧边宽。单击“移动”按钮时注意“正交”模式的运用。绘制的图签如图 19-3 所示。

Note

xx建筑设计院	xx公司综合办公楼	图 别	设施
		图 号	
制 图		比 例	1:125
审 核		日 期	2001.6

图 19-3　图签

说明：

使用“直线”命令时，若为正交轴网，可按下“正交”按钮，根据正交方向提示，直接输入下一点的距离即可，而不需要输入“@”符号；若为斜线，则可按下“极轴追踪”按钮，设置斜线角度，此时，图形即进入了自动捕捉所需角度的状态，可大大提高制图时直线输入距离的速度。注意，两者不能同时使用，如图 19-4 所示。

图 19-4　“状态栏”命令按钮

（4）单击“默认”选项卡“修改”面板中的“缩放”按钮，对图框进行缩放。图框缩放的目的在于 AutoCAD 比例制图的概念，手工制图时是在 1:1 的纸质图纸中绘制缩小比例的图样，而在 AutoCAD 电子制图中恰恰相反，即将图样按 1:1 绘制，而将图框按放大比例绘制，也即相当于“放大了的标准图纸”。

根据本工程建筑制图比例 1:195，因此比例为缩小比例，故只需将图框相对放大 195，随后图样即可按 1:1 原尺寸绘制，从而获得 1:195 的比例图纸。给水排水平面图宜采用与建筑平面图同比例进行绘制，以便于识读，即各专业制图图纸规格一致。

2. 图层设置

用户可根据工程的性质、规模等合理设置各图层，以达到便于制图的目的。

根据《房屋建筑 CAD 制图统一规则》(GB/T18119—2000)，建筑给水工程的图层代号如表 19-2 所示。

表 19-2　给水工程图层名称代号

A3.6.1 冷热		
中 文 名	英 文 名	解　　释
给排-冷热	P-DOMW	生活冷热水系统 Domestic hot and cold water systems
给排-冷热-设备	P-DOMW-EQPH	生活冷热水设备 Domestic hot and cold water equipment
给排-冷热-热管	P-DOMW-HPIP	生活热水管线 Domestic hot water piping
给排-冷热-冷管	P-DOMW-CPIP	生活冷水管线 Domestic cold water piping

具体设置过程如下。

单击“默认”选项卡“图层”面板中的“图层特性”按钮，打开“图层特性管理器”选项板进行图层设置。

关于 AutoCAD 图层的命名，用户可根据需要进行调整，并根据本给水工程的设计需要及

CAD 制图便捷性的需要进行图层设置。

注意：

各图层应设置不同颜色、线宽和状态等。

0 图层不进行任何设置，也不应在 0 图层绘制图样，如图 19-5 所示。

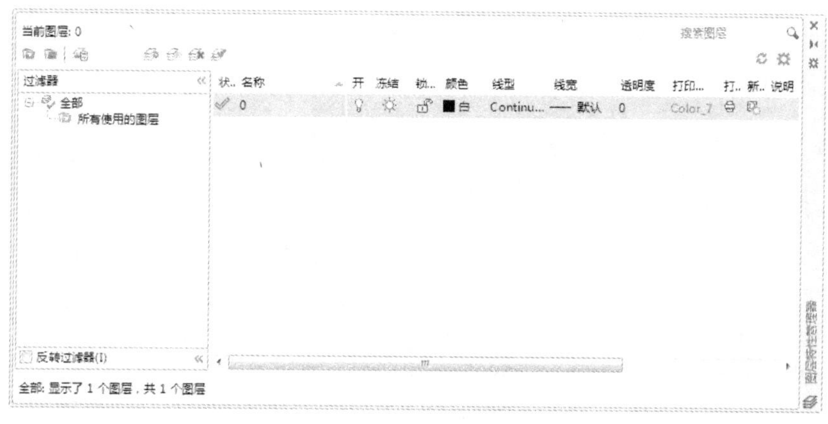

图 19-5　“图层特性管理器”选项板

3. 文字样式

单击“默认”选项卡“注释”面板中的“文字样式”按钮，在打开的“文字样式”对话框中进行样式参数设置，如图 19-6 所示。主要包括新建字体样式、设置字体高度和宽度因子。用户可在左下角的预览窗口看到所设置的字体样式效果。

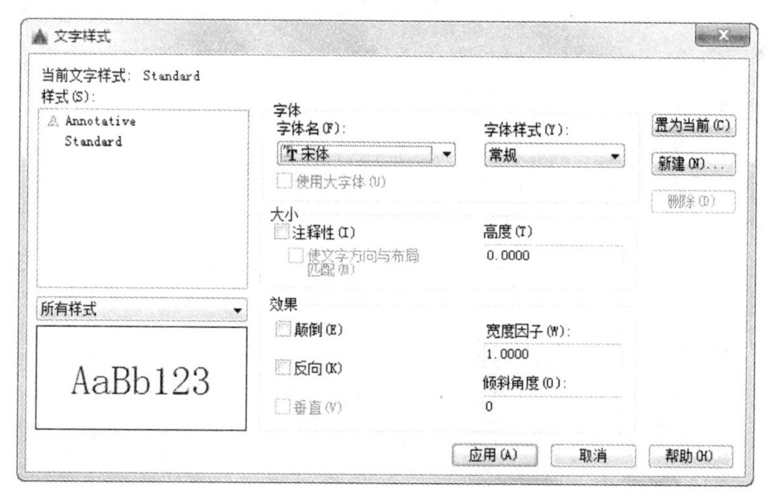

图 19-6　“文字样式”参数设置窗口

这里采用土木工程 CAD 制图中常用的大字体样式，字体组合为“txt.shx + hztxt.shx”（若 CAD 字库中没有该字体，读者可从 CAD 有关字体网站中下载并安装），高宽比设置为 0.7，此处暂不设置文字高度，其高度仍然为 0.000，样式名为默认的 Standard，读者若想另建其他样式的字体，则需单击“新建”按钮，在打开的“新建文字样式”对话框中输入样式名，进行新的字体样式组合及样式设置，如图 19-7 所示。

Note

4. 标注样式

(1) 单击“默认”选项卡“注释”面板中的“标注样式”按钮，打开“标注样式管理器”对话框，如图 19-8 所示。用户可以选择“置为当前”、“新建”、“修改”、“替代”和“比较”方式，来完成标注样式的设置。此处单击“修改”按钮，打开如图 19-9 所示的“修改标注样式”对话框，进行各参数设置。

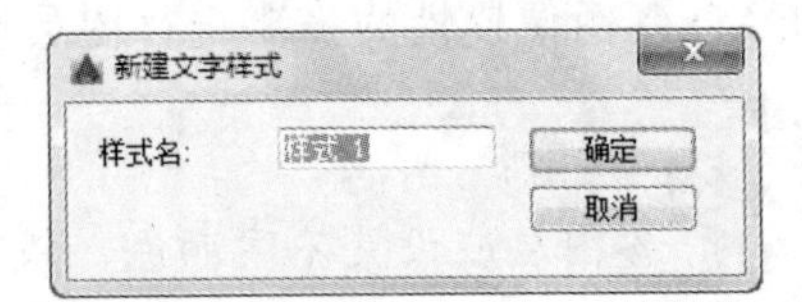

图 19-7 “新建文字样式”对话框

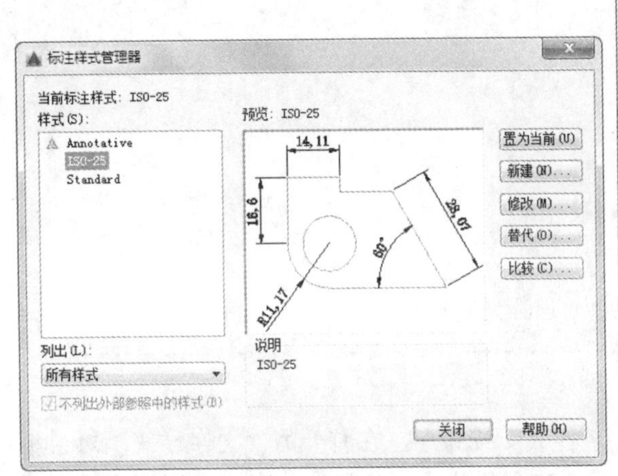

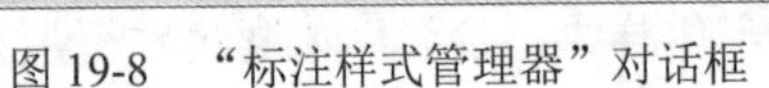

图 19-8 “标注样式管理器”对话框

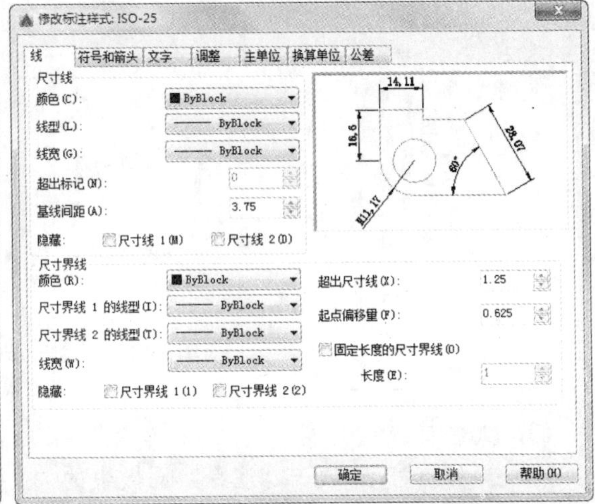

图 19-9 “修改标注样式”对话框

(2) 用户可按《房屋建筑制图统一标准》的要求，对标注样式进行设置，包括“文字”、“主单位”和“符号和箭头”等。此处应注意各项涉及尺寸大小的，都应为以实际图纸上的表现尺寸乘以制图比例的倒数，即 100，如本例需要在 A4 图纸上看到 3.5mm 单位的字，则此处的字高应设为 350，此方法同图框的设置。各选项卡设置如下。

☑ “线”选项卡：颜色、线型、线宽等均设置为 ByBlock，即随层设置，其属性与“标注”图层属性相同。

☑ “符号和箭头”选项卡：选择建筑标记、引线为实心闭合、设置箭头大小。

☑ “文字”选项卡：文字样式、颜色随层、高度及位置。

☑ “调整”选项卡：使用全局比例为 100。

☑ “主单位”选项卡：小数、精度、逗点。

一幅图中可能涉及几种不同的标注样式，此时读者可建立不同标注样式，然后使用不同标注样式。

19.2.1 室内给水平面图的 CAD 实现

在绘制给水平面图前，首先要绘制建筑平面图。给水排水工程制图中，对于新建结构往往会由建筑专业人员提供建筑图；对于改建、改造建筑，若没有原建筑图，则可根据原档案所存的图纸，进行建筑平面图的 CAD 绘制。

此处为建筑给水排水工程制图，对于建筑图的线宽，统一设置成“细线”，即0.25b。给水排水工程制图中各线型、线宽设置的要求，可参见《建筑给水排水制图标准》（GB/T 50106—2010）及前述相关章节。

建筑给水排水工程中的建筑图，主要是指建筑平面图的轮廓线。

Note

注意：

定位轴线为点画线，线型设置如前所述。

19.2.2 设置图层、颜色、线型及线宽

绘图时应考虑图样划分为哪些图层以及按什么样的标准划分。图层设置合理，会使图形信息更加清晰有序。

（1）单击“默认”选项卡“图层”面板中的“图层特性”按钮，打开“图层特性管理器”选项板，如图19-10所示。单击“新建图层”按钮，将新建图层名修改为“轴线”。

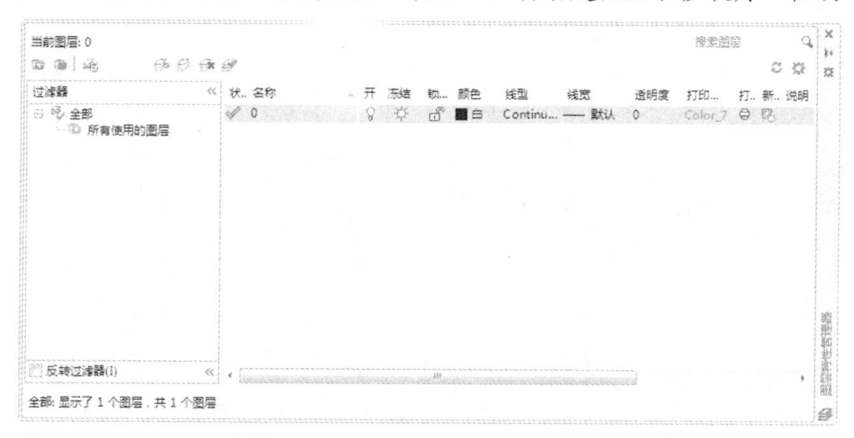

图19-10 “图层特性管理器”选项板

（2）单击“轴线”图层的图层颜色，打开“选择颜色”对话框，选择红色为“轴线”图层颜色，单击“确定”按钮。

说明：

CAD制图时，若每次画图都要设定图层很烦琐的，为此可以将其他图纸中设置好的图层复制过来，方法如下：在某幅图中设定好图层，并在该图的各个图层上绘制线条，下次新建文件时，只要把原来的该图复制粘贴过来即可，其图层也会跟着复制过来，再删除所复制的图样，就可以开始继续制图了，进而省去重复设置图层的时间。该方法类似于模板文件的使用。

以上所有的图框及各图层、文字、标注设置都可以从样板DWT文件中调用，也可以从AutoCAD设计中心调用，如图19-11所示。

Note

图 19-11　设计中心

由设计中心的列表可以看出，可以调用的选项包括标注样式、表格样式、布局、块、图层、外部参照、文字样式、线型等。用户可以根据需要直接添加，即完成其已设置好的样式调用。

（3）单击“轴线”图层的图层线型，打开“选择线型”对话框，如图 19-12 所示，单击“加载”按钮，打开“加载或重载线型”对话框，如图 19-13 所示，选择 CENTER 线型，单击“确定”按钮，完成线型的设置。

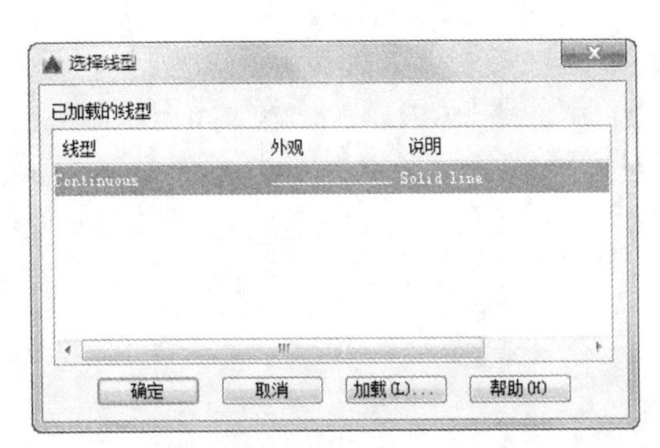

图 19-12　“选择线型”对话框

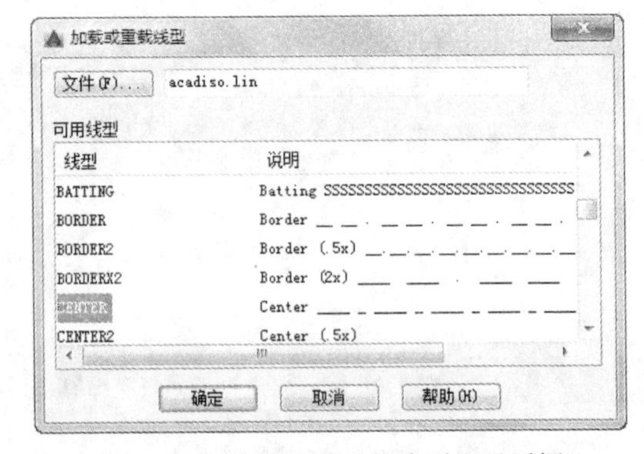

图 19-13　“加载或重载线型”对话框

（4）使用同样的方法创建其他图层，如图 19-14 所示。

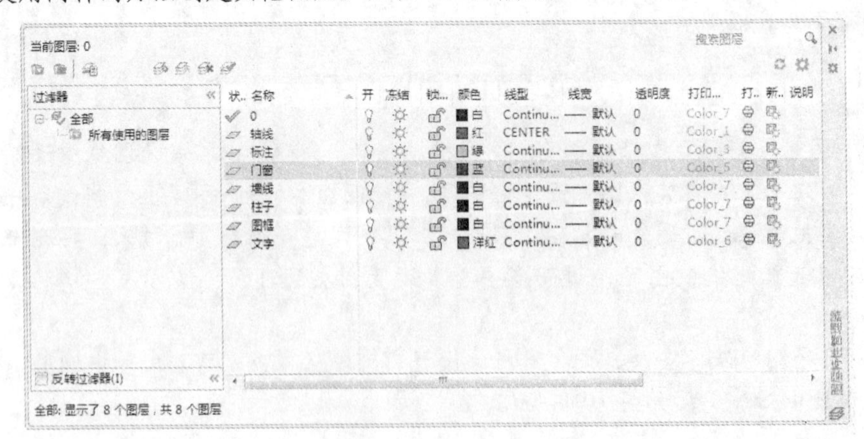

图 19-14　创建的图层

19.2.3　绘制轴线

（1）单击“默认”选项卡“绘图”面板中的“直线”按钮，绘制长度为 43000 的水平轴线和长度为 29000 的垂直轴线，如图 19-15 所示。

（2）单击“默认”选项卡“修改”面板中的“偏移”按钮，将竖直轴线向右偏移。

① 在命令行提示“指定偏移距离或[通过(T)/删除(E)/图层(L)] <通过>:”后输入“2700”。

② 在命令行提示“选择要偏移的对象，或[退出(E)/放弃(U)] <退出>:”后选择竖直直线。

③ 在命令行提示“指定要偏移的那一侧上的点，或[退出(E)/多个(M)/放弃(U)] <退出>:”后向右指定一点。

④ 在命令行提示“选择要偏移的对象，或[退出(E)/放弃(U)] <退出>:”后按 Enter 键。

（3）重复“偏移”命令，将偏移后的竖直轴线向右偏移，偏移距离分别为 3400、3900、3900、3400、2700、3900、3400、2700，将水平轴线向上偏移，偏移距离分别为 5700、3000、1500、2700、1500，结果如图 19-16 所示。

图 19-15　绘制轴线

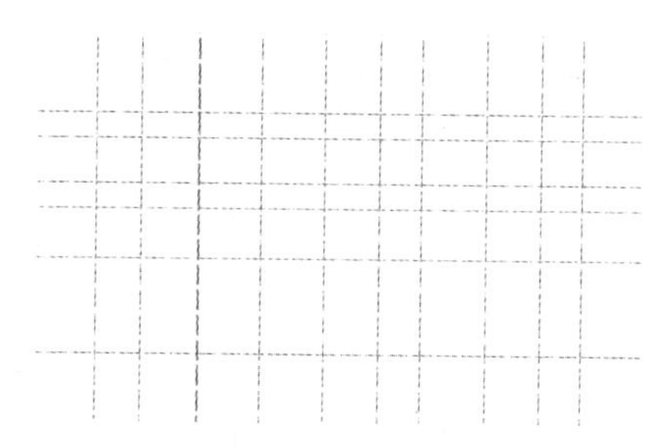

图 19-16　偏移轴线

说明：

OFFSET（偏移）命令可将对象根据平移方向，偏移一个指定的距离，创建一个与原对象相同或类似的新对象，它可操作的图元包括直线、圆、圆弧、多段线、椭圆、构造线、样条曲线等（类似于“复制”）。当偏移一个圆时，它还可创建同心圆。当偏移一条闭合的多段线时，也可建立一个与原对象形状相同的闭合图形，可见 OFFSET 命令应用相当灵活，因此 OFFSET 命令无疑成了 AutoCAD 修改命令中使用频率最高的一条命令。

在使用 OFFSET 命令时，用户可以通过两种方式创建新线段，一种是输入平行线间的距离，这也是最常使用的方式；另一种是指定新平行线通过的点，输入提示参数“T”后，捕捉某个点作为新平行线的通过点，这样就在不便知道平行线距离时，而不需输入平行线之间的距离了，而且还不易出错（因此也可以通过复制来实现）。

（4）绘制轴号。

① 单击“默认”选项卡“绘图”面板中的“圆”按钮，绘制一个半径为 500 的圆，圆心在轴线的端点。

② 在菜单栏中选择“绘图”→“块”→“定义属性”命令，打开“属性定义”对话框，如图 19-17 所示，单击“确定”按钮，在圆心位置写入一个块的属性值。设置完成后的效果如图 19-18 所示。

Note

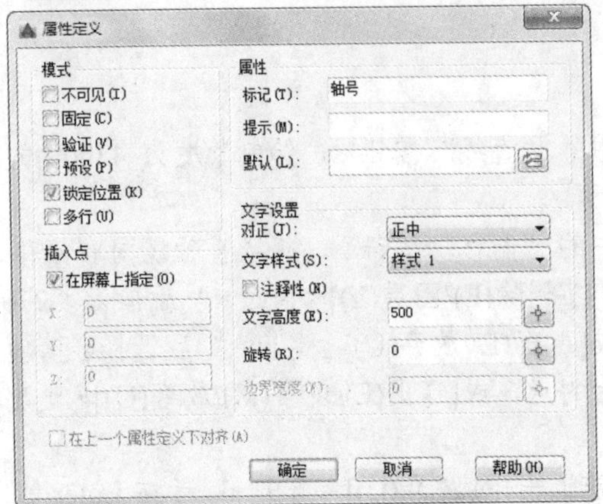

图 19-17 “属性定义”对话框

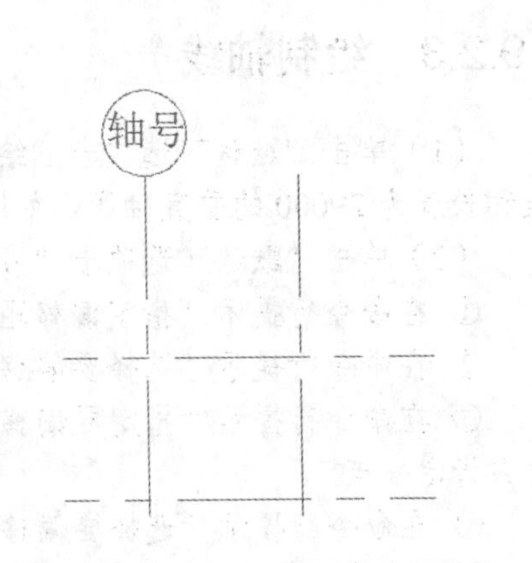

图 19-18 在圆心位置写入块属性值

③ 单击“创建块”按钮，打开“块定义”对话框，如图 19-19 所示。在“名称”文本框中写入“轴号”，指定圆心为基点；选择整个圆和刚才的“轴号”标记为对象，单击“确定”按钮。

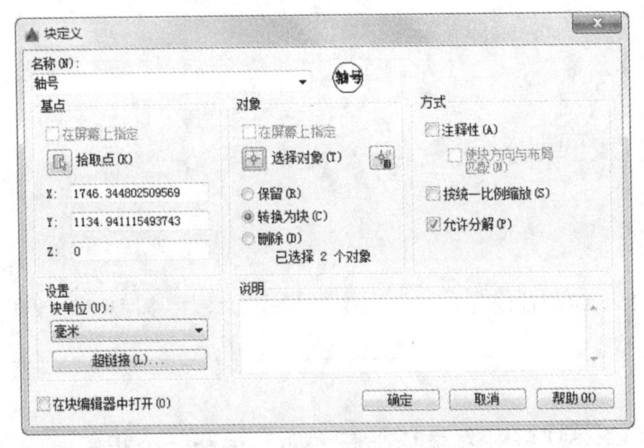

图 19-19 “块定义”对话框

④ 打开如图 19-20 所示的“编辑属性”对话框，输入“轴号”为“1”，单击“确定”按钮，轴号效果图如图 19-21 所示。

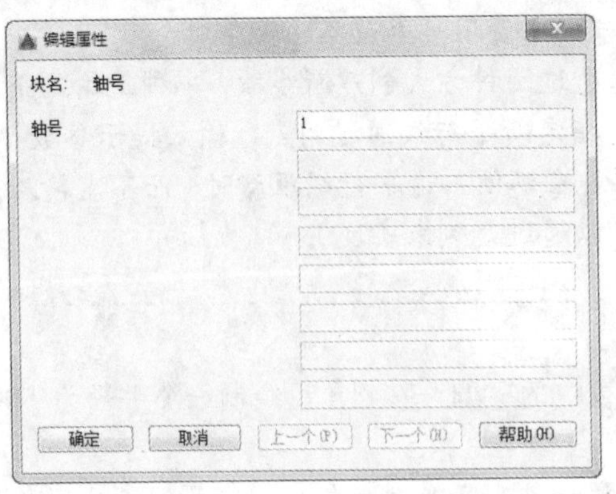

图 19-20 “编辑属性”对话框

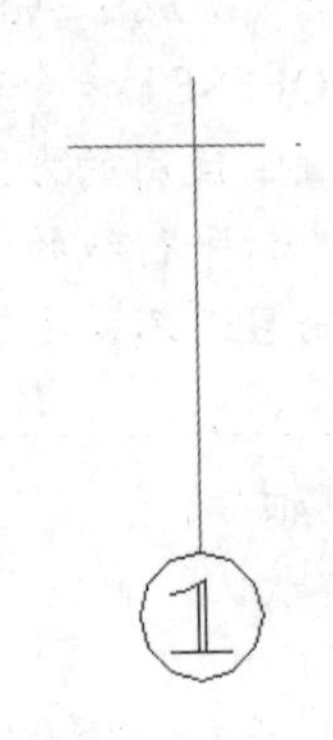

图 19-21 输入轴号

⑤ 使用上述方法绘制出所有轴号，如图 19-22 所示。

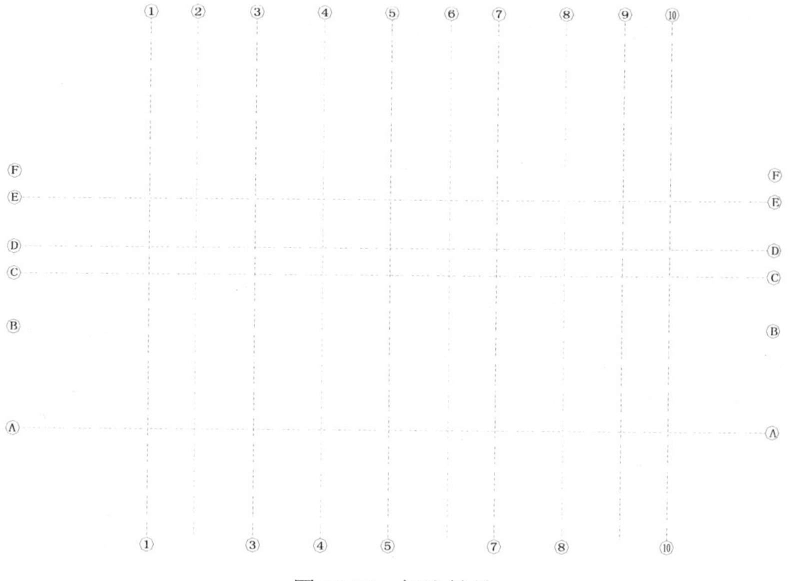

图 19-22　标注轴号

注意：

AutoCAD 提供点（ID）、距离（Distance）、面积（Area）的查询，给图形的分析带来了很大的方便。用户可以即时查询相关信息进行修改，可在菜单栏中选择“工具”→“查询”→“距离”等命令来执行上述操作。

19.2.4　绘制墙体、洞口、窗线、楼梯

1. 绘制建筑墙体

（1）将“墙线”图层设置为当前图层。选择菜单栏中的“格式”→“多线样式”命令，打开“多线样式”对话框，单击“新建”按钮，打开如图 19-23 所示的“创建新的多线样式”对话框，输入“新样式名”为 370，单击“继续”按钮，弹出如图 19-24 所示的“新建多线样式：370”对话框，在“偏移”文本框中输入“250”和“−120”，单击“确定”按钮，返回到“多线样式”对话框。

（2）选择菜单栏中的“绘图”→“多线”命令，绘制墙体。

① 在命令行提示“指定起点或[对正(J)/比例(S)/样式(ST)]:”后输入“S”。

② 在命令行提示“输入多线比例<20.00>:”后输入“1”。

③ 在命令行提示“指定起点或[对正(J)/比例(S)/样式(ST)]:”后输入“J”。

④ 在命令行提示“输入对正类型[上(T)/无(Z)/下(B)] <无>:”后输入“Z”。

⑤ 在命令行提示“指定起点或[对正(J)/比例(S)/样式(ST)]:”后指定轴线间的相交点。

⑥ 在命令行提示“指定下一点:”后沿轴线绘制墙线。

⑦ 在命令行提示“指定下一点或[放弃(U)]:”后继续绘制墙线。

⑧ 在命令行提示“指定下一点或[闭合(C)/放弃(U)]:”后继续绘制墙线。

⑨ 在命令行提示“指定下一点或[闭合(C)/放弃(U)]:”后按 Enter 键。

Note

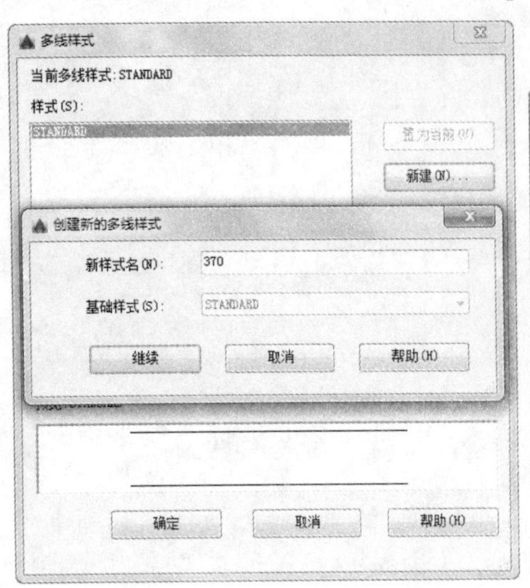

图 19-23　创建多线样式

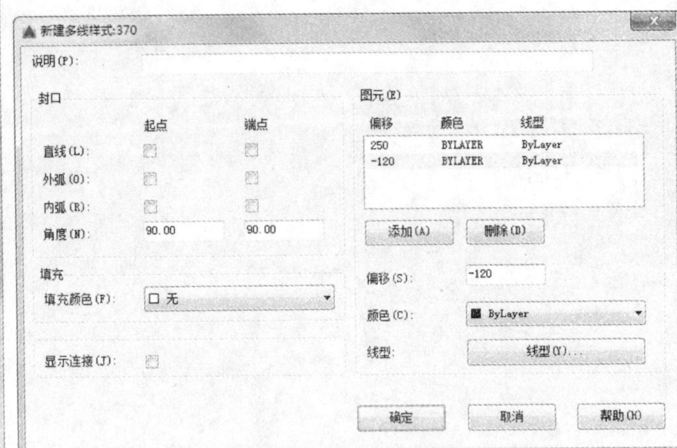

图 19-24　设置多线样式

（3）使用相同的方法设置 240 墙体（190，-190），完成图形中所有墙体的绘制，然后在菜单栏中选择“修改”→“对象”→“多线”命令，对绘制的墙体进行修剪，结果如图 19-25 所示。

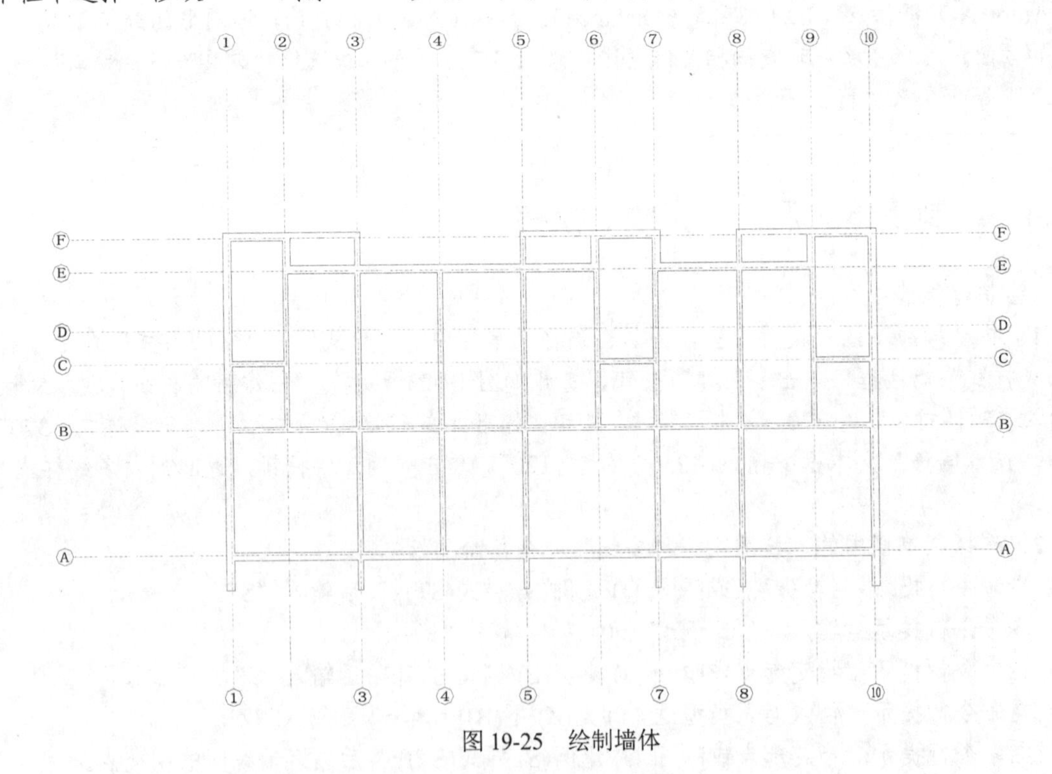

图 19-25　绘制墙体

注意：

绘制墙体时需要注意墙体厚度不同，要对多线样式进行修改。

说明：

目前，国内为建筑 CAD 制图开发了多套适合我国规范的专业软件，如天正、广厦等。这些以 AutoCAD 为平台开发的制图软件，通常根据建筑制图的特点，对许多图形进行模块化、参数化，故使用这些专业软件大大提高了 CAD 制图的速度，而且 CAD 制图格式规范统一，大大降低了一些单靠 CAD 制图易出现的小错误，给制图人员带来了极大的方便，节约了大量的制图时间，感兴趣的读者也可试一试相关软件。

Note

2. 绘制洞口

（1）将“门窗”图层设置为当前图层。

（2）单击“默认”选项卡“修改”面板中的“分解”按钮，将墙线进行分解。单击“默认”选项卡“修改”面板中的“偏移”按钮，选取轴线 9 向右依次偏移 750、1900。单击“默认”选项卡“绘图”面板中的“直线”按钮，在偏移轴线上绘制两条竖直直线，如图 19-26 所示。

（3）单击“默认”选项卡“修改”面板中的“修剪”按钮，修剪掉多余图形，如图 19-27 所示。

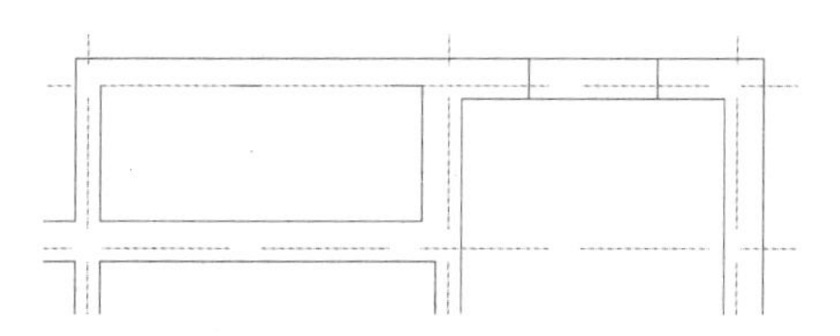

图 19-26　偏移轴线并绘制竖直直线

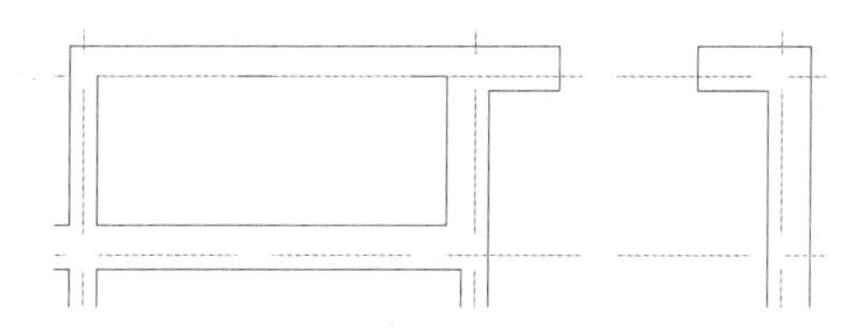

图 19-27　修剪图形

注意：

有些门窗的尺寸已经标准化，所以在绘制门窗洞口时，应该查阅相关标准设置合适尺寸。

（4）使用上述方法绘制出图形中所有门窗洞口，如图 19-28 所示。

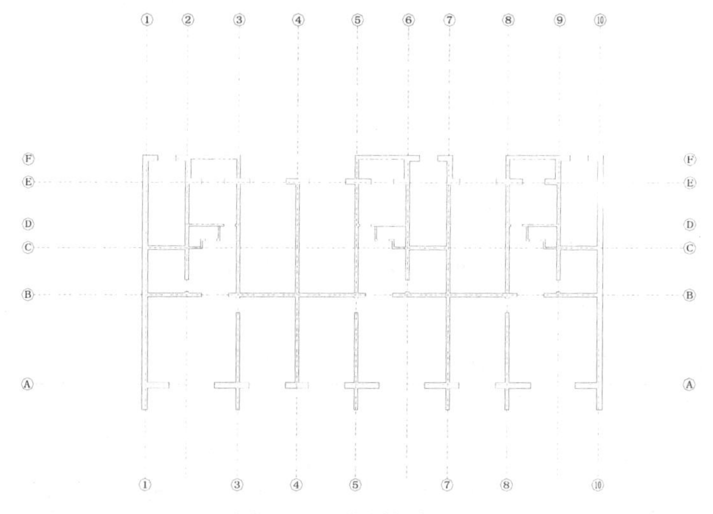

图 19-28　绘制门窗洞口

Note

3. 绘制窗线

（1）设置当前图层为“门窗”图层。

（2）单击“默认”选项卡“绘图”面板中的“直线”按钮，绘制一段长度为750的直线。单击“默认”选项卡“修改”面板中的“偏移”按钮，选择绘制的直线向下偏移，偏移距离分别为124、123、123，然后将窗线右侧以直线连接，效果如图19-29所示。

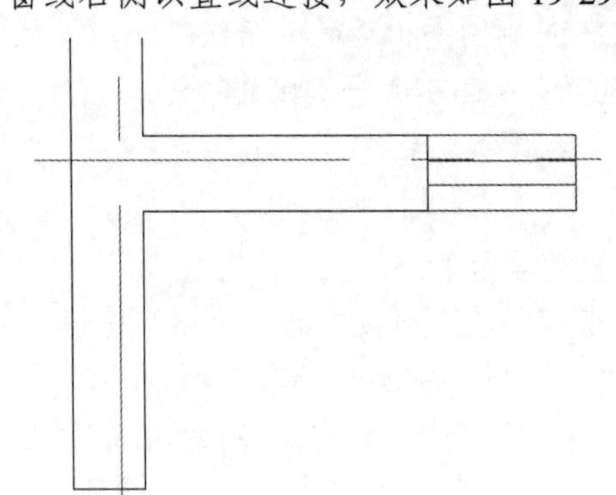

图19-29　绘制并偏移窗线

（3）使用上述方法绘制剩余窗线，并利用前面章节讲述的方法绘制门图形，如图19-30所示。

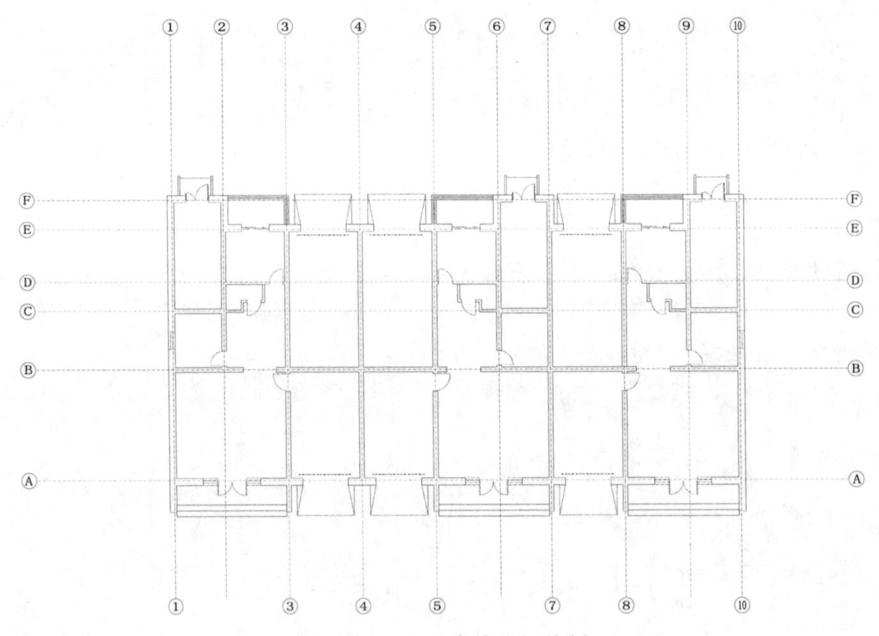

图19-30　完成窗线及门绘制

4. 绘制楼梯

（1）单击“默认”选项卡“绘图”面板中的“矩形”按钮，绘制一个1450×60的矩形，如图19-31所示。

（2）单击“默认”选项卡“绘图”面板中的“直线”按钮，绘制一条水平直线。单击“默认”选项卡“修改”面板中的“偏移”按钮，偏移水平直线，楼梯间距为265，如图19-32所示。

（3）单击“默认”选项卡“绘图”面板中的“直线”按钮和“修改”面板中的“修剪”

按钮，绘制楼梯折弯线，如图 19-33 所示。

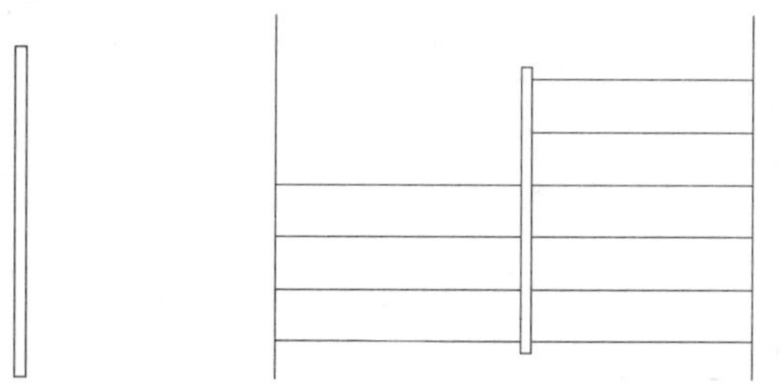

图 19-31　绘制矩形　　图 19-32　绘制并偏移直线

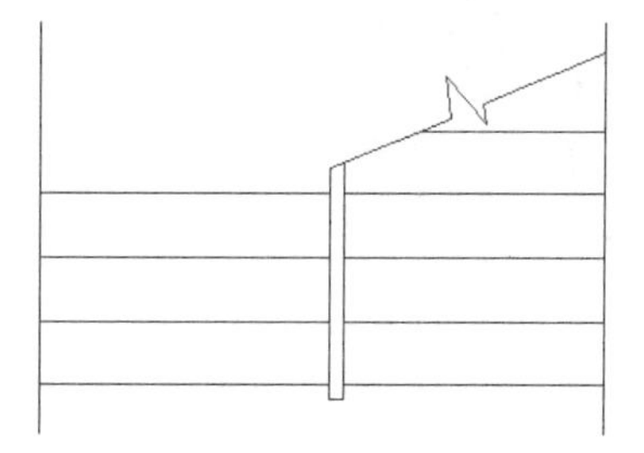

图 19-33　绘制楼梯折弯线

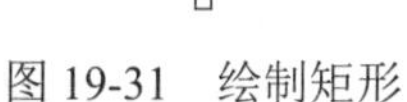

说明：

灵活使用动态输入功能：

动态输入功能在光标附近提供了一个命令界面，以帮助用户专注于绘图区域。启用“动态输入”时，工具栏提示将在光标附近显示信息，该信息会随着光标移动而动态更新。当某条命令为活动时，工具栏提示将为用户提供输入的位置。

单击状态栏中的按钮使用 F19 键可以打开和关闭动态输入功能。动态输入功能有 3 个组件：指针输入、标注输入和动态提示。在按钮上单击鼠标右键，在弹出的快捷菜单中选择“动态输入设置”命令，如图 19-34 所示，打开“草图设置”对话框并选择“动态输入”选项卡，如图 19-35 所示，选中相关复选框，可以控制启用“动态输入”功能时每个组件所显示的内容。

动态输入设置...
模型

图 19-34　状态栏

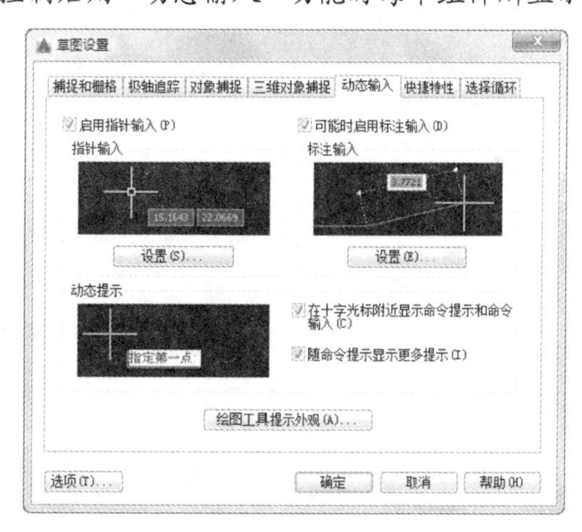

图 19-35　动态输入功能设置

（4）单击“默认”选项卡“绘图”面板中的“多段线”按钮，绘制楼梯指引箭头，如图 19-36 所示。

（5）单击“默认”选项卡“修改”面板中的“复制”按钮，复制楼梯到指定位置，结合所学知识完成剩余图形的绘制，如图 19-37 所示。

5. 插入图块

（1）新建“装饰”图层，并将其设置为当前图层。

（2）单击“默认”选项卡“块”面板中的“插入”按钮，插入“源文件\图库\洗手盆”图

块，结果如图 19-38 所示。

Note

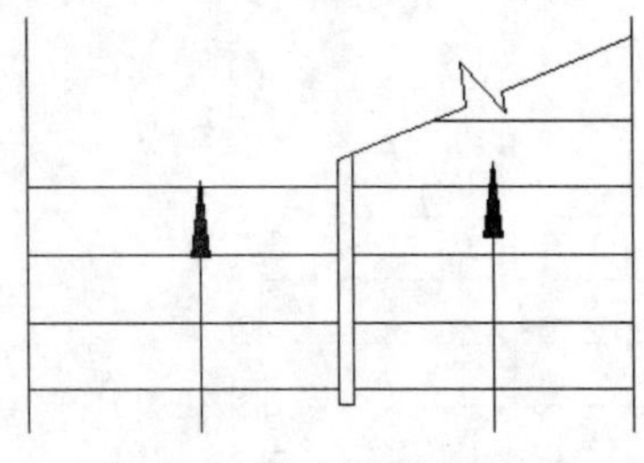

图 19-36　绘制楼梯指引箭头

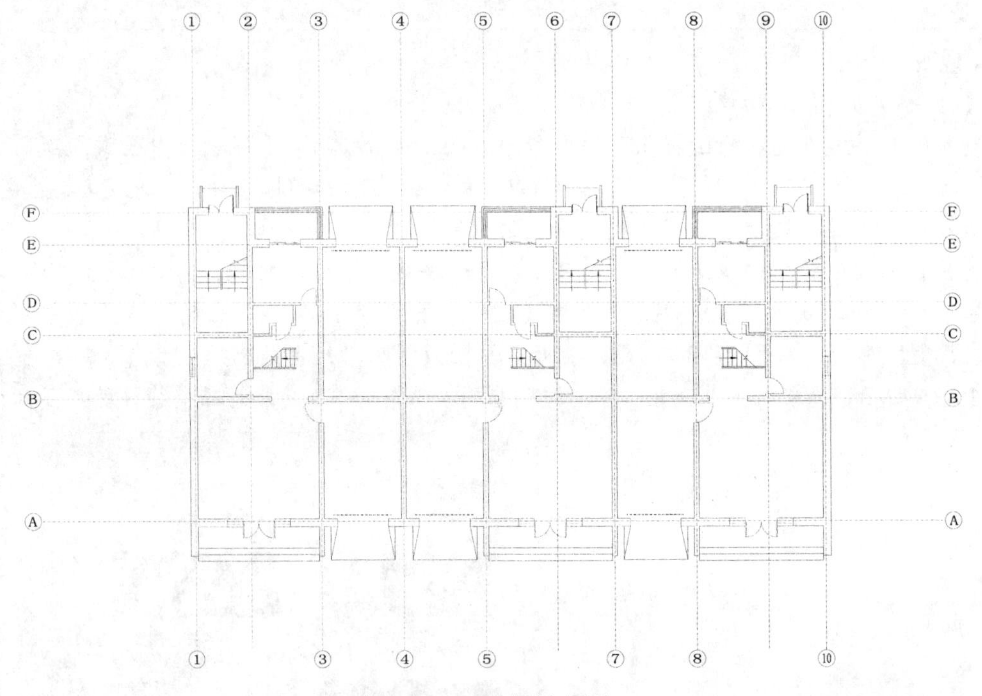

图 19-37　绘制剩余图形

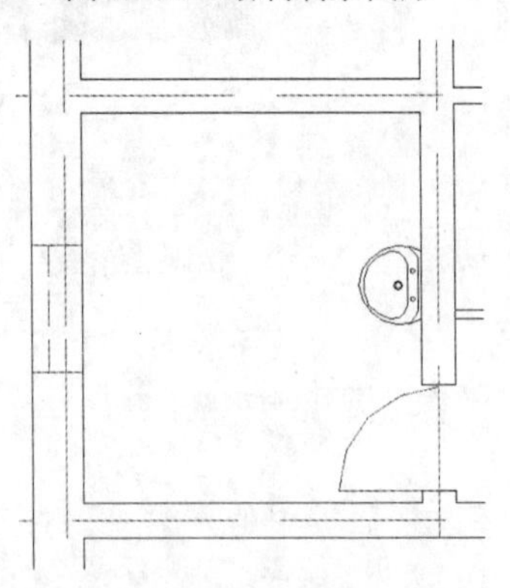

图 19-38　插入洗手盆

（3）继续使用上述方法，插入所有图块，如图 19-39 所示。

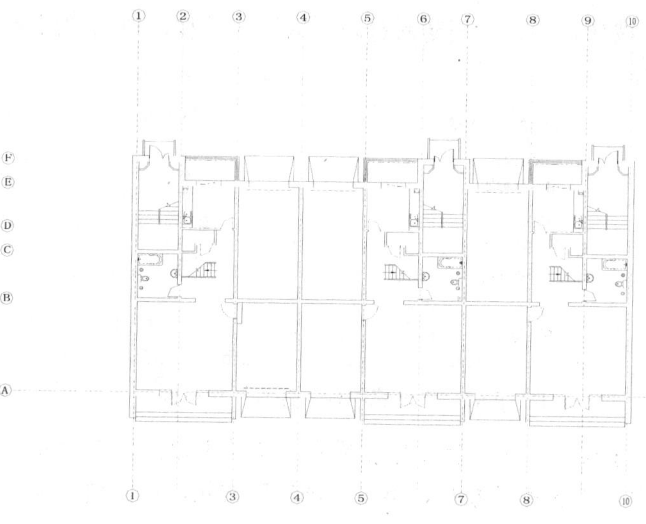

图 19-39 插入全部图块

说明：

使图块在插入后，图块各对象的颜色、线型与线宽都与图块插入层的图层设置相同，需要在 0 图层上使用 ByLayer 颜色、ByLayer 线型和 ByLayer 线宽制块，即 0 图层上的 ByLayer 块插入后，其图块各对象所在的图层将变换为图块的插入层，其图块各对象的颜色、线型与线宽将与图块插入层的图层设置一致。

19.2.5 标注尺寸

1. 设置标注样式

（1）将“标注”图层设置为当前图层。

（2）单击“默认”选项卡“注释”面板中的“标注样式”按钮，打开“标注样式管理器”对话框，如图 19-40 所示。

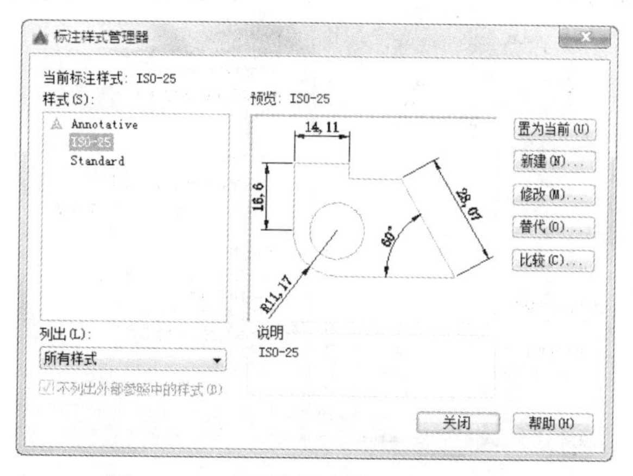

图 19-40 “标注样式管理器”对话框

（3）单击“新建”按钮，打开“创建新标注样式”对话框，输入“新样式名”为“建筑平面图”，如图19-41所示。

Note

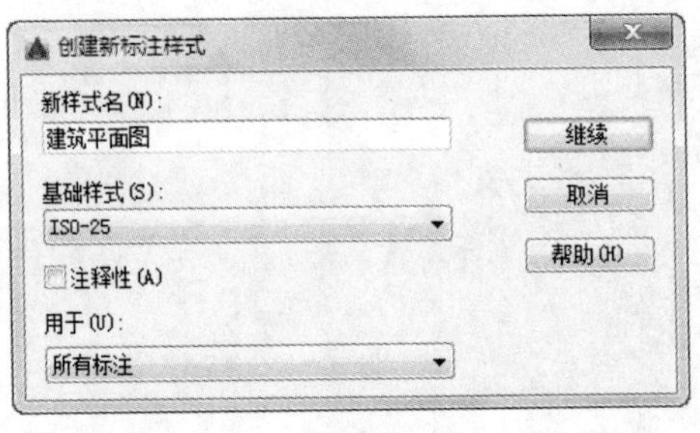

图19-41　“创建新标注样式”对话框

（4）单击“继续”按钮，打开“新建标注样式：建筑平面图”对话框，选择各个选项卡设置参数，如图19-42所示。设置完参数后，单击“确定”按钮，返回到“标注样式管理器”对话框，将“建筑平面图”样式置为当前。

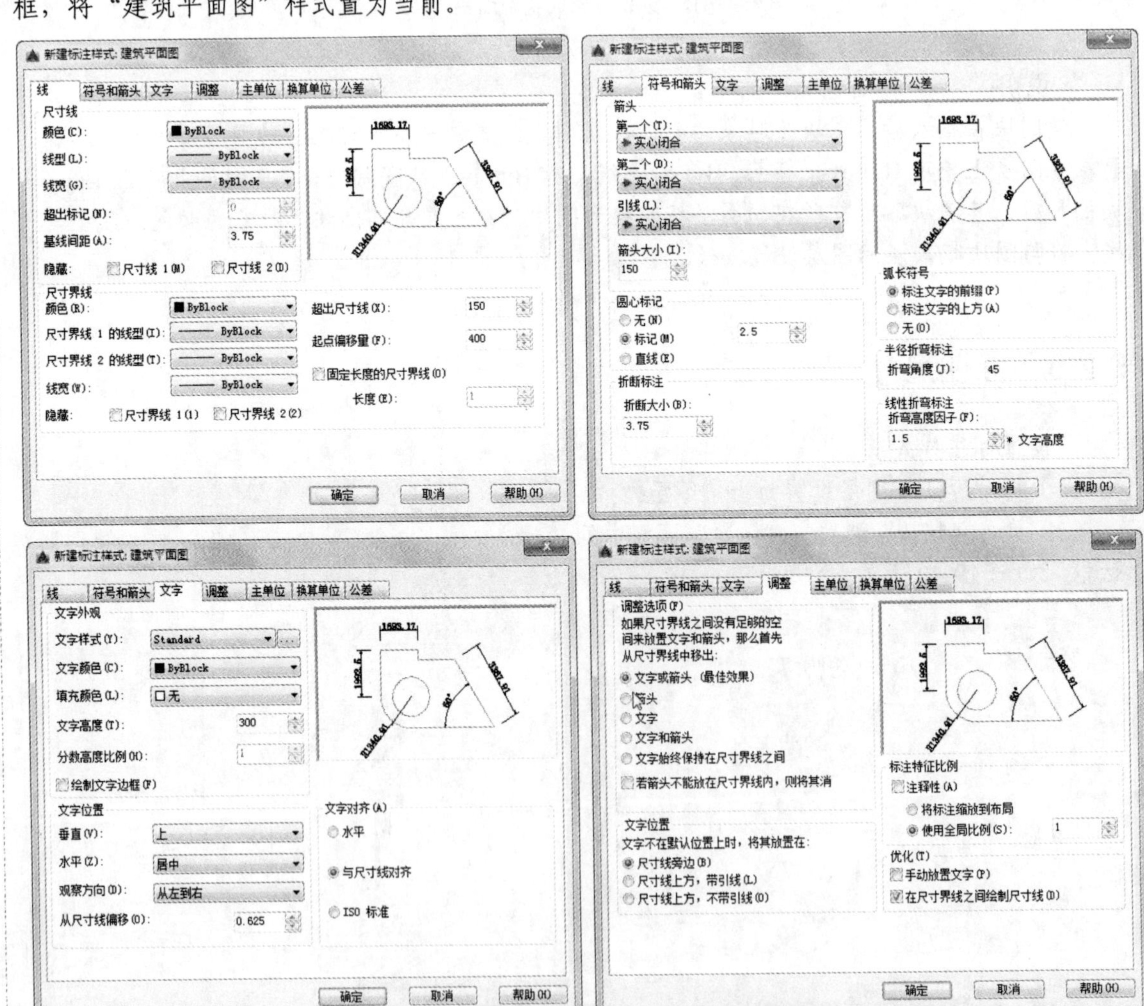

图19-42　“新建标注样式：建筑平面图”对话框

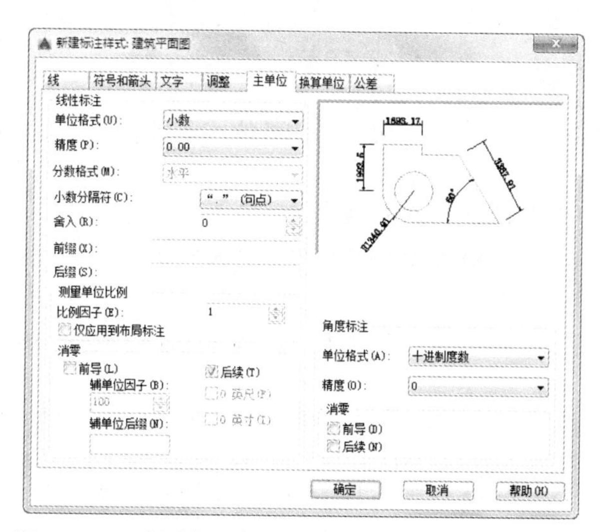

图 19-42 “新建标注样式：建筑平面图”对话框（续）

2. 标注图形

（1）将“标注”图层设置为当前图层。单击“默认”选项卡“注释”面板中的“线性”按钮和“连续”按钮，标注图形尺寸，关闭“轴线”图层观察图形，如图 19-43 所示。

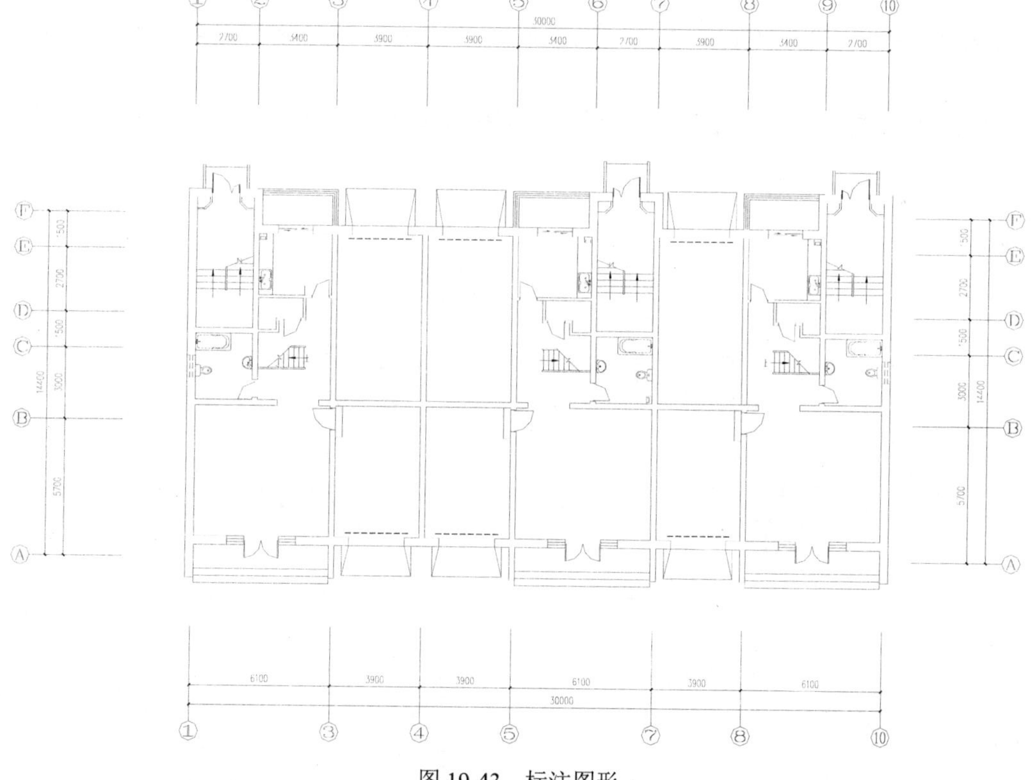

图 19-43 标注图形

（2）单击“默认”选项卡“注释”面板中的“多行文字”按钮A，为图形添加文字说明，如图 19-1 所示。

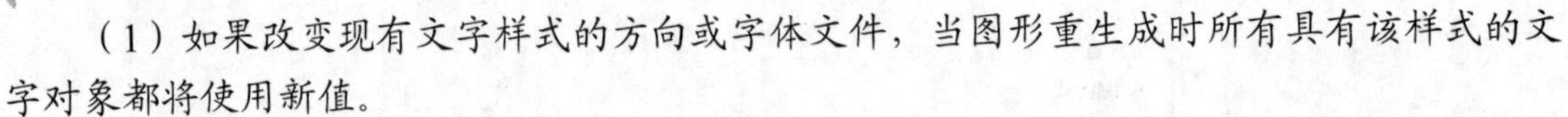

Note

注意：

（1）如果改变现有文字样式的方向或字体文件，当图形重生成时所有具有该样式的文字对象都将使用新值。

（2）在 AutoCAD 提供的 TrueType 字体中，大写字母可能不能正确反映指定的文字高度。只有在“字体名”中指定 SHX 文件才能使用“大字体”。只有 SHX 文件可以创建“大字体”。

（3）读者应学习掌握字体文件的加载方法，以及对乱码现象的解决途径。

说明：

进行图样尺寸及文字标注时，一个好的制图习惯是首先设置完成“文字样式”，即先准备好写字的字体。

19.3　室内给水排水平面图绘制

住宅楼给水排水平面图是建筑工程一个很重要的组成部分，能熟练地绘制给水排水平面图非常关键。

下面在绘制好的室内平面图的基础上绘制给水排水平面图，结果如图 19-44 所示。

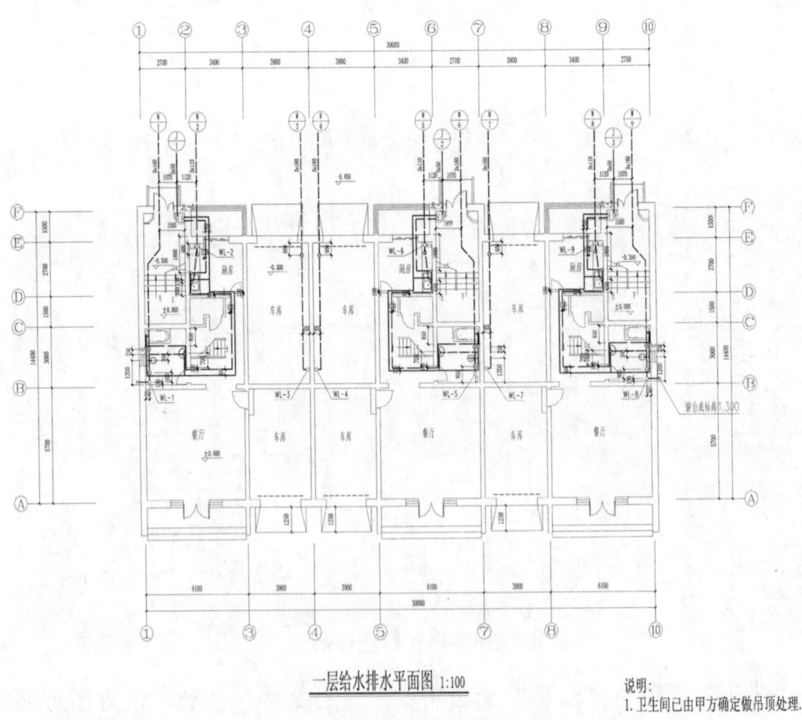

一层给水排水平面图 1:100
说明:
1. 卫生间已由甲方确定做吊顶处理.

图 19-44　室内给水排水平面图

操作步骤如下：（📹：光盘\配套视频\动画演示\第 19 章\室内给水排水平面图绘制.avi）

19.3.1　绘图准备

（1）单击快速访问工具栏中的“打开”命令，弹出“选择文件”对话框，打开“源文件\第 19 章\平面一层”文件，将其另存为“室内给水排水平面图”，如图 19-45 所示。

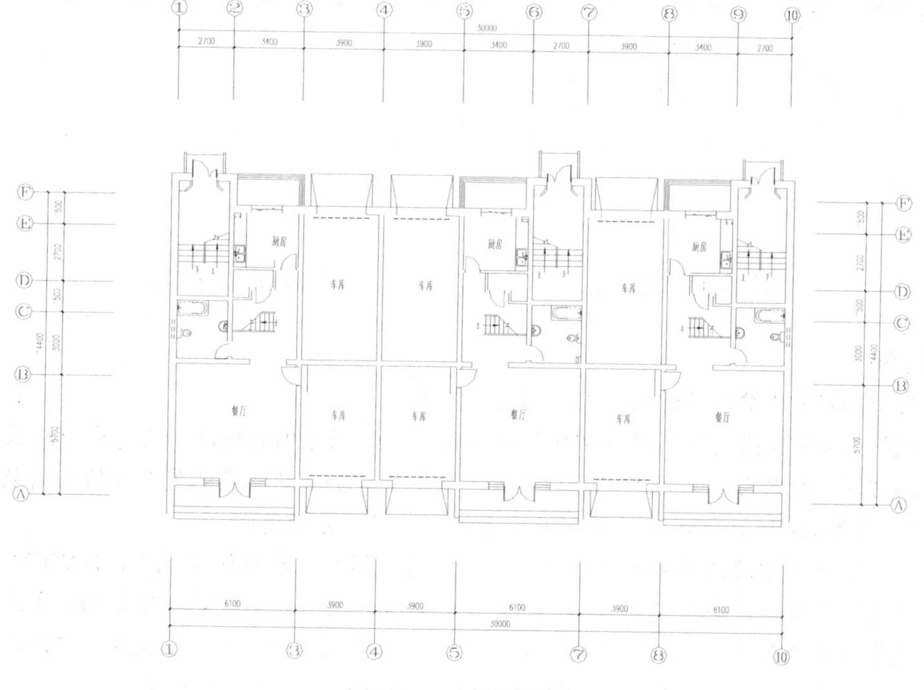

图 19-45　打开平面图

（2）单击“默认”选项卡“图层”面板中的“图层特性”按钮，打开“图层特性管理器”选项板，新建图层，如图 19-46 所示。

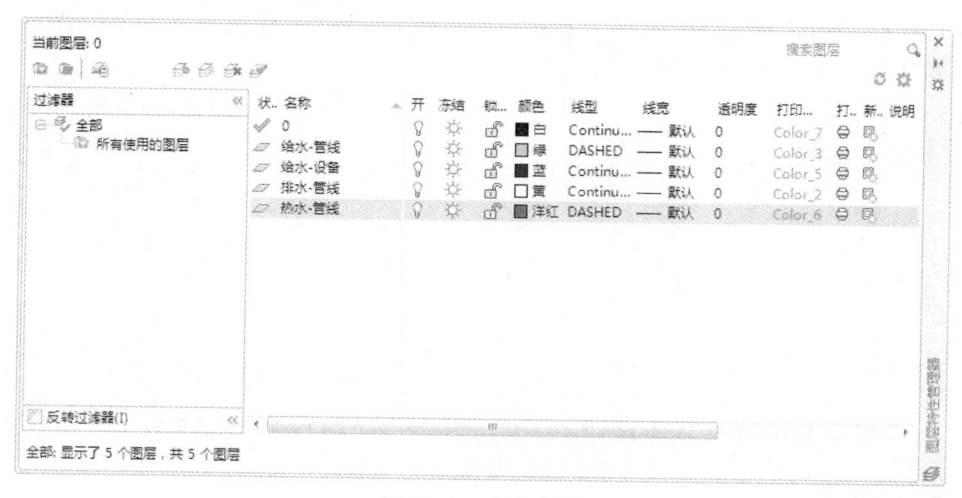

图 19-46　新建图层

19.3.2 绘制给水排水设备图例

Note

1. 绘制地漏

(1) 将“给水—设备”图层设置为当前图层。单击“默认”选项卡“绘图”面板中的“圆”按钮，绘制一个半径为 195 的圆，如图 19-47 所示。

(2) 单击“默认”选项卡“绘图”面板中的“图案填充”按钮，填充圆，如图 19-48 所示。

图 19-47 绘制圆

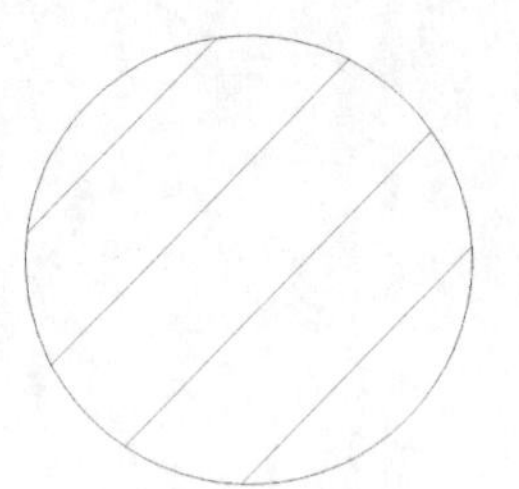

图 19-48 填充圆

说明：

使用 HATCH 图案填充时找不到范围怎么解决？

在使用 HATCH 图案填充时常常碰到找不到线段封闭范围的情况，尤其是.dwg 文件本身比较大的时候，此时可以采用 LAYISO（图层隔离）命令让欲填充的范围线所在的层孤立或“冻结”，再用 HATCH 图案填充时即可快速找到所需填充的范围。

另外，填充图案的边界确定有一个边界集设置的问题。在默认情况下，HATCH 通过分析图形中所有闭合的对象来定义边界。对屏幕中的所有完全可见或局部可见的对象进行分析以定义边界，在复杂的图形中可能耗费大量时间。要填充复杂图形的小区域，可以在图形中定义一个对象集，称作边界集。HATCH 不会分析边界集中未包含的对象。

2. 绘制清扫口

(1) 单击“默认”选项卡“绘图”面板中的“圆”按钮，绘制一个半径为 180 的圆，如图 19-49 所示。

(2) 单击“默认”选项卡“绘图”面板中的“矩形”按钮，在圆形内绘制一个 196×181 的矩形，如图 19-50 所示。

图 19-49 绘制圆

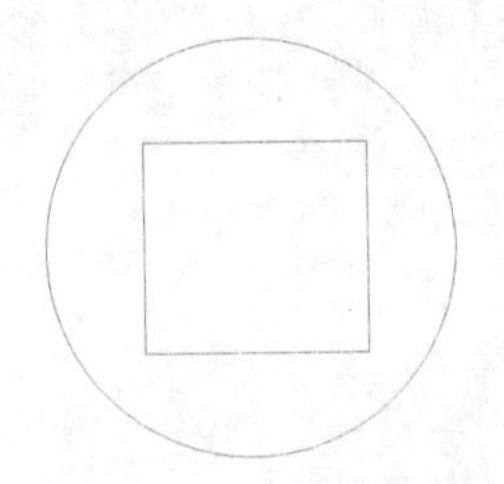

图 19-50 绘制矩形

3. 绘制排水栓

(1) 单击“默认”选项卡“绘图”面板中的“圆”按钮，绘制一个半径为 160 的圆，如

图 19-51 所示。

（2）单击“默认”选项卡“绘图”面板中的“直线”按钮，绘制十字交叉线，如图 19-52 所示。

图 19-51 绘制圆

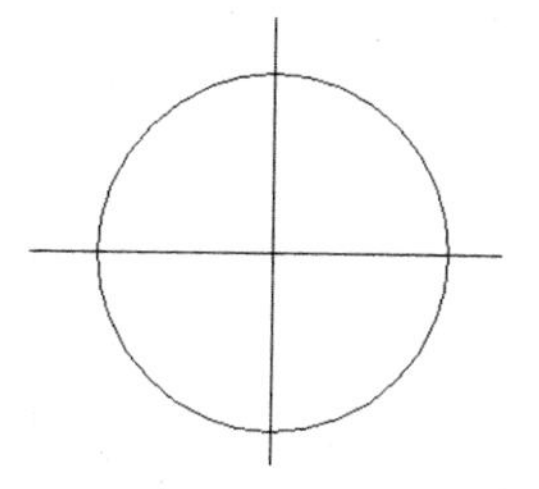

图 19-52 绘制十字交叉线

说明：

使用“直线”命令时，若为正交轴网，可按 F8 键打开正交模式，根据正交方向提示，直接输入下一点距离即可，而不需要输入“@”符号；若为斜线，则单击“捕捉”按钮设置斜线角度。此时，图形即进入自动捕捉所需角度的状态，可大大提高制图时直线输入距离的速度。注意两者不能同时使用。

4. 绘制排水管

（1）将“排水—管线”图层设置为当前图层，单击“默认”选项卡“绘图”面板中的“多段线”按钮，指定起点宽度为 40，端点宽度为 40，绘制几段多段线，如图 19-53 所示。

（2）单击“默认”选项卡“注释”面板中的“多行文字”按钮，在多段线之间输入“W”字样，如图 19-54 所示。

图 19-53 绘制多段线

图 19-54 输入文字

5. 绘制铜球阀

（1）单击“默认”选项卡“绘图”面板中的“矩形”按钮，绘制一个矩形，如图 19-55 所示。

（2）单击“默认”选项卡“绘图”面板中的“直线”按钮，在矩形内绘制对角线，如图 19-56 所示。

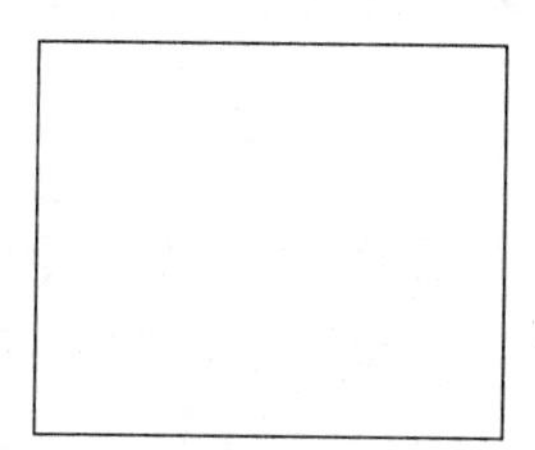

图 19-55 绘制矩形

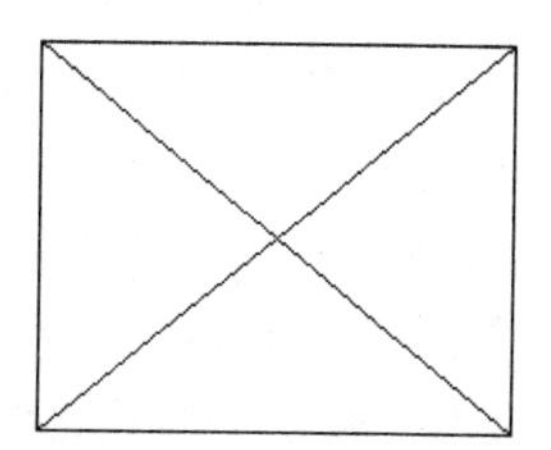

图 19-56 绘制对角线

（3）单击“默认”选项卡“绘图”面板中的“圆”按钮，在矩形内部绘制一个圆，如

图 19-57 所示。

（4）单击“默认”选项卡“修改”面板中的“修剪”按钮，修剪图形，如图 19-58 所示。

（5）单击“默认”选项卡“绘图”面板中的“图案填充”按钮，填充圆，完成图形绘制，如图 19-59 所示。图中其他图例如图 19-60 所示。

Note

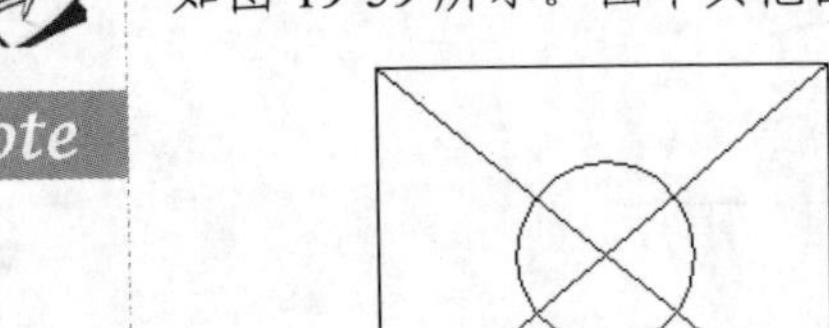

图 19-57 绘制圆

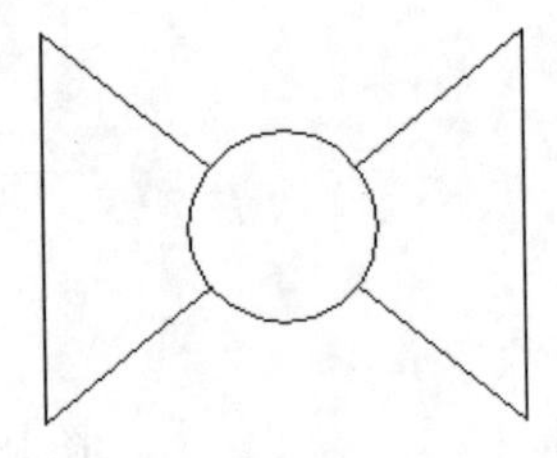

图 19-58 修剪图形

图 19-59 填充圆

给水排水图例表

名称	图例	名称	图例
台式洗面器		角阀	
水表(DN20)		通气帽	
坐式大便器		立管检查口	
洗涤盆		P存水弯	
浴缸		S存水弯	
皮带水龙头	DN15	排水栓	
普通截止阀		清扫口	
铜球阀		地漏	
闸阀		多用地漏	
给水管	J	排水管	W
热水管		溢水管	

图 19-60 图例列表

说明：

当使用“图案填充”命令时，所使用图案的比例因子均为 1，即是原本定义时的真实样式。然而，随着界限定义的改变，比例因子应进行相应的改变，否则会使填充图案过密或过疏，因此，在选择比例因子时可使用下列技巧进行操作。

（1）当处理较小区域的填充图案时，可以减小图案的比例因子值；相反，当处理较大区域的填充图案时，则可以增加图案的比例因子值。

（2）比例因子应恰当选择，要视具体的图形界限的大小而定。

（3）当处理较大的填充区域时，要特别小心。如果选用的图案比例因子太小，则所发生的图案就像是使用 SOLID 图案所得到的填充结果一样。这是因为在单位的距离中有太多的线，不仅看起来不恰当，而且也增加了文件的大小。

（4）比例因子的取值应遵循“宁大不小”原则。

（6）单击“默认”选项卡“修改”面板中的“复制”按钮，将绘制好的给水设备图例复制到图形中，如图 19-61 所示。

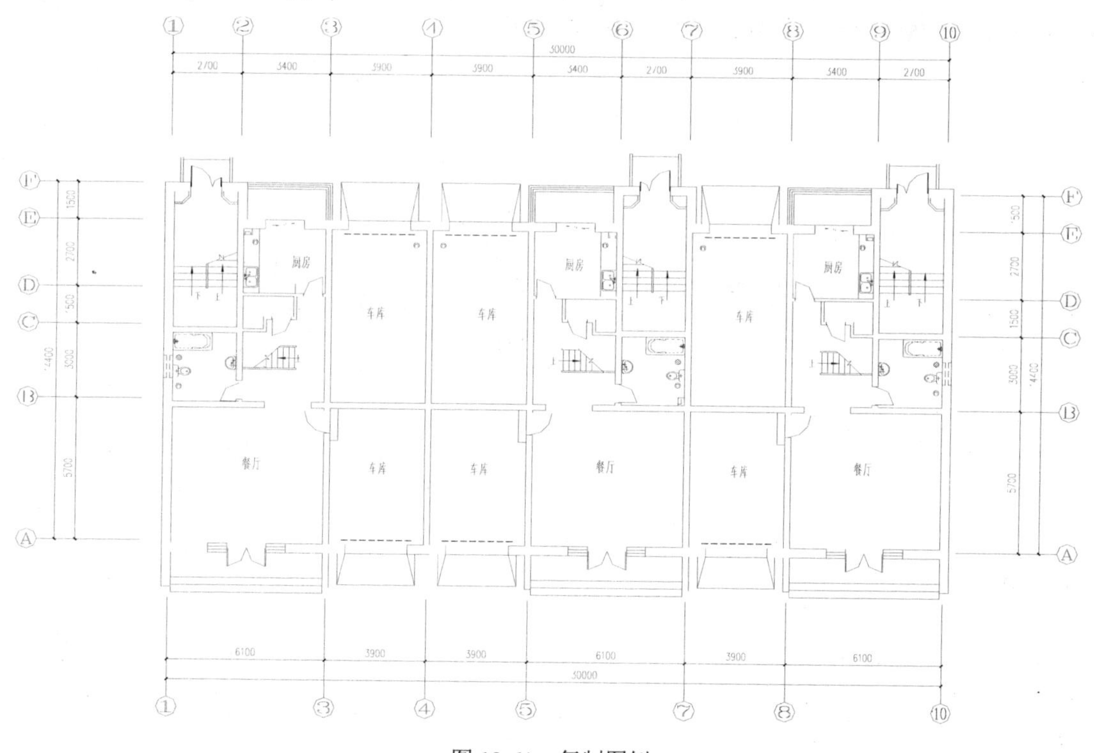

图 19-61 复制图例

说明：

在选择复制对象时，可能会误选某不该选择的图元，则需要删除该误选操作，此时可以在“选择对象”提示下输入“R”（删除），并使用任意选项将对象从选择集中删除。如果使用“删除”选项并想重新为选择集添加该对象，请输入“A”（添加）。

按住 Shift 键，并再次点击对象选择，或者按住 Shift 键然后单击并拖动窗口或交叉选择，也可以从当前选择集中重复添加和删除对象，该操作在图元修改编辑操作时是极为有用的。

注意：

绘制给水排水施工图时，主要参照《房屋建筑制图统一标准》（GB/T 50001—2010）、《建筑给水排水制图标准》（GB/T 50106—2010）、《暖通空调制图标准》（GB/T 50114—2010）等标准，它们对制图的图线、比例、标高、标注方法、管径编号、图例等都进行了详细的说明。

19.3.3 绘制给水管线

将“给水—管线”图层设置为当前图层。单击“默认”选项卡“绘图”面板中的“圆”按钮，

Note

绘制立管图形，根据室内消防要求布置消防给水管线。单击“默认”选项卡“绘图”面板中的“多段线”按钮，并调用所学知识完成剩余给水管线的绘制。将“热水—管线”图层设置为当前图层，绘制图形中热水管线，绘制结果如图 19-62 所示。

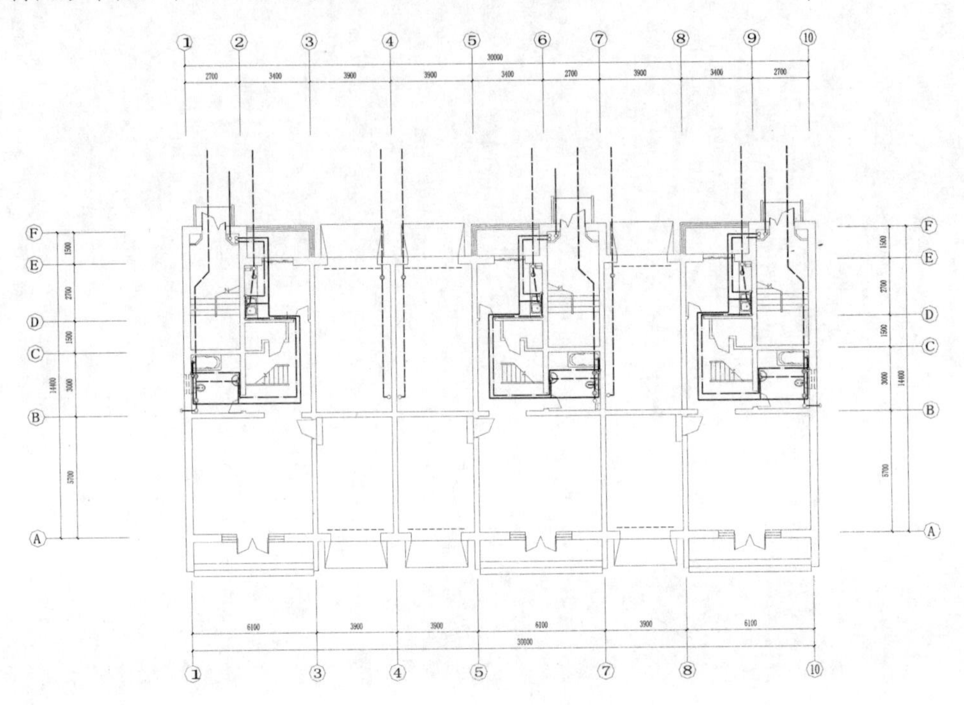

图 19-62　绘制管线

注意：

室内排水系统图的图示方法如下。

（1）室内排水系统图仍选用正面斜等测，其图示方法与给水系统图基本一致。

（2）排水系统图中的管道用粗虚线表示。

（3）排水系统图只需绘制管路及存水弯，卫生器具及用水设备可不必画出。

（4）排水横管上的坡度，因图例小，可忽略，按水平管道画出。

19.3.4　文字标注及相关的必要说明

将当前图层设置为“标注”图层。

建筑给水排水工程图，一般采用图形符号与文字标注符号相结合的方法，文字标注包括相关尺寸、线路的文字标注，以及相关的文字特别说明等，都应按相关标准要求，做到文字表达规范、清晰明了。

1．管径标注

给水排水管道的管径尺寸以毫米（mm）为单位。

对于水煤气输送钢管（镀锌或不镀锌）、铸铁管、硬聚氯丙烯管等，用公称直径 DN 表示。

2．编号

当建筑物的排水排出管的根数大于一根时，通常用汉语拼音的首字母和数字对管道进行编号，如图 19-63 所示。圈中横线上方的汉语拼音字母表示管道类别，如“J”表示给水，横线下方的数字表示管道进出口编号。

如图 19-64 所示，对于给水立管及排水立管，即指穿过一层或多层的竖向给水或排水管道，当其根数大于一根时，也应采用汉语拼音首字母及阿拉伯数字进行编号，如“WL-4”表示 4 号排水立管，“W”表示污水。

J　管道类别代号

3　同类管道编号

排水（引入）管

图 19-63　排水排出（给水引入）管的编号方法

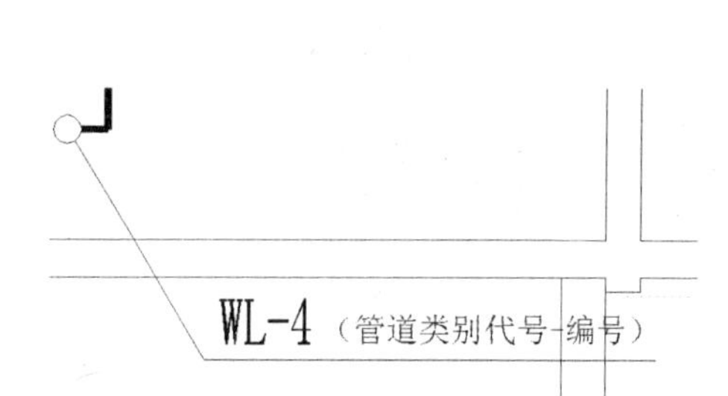

图 19-64　立管编号的表示方法

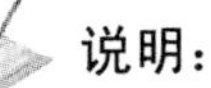

说明：

为什么有时无法修改文字的高度？

当定义文字样式时，使用的字体的高度值不为 0 时，用 DTEXT 命令输入文本时将不提示输入高度，而直接采用已定义的文字样式中的字体高度，这样输出的文本高度是不能更改的，包括使用该字体进行的标注样式。

3．管材采用

（1）给水管：单元进户管、楼内立管、分户给水管皆采用铝塑 PP-R 冷水管，1.0MPa，热熔连接。

（2）热水管：采用铝塑 PP-R 热水管，1.0MPa，标准工作温度 82℃；敷设于垫层内的热水管不应有接头，并采用 5mm 厚橡塑保温，其他明设部分热熔连接。

（3）排水管：立管采用 UPVC 螺旋排水管；室内支管及埋地干管采用普通 UPVC 管，皆为白色，承插胶粘连接。

将当前图层设置为“标注”图层。按上述相同方法完成排水排出（给水引入）管的编号，如图 19-65 所示。

注意：

当图形文件经过多次修改，特别是插入多个图块以后，文件占用空间越来越大，这时计算机运行的速度也会变慢，图形处理的速度也变慢。此时，可以在菜单栏中选择“文件”→“绘图实用程序”→“清除”命令，清除无用的图块、字型、图层、标注样式、复线形式等，这样图形文件也会随之变小。

Note

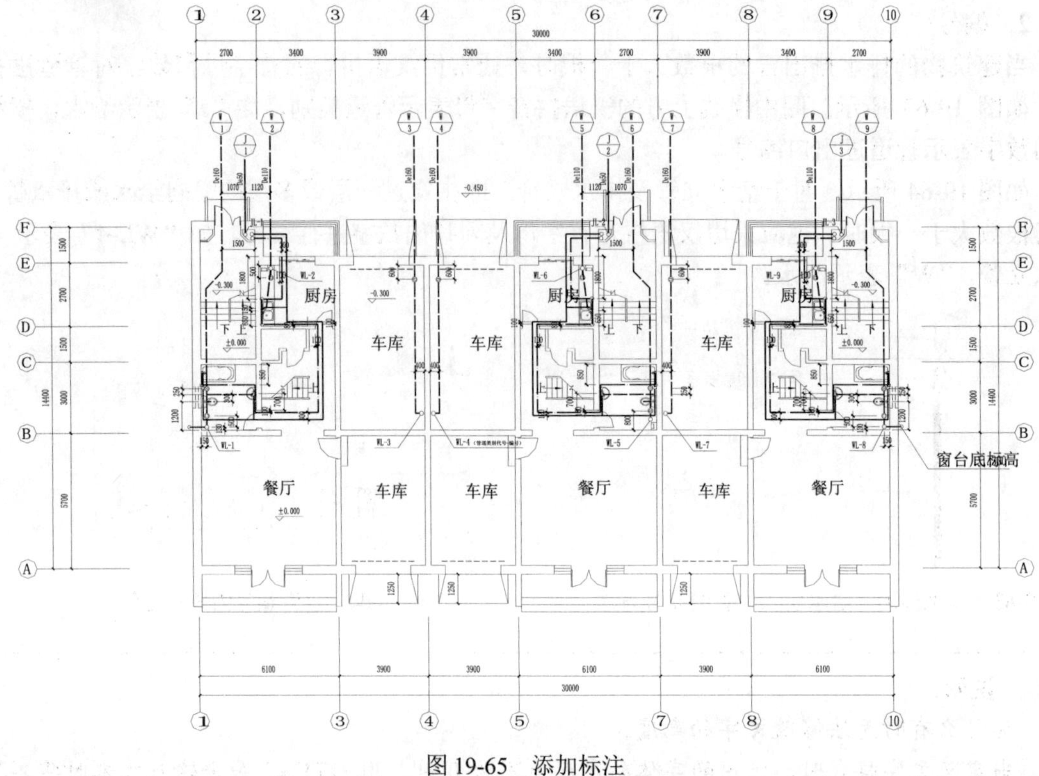

图 19-65　添加标注

4．管道试压

给水管道试压，参见《建筑给水排水及采暖工程施工质量验收规范》(GB 50242—2002)和《建筑给水聚丙烯管道(PP-R)工程技术规程》(DBJ/CT 501—2002)。

单击"默认"选项卡"注释"面板中的"线性"按钮，为图形添加细部标注。

单击"默认"选项卡"注释"面板中的"多行文字"按钮，为给水图形添加文字说明，结果如图 19-44 所示。

说明：

在修改单行文本时，文本内容为全选状态，重新输入文字可直接覆盖原有的文字；单击鼠标右键可以进行文字的剪切、复制、粘贴、删除、插入字段、全部选择等编辑操作；单击"确定"按钮或按 Enter 键都可以结束并保存文本的修改。

在修改多行文本时，光标输入符默认在第一个字符后面，按 End 键或移动方向键则可以将光标移到最后，在此输入文字增加内容；单击鼠标右键可以对文字进行编辑操作（如复制、粘贴、插入符号等）；单击"确定"按钮可以结束编辑，并保存文本修改；任意单击文本编辑框以外、CAD 工作区以内的任一地方也可以结束并保存文本的修改。

用户在使用鼠标滚轮时，应注意鼠标中键的设置命令"MBUTTONPAN"。特别是有些用户会安装一些鼠标驱动程序，导致鼠标滚轮操作失败。该命令用于控制滚轮的动作响应，该参数初始值为 1。当其设置值为 0 时，支持菜单（.mnu）文件定义的动作；当其设置值为 1 时，按住并拖动滚轮，支持平移操作。

按照上述方法绘制本例其他层给水排水平面图，如图 19-66 和图 19-67 所示。

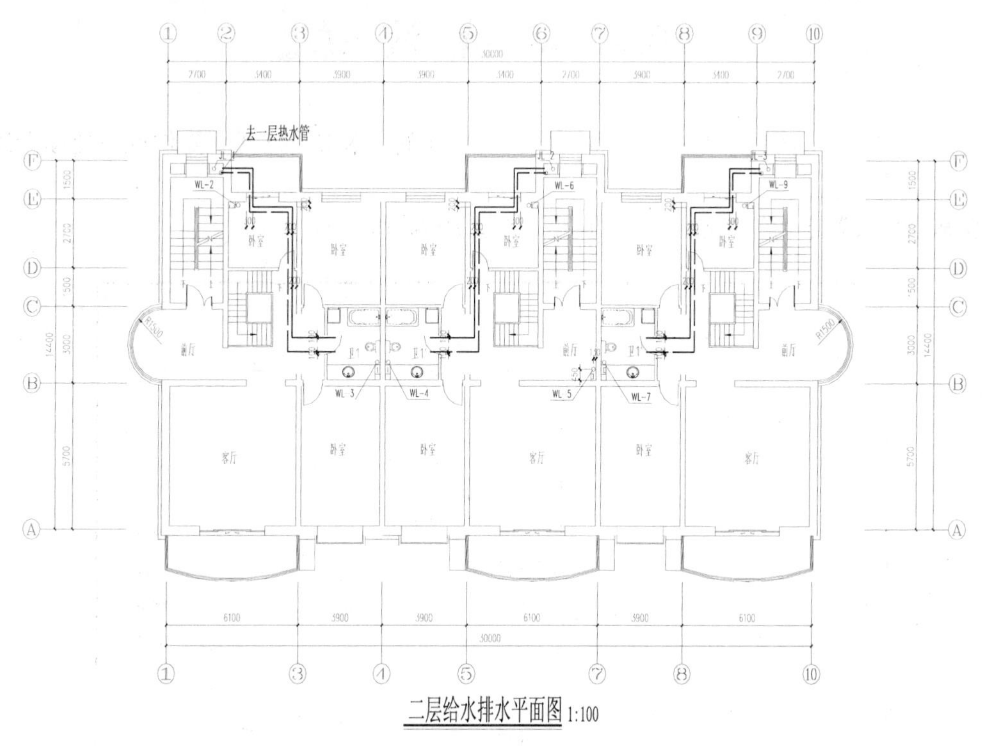

图 19-66　二层给水排水平面图

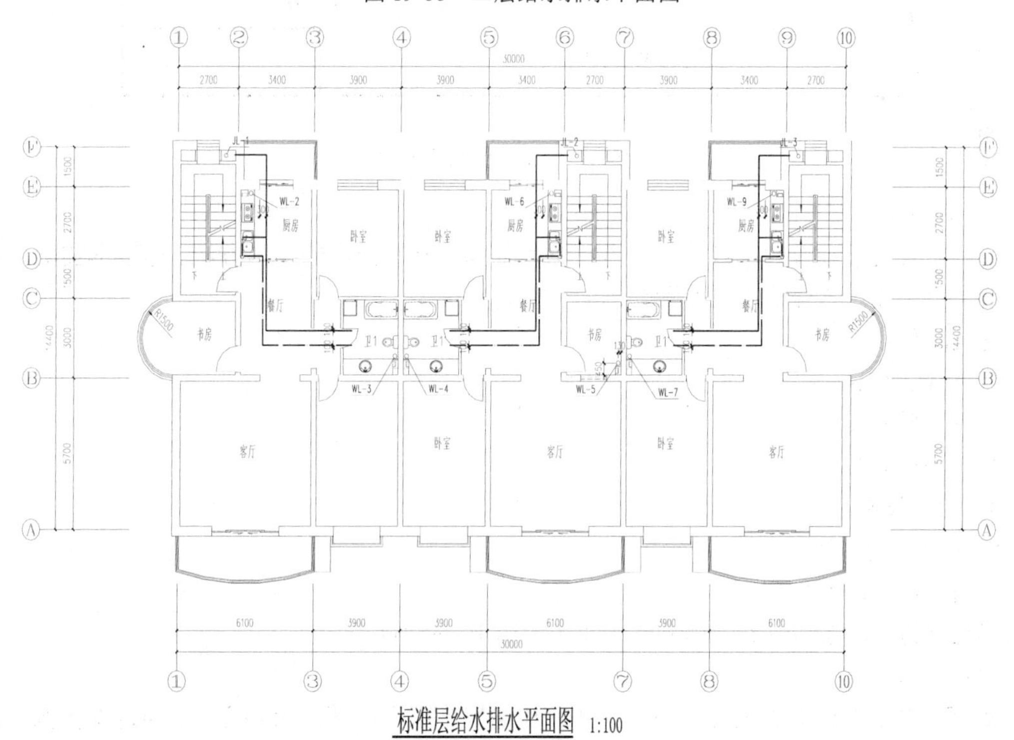

图 19-67　标准层给水排水平面图

19.4 实战演练

Note

通过前面的学习，读者对本章知识也有了大体的了解，本节通过几个操作练习使读者进一步掌握本章知识要点。

【实战演练1】绘制住宅楼给水平面图（如图19-68所示）。

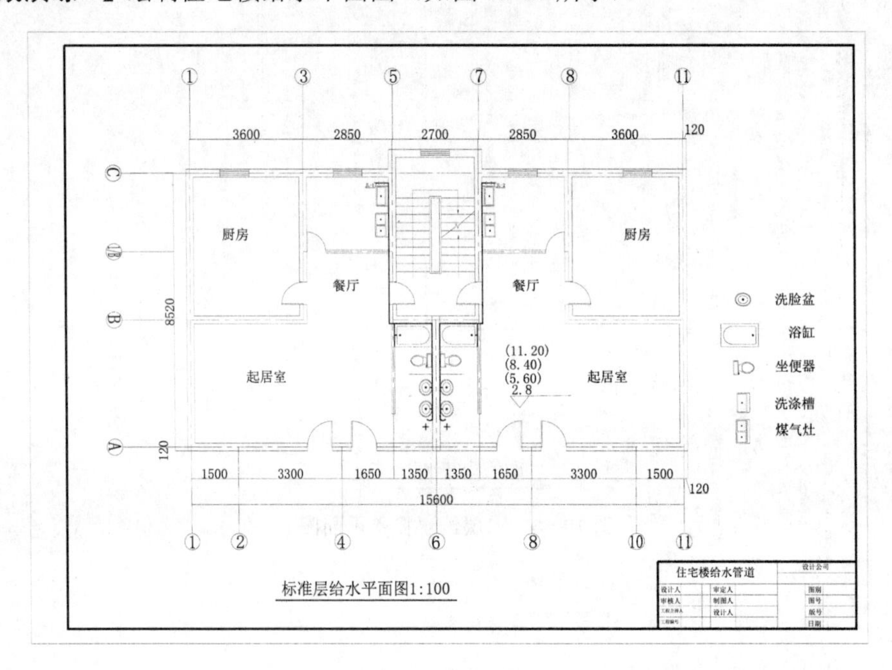

图19-68　住宅楼给水平面图

1．目的要求

本实例主要要求读者通过练习进一步熟悉和掌握给水平面图的绘制方法。通过本实例，可以帮助读者学会完成住宅楼给水平面图绘制的全过程。

2．操作提示

（1）绘图前的准备。

（2）绘制轴线。

（3）绘制墙体。

（4）绘制设施。

（5）绘制给水管道

（6）标注尺寸和文字。

【实战演练2】绘制住宅楼排水平面图（如图19-69所示）。

1．目的要求

本实例主要要求读者通过练习进一步熟悉和掌握排水平面图的绘制方法。通过本实例，可以帮助读者学会完成住宅楼排水平面图绘制的全过程。

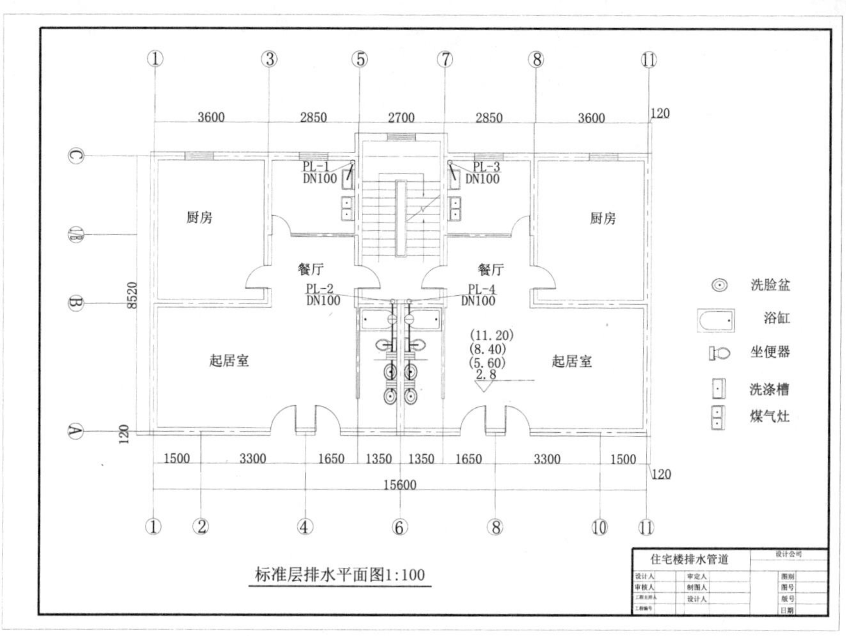

图 19-69　住宅楼排水平面图

2．操作提示

（1）绘图前的准备。

（2）绘制轴线。

（3）绘制墙体。

（4）绘制设施。

（5）绘制排水管道

（6）标注尺寸和文字。